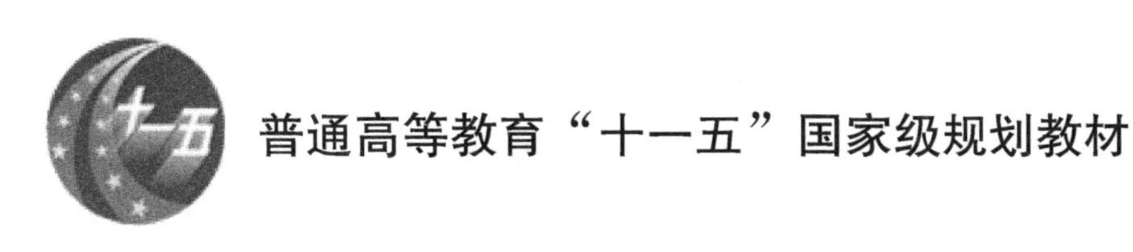

普通高等教育“十一五”国家级规划教材

数字电路与逻辑设计
（第2版）

刘培植　主　编

胡春静　郭　琳
孙文生　刘丽华　副主编

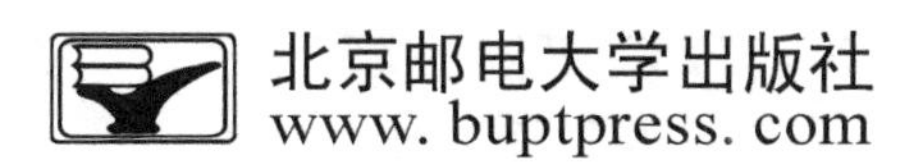

北京邮电大学出版社
www.buptpress.com

内 容 简 介

“数字电路与逻辑设计”是电子、信息与通信类专业的专业基础课，也是相关专业工程技术人员的必修内容。本教材系统地介绍数字技术的基础知识、逻辑器件(门电路、可编程逻辑器件、数模混合电路等)的工作原理及应用、组合逻辑电路与时序逻辑电路的分析和设计方法、脉冲电路以及硬件设计描述语言等内容。通过学习，使读者掌握较坚实的数字电路和数字系统理论知识，对数字逻辑电路和数字系统的构成、描述、分析、设计等有较深入的理解，具备独立进行逻辑电路分析、使用中小规模数字电路和可编程逻辑器件进行逻辑设计的能力。

本教材注重前后学习内容的连贯性，注重理论联系实际，在讲述数字电路分析和设计理论的基础上，结合常用器件来分析和设计各种实用电路，跟踪数字电路和数字系统技术的发展，强调新技术的使用，以及分析问题和解决问题能力的培养。

图书在版编目(CIP)数据

数字电路与逻辑设计/刘培植主编．--2 版．--北京：北京邮电大学出版社，2013.1(2025.4 重印)

ISBN 978-7-5635-3387-9

Ⅰ.①数…　Ⅱ.①刘…　Ⅲ.①数字电路—逻辑设计—教材　Ⅳ.①TN79

中国版本图书馆 CIP 数据核字(2012)第 316438 号

书　　名：数字电路与逻辑设计(第 2 版)

主　　编：刘培植

副 主 编：胡春静　郭　琳　孙文生　刘丽华

责任编辑：刘　颖

出版发行：北京邮电大学出版社

社　　址：北京市海淀区西土城路 10 号(邮编：100876)

发 行 部：电话：010-62282185　传真：010-62283578

E-mail：publish@bupt.edu.cn

经　　销：各地新华书店

印　　刷：保定市中画美凯印刷有限公司

开　　本：787 mm×1 092 mm　1/16

印　　张：28.75

字　　数：697 千字

版　　次：2013 年 1 月第 2 版　2025 年 4 月第 11 次印刷

ISBN 978-7-5635-3387-9　　　　定　价：58.00 元

再版前言

本教材自2009年第1版出版以来，受到了众多师生和读者的关注。通过近几年本校和兄弟院校的教学实践，编写组收集了教师和读者对本教材的意见和建议，并根据近年来数字电子技术的新发展和教学改革与实践，对原教材进行了修订。

在本次修订工作中，依照教育部关于拓宽专业口径，调整知识、能力、素质结构，构建适应新世纪需要的高质量人才培养模式的要求，在保证基本教学内容和基本知识点的前提下，注重教材对电子、信息和通信等相关专业的适用性，在中小规模数字集成电路和可编程逻辑器件的分析、设计方面更贴近实用性，通过增加应用举例，采用循序渐进、由浅及深的表述方式，使教材的可读性更强，部分实例源自作者在通信系统中的设计，具有一定的实用参考价值。考虑到保持教材的连贯性和与教材相配套的《数字电路与逻辑设计学习指导》的一致性，新版教材保持了原有章节的结构特征。

本次修订工作主要涉及以下几个方面：

第1章和第2章（刘培植、刘丽华修订）精简了在计算机基础和电子电路基础等课程中应掌握的数制、晶体管和场效应管工作原理等内容，将篇幅让位于实际数字集成电路介绍，增加了关于LVTTL、LVCMOS、电平转换和通信接口等当前常用器件的特性及相关知识，使读者所学的知识更贴近实际。第3章和第4章（胡春静修订）增加了难点内容的详细分析及例题，对组合逻辑集成电路及触发器在计算机接口中的应用方面作了更多的介绍。第5章和第6章（刘培植修订）细化了时序逻辑电路的分析及设计过程，适当增加了使用时序图对器件逻辑功能的描述。第7章和第8章（郭琳修订）增加了常用的SRAM和

DRAM 介绍以及硬件描述语言在逻辑设计中的应用实例。第 9 章和第 10 章(孙文生修订)增加了权电流型、权电容网络、双极性输出的数模转换、V-F 变换型模数转换以及石英晶体振荡器的应用等内容,介绍了实用模数转换器及集成压控振荡器的应用实例。

本次修订的主旨是使教材更具相关专业的适用性和实用参考价值,力求通俗易懂,便于自学。虽然有了许多改进,但由于编者水平有限,书中难免存在错误和不足之处,敬请读者批评指正。

编　者

前　　言

本书根据教育部高等学校电子信息科学与电气信息类基础课教学指导分委员会“基础课程教学基本要求”及北京邮电大学和其他院校最新的教学大纲要求，参考国内外相关教材和实用数字电路技术资料，并在教材《数字电路设计与数字系统》多年使用的基础上，重新编写修订而成。

随着技术的进步，数字逻辑电路和数字系统的分析、设计方法也在快速地演变和发展。现在，在一般数字系统设计中，普遍采用了规模越来越大的可编程逻辑器件，设计方法从传统的单纯硬件设计，变为计算机软硬件辅助设计的方法。即电子设计自动化(EDA)和电子系统设计自动化(ESDA)成为现代电子系统设计和制造的主要技术手段。

本书强调适应数字电路与系统分析和设计技术的发展，适应新一代电子、通信人才培养的需要，关注与本教材相关课程内容的前后连贯性，突出数字逻辑电路的基础理论、分析方法和设计方法的学习，增加了较多的设计实例介绍和应用方面的内容，相对体现所学内容的实用性。特别是在可编程逻辑器件(PLD)和硬件描述语言(VHDL)方面作了相对详细的介绍，为读者独立分析、设计数字电路和数字系统，较快掌握分析设计工具，建立规范有序的思维习惯，提高分析和解决实际问题的能力打下良好基础。另外，本书中部分实例源自作者在通信系统中的设计，具有一定的实用参考价值。

本书共分10章。第1、2章由刘丽华同志编写，内容包括数制与编码、逻辑代数基础及逻辑函数的化简、逻辑门电路及特性等。第3、4章由胡春静同志编写，该部分主要介绍了组合电路的分析与设计方法以及各种触发器的特点和参数。第5、6章由刘培植同志编写，其内容主要对用中、小规模集成时序逻辑电路的分析与设计方法以及应用进行了详细的介绍。第7、8章介绍了常用的可编程逻辑器件及硬件描述语言及其应用方法，该部分由郭琳同志编写。第9、10章由孙文生同志编写，主要介绍数模变换原理以及脉冲波形的产生与变换数字系统的设计方法。

虽然本书作者都有多年的本课程教学经历，但还会由于水平和经验的限制，书中会存在一些不足之处，希望读者给予批评、指正。

编　者

目　录

第1章　数字技术基础

本章主要介绍数字技术的基础知识，包括数字电路中常用的计数制、逻辑代数的基础理论、逻辑函数的表示及其简化方法等内容。

自然界中的许多物理量（如距离、温度、压力、亮度、流量等）在时间和数值上都是连续变化的，这些物理量在一定范围内可在任意时间点上取得任意精度的实数，我们称这类物理量为模拟量。为了将这些物理量进行分析、传输、显示，工程上通常转换成电压或电流来模拟、处理这些实际的物理量，对应的电压或电流称为模拟信号，例如正弦变化的交流信号，它在某一瞬间的值可以是一个数值区间内的任何值。处理模拟信号的电路被称为模拟电路（analog circuit）。模拟电路主要研究输出与输入信号之间幅度、相位、阻抗、失真等方面的内容。一般情况下，模拟电路中所使用的电子器件要求工作在线性区。这类电路包括放大电路、模拟运算电路、滤波电路、钳位电路等。

另外一类信号，它们只在特定的时间点上取得特定的数值，每次数值的增减变化都是某一个最小单位的整数倍（如果是二进制信号，在数值上只有0和1），也就是在时间上和数值上都是离散的，这一类信号叫做数字信号。数字信号可以用来表示某些物理量，也可以仅仅表示数字信号输入和输出之间的逻辑关系。处理数字信号的电路称为数字电路（digital circuit）。二进制数字电路中，常使用高电平（1电平）和低电平（0电平）来表示电路的状态，每个0或1称为一个比特（bit），是数据传输、处理和存储的最小单位。数字电路主要研究输出与输入信号之间的逻辑关系，包括各种逻辑运算、时延、抗干扰能力、带负载能力等方面内容。一般情况下，数字电路中所使用的电子器件工作在非线性区，即工作于开关状态。这类电路包括地址译码器、计数器、寄存器等。

图1.0.1给出了模拟信号与数字信号的示意图。

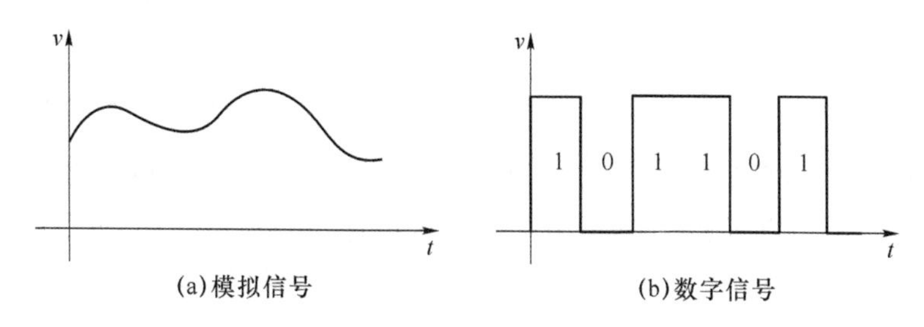

图1.0.1　模拟信号与数字信号

除模拟电路与数字电路外，还有一类电路称为数模混合电路，该类电路中既包含了模拟电路，也包含了数字电路，如电压比较器、多谐振荡器、限幅器、数模和模数转换器等。

1.1 数制与编码

1.1.1 数制

数制是进位记数制的简称，是用一组固定的符号和统一的规则来表示数值的方法。现在常用的计数制有二进制、八进制、十进制、十六进制。每一种记数制所使用的数码个数称为基数，如二进制的基数为2，十进制基数为10。在表示数值的大小时，通常需要使用从低位到高位的多位数码表示，各个数码处于数码组合不同位置时所代表的数值不同，即数码在不同位置对应有不同的权值。表1.1.1是十进制数对应的二进制、八进制和十六进制数。表1.1.2给出的是二进制各位对应的权值。

表1.1.1 十进制对应的二进制、八进制、十六进制数

十进制	二进制	八进制	十六进制	十进制	二进制	八进制	十六进制	十进制	二进制	八进制	十六进制
0	0000	0	0	6	0110	6	6	12	1100	14	C
1	0001	1	1	7	0111	7	7	13	1101	15	D
2	0010	2	2	8	1000	10	8	14	1110	16	E
3	0011	3	3	9	1001	11	9	15	1111	17	F
4	0100	4	4	10	1010	12	A	16	10000	20	10
5	0101	5	5	11	1011	13	B				

表1.1.2 二进制各位的权值

二进制位数	权	十进制表示	二进制位数	权	十进制表示	二进制位数	权	十进制表示
13	2^{12}	4 096	7	2^6	64	1	2^0	1
12	2^{11}	2 048	6	2^5	32	−1	2^{-1}	0.5
11	2^{10}	1 024	5	2^4	16	−2	2^{-2}	0.25
10	2^9	512	4	2^3	8	−3	2^{-3}	0.125
9	2^8	256	3	2^2	4	−4	2^{-4}	0.062 5
8	2^7	128	2	2^1	2	−5	2^{-5}	0.031 25

任何进制数都可以按权展开求和，从而得到十进制数的对应数值。将一个整数位为 n 位、小数位为 m 位的 R 进制数 N 按权展开的表示式为

$$\begin{aligned}(N)_R &= (k_{n-1}\times R^{n-1}+k_{n-2}\times R^{n-2}+\cdots+k_1\times R^1+k_0\times R^0+\\ &\quad k_{-1}\times R^{-1}+k_{-2}\times R^{-2}+\cdots+k_{-m}\times R^{-m})_{10}\\ &= \Big(\sum_{i=-m}^{n-1}k_i\times R^i\Big)_{10}\end{aligned} \tag{1.1.1}$$

式(1.1.1)中 $(N)_R$ 为 R 进制的数 N，$\Big(\sum_{i=-m}^{n-1}k_i\times R^i\Big)_{10}$ 表示展开求和后对应的十进制

数，括号外的下角标表示进制（基数）。

以一个十进制数 8 921 为例，8、9、2、1 称为系数，每个系数所处的位置不同，则对应的权值不同。其运算规律为逢十进一，借一当十。将其按权值展开可以表示为

$$(8\,921)_{10}=(8\times10^3+9\times10^2+2\times10^1+1\times10^0)_{10}$$

若将二进制数 $(11011.011)_2$ 按权展开，得到十进制数为

$$\begin{aligned}(11011.011)_2&=(1\times2^4+1\times2^3+0\times2^2+1\times2^1+1\times2^0+0\times2^{-1}+1\times2^{-2}+1\times2^{-3})_{10}\\&=(16+8+0+2+1+0+0.25+0.125)_{10}\\&=(27.375)_{10}\end{aligned}$$

1.1.2 不同数制间的转换

1. 十进制与非十进制之间的转换

（1）非十进制数转换为十进制数

非十进制数转换为十进制数仅需按式（1.1.1），将每位数码作为系数乘以权值并求和即可。

【例 1.1.1】 将 $(12AF.B4)_{16}$ 转换成十进制数。

解：

$$\begin{aligned}(12AF.B4)_{16}&=(1\times16^3+2\times16^2+10\times16^1+15\times16^0+11\times16^{-1}+4\times16^{-2})_{10}\\&=(4\,096+512+160+15+0.687\,5+0.015\,625)_{10}\\&=(4\,783.703\,125)_{10}\end{aligned}$$

（2）十进制数转换为非十进制数

十进制数转换为非十进制数时需要将整数和小数分别处理。

① 整数部分的转换

整数部分的转换采用基数连除法。方法是用十进制整数除以目的数制的基数，第一次相除所得的余数为目的数的最低位，得到的商再除以该基数，所得的余数为目的数的次低位，依此类推，直到商为 0，最后所得的余数为目的数的最高位。

【例 1.1.2】 将 $(53)_{10}$ 转换成二进制数。

解：

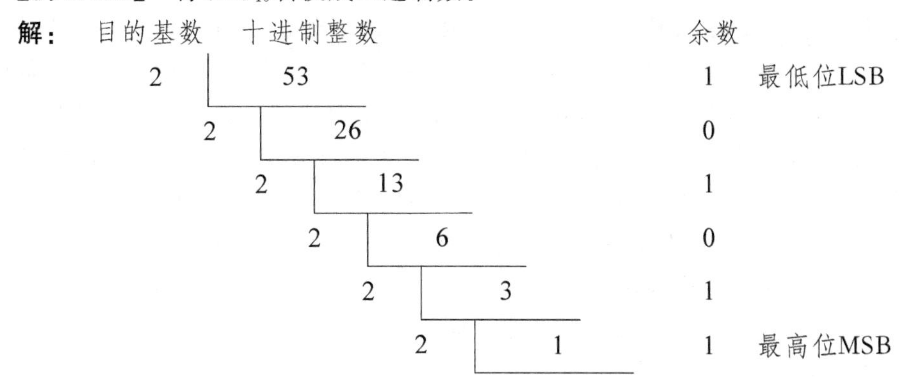

经过多次除以基数 2，得到转换结果为 $(53)_{10}=(110101)_2$。这里需要强调的是最先得到的余数为最低位。

【例 1.1.3】 将$(53)_{10}$转换成八进制数。

解：

目的基数	十进制整数	余数	
8	53	5	低位
8	6	6	高位
	0		

转换结果为$(53)_{10}=(65)_8$。

② 小数部分的转换

小数部分的转换是采用基数连乘法。方法是用该十进制小数乘以目的数制的基数，第1次相乘结果的整数部分为目的数制小数的最高位，去除整数后剩余的小数部分再乘以基数，所得结果的整数部分为目的数制小数的次高位，依此类推，直到小数部分为0或达到精度要求为止。

【例 1.1.4】 将十进制小数$(0.6875)_{10}$转换成二进制数，精度到小数点后6位。

解： $0.6875\times2=1.3750$　　1　　最高位

$0.3750\times2=0.75$　　0

$0.750\times2=1.5$　　1

$0.5\times2=1.0$　　1　　最低位　（小数部分已经为0，无须再继续转换）

为表示该二进制数的精度到小数点后6位，可在最低位后增加两个“0”。所以转换结果为$(0.6875)_{10}=(0.101100)_2$。

【例 1.1.5】 将十进制小数$(0.687)_{10}$转换成二进制数，精度到小数点后4位。

解： $0.687\times2=1.374$　　1　　最高位

$0.374\times2=0.748$　　0

$0.748\times2=1.496$　　1

$0.496\times2=0.992$　　0　　最低位　（已经到达所要精度，无须再继续转换）

转换结果为$(0.687)_{10}\approx(0.1010)_2$。最后的0应该保留，以表示精确到小数点后第4位。

2. 二进制与八进制和十六进制之间的转换

八进制的基数是2的3次幂，十六进制的基数是2的4次幂，因此二进制与八进制和十六进制间的互换非常容易。二进制要转换为八进制时，只需要将其以小数点为中心，向两边按每3位分成一组，不足3位时补0，再把每3位二进制数对应的八进制数码写出即可。同样，二进制要转换为十六进制时，只需要将其以小数点为中心，向两边按每4位分成一组，不足4位时补0，再把每4位二进制数对应的十六进制数码写出即可。反过来，八进制和十六进制转换为二进制时，只需写出对应的二进制码即可。下面用4个例子说明二进制与八进制以及二进制与十六进制之间的转换方法。

【例 1.1.6】 将$(11101.1101)_2$转换成八进制数。

解： 二进制数＝011　101.110　100

八进制数＝ 3　 5 . 6　 4

转换结果为$(11101.1101)_2=(35.64)_8$。

【例 1.1.7】 将$(234.567)_8$转换成二进制。

解：八进制数＝ 2　3　4 .5　6　7

二进制数＝010　011　100 .101　110　111

转换结果为$(234.567)_8=(10011100.101110111)_2$。

【例 1.1.8】 将$(11101.1101)_2$转换成十六进制数。

解：二进制数＝0001 1101 .1101

十六进制数＝　1　D .　D

转换结果为$(11101.1101)_2=(1D.D)_{16}$。

【例 1.1.9】 将$(AF.26)_{16}$转换成二进制数。

解：十六进制数＝　A　F .　2　6

二进制数＝ 1010　1111 .0010　0110

转换结果为$(AF.26)_{16}=(10101111.0010011)_2$。

1.1.3　二进制编码

二进制编码是用特定的二进制数码来表示自然数、符号、状态等各类信息的过程。不同的二进制数码可以表示数的大小，也可以表示符号、状态的不同。当表示符号或状态时，数码没有大小含义，例如可以给每个参加运动会的运动员一个二进制数码，用于在计算机系统中相关信息的识别和处理。

1. 二进制编码

二进制编码可以有很多种编码方式，这里主要介绍自然二进制编码和格雷码。4 位二进制码的编码方式如表 1.1.3 所示。

表 1.1.3　两种 4 位二进制编码表

十进制数	自然二进制码	二进制格雷码	十进制数	自然二进制码	二进制格雷码
0	0000	0000	8	1000	1100
1	0001	0001	9	1001	1101
2	0010	0011	10	1010	1111
3	0011	0010	11	1011	1110
4	0100	0110	12	1100	1010
5	0101	0111	13	1101	1011
6	0110	0101	14	1110	1001
7	0111	0100	15	1111	1000

自然二进制编码 0000～1111 可以用来表示十进制数的 0～15，也可以用来表示 16 种其他状态信息。自然二进制编码是一种有权编码，各个位置上的权值是固定的，由高到低分别为 8、4、2、1，所以也称自然二进制码为 8421 码，对于 8421 码或其他有权码，可以通过其权值和系数计算出对应的十进制数。

二进制循环码（简称循环码）是无权码，也就是没有固定的权值，其编码方案有很多种，其特点是任何相邻的两个码组（包括首尾两个码组）仅有一位码不同，因此循环码又叫单位距离码。二进制格雷码（Gray Code）是循环码的一种，鉴于它的编码特点，格雷码又称为反射二进制码。在后面的学习中可以看到，使用循环码（包括格雷码）时，在码组顺序变化时可以有效地减少逻辑错误，所以二进制格雷码属于可靠性编码，是错误最小化的编码方式之一。观察二进制格雷码的最后一位，可将其分为 4 个一组，顺序为 01 10，01 10，……从中间分开后折叠对称；倒数第二位分为 8 个一组时的顺序为 0011 1100，0011 1100，……同样，倒数第三位的顺序为 00001111 11110000，……这一特性称为折叠反射特性，利用其折叠反射性很容易获得对应的编码。

2. 二-十进制编码

我们非常熟悉的是十进制数，在计算机中，有多种 4 位二进制数码来表示十进制数的 0～9，通常将这些 4 位二进制数码称为二-十进制编码或简称 BCD(Binary Coded Decimal) 码。几种常用的 BCD 编码如表 1.1.4 所示。

表 1.1.4 常见的 BCD 编码

十进制码	8421BCD 码	2421BCD 码	余 3BCD 码	格雷 BCD 码	余 3 格雷 BCD 码
0	0000	0000	0011	0000	0010
1	0001	0001	0100	0001	0110
2	0010	0010	0101	0011	0111
3	0011	0011	0110	0010	0101
4	0100	0100	0111	0110	0100
5	0101	1011	1000	0111	1100
6	0110	1100	1001	0101	1101
7	0111	1101	1010	0100	1111
8	1000	1110	1011	1100	1110
9	1001	1111	1100	1000	1010

(1) 8421BCD 码

8421BCD 码是最常用的二-十进制编码。它是用 4 位自然二进制码中的前 10 个，即 0000～1001 来表示十进制的 0～9。4 位二进制代码权值由高到低分别为 8、4、2、1，所以 8421BCD 码是一种有权码。以十进制数 76 为例，其 8421BCD 码为 $(76)_{10}=(01110110)_{8421BCD}$。

(2) 2421BCD 码(简称 2421 码)

2421 码的最高位权值为 2，其他位的权值与 8421BCD 码相同，其权值由高到低分别为 2、4、2、1。特点是 0 和 9、1 和 8、2 和 7、3 和 6、4 和 5 互为反码。十进制数 76 的 2421 码为 $(76)_{10}=(11011100)_{2421}$。

(3) 余 3BCD 码(简称余 3 码)

余 3 码是去掉 4 位自然二进制码的前 3 组编码，从第 4 组开始顺序选用 10 组编码，或者说是由 8421BCD 码加上 0011(3)形成的，因此称为余 3 码。特点是将两个余 3 码表示的十进制数相加时，能正确产生进位信号，但对不含进位位的“和”必须修正。修正的方法是：如果有进位，则结果加 3；如果无进位，则结果减 3。与 2421 码相似，余 3 码的 0 和 9、1 和 8、2 和 7、3 和 6、4 和 5 也互为反码。十进制数 76 的余 3 码为 $(76)_{10}=(10101001)_{余3码}$。

(4) 格雷 BCD 码

格雷 BCD 码是选用 4 位二进制格雷码的前 9 个编码，再选用 1000 作为第 10 个编码构成。挑选 1000 的目的是使该编码的首尾编码仍具有单位距离特性(任意两个相邻的编码之间仅有一位不同)。格雷 BCD 码是无权码。

(5) 余 3 格雷 BCD 码(简称余 3 格雷码)

余 3 格雷码是选用 4 位二进制格雷码的第 4 到第 13 个编码构成的 BCD 码。余 3 格雷码也是无权码。

1.2 逻辑代数基础

逻辑代数(Logic Algebra)是用来处理逻辑运算的代数,是分析和设计逻辑电路的数学基础。逻辑代数是由英国科学家乔治·布尔在 1849 年创立的,故又称布尔代数(Boolean Algebra)。本节主要介绍逻辑代数的基本运算和公式,逻辑代数的表示和其简化的方法。

1.2.1 逻辑变量与逻辑运算

1. 逻辑变量和常量

二元逻辑代数中有两个逻辑常量,即逻辑 0 和逻辑 1。对于逻辑变量可以有两个取值(0 和 1)。本书的逻辑代数主要是指二元逻辑。

在这里,0 和 1 是表示事物矛盾双方的符号。例如,命题的真假,信号的有无,电位的高低等。所以逻辑 0 和逻辑 1 本身没有数值大小的意义。

2. 基本逻辑运算

基本逻辑运算只有与(and)、或(or)、非(not)3 种,任何复杂的运算都可由这 3 种基本逻辑运算来实现。

逻辑门(Logic Gate)是构成逻辑电路的基本组件,实现与逻辑运算的逻辑门称为与门,还有对应或运算和非运算的或门和非门等。

(1) 与逻辑运算

与逻辑运算的定义为:当且仅当决定事件发生的条件全部具备时,该事件发生。与逻辑运算也称为逻辑乘。

图 1.2.1(a)用电路表达了与运算的逻辑关系,只有两个开关都闭合(两个条件都具备),指示灯才会亮(事件发生)。

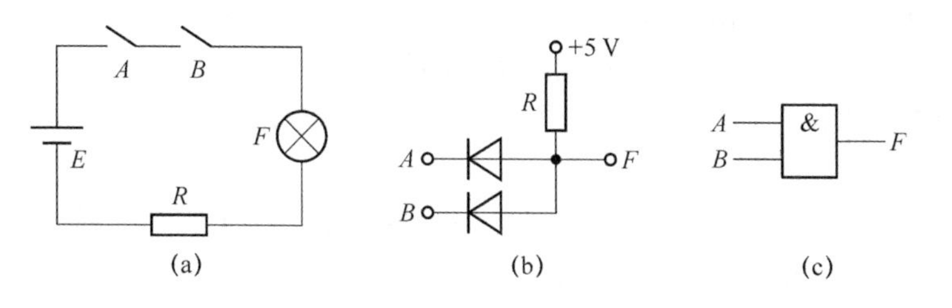

图 1.2.1 与逻辑

表 1.2.1 与逻辑真值表

A	B	F
0	0	0
0	1	0
1	0	0
1	1	1

与逻辑关系可以用输入逻辑变量的各种取值组合和对应输出函数值关系的表格形式表示。这种反映输入变量和输出函数值关系的表格称为函数的真值表。真值表中条件(输入)具备用“1”表示,条件不具备用“0”表示,事件(输出)发生用“1”表示,事件不发生用“0”表示。

表 1.2.1 为与逻辑的真值表，表中 A、B 为输入变量，F 为输出变量。从与逻辑的真值表可以看到，只有 A 和 B 都为“1”时，输出为“1”。

与逻辑可用式(1.2.1)逻辑表达式表示，式中的“·”都表示逻辑乘，也可以省去。

$$F(A,B)=A\cdot B=AB \tag{1.2.1}$$

利用二极管的单向导电性很容易得到逻辑与的关系，由二极管构成的与门电路如图 1.2.1(b)所示。设二极管为理想二极管，定义输入和输出(A、B 和 F)为高电平(+5 V)是逻辑“1”，低电平(0 V)是逻辑“0”。当输入信号中，有一个或一个以上为低电平 0 V 时，输出 F 就被钳制在低电平 0 V 左右(设二极管为理想二极管，导通时的压降为 0 V)。只有 A、B 均为高电平 5 V 时，两个二极管输入均截止，输出 F 为 5 V，实现与逻辑功能。

在进行逻辑电路的分析和设计时，多用逻辑图来描述电路的逻辑功能。逻辑图中使用“与门”代表与逻辑运算。与门的符号如图 1.2.1(c)所示。

(2) 或逻辑运算

或逻辑运算的定义为：当决定事件发生的多个条件中有一个或一个以上具备时，该事件发生。或逻辑运算又称为逻辑加。

图 1.2.2(a)用电路表达了或运算的逻辑关系，当两个开关有任意一个或两个都闭合，指示灯就会亮。

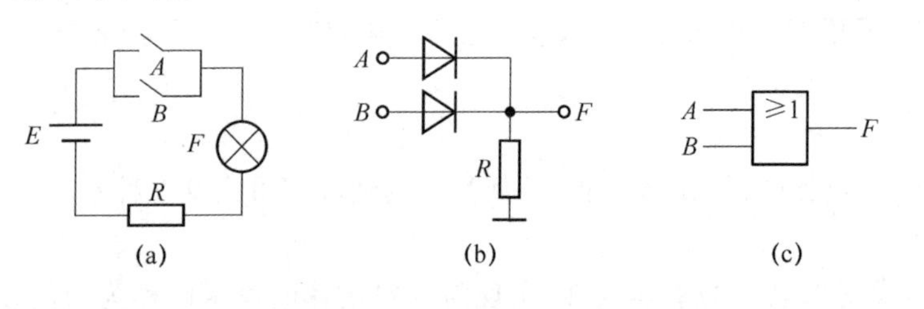

图 1.2.2　或逻辑

表 1.2.2　或逻辑真值表

A	B	F
0	0	0
0	1	1
1	0	1
1	1	1

或逻辑运算关系可以用表 1.2.2 所示的真值表表示。真值表中“1”和“0”的定义同与逻辑。A 和 B 中只要有一个为“1”，或两个都是“1”，输出为“1”。

或逻辑可用式(1.2.2)逻辑表达式表示。式中“+”表示或逻辑(逻辑加)。

$$F(A,B)=A+B \tag{1.2.2}$$

用二极管构成的或门逻辑电路如图 1.2.2(b)所示。输入信号中，只要有一个或一个以上为高电平 5 V 时，相应的二极管导通，输出 F 就为高电平 5 V。只有 A、B 均为低电平 0 V 时，两个二极管均截止，输出 F 为低电平 0 V，从而实现或逻辑功能。

逻辑图中使用“或门”代表或逻辑运算。或门的符号如图 1.2.2(c)所示。

(3) 非逻辑运算

非逻辑运算的定义为：决定事件发生的条件只有一个，当条件具备时，事件不发生，条件不具备时，事件发生。非运算又称为“反相”运算或称逻辑反。

图 1.2.3(a)用电路表达了非运算的逻辑关系，当开关闭合，指示灯不亮，开关断开，指示灯亮。

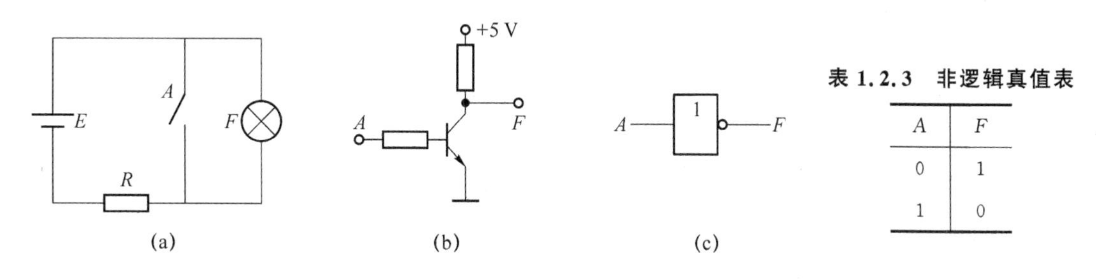

表 1.2.3　非逻辑真值表

A	F
0	1
1	0

图 1.2.3　非逻辑

非逻辑运算关系可以用表 1.2.3 所示的真值表表示。真值表中“1”和“0”的定义同与逻辑。当输入取值为“1”时，输出为“0”。

非逻辑可用式(1.2.3)逻辑表达式表示。式中“$^-$”表示非逻辑。

$$F=\overline{A} \tag{1.2.3}$$

用三极管构成的非门逻辑电路如图 1.2.3(b)所示。当输入为高电平时，三极管饱和，输出为低电平；当输入为低电平时，三极管截止，输出为高电平。

逻辑图中使用“非门”代表非逻辑运算。非门的符号如图 1.2.3(c)所示。

上面提到的与门和或门都有两个输入端，当有多个输入信号时，与门的逻辑表达式可以写为 $F(A,B,C\cdots)=ABC\cdots$；或门的逻辑表达式可以写为 $F(A,B,C\cdots)=A+B+C+\cdots$。逻辑符号增加对应的输入端即可。

1.2.2　复合逻辑运算

虽然基本逻辑运算只有与、或、非 3 种，但实际应用中很多情况下将两种或 3 种基本逻辑运算结合，实现复合逻辑运算，这些复合运算对应的逻辑电路为复合逻辑门。

1. 与非逻辑运算(与非门)

与非逻辑运算就是实现先“与”再实现“非”的逻辑运算。其逻辑函数表达式可表示为

$$F(A,B)=\overline{AB} \tag{1.2.4}$$

图 1.2.4 所示为与非门的逻辑符号。根据符号，可以理解为在输出端的“小圆圈”前实现的是 A 和 B 的与逻辑运算，“小圆圈”表示实现逻辑非运算。表 1.2.4 为与非逻辑的真值表。

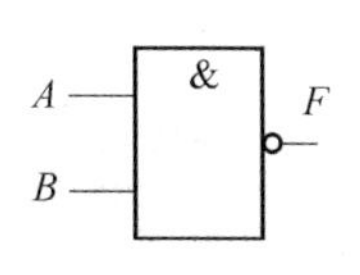

图 1.2.4　与非门

表 1.2.4　与非逻辑的真值表

A	B	F
0	0	1
0	1	1
1	0	1
1	1	0

2. 或非逻辑运算(或非门)

或非逻辑运算是实现先“或”再实现“非”的逻辑运算。其函数表达式可表示为

$$F(A,B)=\overline{A+B} \tag{1.2.5}$$

图 1.2.5 所示为或非门的逻辑符号。或非门的真值表如表 1.2.5 所示。

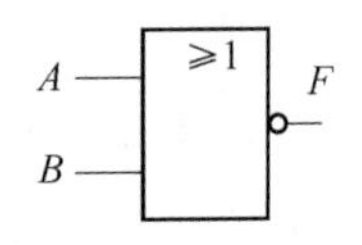

图 1.2.5　或非门

表 1.2.5　或非逻辑真值表

A	B	F
0	0	1
0	1	0
1	0	0
1	1	0

3. 与或非逻辑运算(与或非门)

与或非逻辑运算是先实现“与”,与的结果进行“或”运算,最后进行“非”运算的逻辑运算。其函数表达式为

$$F(A,B,C,D)=\overline{AB+CD} \tag{1.2.6}$$

图 1.2.6 所示为与或非门的逻辑符号。该与或非门先实现信号 A 和 B 相与、C 和 D 相与,相与的结果进行或运算,最后实现非运算。与或非逻辑的真值表如表 1.2.6 所示。

表 1.2.6　与或非逻辑真值表

A	B	C	D	F	A	B	C	D	F
0	0	0	0	1	1	0	0	0	1
0	0	0	1	1	1	0	0	1	1
0	0	1	0	1	1	0	1	0	1
0	0	1	1	0	1	0	1	1	0
0	1	0	0	1	1	1	0	0	0
0	1	0	1	1	1	1	0	1	0
0	1	1	0	1	1	1	1	0	0
0	1	1	1	0	1	1	1	1	0

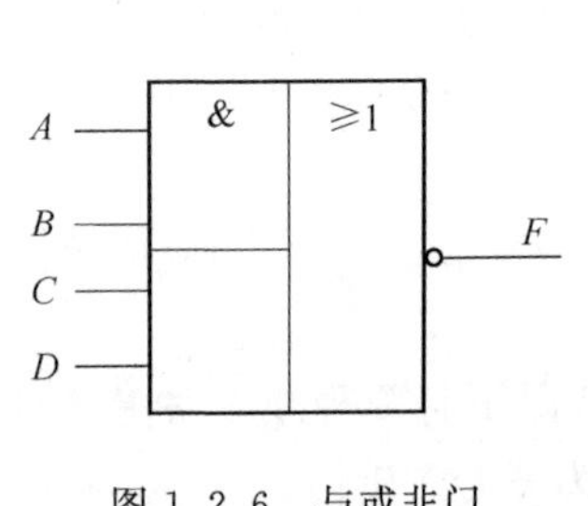

图 1.2.6　与或非门

4. 异或逻辑运算(异或门)

异或逻辑运算是将两路输入进行比较,两路输入不相同时事件为真;两路输入相同时事件为假。异或对应的逻辑表达式为

$$F(A,B)=\overline{A}B+A\,\overline{B}=A\oplus B \tag{1.2.7}$$

图 1.2.7 为异或门逻辑符号,真值表如表 1.2.7 所示。

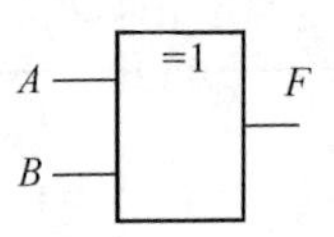

图 1.2.7　异或门

表 1.2.7　异或逻辑真值表

A	B	F
0	0	0
0	1	1
1	0	1
1	1	0

5. 同或逻辑运算(同或门)

同或逻辑运算是将两路输入进行比较,相同时事件为真;不同时事件为假。其逻辑表达式为

$$F(A,B)=\overline{A}\cdot\overline{B}+A\cdot B=A\odot B \tag{1.2.8}$$

图 1.2.8 所示为同或门的逻辑符号，真值表如表 1.2.8 所示。

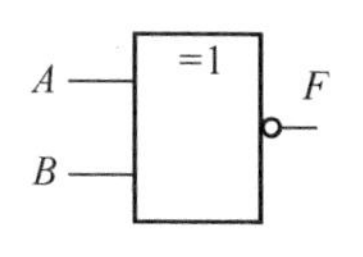

图 1.2.8 同或门

表 1.2.8 同或逻辑真值表

A	B	F
0	0	1
0	1	0
1	0	0
1	1	1

异或运算和同或运算经常用来进行奇偶校验，如逻辑函数 $F(A,B,C,D)=A\oplus B\oplus C\oplus D$，当 4 个输入中有奇数个 1 时，其异或运算的结果为 1，否则为 0。

6. 门电路的符号

以上所给出的逻辑门符号均为国标符号，图 1.2.9 列出了与曾用符号的对照关系，以供大家在学习和应用时参考。

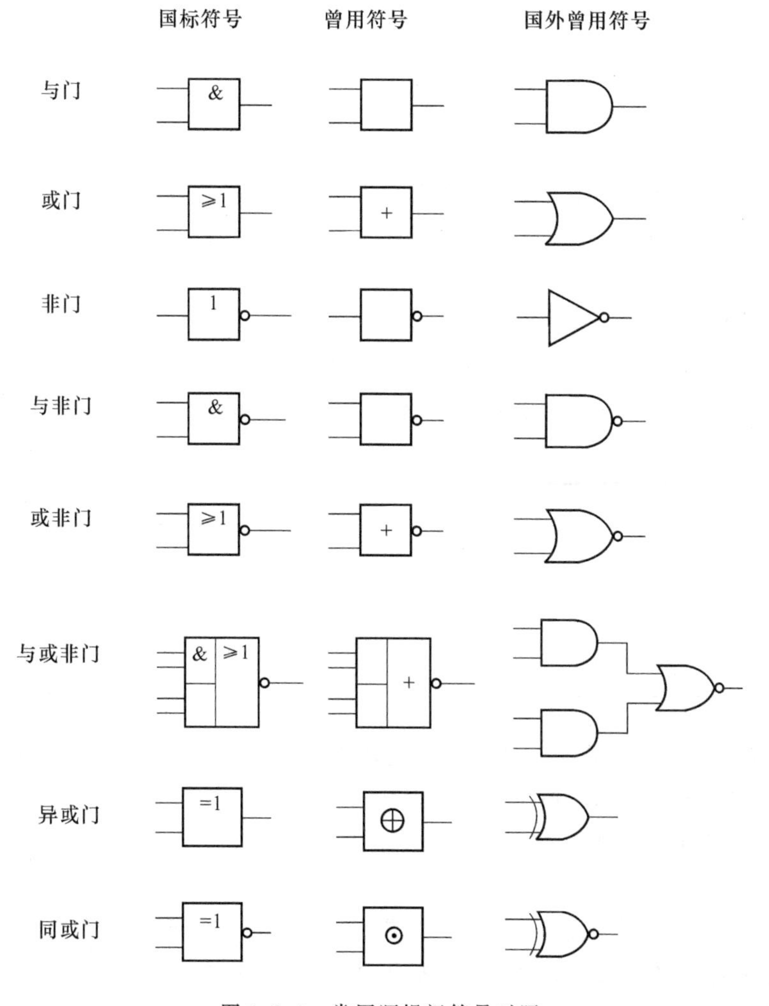

图 1.2.9 常用逻辑门符号对照

1.2.3 逻辑代数的基本定律和基本规则

1. 逻辑代数的基本定律

与普通代数一样，逻辑代数作为一门完整的代数学，有其基本的运算公式和运算定理。表 1.2.9 给出了逻辑代数的基本定律，这些定律也称为布尔恒等式。这些基本定律可以通过真值表进行验证。

表 1.2.9 逻辑代数的基本定律

1	交换律	$A+B=B+A$	$A\cdot B=B\cdot A$
2	结合律	$A+(B+C)=(A+B)+C$	$A\cdot(B\cdot C)=(A\cdot B)\cdot C$
3	分配律	$A(B+C)=A\cdot B+A\cdot C$	$A+B\cdot C=(A+B)(A+C)$
4	吸收律	$A+A\cdot B=A$	$A\cdot(A+B)=A$
5	0-1 律	$A+1=1$ $A+0=A$	$A\cdot 0=0$ $A\cdot 1=A$
6	互补律	$A+\overline{A}=1$	$A\cdot\overline{A}=0$
7	重叠律	$A+A=A$	$A\cdot A=A$
8	对合律(还原律)	$\overline{\overline{A}}=A$	
9	反演律(摩根定理)	$\overline{A+B}=\overline{A}\cdot\overline{B}$	$\overline{A\cdot B}=\overline{A}+\overline{B}$

从以上基本定律看，逻辑代数的运算规则和普通代数运算规则有许多相似的地方，但也有不同之处。如分配律的两个表达式中，乘对加的分配律与普通代数一样，而加对乘的分配律则不符合普通代数规则，对此需要特别予以注意。

【例 1.2.1】 求证反演率第一条$\overline{A+B}=\overline{A}\cdot\overline{B}$。

证明：分别列出等式两边表达式的真值表(如表 1.2.10 所示)。

表 1.2.10 例 1.2.1 的真值表

(a)

A	B	$\overline{A+B}$
0	0	1
0	1	0
1	0	0
1	1	0

(b)

A	B	$\overline{A}\cdot\overline{B}$
0	0	1
0	1	0
1	0	0
1	1	0

从两个真值表可以看到，在所有输入变量组合下，输出对应相等，故等式成立。

2. 逻辑代数运算的基本规则

逻辑代数运算有 3 条基本规则。

(1) 代入规则

任何一个含有变量 X 的逻辑等式中，如果将等式中所有出现 X 的位置都用一个逻辑表达式 F 替代，则等式依然成立。这个规则称为代入规则(也称为代入定理)。

由于逻辑变量 X 只有 0 和 1 两种取值，X 为 0 或 X 为 1 等式都成立。而逻辑表达式的取值也是 0 和 1 两种，无论表达式是 0 还是 1，代入等式，等式依然成立。

利用代入规则很容易将基本定律从两变量等式扩展为多变量等式。

【例 1.2.2】 已知反演律$\overline{A+B}=\overline{A}\cdot\overline{B}$,将其扩展到 3 个变量。

解:设函数表达式为 $F(B,C)=B+C$,用该表达式代替等式中的 B,则有:

$$\overline{A+(B+C)}=\overline{A}\cdot\overline{B+C}$$

$$\overline{A+B+C}=\overline{A}\cdot\overline{B}\cdot\overline{C}$$

(2) 反演规则

对于一个逻辑表达式 F,如果将 F 中的所有“·”变为“+”,“+”变为“·”,“1”变为“0”,“0”变为“1”,原变量变反变量,反变量变原变量,运算顺序保持不变,即可得到原表达式的反(非)表达式$\overline{F}$。这个规律叫做反演规则,也称反演定理。

【例 1.2.3】 若 $F(A,B,C,D)=\overline{(A+B)}\cdot(\overline{C}+\overline{D})$,利用反演规则求$\overline{F}$。

解: $$\overline{F}(A,B,C,D)=\overline{(\overline{A}\cdot\overline{B})}+(C\cdot D)$$

利用反演规则很容易求得一个表达式的反,但需要特别注意的是,不能在运用规则时破坏原表达式的运算次序。

(3) 对偶规则

将逻辑表达式 F 中的所有“·”变为“+”,“+”变为“·”,“1”变为“0”,“0”变为“1”,得到一个新的逻辑表达式 F'。F' 即称为 F 的对偶式。

【例 1.2.4】 若 $F(A,B,C,D)=A\cdot\overline{B}+C\cdot\overline{D}$,利用对偶规则求 F'。

解: $$F'(A,B,C,D)=(A+\overline{B})\cdot(C+\overline{D})$$

反演规则和对偶规则的区别是后者对变量不做取反操作。另外,如果两个函数相等,则对应的对偶式也相等。由表 1.2.9 给出的基本定律中(第 8 条除外),每一条定律中的两对都可以由对偶规则得到。

1.2.4 逻辑代数的常用公式

在进行逻辑运算时会用到以下给出的一些常用公式。运用逻辑代数的基本定律和规则可以加以证明。

(1) $A\cdot B+A\cdot\overline{B}=A$

(2) $A+\overline{A}\cdot B=A+B$

(3) $A\cdot B+\overline{A}\cdot C+B\cdot C=A\cdot B+\overline{A}\cdot C$

(4) $(A+B)\cdot(\overline{A}+C)=A\cdot C+\overline{A}\cdot B$

(5) $\overline{A\cdot\overline{B}+\overline{A}\cdot B}=A\cdot B+\overline{A}\cdot\overline{B}$

【例 1.2.5】 求证 $A\cdot B+\overline{A}\cdot C+B\cdot C=A\cdot B+\overline{A}\cdot C$。

证明:

$A\cdot B+\overline{A}\cdot C+B\cdot C$

$=AB+\overline{A}C+(A+\overline{A})BC$ (运用了互补率和 0-1 率)

$=AB+ABC+\overline{A}C+\overline{A}BC$ (运用了分配率)

$=AB(1+C)+\overline{A}C(1+B)$ (运用了分配率)

$=AB+\overline{A}C$ (运用了 0-1 率)

1.2.5　正逻辑与负逻辑

在数字逻辑电路中，通常高电平用逻辑“1”表示，低电平用逻辑“0”表示。这种表示方式称为正逻辑；如果高电平用逻辑“0”表示，低电平用逻辑“1”表示，则称为负逻辑。本书不作特别说明的话，即为正逻辑。

对于正逻辑的或门，$F=A+B$，其真值表如表 1.2.11(a)所示，其中低电平用逻辑“0”表示，高电平用逻辑“1”表示。若将表 1.2.11(a)中的低电平用逻辑“1”表示，高电平用逻辑“0”表示，则得到表 1.2.11(b)。可以看出用正逻辑表示的“或”逻辑，在负逻辑表示下，其输出与输入之间的逻辑关系变为“与”逻辑，即对应的负逻辑表达式为 $\overline{F}(A,B)=\overline{A}\cdot\overline{B}$，变量上面带的“非”符号代表取负逻辑。可见对同一个电路，用正逻辑或者负逻辑来表示其输出与输入之间的逻辑关系时，表示为不同的逻辑关系。

表 1.2.11　$F=A+B$ 的正、负逻辑真值表

(a)

A　B（电平）	A　B（逻辑）	F（电平）	F（逻辑）
L　L	0　0	L	0
L　H	0　1	H	1
H　L	1　0	H	1
H　H	1　1	H	1

(b)

A　B（电平）	A　B（逻辑）	F（电平）	F（逻辑）
L　L	1　1	L	1
L　H	1　0	H	0
H　L	0　1	H	0
H　H	0　0	H	0

负逻辑对应的逻辑门的符号如图 1.2.10 所示，在各输入门中都带有小圈。

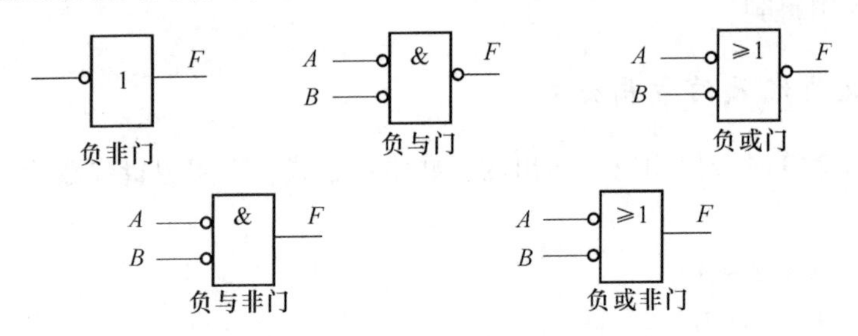

图 1.2.10　负逻辑符号

图 1.2.10 中的负与门，可以按符号图所示写出其负逻辑表达式为$\overline{F}=\overline{A}\,\overline{B}$，根据摩根定律得到对应正逻辑表达式为 $F=A+B$，即负逻辑的与门为正逻辑的或门。同样，对于负逻辑的与非门，其负逻辑表达式为$\overline{F}=\overline{\overline{A}\,\overline{B}}$，可以化为 $F=\overline{A}\,\overline{B}=\overline{A+B}$，即负逻辑的与非门为正逻辑的或非门。

使用正逻辑和负逻辑得到的逻辑关系不同(如负逻辑的与门对应正逻辑的或门)，但描述的是同一事物。实际上当把负逻辑转换为正逻辑表示时，直接根据负逻辑的符号，写出正逻辑的表达式即可。仍以负与非门为例，根据其符号，输入信号是 A 和 B，信号经过“小圆圈”后得到的是$\overline{A}$和$\overline{B}$。输出为 F，可以直接得到 $F=\overline{A}\cdot\overline{B}=\overline{A+B}$。

1.3 逻辑函数及其表示方法

1.3.1 逻辑函数

在数字系统中逻辑函数分为两个大类。一类称为组合逻辑函数，特点是函数的输出仅与当前的输入有关，当输入变量的取值确定后，输出的取值也随之确定。另一类称为时序逻辑函数，特点是函数的输出不仅与当前的输入有关，还与过去的输入以及初始状态有关，即电路中含有记忆单元。

本小节主要介绍如何用组合逻辑函数描述一件具体事物的因果关系。关于时序逻辑函数和时序逻辑电路，将在第 4 章开始介绍。

以我们常见到的举重比赛中 3 人判决为例，判决是根据少数服从多数的原则进行，只要有两名或两名以上的裁判判决成功，即认为运动员试举成功。举重裁判电路可用图 1.3.1 表示，设 A、B、C 为 3 名裁判控制的开关，以开关闭合表示该裁判判决成功，开关断开表示该裁判判决失败。以指示灯 F 亮表示成功，指示灯不亮表示失败。从电路可以分析出，只要任意两裁判判决成功，就会有一条通路导通，使指示灯亮，例如 A 和 B 裁判判决成功，C 裁判判决失败，则电路中最上方的通路的两个开关闭合，指示灯点亮。

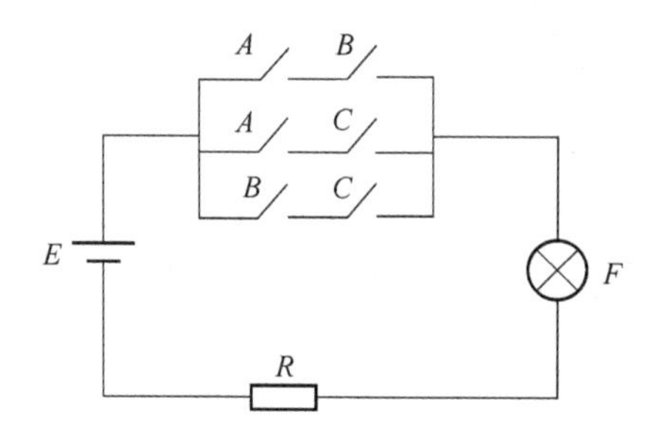

图 1.3.1　裁判电路

实际上图 1.3.1 所示的电路，可用一个逻辑函数来表示，这个逻辑函数描述输出 F 与输入 A、B、C 之间的逻辑关系。

1.3.2 逻辑函数的表示方法

对于同一个逻辑函数的表示方法主要有 4 种：真值表、逻辑表达式（或称逻辑函数）、逻辑图和卡诺图。下面分别进行介绍。

1. 真值表

真值表是表征逻辑事件输入和输出之间全部可能状态的表格，即将输入信号所有的取值组合与对应的输出结果通过表格的方式全部列出。我们已经使用真值表描述过各种门电路。图 1.3.1 的裁判电路的真值表如表 1.3.1 所示。从真值表可以看出，只有 A、B、C 变量组合中有两个 1 或 3 个都是 1 时，输出 F 为 1。所以表 1.3.1 描述了判决电路的逻辑关系。

表 1.3.1 判决电路真值表

A	B	C	F
0	0	0	0
0	0	1	0
0	1	0	0
0	1	1	1
1	0	0	0
1	0	1	1
1	1	0	1
1	1	1	1

2. 逻辑表达式

逻辑表达式是用逻辑运算符关联和描述输出与输入变量之间逻辑关系的表达式。当有了真值表后，很容易直接写出对应的逻辑表达式，只需将真值表中输出为 1 的输入变量组合的乘积项“相或”即可。输入组合中如果变量为 1 则取原变量，变量为 0 则取反变量。如对应真值表 1.3.1，可以用式(1.3.1)所示的逻辑表达式描述：

$$F(A,B,C)=\overline{A}BC+A\,\overline{B}C+AB\,\overline{C}+ABC \tag{1.3.1}$$

式(1.3.1)表示当 A、B、C 分别为 011、101、110 和 111 时，$F=1$，其他变量组合时 $F=0$。除了式(1.3.1)外还有多个函数表达式描述这个判决电路。如式(1.3.1)还可以简化为 $F(A,B,C)=BC+AC+AB$。逻辑表达式的简化将在 1.4 节中详细介绍。

3. 逻辑图

逻辑图是将逻辑运算关系用逻辑图形符号描述的一种方法。有了逻辑表达式，可以使用对应的逻辑符号画出逻辑图。图 1.3.1 所示判决电路的逻辑图如图 1.3.2 所示。

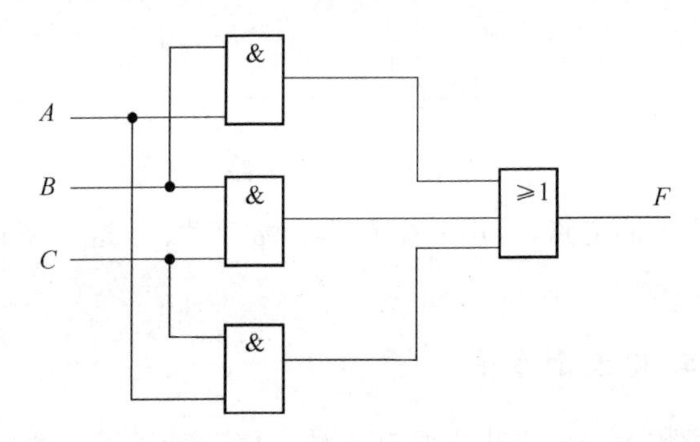

图 1.3.2 判决电路的逻辑图

4. 卡诺图

卡诺图是逻辑函数的一种图形化表示方式。可以看成是真值表的变形(另一种表示方法)。表 1.3.1 所示真值表对应的卡诺图如图 1.3.3 所示。在 1.4 节中将详细介绍卡诺图的构成及使用方法。

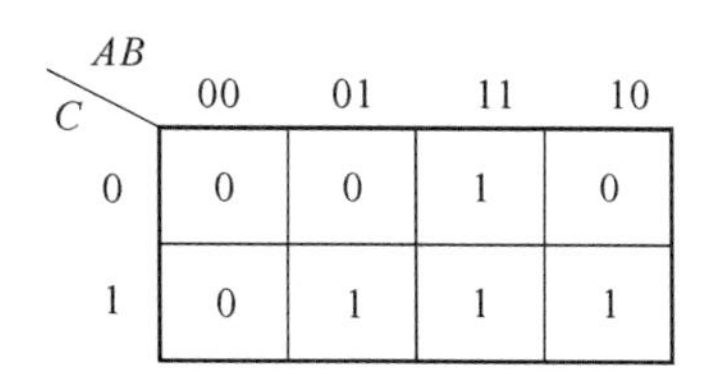

图 1.3.3　判决电路的卡诺图

1.3.3　逻辑函数的两种标准表达式

1. 最小项及最小项表达式

(1) 最小项：在有 n 个逻辑变量的逻辑函数中，若某个乘积项 m 包含了所有 n 个逻辑变量，而且这 n 个变量均以原变量或反变量的形式只出现一次，则称这个乘积项 m 为该组变量的最小项。在变量组合中，当变量取值为"0"时，最小项中对应变量取反变量；变量取值为"1"时，最小项中的对应变量取原变量。一个函数有 n 个变量，对应共有 2^n 个最小项。例如一个 3 变量函数，其变量组合分别为 000、001、010、…、110、111，共 8 组，对应的最小项分别为$\overline{A}\,\overline{B}\,\overline{C}$、$\overline{A}\,\overline{B}C$、$\overline{A}B\,\overline{C}$、…、$AB\overline{C}$、$ABC$，共 8 个最小项。表 1.3.2 所示是 3 个逻辑变量 A，B，C(A 为最高位)构成 $2^3=8$ 个最小项。最小项也可以用 m 表示，其中 m_0、m_1、…、m_7 中 m 的下角标对应 ABC 的十进制值，如 m_0 对应 ABC 为 000(0)的组合，m_5 对应 ABC 为 101(5)组合。

表 1.3.2　3 个逻辑变量的最小项

A	B	C	最小项	m
0	0	0	$\overline{A}\,\overline{B}\,\overline{C}$	m_0
0	0	1	$\overline{A}\,\overline{B}\,C$	m_1
0	1	0	$\overline{A}\,B\,\overline{C}$	m_2
0	1	1	$\overline{A}\,B\,C$	m_3
1	0	0	$A\,\overline{B}\,\overline{C}$	m_4
1	0	1	$A\,\overline{B}\,C$	m_5
1	1	0	$A\,B\,\overline{C}$	m_6
1	1	1	$A\,B\,C$	m_7

(2) 最小项的性质：

① 对于任意一组变量取值，只有一个最小项的值为 1，其他为 0；

② 任意两个不同的最小项之积必为 0，即 $m_i \cdot m_j=0(i\neq j)$；

③ n 个变量的所有最小项之和必为 1，即 $\sum_{i=0}^{2^n-1} m_i = 1$。

(3) 最小项表达式：如果一个逻辑函数均由最小项组成，即用最小项之和的形式表示，则该逻辑函数称为最小项之和表达式，简称最小项表达式。任何一个逻辑函数均可表示为唯一的一组最小项之和表达式，也称它为标准"与或"表达式。

【例 1.3.1】 将 $F(A,B,C)=\overline{A}B+BC+A\overline{B}\,\overline{C}$化为标准“与或”表达式。

解：

$$\begin{aligned}\overline{A}B+BC+A\overline{B}\,\overline{C} &= \overline{A}B(C+\overline{C})+(A+\overline{A})BC+A\overline{B}\,\overline{C}\\ &= \overline{A}BC+\overline{A}B\overline{C}+ABC+A\overline{B}\,\overline{C}\\ &= m_3+m_2+m_7+m_4\\ &= \sum m(2,3,4,7)\end{aligned}$$

在例 1.3.1 给出的函数表达式 $F(A,B,C)=\overline{A}B+BC+A\overline{B}\,\overline{C}$中，$\overline{A}B$ 和 BC 这两个与项没有包含所有变量，因此不是最小项，而 $A\overline{B}\,\overline{C}$是最小项。可以利用 0-1 率和重叠率，将非最小项中缺少的变量补齐，使表达式成为最小项表达式（标准与或表达式）。

2. 最大项及最大项表达式

（1）最大项：在有 n 个逻辑变量的逻辑函数中，若某个或项 M 包含了所有 n 个逻辑变量，而且这 n 个变量均以原变量或反变量的形式只出现一次，则称这个或项 M 为该组变量的最大项。在变量组合中，当变量取值为“0”时，最大项中对应变量取原变量；变量取值为“1”时，最大项中的对应变量取反变量。一个函数有 n 个变量，对应共有 2^n 个最大项。例如一个 3 变量函数，其变量组合分别为 000、001、010、…、110、111，共 8 组，对应的最大项分别为 $A+B+C$、$A+B+\overline{C}$、$A+\overline{B}+C$、…、$\overline{A}+\overline{B}+C$、$\overline{A}+\overline{B}+\overline{C}$，共 8 个最大项。表 1.3.3 所示是 3 个逻辑变量 A、B、C（A 为最高位）构成 $2^3=8$ 个最大项。类似最小项，最大项也可以用 M 表示。表 1.3.3 所示是 3 个逻辑变量 A、B、C（A 为最高位）构成的 8 个最大项。

表 1.3.3　3 个逻辑变量的最大项

A	B	C	最大项	M
0	0	0	$A+B+C$	M_0
0	0	1	$A+B+\overline{C}$	M_1
0	1	0	$A+\overline{B}+C$	M_2
0	1	1	$A+\overline{B}+\overline{C}$	M_3
1	0	0	$\overline{A}+B+C$	M_4
1	0	1	$\overline{A}+B+\overline{C}$	M_5
1	1	0	$\overline{A}+\overline{B}+C$	M_6
1	1	1	$\overline{A}+\overline{B}+\overline{C}$	M_7

（2）最大项的性质：

① 对于任意一组变量取值，只有一个最大项的值为 0，其他为 1；

② 任意两个不同的最大项之和必为 1，即 $M_i+M_j=1\ (i\neq j)$；

③ n 个变量的所有 2^n 个最大项之积必为 0，即 $\prod_{i=0}^{2^n-1} M_i=0$。

（3）最大项表达式：如果一个逻辑函数均由最大项组成，即用最大项之积的形式表示，则该逻辑函数称为最大项之积表达式，简称最大项表达式。任何一个逻辑函数均可表示为唯一的一组最大项之积表达式，也称它为标准“或与”表达式。

【例 1.3.2】 将 $F(A,B,C)=(A+B)\cdot(\overline{A}+B+C)$化为标准“或与”表达式。

解：

$$
\begin{aligned}
F(A,B,C) &= (A+B)\cdot(\overline{A}+B+C) \\
&= (A+B+C\cdot\overline{C})\cdot(\overline{A}+B+C) \\
&= (A+B+C)\cdot(A+B+\overline{C})\cdot(\overline{A}+B+C) \\
&= M_0 \cdot M_1 \cdot M_4 \\
&= \prod M(0,1,4)
\end{aligned}
$$

在例 1.3.2 给出的函数表达式 $F(A,B,C)=(A+B)\cdot(\overline{A}+B+C)$ 中，或项 $(A+B)$ 没有包含所有变量，因此不是最大项，$(\overline{A}+B+C)$ 是最大项。可以利用 0-1 率和重叠率，将非最大项中缺少的变量补齐，使表达式成为最大项表达式（标准或与表达式）。

3. 最大项和最小项之间的关系

（1）m_i 和 M_i 互补，即 $M_i=\overline{m_i}$，$m_i=\overline{M_i}$。例如：

$$\overline{m_0}=\overline{\overline{A}\,\overline{B}\,\overline{C}}=A+B+C=M_0$$

（2）以 m 个最小项之和表示的一个有 n 个变量的函数 F，其反函数 $\overline{F}$ 可用 M 个最大项之积表示。这 M 个最大项的编号与 m 个最小项的编号完全相同。

【例 1.3.3】 求 $F(A,B,C)=\sum m(2,3,4,7)$ 的反函数 $\overline{F}$。

解：

$$
\begin{aligned}
\overline{F}(A,B,C) &= \overline{m_2+m_3+m_4+m_7} \\
&= \overline{\overline{M_2}+\overline{M_3}+\overline{M_4}+\overline{M_7}} \\
&= M_2 \cdot M_3 \cdot M_4 \cdot M_7 \\
&= \prod M(2,3,4,7)
\end{aligned}
$$

1.4 逻辑函数的简化

同一个事物可以有多种函数表达形式，如可以用最小项表达式描述，也可以用最大项表达式描述，还可以用更加简洁的表达式描述。逻辑功能相同，但表达形式有繁有简，对应实现的逻辑电路也不相同，也会有简有繁。一般情况下，逻辑表达式越简单，所设计出的逻辑电路就越简单，也越经济、可靠。因此需要掌握逻辑函数简化的技巧。

在函数的各种表达式中，"与或"表达式和"或与"表达式是最基本的表达式。本节主要介绍如何将一个逻辑函数简化为最简与或表达式和最简或与表达式。

逻辑函数的简化有代数法、卡诺图法、Q-M 法等，本书介绍前两种简化方法。代数法的简化主要介绍如何获得最简与或式，利用对偶规则很容易得到或与表达式。

当一个函数简化为最简与或式时，应该满足如下要求：

（1）与项的个数最少（即使用与门的个数最少）。

（2）与项中所包含的变量个数最少（即每个与门的输入端最少，所有门的输入端的总数最少）。

1.4.1 代数简化法

用代数法简化逻辑函数，就是反复运用逻辑代数的基本定律、基本规则和常用公式，消去表达式中的多余项和多余变量。这一过程需要熟练运用前面给出的基本规则和常用公式，在很多情况下还需要依靠经验和技巧。代数法简化逻辑函数主要方法有以下几种。

1. 合并项法

利用公式 $AB+A\overline{B}=A(B+\overline{B})=A$ 将两项合并。当然由代入规则可知，A 和 B 都可以是任意复杂的逻辑函数式。

【例 1.4.1】 简化函数 $F(A,B,C)=A(BC+\overline{B}\,\overline{C})+A(B\overline{C}+\overline{B}C)$。

解：

方法一：

$$\begin{aligned}&A(BC+\overline{B}\,\overline{C})+A(B\overline{C}+\overline{B}C)\\=&ABC+A\overline{B}\,\overline{C}+AB\overline{C}+A\overline{B}C\\=&AB(C+\overline{C})+A\overline{B}(\overline{C}+C)\\=&AB+A\overline{B}\\=&A\end{aligned}$$

方法二：

$$\begin{aligned}&A(BC+\overline{B}\,\overline{C})+A(B\overline{C}+\overline{B}C)\\=&A(\overline{B\oplus C})+A(B\oplus C)\\=&A\end{aligned}$$

2. 吸收法

利用公式 $A+AB=A$ 和 $AB+\overline{A}C+BC=AB+\overline{A}C$ 消去多余项。

【例 1.4.2】 简化函数 $F(A,B,C,D)=AC+A\overline{B}CD+ABC+\overline{C}D+ABD$。

解：

$$\begin{aligned}&AC+A\overline{B}CD+ABC+\overline{C}D+ABD\\=&AC(1+\overline{B}D+B)+\overline{C}D+ABD+AD\quad(AD\text{ 为根据 }AC+\overline{C}D\text{ 的增加项})\\=&AC+\overline{C}D+AD(1+B)\\=&AC+\overline{C}D+AD\\=&AC+\overline{C}D\end{aligned}$$

从例 1.4.2 可以得到推论，对于常用公式 $AB+\overline{A}C+BC=AB+\overline{A}C$ 可扩展为

$$AB+\overline{A}C+BC[f(D,E,\cdots)]=AB+\overline{A}C$$

3. 消因子法

利用公式 $A+\overline{A}B=A+B$ 消去多余因子。

【例 1.4.3】 化简 $AB+\overline{A}C+\overline{B}C$。

解：

$$\begin{aligned}AB+\overline{A}C+\overline{B}C&=AB+(\overline{A}+\overline{B})C\\&=AB+\overline{AB}C\\&=AB+C\end{aligned}$$

4. 配项法

为了求得最简结果，可将某一乘积项乘以 $(A+\overline{A})$，将一项展开为两项，或利用 $AB+\overline{A}C=AB+\overline{A}C+BC$ 增加 BC 项，再与其他乘积项进行合并化简，以达到最简表达式的目的。

【例 1.4.4】 简化函数 $F(A,B,C)=A\overline{B}+B\overline{C}+\overline{B}C+\overline{A}B$。

解：

$$\begin{aligned}&A\overline{B}+B\overline{C}+\overline{B}C+\overline{A}B\\=&A\overline{B}+B\overline{C}+\overline{B}C(A+\overline{A})+\overline{A}B(C+\overline{C})\\=&A\overline{B}+B\overline{C}+A\overline{B}C+\overline{A}\,\overline{B}C+\overline{A}BC+\overline{A}B\overline{C}\\=&A\overline{B}+B\overline{C}+\overline{A}C\end{aligned}$$

在代数法化简过程中，一般是综合以上几种方法灵活加以应用。

【例 1.4.5】 简化函数 $Y=AD+A\overline{D}+AB+\overline{A}C+BD+ACEF+\overline{B}EF+DEFG$。

解：

$$\begin{aligned}&AD+A\overline{D}+AB+\overline{A}C+BD+ACEF+\overline{B}EF+DEFG\\&=A+AB+\overline{A}C+ACEF+BD+\overline{B}EF\text{（合并和吸收）}\\&=A+\overline{A}C+BD+\overline{B}EF\text{（吸收）}\\&=A+C+BD+\overline{B}EF\text{（消去）}\end{aligned}$$

若需要将一个或与表达式简化为最简的或与式，可通过两次求对偶获得。即将原始的或与式求其对偶式，得到一个与或式，对该与或式进行简化。将简化的结果再次求其对偶式，从而得到所需要的最简或与式。

【例 1.4.6】 简化函数 $Y=A(A+B)(\overline{A}+C)(B+D)(\overline{A}+C+E+F)(\overline{B}+F)(D+E+F)$ 为最简或与式。

解：首先将或与表达式通过对偶规则变为与或表达式。

$$\begin{aligned}Y'&=A+AB+\overline{A}C+BD+\overline{A}CEF+\overline{B}F+DEF\\&=A+\overline{A}C(1+EF)+BD+\overline{B}F\\&=A+\overline{A}C+BD+\overline{B}F\\&=A+C+BD+\overline{B}F\end{aligned}$$

再次求对偶式：

$$Y=Y''=AC(B+D)(\overline{B}+F)$$

从以上几个例子可以看出，代数法简化的优点是不受变量多少的限制，缺点是需要一定的经验和技巧，判断简化的结果是否为最简式有一定的难度。在变量不是很多的情况下，采用下面的卡诺图法来对逻辑表达式进行简化可以有效解决这些问题。

1.4.2 卡诺图化简

1. 卡诺图的构成

卡诺图是真值表的图形化表示方法，它把函数的变量分为两组进行纵横排列，变量的取值方式按照循环码的规则进行组合排列，n 个变量组成 2^n 个方格，每个方格对应一个变量组合的最小项（或最大项）。这种表示方式最早是由美国工程师卡诺（Karnaugh）提出，所以就将这种图形称为卡诺图。图 1.4.1 给出了二变量、三变量、四变量和五变量的卡诺图，图中小方格内标出的是变量组合对应的最小项（最大项相同），变量 A 为最高位。

由图 1.4.1 给出的卡诺图可以看出，卡诺图具有如下特点：

(1) 对于卡诺图中任意一个最小项与其几何位置相邻的最小项之间，仅有一个变量值不同，即具有逻辑相邻性。如四变量卡诺图中的 m_5 和 m_{13}，变量取值为 0101 和 1101，只有“A”的值不同，其他取值对应相同，我们称这两个最小项互为相邻项。

(2) 纵、横坐标中，以某一变量 0、1 取值作为分界线，其折叠对称位置上的两个最小项也互为相邻，它们之间也只有一个变量取值不同。例如四变量卡诺图中，以变量 A 的 0、1 作为分界（左边两列 $A=0$，右边两列 $A=1$），m_{11} 和 m_3 也是互为相邻项，它们之间只有变量 A 取值不同。在五变量的卡诺图中，以变量 A 的 0、1 作为分界（左边四列 $A=0$，右边四列 $A=1$），对称位置上 m_5 和 m_{21}、m_{19} 和 m_3 等都是互为相邻项。在五变量的卡诺图中，若以变

量 B 的 0、1 作为分界时，对应变量组合分为两组（000、001、011、010 和 100、101、111、110），有两条分界线。这两条分界线两边对称位置的最小项也是互为相邻的，如 m_{19} 和 m_{27}、m_{11} 和 m_3 等。

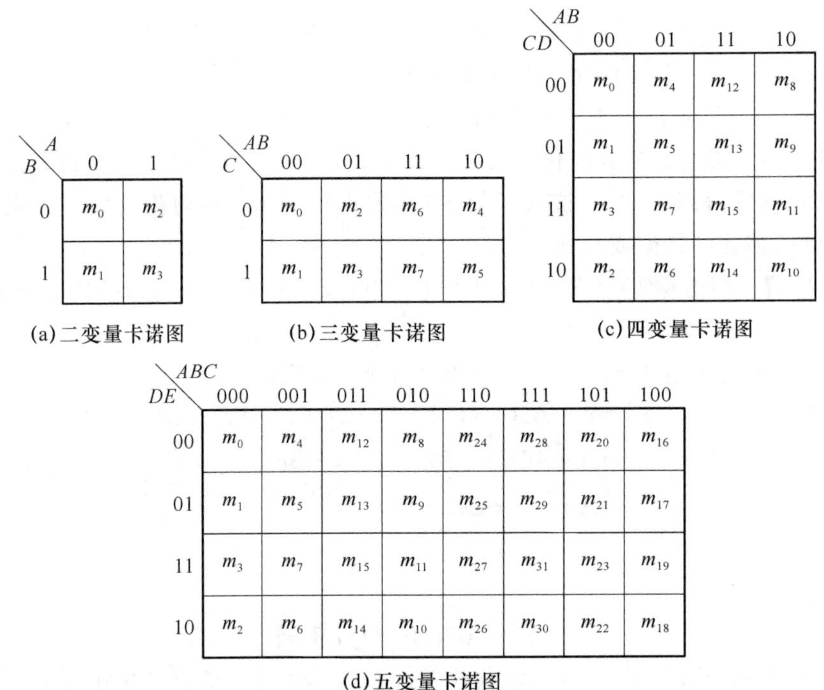

(a) 二变量卡诺图　(b) 三变量卡诺图　(c) 四变量卡诺图

(d) 五变量卡诺图

图 1.4.1　卡诺图

(3) n 变量的卡诺图包含了 2^n 个最小项（或最大项）。

(4) n 变量卡诺图中任意一个最小项（或最大项），与其相邻的最小项（或最大项）有 n 个。以五变量卡诺图中最小项 m_2 为例，与它相邻的最小项有：m_3、m_6、m_0、m_{10}、m_{18}。

2. 逻辑函数的卡诺图表示方法

(1) 将最小项表达式用卡诺图表示：如果一个逻辑函数是最小项之和形式，只需将表达式中的每个最小项在对应的卡诺图的小格内填 1 即可，其余位置填 0。

【例 1.4.7】 将函数 $F(A,B,C)=\sum m(3,5,6,7)$ 用卡诺图表示。

解：将最小项 m_3、m_5、m_6、m_7 在卡诺图对应的位置填入 1，其余最小项位置填 0。得到的卡诺图如图 1.4.2 所示。

C \ AB	00	01	11	10
0	0	0	1	0
1	0	1	1	1

图 1.4.2　例 1.4.7 的卡诺图

(2) 将最大项表达式用卡诺图表示：如果一个逻辑函数是最大项之积形式，只需将表达式中的每个最大项在对应的卡诺图的小格内填 0 即可，其余位置填 1。

【例 1.4.8】 将函数 $F(A,B,C)=\prod M(0,1,2,4)$ 用卡诺图表示。

解:将最大项 M_0、M_1、M_2、M_7 在卡诺图对应的位置填入 0,其余最小项位置填 1。得到的卡诺图仍如图 1.4.2 所示,这是由于函数 $F(A,B,C)=\sum m(3,5,6,7)$ 和 $F(A,B,C)=\prod M(0,1,2,4)$ 描述的是同一个逻辑问题。

(3) 将与或逻辑表达式(即非最小项表达式)用卡诺图表示。

方法一:将逻辑函数变换成最小项表达式再填卡诺图。

【例 1.4.9】 将函数 $F(A,B,C,D)=AB\overline{C}+\overline{A}BD+AC$ 用卡诺图表示。

解:先利用 0-1 率和分配率将函数变为最小项表达式,然后填入卡诺图,如图 1.4.3 所示。

$$\begin{aligned}F(A,B,C,D) &= AB\overline{C}+\overline{A}BD+AC \\ &= AB\overline{C}\,\overline{D}+AB\overline{C}D+\overline{A}B\overline{C}D+\overline{A}BCD+A\overline{B}C\overline{D}+A\overline{B}CD+ABC\overline{D}+ABCD \\ &= \sum m(5,7,10,11,12,13,14,15)\end{aligned}$$

方法二:根据 $A=A\overline{B}+AB$,直接将与项填入卡诺图。

观察例 1.4.9 将一个与或式变为标准与或式的过程,当某个“与项”缺少一个变量时,可以展开为两个最小项(如 $AB\overline{C}=AB\overline{C}(D+\overline{D})=AB\overline{C}D+AB\overline{C}\,\overline{D}$);当某个“与项”缺少两个变量时,可以展开为 4 个最小项(如 $AC=AC(B+\overline{B})(D+\overline{D})=ABCD+A\overline{B}CD+ABC\overline{D}+A\overline{B}C\overline{D}$)。实际上,如果乘积项没有包含全部变量,根据 $A=A\overline{B}+AB$ 可以推知,无论所缺变量取值为 1 或 0,只要乘积项现有变量因子能满足使该乘积项为 1 的条件,该乘积项便为 1。因此,只需在满足现有变量因子的小方格内填入 1 即可,当某个与项缺少一个变量,对应卡诺图有两个小方格为 1,当某个与项缺少两个变量,对应卡诺图有 4 个小方格为 1。

将函数 $F(A,B,C,D)=AB\overline{C}+\overline{A}BD+AC$ 直接用卡诺图表示的填入方法如图 1.4.4 所示。

CD \ AB	00	01	11	10
00	0	0	1	0
01	0	1	1	0
11	0	1	1	1
10	0	0	1	1

图 1.4.3 例 1.4.9 的卡诺图

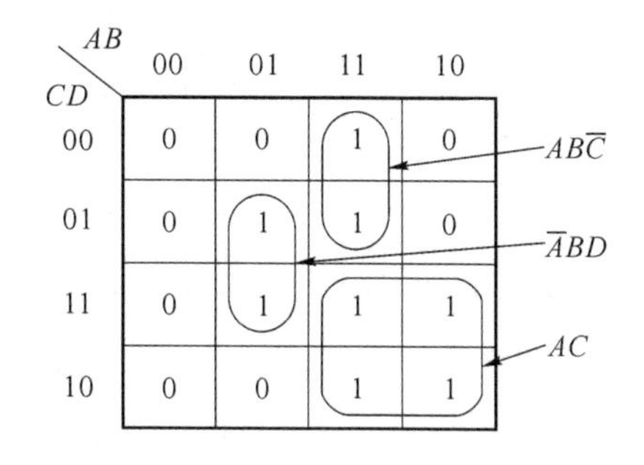

图 1.4.4 例 1.4.9 直接得到的卡诺图

(4) 将或与逻辑表达式(即非最大项表达式)用卡诺图表示。需要注意的是,或项中,0 用原变量表示,1 用反变量表示,并且一个最大项在卡诺图中对应的位置应填入 0。

【例 1.4.10】 将函数 $F(A,B,C)=B(A+C)$ 用卡诺图表示。

解:函数中 B 是一个或项,缺少变量 A 和 C,因此对应卡诺图中的 4 个 0;$A+C$ 也是一个或项,对应卡诺图中两个 0。函数的卡诺图如图 1.4.5 所示。

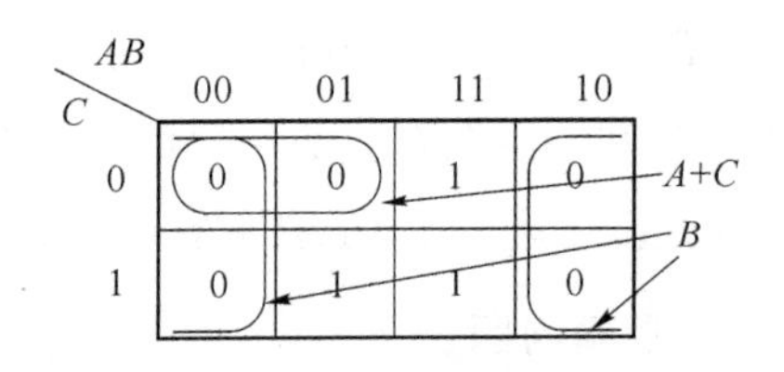

图 1.4.5　例 1.4.10 的卡诺图

在图 1.4.5 中，最大项$(A+B+C)$被使用了两次。根据重叠率 $AA=A$(或 $A+A=A$)，任意一个最大项(或最小项)都可以使用多次。

3. 用卡诺图合并最小项的规则

用卡诺图化简逻辑函数的依据是使用吸收律 $AB+A\overline{B}=A$ 或 $(A+B)(A+\overline{B})=A$ 进行简化。以与或表达式为例，如果一个变量分别以原变量和反变量的形式出现在两个乘积项中，而这两个乘积项的其余部分完全相同，那么，这两个乘积项可以合并为一项，它由相同部分的变量组成。卡诺图中任意两个输出为 1 的相邻项(只有一个变量不同)都可以使用吸收率进行简化。实际上这种简化也是我们前面提到的将一个非最小项的与项填入卡诺图的逆操作。

以图 1.4.6(a)给出的逻辑函数卡诺图为例，图中 m_0 和 m_2 是两个函数值同为 1 的相邻项，将它们组成一个合并项，$m_0+m_2=\overline{A}\,\overline{B}\,\overline{C}\,\overline{D}+\overline{A}\,\overline{B}C\,\overline{D}=\overline{A}\,\overline{B}\,\overline{D}$，消去了两项中取值有 0 又有 1 的变量 C。同理，m_8 和 m_{10} 也可以组成合并项，$m_8+m_{10}=A\overline{B}\,\overline{C}\,\overline{D}+A\overline{B}C\overline{D}=A\overline{B}\,\overline{D}$。由这两个合并项的合并结果$\overline{A}\,\overline{B}\,\overline{D}$和 $A\,\overline{B}\,\overline{D}$可以看到，这两个与项依然可以合并，即 $m_0+m_2+m_8+m_{10}=\overline{B}\,\overline{D}$，如图 1.4.6(b)所示。卡诺图中 m_0 和 m_1 相邻，可以简化为$\overline{A}\,\overline{B}\,\overline{C}$，$m_{13}$不与任何最小项相邻，无法合并。最终的合并结果如图 1.4.6(c)所示。

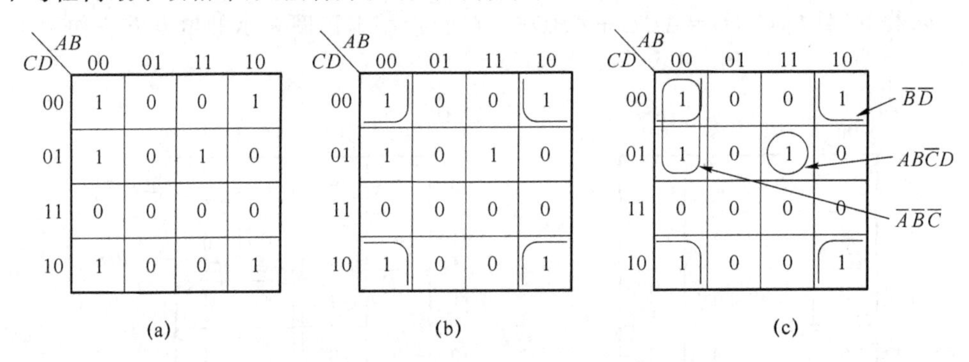

图 1.4.6　使用卡诺图简化函数

由以上分析可见，当有输出均为 1 的 2^i 个最小项(或输出均为 0 的 2^i 个最大项)形成方形阵列或矩形阵列的相邻项，可以消去 i 个变量，形成一个简化的“与”项(或简化的“或”项)。需要注意的是，由于变量使用循环码排列方式，卡诺图中每行(或每列)首尾的两个最小项也是相邻项。另外，根据重叠率 $A+A=A$，最小项 m_0 使用了两次。

4. 卡诺图法简化逻辑函数为最简与或式的步骤

(1) 将需要简化的逻辑函数变为卡诺图的表示形式(或称填入卡诺图)。

(2) 使用圈“1”的方法合并最小项。合并的原则有以下几点：

① 以最大的方形或矩形圈将相邻的 1 格圈出(不能含 0)，圈的格数必须为 2^i($i=1,2,$

3,4…)。

② 所有的1格必须圈到,且圈的个数应最少,保证乘积项最少。

③ 1格可以重复圈用。

④ 如果某一个合并圈中所有1均被其他合并圈圈过,则该圈为冗余圈,可以去掉。

(3) 每个圈对应一个合并项,将所有的合并项相或即可得到最简的与或式。

【例 1.4.11】 简化 $F(A,B,C,D)=\sum m(0,2,5,6,7,9,10,14,15)$ 为最简与或式。

解:先将函数的最小项填入卡诺图。然后从只有一种圈法的1小格开始进行最小项的合并,直到所有的1格被圈住为止。卡诺图和合并圈如图1.4.7所示。函数化简的结果是各简化的乘积项之和,即:$F(A,B,C,D)=A\overline{B}\,\overline{C}D+\overline{A}\,\overline{B}\,\overline{D}+\overline{A}BD+C\overline{D}+BC$。

【例 1.4.12】 简化 $F(A,B,C,D)=\sum m(3,4,5,7,9,13,14,15)$ 为最简与或式。

解:先将函数的最小项填入卡诺图。然后从只有一种圈法的1小格开始进行最小项的合并,直到所有的1格被圈住为止。卡诺图及合并圈如图1.4.8所示。图中的虚线所圈的1均被其他小圈覆盖,为冗余圈。得到简化后的最简与或式为:$F(A,B,C,D)=\overline{A}CD+\overline{A}B\overline{C}+A\overline{C}D+ABC$。

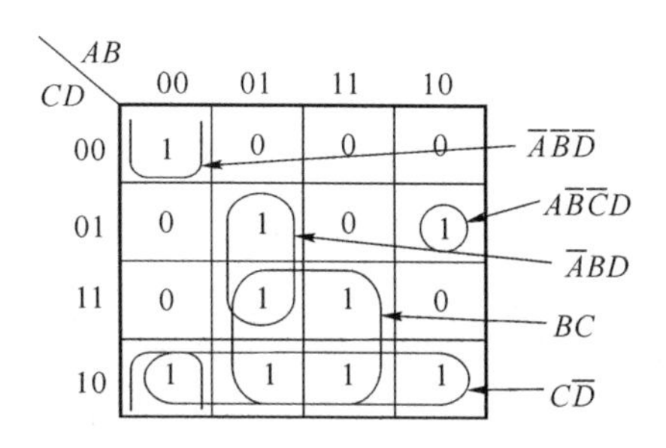

图1.4.7 例1.4.11卡诺图简化

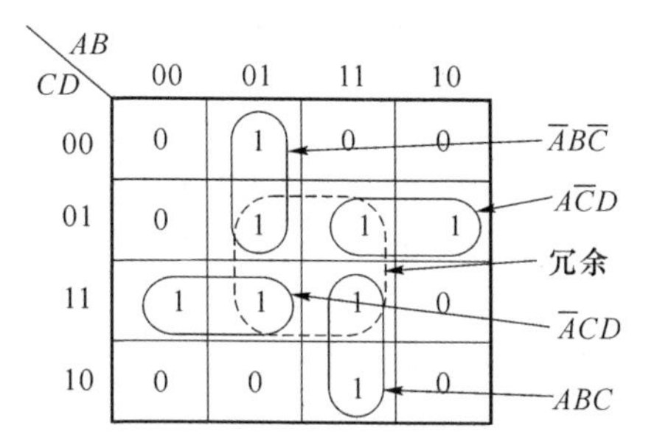

图1.4.8 例1.4.12卡诺图简化

【例 1.4.13】 简化 $F(A,B,C,D)=\sum m(0,2,3,5,7,8,10,11,13)$ 为最简或与式。

解:作出函数F的卡诺图,因为是要求获得最简或与式,应圈0格进行简化。卡诺图如图1.4.9所示。

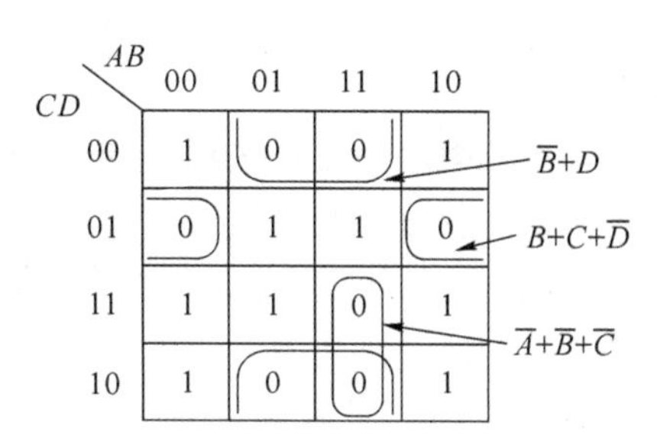

图1.4.9 例1.4.13的卡诺图

简化后的函数为 $F(A,B,C,D)=(B+C+\overline{D})(\overline{A}+\overline{B}+\overline{C})(\overline{B}+D)$。

【例 1.4.14】 简化函数 $F(A,B,C,D,E)=\sum m(4,5,6,7,13,15,20,21,22,23,25,27,29,31)$ 为最简与或式。

解：五变量函数的简化稍微有些难度，主要注意最高位分别为 0 和 1 的分界线两侧折叠对称位置也是相邻项。卡诺图如图 1.4.10 所示。

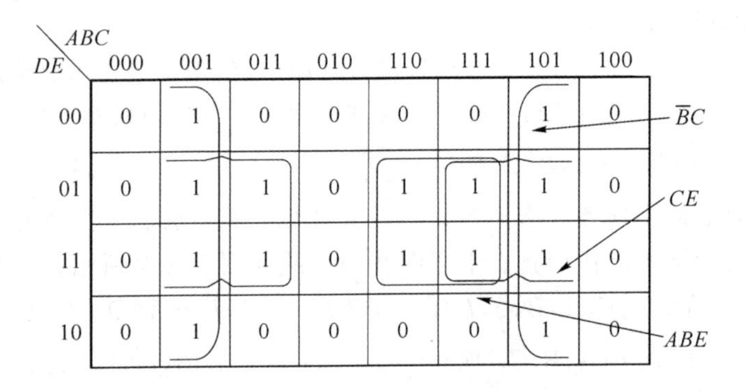

图 1.4.10　例 1.4.14 的卡诺图

简化后的函数为 $F(A,B,C,D,E)=\overline{B}C+CE+ABE$。

利用卡诺图法简化函数的主要优点是简便、直观，容易掌握，适合变量个数不大于 5 时使用。

1.4.3　具有任意项和约束项的逻辑函数及其简化

任意项：一个 n 变量的函数不一定都与 2^n 个最小项都有关，有时候函数仅与其中的一部分有关，与另一部分无关。例如 8421BCD 码只用了 4 位二进制码的前 10 个编码（最小项），后面的 6 个最小项不会出现。也就是说，无论这 6 个最小项的值是 0 还是 1，都不用关注。这样的最小项称为任意项。有任意项的逻辑函数也称为非完全描述逻辑函数。对于一个 8421BCD 码是否大于等于 5 的判决逻辑（大于等于 5 时 $F=1$，否则 $F=0$），增加了任意项（$\sum\varphi(m_i)$ 表示任意项）后的表示方式为

$$F(A,B,C,D)=\sum m(5,6,7,8,9)+\sum\varphi(10,11,12,13,14,15)$$

约束项：在逻辑函数中，有些最小项的出现会导致逻辑错误，必须用约束条件加以约束，使其在逻辑函数中出现时，通过约束条件使其为 0。这样的最小项称为约束项，描述约束项的表达式称为约束条件。例如，用变量 A、B、C 分别表示体育比赛中某人获得冠军与否、亚军与否、季军与否，若获得其中之一表示成功（$F=1$），什么都没有获得表示失败（$F=0$）。对于某一个人只能成为冠、亚、季军其中之一或什么都没获得，即在任何时候 3 个变量只能有一个变量为 1。A、B、C 3 个变量取值只可能出现 000（没有奖牌）、001（季军）、010（亚军）、100（冠军）4 种组合，而不应出现 011、101、110、111 4 种组合（约束项）。不应出现的最小项用约束条件表示为：$\overline{A}BC+A\overline{B}C+AB\overline{C}+ABC=0$。整个逻辑函数可以写成：

$$\begin{cases}F(A,B,C)=A\overline{B}\,\overline{C}+\overline{A}B\overline{C}+\overline{A}\,\overline{B}C\\ \overline{A}BC+A\overline{B}C+AB\overline{C}+ABC=0 \quad (约束条件)\end{cases}$$

任意项和约束项统称为无关项。由于任意项是不会出现的最小项，约束项通过约束条件保证其值为 0，因此将任意项和约束项写入逻辑函数不会影响函数的逻辑关系。在函数的真值表和卡诺图中任意项和约束项常用“×”或“φ”表示（本书主要使用“×”表示任意项或约束项）。利用任意项和约束项简化函数时，可以得到更为简单的函数表达式。

【例 1.4.15】 简化函数 $F(A,B,C,D)=\sum m(5,6,7,8,9)+\sum \varphi(10,11,12,13,14,15)$ 为最简与或式。

解：先将逻辑函数用卡诺图表示，×表示任意项。

如果不使用任意项对函数进行简化，其简化方法如图 1.4.11(a)所示，简化后的逻辑表达式为 $F(A,B,C,D)=A\overline{B}\,\overline{C}+\overline{A}BD+\overline{A}BC$。由表达式可见，若用逻辑电路实现该函数，需要使用 3 个 3 输入端的与门和一个 3 输入端的或门。

如果使用任意项对函数进行简化，其简化方法如图 1.4.11(b)所示，被圈入的任意项×(对应的最小项)被作为 1 使用，未被圈入的任意项×被作为 0 使用。简化后的逻辑表达式为 $F(A,B,C,D)=A+BD+BC$。可见表达式更为简单，若用逻辑电路实现该函数，需要使用两个 2 输入端的与门(单个变量 A 不需要与门)和一个 3 输入端的或门。

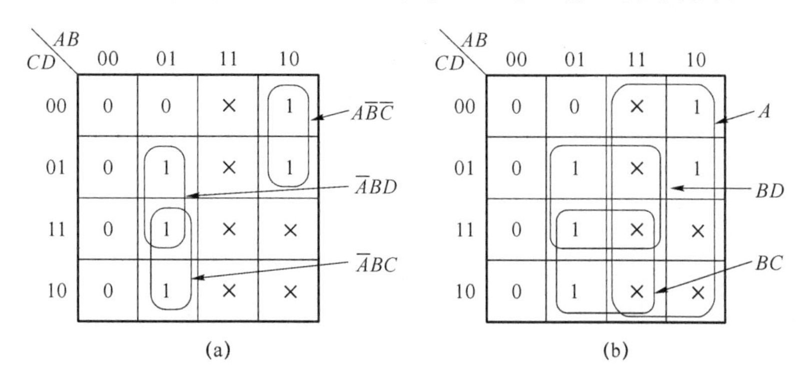

图 1.4.11 例 1.4.15 的卡诺图

【例 1.4.16】 简化以下具有约束条件的函数为最简与或式。

$$\begin{cases} F(A,B,C)=A\overline{B}\,\overline{C}+\overline{A}B\,\overline{C}+\overline{A}\,\overline{B}C \\ \overline{A}BC+A\overline{B}C+AB\overline{C}+ABC=0 \quad (\text{约束条件}) \end{cases}$$

解：先将逻辑函数和约束条件用卡诺图表示，在对应约束条件的最小项位置用×表示。

如果不使用约束项对函数进行简化，其简化方法如图 1.4.12(a)所示，由图可见，该函数已经是最简函数。用逻辑电路实现该函数时，需要使用 3 个 3 输入端的与门和 1 个 3 输入端的或门。

如果使用约束项对函数进行简化，其简化方法如图 1.4.12(b)所示，简化后的逻辑函数为：$F(A,B,C)=A+B+C$，若用逻辑电路实现该函数，只需使用 1 个 3 输入端的或门即可。

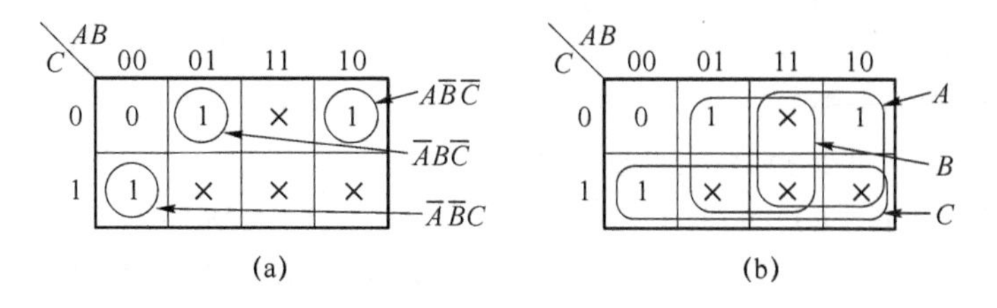

图 1.4.12 例 1.4.16 的卡诺图

需要再次强调的是，简化后的表达式 $F(A,B,C)=A+B+C$ 中包含了约束条件中对应的 4 个约束项，但有约束条件保证，这 4 个约束项始终为 0。所以，对于有约束条件的函数表达式,其函数表达式与约束条件必须同时给出。

例 1.4.16 简化后完整的逻辑表达式为

$$\begin{cases} F(A,B,C)=A+B+C \\ \bar{A}BC+A\bar{B}C+AB\bar{C}+ABC=0 \quad (\text{约束条件}) \end{cases}$$

习　　题

1-1　写出下列各数的按权展开式(其中最后一位的 B、O、D、H 分别代表二进制、八进制、十进制和十六进制)。

(1) 1101011B　　(2) 1011.11B　　(3) 724.06O

(4) 108.01D　　(5) 5F0DH　　(6) 4CAE.9BH

1-2　数制之间的转换。

(1) $(255)_{10}=(\quad)_2=(\quad)_8=(\quad)_{16}$

(2) $(101101)_2=(\quad)_{10}=(\quad)_8=(\quad)_{16}$

(3) $(101010.011)_2=(\quad)_{10}=(\quad)_8=(\quad)_{16}$

(4) $(3FF)_{16}=(\quad)_{10}=(\quad)_8=(\quad)_2$

1-3　把下列十进制数转换为 8421BCD、2421BCD 和格雷 BCD 码。

(1) 95　　(2) 3471

1-4　把下列 8421BCD 码转换为十进制数。

(1) 0101 1000　　(2) 1001 0011 0101　　(3) 0011 0100 0111 0001

1-5　求下列各式的对偶式和反演式。

(1) $F=AB+\bar{A}\cdot\bar{B}$　　(2) $F=[(A\bar{B}+C)D+E]B$

(3) $F=AB\bar{C}+(A+\bar{B}+D)(\bar{A}B\bar{D}+\bar{E})$　　(4) $F=(A+\bar{B})(\bar{A}+C)(B+\bar{C})(\bar{A}+B)$

1-6　用真值表证明下列等式成立。

(1) $\overline{A+B}=\bar{A}\cdot\bar{B}$　　(2) $AB+\bar{A}\bar{B}=\overline{\bar{A}B+A\bar{B}}$

1-7　证明下列等式成立(方法不限)。

(1) $A\oplus 1=\bar{A}$　　(2) $(A\oplus B)\oplus C=A\oplus(B\oplus C)$

(3) $A\cdot(B\oplus C)=(AB)\oplus(AC)$

1-8　将下列表达式转换为标准或与式。

(1) $F=(A\oplus B)+AB$　　(2) $F=(A+B)(B+C)(A+C)$

(3) $F=AB+BC+AC$　　(4) $F=\overline{AB\bar{C}+AC\bar{D}+ABCD}$

1-9　将下列表达式转换为标准与或式。

(1) $F=AB+\bar{A}\bar{B}+CD$　　(2) $F=D+ABC$

(3) $F=AB+BC+AC$　　(4) $F=\overline{A\bar{B}+C}+\bar{B}\bar{D}(\bar{A}+B)+\overline{BC+D}$

1-10　用代数法简化下列函数为最简与或式。

(1) $F=AB+A\bar{B}+\bar{A}B$　　(2) $F=\bar{A}\bar{B}\bar{C}+\bar{A}\bar{B}C+A\bar{B}\bar{C}+A\overline{BC}$

(3) $F=(\overline{A+B})(\overline{\bar{A}+\bar{B}})$

1-11　将下面函数转换为另一种标准表达式(最小项表达式或最大项表达式)。

(1) $F(A,B,C)=\sum m(0,2,4,6)$

(2) $F(A,B,C,D)=\sum m(0,1,4,5,12,13)$

(3) $F(A,B,C)=\prod M(0,1,3,6)$

(4) $F(A,B,C,D)=\prod M(0,1,4,6,11,14)$

1-12　用卡诺图法简化下列函数为最简与或式和或与式。

(1) $F(A,B,C,D)=\sum m(0,4,6,10,11.13)$

(2) $F(A,B,C,D)=\sum m(3,4,7,10,12,14,15)$

(3) $F(A,B,C,D)=\prod M(0,4,5,7,8,9,10)$

(4) $F(A,B,C,D)=\prod M(3,5,11,13,15)$

(5) $F(A,B,C,D)=\sum m(0,2,7,14)+\sum \varphi(6,8,10,11,15)$

1-13　已知某逻辑函数为 $F(A,B)=\overline{A}\cdot\overline{B}+\overline{A}\cdot B+A\cdot\overline{B}$，其约束条件为 $A\cdot B=0$。简化该逻辑函数，写出简化后完整的函数表达式。

第 2 章　逻辑门电路

逻辑门是构成各种数字逻辑电路的基本单元。逻辑门可以用电阻、电容、二极管、晶体三极管、场效应管等分立元件构成，叫分立元件门，也可以将构成逻辑门电路的所有器件及连接导线制作在同一块半导体基片上，构成集成逻辑门。本章主要介绍二极管和三极管的开关特性以及集成逻辑门的构成、工作原理、参数和应用方法。

数字集成逻辑门按其内部有源器件的不同可以分为两大类。一类为双极型晶体管集成逻辑门，主要有晶体管-晶体管逻辑（Transistor Transistor Logic，TTL）、射极耦合逻辑（Emitter Coupled Logic，ECL）和集成注入逻辑（Integrated Injection Logic，I^2L）等几种类型。双极型晶体管集成逻辑门的工作速度高、驱动能力强，但功耗较大、集成度稍低。另一类为 MOS（Metal Oxide Semiconductor）集成逻辑门，MOS 门又可分为 NMOS、PMOS 和 CMOS 几种类型，特点是集成度高、功耗较低，工作速度略低。目前数字系统中普使用较多的是 TTL 和 CMOS 集成电路。

2.1　晶体管的开关特性

2.1.1　二极管的开关特性

在数字电路中，半导体二极管（由 PN 结构成）的工作状态主要在导通与截止间转换，称其为工作在开关状态。由于 PN 结结电容的存在（相关知识见电子电路基础教材），在较高速度工作的二极管不能再用简单、理想的单向导电性描述，导通与截止两种状态间转换时间决定了二极管电路的最高工作速度和整个电路的性能。

图 2.1.1 给出了一个简单的二极管开关电路及其开关特性曲线。当输入电压 $V_I=V_F$ 时，二极管导通，正向电流 $I_F=\frac{V_F-V_D}{R}$，其中 V_D 为二极管两端的正向压降。由于结电容的存在，在 PN 结两端有电荷的堆积存储，正向电流 I_F 越大，堆积存储的电荷就越多。在 $t=0$ 时刻，外加电压 V_F 下降到 $-V_R$，这些堆积存储电荷不能瞬间消失，在反向电压 $-V_R$ 的作用下，存储电荷形成漂移电流，即反向电流 I_R，其值约为 $\frac{-V_R}{R}$，如图 2.1.1(c)所示。电流 I_R 持续时间用 t_s 表示，称为存储时间，在这段时间内，PN 结仍为正向偏置（简称正偏）。随着反向电流 I_R 的下降，PN 结由正偏转为反向偏置（简称反偏），最后反向电流趋于 I_0（反向漏电流）。反向电流从 I_R 下降到 I_0 的这段时间称为为下降时间，用 t_f 表示，此时二极管由导通转为截止。

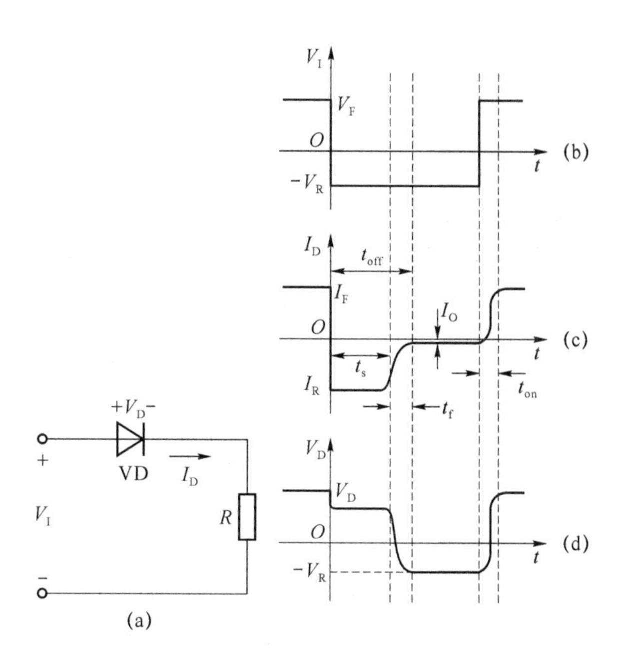

图 2.1.1　二极管开关电路及其开关特性曲线

存储时间加下降时间 t_s+t_f 称为二极管的反向恢复时间，用 t_{off}（部分书籍用 t_r 表示）表示。t_{off}与二极管本身的特性有关，如 PN 结的面积、结电容等；同时 t_{off}也与外电路有关，正向电流 I_F 越大，存储电荷越多，反向恢复时间越长，反向电压 V_R 越大，存储电荷消失得越快，反向恢复时间越短。

开通时间 t_{on}是指二极管从反向截止到正向导通的时间。由于 PN 结正向导通电阻和正向压降都很小，二极管的开通时间较短，相对反向恢复时间而言开通时间一般可以忽略不计。所以影响二极管开关速度的主要因素是反向恢复时间。

2.1.2　双极型晶体三极管的开关特性

在模拟电路中，双极型晶体三极管（简称晶体管或三极管）主要工作在放大区，而在数字电路中，晶体管工作在开关状态，也就是主要工作在饱和区和截止区。图 2.1.2 是由晶体管构成的反相器电路，在矩形脉冲信号 V_I 的作用下，晶体管交替工作于饱和区和截止区，输出信号 V_O 也是脉冲信号，而且输出信号与输入信号的相位相反，实现反相器的功能。

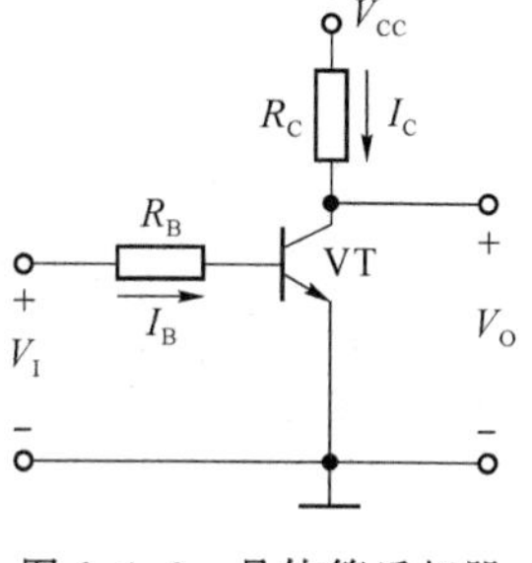

图 2.1.2　晶体管反相器

同二极管一样，晶体三极管作为开关元件使用时，截止与饱和两种工作状态的转换也不可能瞬间完成，在作为开关应用的过程中，晶体管内部存在着存储电荷的建立和消散过程，如图 2.1.3所示，开关过程依然需要一定的时间，输出信号有一定的时延。

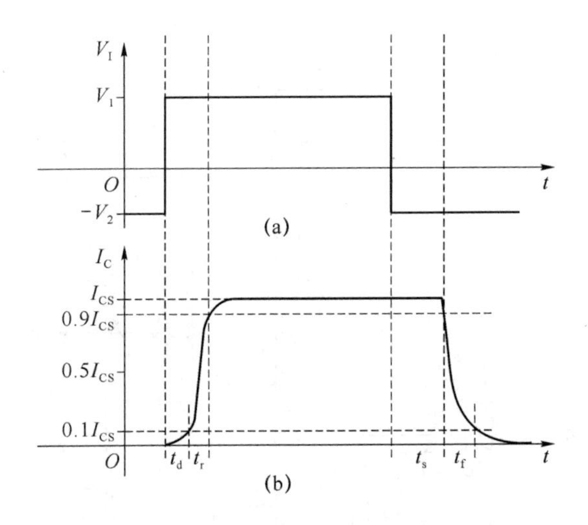

图 2.1.3　三极管反相器的时延特性

在晶体管反相器中，当输入信号 $V_I=-V_2$ 时，晶体管 VT 截止，此时基极电流 $I_B\approx 0$，集电极电流 $I_C\approx 0$，集电极 C 和发射极 E 之间相当于断开的开关，输出 $V_O\approx V_{CC}$。一般情况下，当 $V_I\leqslant V_{TH}$（V_{TH} 为晶体管的死区电压）时，晶体管 VT 也可近似认为处于截止状态。

当输入信号 $V_I=V_1$ 时，晶体管进入饱和区，此时 $I_B=\dfrac{V_1-V_{BE}}{R_B}$，晶体管 C、E 之间的压降很小（为饱和压降 V_{CES}，晶体管相当于闭合的开关，输出 $V_O=V_{CES}\approx 0$，集电极电流 $I_C=I_{CS}=\dfrac{V_{CC}-V_{CES}}{R_C}$。由于晶体管处于饱和区，基极电流 I_B 和集电极电流 I_C 之间不存在 $I_C=\beta I_B$ 的关系，而是 $I_C<\beta I_B$。

将晶体管进入临界饱和状态时的集电极和基极电流分别表示为 I_{CS} 和 I_{BS}，则

$$I_{CS}=\frac{V_{CC}-V_{CES}}{R_C}\approx\frac{V_{CC}}{R_C} \tag{2.1.1}$$

$$I_{BS}=\frac{I_{CS}}{\beta} \tag{2.1.2}$$

晶体管在饱和区工作时，其基极电流 I_B 与临界饱和时的基极电流 I_{BS} 之比称为饱和深度 S，饱和深度的公式见式(2.1.3)。饱和深度 S 越大，带负载能力越强。

$$\text{饱和深度 } S=\frac{I_B}{I_{BS}} \tag{2.1.3}$$

当图 2.1.3(a)所示的输入电压加到反相器的输入端时，对应的集电极电流 I_C 的波形如图 2.1.3(b)所示。图中：

t_d 为延迟时间，定义为 $I_C=0$ 到 $I_C=0.1I_{CS}$ 所对应的时间。延迟时间的长短取决于晶体管内部的结构和电路的工作条件，发射结的结电容越小，正向驱动电流越大延迟时间越短。

t_r 为上升时间，定义为 $I_C=0.1I_{CS}$ 到 $I_C=0.9I_{CS}$ 所对应的时间。晶体管基区越薄，正向驱动电流越大上升时间越短。

t_s 为存储时间，定义为 $I_C=I_{CS}$ 下降到 $I_C=0.9I_{CS}$ 所对应的时间。晶体管结电容越大，饱和深度越深存储时间越长。

t_f 为下降时间，定义为 $I_C=0.9I_{CS}$ 下降到 $I_C=0.1I_{CS}$ 所对应的时间。晶体管基区越薄，

反向电压越高,下降时间就越短。

$t_{on}=t_d+t_r$ 称为开通时间,是晶体管从截止状态转换为饱和状态所需要的时间。

$t_{off}=t_s+t_f$ 称为关断时间,是晶体管从饱和状态转换为截止状态所需要的时间。

以上所提到的 t_d、t_r、t_s、t_f 4 个参数中,t_s 是影响工作速度的主要因素,并且饱和深度越深,t_s 越大。饱和深度越深虽然可以提高反相器的带负载能力,但降低工作速度,设计时应综合考虑。

2.2 晶体三极管反相器

在第 1 章介绍与逻辑和或逻辑时,我们已经介绍了二极管构成的与门和或门。利用晶体三极管可以构成非门,也称为反相器。晶体三极管反相器电路如图 2.2.1 所示。

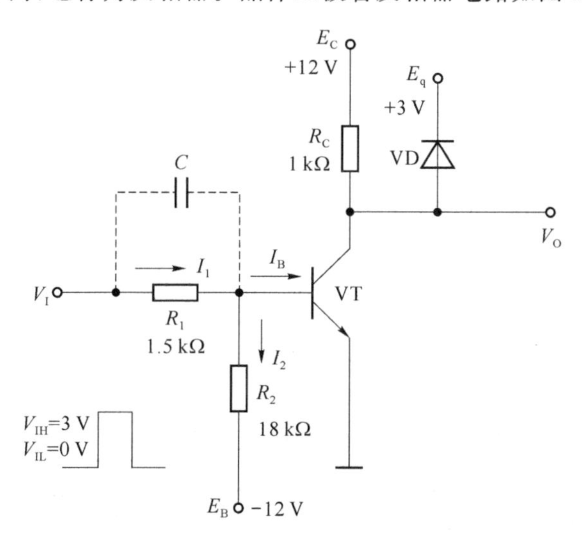

图 2.2.1　晶体管反相器

2.2.1　反相器的工作原理

反相器中的晶体三极管工作在开关状态,输入为低电平($V_{IL}=0$ V)时晶体管截止,即发射结反偏,集电结也是反偏,输出为高电平;输入为高电平($V_{IL}=3$ V)时晶体管饱和导通,即发射结正偏,集电结也是正偏,输出为低电平。电路中二极管 VD 和电源 E_q 为钳位电路,二极管 VD 称为钳位二极管。若设二极管的正向压降为 0.7 V,则 VD 导通时输出 V_O 被钳位在 3.7 V 左右。

1. 晶体管截止

输入低电平 $V_{IL}=0$ V 时,由于发射极为 0 电位,若基极电位 V_B 满足条件 $V_B<0$ V,则发射结反偏,晶体管截止。在图 2.2.1 所示电路中,先假设晶体管 VT 截止,$I_B=0$,则有基极电位为

$$V_B=V_{IL}-\frac{V_{IL}-E_B}{R_1+R_2}R_1 \tag{2.2.1}$$

代入电路参数得:$V_B=-0.92$ V,可见假设成立,晶体管在输入低电平 0 V 条件下发射结反

偏，能够可靠截止。由于钳位电路的作用，电路输出高电平为 $V_{OH} \approx 3.7\ V$（设二极管 VD 正向压降为 0.7 V）。

2. 晶体管饱和

输入高电平 $V_{IH}=3\ V$ 时，若晶体管的基极电流满足 $I_B > I_{BS}$，则晶体管饱和导通。I_{BS} 为基极临界饱和电流。

设饱和时发射结的压降 $V_{BES}=0.7\ V$，$V_{CES}\approx 0.1\ V$，$\beta=30$。晶体管 VT 的基极电流为 $I_B=I_1-I_2$，代入电路参数得到

$$I_1=\frac{V_{IH}-V_{BES}}{R_1}=\frac{3-0.7}{1.5}=1.53\ \text{mA}$$

$$I_2=\frac{V_{BES}-E_B}{R_2}=\frac{0.7+12}{18}=0.71\ \text{mA}$$

则

$$I_B=I_1-I_2=0.82\ \text{mA}$$

根据输出回路，可以求出

$$I_{BS}=\frac{I_{CS}}{\beta}\approx\frac{E_C}{\beta R_C}=0.4\ \text{mA}$$

由于 $I_B > I_{BS}$，晶体管进入饱和状态，输出低电平

$$V_{OL}=V_{CES}\approx 0.1\ V$$

饱和深度

$$S=\frac{I_B}{I_{BS}}\approx 2$$

由以上分析可以看到，在输入低电平 0 V 时，输出高电平约为 3.7 V；在输入高电平 3 V 时，输出低电平近似为 0.1 V。电路完成反相器的功能。

图 2.2.1 中的电容 C 为加速电容。当输入信号正向跳变时，由于加速电容两端电压不能突变，驱动信号可以通过电容瞬时提供一个较大的基极电流，缩短了晶体管的开启时间；当输入信号负跳变时，电容将通过发射结反向放电，从而产生一个较大的反向基极电流，大大缩短了晶体管的关断时间，因而提高了晶体管的开关速度。

2.2.2 反相器的负载能力

根据数字逻辑电路的负载连接情况，负载可分为灌电流负载和拉电流负载。以反相器的负载为例，若负载电流 I_L 流进反相器，则称反相器带的是灌电流负载；若负载电流 I_L 流出反相器，则称反相器带的是拉电流负载。示意电路如图 2.2.2 所示。

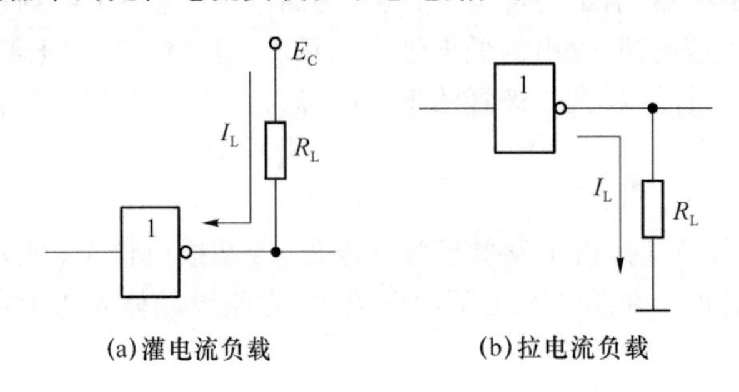

图 2.2.2 灌电流负载与拉电流负载

1. 灌电流负载

在图2.2.3(a)中,反相器带有灌电流负载R_L。我们分别在输出为低电平和高电平两种情况分析负载对输出电平的影响。

(1) 当输出为低电平时,此时要求晶体管VT饱和,由于低电平在0 V左右,钳位二极管VD截止。负载电流I_{LI}(表示灌电流)从负载流入反相器的晶体管集电极,这时集电极电流为$I_C=I_{R_C}+I_{LI}$,其中$I_{R_C}\approx\dfrac{E_C}{R_C}$(即晶体管饱和时$R_C$上的电流,忽略晶体管饱和压降)。当$R_L$减小时,$I_{LI}$增大,集电极电流$I_C$将随着$I_{LI}$的增大而增大,因晶体管的基极电流$I_B$不变(由输入回路确定),所以晶体管的饱和深度将随$I_{LI}$的增加而降低。当$I_{LI}$增加到使饱和深度$S=1$(即$I_B=I_{BS}$)时,晶体管将脱离饱和状态进入放大状态,晶体管的$V_{CE}$将上升,即输出电位上升,偏离了电路应提供的低电平(一般低电平为0.1~0.4 V),从而破坏了正常的逻辑关系。因此,为了使反相器能够输出正常的低电平,要求反相器带有灌入负载电流负载后,晶体管VT不能进入放大区。定义反相器允许最大灌电流值I_{LImax}(即带灌电流负载能力)为三极管从饱和状态退到临界饱和状态时所允许灌入的最大负载电流。

$$I_{LImax}\leqslant\beta I_B-I_{R_C}\approx\beta I_B-\frac{E_C}{R_C} \tag{2.2.2}$$

例如,在图2.2.3(a)中,晶体管$\beta=30$,输入高电平$V_{IH}=3$ V时,基极电流为$I_B=0.82$ mA,晶体管临界饱和时的集电极电流$I_C=\beta I_B=30\times0.82=24.6$ mA,也就是要保证晶体管饱和,集电极电流I_C应小于24.6 mA,允许最大灌电流值I_{LImax}为

$$I_{LImax}\leqslant\beta I_B-I_{R_C}\approx\beta I_B-\frac{E_C}{R_C}=24.6\ \text{mA}-\frac{12\ \text{V}}{1\ \text{k}\Omega}=12.6\ \text{mA}$$

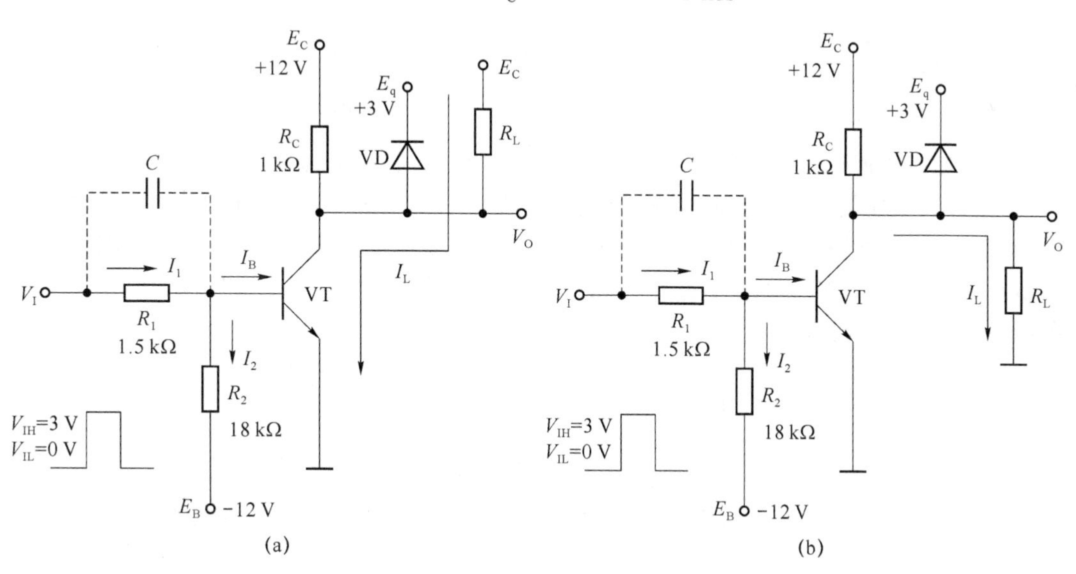

图2.2.3 反相器带灌电流负载和拉电流负载

设计时除应注意负载电流I_{LI}的值对输出低电平的影响外,还要注意反相器带负载后集电极电流I_C不要超过三极管最大允许电流I_{CM}。

(2) 当输出为高电平时,此时晶体管VT截止,晶体管$I_C\approx0$。由于钳位电路的作用(钳位二极管VD导通,$V_D=0.7$ V),输出为高电平,约为3.7 V。由于负载R_L的一端接电源

E_C，无论 R_L 是什么取值，都不会使输出高电平变低，也就是不会影响输出为“1”的逻辑关系。因此，输出高电平时对 I_{LI} 一般没有要求。只是注意不要使钳位二极管 VD 的电流过大而损坏即可。

由以上分析可知，要提高反相器带灌电流负载能力，关键在于加大晶体管的饱和深度（增加 I_B，增大 R_C，减小 I_{R_C}），饱和越深，带负载能力越强。同时也要注意，饱和越深，工作速度越慢。

2. 拉电流负载

加有拉电流负载的反相器电路如图 2.2.3(b)所示。

(1) 当输出为低电平时，此时晶体管 VT 饱和，输出低电平在 0 V 左右，负载 R_L 两端的电压近似为 0 V。R_L 的变化不会使反相器输出为低电平时的逻辑关系发生变化(不会使低电平升高)，所以带有拉电流负载的反相器在输出低电平时对负载电流 I_{LO}(表示拉电流)的大小没有要求。

(2) 当输出为高电平时，晶体管 VT 截止，晶体管集电极电流 $I_C \approx 0$。由于钳位电路的作用(钳位二极管 VD 导通，$V_D=0.7$ V)，输出为高电平，约为 3.7 V。负载电流 I_{LO} 的方向为从反相器中向外流出，形成拉电流。流经电阻 R_C 的电流 I_{R_C} 分为两部分，一部分流入钳位二极管 VD，另一部分流入负载成为 I_{LO}，即 $I_{R_C}=I_D+I_{LO}$。只要二极管 VD 的电流不为 0，二极管就导通，输出电压就为 $E_q+V_D=3.7$ V，并且流过 R_C 的电流 I_{R_C} 为固定值：

$$I_{R_C}=\frac{E_C-(E_q+V_D)}{R_C} \tag{2.2.3}$$

当负载电流 I_{LO} 增加时，钳位二极管电流 I_D 将相应的减小。为了使输出高电平保持固定，钳位二极管 VD 必须导通，即有电流通过。在 I_{LO} 增加时并使 I_D 刚好为 0 时，I_{LO} 为最大拉电流 I_{LOmax}，要求 $I_{LOmax} \leqslant I_{R_C}$。带入图 2.2.3 中的参数，可以得到最大拉电流为

$$I_{LOmax} \leqslant I_{R_C}=\frac{E_C-(E_q+V_D)}{R_C}=8.3\ \text{mA}$$

从增加拉电流负载能力看，应使 I_{R_C} 尽可能大，即 R_C 值越小越好；而对于增强灌电流负载能力来说，应使 I_{R_C} 尽可能小，即 R_C 值越大越好。因此，设计一个反相器时，应兼顾考虑 R_C 的取值，使其既满足灌电流的需求，也满足拉电流的需求。例如，设计一个反相器，要求灌电流 $I_{LImax}=10$ mA，拉电流 $I_{LOmax}=5$ mA，电路的其他参数如图 2.2.3 所示，则 R_C 的取值范围为

$$R_C \geqslant \frac{E_C}{\beta I_B - I_{LImax}}=\frac{12\ \text{V}}{24.6\ \text{mA}-10\ \text{mA}} \approx 822\ \Omega$$

$$R_C \leqslant \frac{E_C-(E_q+V_D)}{I_{LOmax}}=\frac{12\ \text{V}-3.7\ \text{V}}{5\ \text{mA}}=1.66\ \text{k}\Omega$$

可取中间值 $R_C=1.2$ kΩ，也可以为减小功耗，让 R_C 接近 1.66 kΩ，并留有一定余量，取 $R_C=1.5$ kΩ。

2.3 TTL 集成逻辑门

常用的通用逻辑门主要有 TTL 门和 CMOS 门。TTL 门分为 54 系列和 74 系列，二者

具有完全相同封装、相近的电路结构和电气参数，差别稍大一些的仅为工作温度范围和电源电压范围。54 系列的工作温度范围为−55～+125℃，供电电源电压范围为 5 V(1±10%)。74 系列的工作温度范围为 0～70℃，电源电压范围为 5 V(1±5%)。

以 74 系列 TTL 与非门为例，根据性能的不同，又分为一些子系列，有标准 TTL(简称 TTL，与非门型号为 7400)、高速 TTL(简称 HTTL，与非门型号为 74H00)、肖特基 TTL(简称 STTL，与非门型号为 74S00)、低功耗肖特基 TTL(简称 LSTTL，与非门型号为 74LS00)、先进肖特基 TTL(简称 ASTTL，与非门型号为 74AS00)、先进低功耗肖特基 TTL(简称 ALSTTL，与非门型号为 74ALS00)、快速 TTL(简称 FTTL，与非门型号为 74F00)等。不同种类的与非门具有相同的封装、相同的逻辑功能，但性能有差异，如传输时延、功耗、带负载能力等。

2.3.1 标准 TTL 与非门的电路结构和工作原理

1. 电路结构

图 2.3.1 所示为标准 TTL 与非门 7400 的内部电路。电路可分为输入级、中间级和输出级。在分析电路时，各项参数定义为：电源电压 V_{CC}=5 V，输入低电平为 0.3 V，高电平为 3.6 V，发射结导通时 V_{BE}=0.7 V，集电结导通时 V_{BC}=0.7 V，晶体管饱和压降 V_{CES}=0.3 V(深度饱和时取值为 0.1 V)。

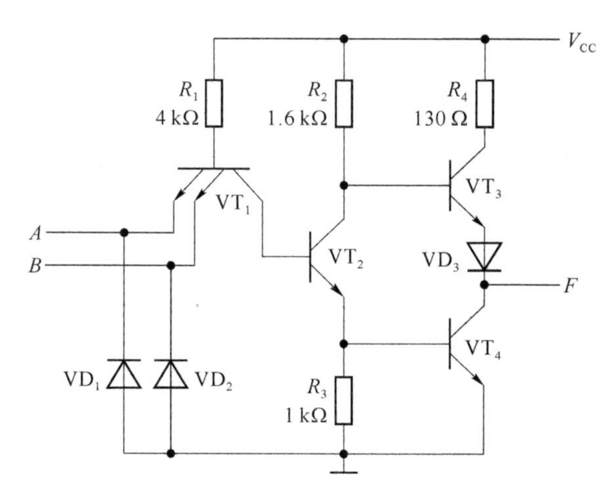

图 2.3.1 与非门 7400 内部电路

输入级：由多发射极晶体管 VT_1、电阻 R_1 和保护二极管 VD_1、VD_2(防止负极性干扰脉冲损坏 VT_1，正常工作时相当于开路)组成。可以将多射极晶体管 VT_1 看成两个晶体管，它们的集电极和基极分别并接在一起，如图 2.3.2(a)所示，作为开关状态的晶体管 VT_1 也可以等效为图 2.3.2(b)所示电路。

当输入信号 A、B 中有一个或两个都为低电平(0.3 V)时，晶体管 VT_1 的基极电位 VT_{B1}=1 V(0.3V+0.7 V)，此时 VT_1 深度饱和，集电极电位 V_{C1}=0.4 V(0.3 V+0.1 V)。

当 A、B 全部为高电平(3.6 V)时，由于 VT_1 的集电极电位受到 VT_2、VT_4 发射结电压的限制，VT_1 的集电极电位 V_{C1}=1.4 V；VT_1 的集电结正向导通，VT_1 的基极电位 V_{B1}=2.1 V，而发射极的电位为 3.6 V，所以 VT_1 的发射结反偏，因此 VT_1 工作于倒置(反向)放大工作状态。

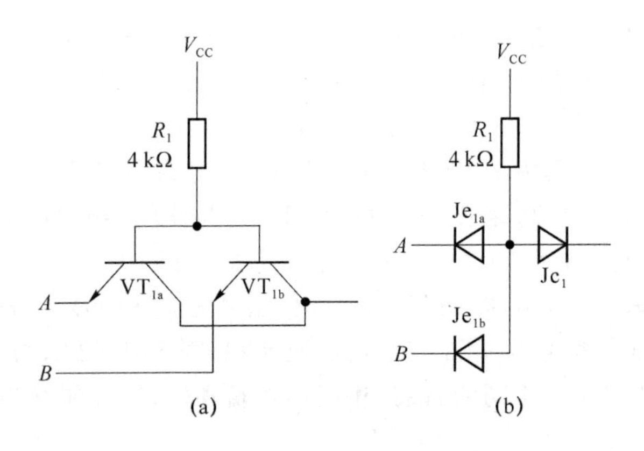

图 2.3.2 晶体管 VT_1 的等效电路

从 VT_1 集电极电平与输入电平的逻辑关系看，仅当所有输入都为高电平时，VT_1 集电极输出为高电平(1.4 V)，只要有一个输入为低电平，VT_1 集电极输出便是低电平(0.4 V)，所以输入级完成“与逻辑”功能。如果观察图 2.3.2(b)给出的等效电路，则与第 1 章中图 1.2.1(b)所示的二极管与门电路相同。

从图 2.3.2 给出的输入端等效电路还可以分析出，如果某个输入端(例如 A)悬空，对应晶体管的发射结偏置电压为 0，工作在截止状态，与接高电平时的效果相同，因此，某个输入端悬空等效接高电平(逻辑“1”)。

中间级：由晶体管 VT_2、R_2、R_3 组成，VT_2 的集电极和发射极同时输出两个电压反相的信号，作为输出级中晶体管 VT_3、VT_4 的驱动信号。

输出级：由晶体管 VT_3、VT_4、VD_3 和 R_4 组成推挽输出电路。VT_3 导通时 VT_4 截止，VT_3 截止时 VT_4 饱和。由于采用了推挽输出(又称图腾输出)，不仅输出阻抗低，带负载能力强，而且可以提高工作速度，降低功耗。

2. TTL 与非门工作原理

(1) 输入全部为高电平(3.6 V)

当输入端全部为高电位 3.6 V 时，由于 VT_1 的基极电压 V_{B1} 约为 2.1 V ($V_{B1}=V_{BC1}+V_{BE2}+V_{BE4}$)，所以 VT_1 所有的发射结反偏，集电结正偏，VT_1 的基极电流 $I_{B1}=\dfrac{V_{CC}-V_{B1}}{R_1}=\dfrac{5\ \text{V}-2.1\ \text{V}}{4\ \text{k}\Omega}=0.725\ \text{mA}$，$VT_1$ 处于倒置(反向)放大工作状态，晶体管的反向电流放大系数 β_F 很小 (β_F 约为 0.02)，此时 $I_{B2}=I_{C1}\approx I_{B1}=0.725\ \text{mA}$，由于 I_{B2} 较大而以使 VT_2 管饱和，且 VT_2 发射极向 VT_4 管提供足够的基极电流，使 VT_4 也饱和。这时 VT_2 的集电极电位为 $V_{C2}=V_{CES2}+V_{BE4}\approx 0.3\ \text{V}+0.7\ \text{V}=1\ \text{V}$，这个电压加至 VT_3 管基极，不足以使 VT_3 的发射结和二极管 VD_3 都导通，因为要使 VT_3 导通其基极电位需要达到 1.7 V($V_{B3}=V_{CES4}+V_{BE3}+V_{D3}\approx 0.3\ \text{V}+0.7\ \text{V}+0.7\ \text{V}=1.7\ \text{V}$)。由于 VT_4 饱和，VT_3 截止，因此输出为低电平$V_O=V_{OL}=V_{CES4}\approx 0.3\ \text{V}$。

(2) 输入端至少有一个为低电平(0.3 V)

当输入端至少有一个为低电位(0.3 V)时，VT_1 对应低电位的发射结正偏，VT_1 的基极电位 $V_{B1}\approx 1\ \text{V}$，并且 VT_1 进入深度饱和状态，集电极电位 $V_{C1}\approx 0.4\ \text{V}$，要使 VT_2 和 VT_4 都

导通，需要 V_{C1} 在 1.3～1.4 V，所以 VT_2、VT_4 都截止。由于 VT_2 截止，其集电极电位 V_{C2} 近似为电源电压值(5 V)，VT_3、VD_3 通过 R_2 提供基极电流而导通(VT_3 管处于放大状态，而不是饱和状态)，此时输出为高电平 $V_O = V_{OH} = V_{C2} - V_{BE3} - V_{D3} \approx 5\ V - 0.7\ V - 0.7\ V = 3.6\ V$。

综上所述，当输入端全部为高电平(3.6 V)时，输出为低电平(0.3 V)，对应 VT_4 饱和、VT_3 截止，此时称电路处于开门状态；当输入端至少有一个为低电平(0.3 V)时，输出为高电平(3.6 V)，这时对应 VT_4 截止、VT_3 导通，此时称电路处于关门状态。经过分析可知，电路的输出和输入之间满足与非逻辑关系：$F=\overline{AB}$。表 2.3.1 给出的是图 2.3.1 所示与非门的晶体管工作状态(L 表示低电平，H 表示高电平)。

表 2.3.1　TTL 与非门晶体管工作状态

A　B	VT_1	VT_2	VT_3	VT_4	F
L　L	饱和	截止	导通	截止	H
L　H	饱和	截止	导通	截止	H
H　L	饱和	截止	导通	截止	H
H　H	倒置	饱和	截止	饱和	L

2.3.2　TTL 与非门的特性及参数

1. 电压传输特性及相关参数

电压传输特性是指输出电压随输入电压变化的曲线。7400 与非门的电压传输特性曲线可以用图 2.3.3(a)所示的曲线表示。图 2.3.3(b)为电路的计算机仿真曲线。由图可见，曲线可分为 4 段。

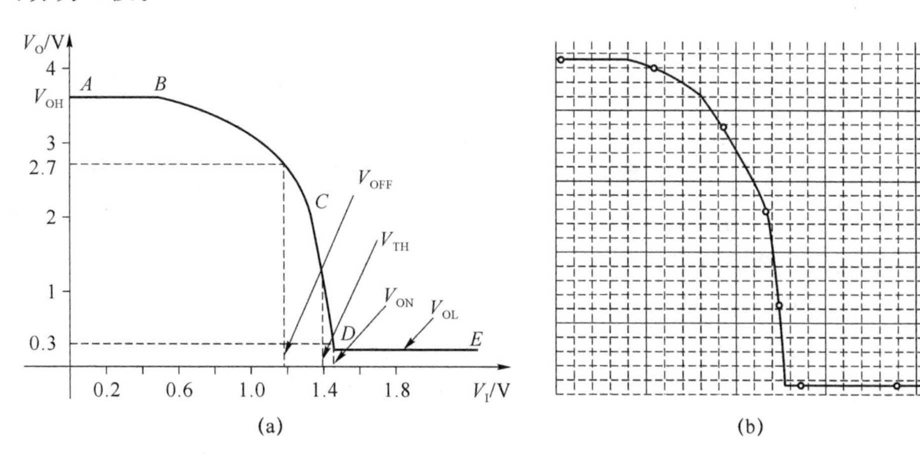

图 2.3.3　7400 与非门的电压传输特性及仿真曲线

AB 段：$V_I < 0.6\ V$，$V_{B1} < 1.3\ V$，VT_2、VT_4 截止，VT_3 导通，$V_O = V_{OH} = 3.6\ V$。

BC 段：$0.6\ V \leqslant V_I < 1.3\ V$ 时，VT_2 开始导通而 VT_4 依然截止，V_{C2} 随 V_I 增加而下降，并通过 VT_3、VD_3 射极跟随器使输出电压 V_O 也下降。

CD 段：$1.3\ V \leqslant V_I \leqslant 1.4\ V$，当 V_I 略大于 1.3 V 时，VT_4 开始导通，并使得 VT_2 发射极到地的等效电阻明显减小，VT_2 的放大倍数增加，V_{C2} 迅速下降，输出电压 V_O 也迅速下降，

最后 VT_3 截止，VT_4 进入饱和状态。

DE 段：当 $V_I \geq 1.4$ V 时，随着 V_I 增加 VT_1 始终处于倒置工作状态，VT_2 饱和，VT_3 截止，VT_4 饱和，因而输出始终为低电平 $V_{OL} < 0.3$ V。

从电压传输特性可以得出以下几个重要参数：

① 输出高电平 V_{OH} 和输出高电平的最小值 V_{OHmin}

输出高电平 V_{OH} 是指门电路典型的高电平输出值，一般 $V_{OH} \geq 3.4$ V。

输出高电平的最小值 V_{OHmin} 通常由数据手册给出，是指门电路在满足输出电流指标时，输出高电平允许的最低值，一般要求 $V_{OHmin} \geq 2.7$ V。不同器件该值会有差异，可参看数据手册。例如，标准 TTL 与非门 7400 的 $V_{OHmin} \geq 2.4$ V，低功耗肖特基器件 54LS 器件的 $V_{OHmin} \geq 2.5$ V。而常用的低功耗肖特基器件 74LS00 为 $V_{OHmin} \geq 2.7$ V。

② 输出低电平 V_{OL} 和输出低电平的最大值 V_{OLmax}

输出低电平 V_{OL} 是指门电路典型的低电平输出值，一般 $V_{OL} \leq 0.25$ V。

输出低电平的最大值 V_{OLmax} 也是由数据手册给出的，是指门电路在满足输出电流指标时，输出低电平允许的最高值，一般为 $V_{OLmax} \leq 0.4$ V。

数据手册中 7400 的典型值为 $V_{OL} = 0.2$ V，最大值 $V_{OLmax} = 0.4$ V；74LS00 的典型值为 $V_{OL} = 0.25$ V，最大值 $V_{OLmax} = 0.4$ V。

③ 阈值电压 V_{TH}

阈值电压 V_{TH} 也称门限电压，为电压传输特性上 CD 段中点所对应的输入电压，对于 TTL 器件一般接近 1.4 V，通常取 $V_{TH} \approx 1.4$ V。可以将 V_{TH} 看成门电路导通（输出低电平）和截止（输出高电平）的分界线。

④ 开门电平 V_{ON}

开门电平 V_{ON} 是保证 VT_4 饱和导通，与非门达到稳定输出低电平时的最小输入高电平（参见图 2.3.3）。一般器件 $V_{ON} \leq 1.8$ V，V_{ON} 越接近 V_{TH}，器件噪声容限越大，抗干扰能力越强。

⑤ 关门电平 V_{OFF}

关门电平 V_{OFF} 是保证 VT_4 截止，使与非门的输出为高电平的最小值时，对应允许输入低电平的最大值（参见图 2.3.3）。一般器件产品要求 $V_{OFF} \geq 0.8$ V，V_{OFF} 越接近 V_{TH}，器件噪声容限越大，抗干扰能力越强。

⑥ 输入低电平的最大值 V_{ILmax}

V_{ILmax} 一般由器件手册给出，该参数与关门电平类似，通常手册所给的数值略小于关门电平，多数器件的 $V_{ILmax} = 0.8$ V。例如，数据手册中 7400 的 $V_{ILmax} = 0.8$ V，74LS00 的 $V_{ILmax} = 0.8$ V，54LS00 的 $V_{ILmax} = 0.7$ V。

⑦ 输入高电平的最小值 V_{IHmin}

V_{IHmin} 也是由器件手册给出，该参数与开门电平类似，通常所给的数值略大于开门电平，多数器件的 $V_{IHmin} = 2$ V。

⑧ 噪声容限 V_{NL}、V_{NH}

实际应用中，由于外界干扰、电源波动等原因，可能使某个器件的输出电平 V_O 偏离规定高电平或低电平，当叠加的干扰过大时，会对后级的输入产生影响，使其产生逻辑电平的判断错误。为了保证电路可靠工作，应对干扰的幅度有一定的限制，称为噪声容限。

低电平噪声容限是指前级逻辑门给一个与非门输入一个低电平，在保证与非门能够正常输出高电平的前提下，允许叠加在输入低电平上的最大噪声电压（正向干扰），用 V_{NL} 表示：

$$V_{NL}=V_{OFF}-V_{OLmax} \tag{2.3.1}$$

如图 2.3.4 所示，前级的与非门 G_1 输出低电平为 $V_{OLmax}=0.4\ V$，后级的与非门 G_2 的关门电平 $V_{OFF}=1\ V$，则低电平噪声容限其 $V_{NL}=V_{OFF}-V_{OLmax}=0.6\ V$，也就是在前级输出的低电平上再叠加一个不大于 0.6 V 峰值的噪声，后级仍能正确判为输入是低电平。

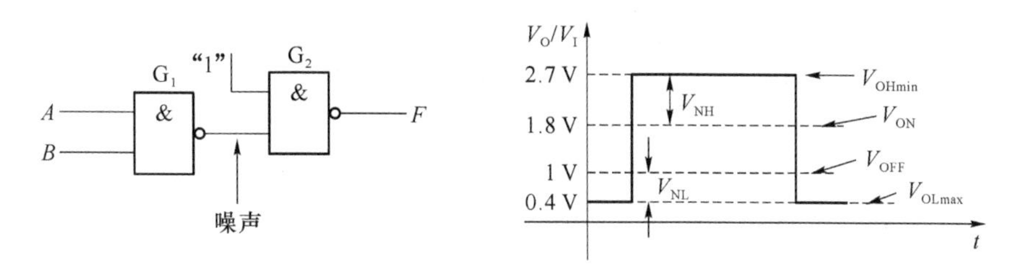

图 2.3.4　噪声容限

高电平噪声容限是指给一个与非门输入一个高电平，在保证与非门能够正常输出低电平的前提下，允许叠加在输入高电平上的最大噪声电压（负向干扰），用 V_{NH} 表示：

$$V_{NH}=V_{OHmin}-V_{ON} \tag{2.3.2}$$

如图 2.3.4 所示，前级的输出高电平的最小值 $V_{OHmin}=2.7\ V$，器件的开门电平 $V_{ON}=1.8\ V$，则其高电平噪声容限 $V_{NH}=V_{OHmin}-V_{ON}=0.9\ V$。

2. 静态输入特性

静态输入特性是指输入电流与输入电压之间的关系，典型的输入特性曲线如图 2.3.5(a) 所示，图 2.3.5(b) 为仿真曲线。

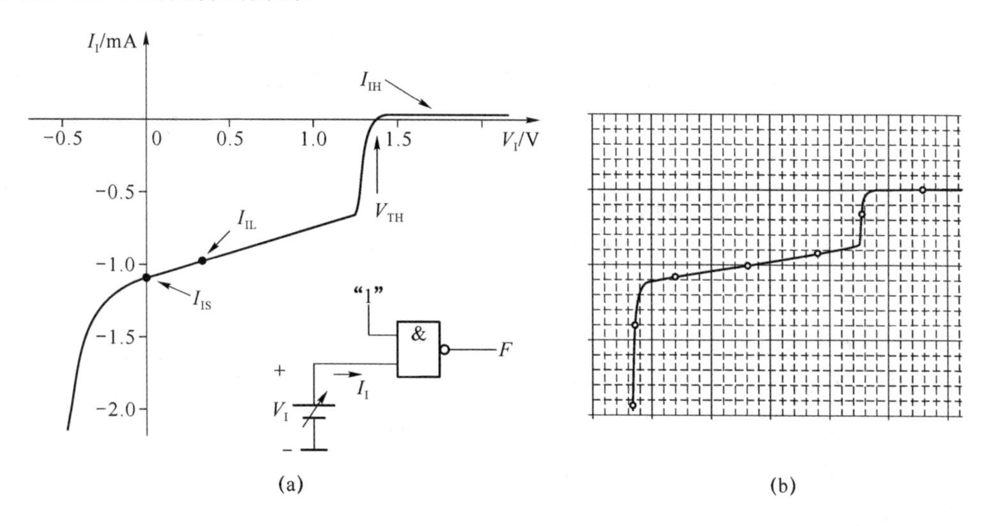

图 2.3.5　静态输入特性及计算机仿真曲线

定义输入电流 I_I 由信号源流入门电路为正方向，反之取负值。根据与非门的工作原理，可以得到：

当 $V_I > V_{TH}$ 时，与非门晶体管 VT_1 工作在倒置放大状态，如果设晶体管的反向电流放大系数 $\beta_F = 0.02$，可以得到高电平输入电流（也称输入漏电流）I_{IH}：

$$I_{IH} = \beta_F I_B = \beta_F \frac{V_{CC} - V_{B1}}{R_1} = 0.02 \times \frac{5\ \text{V} - 2.1\ \text{V}}{4\ \text{k}\Omega} = 14.5\ \mu\text{A}$$

当 $0 < V_I < V_{TH}$ 且由高到低变化时，与非门晶体管 VT_1 由倒置放大状态过渡到深度饱和状态，VT_2 则由饱和状态变为截止状态。输入电压为低电平 $V_I = 0.3$ V 时，流出与非门的输入电流称为低电平输入电流 I_{IL}：

$$I_{IL} \approx -I_{B1} = -\frac{V_{CC} - V_{BE1} - V_{IL}}{R_1} = -\frac{5\ \text{V} - 0.7\ \text{V} - 0.3\ \text{V}}{4\ \text{k}\Omega} = -1\ \text{mA}$$

当 $V_I = 0$ V 时，流出与非门的输入电流称为输入短路电流 I_{IS}：

$$I_{IS} = -I_{B1} = -\frac{V_{CC} - V_{BE1}}{R_1} = -\frac{5\ \text{V} - 0.7\ \text{V}}{4\ \text{k}\Omega} = -1.075\ \text{mA}$$

在进行电路近似分析时，可以用 I_{IS} 替代 I_{IL}。

当 $V_I < 0$ V 时，电路输入端的保护二极管开始导通，输入电流迅速增加。

另外需要注意的是，VT_1 发射结的反向击穿电压较低，当 $V_I > 7$ V 时 VT_1 的 BE 结可能会被击穿，因此在使用时，尤其是使用电源电压不同的集成器件设计电路时，应采取相应的保护措施，使输入电位钳制在安全工作区内。

3. 输入负载特性

输入负载特性是指在门电路的输入端对地或对电源接电阻时，电阻的大小对输入逻辑电平的影响。

（1）输入端与电源间接电阻 R_I

输入端与电源间接电阻也称输入端接“上拉电阻”，如图 2.3.6 所示。我们已经知道，当与非门的某个输入端接高电平或接电源时（等效电阻 $R_I = 0$），该输入端为接逻辑“1”；当某一输入端悬空时（等效电阻 $R_I = \infty$），该输入端也等效接高电平。因此无论 R_I 为任何值，都等效接逻辑“1”。当需要与非门的某个输入端固定接逻辑“1”时，理论上接任何上拉阻值的电阻均可。实际上，为了避免干扰，输入端不许悬空，可直接接电源或通过一个 10 kΩ 左右的电阻接电源。

（2）输入端与地之间接电阻 R_I

在输入端与地之间接电阻也称接下拉电阻，通常是要求让该输入端等效接逻辑“0”。由于输入电流会在 R_I 上产生电压 V_I，根据关门电平的要求，V_I 应该小于 0.8 V。$V_I = 0.8$ V 时对应的电阻值，称为关门电阻 R_{OFF}。

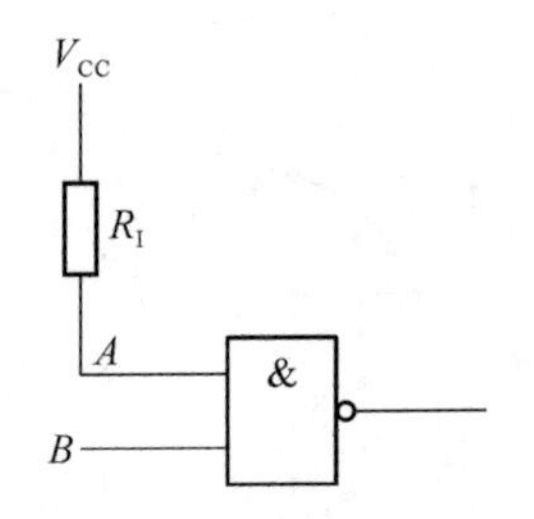

图 2.3.6　输入端接上拉电阻

R_{OFF} 的计算参考图 2.3.7。当 R_I 较小时，V_I 随 R_I 增加而线性增加，此时 VT_2、VT_4 截止，忽略 VT_2 基极电流的影响，输入电压可由式（2.3.3）求取：

$$V_I = \frac{V_{CC} - V_{BE1}}{R_1 + R_I} R_I \tag{2.3.3}$$

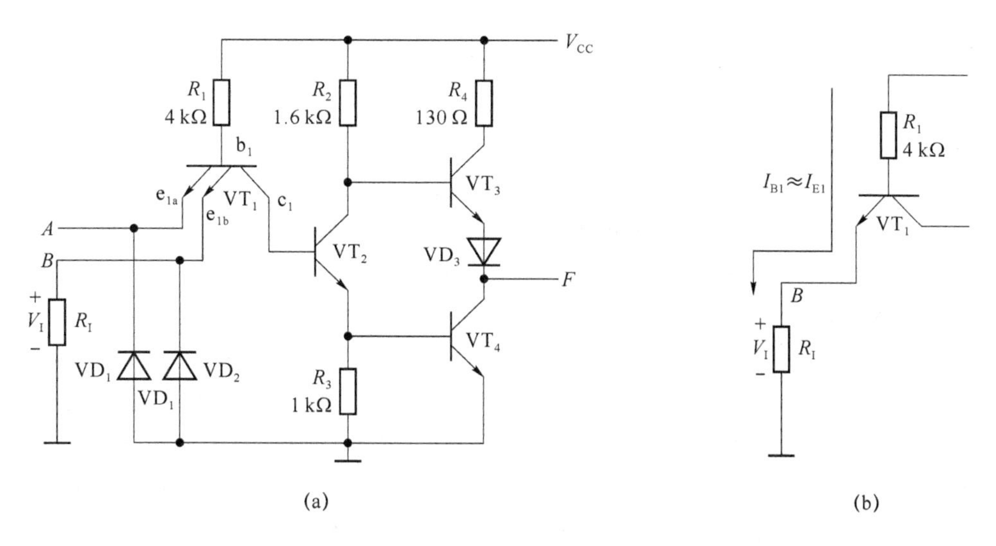

图 2.3.7　输入负载电路及等效电路

根据图 2.3.7 所示电路，若 $V_{OFF}=0.8$ V，$R_1=4$ kΩ，可求得 $R_{OFF}=914$ Ω。关门电阻 R_{OFF} 是保证 TTL 与非门输出为高电平，即 VT_4 管截止时容许的最大阻值。由于不同种类 TTL 器件的内部电路不同（如 74S、74LS、74ALS 等），对应 R_{OFF} 的值也不同，当选取 $R_I \leqslant$ 300 Ω 时能满足所有种类器件的要求。

4. 逻辑门的扇出系数 N_O

扇出系数反映了逻辑门的带负载能力，是指一个逻辑门能够驱动同类型逻辑门的个数，用 N_O 来表示。

在逻辑门的数据手册中，有两个关于驱动能力的重要参数需要关注：高电平输出最大电流（拉电流）I_{OHmax} 和低电平输出最大电流（灌电流）I_{OLmax}。

I_{OHmax} 是逻辑门输出为高电平（V_{OH} 不低于 V_{OHmin}）时，输出端能够提供给负载的最大电流，电流的方向为流出逻辑门（拉电流）。与非门 7400 和 74LS00 均为 −0.4 mA。

I_{OLmax} 是逻辑门输出为低电平（V_{OL} 不高于 V_{OLmax}）时，输出端能够提供给负载的最大电流，电流的方向为流入逻辑门（灌电流）。与非门 7400 为 16 mA，74LS00 为 4 mA。

扇出系数 N_O 可通过手册给出的参数 I_{OHmax}、I_{OLmax}、I_{ILmax}、I_{IHmax}，对输出为高电平和输出低电平时分别进行计算。

逻辑门在输出高电平时能够驱动同类门的个数为

$$N_{OH}=\left|\frac{I_{OHmax}}{I_{IHmax}}\right| \tag{2.3.4}$$

逻辑门在输出低电平时能够驱动同类门的个数为

$$N_{OL}=\left|\frac{I_{OLmax}}{I_{ILmax}}\right| \tag{2.3.5}$$

N_{OH} 和 N_{OL} 的数值通常是不一样的，计算逻辑门的扇出系数 N_O 时应取较小的一个，并且只取整数。

【例 2.3.1】 根据数据手册参数，与非门 54LS00 的 $I_{OHmax}=-0.4$ mA，$I_{OLmax}=4$ mA，$I_{ILmax}=-0.4$ mA，$I_{IHmax}=20$ μA。求该与非门的扇出系数。

解：

$$N_{OH}=\left|\frac{I_{OHmax}}{I_{IHmax}}\right|=\frac{400\ \mu A}{20\ \mu A}=20$$

$$N_{OL}=\left|\frac{I_{OLmax}}{I_{ILmax}}\right|=\frac{4\ mA}{0.4\ mA}=10$$

该与非门最多可以驱动 10 个同类与非门，即扇出系数 $N_O=10$。

【例 2.3.2】 逻辑门的输入端可以并联使用，某逻辑电路见图 2.3.8，与非门的内部电路参考图 2.3.1。已知门电路的参数为 $I_{OHmax}=-0.4$ mA，$I_{OLmax}=4$ mA，$I_{ILmax}=-0.4$ mA，$I_{IHmax}=20\ \mu A$。按照这样的连接方法，与非门 G_1 最多可以驱动多少个同样的逻辑门？为什么？

解：根据图 2.3.1 与非门内部电路，三输入端与非门的输入部分电路如图 2.3.9 所示，当某一个输入端（例如 A）接低电平（0.3 V），其他输入端接高电平时，等效的晶体管 VT_{1A} 深度饱和，VT_{1B}、VT_{1C} 截止，基极电位被钳制在 1 V 左右，流过 R_1 的电流全部流到 VT_{1A} 的发射极；若 3 个输入端都为低电平，R_1 上的电压不变，电流不变，流到 3 个发射极的总电流不变，即每个输入端的输入电流为原来的$\frac{1}{3}$。当 3 个输入端都为高电平时，由于每个等效晶体管的发射极有各自的电流通路，每个输入端的高电平输入电流与单个输入端为高电平时的电流相同。

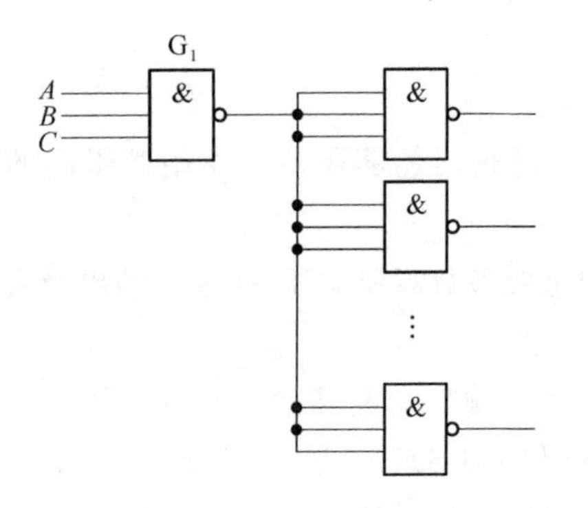

图 2.3.8 例 2.3.2 的逻辑电路

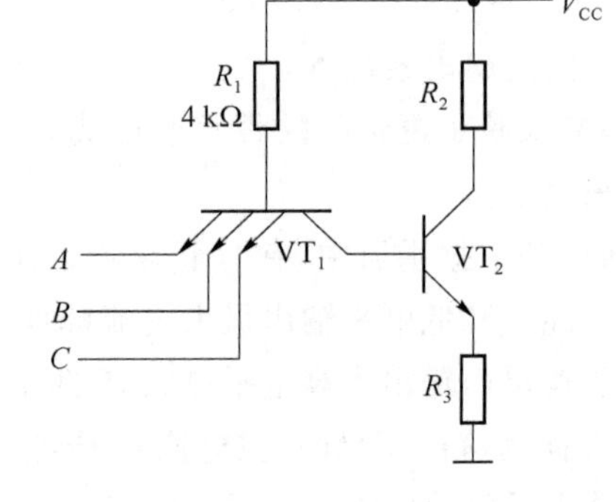

图 2.3.9 三输入与非门的输入级电路

当 G_1 为低电平时能够驱动的门数

$$N_L=\left|\frac{I_{OLmax}}{I_{ILmax}}\right|=\frac{4\ mA}{0.4\ mA}=10$$

当 G_1 为高电平时能够驱动的门数

$$N_H=\left|\frac{I_{OHmax}}{3\times I_{IHmax}}\right|=\frac{400\ \mu A}{3\times 20\ \mu A}\approx 6.67$$

所以，与非门 G_1 最多可以驱动 6 个同样的逻辑门。

5. 平均传输延迟时间 t_{pd}

平均延迟时间是指输出信号滞后于输入信号的时间。将输出电压由高电平跳变为低电平的传输延迟时间称为导通延迟时间 t_{PHL}，将输出电压由低电平跳变为高电平的传输延迟时间称为截止延迟时间 t_{PLH}。如图 2.3.10 所示，t_{PHL} 和 t_{PLH} 是以输入、输出波形对应边上等于最大幅度 50% 的两点时间间隔来确定，平均延迟时间是衡量门电路速度的重要指标，传输延时越短，工作速度越快，工作频率越高。t_{pd} 为 t_{PLH} 和 t_{PHL} 的平均值，表达式见式（2.3.6）。与非门 7400 的 $t_{pd} \approx 9$ ns，74S00 的 $t_{pd} \approx 3$ ns。

$$t_{pd}=\frac{1}{2}(t_{PHL}+t_{PLH}) \qquad (2.3.6)$$

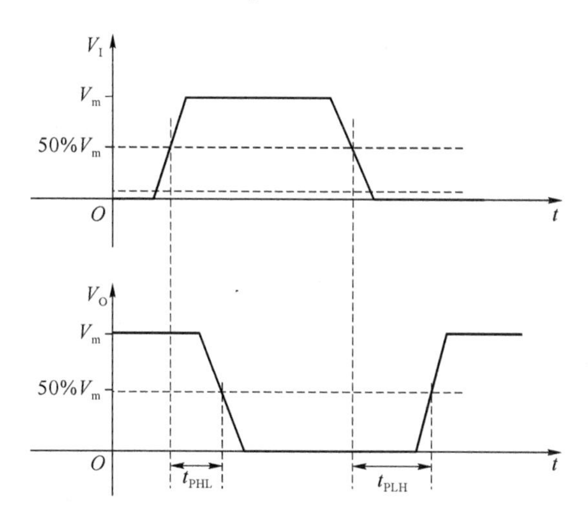

图 2.3.10　传输延迟时间

2.3.3　或非、与或非及异或门

1. 或非门

图 2.3.11 所示为两输入端或非门 7402 的内部电路，类似与非门，可分为输入级、中间级和输出级。

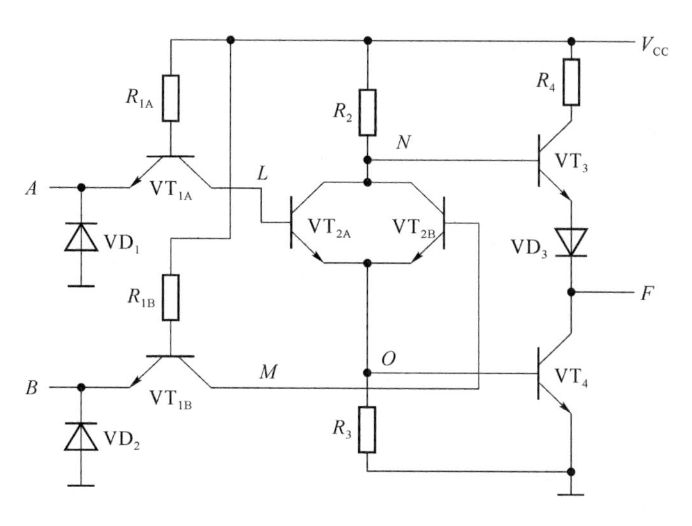

图 2.3.11　或非门 7402 电路

R_{1A}、VT_{1A} 和 R_{1B}、VT_{1B} 构成输入级。以 R_{1A}、VT_{1A} 电路为例，当 A 为低电平，VT_{1A} 深度饱和，L 点为低电平（相对低电平）；当 A 为高电平，VT_{1A} 处于倒置放大状态，L 点为高电平（相对高电平），L 点与输入 A 之间的逻辑关系为 $L=A$。同理，M 点与输入 B 之间的逻辑关

系为 $M=B$。

VT_{2A}、VT_{2B}、R_2 和 R_3 构成中间级。中间级完成或逻辑(或者为或非逻辑)。以 L 点和 M 点作为中间级的输入,当 L 和 M 中某一个(或两个同时)为高电平,则对应的晶体管的发射极(O 点)电位被拉高,且该晶体管饱和,集电极电位(N 点)降低。只有 L 和 M 都为低电平时,发射极为低电平,集电极为高电平。因此 O 点和 N 点与 L、M 之间的逻辑关系为 $O=L+M$,$N=\overline{L+M}$。

输出级由 VT_3、VT_4、R_4 和 VD_3 构成。VT_3 构成电压跟随器,所以逻辑关系为 $F=N=\overline{L+M}$。也可以从 VT_4 支路分析,VT_4 构成反相器,所以逻辑关系为 $F=\overline{O}=\overline{L+M}$。即电路实现或非功能,$F=\overline{A+B}$。

这里要注意,当或非门的输入端并接使用时,由于两个输入端各自有各自的电流通路,并联使用时总的输入电流等于输入端电流之和(I_{IL}之和及 I_{IH}之和),而不像与非门输入端并接使用时,总的高电平输入电流等于各输入端电流 I_{IH}之和,总的低电平输入电流等于单个输入端的电流 I_{IL}。

2. 与或非门

将或非门中的 VT_{1A}和 VT_{1B}改为多发射极晶体管,即可完成与或非功能。与或非门 7450 的内部电路如图 2.3.12 所示。对应 L 点与输入 A、B 之间的逻辑关系为 $L=AB$。同理,M 点与输入 C、D 之间的逻辑关系为 $M=CD$,其他各点的逻辑关系与或非门相同。所以可实现与或非关系:$F=\overline{AB+CD}$。

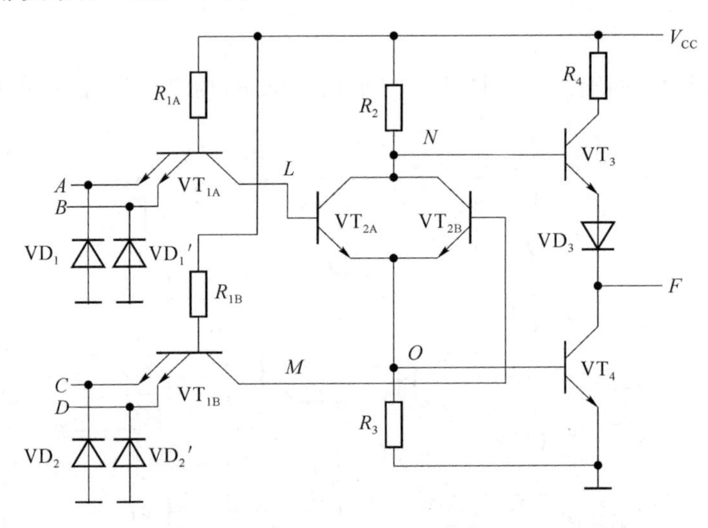

图 2.3.12　与或非门 7450 内部电路

3. 异或门

通过例题的方式进行分析。

【例 2.3.3】 分析图 2.3.13 所示逻辑器件内部电路,写出 L、M、N、O、P、Q、F 点与输入 A、B 之间的逻辑关系,说明电路完成什么逻辑功能。

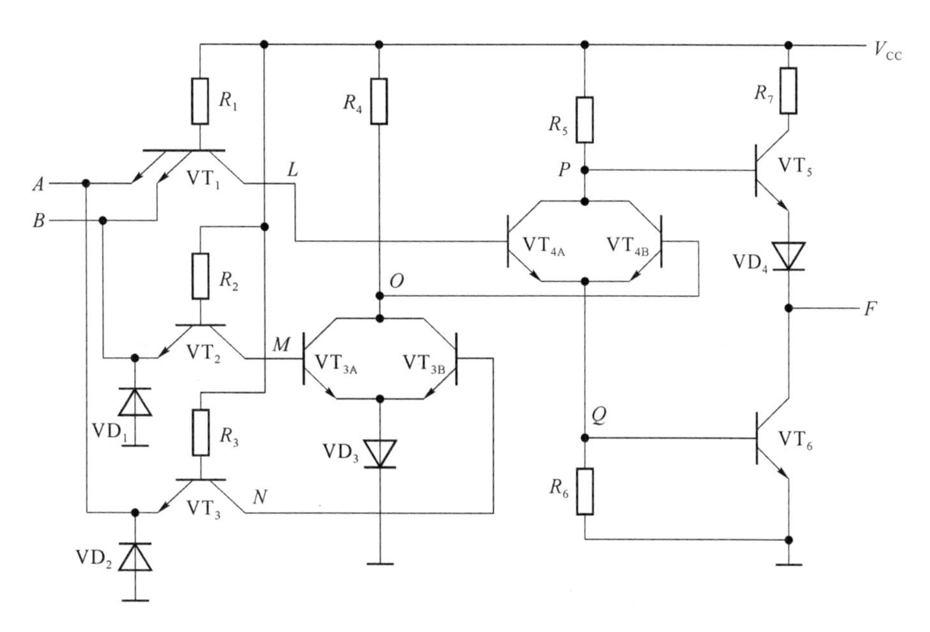

图 2.3.13　例 2.3.3 电路

解:写出各点的逻辑表达式:

$L=AB$

$M=B$

$N=A$

$O=\overline{M+N}=\overline{A+B}$

$P=\overline{L+O}=\overline{AB+\overline{A+B}}$

$Q=L+O=AB+\overline{A+B}$

$F=P=\overline{AB+\overline{A+B}}=(\overline{A}+\overline{B})(A+B)=\overline{A}B+A\overline{B}$

或 $F=\overline{Q}=\overline{AB+\overline{A+B}}=(\overline{A}+\overline{B})(A+B)=\overline{A}B+A\overline{B}$

该电路完成异或功能 $F=A\oplus B$。

2.3.4　集电极开路门电路(OC 门)

以上介绍的均为推挽式输出结构 TTL 门电路,这种门电路不允许两个或两个以上门的输出端直接并联使用,除非其输入端的输入逻辑完全相同,输出端不会出现一个输出高电平,另一个输出低电平的现象。因为输出端并联时,若一个门输出为高电平,另一个门输出低电平,就会有一个很大的电流从输出高电平的门流出进入输出低电平的门,不但使输出电平不能确定,而且这个电流会使逻辑门电流过大而损坏。

1. OC 门及"线与"逻辑功能

有一类逻辑门把输出级改成晶体管集电极开路的输出结构,该类门称为集电极开路的门电路,简称 OC(Open Collector)门。与非 OC 门 7403 内部电路及符号如图 2.3.14 所示,电路中没有与非门 7400 中 VT_3 和 VD_3 组成的射极跟随器,VT_4 的集电极是开路的。应用时须将输出端(也就是 VT_4 的集电极)经外接电阻 R_L 接到电源 V_{CC}(或其他电源 V_{CC}')上,才能实现与非逻辑功能,电阻 R_L 也称为上拉电阻。

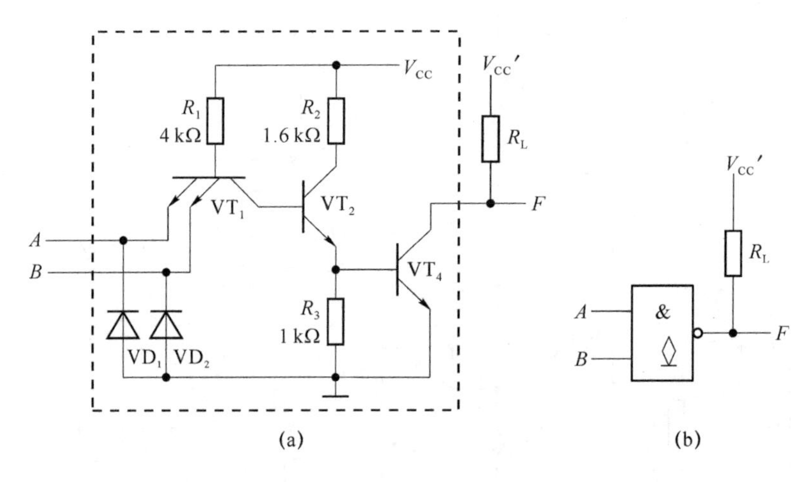

图 2.3.14　与非 OC 门 7403 的内部电路及 OC 门符号

多个 OC 门的输出端可以直接并联使用，如图 2.3.15 所示，两个 OC 门共用一个上拉电阻 R_L。从图 2.3.15(a)所示电路可以看出，只要有一个门的输出晶体管 VT_4 饱和(该门输出低电平)，则 F 端输出为低电平，只有所有门的输出晶体管 VT_4 都截止，输出 F 才为高电平，也就是输出端 F 与 OC 门输出端 F_1 和 F_2 的关系是“逻辑与”的关系。又由于 OC 门输出端直接进行“线连接”，故称两个 OC 门实现“线与(WIRED-AND)”。图 2.3.15 电路的逻辑关系由式(2.3.7)给出。

$$F=F_1 \cdot F_2=\overline{AB} \cdot \overline{CD}=\overline{AB+CD} \tag{2.3.7}$$

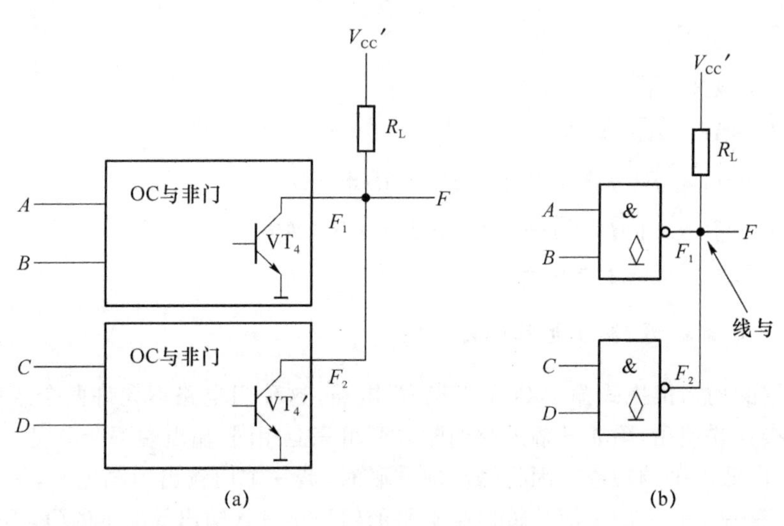

图 2.3.15　OC 门的输出端直接连接实现“线与”

2. 上拉电阻 R_L 的选取

在使用 OC 门时，必须接上拉电阻，这样才能实现应有的逻辑功能。可以一个 OC 门或多个 OC 门的输出端并联使用驱动下一级逻辑器件。外接上拉电阻 R_L 的选取应保证在带有负载时，输出高电平不低于高电平的最小值 V_{OHmin}；输出低电平不高于输出低电平的最大值 V_{OLmax}。假设有 n 个 OC 与非门输出并联，驱动若干个与非门、非门及或非门，负载门总输入端数目为 m 个。

(1) OC 门输出为高电平：如图 2.3.16(a)所示，当所有的 OC 门输出都为高电平时(输出晶体管截止)，R_L 应能提供足够的负载电流，并保证输出高电平不低于其允许的最低值。

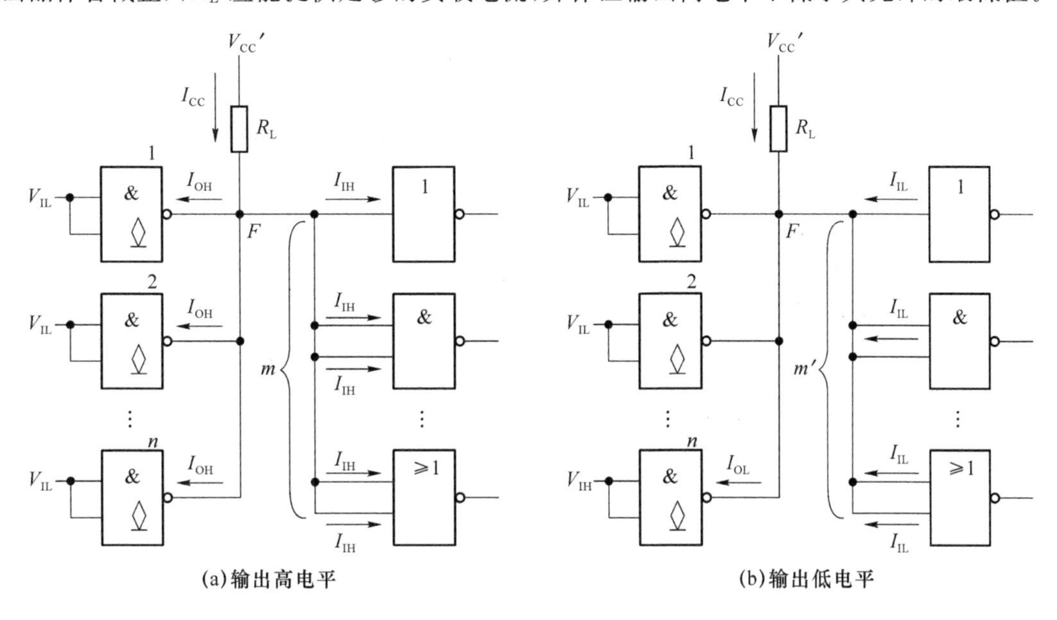

图 2.3.16　OC 门上拉电阻 R_L 的选取

设：I_{OH} 为 OC 门输出晶体管截止时的漏电流(也就是穿透电流 I_{CEO})，I_{IH} 为负载门的高电平输入电流，则输出电压为

$$V_{OH}=V_{CC}'-I_{CC}R_L \geqslant V_{OHmin} \tag{2.3.8}$$

流过 R_L 的电流为

$$I_{CC}=mI_{IH}+nI_{OH} \tag{2.3.9}$$

式(2.3.9)表示由于有 n 个 OC 门，对应有 n 个漏电流 I_{OH}；负载门共有 m 个输入端，对应有 m 个高电平输入电流 I_{IH}。根据式 (2.3.8)和式(2.3.9)可求得 R_L 的值为

$$R_L \leqslant \frac{V_{CC}'-V_{OHmin}}{nI_{OH}+mI_{IH}} \tag{2.3.10}$$

(2) OC 门输出为低电平：如图 2.3.16(b)所示，驱动能力最弱的情况是只有一个 OC 门的输出晶体管饱和，其他门输出晶体管截止。求取 R_L 时只要满足驱动能力最弱的情况即可，在多个 OC 门的输出晶体管都饱和时一定能够满足驱动需求。流入 OC 门饱和晶体管的总电流为各负载门的输入电流及流过 R_L 的电流之和。由于与非门(也包括与门)的输入端并联使用时，该门总的低电平输入电流仍为 I_{IL}，对于或非门(及或门)，则有几个输入端就有几个 I_{IL}(这是由逻辑门内部电路构成方式确定的)，所以，负载门有效输入端数为 $m'(m'<m)$。R_L 的选取应使总电流小于 OC 门允许的最大灌电流。

设：I_{OL} 为 OC 门输出管的负载电流，I_{OLmax} 为 OC 门输出管允许的最大低电平负载电流，输出低电平的最大值为 $V_{OLmax}=0.4\ V$，I_{IL} 为负载门的低电平输入电流，忽略 OC 门截止管的漏电流 I_{OH}。则有

$$I_{OL}=I_{CC}+m'I_{IL} \leqslant I_{OLmax} \tag{2.3.11}$$

流过 R_L 的电流为

$$I_{CC}=\frac{V_{CC}'-V_{OL}}{R_L} \tag{2.3.12}$$

根据式(2.3.11)和式(2.3.12)可以求得 R_L 为

$$R_L \geqslant \frac{V_{CC}'-V_{OL}}{I_{OLmax}-m'I_{IL}} \tag{2.3.13}$$

选择上拉电阻 R_L 时，应在满足式(2.3.10)和式(2.3.13)的要求的情况下，电阻值选择稍大一些，以减少功耗。

【例 2.3.4】 电路如图 2.3.17 所示，请选择合适的阻值 R_L。已知 OC 门输出管截止时的漏电流为 $I_{OH}=200\ \mu A$，OC 门输出晶体管导通时允许的最大负载电流为 $I_{OLmax}=16\ mA$；负载门的低电平输入电流为 $I_{IL}=1\ mA$，高电平输入电流为 $I_{IH}=40\ \mu A$，$V_{CC}'=5\ V$，要求 OC 门的输出高电平 $V_{OH}\geqslant 3.0\ V$，输出低电平 $V_{OL}\leqslant 0.4\ V$。

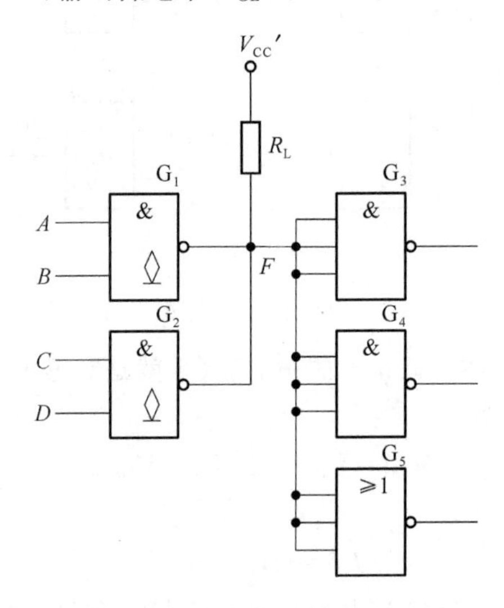

图 2.3.17　例 2.3.4 逻辑图

解：根据前面的分析，由于 $n=2, m=9, m'=5$，则

输出高电平时

$$R_L \leqslant \frac{V_{CC}'-V_{OHmin}}{nI_{OH}+mI_{IH}}=\frac{5-3}{2\times0.2+9\times0.04}=2.63\ k\Omega$$

输出低电平时

$$R_L \geqslant \frac{V_{CC}'-V_{OL}}{I_{OLmax}-m'I_{IL}}=\frac{5-0.4}{16-5\times1}\approx 0.42\ k\Omega$$

可选择 $R_L=2.4\ k\Omega$。

3. OC 门的应用

① OC 门在输出管的击穿电压和负载电流满足要求的情况下，可以直接驱动不同电压需求的指示灯、继电器或其他器件(设备)。图 2.3.18(a)为 OC 门直接驱动发光二极管，电阻 R 用来限制电流。图 2.3.18(b)为 OC 门直接驱动继电器，二极管 VD 用来限制继电器产生的自感电压，避免损坏逻辑门。

② 通过改变外接电源(V_{CC}')，可以来改变输出高电平，实现电平转换。如图 2.3.18(c)所示，通过 OC 门可以将 0.3～3.4 V 的 TTL 电平转换为 0.3～12 V 的逻辑电平。

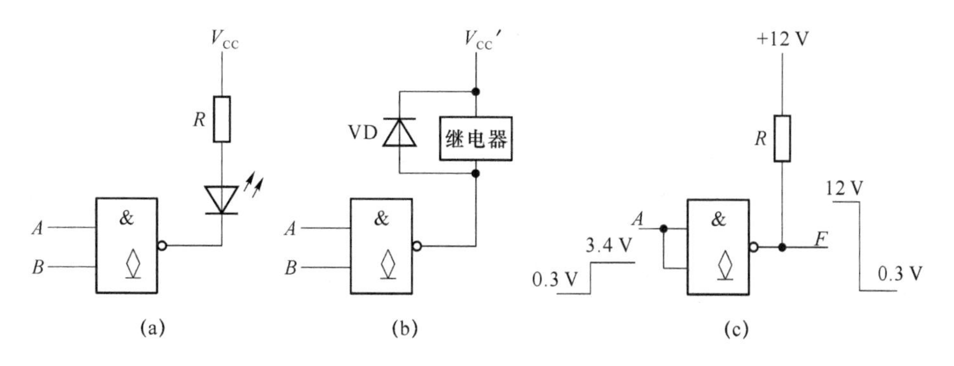

图 2.3.18　OC 门直接驱动负载及电平转换

2.3.5　三态门

1. 三态门的工作原理

普通 TTL 门的输出只有逻辑 0 和逻辑 1 两种输出状态，这两种状态都是低阻输出。三态逻辑门的输出除了具有这两个状态外，还具有高阻输出态(或称禁止态)，这时输出端相当于与其他电路断开。图 2.3.19 是三态非门的原理图与符号。根据图 2.3.19(a)所示电路，当 EN=1 时，VD_2 截止，此时电路类似与非门 7400，输出取决于输入，可以得到 $F=\overline{A}$。当 EN=0 时，使 VT_1 深度饱和并使得 VT_2、VT_4 截止(输出 F 端对地的支路等效断开)，同时 EN=0 又使得 VD_2 导通，V_{C2} 为低电平(不高于 1 V)，这又使得 VT_3 和 VD_3 截止(输出 F 端对电源的支路等效断开)，输出端呈高阻态，输出可表示为 $F=z$。这种 EN 为 1 时，三态门处于正常工作状态(输出 0 或 1)，EN 为 0 时，三态门处于高阻状态(输出为高阻 z)的三态门称为控制端“高电平有效”的三态门，高电平有效三态非门的符号如图 2.3.19(b)所示；反之，如果三态控制端$\overline{EN}$=0 时，三态门处于正常工作状态，称为控制端“低电平有效”的三态门，低电平有效三态非门的符号如图 2.3.19(c)所示。低电平有效三态非门控制端使用符号$\overline{EN}$的目的是为了对两种三态门的控制方式进行统一描述，即 EN=1 时三态门处于正常工作状态，EN=0 时三态门处于高阻状态。

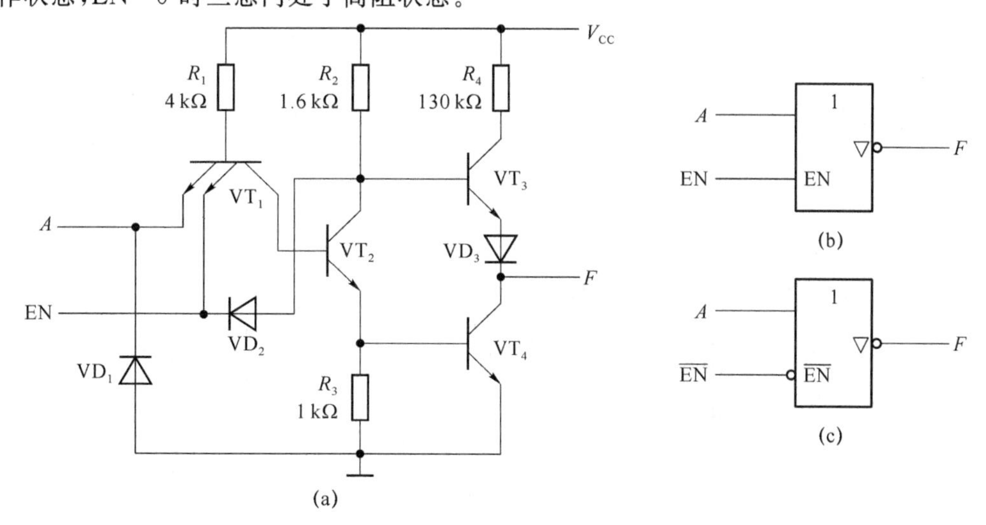

图 2.3.19　三态非门原理电路与符号

2. 三态缓冲门 74126 简介

缓冲门类似非门，只是不反相，实现 $F=A$ 的逻辑功能。三态缓冲门 74126 的符号如图 2.3.20(b)所示，它是一个控制端高电平有效的缓冲门，内部电路如图 2.3.20(a)所示。图中虚线右侧类似图 2.3.19 给出的三态非门原理电路，只是在 VT_1 的集电极和 VT_2 的基极间增加了一级反相器，电路实现 $F=A$ 的逻辑功能。在虚线左侧，也是一个缓冲电路，可以看成两个非门的串接，图中 EN′点和 EN 之间的逻辑关系为 EN′=EN。控制端低电平有效的缓冲门 74125 的符号如图 2.3.20(c)所示。这两个三态缓冲器在计算机系统和数字通信系统的电路设计中有较多的应用。

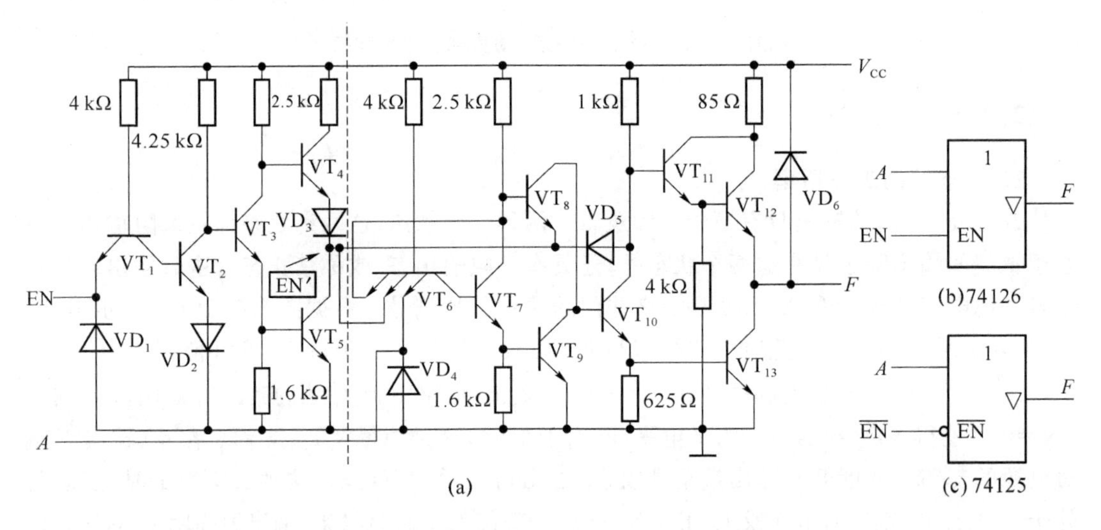

图 2.3.20　74126 内部电路及三态缓冲门符号

3. 三态门的应用

(1) 数据线的分时复用：当三态门处于禁止状态时，其输出呈现高阻态，可视为与数据线脱离。利用分时传送原理，可以实现多个三态门挂在同一数据线上进行数据传送，某一时刻只允许一个三态门的输出为低阻，在总线上发送数据。电路如图 2.3.21(a)所示，当EN=1时，F_2 为高阻，数据 A 传送到数据线上；当 EN=0 时，F_1 为高阻，数据 B 传送到数据线上。

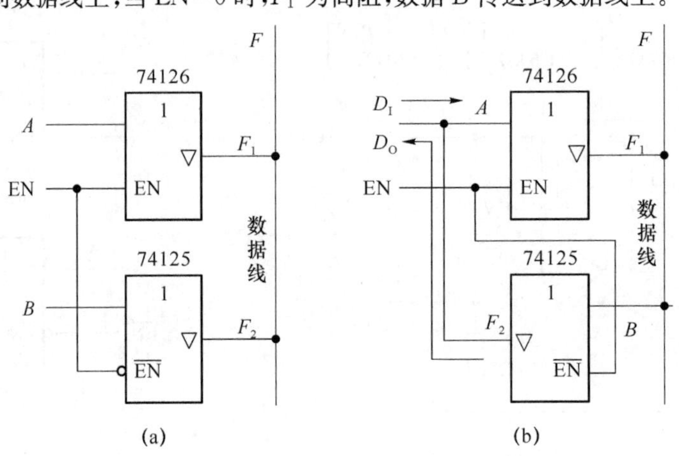

图 2.3.21　数据线复用

（2）双向传输：如图 2.3.21(b)所示，当 EN=1 时，数据 D_I 通过 A 端传送的数据线上，此时由于 F_2 为高阻（相当于开路），不会影响数据 D_I 的传输；当 EN=0 时，F_1 为高阻，相当于与数据线脱离，不影响其他数据传输，数据线上数据可通过 B 端传送到 F_2 端，即通过 EN 的控制实现数据的双向传输。

2.3.6 TTL 改进系列门电路简介

为了满足高速度、低功耗、高抗干扰的要求，TTL 电路不断改进，因此细分出 74H、74S、74LS、74AS、74ALS 等系列，仍以与非门进行简单介绍。

1. 74H00

高速 TTL 与非门 74H00 内部电路如图 2.3.22 所示，它将 7400 中的 VD_3 换为晶体管 VT_5 和电阻 R_5。可将 VT_3 和 VT_5 看成一个复合晶体管，具有更好的电压跟随特性。另外，电路中的电阻比 7400 更小，电路具有更强的驱动能力。

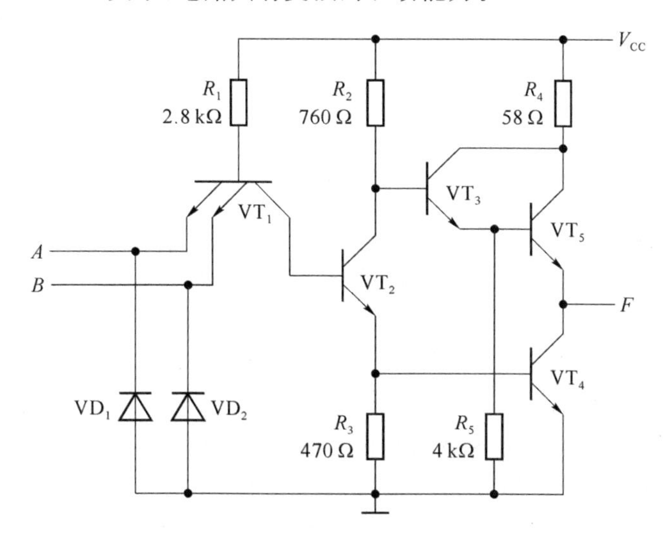

图 2.3.22　与非门 74H00 内部电路

2. 74S00

肖特基系列门电路中使用了肖特基晶体管（也称抗饱和晶体管），其结构和符号如图 2.3.23所示，图中二极管 VD_k 是肖特基势垒二极管（Schottky Barrier Diode，SBD），这种二极管的正向压降约为 0.3 V。肖特基二极管没有电荷存储效应，开关速度比一般 PN 结要高得多。由于在晶体管的基极和集电极间加有肖特基二极管，使晶体管不会进入深度饱和，其饱和时 V_{CE} 始终会保持在 0.4 V 左右，大大缩短了晶体管的存储时间，提高了开关速度。

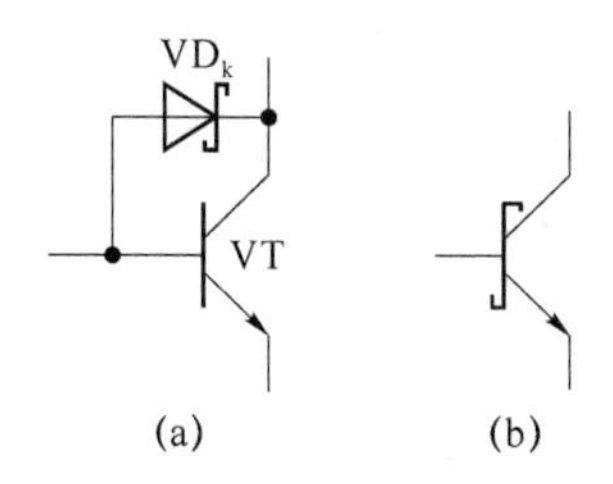

图 2.3.23　肖特基晶体管结构及符号

在 74S 系列门电路中采用了肖特基抗饱和三极管，同时增加有源泄放电路，用以提高工作速度并改善电压传输特性。图 2.3.24 所示为 74S00 与非门内部电路。

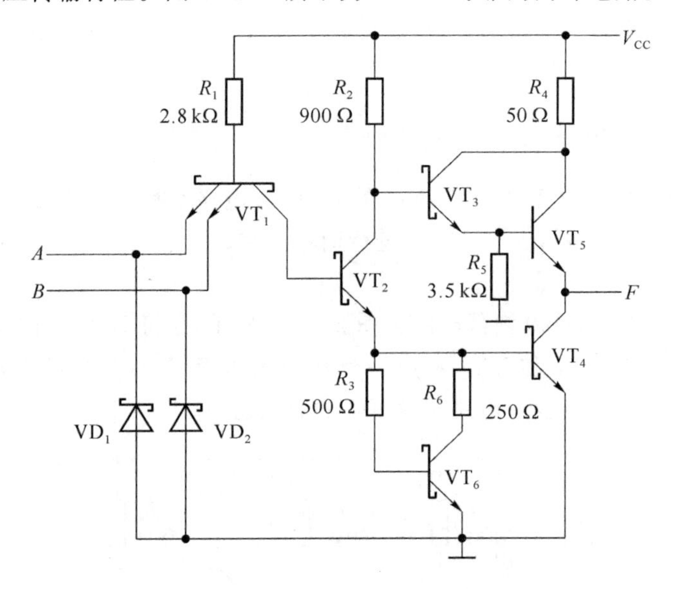

图 2.3.24　与非门 74S00 内部电路

图 2.3.24 电路中由于晶体管 VT_5 不会饱和，无须使用抗饱和晶体管外，其他晶体管都采用了肖特基晶体管。有源泄放回路由电阻 R_3、R_6 和晶体管 VT_6 构成。有源泄放回路的作用有：第一，在 VT_4 的发射结电压刚超过死区电压时，VT_6 还未导通，可以提高 VT_4 从截止到导通的速度；第二，在 VT_4 饱和后，VT_6 的集电极分流了一部分 VT_4 的基极电流，减少了 VT_4 发射结电荷的堆积；第三，VT_2 截止后，VT_4 发射结两端的堆积电荷可以通过 VT_6 的集电极回路泄放，提高 VT_4 从导通到截止的速度；第四，改善了电压传输特性曲线(参见图 2.3.3)，使 CD 线性向上延伸，BCD 的斜率趋于一致，从而接近理想开关，低电平噪声容限也得到提高。

3. 74LS00

性能比较好的门电路应该是工作速度快、功耗又小的门电路。通常用功耗和传输延迟时间的乘积(简称功耗-延迟积或 pd 积)来评价门电路性能的优劣。74LS 系列是低功耗肖特基逻辑门，它的功耗-延迟积很小，因此得到最广泛的应用。

图 2.3.25 是 74LS00 的内部电路。它的特点主要是大幅度提高了电路中各电阻的阻值。为了缩短延迟时间，提高开关速度，它像 74S 系列一样，使用了抗饱和晶体管和有源泄放电路，同时还采用了将输入端的多发射极晶体管用肖特基二极管代替等措施。肖特基二极管 VD_1、VD_2 及 R_1 组成输入电路，由于 VD_1、VD_2 本身没有电荷存储效应，电路的工作速度较快。VD_5、VD_6 两个肖特基二极管为泻放二极管，主要是当输出从高电平到低电平转换时，VD_5 和 VD_6 通过 VT_2 的集电极分别泻放 VT_5 发射结及负载上的多余电荷，加快 VT_5 截止和 VT_4 饱和导通过程。

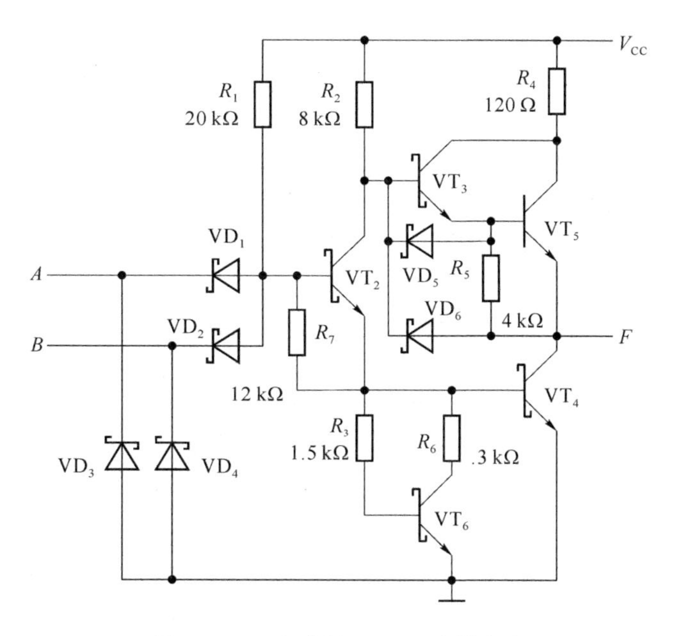

图 2.3.25 与非门 74LS00 内部电路

2.3.7 TTL 的选用及应注意的问题

1. 不同系列的 TTL 逻辑门(如 STTL、HTTL、LSTTL 等),虽然同一种门的逻辑功能一样,封装也一样,但工作速度、带负载能力等方面会有不同,在设计时应加以注意。表 2.3.2以与非门为例给出了不同系列 TTL 门电路的主要参数,由于在同一系列中还有更细的划分,表中参数源自某公司的技术手册,是常用的典型值,供应用时参考。

表 2.3.2 74 系列与非门主要参数

参数	符号	单位	7400	74H00	74S00	74LS00	74ALS00	74F00
导通延迟时间	t_{PHL}	ns	7	6.2	3	10	4	3
截止延迟时间	t_{PLH}	ns	11	5.9	3	9	5	4
截止电源电流	I_{CCH}	mA	4	10	10	0.8	0.5	1.9
导通电源电流	I_{CCL}	mA	12	26	20	2.4	1.5	6.8
最大静态功耗	P	mW	60	130	100	12	7.5	34
低电平输入电压	V_{ILmax}	V	0.8	0.8	0.8	0.8	0.8	0.8
高电平输入电压	V_{IHmin}	V	2	2	2	2	2	2
低电平输入电流	I_{ILmax}	mA	−1.6	−2	−2	−0.4	−0.1	−0.6
高电平输入电流	I_{IHmax}	μA	40	50	50	20	20	20
低电平输出电压	V_{OLmax}	V	0.4	0.4	0.5	0.5	0.5	0.5
高电平输出电压	V_{OHmin}	V	2.4	2.4	2.7	2.7	2.7	2.7
低电平输出电流	I_{OLmax}	mA	16	20	20	8	8	20
高电平输出电流	I_{OHmax}	μA	−400	−500	−1000	−400	−400	−1 000

设计电路时，可根据需求选用合适的门电路，如需要低功耗，可选 LS 系列或 ALS 系列的门电路，需要高速工作，可选 S 系列或 F 系列的门电路等。

2. 在使用集成逻辑门设计电路时应注意以下问题：

(1) 给门电路供电的电源电压应该在指定范围内工作，74 系列门电路的 $V_{CC}=4.75\sim 5.25$ V，54 系列门电路的 $V_{CC}=4.5\sim 5.5$ V。

(2) 应根据应用环境选用门电路，一般在室内工作的设备，可选用 74 系列门电路，若在室外，则应选用 54 系列的门电路。

(3) 集电极开路门(OC 门)可以将输出端直接并接使用，并实现线与功能；三态门的输出端可直接连接，条件是在任意时刻只能有一个输出为低阻，其他必须为高阻；推挽式输出的 TTL 门一般不允许输出并接，除非用于增加驱动能力时，保证输入端的信号完全一致，不会出现一个输出高电平，另一个输出低电平的情况。

(4) 无论什么门的输出端均不允许直接接电源或接地。

(5) 为避免干扰产生逻辑错误，一般不使用的输入端不允许悬空，应该根据逻辑功能接低电平或接高电平(与门、与非门的不使用输入端接高电平，或门、或非门的不使用输入端接低电平)。对 TTL 器件来说，接低电平一般是经过一个小于 300 Ω 电阻接地，或直接接地；接高电平可经过一个小于 10 kΩ 的电阻接电源或直接接电源。在前级驱动能力允许情况下，不使用的输入端也可和已使用端并联使用。

(6) TTL 电路工作时存在尖峰电流形成的内部噪声，使用时应注意电源应提供足够的功率，并在靠近门电路的电源和地之间加退耦电容。

2.4 ECL 逻辑门

ECL(Emitter Coupled Logic，射极耦合逻辑)是一种非饱和双极型晶体管的逻辑门电路，它和 TTL 逻辑电路不同之处在于 ECL 所含的晶体管只工作在浅截止区和放大区，因而晶体管的基区没有多余的存储电荷，晶体管基本没有存储时间，且电路的输入、输出逻辑幅度小(输入高电平为−0.8 V，低电平为−1.6 V)，从而进一步提高了逻辑电路的开关速度。

ECL 逻辑门也有许多种类，包括或门、异或门、或/或非门(实现或逻辑，同时也有或非逻辑输出)、异或/同或门等。以型号为 10105 的集成或/或非门为例，介绍其工作原理及应用方法。10105 集成 ECL 或/或非门芯片中有两个 2 输入端的或/或非门及 1 个 3 输入端的或/或非门。

ECL 或/或非门 10105 内部 2 输入端的或/或非门电路如图 2.4.1(a)中虚线框内电路所示，其符号如图 2.4.1(b)所示。ECL 或/或非门是由差分电路(由 VT_{1A}、VT_{1B}、VT_2 及相关电阻)、参考电源(VT_3、VD_1、VD_2 及相关电阻)、两个射极跟随器(发射极开路的 VT_4、VT_5)3 个部分组成。供电电源为 $V_{EE}=-5.2$ V。

图 2.4.1(a)中 VT_1(包括 VT_{1A}和 VT_{1B})、VT_2、R_{C1}、R_{C2}及 R_E 组成差分放大电路，其中 VT_{1A}、VT_{1B}的发射极并联、集电极并联，在发射极端实现输入信号的“或”逻辑功能，即 A、B 中一个或两个都为高电平时，VT_{1A}、VT_{1B}的发射极为相对高电平，VT_{1A}、VT_{1B}的集电极实现“或非”逻辑(原理与前面提到的或非门相同)。R_2、R_3 和 VT_3 组成参考电源，为晶体管

VT_2 的基极提供固定的-1.2 V 电压。VT_4、VT_5 及外接负载电阻 R_{L1} 和 R_{L2} 构成两个射极跟随器,完成电平转换功能,即把 VT_1、VT_2 集电极电位降低约 0.8 V(这里设 BE 结的压降设为 0.8 V),使电路输出电平和输入电平一致,同时增强电路的带负载能力。电路的核心部分是差分电路。

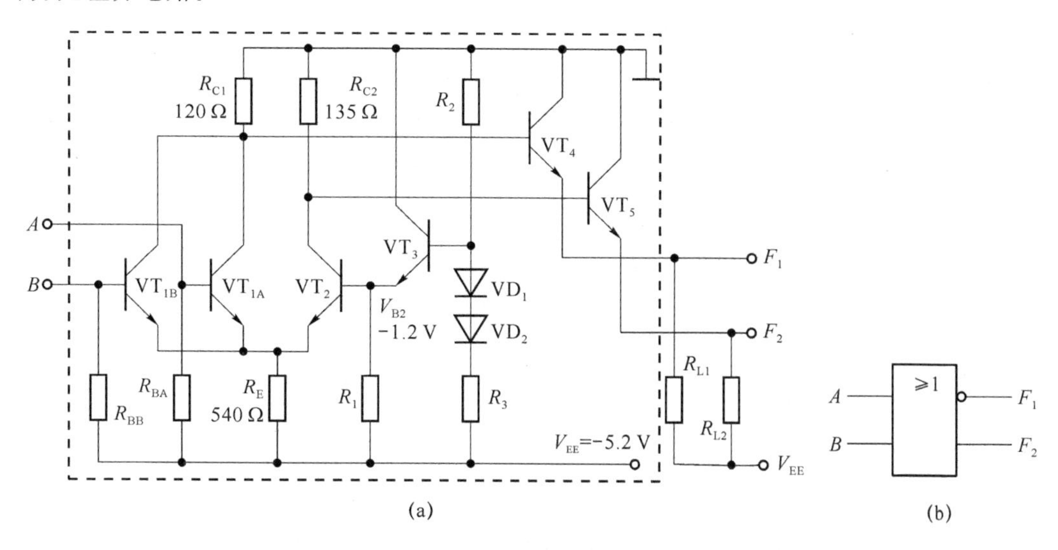

图 2.4.1　ECL 或/或非电路(10105)及符号

1. ECL 或/或非门的工作原理

设:电路输入高电平 $V_{IH}=-0.8$ V,输入低电平 $V_{IL}=-1.6$ V,晶体管 VT_2 的基极电压固定为 $V_{b2}=-1.2$ V。

(1) 当输入 A、B 均为低电平-1.6 V 时,VT_2 导通,VT_2 的发射极电平为 $V_E=-1.2-V_{BE}=-2.0$ V,VT_{1A}、VT_{1B}的发射结电压仅为 0.4 V,低于死区电压,所以 VT_{1A}、VT_{1B}截止,VT_{1A}、VT_{1B}集电极电平约为 0 V,此时 VT_2 的集电极电平 $V_{C2}=0-I_{C2}\times R_{C2}\approx -R_{C2}\dfrac{V_E-V_{EE}}{R_E}=-135\times\dfrac{-2-(-5.2)}{540}=-0.8\ \text{V}$ 。可以得到输出端 F_1 和 F_2 的输出电平分别为-0.8 V(高电平)和-1.6 V(低电平)。

(2) 当输入 A、B 中至少有一个为高电平,设输入 A 为高电平,则晶体管 VT_{1A}导通,VT_{1A}的发射极电平 $V_E=-0.8-V_{BE}=-1.6$ V,由于 VT_2 的发射结电压为 0.4 V,所以 VT_2 截止,VT_1 的集电极电平为 $V_{C1}=0-I_{C1}\times R_{C1}\approx -R_{C1}\dfrac{V_E-V_{EE}}{R_E}=-120\times\dfrac{-1.6-(-5.2)}{540}=-0.8\ \text{V}$,$V_{C2}\approx 0$ V。可以得到输出端 F_1 和 F_2 的输出电平分别为-1.6 V(低电平)和-0.8 V(高电平)。

由上述分析并根据差分放大电路原理可知,在 VT_1 的集电极得到"或非"逻辑功能,在 VT_2 的集电极得到"或"逻辑功能,VT_4 和 VT_5 实现电平的偏移,使 VT_1 和 VT_2 的集电极电位下降 0.8 V,所以电路逻辑功能可表示为

$$F_1=\overline{A+B}$$

$$F_2=A+B$$

2. ECL 门的特点

(1) ECL 门的优点:由于电路中的晶体管都工作在放大区和浅截止区,ECL 工作速度

很快，$t_{pd}<1$ ns；在正常工作时，总的工作电流基本不变，由电流变化而产生的干扰较小；由于输出是射极输出结构，具有较强的驱动能力；ECL 门输出可直接相连，实现线或（WIRED-OR）逻辑。

（2）ECL 门的缺点：逻辑电平摆幅小，噪声容限低，抗干扰能力弱；由于 ECL 电路中的电阻都很小，而且晶体管工作在非饱和态，所以电路功耗较大。

【例 2.4.1】 图 2.4.2(a)电路由一个 2 输入 ECL 或/或非门和一个 3 输入 ECL 或/或非门组成（使用 ECL 芯片 10105），图(b)电路由 ECL 或/或非门和异或/同或门组成（使用芯片 10105 和 10107）。写出输出的逻辑表达式。

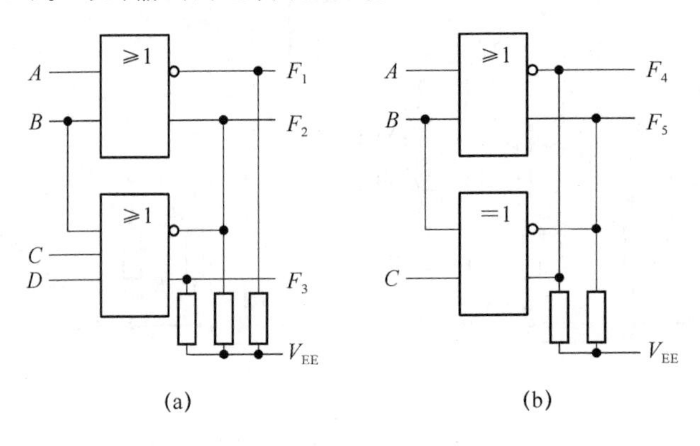

图 2.4.2 例 2.4.1ECL 电路

解：根据电路及 ECL 门的线或功能，输出逻辑表达式为

$$F_1=\overline{A+B}=\overline{A}\,\overline{B}$$

$$F_2=A+B+\overline{B+C+D}=A+B+\overline{B}\,\overline{C}\,\overline{D}$$

$$F_3=B+C+D$$

$$F_4=\overline{A+B}+\overline{B}C+B\overline{C}=\overline{A}\,\overline{B}+\overline{B}C+B\overline{C}$$

$$F_5=A+B+BC+\overline{B}\,\overline{C}=A+B+\overline{C}$$

如图 2.4.2 所示，ECL 门在使用时应接下拉电阻到负电源 V_{EE}，但如果后面接的也是 ECL 门，则无须再接下拉电阻，因为下一级的输入端中已经有所需的等效电阻（R_B 并联从基极看入的电阻）。

本节介绍的是由负电源供电的 ECL 电路。还有一种 PECL 门，它采用与 ECL 基本相同的电路和工作原理，但是用正电源供电，逻辑电平的数值与 ECL 不同，但高低电平的摆幅、性能基本相同。

2.5 I^2L 逻辑门电路

集成注入逻辑（Integrated Inject Logic，I^2L）逻辑门电路是 20 世纪 70 年代初发展起来的一种高集成密度、双极型逻辑电路。它是在常规双极型集成电路工艺的基础上经过改进而成。I^2L 电路具有结构紧凑、不用电阻、工艺简单、集成密度高、低功耗和较高工作的速度等特点。目前 I^2L 主要用于制作大规模集成电路的内部逻辑电路，并得到了广泛的应用。

2.5.1　I²L 的基本单元电路

I²L 基本单元电路由构成恒流源的 PNP 晶体管和构成反相器的多集电极 NPN 晶体管构成。电路图如图 2.5.1(a)所示，符号如图 2.5.1(b)所示。

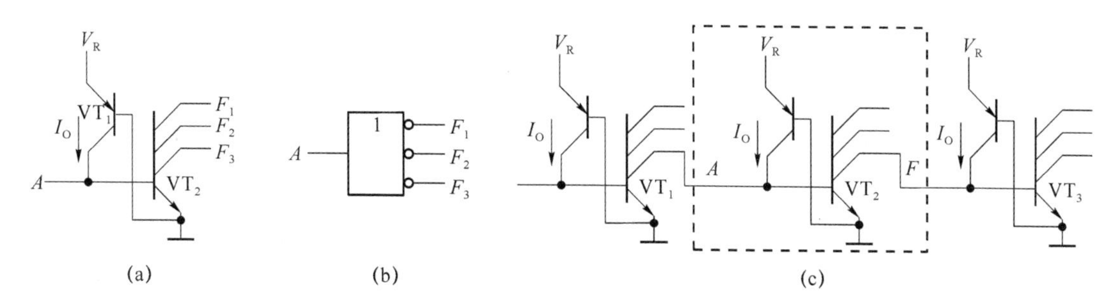

图 2.5.1　I²L 基本单元电路、符号及工作原理

为说明 I²L 基本单元电路前级的驱动和与后级的负载关系，工作原理分析时参考图 2.5.1(c)中虚线框内的单元电路。I²L 基本单元电路中 PNP 晶体管工作在放大区，发射极接固定电源 V_R，因此 V_{BE} 为固定值，集电极电流也为固定值 I_O。

如果前级 I²L 单元电路晶体管 VT_1 截止，相当于图 2.5.1(c)中虚线框内的单元电路输入端 A 悬空(等效输入为高电平，A 点电位约为 0.7 V)，I_O 全部注入 NPN 晶体管 VT_2 的基极，使 NPN 晶体管 VT_2 饱和，输出 F 点的电位约为 0.1 V。

如果前级电路晶体管 VT_1 饱和，本级的恒流源电流 I_O 全部注入前级晶体管 VT_1 的集电极，则输入端 A 为低电平，A 点电位约为 0.1 V，NPN 晶体管 VT_2 的基极电流近似为 0，晶体管 VT_2 截止，输出 F 点的电位约为 0.7 V。

所以图 2.5.1(a)所示的单元电路可看成是 3 个非门，输入端是公共的，各自有自己的输出端。符号如图 2.5.1(b)所示。

在集成电路中，恒流源也可以使用多集电极晶体管结构，可进一步减小面积和增加集成密度。图 2.5.1(c)电路可简化为图 2.5.2 所示电路。如果固定电源 V_R 端不用于其他用途，在画内部电路时也可使用图 2.5.3 的画法。

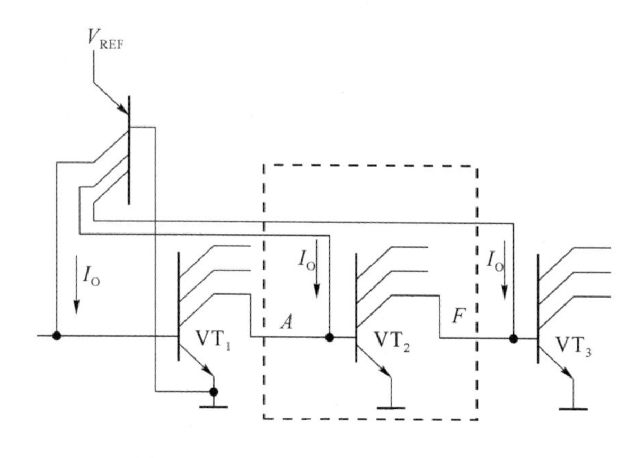

图 2.5.2　I²L 多集电极恒流源结构

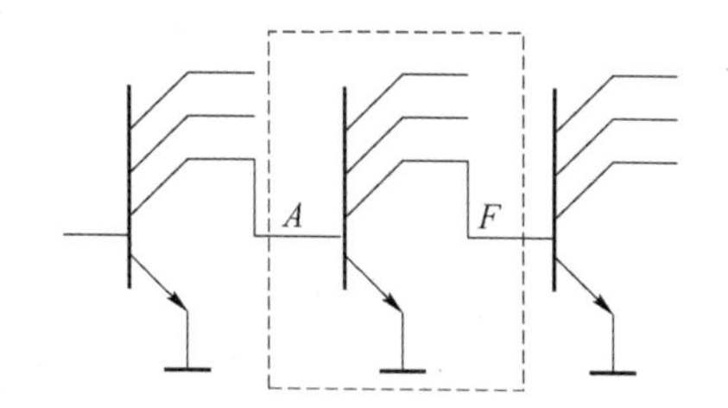

图 2.5.3　1 I²L 电路的简化画法

2.5.2 I^2L 门电路

1. 或非门

由于 I^2L 基本单元电路是集电极开路输出的电路结构，只要将输出端直接“线连接”可以获得线与。根据图 2.5.4 所示电路可以得到：$F=\overline{A}\cdot\overline{B}=\overline{A+B}$，即由两个基本单元电路可得到或非门。

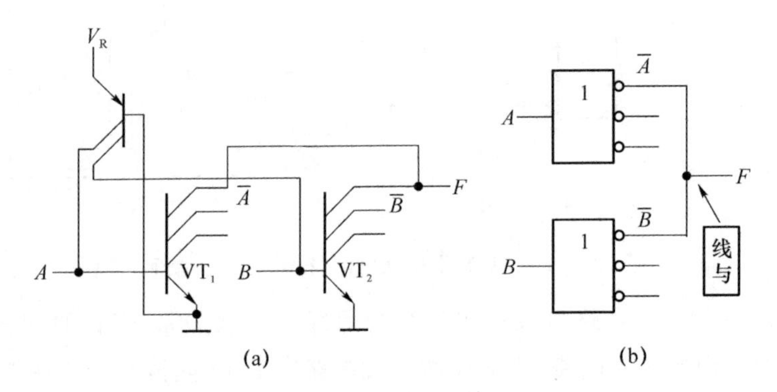

图 2.5.4 I^2L 或非门电路

2. 与门

如果将或非门的输入端各加一级非门，即可得到与门。电路如图 2.5.5 所示。

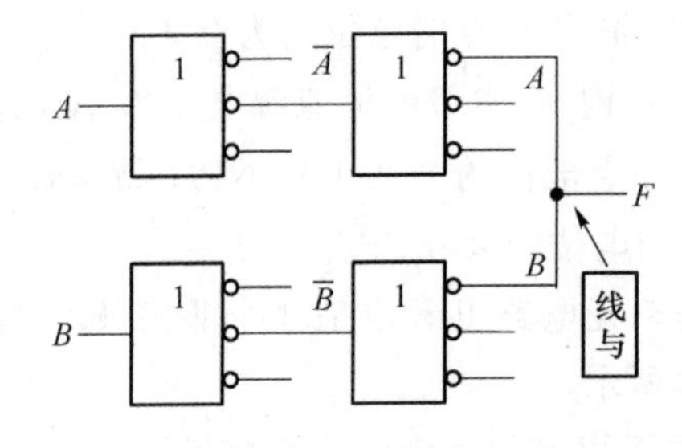

图 2.5.5 I^2L 与门电路

3. 与非门

根据前面的分析，基本单元电路完成 $F=\overline{A}$ 的逻辑功能，如果电源 $V_R=0$，则 $I_O=0$，NPN 晶体管始终处于截止状态，输出始终为高电平。用 V_R 端作为输入端 B，可以得到，只有 A 和 B 均为高电平时输出为低电平，因而实现与非门的功能 $F=\overline{AB}$。电路图及符号如图 2.5.6 所示。

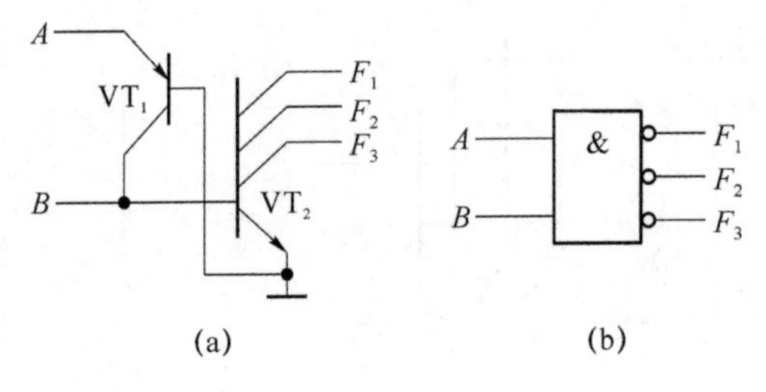

图 2.5.6 I^2L 与非门

4. 与或非门

使用两个与非门,输出进行线与可得到与或非门 $F=\overline{AB}\cdot\overline{CD}=\overline{AB+CD}$,电路如图2.5.7所示。

【例 2.5.1】 分析图 2.5.8 所示简化的 I^2L 电路的逻辑功能。

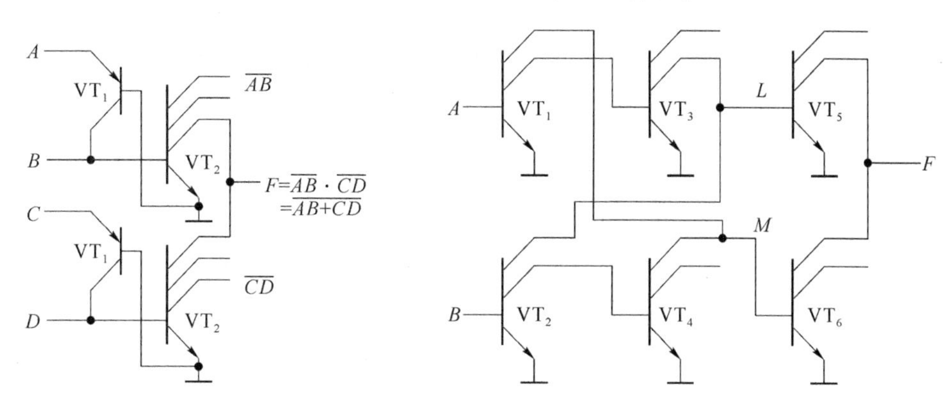

图 2.5.7　I^2L 与或非门电路　　　　图 2.5.8　例 2.5.1 图

解: 由于 VT_1 的输出为$\overline{A}$,VT_3 的输出为 A,VT_2 的输出为$\overline{B}$,VT_4 的输出为 B,因此 L 点的输出为 $L=A\,\overline{B}$,M 点为 $M=\overline{A}B$,因此有 $F=\overline{A\,\overline{B}}\cdot\overline{\overline{A}B}=\overline{A\,\overline{B}+\overline{A}B}=A\odot B$,所以图 2.5.8电路为同或门。

2.5.3　I^2L 门电路的特点

电路优点:

(1) 在双极型集成电路中有较高的集成密度,电路简单,管芯面积小。而 TTL 集成电路电路结构比较复杂,元件较多,并且需要采用隔离技术,而隔离占用芯片面积较大。

(2) 制造工艺简单,无须隔离,且可以与其他种类电路(如 TTL、ECL 等)集成在同一芯片上。

(3) 低功耗,可在低电压(1 V 以下)和低电流(纳安级)情况下工作,有较低的功耗。

电路缺点:

(1) 工作速度较低,主要原因是 PNP 为横向晶体管,电流增益低;NPN 晶体管的结电容较大;属于饱和型电路。所以延迟时间较大,为 20～30 ns。

(2) 逻辑摆幅较小,约为 600 mV,抗干扰能力较弱。

2.6　CMOS 逻辑门

CMOS(Complementary Metal Oxide Semiconductor)逻辑门以其低功耗、强抗干扰能力、宽电压范围、制造工艺简单、集成度高等优势得到越来越广泛的应用。本节先通过 NMOS 逻辑门电路介绍 MOS 门的工作原理,然后主要介绍 CMOS 逻辑门的构成、工作原理及特性。

2.6.1 NMOS 门电路

1. NMOS 非门

NMOS 非门电路如图 2.6.1(a)所示,实际上就是在电子电路基础中见到的 E/E 型反相器,数字逻辑电路中用于驱动的场效应管工作于截止区和可变电阻区。图中 VT_2 称为负载管,VT_1 称为驱动管,均为 N 沟道增强型 MOS 管。由于负载管的 $V_{GD}=0$ V,所以负载管始终工作在饱和区(对应晶体管的放大区),故又称为饱和型负载。VT_2 的栅源之间等效一个非线性电阻。

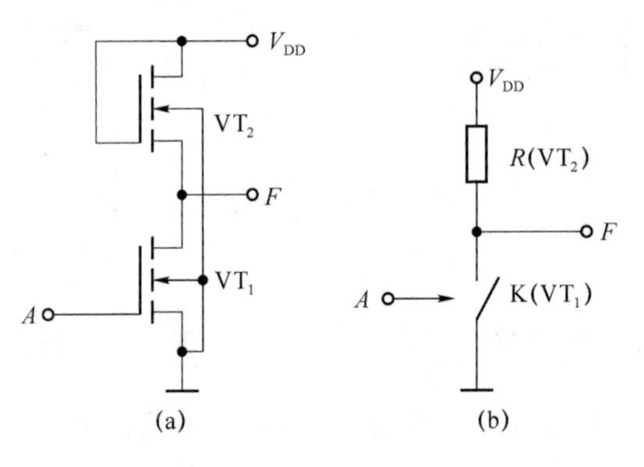

图 2.6.1 NMOS 非门

当输入端 A 为低电平 0 V 时,VT_1 截止,输出 F 为高电平,有 $V_{OH}=V_{DD}-V_{TH2}$(V_{TH2} 为负载管的开启电压),如果设开启电压 $V_{TH2}=2$ V,则 $V_{OH}=5\text{ V}-2\text{ V}=3$ V。当输入端 A 为高电平 3 V 时,VT_1 导通,此时 VT_2 也是导通的,只要 VT_1 的导通电阻比 VT_2 的导通电阻小得多,输出 F 的电平将接近于 0 V。导通电阻的大小可通过设计 MOS 数字集成电路时使用不同的沟道宽长比来实现。

NMOS 非门的工作原理也可以用图 2.6.1(b)所示开关电路描述,输入端控制开关 K,当闭合时,输出低电平,断开时输出高电平。

2. NMOS 与非门

NMOS 与非门是在非门的基础上又串接了一个驱动管构成,即 VT_3 为负载管,VT_1、VT_2 为两个串联的驱动管。电路如图 2.6.2(a)所示。

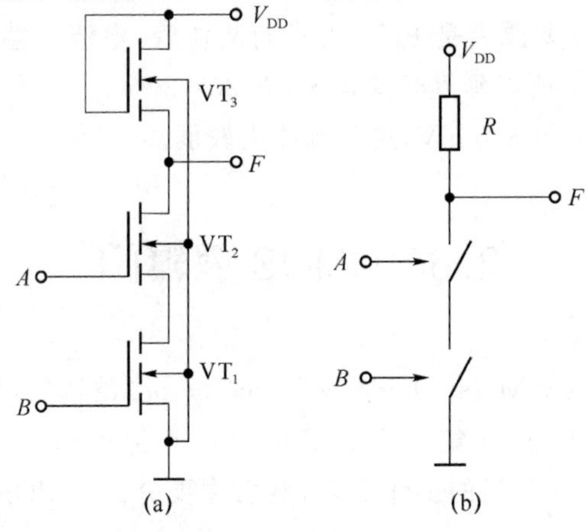

图 2.6.2 NMOS 与非门

当输入 A、B 中有一个或两个为低电平 0 V 时，驱动管截止，输出 F 为高电平 $V_{OH}=V_{DD}-V_{TH3}$；当输入 A、B 均为高电平 3 V 时，VT_1 和 VT_2 都导通，输出 F 为低电平，只要 VT_1 和 VT_2 串联的导通电阻比 VT_3 的导通电阻小得多，输出 F 的电平将接近于 0 V，完成与非逻辑功能 $F=\overline{AB}$。NMOS 与非门的工作原理也可以用图 2.6.2(b)所示开关电路描述。当与非门的输入端数增加时，串联驱动管的个数就要增多，由于与非门的输出低电平取决于负载管的导通电阻与驱动管导通电阻之和的比，因此要求负载管与驱动管导通电阻相差更悬殊，这将不利于集成度的提高，故与非门的输入端数不宜超过 3 个。

3. NMOS 或非门

NMOS 或非门是在非门的基础上并接了一个驱动管构成，即 VT_3 为负载管，VT_1、VT_2 为两个并联的驱动管。电路如图 2.6.3(a)所示。

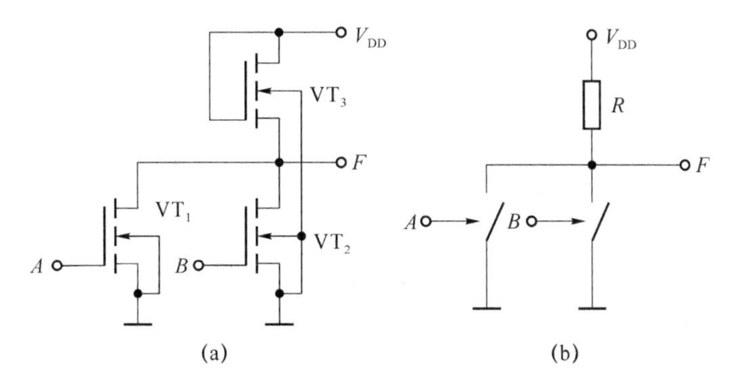

图 2.6.3　NMOS 或非门

当输入 A、B 中有一个或两个都为高电平 3 V 时，驱动管导通，输出为低电平将接近于 0 V，当输入 A、B 均为低电平 0 V 时，VT_1 和 VT_2 都截止，输出 F 为高电平 $V_{OH}=V_{DD}-V_{TH3}$，电路完成或非逻辑功能 $F=\overline{A+B}$。分析逻辑功能时也可以通过相位关系和“线与”逻辑概念进行，场效应管的栅极和漏极之间为反相关系（晶体管的基极和集电极之间也是一样），因此，VT_1 和 VT_2 的漏极输出为 $\overline{A}$ 和 $\overline{B}$，两个漏极实现“线与”，有 $F=\overline{A}\,\overline{B}=\overline{A+B}$。NMOS 或非门的工作原理也可以用图 2.6.3(b)所示开关电路描述。

4. NMOS 与或非门

图 2.6.4 所示 NMOS 电路完成与或非逻辑 $F=\overline{AB+C+D}$ 的逻辑功能。读者可根据前面所述的工作原理自行分析。

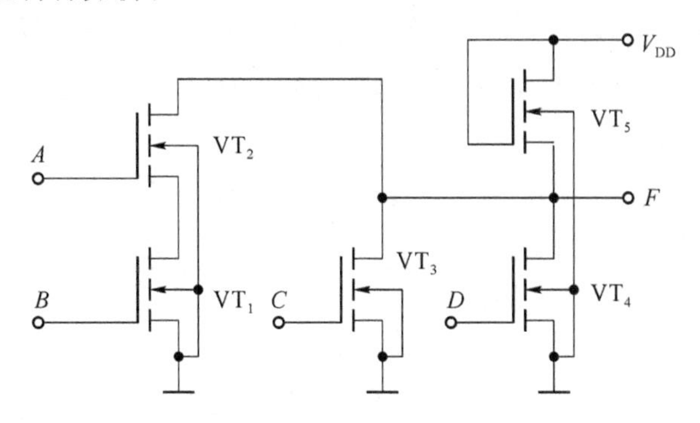

图 2.6.4　NMOS 与或非门

2.6.2 CMOS 非门

1. CMOS 非门工作原理

CMOS 非门也称为互补 MOS 反相器，由一个 NMOS 管 VT_1 和一个 PMOS 管 VT_2 构成，电路图如图 2.6.5(a)所示。当输入低电平为 0 V 时，VT_1 的栅源电压 $V_{GS1}=0$，VT_1 截止，而此时加在 VT_2 上的栅源电压 $V_{GS2}\approx-5$ V，绝对值大于其开启电压的绝对值，有 $|V_{GS2}|>|V_{THP}|$（V_{THP}为 P 沟道 MOS 管的开启电压），VT_2 导通，输出为高电平，$V_O=V_{OH}\approx V_{DD}$。

当输入为高电平 5 V 时，$V_{GS1}\approx5$ V，VT_1 导通，而 $V_{GS2}\approx0$ V，VT_2 截止，输出为低电平，$V_O=V_{OL}\approx0$ V。电路实现非的逻辑功能。

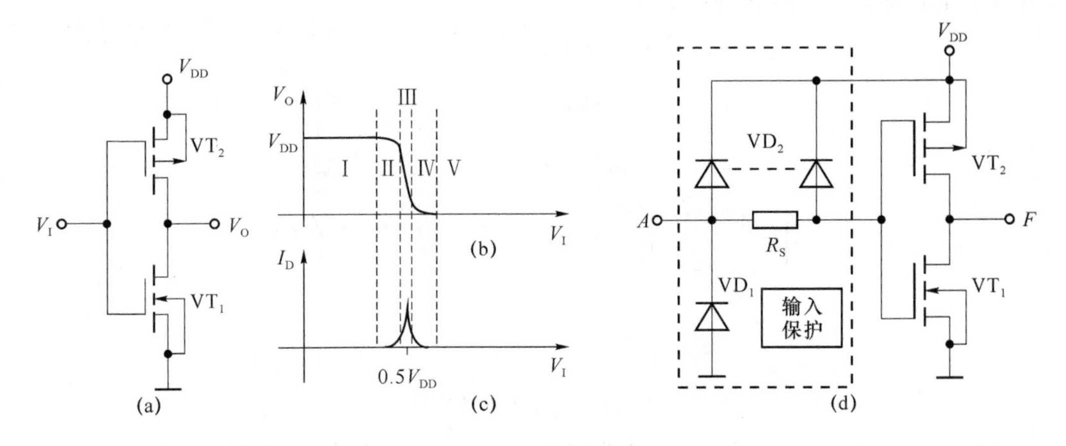

图 2.6.5 CMOS 非门

2. CMOS 非门电压与电流传输特性

图 2.6.5(b)所示为 CMOS 非门的电压传输特性。在 V_I 较小时，$V_I\leqslant V_{THN}$（V_{THN}为 N 沟道 MOS 管的开启电压）时，VT_1 截止，VT_2 工作在可变电阻区，有较小的导通电阻，输出高电平接近于电源电压 V_{DD}，如图 2.6.5(b)中的第Ⅰ段。

当输入电压增加到 $V_I\geqslant V_{THN}$时，VT_1 开始进入饱和区，VT_2 仍然处于可变电阻区，电路有较小的电流通过，如图 2.6.5(c)所示，输出电压开始下降，如图 2.6.5(b)曲线的第Ⅱ段。

输入电压继续增大，达到 0.5 V_{DD}附近，VT_1 和 VT_2 都工作在 MOS 管的饱和导通区，有较大电流通过，此时电路输入 V_I 有一个微小增量，输出电平就会急剧下降，如图 2.6.5(b)中曲线的第Ⅲ段。

随着输入电平继续增大，VT_1 进入可变电阻区，VT_2 在饱和导通区，输出电平进一步降低，流过电路的电流又开始下降，输出电平如图 2.6.5(b)中曲线的第Ⅳ段所示。

当输入电平 $V_I\geqslant V_{DD}-|V_{TNP}|$时，$VT_1$ 工作于可变电阻区，VT_2 截止，电流降为零，输出低电平接近 0 V，对应图 2.6.5(b)中曲线的第Ⅴ段。

实际上，电压传输特性曲线在 $V_I=0.5\ V_{DD}$附近是很陡的，因此 CMOS 非门高、低电平的噪声容限都比较大，可达电源电压的 45%左右，而且抗干扰能力随电源电压提高而增强。

由图 2.6.5(c)的电源电流与输入电压之间的关系曲线可知，CMOS 非门只在过渡区域出现较大的电流。输出达到稳定的高电平和低电平时，电流几乎为零，所以静态功耗极小，这也是 CMOS 门在数字电路系统中得到了广泛的应用的理由之一。

3. 集成 CMOS 非门

4000 系列 4069 集成 CMOS 非门的内部电路如图 2.6.5(d)所示，在 4069 中集成了 6 个非门。由于 MOS 器件的栅极是绝缘的，栅极感生少量的电荷就会产生击穿，所以 CMOS 电路都采用了各种形式的输入端保护电路，图 2.6.5(d)电路中 VD_1、VD_2 为双极型保护二极管，它们的正向导通压降为 0.5～0.7 V，反向击穿电压约为 30 V。由于 VD_2 是集成工艺中由输入端的 P 型扩散电阻区和 N 型衬底间自然形成的，是一种所谓分布式二极管结构，所以在图 2.6.5(d)中用一条虚线和两端的两个二极管来表示。R_s 的阻值在 1.5～2.5 kΩ 之间。正常工作时，输入电压最大为 V_{DD}，最小为 0，故 VD_1、VD_2 不会导通。

2.6.3 CMOS 与非门

型号为 4011UB 的 CMOS 与非门电路如图 2.6.6(a)、(b)所示，图 2.6.6(a)中 VT_1、VT_3 构成互补对管，VT_2、VT_4 构成互补对管，互补对管中的两个场效应管若一个导通，另一个截止。电路工作时，只有当输入 A、B 均为高电平时，将有 VT_1、VT_2 导通，VT_3、VT_4 截止，输出 F 为低电平。只要 A、B 中有一个为低电平，则 VT_1、VT_2 中会有一个截止，VT_3、VT_4 中会有一个导通，输出 F 为高电平，所以实现与非门功能，$F=\overline{AB}$。图 2.6.6(b)为输入的保护单元，即图 2.6.6(a)中的每个输入端都串接有图 2.6.6(b)的保护单元。由于所有 CMOS 门电路的输入端都串接有图 2.6.6(b)的保护电路，后面分析其他逻辑门时，保护单元不再画出。

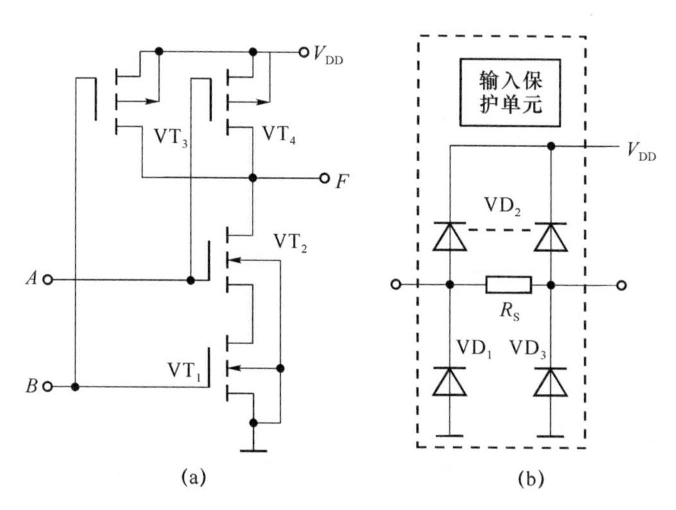

图 2.6.6 CMOS 与非门 4011UB 内部电路

相同功能 CMOS 与非门的内部电路也不相同，图 2.6.7(a)给出的是型号为 4011B 与非门的内部电路，图 2.6.6(b)为其等效电路。

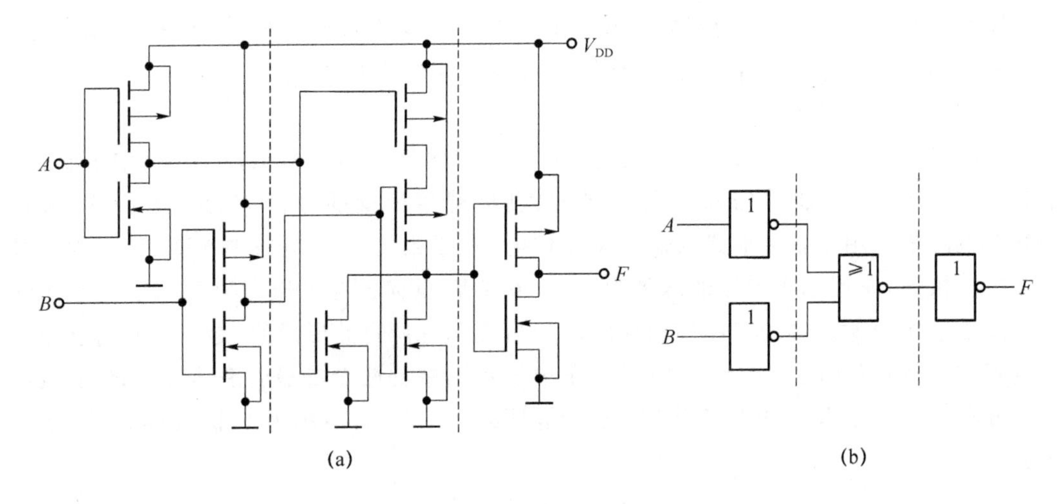

图 2.6.7 CMOS 与非门 4011B 内部电路

2.6.4 CMOS 或非门

CMOS 或非门 4001UB 的内部电路如图 2.6.8(a)所示。图(a)中 VT_1、VT_3 构成互补对管，VT_2、VT_4 构成互补对管，只要输入 A、B 中有一个为高电平，则 VT_1、VT_2 中就有一个导通，VT_3、VT_4 中就有一个截止，输出低电平；只有 A、B 均为低电平，则 VT_1、VT_2 均截止，VT_3、VT_4 均导通，输出高电平，因而完成或非逻辑功能，$F=\overline{A+B}$。

图 2.6.8(b)给出的是型号为 4001B 或非门的内部电路。

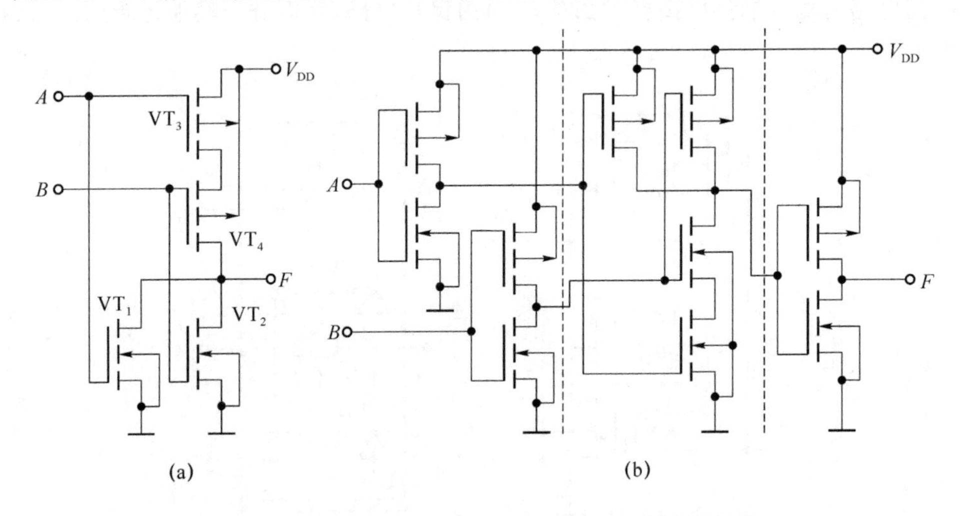

图 2.6.8 CMOS 或非门 4001UB 及 4001B 的内部电路

2.6.5 CMOS 与或非门

CMOS 与或非门的原理电路如图 2.6.9 所示，VT_2、VT_3、VT_4、VT_7 和 VT_1、VT_5、VT_6、VT_8 分别构成了两个与非逻辑逻辑电路，即 MOS 管 VT_2 的漏极输出为$\overline{AB}$，MOS 管 VT_6 的漏极输出为$\overline{CD}$，两个漏极线与，$F=\overline{AB}\cdot\overline{CD}=\overline{AB+CD}$。

与或非逻辑也可以通过其他方式获得，如芯片 4085B 中使用了 3 个与非逻辑单元和一个非门，输出为 $F=\overline{\overline{\overline{AB}\cdot\overline{CD}}}=\overline{AB+CD}$。

图 2.6.9(b)给出的是与或非门芯片 4085B 内部结构的框图，没有画出具体内部逻辑电路。

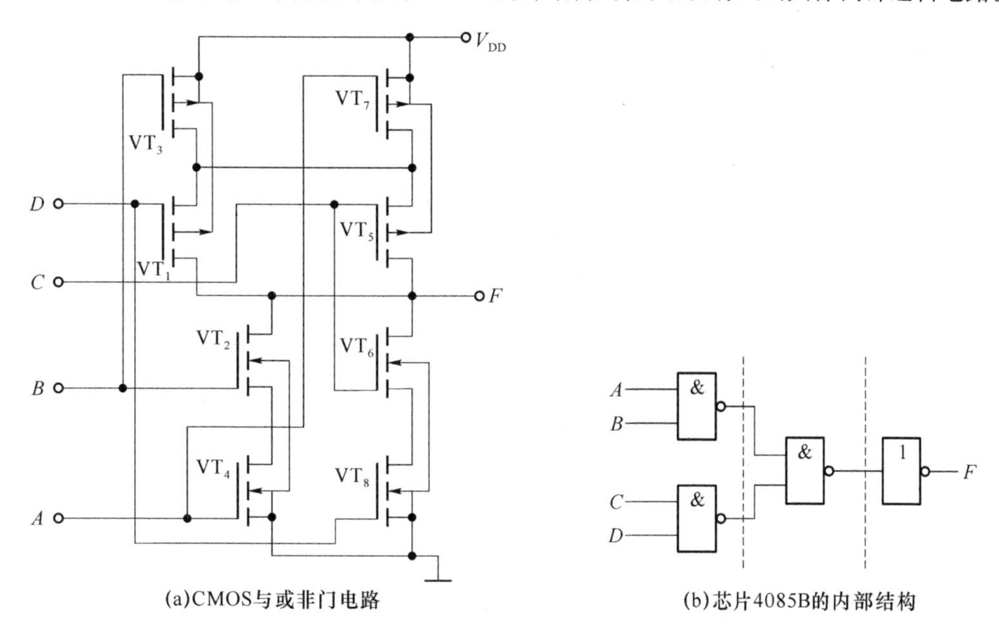

图 2.6.9　CMOS 与或非门电路及芯片 4085B 的内部结构

2.6.6　CMOS 漏极开路与非门电路(OD 与非门)

与 TTL 电路一样，CMOS 逻辑门将输出电路接成漏极开路形式时，称为 OD 门。图 2.6.10所示是一个 OD 与非门，也称为与非缓冲/驱动器，芯片型号为 40107。其输出是一个漏极开路的 N 沟道增强型 MOS 管，用于输出缓冲驱动或进行电平的转换，该芯片可以满足驱动大负载电流的需要，驱动电流可达 50 mA。OD 门也可实现“线与”逻辑，外接上拉电阻的计算方法与 TTL 的集电极开路门(OC 门)电路相同。

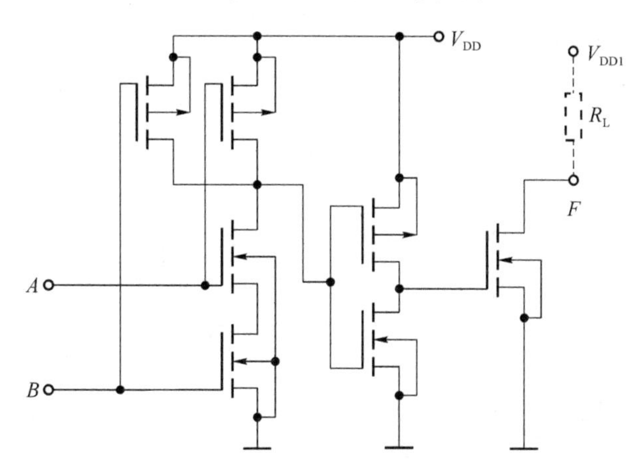

图 2.6.10　OD 与非门(与非缓冲/驱动器)40107 内部电路

2.6.7 CMOS 传输门及模拟开关

CMOS 传输门(TG)由增强型 NMOS 和 PMOS 管并联构成,有两个互补的控制端 C 和 $\overline{C}$。电路如图 2.6.11(a)所示,传输门符号如图 2.6.11(b)所示。当 NMOS 管 VT_1 栅极电平 $C=V_{DD}$,PMOS 管 VT_2 栅极电平$\overline{C}=0$ 时,VT_1、VT_2 两个 MOS 管都处于导通状态,输入和输出端总导通电阻为两只场效应管导通电阻的并联值,$R_{on}=R_{onN}//R_{onP}$,关系曲线如图 2.6.12 所示。由于电阻 R_{on}较小,可把输入和输出端看成一个开关,此时开关闭合。当 $C=0$,$\overline{C}=V_{DD}$时,两只 MOS 管均截止,此时等效开关断开。

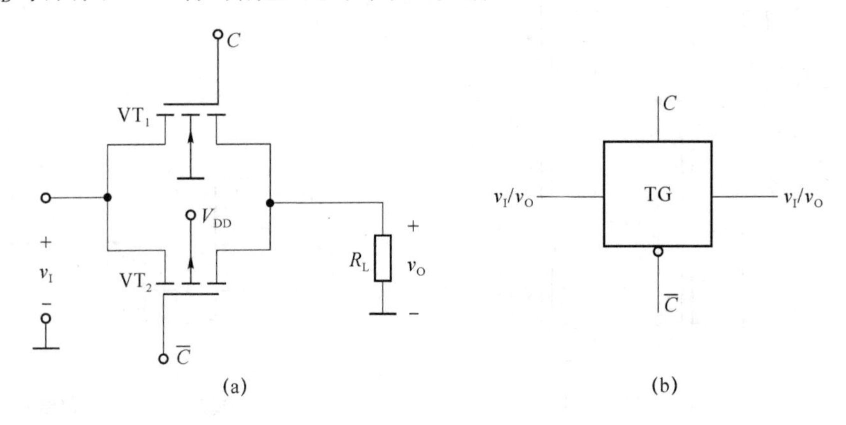

图 2.6.11 CMOS 传输门

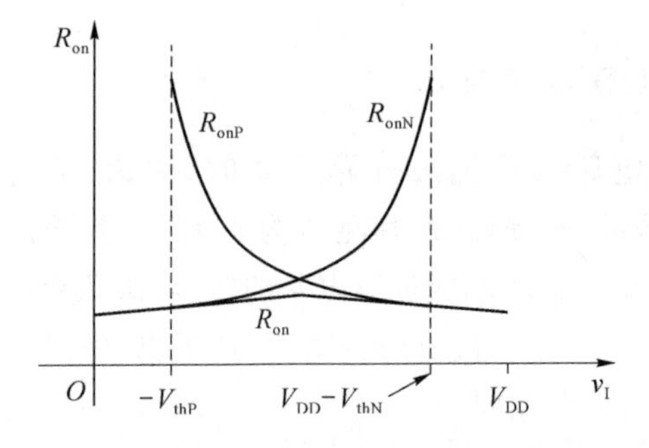

图 2.6.12 CMOS 传输门的导通电阻

CMOS 模拟开关是在 CMOS 传输门的基础上增加一个反相器,通过一个控终端实现 VT_1、VT_2 两管同时导通或同时关断。2.6.13(a)电路 CMOS 模拟开关,等效电路如图 2.6.13(b)所示,图 2.6.13(c)为 CMOS 模拟开关的符号。CMOS 模拟开关在模拟电路和数字电路中都有较广泛的应用,模拟开关芯片 4066 中集成了 4 个完全一样的 CMOS 模拟开关。

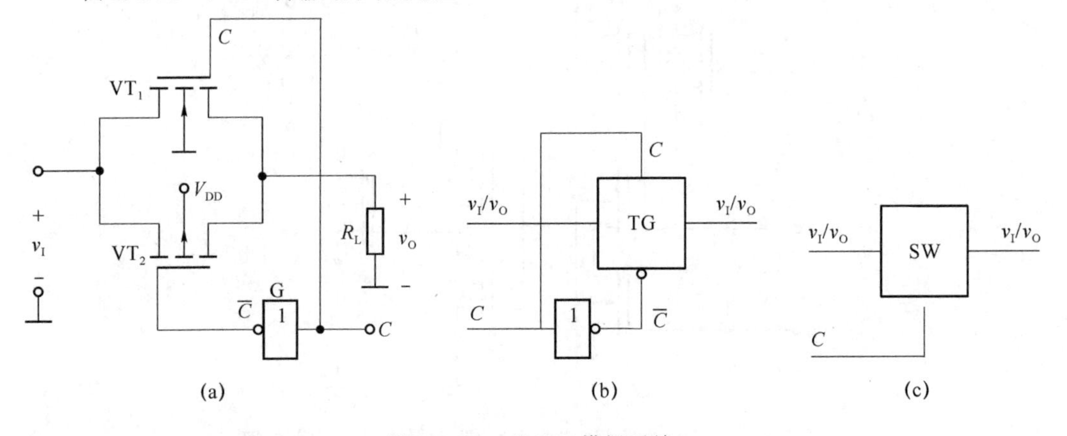

图 2.6.13 CMOS 模拟开关

2.6.8 CMOS 三态门

三态输出 CMOS 门是在普通门电路的基础上增加三态控制电路构成的，这里仅简单介绍三态非门(或三态缓冲门)的工作原理。CMOS 三态门可以有多种电路结构实现三态输出，这里介绍 4 种，分别称为非门控制、或非门控制、与非门控制和传输门控制方式。

(1) 非门控制的电路结构形式如图 2.6.14(a)所示。它是在反相器基础上增加一个 P 沟道 MOS 管 VT_2'和一个 N 沟道 MOS 管 VT_1'及非门构成。当控制端$\overline{EN}=1$ 时，VT_2'和 VT_1'同时截止，输出呈高阻态；当控制端$\overline{EN}=0$ 时，VT_2'和 VT_1'同时导通，反相器正常工作，输出 $F=\overline{A}$。由于控制端$\overline{EN}$为低电平时电路实现反相器正常工作，称为控制端低电平有效的三态非门，符号如图 2.6.14(e)所示。

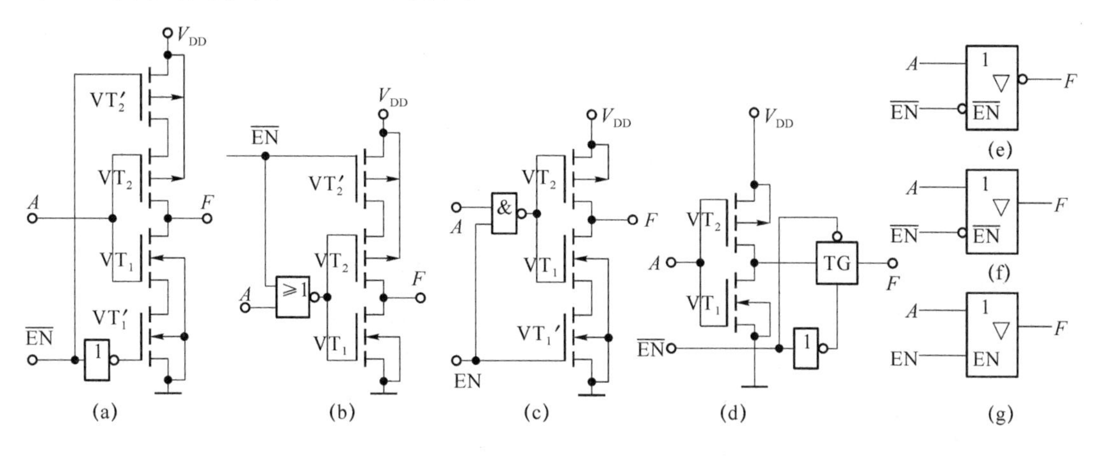

图 2.6.14 三态门高阻输出的控制方式及符号

(2) 或非门控制电路结构如图 2.6.14(b)所示。当控制端$\overline{EN}=1$ 时，VT_2'截止，同时由于或非门的输出为低电平，VT_1 也截止，输出呈高阻态；当控制端$\overline{EN}=0$ 时，VT_2'导通，或非门作为反相器使用，电路的输出为 $F=A$。所以电路是控制端$\overline{EN}$低电平有效的三态缓冲门，符号如图 2.6.14(f)所示。

(3) 与非门控制电路结构如图 2.6.14(c)所示。当控制端 EN=1 时，VT_1'导通，与非门作为反相器使用，电路正常工作，输出为 $F=A$。当控制端 EN=0 时，VT_1'截止，与非门的输出为高电平，VT_2 也截止，所以电路是控制端 EN 高电平有效的三态缓冲门，符号如图 2.6.14(g)所示。

(4) 传输门控制方式是在反相器基础上增加一级 CMOS 模拟开关。当$\overline{EN}=1$ 时，模拟开关断开，输出呈高阻态；当$\overline{EN}=0$ 时，模拟开关导通，输出 $F=\overline{A}$。电路为$\overline{EN}$低电平有效的三态非门，符号如图 2.6.14(e)所示。

2.6.9 CMOS 逻辑门特点及应用

(1) 除前面介绍的 4000 系列 CMOS 逻辑门外，还有 74HC(高速 CMOS，CMOS 电平)、74HCT(高速 TTL 电平 CMOS，TTL 电平)等系列。典型参数如表 2.6.1 所示。参数的测试条件为：电源电压 $V_{DD}=5$ V，负载电容 $C_L=50$pF，负载电阻 $R_L=200$ kΩ，4000 系列的输入信号的上升时间和下降时间 $t_r=t_f=25$ ns，74HC、74HCT 系列的输入信号的上升时间和

下降时间 $t_r = t_f = 6$ ns。

表 2.6.1　4000、74HC、74HCT 系列主要参数

参数	符号	单位	4000	74HC	74HCT	参数	符号	单位	4000	74HC	74HCT
延迟时间	t_{PHL} t_{PLH}	ns	125	18	15	输入电流	I_{Imax}	μA	$\pm 10^{-5}$	±0.1	±0.1
静态电源电流	I_{CC}	μA	0.01	2	2	低电平输出电压	V_{OLmax}	V	0.05	0.1	0.1
最大静态功耗	P	μW	0.05	10	10	高电平输出电压	V_{OHmin}	V	4.95	4.4	4.4
低电平输入电压	V_{ILmax}	V	1.5	1.35	0.8	低电平输出电流	I_{OLmax}	mA	2.6	4	4
高电平输入电压	V_{IHmin}	V	3.5	3.15	2	高电平输出电流	I_{OHmax}	μA	−1 000	−4 000	−4 000

(2) CMOS 逻辑门的工作电压：4000 系列 CMOS 逻辑门可使用的工作电压为 3～18 V；74HC 和 74HCT 系列逻辑门的工作电压为 2～6 V，较多情况下使用 5 V 供电。

(3) CMOS 输入电流基本为 0，CMOS 输入端通过电阻接地或接电源时，对电阻值无严格限制，但 CMOS 逻辑门输入端不允许悬空。（TTL 门输入端悬空时，相当于输入高电平，但实际使用时，最好不要悬空，以免引进干扰。）

(4) CMOS 逻辑门的扇出系数很大，通常输出端可驱动 50 个同类门电路（驱动门过多时，负载电容也较大，延时增加），但是若用 CMOS 门来驱动纯电阻负载或 TTL 门电路，负载能力十分有限，往往需要另加 CMOS 驱动器提供较大的输出电流。

(5) 相对 TTL 门而言，CMOS 逻辑门的传输延迟时间稍大，主要源自 CMOS 的高输入阻抗及寄生电容和负载电容的影响。传输延迟时间还与电源电压有关，例如 4000 系列门如用 5 V 供电时的传输延迟时间为 125 ns，使用 15 V 供电时的传输延迟时间为 45 ns。

(6) 由于 CMOS 逻辑电路的工艺结构问题，很容易出现栓锁（Latch-up）现象，当有一定的触发条件，CMOS 逻辑所固有的寄生双极型晶体管被触发导通，在电源和地之间形成一很大的电流，除非切断电源，否则这一电流不会消失，并会造成器件损坏。因此要避免在器件的输入和输出端有大的电压的过冲和大电流的灌入与拉出，同时需要保证电源不能有过大的浪涌。

(7) CMOS 电路在使用时应注意对输入电路进行静电防护。输入端接长线时（例如，两块电路板间通过接插件连接），应串接保护电阻，以限制振荡脉冲。

(8) CMOS 电路虽然静态功耗很低，但在输入信号动态转换时，会有较大电流，如图 2.6.5(c)所示，工作频率越高，动态功耗越大。

2.7　逻辑电平及逻辑电平转换

1. 逻辑电平

除我们已经熟悉的逻辑电平 74/54TTL 系列、4000 CMOS 系列、ECL 系列以外，还有 LVTTL（低电压 TTL，Low Voltage TTL）、LVCMOS（低电压 CMOS，Low Voltage CMOS）、PECL（正射极耦合逻辑，Positive Emitter Coupled Logic）、LVPECL（低电压正发

射极耦合逻辑，Low Voltage Positive Emitter Coupled Logic）和用于信号传输的 RS232、RS422、RS485 等。

（1）LVTTL

因为 TTL 器件输出高电平 $V_{OHmin}\approx 2.7$ V（有些为 $V_{OHmin}\approx 2.4$ V），高电平高于 2.7 V 对改善噪声容限并不会带来太多的好处，又会增大功耗，所以可改变电路设计，使用更低的电压对器件供电，因此有了 LVTTL。LVTTL 又分 3.3 V、2.5 V、1.8 V 等系列。3.3V LVTTL 的 $V_{OHmin}=2.4$ V，$V_{OLmax}=0.4$ V，$V_{IHmin}=2$ V，$V_{ILmax}=0.8$ V。2.5 V LVTTL 的 $V_{OHmin}=2$ V，$V_{OLmax}=0.2$ V，$V_{IHmin}=1.7$ V，$V_{ILmax}=0.7$ V。更低电压的 LVTTL 多用在处理器等高速芯片中，如需要可查看相关手册。

（2）LVCMOS

LVCMOS 相对 LVTTL 来说有更大的噪声容限，输入阻抗远大于 LVTTL 的输入阻抗。3.3 V LVCMOS 的 $V_{OHmin}=3.2$ V，$V_{OLmax}=0.1$ V，$V_{IHmin}=2$ V，$V_{ILmax}=0.7$ V。2.5 V LVCMOS 的 $V_{OHmin}=2$ V，$V_{OLmax}=0.1$ V，$V_{IHmin}=1.7$ V，$V_{ILmax}=0.7$ V。

（3）74/54 系列 CMOS

在 74/54 系列中 HC、HCT、ACT 等为 CMOS 工艺器件，HC 为 CMOS 电平，当与 4000 系列使用同一电源时，可直接驱动。HCT 和 ACT 为 TTL 电平，当与 TTL 器件使用 5 V 电源时可相互驱动。HC、HCT、ACT 的工作电源电压为 2～6 V，也就是说可以用 2.5 V、3.3 V、5 V 供电，在不同电源电压下输出、输入电平值可查阅手册。

（4）PECL 和 LVPECL

PECL 是采用正电源供电的发射极耦合逻辑电路。当 ECL 器件原应该接负电源的位置作为地，原接地的位置接正电源时，可作为 PECL 使用，这时逻辑电平值应该在原来电平的基础上加上正电源的电压值即可，当供电电压为 5 V 时，输出电平约为 $V_{OHmin}=4.12$ V，$V_{OLmax}=3.28$ V。

LVPECL 为低电压的 PECL，供电电压为 3.3 V。输出电平约为$V_{OHmin}=2.42$ V，$V_{OLmax}=1.58$ V。

（5）RS232

RS232 是被广泛用于计算机间通信的接口，接口标准定义了电气特性。RS232 由数据的收、发信号线和若干控制线组成，高电平为 3～15 V，低电平为－3～－15 V。数据的收、发采用负逻辑，即逻辑 1 对应输出为－3 ～－15 V，逻辑 0 对应输出为 3～15 V。多数情况下只使用数据发送端 TxD、接收端 RxD 以及地 GND 实现两个设备间的全双工通信。一般使用专用芯片实现 TTL 与 RS232 间的电平转换，如 MAX232 等。

（6）RS422

RS422 是以差动方式发送和接收数据，即通过两对双绞线实现全双工工作，不需要数字地线。差动工作方式在同速率条件下相比非差动方式（如 RS232）能够传输更远的距离。定义发送端 A、B 两端的电平差为＋2～＋6 V 为逻辑 1，－2～－6 V 为逻辑 0，输入两端大于＋200 mV 时能够正确接收逻辑 1，为－200 mV 时能够正确接收逻辑 0。一般使用专用芯片实现 TTL 与 RS422 间的电平转换，如芯片 MC3486 和 MC3487。

（7）RS485

RS485 也是以差动方式发送和接收数据，电平与 RS422 相同，但数据使用一条双绞线分时进行数据收发，实现半双工工作。优点在于可以将数据线并联，实现一个设备与多个设备的通信。一般使用专用芯片实现 TTL 与 RS485 间的电平转换，如 SN65HVD20。

还有一些芯片既可以用于 RS422，也可以用于 RS485 接口，如 SN75172（RS-485/422 四差分线驱动器）和 SN75173（RS-485/422 四差分线接收器）。

2. 负载驱动

(1) 当某一个门的输出需要驱动较多的负载门且带负载能力不够时，可分别进行驱动，如图 2.7.1 所示。

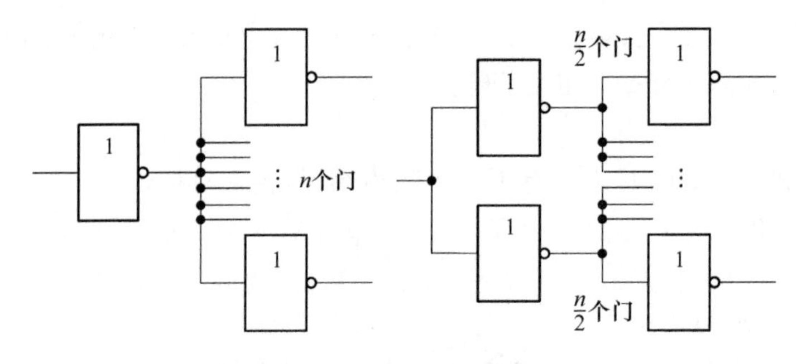

图 2.7.1　多负载门的分别驱动

(2) 当某一个门的输出需要驱动负载电流较大的单一负载时，实现方法举例如下。方法一是逻辑门并联使用。例如，TTL 门的 I_{OLmax}=8 mA，现需要驱动 5 V、12 mA 的继电器，可用两个门并联，使总的输出 $I_{OLmax}\approx$16 mA，如图 2.7.2(a)所示。方法二是利用晶体管实现驱动，如图 2.7.2(b)所示，该方法不但能够解决电流驱动能力不足的问题，也可以实现负载对不同电压的需求。例如，需要驱动 12 V、20 mA 的继电器。方法三是使用 OC(或 OD)门实现，如图 2.3.18 所示。

(3) 当一个门驱动某个负载时的输出电压和输出电流都能满足要求，如驱动一个发光二极管，可以有图 2.7.3 所示的两种方法，但最好采用图 2.7.3(a)的灌电流负载的方式，好处是一般芯片的灌电流驱动能力强，有较大的驱动电压范围，还有可以减小芯片上的功耗。

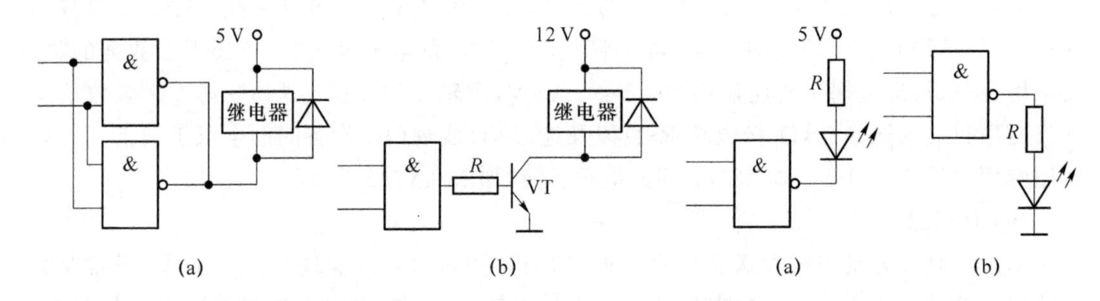

图 2.7.2　增加驱动能力的方法　　图 2.7.3　灌电流与拉电流负载

3. 逻辑电平转换

不同逻辑系列的器件进行混合逻辑电路设计时，驱动门和负载门之间的接口应满足驱动电流的需求和驱动电平的需求。一个驱动门带 n 个负载门时，要求驱动门的最大低电平输出电流大于等于 n 个负载门的低电平最大输入电流，即 $|I_{OLmax}|\geqslant n|I_{ILmax}|$，同时要求驱动

门的最大高电平输出电流大于等于 n 个负载门的高电平最大输入电流，即 $|I_{OHmax}| \geq n|I_{IHmax}|$。对于电平，要求驱动门高电平输出时的最小值不能低于负载门输入高电平的最低值，即 $V_{OHmin} \geq V_{IHmin}$，同时要求驱动门输出低电平的最大值不能大于负载门输入低电平的最大值，即 $V_{OLmax} \leq V_{ILmax}$。

表 2.7.1 重新列出了一些常用的 TTL、ECL 和 CMOS 门的典型电平参数。下面我们只从电平配合的角度分析和介绍接口之间的连接和处理方式，能否满足电流的驱动要求，还需要通过芯片手册给出的参数确定。

表 2.7.1 常用的 TTL、ECL 和 CMOS 门的典型电平参数

参数	符号	单位	4000	74HC	74HCT	74H	74LS	LVTTL 3.3V	LVTTL 2.5V	LVCMOS 3.3V	ECL 10K	PECL
低电平输入电压	V_{ILmax}	V	1.5	1.35	0.8	0.8	0.8	0.8	0.7	0.7	−1.36	3.64
高电平输入电压	V_{IHmin}	V	3.5	3.15	2	2	2	2	1.7	2	−1.24	3.78
低电平输出电压	V_{OLmax}	V	0.05	0.1	0.1	0.4	0.5	0.4	0.2	0.1	−1.72	3.28
高电平输出电压	V_{OHmin}	V	4.95	4.4	4.4	2.4	2.7	2.4	2	3.2	−0.88	4.12

（1）74 系列门电路中 TTL 电平的门如 74H、74LS、74S、74ALS 与 74HCT（CMOS 工艺，TTL 电平）、74ACT（CMOS 工艺，TTL 电平）以及 3.3 V 的 LVTTL、LVCMOS 门可以直接相互连接驱动，通常 LVTTL、LVCMOS 门的输入端能够容忍 TTL 门的高电平值，但需要注意相互驱动时电流驱动能力的差别。

（2）在使用相同电源（例如 5 V）的情况下，CMOS 电平的 4000 系列与 74HC（也是 CMOS 电平）系列可以相互连接驱动。

（3）在使用相同电源（例如 5 V）、驱动电流满足要求的情况下，CMOS 门可以直接驱动 TTL 门，如图 2.7.4(a)所示；但 TTL 门不能直接驱动 CMOS 门，这是由于 TTL 门输出的高电平的最低值（2.7 V 或 2.4 V）不满足 CMOS 门的输入高电平的最低值（3.5 V）的需求，需要对 TTL 输出的高电平进行拉升。方法是将 TTL 门的输出接一上拉电阻，如图 2.7.4(b)所示，原理是当 TTL 门接有上拉电阻时，门电路的输出端等效为 OC 门，参看图 2.3.1，电路中的 VT_3、VD_3 在输出高电平时不再导通。当电阻 R 的值不是很大时，输出电平被上拉到接近 5 V 左右。R 的值也不能太小，否则会对 TTL 输出的低电平产生影响，R 的取值1～5 kΩ为宜。当然设计时也可以直接使用 TTL 的 OC 门驱动 CMOS 器件，如图 2.7.4(c)所示。

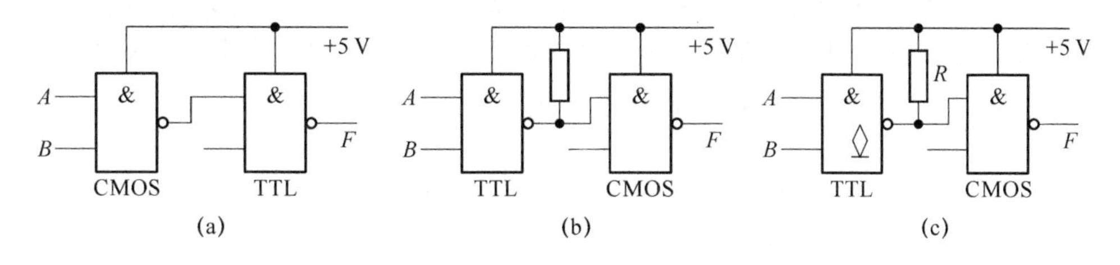

图 2.7.4 相同供电电源 TTL 与 CMOS 之间的驱动

（4）当 TTL 和 CMOS 使用不同电源时（如 TTL 使用 5 V、CMOS 使用 15 V），可使用 OC 门或晶体管进行电平转换。电路如图 2.7.5(a)、(b)、(c)所示，这里不再详细分析原理。

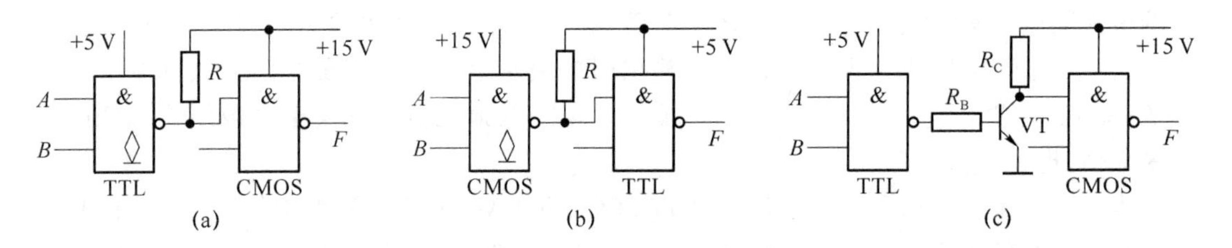

图 2.7.5　不同供电电源 TTL 与 CMOS 之间的驱动

(5) ECL 与 TTL 之间的电平转换通常使用专用电平转换芯片进行。例如 MC10124 可实现 TTL 电平到 ECL 电平的转换；MC10125 可实现 ECL 电平到 TTL 电平的转换。电路如图 2.7.6 所示。

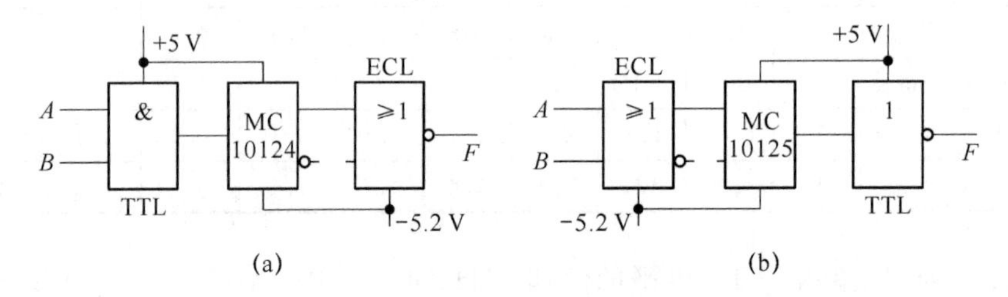

图 2.7.6　ECL 与 TTL 之间的电平转换

(6) TTL/CMOS 与 RS232 接口之间的转换可直接采用转换芯片。现在多使用由单 +5 V供电的器件，如 MAX232、MAX233 等，在这些电平转换器件的内部，可以利用 +5 V 电源产生 ±10 V 左右的 RS232 输出电平，应用电路框图如图 2.7.7 所示，具体使用方法参考器件手册。

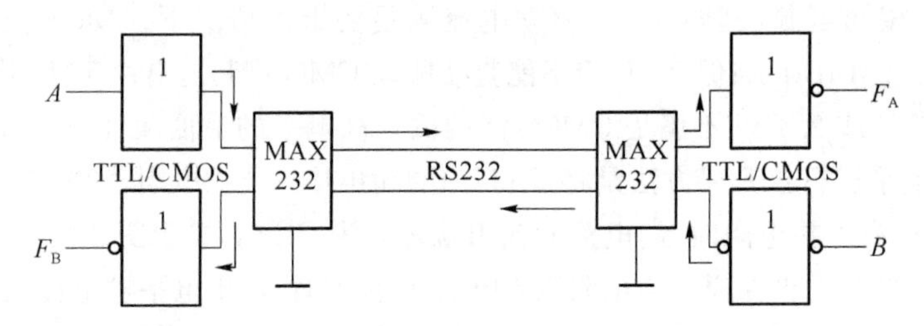

图 2.7.7　TTL/CMOS 与 RS232 之间的电平转换

(7) TTL 与 RS422 接口之间的转换可使用如 MC3486(422-TTL)、MC3487(TTL-422)等芯片。RS422 接口采用差动方式发送和接收数据，通过两对双绞线实现全双工工作，不需要数字地线，能够传输较远的距离。电路如图 2.7.8 所示。

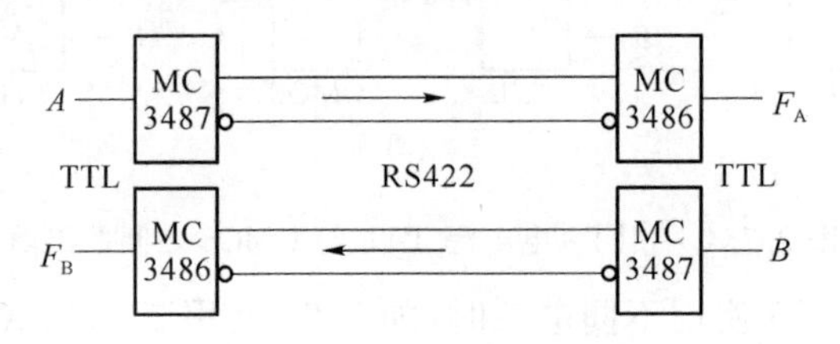

图 2.7.8　TTL 与 RS422 之间的电平转换

(8) 用于 TTL 与 RS485 接口的芯片 SN65HVD20 的内部逻辑框图如图 2.7.9(a)所示。DE 端用于控制器件在 485 总线输出是否为高阻，$\overline{RE}$用于控制器件 TTL 输出端是否为高阻。在 485 总线上，只有被允许发送数据时，该器件(或设备)才能发送数据(低阻)，其他器件(设备)必须为高阻。挂在 485 总线上的设备可实现一个设备对多个设备之间的双向半双工通信。总线结构如图 2.7.9(b)所示。

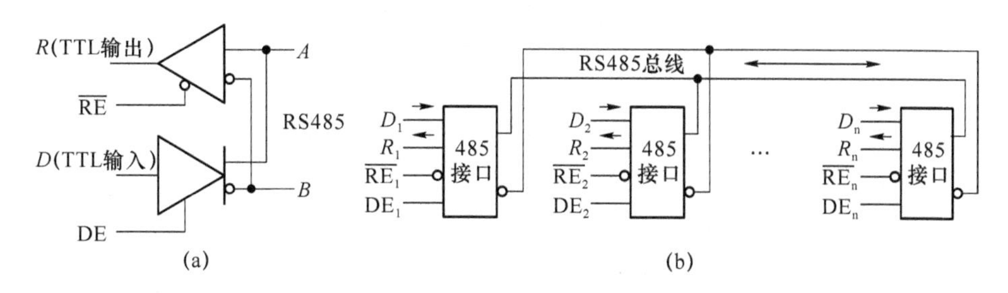

图 2.7.9 RS485 内部结构及 RS485 总线结构

除以上介绍的接口电平转换方法和转换电路外还有较多的电平转换芯片可用，如 SY89321L 可完成 LVPECL 到 LVTTL 之间的电平变换等，读者可根据设计需求参阅相关资料选用。

习 题

2-1 已知门电路的输入信号重复频率为 100 MHz，输入信号和电路如题图 2.1 所示。试补画出下列两种情况下的输出信号波形。

(1) 不考虑非门的延迟时间；

(2) 设非门、与非门的延迟时间均为 $t_{pd}=10$ ns。

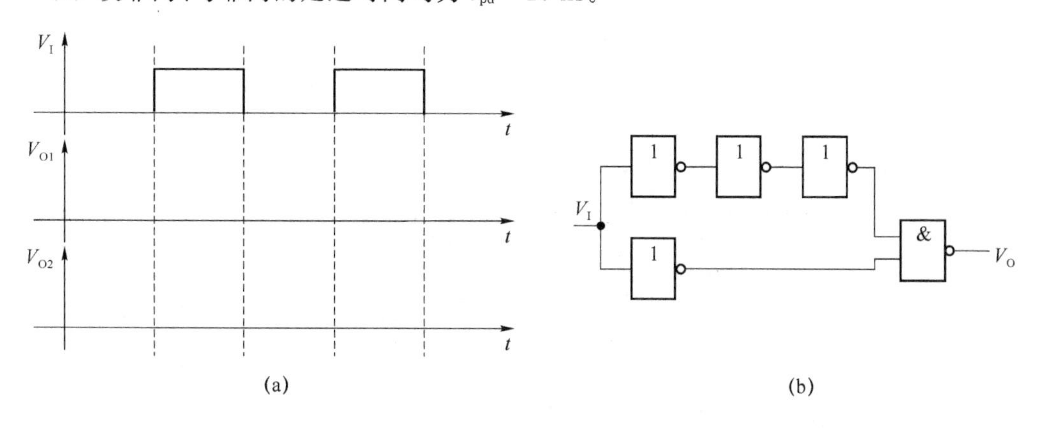

题图 2.1

2-2 试说明在下列情况下，用万用表测量题图 2.2 中 V_{I2} 得到的电压各为多少？与非门为 74H 系列 TTL 电路，万用表使用 5 V 量程，内阻为 20 kΩ/V。

(1) V_{I1} 悬空；(2) $V_{I1}=0.2$ V；(3) $V_{I1}=3.2$ V；(4) V_{I1} 经 100 Ω 电阻接地；(5) V_{I1} 经 10 kΩ 电阻接地。

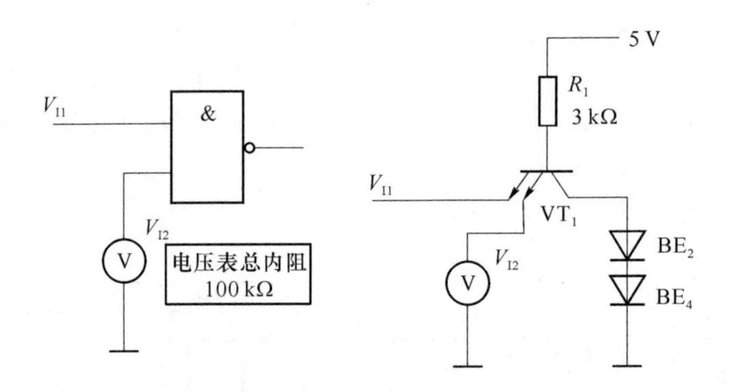

题图 2.2

2-3　已知逻辑门的参数是 $V_{OH}=3.5$ V，$V_{OL}=0.1$ V，$V_{IHmin}=2.4$ V，$V_{ILmax}=0.3$ V，$I_{IH}=20\ \mu A$，$I_{IS}=1.0$ mA，$I_{OH}=360\ \mu A$，$I_{OL}=8$ mA，求题图 2.3 中 R 的取值范围。

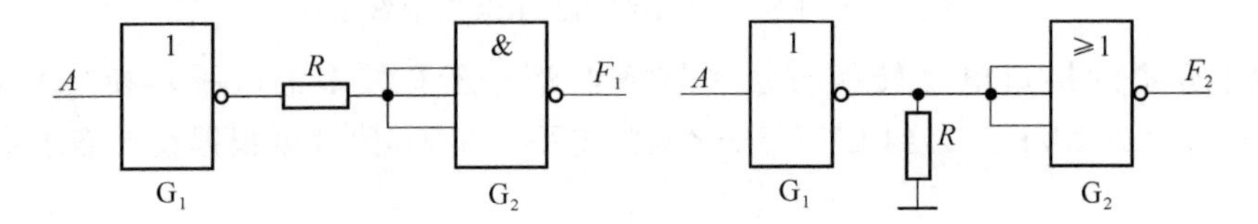

题图 2.3

2-4　在 STTL 集成电路中，采取了哪些措施来提高电路的开关速度？

2-5　试为题图 2.4 中的 R_L 选择合适的阻值，已知 OC 门输出管截止时的漏电流为 $I_{OH}=150\ \mu A$，输出管导通时允许的最大负载电流为 $I_{OL}=16$ mA，负载门的低电平输入电流为 $I_{IL}=-1$ mA，高电平输入电流为 $I_{IH}=40\ \mu A$，$V_{CC}=5$ V，要求 OC 门的输出高电平 $V_{OH}\geqslant 3$ V，输出低电平 $V_{OL}\leqslant 0.3$ V。

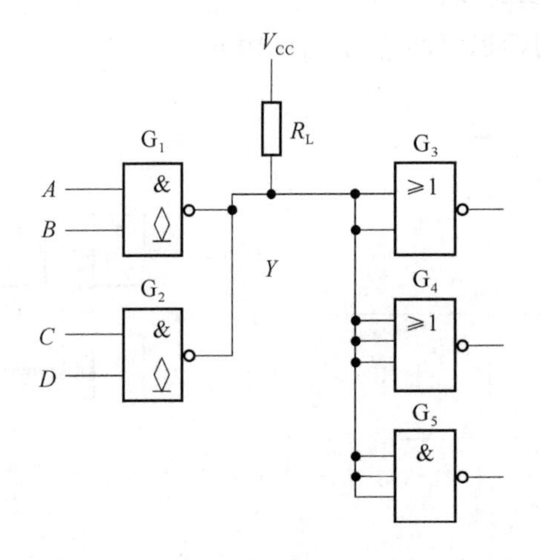

题图 2.4

2-6　已知题图 2.5 中各个门电路都是 74H 系列 TTL 电路，试写出各门电路的输出状态(0,1 或 Z)。

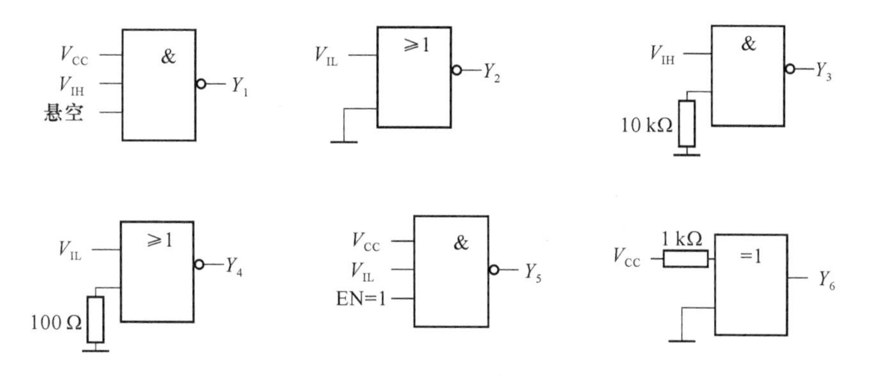

题图 2.5

2-7 已知 TTL 三态门电路及控制信号 C_1、C_2 的波形如题图 2.6 所示，试分析此电路能否正常工作。

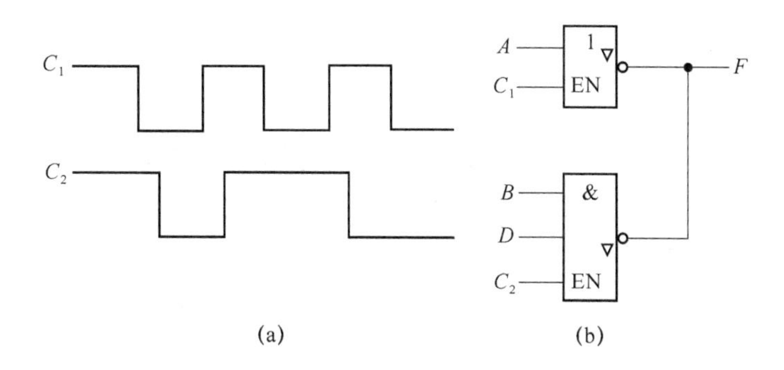

题图 2.6

2-8 由 CMOS 门组成的电路如题图 2.7 所示。已知 $V_{DD}=5$ V，$V_{OH}\geqslant 3.5$ V，$V_{OL}\leqslant 0.5$ V。门的驱动能力 $I_O=\pm 4$ mA。问以下根据给定电路写出的输出表达式是否正确？

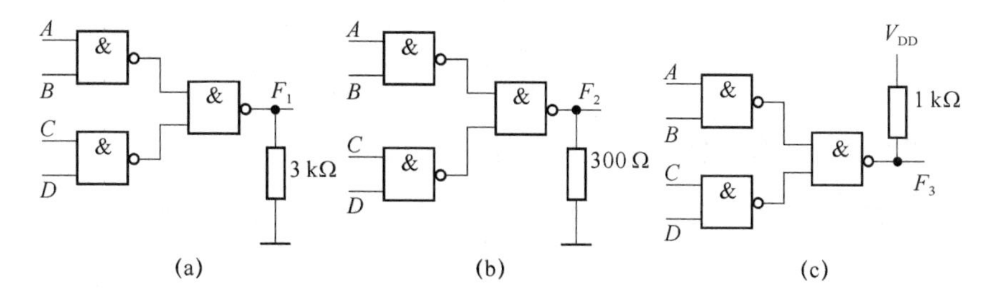

题图 2.7

(a) $F_1=\overline{\overline{AB}\cdot\overline{CD}}$；

(b) $F_2=AB+CD$；

(c) $F_3=AB+CD$。

2-9 CMOS 门电路如题图 2.8 所示，分析此电路所完成的逻辑功能。

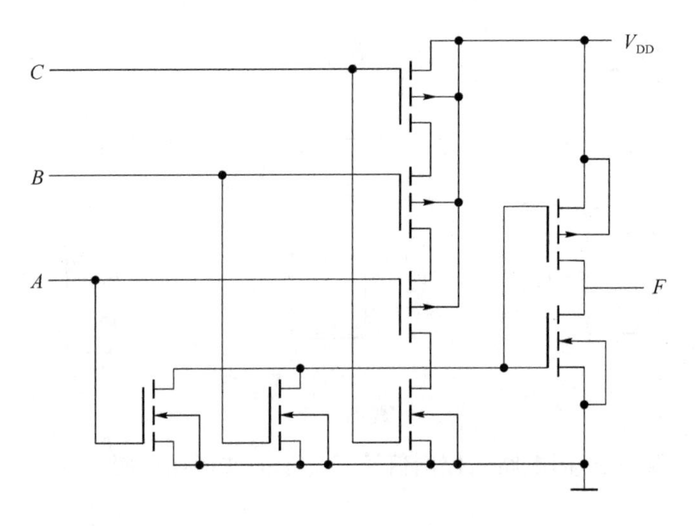

题图 2.8

2-10 逻辑门电路如题图 2.9 所示，针对下面两种情况，分别讨论它们的输出与输入各是什么关系？

(1) 两个电路均为 CMOS 电路输出高电平 5 V，输出低电平 0 V。

(2) 两个电路均为 TTL 电路输出高电平 3.6 V，输出低电平 0.3 V，门电路的开门电阻为 2 kΩ，关门电阻为 0.8 kΩ。

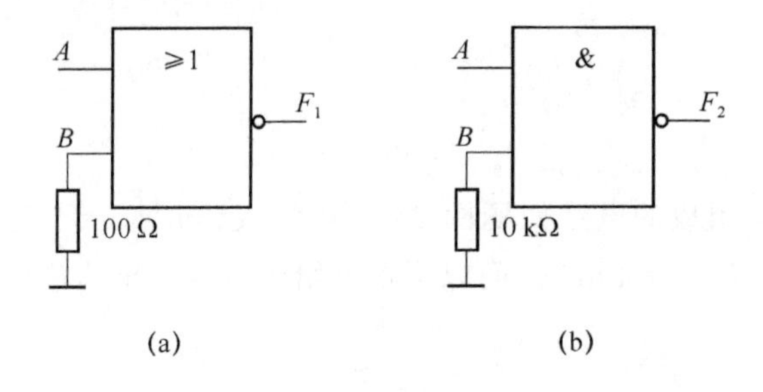

题图 2.9

2-11 CMOS 门电路如题图 2.10 所示，试写出各门的输出电平。

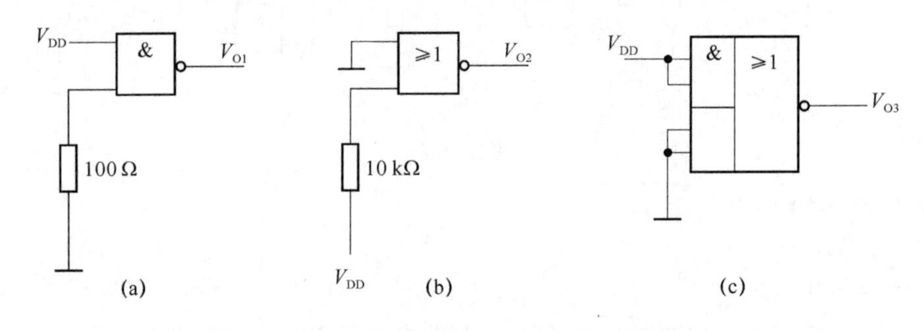

题图 2.10

2-12 CMOS 与或非门不使用的输入端应如何连接？

2-13 写出题图 2.11 所示 E/E MOS 电路的 F 输出逻辑表达式。

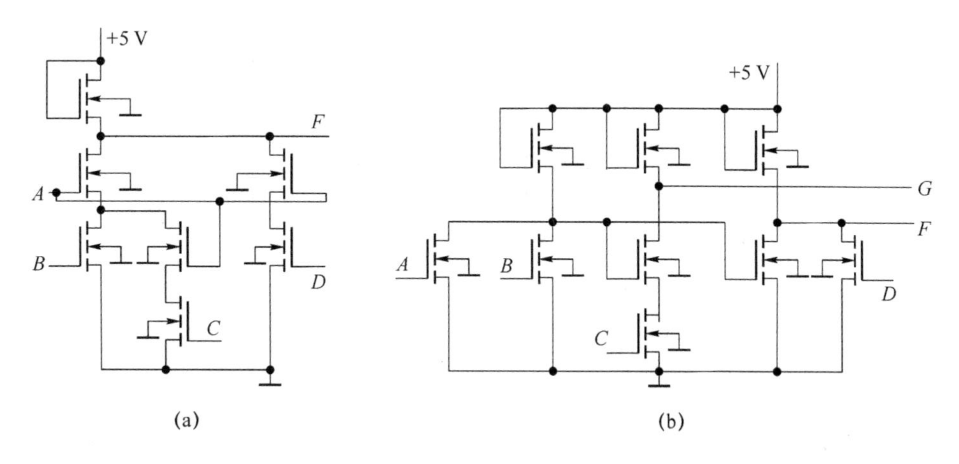

题图 2.11

2-14　分析题图 2.12 所示各 CMOS 门电路，哪些能正常工作，哪些不能。写出能正常工作的输出信号的逻辑表达式。

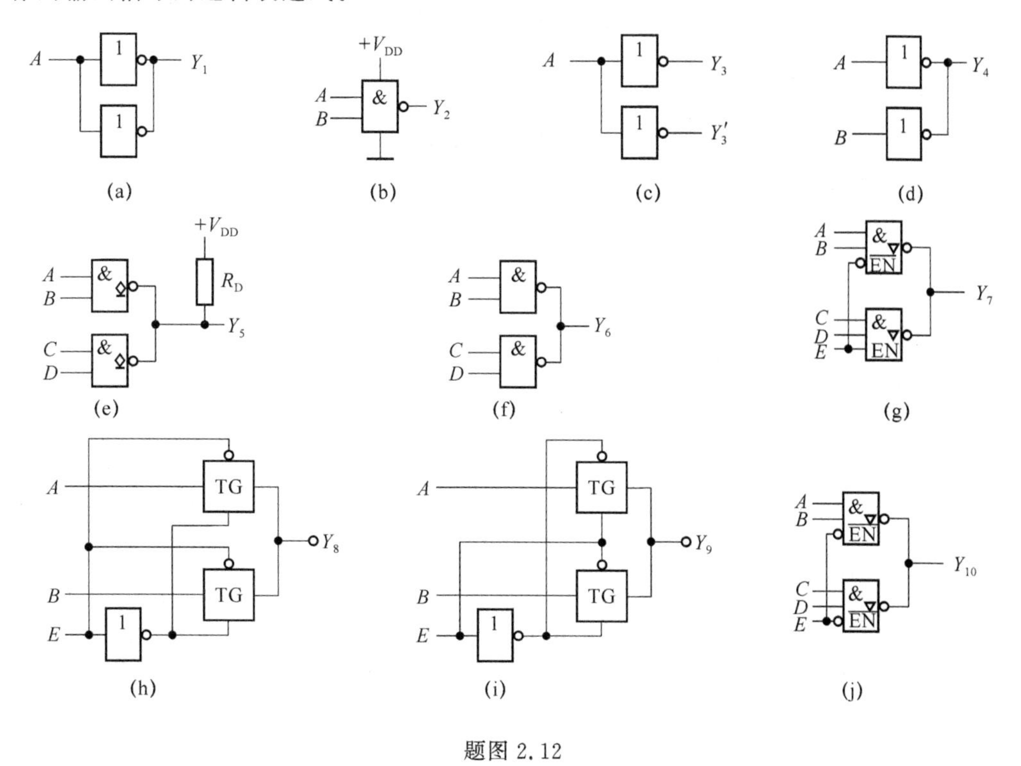

题图 2.12

2-15　试分别画出实现逻辑函数 $F_1=\overline{AC+BD+E}$，$F_2=\overline{(A+B)D}+C$ 的 CMOS 电路图。

2-16　分析题图 2.13 所示 ECL 逻辑电路的逻辑功能，写出各输出的逻辑表达式（设输出端都有下拉电阻）。

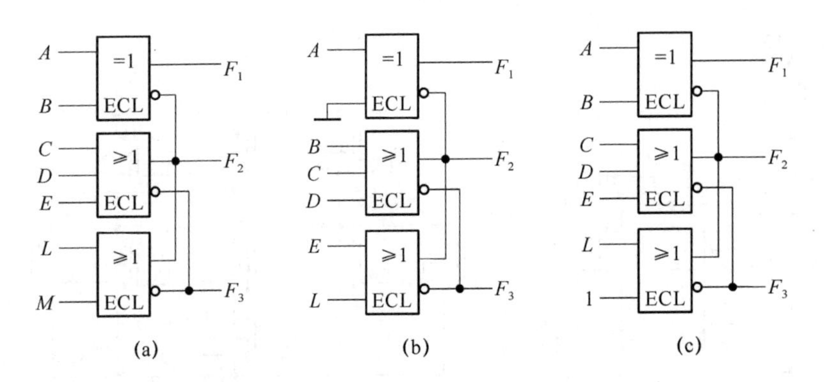

题图 2.13

2-17　I^2L 集成电路中部分简化电路如题图 2.14 所示，分析 F_1、F_2、F_3 与输入 A、B 之间的逻辑关系，写出表达式。

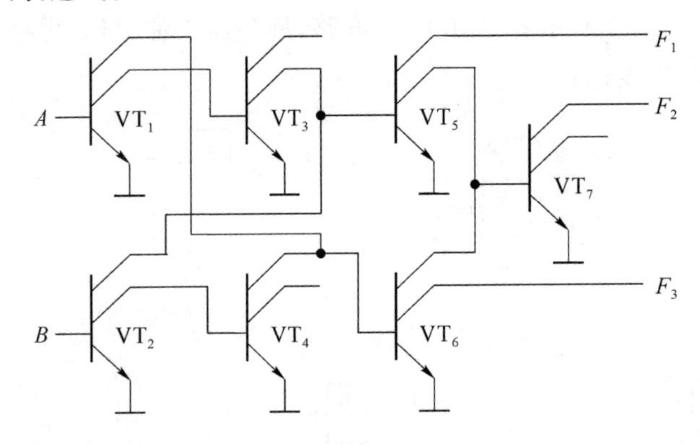

题图 2.14

第3章 组合电路的分析与设计

数字逻辑电路按逻辑功能分为组合逻辑电路和时序逻辑电路两大类，本章主要介绍小规模组合逻辑电路的分析和设计方法，以及组合逻辑电路中的冒险现象，并介绍常用的几种中规模组合逻辑电路（数码比较器、编码器、译码器、数据选择器、数据分配器、奇偶校验电路和运算电路等）。

3.1 组合逻辑电路的特点

组合逻辑电路的框图如图3.1.1所示，图中$X_1,X_2,\cdots,X_n$表示输入变量，$F_1,F_2,\cdots,F_m$表示输出函数。

图3.1.1 组合电路框图

输出函数的一般逻辑表达式为

$$F_1=f_1(X_1,X_2,\cdots,X_n)$$
$$F_2=f_2(X_1,X_2,\cdots,X_n)$$
$$\vdots$$
$$F_m=f_m(X_1,X_2,\cdots,X_n)$$

简记为

$$F_i=f_i(X_1,X_2,\cdots,X_n)\quad i=1,2,\cdots,m$$

从电路结构上看，组合电路由逻辑门组成，不包含记忆元件，输出与输入之间没有反馈。这一结构决定组合电路有如下特点：任一时刻电路的输出只与当时的输入有关，而与电路过去的输入无关。

由此可知，前面所列举的逻辑电路都属于组合电路。关于时序电路将在以后各章详细讨论。

3.2 组合逻辑电路的分析

分析组合逻辑电路一般是根据逻辑图求出逻辑功能，即求出真值表与逻辑函数表达式等。分析的目的有时在于求出逻辑功能，有时在于证明给定的逻辑功能正确与否。

通常将分析步骤概括为：

(1) 分别用符号标注各级门的输出端，从输入到输出逐级写出输出函数的逻辑表达式，并化为最简式。

(2) 需要时，列出真值表。

(3) 根据函数表达式或真值表确定电路的逻辑功能。有时逻辑功能难以用简练的语言描述，列出真值表即可。

需要指出，上述步骤可根据具体情况进行灵活处理，步骤可适当取舍。下面举例说明。

【例 3.2.1】 分析图 3.2.1 所示逻辑电路。

解： 图 3.2.1 为二级组合电路。组合电路的级数是指输入信号从输入端到输出端所经历的逻辑门数的最大数目。这个电路简单，可以由输入到输出逐级写出逻辑门的输出表达式：

$$
\begin{aligned}
F(A,B) &= \overline{\overline{A+B}+A\cdot B} \\
&= (A+B)(\overline{A\cdot B}) \\
&= (A+B)(\overline{A}+\overline{B}) \\
&= \overline{A}B+A\overline{B}
\end{aligned}
$$

该函数表达式简单，不用列真值表，由表达式直接可以知道电路的逻辑功能。这是一个异或电路。

【例 3.2.2】 分析图 3.2.2 所示电路的逻辑功能。

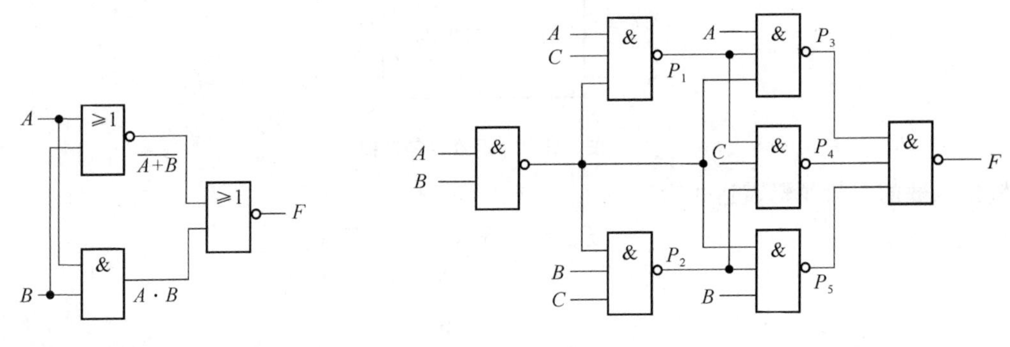

图 3.2.1　例 3.2.1 组合电路逻辑图　　　　图 3.2.2　例 3.2.2 的逻辑电路

解： 这个电路较复杂，将各逻辑门的输出用一个代号来表示。根据各器件的逻辑功能，可以写出：

$$P_1=\overline{AC\,\overline{AB}}=\overline{AC\,\overline{B}}$$

$$P_2=\overline{\overline{AB}BC}=\overline{\overline{A}BC}$$

$$P_3=\overline{AP_1\,\overline{AB}}=\overline{A\,\overline{AC\,\overline{B}}\;\overline{AB}}=\overline{A\,\overline{B}\,\overline{C}}$$

$$P_4=\overline{P_1CP_2}=\overline{\overline{A\,\overline{B}\,C}\,C\,\overline{\overline{A}BC}}=\overline{ABC+\overline{A}\,\overline{B}C}$$

$$P_5=\overline{\overline{AB}P_2B}=\overline{\overline{AB}\;\overline{\overline{A}BC}\;B}=\overline{\overline{A}B\,\overline{C}}$$

则输出函数为

$$F(A,B,C)=\overline{P_3P_4P_5}=\overline{\overline{A\,\overline{B}\,\overline{C}}\;\overline{ABC+\overline{A}\,\overline{B}\,C}\;\overline{\overline{A}B\,\overline{C}}}$$

再进一步化简，可得

$$F(A,B,C)=A\overline{B}\,\overline{C}+ABC+\overline{A}\,\overline{B}C+\overline{A}B\,\overline{C}=\sum m(1,2,4,7)$$

该表达式较复杂，为了分析电路的逻辑功能，需要根据表达式列出真值表，找出使函数等于 1 的条件，从而得知电路的逻辑功能。由表达式所得出的真值表如表 3.2.1 所示。从真值表可知，输入变量取值的组合中，含 1 的个数为奇数时，输出 F 为 1；而对于其余输入变量取值组合，输出 F 为 0。因此，该组合电路为三变量输入的奇偶校验电路。

【例 3.2.3】 分析图 3.2.3 所示混合逻辑电路，写出表达式。

表 3.2.1　例 3.2.2 真值表

A	B	C	F
0	0	0	0
0	0	1	1
0	1	0	1
0	1	1	0
1	0	0	1
1	0	1	0
1	1	0	0
1	1	1	1

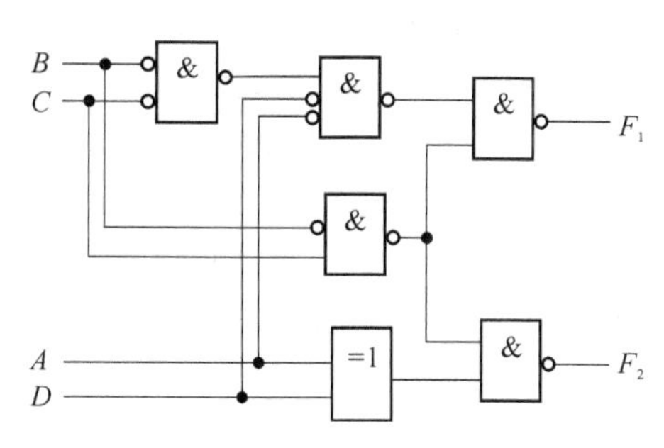

图 3.2.3　例 3.2.3 混合逻辑逻辑图

解：图 3.2.2 电路只含一种逻辑称为单一逻辑，而在本题中既有正逻辑，又有负逻辑，称为混合逻辑。分析混合逻辑时，需要通过下列变换，写出表达式：

(1) 任何输入或输出线的小圈去掉(或加上)，则相应变量或函数取非。

(2) 在一个门的输入、输出端同时加上或消去小圈，则门的主体逻辑符号改变：与变或，或变与。

根据上述变换规律，可写出表达式如下：

$$\begin{aligned}F_1(A,B,C,D)&=\overline{\overline{(B+C)\overline{A}\,\overline{\overline{D}}\cdot\overline{\overline{B}}\,C}}\\&=\overline{A}B\,\overline{D}+\overline{A}C\,\overline{D}+\overline{B}C\end{aligned}$$

$$\begin{aligned}F_2(A,B,C,D)&=\overline{A\oplus D\cdot\overline{\overline{\overline{B}}\,C}}\\&=\overline{A\oplus D}+\overline{B}C\\&=\overline{A}\,\overline{D}+AD+\overline{B}C\end{aligned}$$

3.3　小规模组合逻辑电路的设计

组合电路的设计就是根据逻辑功能的要求，设计出实现该功能的最优逻辑电路。从采用的器件来看，可以分为小规模集成电路(SSI)、中规模集成电路(MSI)和大规模集成电路(LSI)的组合电路的设计。前面介绍的逻辑函数简化方法，追求的目标是最少门数，这是在小规模集成电路的条件下最经济的指标。这些方法是数字电路逻辑设计的基础，是比较成熟的方法，本节仍以追求逻辑门数最少为目标来讨论逻辑设计。而对于中大规模集成电路，追求最少门数将不再成为最优设计的指标，而转为追求集成块数的减少，这将在后面讨论。

用 SSI,即用基本逻辑门电路设计组合电路时,其一般步骤是:

(1) 列真值表。给出的设计要求,通常是用文字描述的具有一定因果的一个事件。这时必须运用逻辑抽象的方法,抽象成一个逻辑问题。即将起因作为逻辑变量,将结果定为输出函数;然后对逻辑赋值,即规定 0、1 分别表示变量与函数的不同状态;最后做出真值表。

(2) 根据真值表,写出逻辑函数标准表达式。

(3) 将逻辑函数进行简化或变换。如果限定设计必须使用某种类型门电路,还须进行相应的变换,写出与使用的逻辑门相对应的最简表达式。

(4) 按简化逻辑表达式绘制逻辑电路图。

(5) 选择逻辑门进行装配、调试。

但还存在几个实际问题:

(1) 输入变量的形式。输入变量有两种形式,一种是既提供原变量也提供反变量,称双轨输入;另一种是只提供原变量形式,而无反变量形式,称单轨输入。

(2) 多输出函数的设计。

(3) 采用 SSI 芯片时的设计。

(4) 指定门类型时的设计。

本节也将对这些情况分别作相应的介绍。

3.3.1 由设计要求列真值表

关键是确定逻辑变量、逻辑函数,以及定义变量值与函数值分别代表的状态。

【例 3.3.1】 有一火灾报警系统,设有烟感、温感和紫外光感 3 种不同类型的火灾探测器。为了防止误报警,只有当其中两种或两种以上的探测器发出火灾探测信号时,报警系统才产生报警控制信号。作出真值表。

解:首先确定逻辑变量是烟感、温感和紫外光感 3 种火灾探测器,分别用符号 A、B、C 表示,它们的含义如下:

$A=1$ 烟感探测器发出火灾探测信号

$B=1$ 温感探测器发出火灾探测信号

$C=1$ 紫外光感探测器发出火灾探测信号

逻辑函数就是报警控制信号,用 F 表示,产生报警时 $F=1$。

然后按一定规律(通常采用自然二进制码规律)取输入变量的组合,确定每个组合下函数 F 的值,得到真值表如表 3.3.1 所示。

表 3.3.1 例 3.3.1 的真值表

组合序号 i	输入 $A\ B\ C$	输出 F
0	0 0 0	0
1	0 0 1	0
2	0 1 0	0
3	0 1 1	1
4	1 0 0	0
5	1 0 1	1
6	1 1 0	1
7	1 1 1	1

由真值表可见,只有当其中两种或两种以上的探测器发出火灾探测信号时,报警系统才产生报警控制信号,$F=1$。

由真值表不难写出函数的表达式,得到最简式。

3.3.2 逻辑函数的两级门实现

在允许双轨输入时,可采用两级门电路来实现。

1. 两级与非门电路的实现

对于最简与或式，一定可用两级与非门电路实现。这时只需将函数的最简与或式两次取非，根据反演律，即可得到两级与非表达式。例如：

$$F(A,B,\cdots,M,N)=AB+CD+\cdots+MN=\overline{\overline{AB+CD+\cdots+MN}}=\overline{\overline{AB}\cdot\overline{CD}\cdot\cdots\cdot\overline{MN}}$$

根据表达式画出逻辑图如图 3.3.1 所示，即为两级与非电路，因此两级与非电路的设计，就是求函数的最简与或式，再经两次取反变换成与非-与非式。

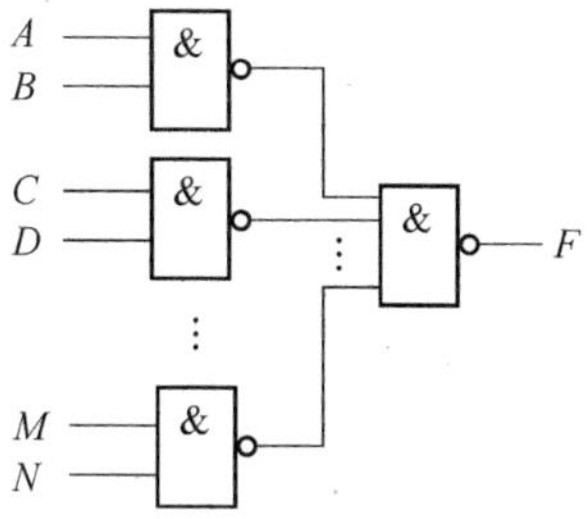

图 3.3.1 两级与非电路

【例 3.3.2】 试用两级与非门实现下面的函数：

$$F(A,B,C,D)=\sum m(0,1,4,5,8,9,10,11,14,15)$$

解：首先作函数的卡诺图，如图 3.3.2(a)所示。由卡诺图化简得到最简与或式：

$$F(A,B,C,D)=A\overline{B}+\overline{A}\,\overline{C}+AC$$

将该式两次取反，便得与非-与非式：

$$F(A,B,C,D)=\overline{\overline{A\overline{B}+\overline{A}\,\overline{C}+AC}}=\overline{\overline{A\overline{B}}\cdot\overline{\overline{A}\,\overline{C}}\cdot\overline{AC}}$$

按上述与非-与非式作出逻辑图，如图 3.3.2 (b)所示。

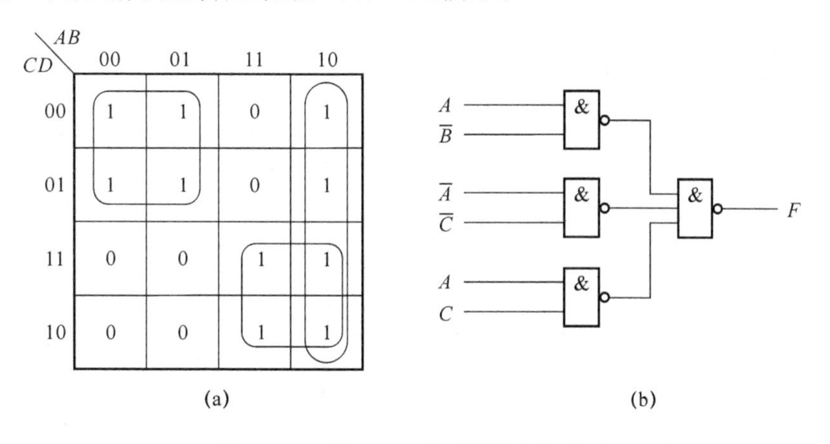

图 3.3.2 例 3.3.2 的卡诺图与逻辑图

2. 两级或非门电路的实现

对于最简或与式，一定可用两级或非门电路实现。由函数的或与表达式，运用反演律就可以得到两级或非式。例如：

$$F(A,B,\cdots,M,N)=(A+B)(C+D)\cdots(M+N)=\overline{\overline{(A+B)(C+D)\cdots(M+N)}}$$
$$=\overline{\overline{A+B}+\overline{C+D}+\cdots+\overline{M+N}}$$

根据表达式画出电路图，如图 3.3.3 所示，即为两级或非门电路。所以，两级或非电路的设计是求函数的最简或与式，再两次取非变换成或非-或非式。

对于例 3.3.2 的函数，若用或非门实现，首先简化求得最简或与式，如图 3.3.4(a)所示，则

$$F(A,B,C,D)=(A+\overline{C})(\overline{A}+\overline{B}+C)$$
$$=\overline{\overline{A+\overline{C}}+\overline{\overline{A}+\overline{B}+C}}$$

按照上式绘制逻辑图，如图 3.3.4 (b)所示。它和图 3.3.2(b)比较，可见该函数用或非门实现，使用门数更少，电路更简单。因此，有下列结论：同一函数，既可用与非门，也可用或非门实现，复杂度可能有区别，实际中应根据已有器件、复杂度要求进行选择。

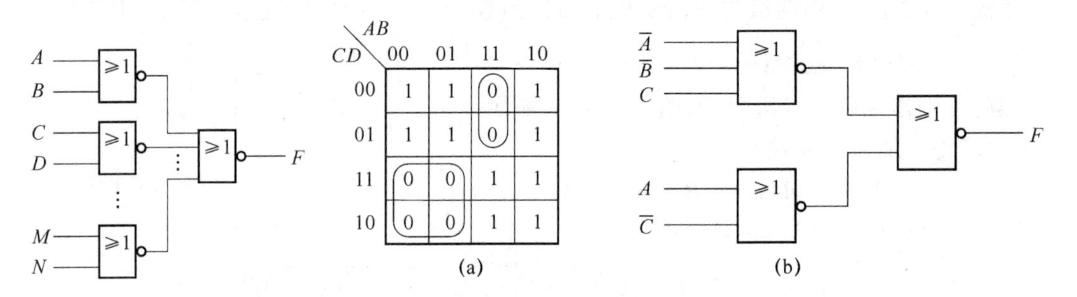

图 3.3.3　两级或非电路　　　　图 3.3.4　例 3.3.2 用或非门实现

3.3.3　逻辑函数的三级门实现

在单轨输入，即输入信号源不提供反变量时，只能由电路本身提供所需的反变量。最简单的方法是对每一个输入原变量增加一个非门，产生所需的反变量，这样在两级门的基础上构成了三级门电路，如图 3.3.5 所示。有几个输入变量就需要几个非门，显然是不经济的，需要采用适当的方法来节省器件，常用代数法和阻塞法。下面介绍阻塞法。

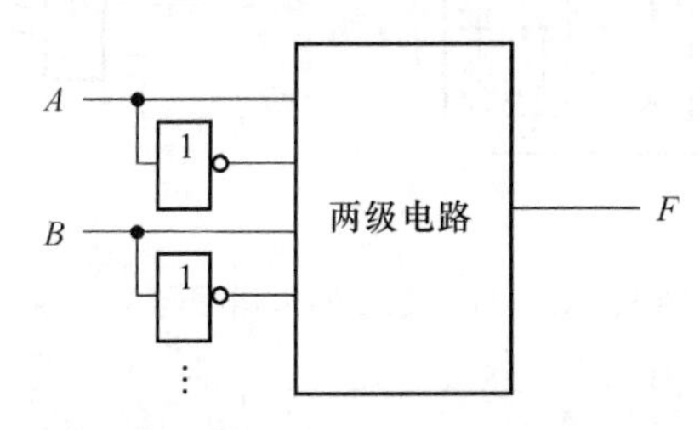

图 3.3.5　加非门的三级门电路

1. 阻塞逻辑

卡诺图有两个特殊的方格：全 1 格和全 0 格，又称 1 重心和 0 重心，如图 3.3.6 中的 111 格和 000 格。化简函数为最简与或式时，卡诺图中所有的圈对应的乘积项共有以下 4 种类型：

(1) 凡是包含 1 重心的圈都是用原变量标注；

(2) 凡是包含 0 重心的圈都是用反变量标注；

(3) 两个重心都不包含的圈，其标注既有原变量又有反变量；

(4) 两个重心都包含的圈只有一个，即恒为 1。

所以，可根据需要圈合并圈。

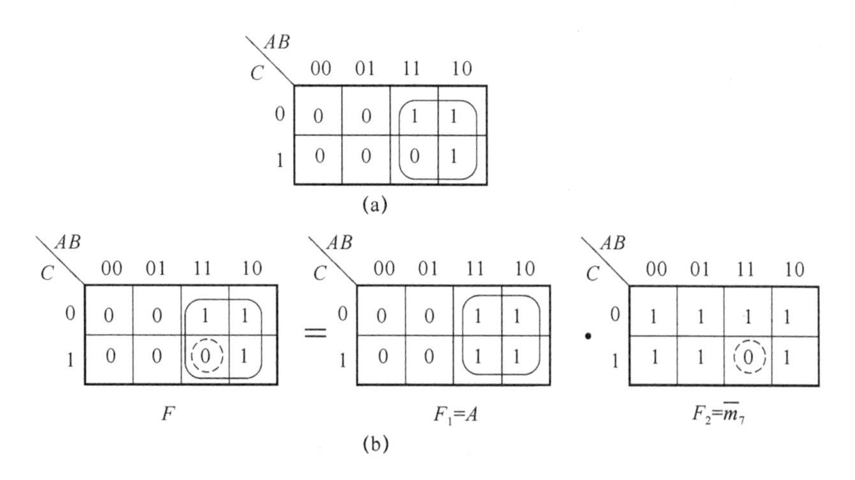

图 3.3.6　积项的阻塞逻辑

当需要用原变量标注时，在化简时，就围绕 1 重心来圈，如三级门设计中，输入全为原变量，当然希望围绕 1 重心来圈。而实际围绕 1 重心来圈时，有时将 0 方格也圈入，所以要设法将圈入的 0 方格扣除，这种扣除不是像普通代数中的用减法扣除，而是用被扣除的最小项的非$\overline{m_i}$乘之来扣除，这就是阻塞逻辑，因为$\overline{m_i}$在其相应输入组合下值为 0，禁止了积项的输出，使积项受$\overline{m_i}$控制。

如图 3.3.6(a)所示，需将圈入的 0 方格 m_7 扣除，根据阻塞逻辑，将积项乘$\overline{m_7}$即可：$F(A,B,C)=A\cdot\overline{m_7}$。这一结论的正确性，可利用卡诺图来证明。由卡诺图的运算规则，可得到图 3.3.6 (b)，图中阻塞圈用虚线画出，以示区别，则

$$F(A,B,C)=F_1\cdot F_2=A\cdot\overline{m_7}=A\cdot\overline{ABC}$$

即完成从 F_1 中扣除了 m_7 的操作。

对于积项 $A\cdot\overline{ABC}$，由两部分因子构成：一部分因子为原变量形式，称为头部因子；另一部分因子为带“非”号形式，称为尾因子。

这个例子说明：头部因子与尾部因子的积体现在卡诺图上，就是在头部因子决定的合并圈中扣除尾部因子决定的合并圈所得的结果。换句话说，为使积项用原变量标注而绕 1 重心圈时，圈入的 0 格的扣除，就相当于乘以一个尾因子。所以阻塞逻辑就是利用扣除 0 格的方法，使积项受尾因子控制。故尾因子也称阻塞项、禁止项。

当然阻塞圈还可以扩大，对结果没有影响，如图 3.3.7 所示。

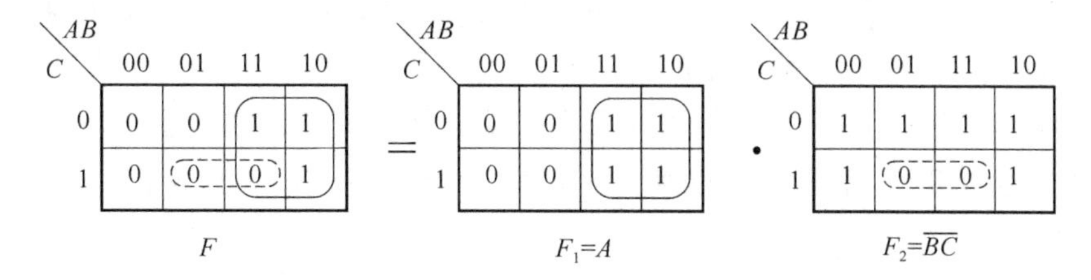

图 3.3.7　阻塞圈扩大

$$F(A,B,C)=F_1\cdot F_2=A\,\overline{BC}$$

由此可知：

(1) 阻塞圈可大可小,小可以到某个最小项,大可超过头部因子的合并圈。

(2) 为保证尾因子的"非"内不再有非,阻塞圈也应包含1重心。

(3) 大的阻塞圈可以使变量少,但究竟选大还是选小,应考虑此阻塞圈(尾因子)的公用程度。

2. 用阻塞法设计三级与非电路

阻塞法设计三级与非电路的方法要点如下:

(1) 画圈时尽量围绕1重心,使积项用原变量标注,这时可以将某些0格圈入。

(2) 将圈进的0格阻塞掉,阻塞圈必须包含1重心,阻塞圈内可以不全是0格,扣除的1格以后补上。

(3) 圈各积项的阻塞圈时,应尽可能为各积项所公用。

(4) 用最少的积项圈及最少的阻塞圈覆盖全部1格。

下面举例说明。

【例3.3.3】 设输入没有反变量,用三级与非门实现函数:

$$F(A,B,C,D)=\sum m(1,2,3,4,6,9,12,14,15)$$

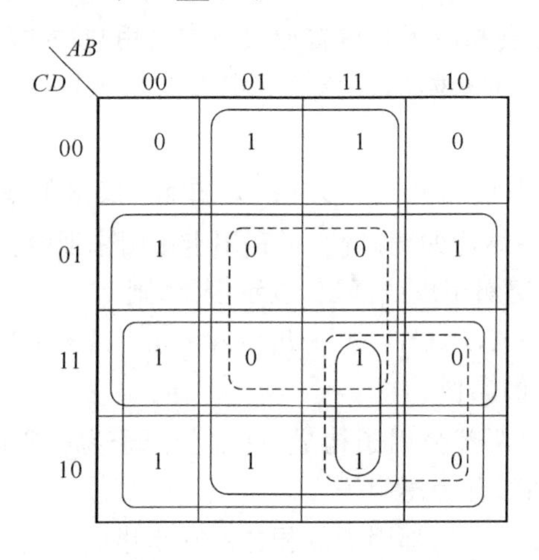

图3.3.8 例3.3.3的卡诺图

解: 作函数卡诺图,如图3.3.8所示。圈 m_1、m_3 和 m_9 围绕1重心来圈时,需将8个方格圈在一起,构成积项 D,但是多了4个0方格,应加以阻塞,需要两个阻塞圈。该积项的阻塞圈如图3.3.8中虚线所示,即为 $\overline{BD}$ 和 $\overline{AC}$,为使阻塞圈也包含1重心,不得不阻塞掉1方格 m_{15}。对于阻塞因子 $\overline{AC}$,虽然还可以选择两个方格,即为 $\overline{ACD}$,但考虑和其他积项公用,选取 $\overline{AC}$ 而不用 $\overline{ACD}$,得出合并积项 $D\,\overline{BD}\ \overline{AC}$。

为了圈最小项 m_2 和 m_6,也要围绕1重心8个方格得积项 C,并需扣除3个0方格,为使阻塞圈也包含1重心,不得不阻塞掉1方格 m_{14}。阻塞圈与前一积项相同,仍然是 $\overline{BD}$ 和 $\overline{AC}$,得合并积项 $C\,\overline{BD}\ \overline{AC}$。

在圈最小项 m_4、m_{12} 和 m_{14} 时,围绕1重心8个方格得积项 B,并需要一个阻塞圈 $\overline{BD}$ 扣除3个0方格,得合并积项 $B\,\overline{BD}$。

获得上述3个积项后,还剩下最小项 m_{15} 没有被包含,则圈 $\sum(14,15)$,得积项 ABC,全部最小项已被包含,函数的表达式为

$$F(A,B,C,D)=D\overline{BD}\,\overline{AC}+C\overline{BD}\,\overline{AC}+B\overline{BD}+ABC$$
$$=\overline{\overline{D\cdot\overline{BD}\cdot\overline{AC}}\cdot\overline{C\cdot\overline{BD}\cdot\overline{AC}}\cdot\overline{B\cdot\overline{BD}}\cdot\overline{ABC}}$$

根据表达式绘出逻辑图，如图 3.3.9 所示。

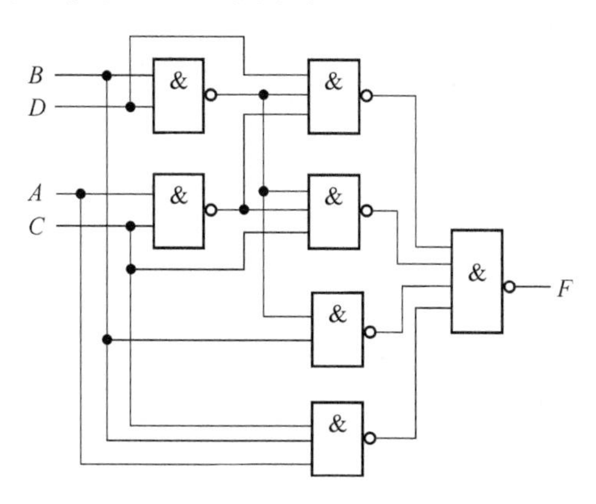

图 3.3.9　例 3.3.3 的逻辑图

【例 3.3.4】 设输入只有原变量而无反变量，试用最少的三级与非门实现函数：

$$F(A,B,C,D)=\prod M(3,6,7,8,12,15)$$

解：作函数卡诺图，如图 3.3.10 所示。该题的难点在于 0 重心为 1，为圈 m_0 而围绕 1 重心来圈的积项圈只有一个，即两个重心都包含的圈只有 1 个，需将所有的方格圈在一起，因此首先必须先圈该积项圈（图 3.3.10 中未画出来，以便看清楚），该积项圈的头部因子为 1，这时多圈了所有的 6 个 0 方格，应加以阻塞，需要 3 个阻塞圈。该积项的阻塞圈如图 3.3.10中虚线所示，即为$\overline{A}$、$\overline{CD}$和$\overline{BC}$，为使阻塞圈也包含 1 重心，不得不阻塞掉 5 个 1 方格 m_9、m_{10}、m_{11}、m_{13}、m_{14}，得出合并积项$\overline{A}\,\overline{CD}\,\overline{BC}$，已覆盖 5 个 1 方格 m_0、m_1、m_2、m_4、m_5。

为了圈最小项 m_9、m_{11}、m_{13}，也要围绕 1 重心 4 个方格得积项 AD，并需扣除 1 重心的 0 方格，阻塞圈与前一积项相同，仍然是$\overline{BC}$，得合并积项 $AD\overline{BC}$。

在圈最小项 m_{10} 和 m_{14} 时，围绕 1 重心 4 个方格得积项 AC，需扣除 1 重心的 0 方格，阻塞圈与前一积项相同，仍然是$\overline{CD}$，得合并积项 $AC\overline{CD}$。

至此全部最小项已被包含，函数的表达式为

$$F=\overline{A}\,\overline{CD}\,\overline{BC}+AD\overline{BC}+AC\overline{CD}$$

根据表达式绘出逻辑图，如图 3.3.11 所示。

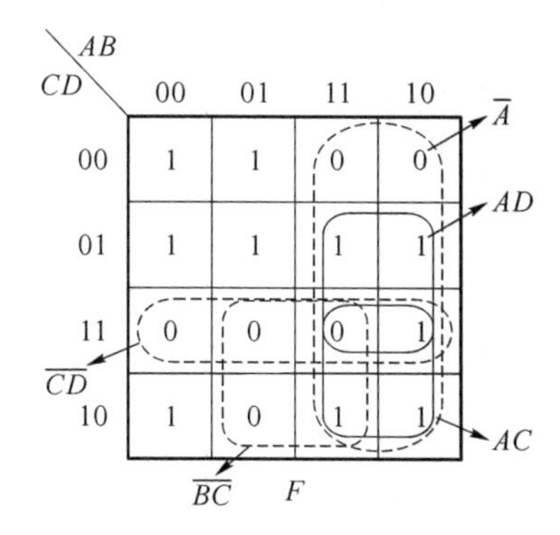

图 3.3.10　例 3.3.4 的卡诺图

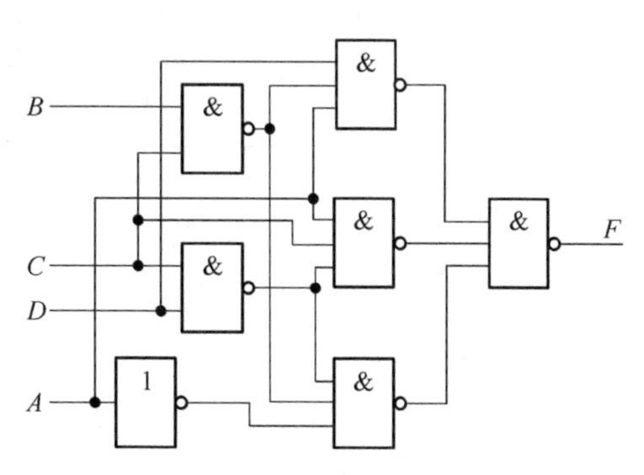

图 3.3.11　例 3.3.4 的逻辑图

3. 用阻塞法设计三级或非电路

用阻塞法设计三级或非电路的过程与三级与非电路是相似的，只是圈 0 方格，阻塞掉 1 方格，均绕 0 重心圈，目的是覆盖全部 0 格。

阻塞原理如图 3.3.12 所示，则

$$F(A,B,C,D)=F_1+F_2=C+D+\overline{A+B+C+D}$$

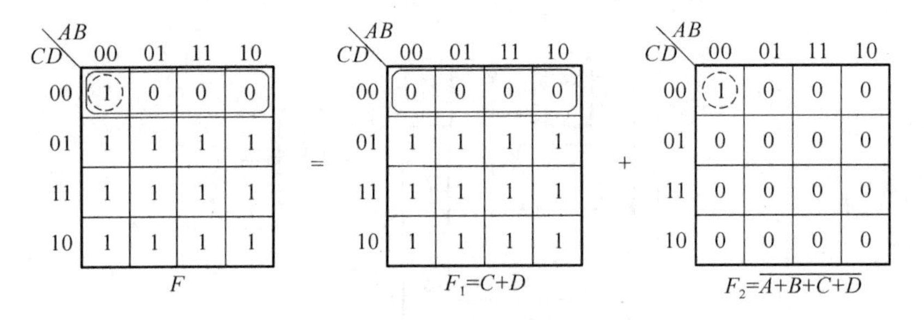

图 3.3.12 和项的阻塞逻辑

下面举例说明三级或非电路设计过程。

【例 3.3.5】 在输入不提供反变量情况下用三级或非门实现函数：

$$F(A,B,C,D)=\sum m(0,2,4,7,8,10,12,14,15)$$

解：作函数的卡诺图，如图 3.3.13(a)所示，圈画合并圈和阻塞圈如图 3.3.13(a)所示，则合并项 $C+\overline{C+D}$ 覆盖最大项 M_1、M_5、M_9、M_{13}，合并项 $B+\overline{B+D}$ 覆盖 M_1、M_3、M_9、M_{11}，合并项 $A+D+\overline{B+D}+\overline{C+D}$ 覆盖 M_6。全部最大项都被覆盖，则得表达式为

$$\begin{aligned}F(A,B,C,D)&=(C+\overline{C+D})(B+\overline{B+D})(A+D+\overline{B+D}+\overline{C+D})\\&=\overline{\overline{C+\overline{C+D}}+\overline{B+\overline{B+D}}+\overline{A+D+\overline{B+D}+\overline{C+D}}}\end{aligned}$$

由表达式绘出三级或非电路的逻辑图，如图 3.3.13 (b)所示。

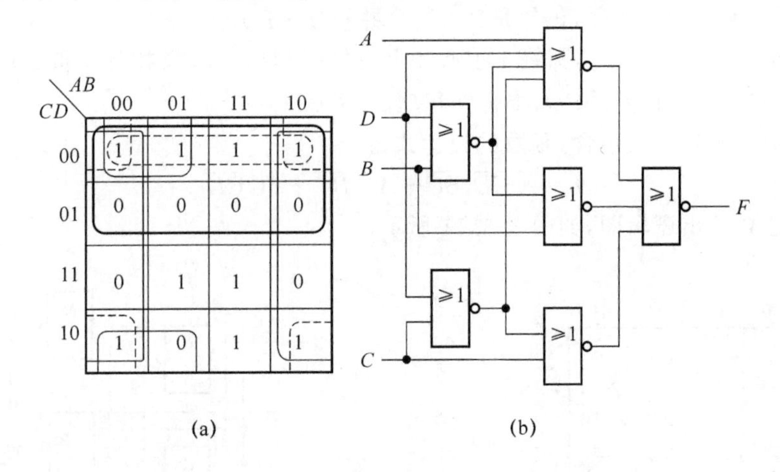

图 3.3.13 三级或非卡诺图与逻辑图

3.3.4 组合电路实际设计中的几个问题

1. 多输出函数的设计

前面所讨论的都是只有一个输出函数的组合电路，实际中常遇到多输出函数的电路，即对应一种输入组合下，有多个函数输出，如编码器、译码器、全加器等。多输出函数电路的设计以单输出函数设计为基础，但目的是达到总体电路的简化，而不是局部简化，所以设计原则为：

尽可能利用公用项，虽然每个函数表达式可能不是最简的，但由于利用公用项，可使总体电路所用的门数减少，电路最简单。

例如，用与非门实现下列多输出函数：

$$F_1(A,B,C) = \sum m(0,2,3)$$

$$F_2(A,B,C) = \sum m(3,6,7)$$

$$F_3(A,B,C) = \sum m(3,4,5,6,7)$$

先将 F_1、F_2、F_3 按单输出函数分别进行简化，对应的卡诺图如图 3.3.14 所示，则表达式为

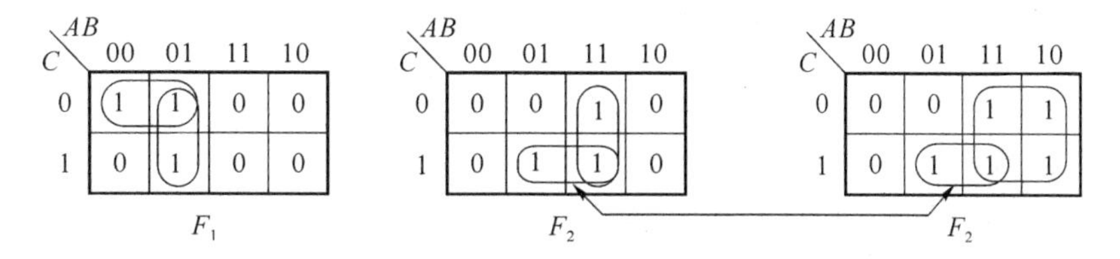

图 3.3.14 多输出函数卡诺图

$F_1(A,B,C)=\overline{A}B+\overline{A}\,\overline{C}$ （3 个与非门）

$F_2(A,B,C)=AB+BC$ （3 个与非门）

$F_3(A,B,C)=A+BC$ （1 个与非门）

由于在 F_2 和 F_3 的卡诺图上，存在相同的圈 $\sum m(3,7)$（以连线示出），说明 F_2 和 F_3 有公用积项 BC，即 $\overline{BC}$ 与非门可为 F_2、F_3 公用，省去一个与非门，这样在允许双轨入时，同时实现这 3 个函数共需 7 个与非门。

现在试着改圈法，找公用项。若将 F_1 的圈 $\sum m(2,3)$ 改成孤立的最小项 m_3，另一最小项 m_2 被圈 $\sum m(0,2)$ 包含，同时 F_2 的圈 $\sum m(3,7)$ 也改成孤立的最小项 m_3，另一最小项 m_7 包含在圈 $\sum m(6,7)$ 中，F_3 的 $\sum m(3,7)$ 也作同样修改，如图 3.3.15 所示。则 F_1、F_2 和 F_3 的两个不同的圈改成一个相同的圈，使总体卡诺图不同的圈数减少一个。由于一个圈对应一个与非门（单变量除外），因此总体电路的门数也将减少一个，说明此改法可取。

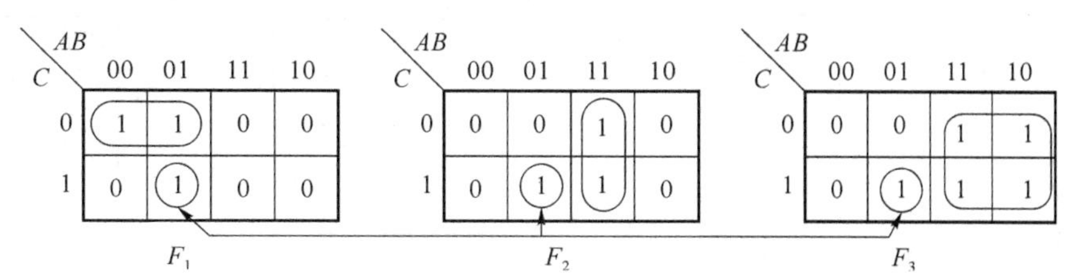

图 3.3.15 改变圈法的卡诺图

由图 3.3.15 得函数的表达式为

$$F_1(A,B,C)=\overline{A}\,\overline{C}+\overline{A}BC$$

$$F_2(A,B,C)=AB+\overline{A}BC$$

$$F_3(A,B,C)=A+\overline{A}BC$$

其逻辑电路图如图 3.3.16 所示，共需 6 个与非门，虽然从单个函数看，电路变复杂了（因为增加一个输入端），但总体电路却因减少一个与非门和一个输入端而变得简单。

由此可得多输出函数的设计步骤：

(1) 用卡诺图分别对每个函数进行化简，并用箭头连线表示出所有的公用圈。

(2) 从各个函数相同最小项出发，试图改变原来圈法，以求得更多的公用圈。

原则：若改圈法后能使总圈数减少（指不同圈），则改；若使总圈数增加，则不改；若总圈数不变，则取大的合并圈，使变量输入端减少。这一工作可重复进行多次。注意：单个变量的圈不用修改。

(3) 写出多输出函数的表达式，并绘出逻辑图。

下面再看一个例子。

【例 3.3.6】 用与非门实现下列多输出函数。

解： $F_1(A,B,C,D)=\sum m(2,4,5,10,11,13)$

$F_2(A,B,C,D)=\sum m(4,10,11,12,13)$

$F_3(A,B,C,D)=\sum m(2,3,7,10,11,12)$

$F_4(A,B,C,D)=\sum m(0,1,4,5,8,9,10,11,12,13)$

圈画卡诺图如图 3.3.17 所示。图中虚线圈所示的 3 个圈 m_5、m_{12}、m_{13} 表示将 F_1 的 $\sum m(5,13)$ 圈与 F_2 的 $\sum m(12,13)$ 圈改小的情况，但这种修改，总圈数不变，而合并圈变小，故是不可取的，最后化简结果如图 3.3.17 实线圈所示。

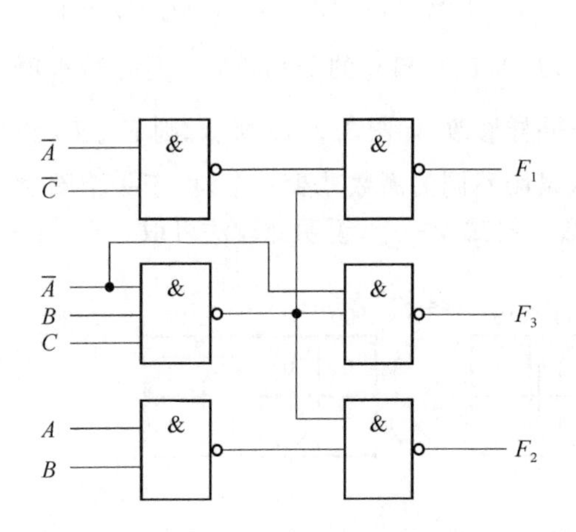

图 3.3.16 多输出函数逻辑图

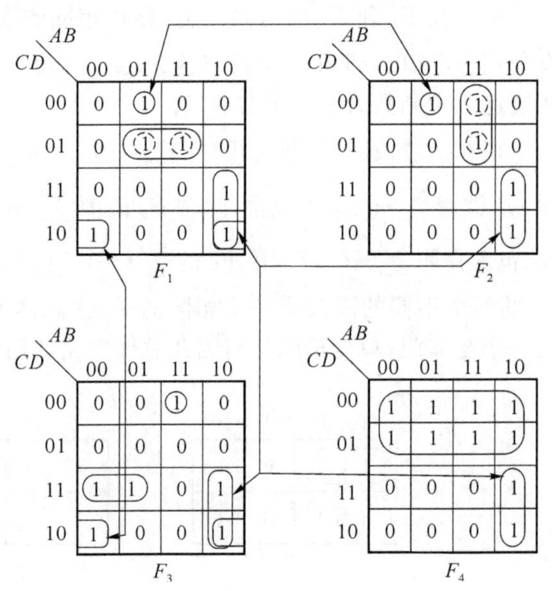

图 3.3.17 例 3.3.6 的卡诺图

由图 3.3.17 写出各函数的表达式如下：

$F_1(A,B,C,D)=\overline{A}B\,\overline{C}\,\overline{D}+A\,\overline{B}C+\overline{B}C\,\overline{D}+B\,\overline{C}D$

$F_2(A,B,C,D)=\overline{A}B\,\overline{C}\,\overline{D}+AB\,\overline{C}+A\,\overline{B}C$

$F_3(A,B,C,D)=AB\,\overline{C}\,\overline{D}+A\,\overline{B}C+\overline{B}C\,\overline{D}+\overline{A}CD$

$F_4(A,B,C,D)=\overline{C}+A\,\overline{B}C$

其逻辑电路图如图 3.3.18 所示，共需用 11 个逻辑门，36 个输入端。

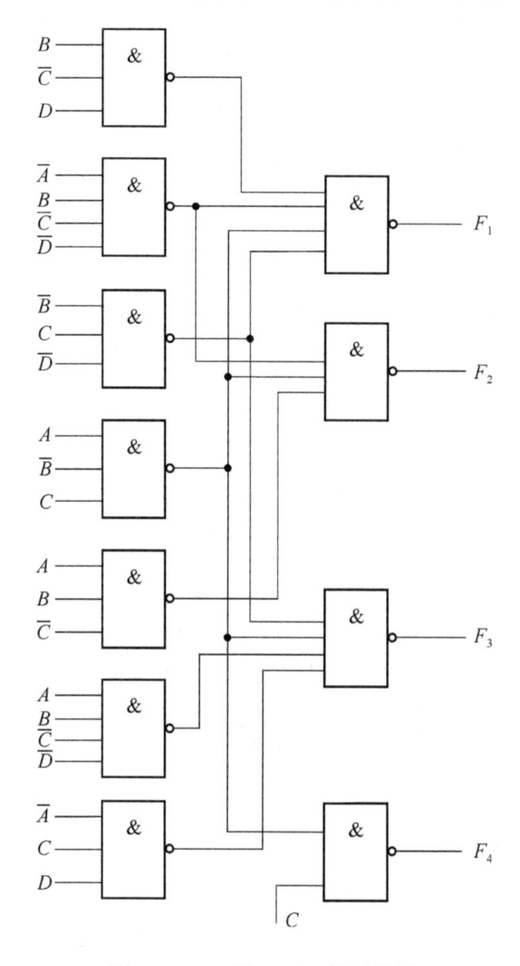

图 3.3.18　例 3.3.6 的逻辑图

多输出电路的设计不仅适用于小规模集成电路，对于大规模集成电路也具有应用价值。

上述介绍的逻辑设计方法是一种传统的、以门电路为基本单元的设计方法，是电路设计的基本方法，在实际设计中还应结合所使用的器件灵活应用。

2. 采用 SSI 芯片时的设计

在用 SSI 芯片实现逻辑函数时，由于芯片中封装的逻辑门数及每个门的输入端数是一定的，还须将函数表达式变换成与芯片种类相适应的形式，目的是使所用的芯片数目最少。表 3.3.2 列出了几种常用的 74LS 系列芯片，如 74LS00 有 4 个两输入端与非门，74LS10 有 3 个三输入端与非门。

表 3.3.2　几种 74LS 系列器件

型　　号	器 件 名 称
74LS00	二输入端四与非门
74LS01	二输入端四与非门(OC)
74LS02	二输入端四或非门
74LS04	六非门
74LS10	三输入端三与非门
74LS12	三输入端三与非门(OC)
74LS27	三输入端三或非门
74LS32	二输入端四或门
74LS386	二输入端四异或门

【例 3.3.7】 试用 74LS00 实现下列函数:

$$F(A,B,C,D)=\sum m(2,3,6,7,8,9,10,11,12,13)$$

解:由卡诺图得到最简与或式为

$$F(A,B,C,D)=A\overline{B}+A\overline{C}+\overline{A}C$$

若用两级与非门实现,需要 4 个与非门,但有一个与非门需要 3 个输入端。由于所使用的芯片每门只有两个输入端,对上式作如下变换:

$$F(A,B,C,D)=A\overline{B}+A\overline{C}+\overline{A}C=A(\overline{B}+\overline{C})+\overline{A}C=A\,\overline{BC}+\overline{A}C$$

$$=\overline{\overline{A\cdot\overline{BC}}\cdot\overline{\overline{A}C}}$$

其逻辑图如图 3.3.19 所示,用了 4 个二输入与非门,即一片 74LS00。

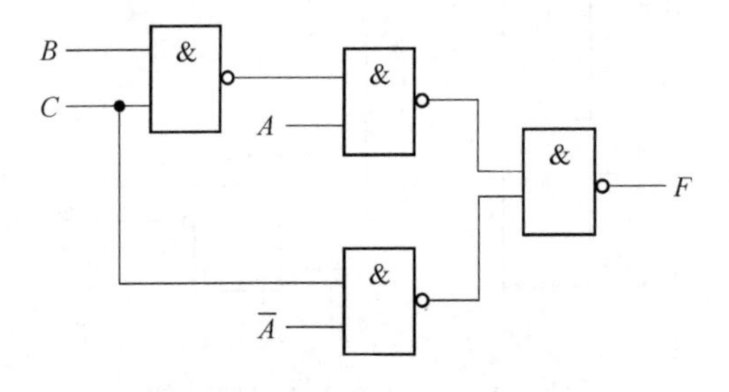

图 3.3.19　例 3.3.7 的逻辑图

3. 指定门类型的设计(与非、或非、与或非等不同表达式的转换)

如果限定设计必须使用某种类型(例如与或非门)门电路,还必须进行相应的变换。逻辑函数表达式不同形式间的转换,在实际设计数字系统时十分有用,应该熟悉,下面将讨论这方面的内容。

(1) 与或表达式转为与非-与非表达式

在前面两级与非门电路的实现时,已经讲过。只要将最简与或式两次求反,再使用摩根定理,就可得到与非-与非表达式。

【例 3.3.8】 将 $F(A,B,C,D)=AB\overline{D}+AC+A\overline{C}D+AD$ 变为最简与非-与非形式。

解:用卡诺图法将 F 化简为

$$F(A,B,C,D)=AB+AC+AD$$

再对 F 两次求反,得

$$F(A,B,C,D)=\overline{\overline{F}}=\overline{\overline{AC+BC+CD}}=\overline{\overline{AC}\cdot\overline{BC}\cdot\overline{CD}}$$

(2) 或与表达式变换为或非-或非表达式

在前面两级或非门电路的实现时,已经讲过。只要将最简或与式两次求反,再使用摩根定理,就可得到或非-或非表达式。

【例 3.3.9】 将函数 $F(A,B,C,D)=(\overline{A}+\overline{B})(\overline{A}+\overline{C}+D)(A+C)(B+\overline{C})$ 变成或非-或非表达式。

解:求 F 的对偶式 $F'(A,B,C,D)=\overline{A}\,\overline{B}+\overline{A}\,\overline{C}D+AC+B\overline{C}$

$$=\overline{A}\,\overline{B}+AC+B\overline{C}$$

求 F' 的对偶式,得最简或与式:$F(A,B,C,D)=(\overline{A}+\overline{B})(A+C)(B+\overline{C})$

对 F 两次求反,得

$$F(A,B,C,D)=\overline{\overline{(\overline{A}+\overline{B})(A+C)(B+\overline{C})}}$$

$$=\overline{\overline{\overline{A}+\overline{B}}+\overline{A+C}+\overline{B+\overline{C}}}$$

(3) 与或表达式变换为与或非表达式

变换方法如下:

① 作卡诺图,用圈 0 的方法先求反函数 $\overline{F}$ 的最简与或表达式;

② 再对 $\overline{F}$ 求反,直接可得函数 F 的与或非表达式。

【例 3.3.10】 求 $F(A,B,C)=\overline{A}\,\overline{B}\,\overline{C}+A\overline{B}+AC+\overline{B}C$ 的与或非表达式。

解:在函数的卡诺图中,圈 0 可得其反函数 $\overline{F}$ 的表达式,如图 3.3.20 所示。

$$\overline{F}(A,B,C)=\overline{A}B+B\overline{C}$$

再对 $\overline{F}$ 求反,可得:

$$F(A,B,C)=\overline{\overline{A}B+B\overline{C}}$$

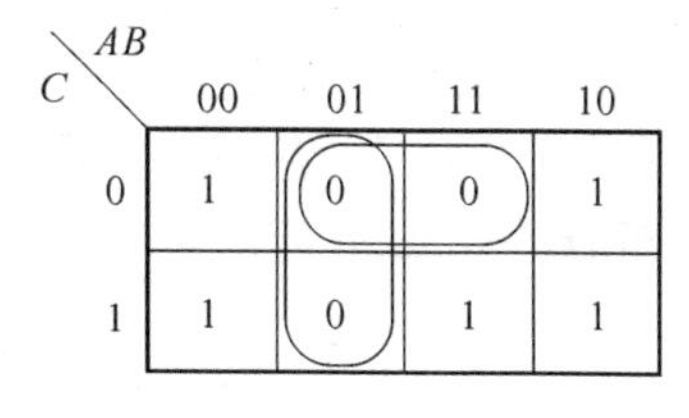

图 3.3.20 例 3.3.10 的卡诺图

(4) 与或表达式变换为或与表达式

在卡诺图上圈 0 格得到最简或与表达式在第 1 章已经讲过。

(5) 与或表达式转为或非-或非表达式

先将与或式变为最简或与式,再两次取反,用摩根定理转为或非-或非式。这两步的具体操作见前面(4)和(2)。

下面举例说明这几个实际问题综合在一起的情况。

【例 3.3.11】 设输入不提供反变量,试用一片 74LS00 和一片 74LS386(异或门)实现全减器。

解:涉及单轨输入、多输出函数、指定芯片及指定门的问题。

首先做出全减器的真值表,如表 3.3.3 所示。其中输入变量 A_i 为被减数,B_i 为减数,C_{i-1} 为低位的借位;输出函数 D_i 是全减器的差,C_i 是向高位借位。得出函数的表达式

$$
\begin{aligned}
D_i(A_i,B_i,C_{i-1}) &= \overline{A_i}\,B_i\,\overline{C}_{i-1}+\overline{A_i}\,\overline{B_i}C_{i-1}+A_i\,\overline{B_i}\,\overline{C}_{i-1}+A_iB_iC_{i-1} \\
&= \overline{C}_{i-1}(A_i\,\overline{B_i}+\overline{A_i}B_i)+C_{i-1}(\overline{A_i}\,\overline{B_i}+A_iB_i) \\
&= \overline{C}_{i-1}(A_i\oplus B_i)+C_{i-1}\overline{(A_i\oplus B_i)} \\
&= A_i\oplus B_i\oplus C_{i-1}
\end{aligned}
$$

为了使两个函数公用门，C_i 可变换成

$$
\begin{aligned}
C_i(A_i,B_i,C_{i-1}) &= \overline{A_i}\,\overline{B_i}C_{i-1}+\overline{A_i}B_i\,\overline{C}_{i-1}+\overline{A_i}B_iC_{i-1}+A_iB_iC_{i-1} \\
&= \overline{A_i}(\overline{B_i}C_{i-1}+B_i\,\overline{C}_{i-1})+B_iC_{i-1} \\
&= \overline{A_i}(B_i\oplus C_{i-1})+B_iC_{i-1}
\end{aligned}
$$

其逻辑图如图 3.3.21 所示，使用 4 个与非门、两个异或门，用一片 74LS00 和一片 74LS386 即可。

表 3.3.3　全减器真值表

A_i	B_i	C_{i-1}	D_i	C_i
0	0	0	0	0
0	0	1	1	1
0	1	0	1	1
0	1	1	0	1
1	0	0	1	0
1	0	1	0	0
1	1	0	0	0
1	1	1	1	1

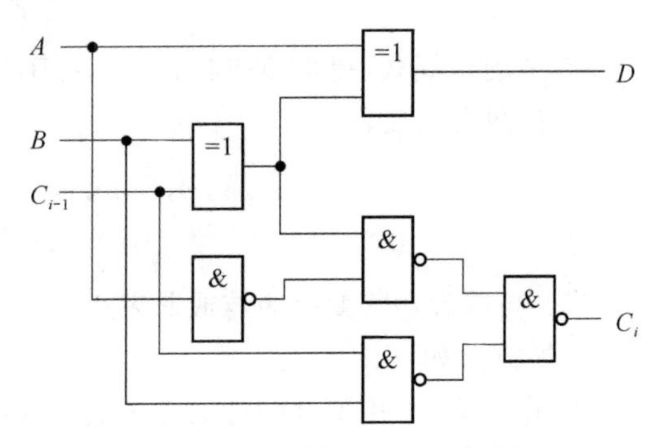

图 3.3.21　例 3.3.11 逻辑图

3.3.5　组合电路设计实例

下面通过几个例子来说明如何应用前面介绍的方法设计常用的组合电路，同时了解几个常用组合电路的功能。

【例 3.3.12】 用或非门设计一个 8421BCD 码的四舍五入电路。

解：设 8421BCD 码用变量 A、B、C、D 表示，输出用 F 表示，可得真值表如表 3.3.4 所示。

表 3.3.4　四舍五入电路真值表

A	B	C	D	F
0	0	0	0	0
0	0	0	1	0
0	0	1	0	0
0	0	1	1	0
0	1	0	0	0
0	1	0	1	1
0	1	1	0	1
0	1	1	1	1
1	0	0	0	1
1	0	0	1	1
1	0	1	0	×
1	0	1	1	×
1	1	0	0	×
1	1	0	1	×
1	1	1	0	×
1	1	1	1	×

化简得 F 的最简或与表达式：

$$F(A,B,C,D)=(A+B)(A+C+D)$$

其电路图如图 3.3.20 所示，可用一片 74LS27(3 个三输入或非门)实现。

【例 3.3.13】 半加器、全加器的设计。

解：① 半加器

半加器是能实现两个 1 位二进制数相加求得和数及向高位进位的逻辑电路。设被加数、加数用变量 A、B 表示，求得的和、向高位进位用变量 S、C 表示，可得真值表 3.3.5。

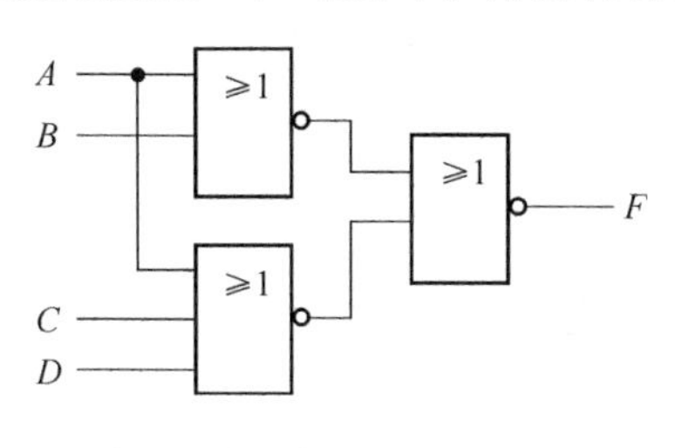

图 3.3.22 例 3.3.12 逻辑图

表 3.3.5 半加器真值表

A	B	S	C
0	0	0	0
0	1	1	0
1	0	1	0
1	1	0	1

写出输出函数表达式：

$$S(A,B)=\overline{A}B+A\,\overline{B}=A\oplus B$$

$$C(A,B)=AB$$

用异或门及与门实现的电路如图 3.3.23(a) 所示，图 3.3.23(b)是其逻辑符号。

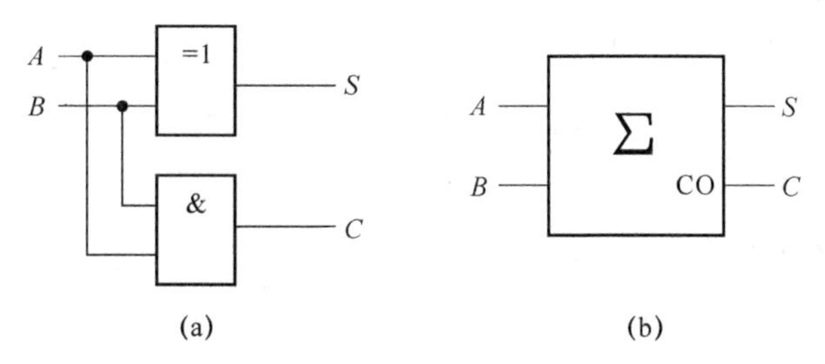

图 3.3.23 半加器的逻辑图及逻辑符号

② 全加器

全加器是实现两个 1 位二进制数及低位来的进位相加(即将 3 个 1 位二进制数相加)，求得和数及向高位进位的逻辑电路。

根据全加器的功能，可得真值表 3.3.6，其中 A_i、B_i 分别代表第 i 位的被加数、加数，C_{i-1}代表低位向本位的进位，S_i 代表本位和，C_i 代表向高位的进位。

表 3.3.6 全加器真值表

A_i	B_i	C_{i-1}	S_i	C_i
0	0	0	0	0
0	0	1	1	0
0	1	0	1	0
0	1	1	0	1
1	0	0	1	0
1	0	1	0	1
1	1	0	0	1
1	1	1	1	1

化简与变换得出输出和 S_i 与进位 C_i 表达式。

$$S_i(A_i, B_i, C_{i-1})=A_i \oplus B_i \oplus C_{i-1}$$

$$C_i(A_i, B_i, C_{i-1})=(A_i \oplus B_i) C_{i-1}+ A_iB_i$$

用异或门和与或非门实现的逻辑图如图 3.3.24(a) 所示,图 3.3.24 (b)是其逻辑符号。

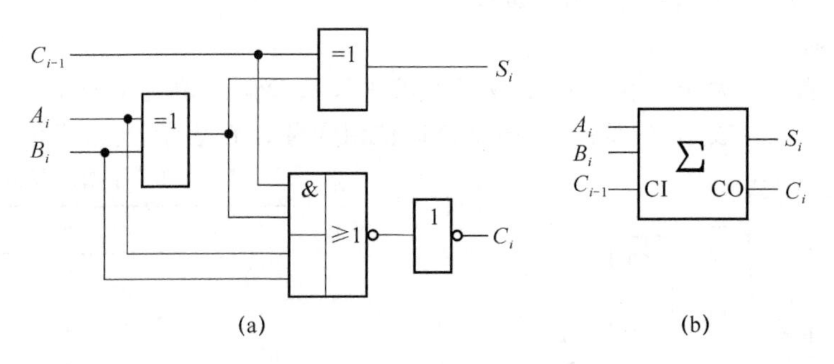

图 3.3.24 全加器的逻辑图及逻辑符号

一个全加器只能实现 1 位二进制加法,若是实现多位二进制相加,需要多个全加器。图 3.3.25是用 4 个全加器实现两个 4 位数相加的连接图。

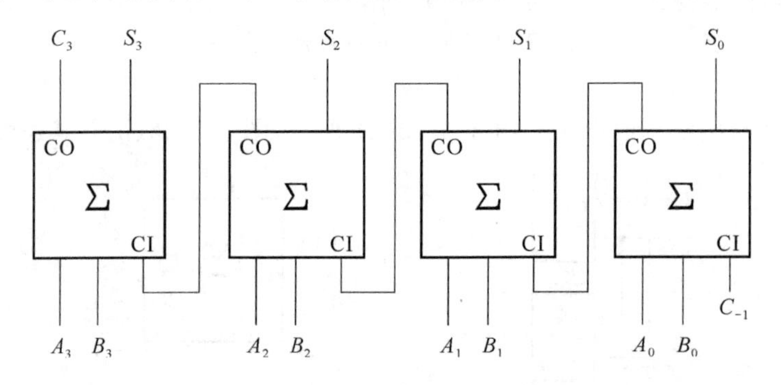

图 3.3.25 全加器实现的 4 位加法器

【例 3.3.14】 用同或门、与非门及或非门设计 1 个 2 位二进制数码比较器。

解:第一步:列真值表。

设比较的两个二进制数为 $A=A_1A_0$、$B= B_1B_0$,比较的结果有 $A>B$、$A=B$、$A<B$ 3 种情况,分别用 F_1、F_2、F_3 表示。则 $A>B, F_1=1; A=B, F_2=1; A<B, F_3=1$,可作出真值表 3.3.7。

表 3.3.7 比较器真值表

A_1	A_0	B_1	B_0	F_1	F_2	F_3
0	0	0	0	0	1	0
0	0	0	1	0	0	1
0	0	1	0	0	0	1
0	0	1	1	0	0	1
0	1	0	0	1	0	0
0	1	0	1	0	1	0
0	1	1	0	0	0	1

续 表

A_1	A_0	B_1	B_0	F_1	F_2	F_3
0	1	1	1	0	0	1
1	0	0	0	1	0	0
1	0	0	1	1	0	0
1	0	1	0	0	1	0
1	0	1	1	0	0	1
1	1	0	0	1	0	0
1	1	0	1	1	0	0
1	1	1	0	1	0	0
1	1	1	1	0	1	0

第二步:作卡诺图,对函数进行简化,并作相应的变换。

函数的卡诺图如图 3.3.26 所示。因要求用同或门、与非门及或非门实现,由卡诺图化简和变换:

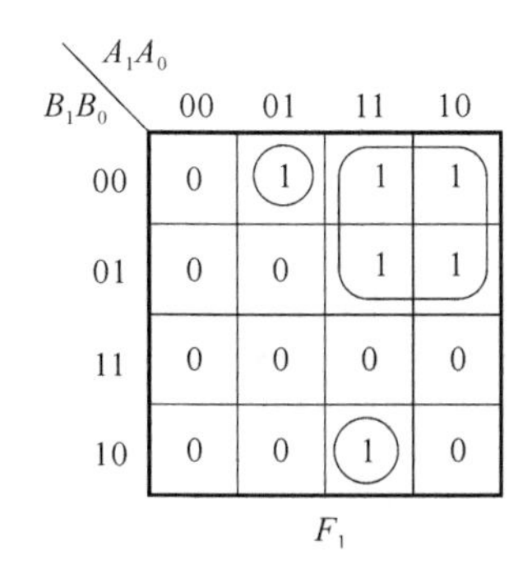

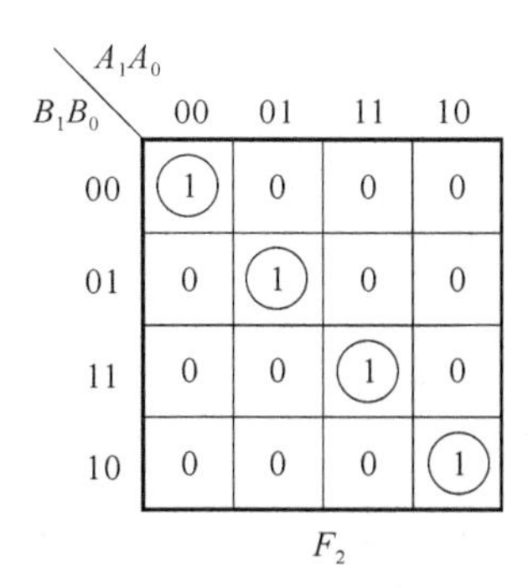

A1A0
B1B0
00 01 11 10
00 1 0 0 0
01 0 1 0 0
11 0 0 1 0
10 0 0 0 1
F2

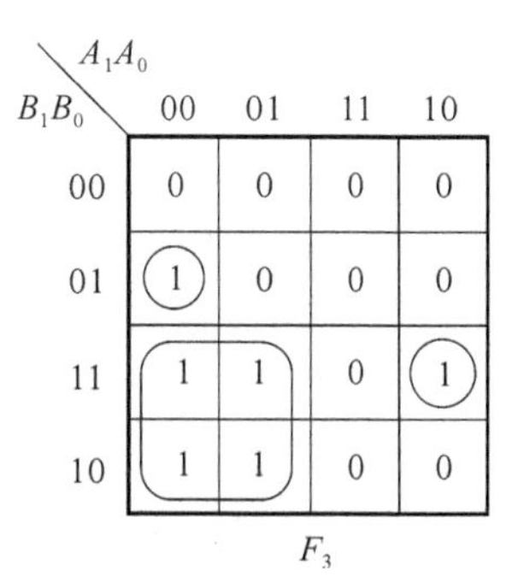

图 3.3.26 两位比较器卡诺图

$$
\begin{aligned}
F_1(A_1,A_0,B_1,B_0) &= A_1\overline{B_1}+A_1A_0B_1\overline{B_0}+\overline{A_1}A_0\overline{B_1}\,\overline{B_0}\\
&= A_1\overline{B_1}+A_0\overline{B_0}(A_1B_1+\overline{A_1}\,\overline{B_1})\\
&= A_1\overline{B_1}+A_0\overline{B_0}(A_1\odot B_1)
\end{aligned}
$$

F_1 表达式意义很明显,即两个数比较,高位大的一定大,式中第一项为 1,使 $F_1=1$;若高位相同比低位,低位大的则大,式中第二项为 1,使 $F_1=1$。

对 F_2 作如下变换:

$$
\begin{aligned}
F_2(A_1,A_0,B_1,B_0) &= \overline{A_1}\,\overline{A_0}\,\overline{B_1}\,\overline{B_0}+\overline{A_1}A_0\overline{B_1}B_0+A_1\overline{A_0}B_1\overline{B_0}+A_1A_0B_1B_0\\
&= \overline{A_1}\,\overline{B_1}(\overline{A_0}\,\overline{B_0}+A_0B_0)+A_1B_1(\overline{A_0}\,\overline{B_0}+A_0B_0)\\
&= \overline{A_1}\,\overline{B_1}(A_0\odot B_0)+A_1B_1(A_0\odot B_0)\\
&= (A_1\odot B_1)(A_0\odot B_0)
\end{aligned}
$$

该式表明,只有两个数的对应位都相同,F_2 才为 1,表示两数相等。

函数 F_3 的变换和 F_1 类似,即

$$
\begin{aligned}
F_3(A_1,A_0,B_1,B_0) &= \overline{A_1}B_1+\overline{A_1}\,\overline{A_0}\,\overline{B_1}B_0+A_1\overline{A_0}B_1B_0\\
&= \overline{A_1}B_1+\overline{A_0}B_0(\overline{A_1}\,\overline{B_1}+A_1B_1)\\
&= \overline{A_1}B_1+\overline{A_0}B_0(A_1\odot B_1)
\end{aligned}
$$

F_3 说明两数进行比较，高位小的一定小，高位相同时低位小的一定小。

并且由真值表还可看出 3 个输出函数之间的关系：

$$F_2=\overline{F_1+F_3}$$

第三步：作逻辑电路图，如图 3.3.27 所示。

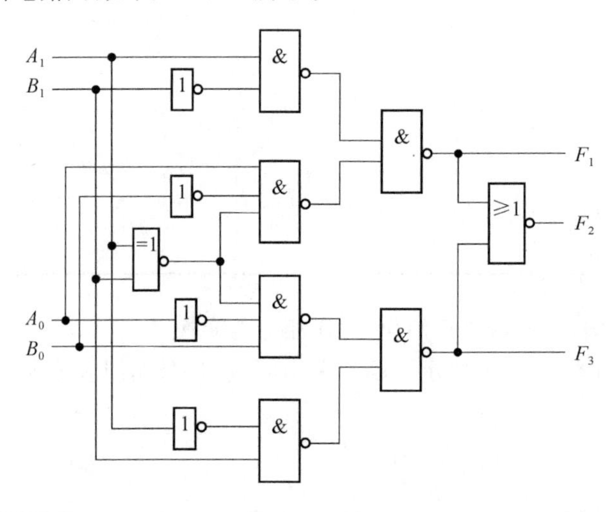

图 3.3.27　两位数码比较器逻辑图

由此例的两位数比较，找出了比较器的规律，可以 推广至 N 位数比较。如 4 位二进制数比较的表达式为

$$F_1(A>B)=A_3\overline{B_3}+A_2\overline{B_2}(A_3\odot B_3)+A_1\overline{B_1}(A_3\odot B_3)(A_2\odot B_2)$$
$$+A_0\overline{B_0}(A_3\odot B_3)(A_2\odot B_2)(A_1\odot B_1)$$
$$F_2(A=B)=(A_3\odot B_3)(A_2\odot B_2)(A_1\odot B_1)(A_0\odot B_0)$$
$$F_3(A<B)=\overline{A_3}B_3+\overline{A_2}B_2(A_3\odot B_3)+\overline{A_1}B_1(A_3\odot B_3)(A_2\odot B_2)$$
$$+\overline{A_0}B_0(A_3\odot B_3)(A_2\odot B_2)(A_1\odot B_1)$$

【例 3.3.15】 试用全加器及与非门设计一个 1 位 8421BCD 码加法器。

解：第一步：作真值表。

一位 8421BCD 码由 4 位二进制码构成，所以 1 位 8421BCD 码加法可用 4 个全加器完成。但两个 4 位二进制数相加是“逢十六进一”，而两个 1 位 BCD 码相加却是“逢十进一”，两者在进位时相差 6(即 0110)，又由于 8421BCD 码只用 0000～1001 前 10 种编码表示 0～9 这 10 个数，因此当和数大于 9(1001)或向高位有进位时，必须对结果进行修正，加修正项(即 0110)。如下例所示：

```
①    4             0100
    +3 →          +0011
  ─────────      ─────────
     7             0111
```

因为和为 7<9，所以全加器的结果 0111 与 8421BCD 码一致。

```
②    6             0110
    +7 →          +0111
  ─────────      ─────────
    13             1101
```

因为和为 13>9，所以结果 1101 与 8421BCD 码不一致，须加 6 修正。

即：　1101
　　+ 0110
　　―――――
　　10011

现在的结果是“13”的 8421BCD 码。

③　8　　　　　1000
　+ 9 →　　　+ 1001
　―――――　　―――――
　17　　　　　10001

因为有进位，所以结果 10001 与 8421BCD 码不一致，须加 6 修正。

即：　10001
　　+ 0110
　　―――――
　　10111

现在的结果是“17”的 8421BCD 码。

现在只需列出加“6”修正电路的真值表即可。其输入是二进制数加法的结果，输出是 8421BCD 码，如表 3.3.8 所示，这是一个五变量输入（变量 C_b 是二进制加法进位）的 5 个输出函数的真值表。由于两个用 8421BCD 码表示的十进制数相加且考虑到低位来的进位时，其和最大为 19，故输入变量组合 10100～11111 不会出现，为任意项。

表 3.3.8　加“6”修正电路真值表

十进制数	二进制加法结果					8421BCD					说明
	C_b	S_8	S_4	S_2	S_1	C	Y_8	Y_4	Y_2	Y_1	
0	0	0	0	0	0	0	0	0	0	0	无须修正
1	0	0	0	0	1	0	0	0	0	1	
2	0	0	0	1	0	0	0	0	1	0	
3	0	0	0	1	1	0	0	0	1	1	
4	0	0	1	0	0	0	0	1	0	0	
5	0	0	1	0	1	0	0	1	0	1	
6	0	0	1	1	0	0	0	1	1	0	
7	0	0	1	1	1	0	0	1	1	1	
8	0	1	0	0	0	0	1	0	0	0	
9	0	1	0	0	1	0	1	0	0	1	
10	0	1	0	1	0	1	0	0	0	0	需加 0110 修正
11	0	1	0	1	1	1	0	0	0	1	
12	0	1	1	0	0	1	0	0	1	0	
13	0	1	1	0	1	1	0	0	1	1	
14	0	1	1	1	0	1	0	1	0	0	
15	0	1	1	1	1	1	0	1	0	1	
16	1	0	0	0	0	1	0	1	1	0	
17	1	0	0	0	1	1	0	1	1	1	
18	1	0	0	1	0	1	1	0	0	0	
19	1	0	0	1	1	1	1	0	0	1	

第二步:写出输出函数表达式,并化简。

正规的作法是做出 5 个输出函数的五变量卡诺图,再进行简化,很烦琐。在此通过分析真值表的规律,可简便地得到输出函数表达式。

首先从真值表可见,当输出 $C=0$ 时,无须修正,当 $C=1$ 时,需要修正,所以 C 就是加"6"修正的标志,需要先求出 C 的表达式。

由真值表发现,当 $C_b=1$ 时,$C=1$;当 $C_b=0$ 时,$C=\sum m\,(10,11,12,13,14,15)$,所以

$$
\begin{aligned}
C(C_b,\ S_8,\ S_4,\ S_2,\ S_1) &= C_b+\overline{C_b}\sum m\,(10,11,12,13,14,15)\\
&= C_b+\sum m\,(10,11,12,13,14,15)\\
&= C_b+S_8S_4+S_8S_2 \leftarrow \text{用卡诺图化简}\sum m\,(10,11,12,13,14,15)
\end{aligned}
$$

其次,所谓加"6"修正就是将二进制加法结果加上 0110 即可得到其余 4 个输出函数,故需要全加器来实现 0110 与 S_8、S_4、S_2、S_1 相加。由函数 C 来控制 0110 的加入,$C=1$,加 0110(0110 中的两个 1 来自 C);$C=0$,则不加。因为最低位 S_1 恒加 0,S_1 就是 Y_1,无须用全加器,故共需 3 个全加器,以实现对 S_8、S_4、S_2 的修正,得到 Y_8、Y_4、Y_2。

第三步:绘制逻辑图如图 3.3.28 所示。

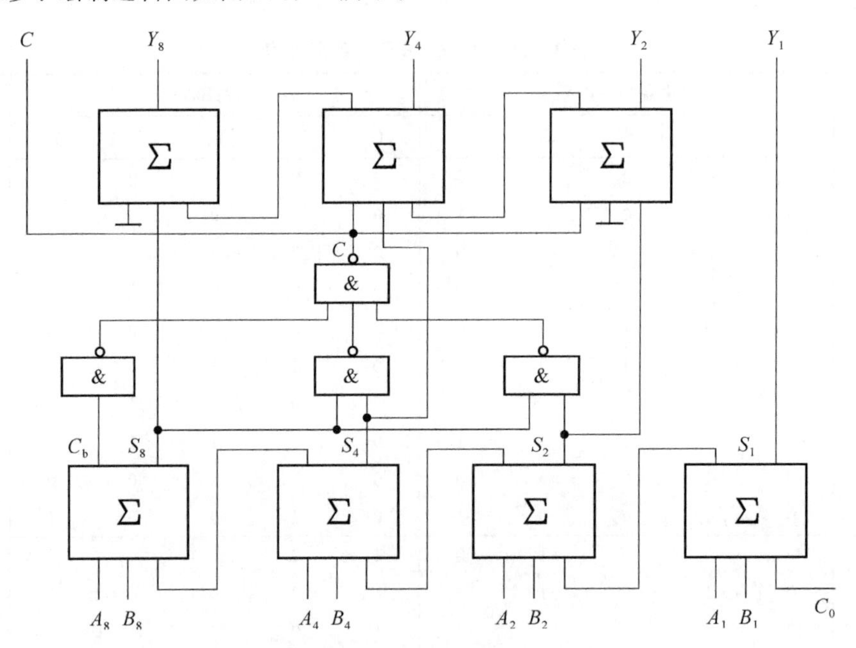

图 3.3.28　1 位 8421BCD 加法器逻辑图

1 位 8421BCD 码加法器由 3 部分组成:第一部分是 4 位全加器,以实现对两个输入的 8421BCD 码及低位来的进位进行二进制加法;第二部分是用与非门实现输出 C 的电路;第三部分是加"6"修正电路。

由此例可知,组合电路的设计不一定都采用前面介绍的传统设计方法,应根据具体题目灵活设计,使设计和实现简单,这种方法更适合 MSI 电路。

3.4 组合逻辑电路的冒险

前面组合电路设计是在理想情况下进行的，即认为电路中的连线及逻辑门没有延迟，电路中的多个输入信号发生变化时，都是同时瞬间完成的。但事实上信号的变化需要一定的过渡时间，信号通过逻辑门也需要一个响应时间，多个信号发生变化时，不可能完全同时。因此，理想情况下设计的逻辑电路，在实际工作时，当输入信号发生变化时就可能出现瞬时错误。

例如，图 3.4.1(a)所示电路，其输出函数 $F=A\cdot\overline{A}$，G_2 的输入是 A 和$\overline{A}$两个互反信号，由于 G_1 的延迟，$\overline{A}$的下降沿滞后于 A 的上升沿，因此在很短的时间间隔内，G_2 的两个输入都会出现高电平，使输出产生了不应有的窄脉冲，如图 3.4.1 (b)所示，俗称毛刺，这种现象称为冒险。

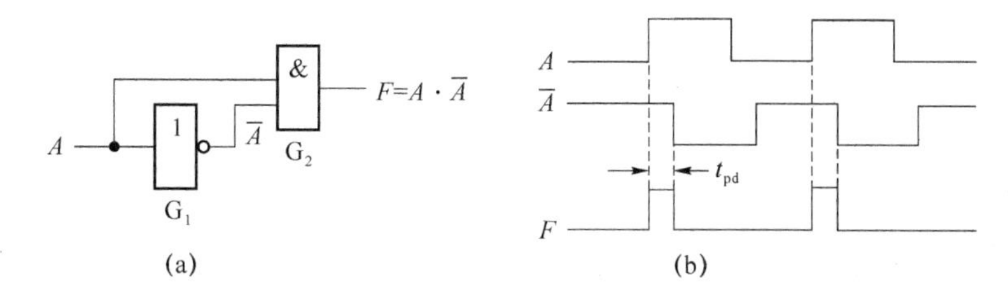

图 3.4.1 产生冒险的电路

要使设计的电路可靠地工作，必须考虑冒险现象，组合逻辑电路中的冒险分为逻辑冒险和功能冒险两类，下面将分别进行讨论。

3.4.1 逻辑冒险与消除方法

1. 逻辑冒险

在组合电路中，若某一个输入变量变化前后的输出相同，而在输入变量变化时可能出现瞬时错误输出，这种冒险称为静态逻辑冒险。下面以图 3.4.2 所示电路为例进一步分析产生冒险的原因。

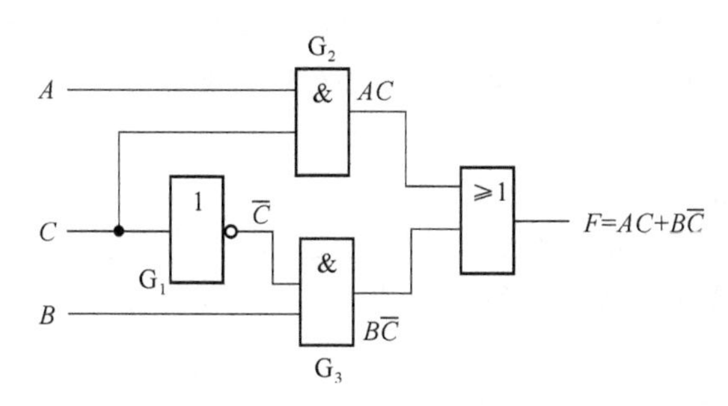

图 3.4.2 产生逻辑冒险的组合电路

由电路图写出函数表达式为

$$F(A,B,C)=AC+B\overline{C}$$

当输入变量 $ABC=111$ 时，门 2 的输出 $AC=1$，则函数 $F=1$；当 $ABC=110$ 时，由于门 3 输出 $B\overline{C}=1$，则 $F=1$。因此稳态时无论 C 为 1 还是为 0，函数值相同。当变量 C 从 $1\to0$ 时，门 2、门 3 的输出都发生变化，AC 从 $1\to0$，$B\overline{C}$ 从 $0\to1$。由于逻辑门的延迟时间（忽略导线的传输时间）不同，门 2、门 3 输出变化的先后顺序也不同。如果门 2 的延迟时间大于门 1、门 3 延迟时间的和 $t_{pd2}>t_{pd3}+t_{pd1}$，这时 AC 从 $1\to0$ 的变化滞后于 $B\overline{C}$ 从 $0\to1$ 的变化，如图 3.4.3(a)所示，不会有错误发生。但如果 $t_{pd2}<t_{pd3}+t_{pd1}$ 即 AC 从 $1\to0$ 的变化，先于 $B\overline{C}$ 从 $0\to1$ 的变化，则在变化的瞬间 AC 和 $B\overline{C}$ 将同时出现 0，函数 $F=0$，如图 3.4.3(b)所示，发生瞬时错误。由于逻辑门传输时间具有一定的离散性，在实际中这两种可能性都可能发生，因此电路存在逻辑冒险现象，并且可知逻辑冒险产生的原因是门的延迟。

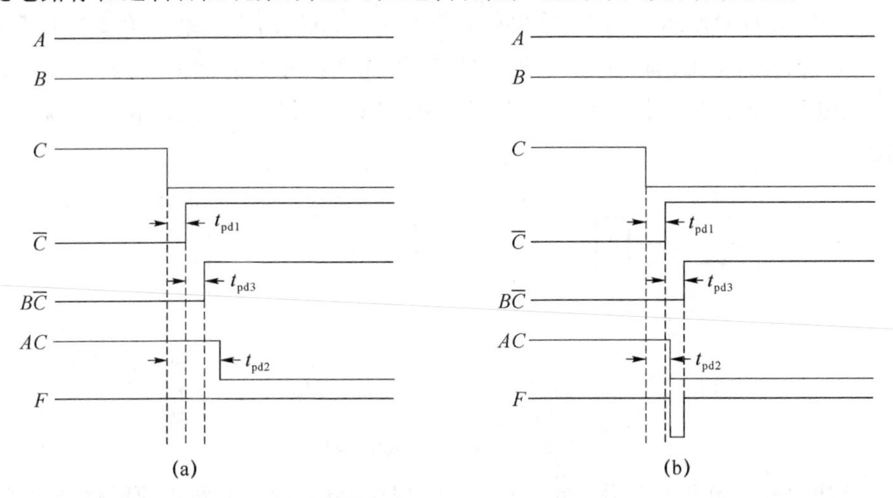

图 3.4.3　产生冒险的现象

这种稳态时输出 1、输入变化瞬间输出 0 的冒险，称为偏 1 型冒险；稳态时输出为 0，而输入变化瞬间出现 1 的冒险，称为偏 0 型冒险，图 3.4.1 电路产生的就是偏 0 型逻辑冒险。

2. 逻辑冒险的检查与消除

逻辑冒险的检查及消除方法有两种：代数法和卡诺图法。

(1) 代数法

代数法是从表达式判断电路是否存在逻辑冒险。例如图 3.4.2 电路的输出表达式 $F(A,B,C)=AC+B\overline{C}$，将输入 $AB=11$ 代入，则 $F(A,B,C)=C+\overline{C}$，在稳态时无论 $C=0$ 还是 $C=1$，函数值 F 都为 1；但在 C 变化瞬间，C 和 $\overline{C}$ 都可能为 0，使 F 瞬时为 0，存在偏 1 型逻辑冒险。

因此代数法的判断方法如下：

① 在函数表达式中找出既以原变量又以反变量出现的变量。

② 通过使其余变量为 0 或 1（积项取 1，和项取 0），孤立出该变量，若表达式形式如下：

$F=A+\overline{A}$，则存在偏 1 型逻辑冒险；

$F=A\cdot\overline{A}$，则存在偏 0 型逻辑冒险。

对于积之和式（只对两级）的电路，只存在偏 1 型逻辑冒险。这是因为在与或式中，若某变量 x 变化前后函数值为 0，则各积项值必须都为 0。既然无论 x 取 0 或取 1，含有 x 变量和 $\overline{x}$ 变量的积项都为 0，这些积项中必须都存在另一个值为 0 的因子才行。因此在 x 变化时，这些积项都不会瞬时出现 1，故无偏 0 型冒险。

同理，对于或与式（只对两级）的电路，只存在偏 0 型逻辑冒险。

若判断电路存在逻辑冒险，为使电路可靠工作，必须消除。方法是在产生冒险的表达式上，加上冗余项，使之不出现 $A+\overline{A}$ 或 $A\cdot\overline{A}$ 的形式。需要注意：分析哪些变量可能造成冒险，针对它们加冗余项。

例如，上例加上冗余项变为 $F(A,B,C)=AC+B\overline{C}+AB$，此时令 $A=B=1$，得 $F=C+\overline{C}+1=1$，所以无冒险。这是因为在 $A=B=1$ 时，C 变化时，AB 值一直是 1，使 F 值总保持 1，不会有瞬时错误发生，故消除了冒险。

【例 3.4.1】 判断表达式 $F(A,B,C,D)=\overline{A}\,\overline{D}+\overline{A}\,\overline{B}\,\overline{C}+ABC+ACD$ 是否存在逻辑冒险？若存在，设法消除。

解：A、B、C、D 均有互补形式，需要考虑各种情况：

对于 A：令 $D=0$，$B=C=1$，$F=\overline{A}+A$，存在偏 1 型逻辑冒险，加冗余项 $BC\overline{D}$。

对于 B：不存在逻辑冒险。

对于 C：不存在逻辑冒险。

对于 D：不存在逻辑冒险。

所以存在偏 1 型逻辑冒险，加冗余项 $BC\overline{D}$。

(2) 卡诺图法

卡诺图法检查逻辑冒险的方法是：若在函数的卡诺图上存在相切的合并圈，则存在逻辑冒险。称两个合并圈之间存在不被同一合并圈包含的相邻最小项的关系为相切。

这是因为由合并圈相切的概念，根据最小项的相邻性，相切意味着有些变量会同时以原变量和反变量的形式存在，且不能消掉，就会以 $A+\overline{A}$ 或 $A\cdot\overline{A}$ 的形式出现在表达式。

若相切的合并圈圈的是 1，就是偏 1 型逻辑冒险；圈的是 0，就是偏 0 型逻辑冒险。

仍以图 3.4.2 电路为例，其相应的卡诺图示于图 3.4.4 中。由卡诺图可见，两个合并圈相切，其相邻最小项是 m_7 和 m_6（如箭头所示），说明在输入变量 ABC 从 111 变到 110 时，存在偏 1 型逻辑冒险，与代数法一致。

消除逻辑冒险的方法：加一个冗余圈（图 3.4.4 中虚线圈），将相切的合并圈所相邻的最小项圈起来。这样可使原来以原变量和反变量的形式存在的变量在该冗余圈内消掉，从而消除了冒险。

图 3.4.4 中加的冗余圈对应的积项是 AB，与代数法一致，其实冗余圈对应的积项就是冗余项。

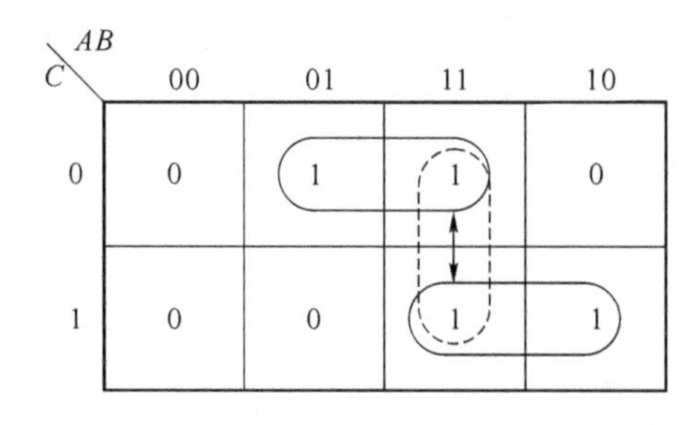

图 3.4.4 卡诺图法判断冒险与消除

【例 3.4.2】 用卡诺图法重做例 3.4.1。

解:函数 $F(A,B,C,D)=\overline{A}\,\overline{D}+\overline{A}\,\overline{B}\,\overline{C}+ABC+ACD$ 的卡诺图如图 3.4.5 所示(注意积项与合并圈对应),积项$\overline{A}\,\overline{D}$和 ABC 对应的合并圈相切,且当 $ABCD$ 由 0110 变为 1110 时(如箭头所示),存在偏 1 型逻辑冒险,所以加冗余圈 $BC\overline{D}$,如图 3.4.5 中虚线所示,与代数法一致。

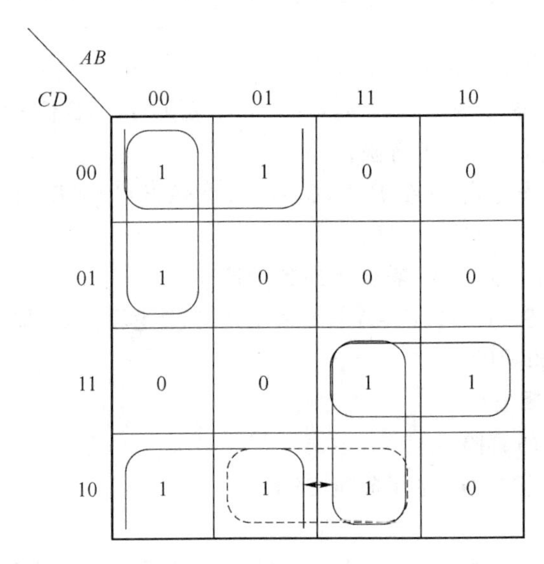

图 3.4.5 例 3.4.1 的卡诺图

【例 3.4.3】 将函数 $F(A,B,C,D)=A\overline{C}+\overline{A}\overline{B}D+\overline{A}C\,\overline{D}$设计为无逻辑冒险的组合电路。

解:作函数 F 的卡诺图,如图 3.4.6 (a)所示。由图可见,相切的合并圈有两处如箭头所示,故存在偏 1 型逻辑冒险。为了消除冒险需加两个冗余圈,如图中虚线所示。由图写出函数表达式为

$$F(A,B,C,D)=A\overline{C}+\overline{A}\,\overline{B}D+\overline{A}C\,\overline{D}+\overline{B}\,\overline{C}D+\overline{A}\,\overline{B}C$$

其相应的逻辑图如图 3.4.6 (b)所示。

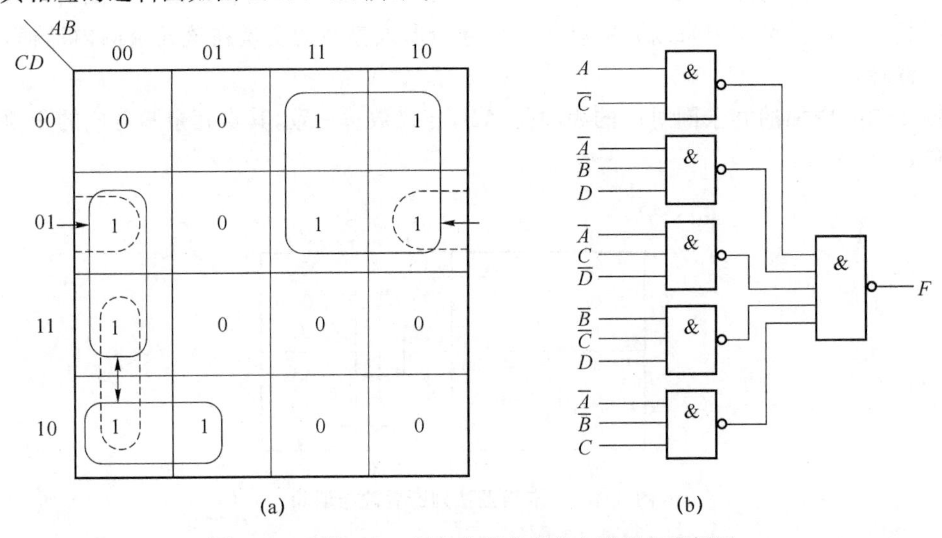

图 3.4.6 例 3.4.3 用与非门实现的卡诺图与逻辑图

如果该函数用或非门实现，其卡诺图如图 3.4.7(a)所示，用卡诺图法判别冒险的存在和消除冒险的方法与圈 1 的方法类似。由图可知相切的合并圈有两处，存在偏 0 型逻辑冒险。需加两个冗余圈，如图中虚线所示。则得表达式为

$$F(A,B,C,D)=(\overline{A}+\overline{C})(A+C+D)(A+\overline{B}+\overline{D})(A+\overline{B}+C)(\overline{B}+\overline{C}+\overline{D})$$

其逻辑图如图 3.4.7(b)所示。

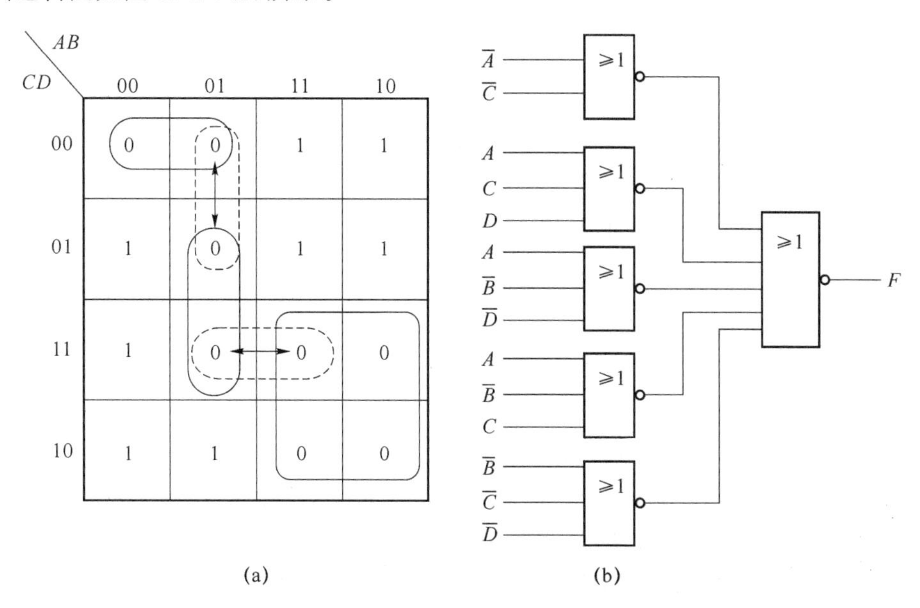

图 3.4.7　例 3.4.3 用或非门实现的卡诺图与逻辑图

(3) 代数法和卡诺图法的比较

代数法较繁，但适用范围广，对两级以上的电路均适用。注意函数表达式不能化简，否则对应的逻辑电路改变，由电路延迟造成的冒险随之改变。

卡诺图法检查和消除逻辑冒险都很直观、方便，但只能用于两级电路。函数表达式的积项或和项必须与合并圈一一对应。

代数法的冗余项与卡诺图法的冗余圈是对应的。由此可知函数的最简，不一定最佳，必要的冗余，反而可使电路工作增加可靠性。

【例 3.4.4】　判断 $F(A,B,C,D)=(B+C)(\overline{B}D+A)+A\,\overline{B}C$ 是否存在冒险？

解：由于是多级形式，而不是两级电路，只能用代数法，不能用卡诺图法，且不能化简。

对于 B：令 $C=0,A=0,D=1$，则 $F(A,B,C,D)=B\cdot\overline{B}$，所以存在偏 0 型逻辑冒险。

3.4.2　功能冒险与消除方法

1. 功能冒险

在组合电路中，当有两个或两个以上输入变量同时发生变化，变化前后电路的输出相同，而在输入变量发生变化时可能出现瞬时错误输出，这种现象称为静态功能冒险。

产生功能冒险的原因：两个或两个以上输入变量实际上是不可能同时发生变化的，它们的变化总是有先有后。例如在如图 3.4.8 所示的卡诺图中，当输入变量 $ABCD$ 从 0111 变到 1101 时，A、C 两个变量要同时发生变化，且变化前、后函数值相同，都为 1。如 C 先于 A

变化，则输入变量将由 0111→0101→1101，如实线箭头所示，所经路径函数值相同，不会发生错误。如果 A 先于 C 变化，输入将由 0111→1111→1101，如虚线箭头所示，所经路径函数值不相同，输出就会发生瞬间错误。由于变量变化的先后顺序是随机的，因而可能产生功能冒险。

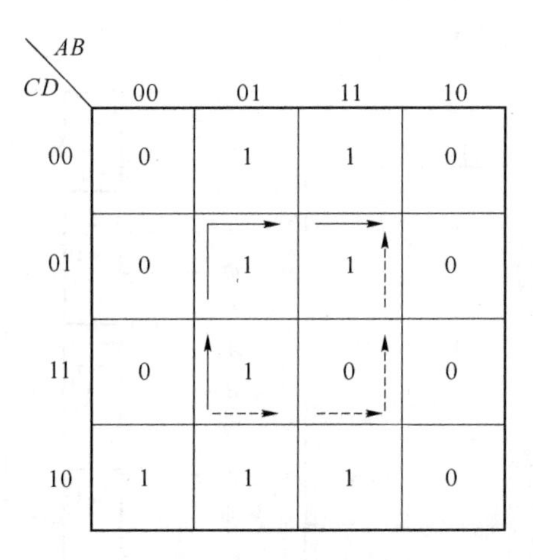

图 3.4.8　产生功能冒险的函数

如果输入变量 $ABCD$ 从 0101 变到 1100，A、D 两个变量同时发生变化，因为 4 格、13 格的函数值都是 1，所以无论 A 先变，还是 D 先变都不会产生错误输出，没有冒险。

从以上分析可知，产生静态功能冒险必须具备以下 3 个条件：

(1) 必须有 P 个变量($P \geqslant 2$)同时发生变化；

(2) 输入变量变化前后函数值相同；

(3) 由变化的 P 个变量组合所构成的 2^P 个格，既有 1 又有 0。

【例 3.4.5】 判断卡诺图 3.4.9 中所示逻辑函数，当输入 $ABCD$ 从 0110→0111，0111→1011，0010→0101，0011→0110 变化时，是否存在功能冒险。

CD \ AB	00	01	11	10
00	0	0	1	0
01	0	1	1	1
11	1	1	0	0
10	1	1	1	1

图 3.4.9　例 3.4.5 的卡诺图

解：① 当输入变量 $ABCD$ 从 0110→0111 时，只有 D 一个变量变化，不存在功能冒险。

② 当输入变量 $ABCD$ 从 0111→1011 时，AB 两个变量同时变化，但变化前后的函数值不同即 $F(7) \neq F(11)$，不存在功能冒险。

③ 输入 $ABCD$ 从 0010→0101，BCD3 个变量同时发生变化，变化前后的函数值相同即 $F(2)=F(5)=1$，不变量 $A=0$，其相应积项包含的 8 个格既有 1 又有 0，故存在功能冒险。

④ 输入 $ABCD$ 从 0011→0110，BD 两个变量同时发生变化，变化前后的函数值相同 $F(3)=F(6)=1$，对应于变量 AC 为 01 的积项圈所包含的 4 个格全为 1，不存在功能冒险。

2. 功能冒险的消除

功能冒险是函数的逻辑功能决定的，如图 3.4.8 所示函数，只要输入进入 15 格，输出就出 0，这是该函数所具有的功能，因此不能在设计中消除，需外加选通脉冲。

由于冒险仅发生在输入信号变化的瞬间，只要使选通脉冲出现的时间与输入信号变化的时间错开，即可消除任何形式的冒险，此时输出不再是电位信号，而是脉冲信号，如图 3.4.10所示。需要指出，必须对选通脉冲的宽度及产生的时间有严格的要求。

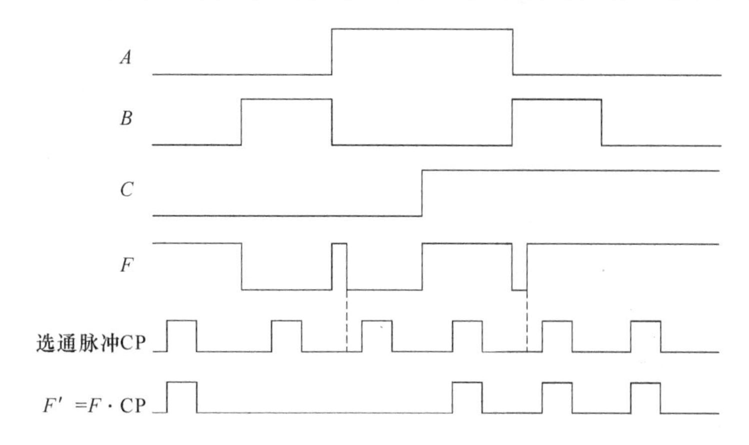

图 3.4.10 选通脉冲消除冒险

选通脉冲的加法：(位置与极性)

因为 $$F'=F\cdot \mathrm{CP}$$

所以：

① 若用与非门实现函数 $F(A,B,C,D)=AB+CD$，则：

$$F'(A,B,C,D)=F\cdot \mathrm{CP}=AB\cdot \mathrm{CP}+CD\cdot \mathrm{CP}=\overline{\overline{AB\cdot \mathrm{CP}}\cdot\overline{CD\cdot \mathrm{CP}}}$$

如图 3.4.11(a)所示，正极性选通脉冲加在第Ⅱ级。

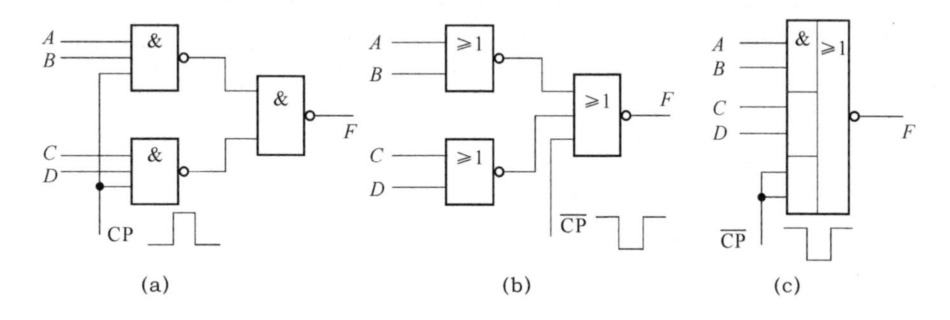

图 3.4.11 几种加选通脉冲电路

② 若用或非门实现函数 $F(A,B,C,D)=(A+B)(C+D)$，则：

$$F'(A,B,C,D)=F\cdot \mathrm{CP}=(A+B)(C+D)\ \cdot \mathrm{CP}$$
$$=\overline{\overline{A+B}+\overline{C+D}+\overline{\mathrm{CP}}}$$

如图 3.4.11(b)所示，负极性选通脉冲加在第Ⅰ级。

③ 若用与或非门实现函数 $F(A,B,C,D)=\overline{AB+CD}$，则：

$$F'(A,B,C,D)=F\cdot \mathrm{CP}=\overline{AB+CD}\cdot \mathrm{CP}$$
$$=\overline{AB+CD+\overline{\mathrm{CP}}}$$

如图 3.4.11(c)所示，负极性选通脉冲加在一个与门上。

在对输出波形边沿要求不高时，还可在输出端接一个几十到几百皮法的滤波电容 C_L 消除冒险，如图 3.4.12 所示。但输出波形的边沿变坏，只适用于低速电路。

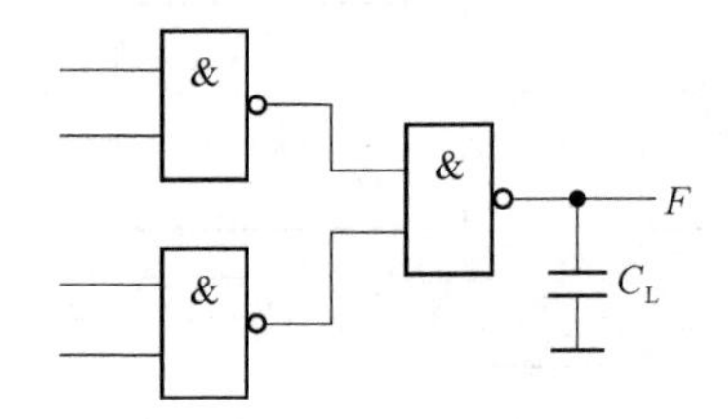

图 3.4.12　用电容滤波器消除冒险

3.4.3　冒险消除方法的比较

综上所述，消除冒险共有 3 种方法：增加冗余项或冗余圈只能消除逻辑冒险，而不能消除功能冒险；加滤波电容简单易行，但使输出波形变坏；加选通脉冲则是行之有效的方法，对逻辑冒险和功能冒险都有效。目前大多数中规模集成电路都设有使能端，其作用之一即是作为选通脉冲输入端，待电路稳定后，才使输出有效。

3.4.4　动态冒险

上面两种冒险都是静态冒险，其特点是输入信号变化前、后函数值相同。

实际还有另一种冒险：在输入变化前、后函数值不同，而在输入信号变化瞬间，输出不是变化一次而是变化三次或更高的奇数次，如图 3.4.13 所示，这种瞬时错误称为动态冒险。但由于逻辑门的延迟惯性，动态冒险很少发生；而且显然存在动态冒险的电路也存在静态冒险，消除了静态冒险，动态冒险也自然消除。故对动态冒险不再讨论。

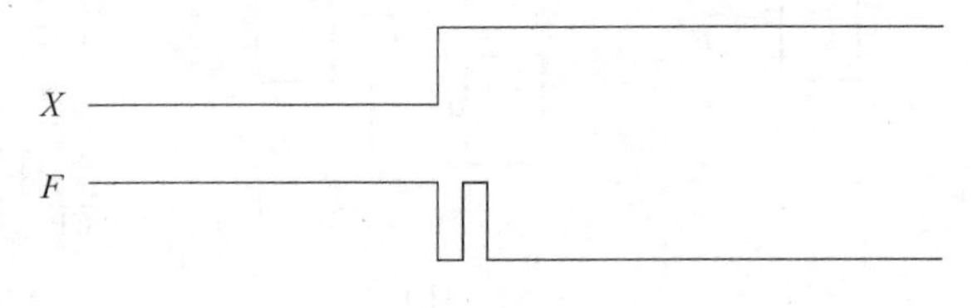

图 3.4.13　动态冒险现象

3.5 常用的中规模组合逻辑电路与应用

随着集成电路的不断发展，在单个芯片上集成的电子元件数目越来越多，形成了中、大规模（LSI）和超大规模集成电路（VLSI）。

SSI：10 门以下。器件集成：如逻辑门或触发器。

MSI：100 门以下。逻辑器件集成：如比较器、编码器、译码器、数据选择器、数据分配器等

LSI：1 000 门以下。数字系统的集成：如存储器、单片机、微处理器等。

VLSI：1 000 门以上。

MSI、LSI 的特点：

(1) 通用性、兼容性及扩展功能较强，其名称仅代表主要用途，不是全部用途。

(2) 外接元件少。可靠性高、体积小、功耗低、使用方便。

(3) MSI、LSI 封装在一个标准化的外壳内，对内部电路的了解是次要的，关心的是外部功能，通过查器件手册中的引脚图、逻辑符号、功能表，了解其逻辑功能。

(4) 用 MSI、LSI 进行设计时，和选用的器件有关。

有时选用不同的器件都可实现电路功能，就需比较，以芯片数最少、最经济为目标。

因此要求：①熟悉芯片的功能和使用方法；②会灵活使用。

下面介绍几种常用的中大规模集成电路及其应用。

3.5.1 集成数码比较器

在计算机和许多数字系统中，经常需要对两个数进行比较，能对两组同样位数的二进制数进行数值比较且判断其大小的逻辑电路称为数码比较器。

1. 基本功能

TTL 中规模集成 4 位数码比较器 74LS85 的内部电路如图 3.5.1(a)所示，图 3.5.1(b)为其逻辑符号。其中 a_3、a_2、a_1、a_0 和 b_3、b_2、b_1、b_0 分别代表被比较的两个 4 位二进制数，输出端有 3 个，分别为 $A<B$、$A=B$、$A>B$，另有 3 个级联输入端 $a<b$、$a=b$、$a>b$，作用是扩展功能，下面分别用 S'、E'、G'表示。

由电路图 3.5.1 (a)可推出表达式为

$$A>B=\overline{\overline{a_3}b_3+\overline{a_2}b_2D_3+\overline{a_1}b_1D_3D_2+\overline{a_0}b_0D_3D_2D_1+S'D_3D_2D_1D_0+E'D_3D_2D_1D_0}$$

$$=\overline{(A<B)+A=B}$$

$$A<B=\overline{a_3\overline{b_3}+a_2\overline{b_2}D_3+a_1\overline{b_1}D_3D_2+a_0\overline{b_0}D_3D_2D_1+G'D_3D_2D_1D_0+E'D_3D_2D_1D_0}$$

$$=\overline{(A>B)+A=B}$$

$$A=B=D_3D_2D_1D_0E'$$

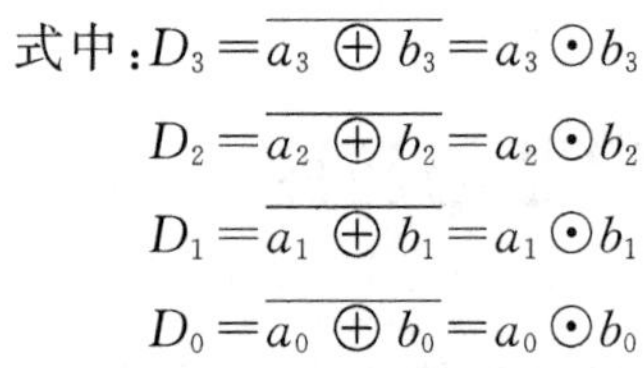

式中：$D_3=\overline{a_3 \oplus b_3}=a_3 \odot b_3$

$D_2=\overline{a_2 \oplus b_2}=a_2 \odot b_2$

$D_1=\overline{a_1 \oplus b_1}=a_1 \odot b_1$

$D_0=\overline{a_0 \oplus b_0}=a_0 \odot b_0$

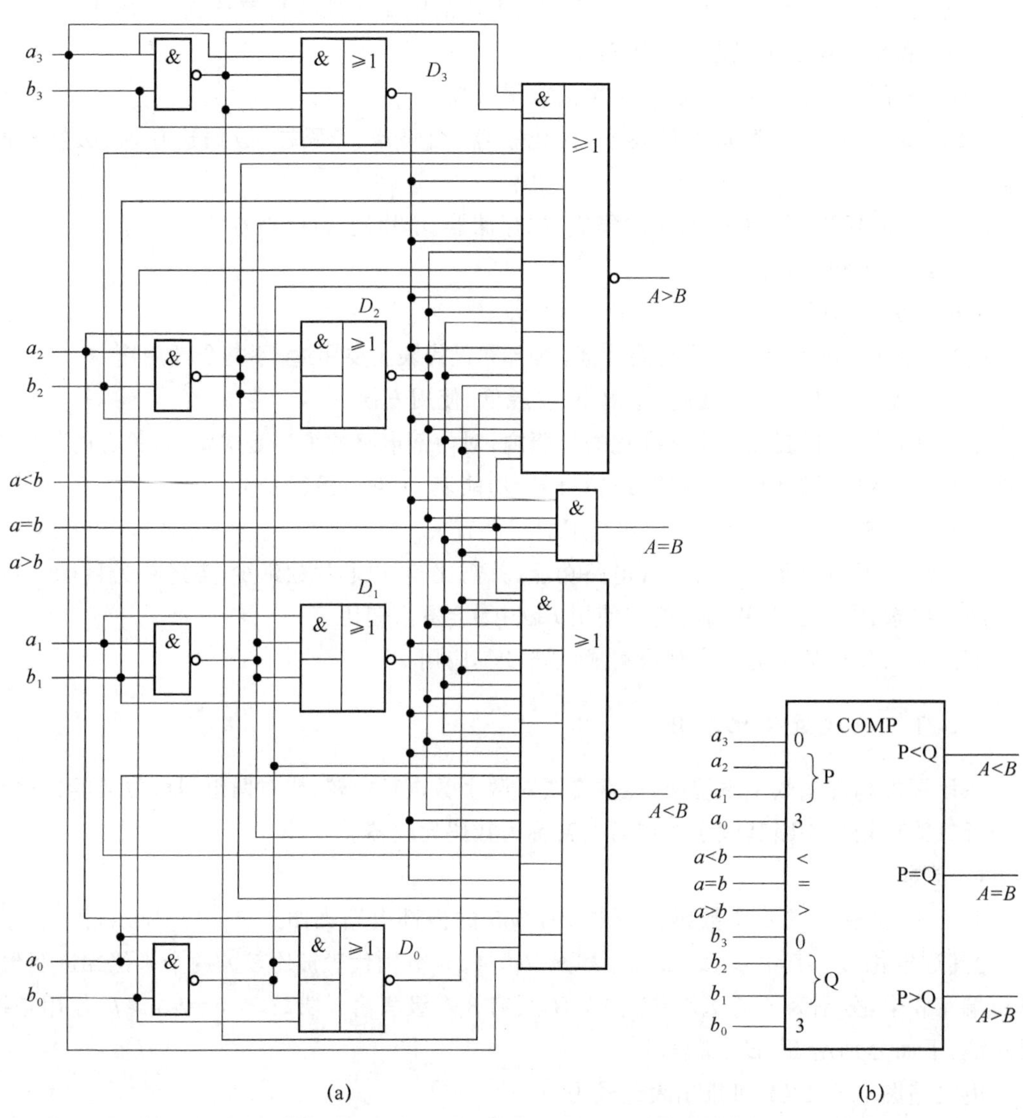

图 3.5.1　集成 4 位比较器的逻辑图与其符号

其功能表如表 3.5.1 所示，分析可知：①从高位开始比较，高位相同时，才比较低位；②比较结果和级联输入有关，当 4 位均相等时，看 S'、E'、G' 的级联输入；③只有当 $A=B$，且$G'=S'=0$，$E'=1$ 时，相等输出才为 1。所以只比较 4 位数时，G'、S' 均接地，E' 接高电平。

表 3.5.1　比较器功能表

比较输入				级联输入	输　出
$a_3\ b_3$	$a_2\ b_2$	$a_1\ b_1$	$a_0\ b_0$	$G'\ \ S'\ \ E'$	$A>B\ \ A<B\ \ A=B$
$a_3>b_3$	×	×	×	× × ×	1　0　0
$a_3<b_3$	×	×	×	× × ×	0　1　0
$a_3=b_3$	$a_2>b_2$	×	×	× × ×	1　0　0
$a_3=b_3$	$a_2<b_2$	×	×	× × ×	0　1　0
$a_3=b_3$	$a_2=b_2$	$a_1>b_1$	×	× × ×	1　0　0
$a_3=b_3$	$a_2=b_2$	$a_1<b_1$	×	× × ×	0　1　0
$a_3=b_3$	$a_2=b_2$	$a_1=b_1$	$a_0>b_0$	× × ×	1　0　0
$a_3=b_3$	$a_2=b_2$	$a_1=b_1$	$a_0<b_0$	× × ×	0　1　0
$a_3=b_3$	$a_2=b_2$	$a_1=b_1$	$a_0=b_0$	1　0　0	1　0　0
$a_3=b_3$	$a_2=b_2$	$a_1=b_1$	$a_0=b_0$	0　1　0	0　1　0
$a_3=b_3$	$a_2=b_2$	$a_1=b_1$	$a_0=b_0$	0　0　1	0　0　1

2. 功能扩展

(1) 单片扩展(自扩展)

利用级联输入端可将一片 4 位比较器 74LS85 扩展成 5 位比较器，将 G'、S' 作为最低位比较输入端，即 a_0 接 G'，b_0 接 S'，E' 不用，必须接地，这时只能对 5 位二进制数进行大小的比较，比较相等的输出端不用。

其实当 5 位数相等时，因为 $A>B=\overline{S'}$，$A<B=\overline{G'}$，所以两个输出 $A>B$、$A<B$ 同时为 0 或 1。

(2) 多片扩展

当比较的位数超过五位时，须将多片 74LS85 进行级联，有串行级联和并行级联两种方式。

① 串行级联

图 3.5.2 所示的是由两片 4 位比较器组成 8 位数码比较器的串行级联图。输入信号同时加到两个比较器的比较输入端，低位片Ⅱ的输出接到高位片Ⅰ的级联输入端，比较结果由高位片Ⅰ的输出端输出。需要注意低位片Ⅱ的级联输入端必须 $G'=S'=0$，$E'=1$，否则当两数相等时输出端“$A=B$”$\neq 1$。由此得出结论：在一个比较电路中，接最低位的比较器片子必须接成 4 位比较器，以保证相等的结果能正确输出。

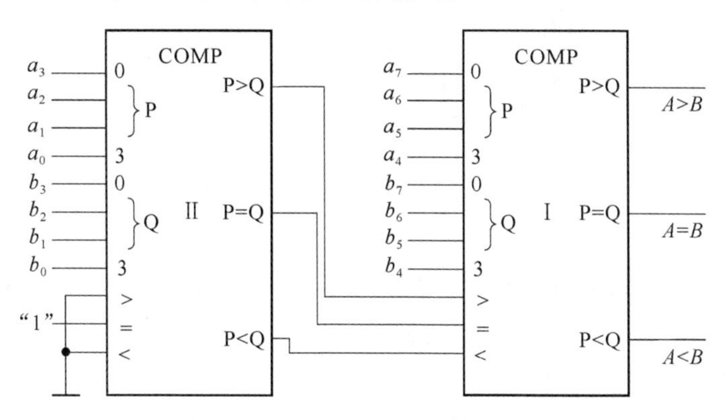

图 3.5.2　串行级联构成的 8 位比较器

同理可将 3 片或多片 4 位比较器串行级联，来比较更多位的二进制数。串行级联电路简单，但显然级数越多，速度越慢。

② 并行级联

即树形结构，图 3.5.3 是两个 24 位二进制数进行比较的并行级联图。共用了 6 片 4 位比较器，片 2 至片 5 接成 5 位比较器，片 1 接成 4 位比较器。片 2～5 的输出端"$A>B$"和"$A<B$"分别接至片 6 的比较输入端，注意高位出接高位入，低位出接低位入。片 1 的 3 个输出端接片 6 的级联输入端，比较结果由片 6 的输出端输出。显然输出结果仍决定于最高位。例如，$a_{23}>b_{23}$，片 5 的输出"$A>B$"=1，"$A<B$"=0，即片 6 的 $a_3>b_3$，因此输出"$A>B$"=1，输出"$A<B$"和"$A=B$"都为 0。

并行级联的特点是速度快，只需经两级芯片的延迟就可得到输出。此例也可 6 片串行级联，但速度慢。因此在组成多位比较器时，常采用并行级联。

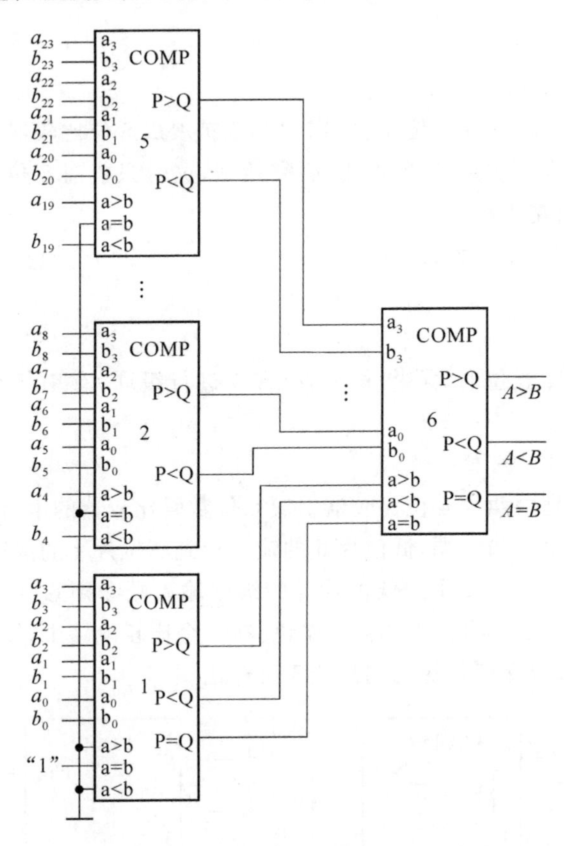

图 3.5.3 并行级联构成的 24 位比较器

3. 应用

【例 3.5.1】 用数码比较器构成用 8421BCD 码表示的 1 位十进制数的四舍五入电路。

解：用 1 片 4 位比较器即能实现上述功能。

设 8421BCD 码为 $A_3A_2A_1A_0$，当其小于或等于 4(即 0100)时电路输出 F 为 0，否则输出 F 为 1。将 4 位 BCD 码接于比较器的 $a_3 \sim a_0$ 端，而将 0100 接于 $b_3 \sim b_0$ 端，输出"$A>B$"端作为判别输出端 F，如图 3.5.4 所示。

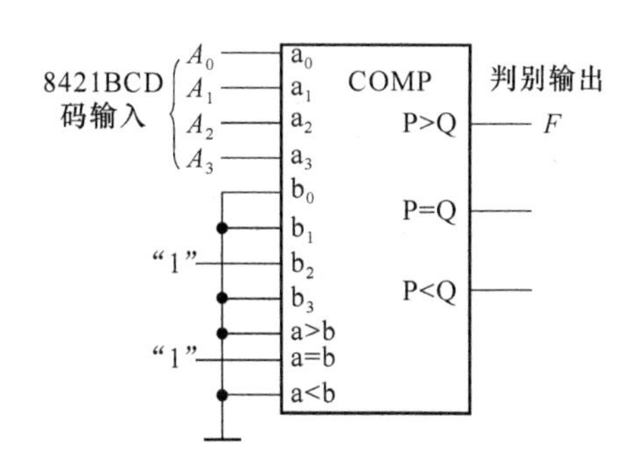

图 3.5.4 例 3.5.1 四舍五入电路

3.5.2 编码器与优先编码器

将所要处理的信息或数据赋予二进制代码的过程称为编码，实现编码功能的电路称为编码器(Encoder)，如图 3.5.5 所示。由于 n 位二进制代码有 2^n 个取值组合，可以表示 2^n 种信息，所以输出 n 位代码的编码器可有 $m \leqslant 2^n$ 个输入信号端，故编码器输入端比输出端多。

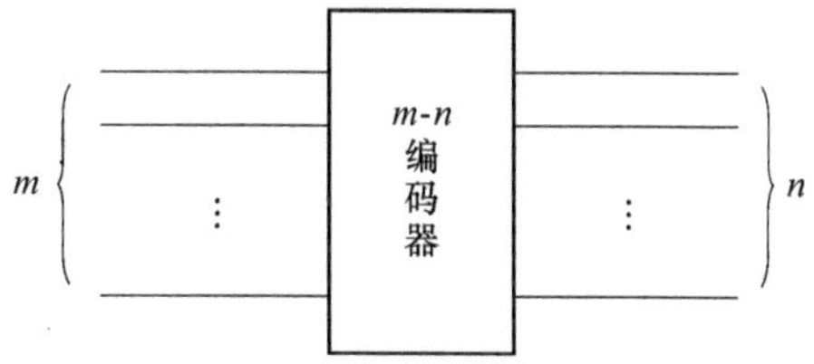

图 3.5.5 编码器框图

按照输出的代码种类不同，可分为二进制编码器($m=2^n$)和二-十进制编码器($m<2^n$)；按是否有优先权编码，可分为普通编码器和优先编码器(Priority Encoder)。

1. 普通二-十进制编码器

C304 是一个 8421BCD 码的编码器，其逻辑电路如图 3.5.6 所示。写出其输出函数 D、B、C、A 的表达式为

$D=8+9$

$C=4+5+6+7$

$B=2+3+6+7$

$A=1+3+5+7+9$

作出这 4 个函数的真值表，如表 3.5.2 所示。

表 3.5.2 编码器真值表

9	8	7	6	5	4	3	2	1	D	C	B	A
0	0	0	0	0	0	0	0	0	0	0	0	0
0	0	0	0	0	0	0	0	1	0	0	0	1
0	0	0	0	0	0	0	1	0	0	0	1	0
0	0	0	0	0	0	1	0	0	0	0	1	1
0	0	0	0	0	1	0	0	0	0	1	0	0
0	0	0	0	1	0	0	0	0	0	1	0	1
0	0	0	1	0	0	0	0	0	0	1	1	0
0	0	1	0	0	0	0	0	0	0	1	1	1
0	1	0	0	0	0	0	0	0	1	0	0	0
1	0	0	0	0	0	0	0	0	1	0	0	1

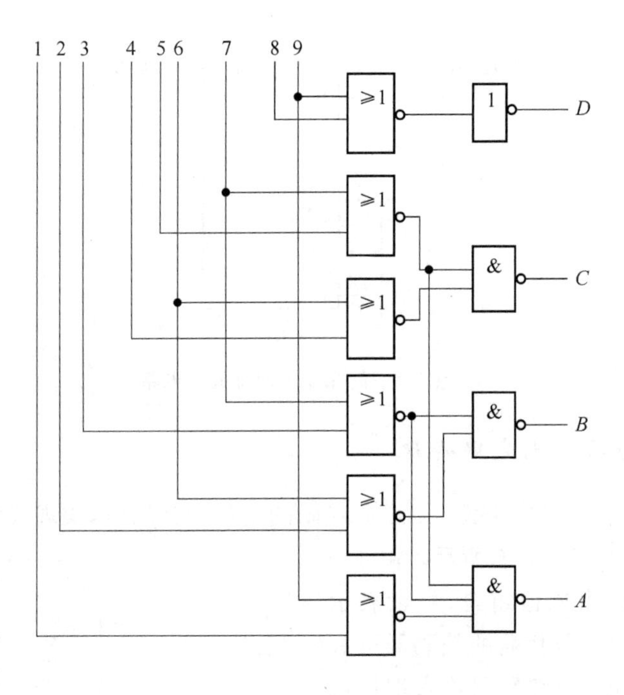

图 3.5.6　普通 8421BCD 码编码器

电路有 9 条输入线，每条输入线可以接收一个代表十进制符号的信号；有 4 条输出线，组成二进制码。由真值表可知，某条输入线上有信号 1，电路就输出与该十进制数相应的二进制码。例如，第三线上有信号 1，*DCBA* 输出编码 0011；而当 1～9 线都没有信号时，即是 0，*DCBA* 输出 0000。因此该电路是 8421BCD 码编码器。

该编码器对输入线是有限制的，在任何时刻只允许有一条输入线上有信号，否则编码器输出发生混乱。

2. 优先编码器

优先编码器各个输入端的优先权是不同的，若几个输入同时有信号到来，输出端给出优先权较高的那个输入信号所对应的代码。

(1) 基本功能

74148 是 8 线-3 线优先编码器，图 3.5.7 是其逻辑电路及引脚图。图中$\overline{I_0}$～$\overline{I_7}$分别代表十进制数 0～7，角标越大，优先权越高，$\overline{ST}$是使能输入端；$\overline{Y_2}$～$\overline{Y_0}$为编码输出端，Y_S 是使能输出端，$\overline{Y}_{EX}$是扩展输出端，此两端都用于扩展编码器功能。输入信号是低电平有效，输出为 3 位二进制反码，表 3.5.3 为其功能表。

由功能表可见，当$\overline{I_7}=0$ 时，不管其他端有无信号，输出只对$\overline{I_7}$编码，即$\overline{Y_2}\ \overline{Y_1}\ \overline{Y_0}=000$；当$\overline{I_7}=1$，$\overline{I_6}=0$，其他端任意，输出按$\overline{I_6}$编码得$\overline{Y_2}\ \overline{Y_1}\ \overline{Y_0}=001$，其余类推。

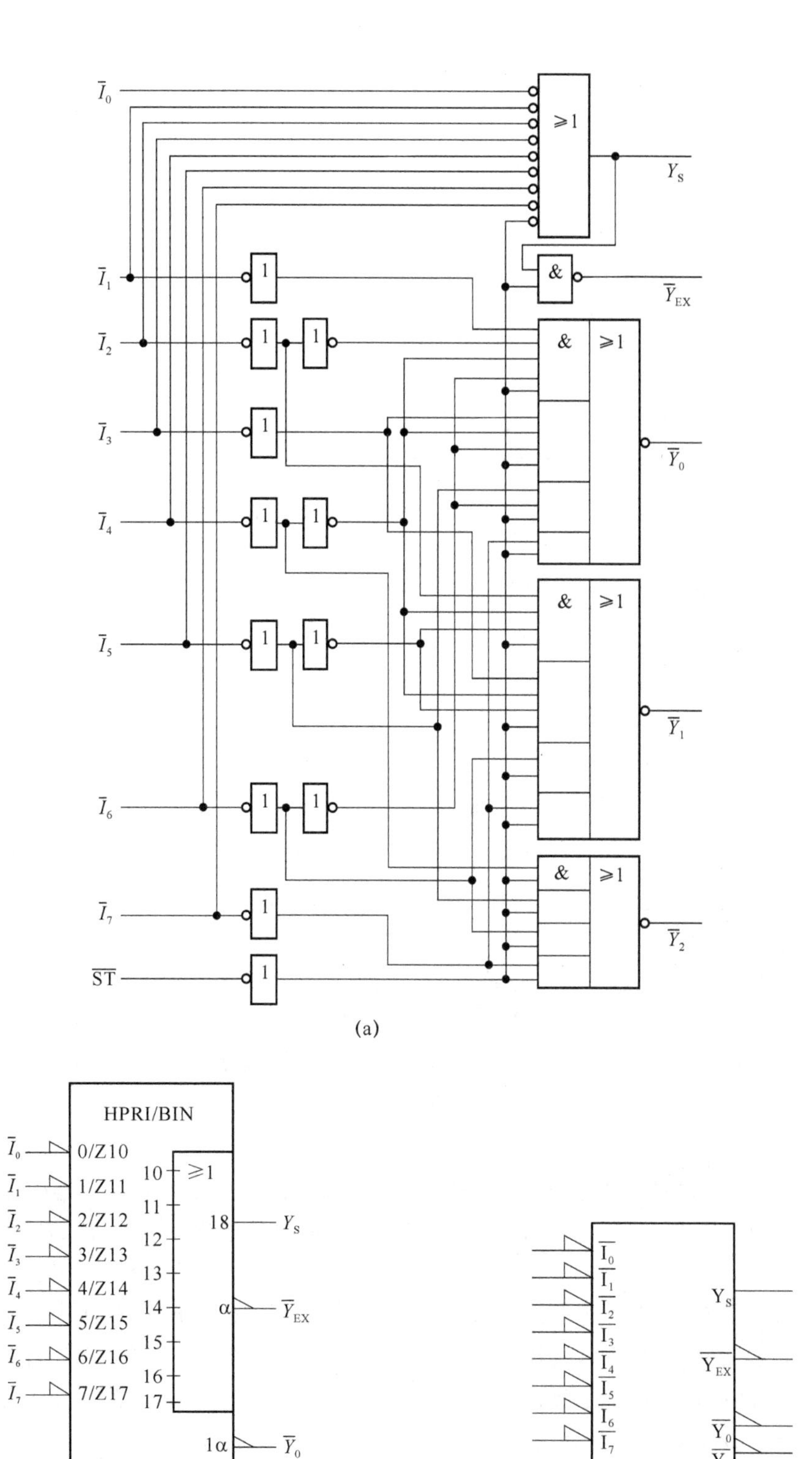

图 3.5.7　优先编码器 74148 原理图、国标符号和简化符号

表 3.5.3 优先编码器 74148 功能表

$\overline{ST}$	$\overline{I_0}$	$\overline{I_1}$	$\overline{I_2}$	$\overline{I_3}$	$\overline{I_4}$	$\overline{I_5}$	$\overline{I_6}$	$\overline{I_7}$	$\overline{Y_2}$	$\overline{Y_1}$	$\overline{Y_0}$	$\overline{Y_{EX}}$	Y_S
1	×	×	×	×	×	×	×	×	1	1	1	1	1
0	1	1	1	1	1	1	1	1	1	1	1	1	0
0	×	×	×	×	×	×	×	0	0	0	0	0	1
0	×	×	×	×	×	×	0	1	0	0	1	0	1
0	×	×	×	×	×	0	1	1	0	1	0	0	1
0	×	×	×	×	0	1	1	1	0	1	1	0	1
0	×	×	×	0	1	1	1	1	1	0	0	0	1
0	×	×	0	1	1	1	1	1	1	0	1	0	1
0	×	0	1	1	1	1	1	1	1	1	0	0	1
0	0	1	1	1	1	1	1	1	1	1	1	0	1

进一步分析，当使能输入端$\overline{ST}=0$时，编码器正常工作；$\overline{ST}=1$时，输出均为1，编码器不工作。

Y_S为使能输出端，由电路图可知：

$$Y_S=\overline{\overline{ST}\cdot\overline{I_0}\cdot\overline{I_1}\cdot\overline{I_2}\cdot\overline{I_3}\cdot\overline{I_4}\cdot\overline{I_5}\cdot\overline{I_6}\cdot\overline{I_7}}$$

可见，当$\overline{ST}=0$时，只有$\overline{I_0}\sim\overline{I_7}$均为1（无信号输入）情况下，才使$Y_S=0$。所以若两片串接应用时，应将高位片的$Y_S$和低位片的$\overline{ST}$相连，在高位片无信号输入时，启动低位片正常工作。

扩展输出端$\overline{Y}_{EX}$的表达式为

$$\overline{Y_{EX}}=\overline{\overline{ST}(I_0+I_1+I_2+I_3+I_4+I_5+I_6+I_7)}$$

当$\overline{ST}=0$时，只要输入端有信号存在，则$\overline{Y}_{EX}=0$。因此，$\overline{Y}_{EX}$的低电平表示该片编码器有输入信号；相反，$\overline{Y}_{EX}=1$表示无输入信号。利用这一标志，在多片编码器串接应用中可作输出位的扩展端。

根据逻辑图和功能表，写出3位编码输出表达式：

$$\overline{Y}_0=\overline{\overline{ST}(I_1\overline{I_2}\ \overline{I_4}\ \overline{I_6}+I_3\overline{I_4}\ \overline{I_6}+I_5\overline{I_6}\ I_7)}$$

$$\overline{Y}_1=\overline{\overline{ST}(I_2\overline{I_4}\ \overline{I_5}+I_3\overline{I_4}\ \overline{I_5}+I_6+I_7)}$$

$$\overline{Y}_2=\overline{\overline{ST}(I_4+I_5+I_6+I_7)}$$

(2) 功能扩展

用两片74148可扩展成16线-4线的优先编码器，如图3.5.8所示。编码器输入信号为$\overline{I_0}\sim\overline{I_{15}}$，低电平有效，而且$\overline{I_{15}}$优先权最高，$\overline{I_0}$最低；编码器输出$F_3$、$F_2$、$F_1$、$F_0$为4位二进制反码。

接法：①Ⅰ片的$\overline{ST}$作为这个扩展的16线-4线编码器的使能输入端，Ⅱ片的Y_S作为16线-4线编码器的使能输出端，两片的$\overline{Y_{EX}}$相与作为16线-4线的扩展输出端F_{EX}；②Ⅰ片的使能输出Y_S接至Ⅱ片$\overline{ST}$端；③Ⅰ片扩展输出$\overline{Y_{EX}}$作为4位码最高位F_3输出，两片对应位$\overline{Y_2}\sim\overline{Y_0}$相与作为低3位$F_2\sim F_0$输出。

工作过程：①Ⅰ片$\overline{ST}=0$，允许编码。当$\overline{I_{15}}\sim\overline{I_8}$中有信号时，Ⅰ片正常编码，由于Ⅰ片$Y_S=1$，则Ⅱ片$\overline{ST}=1$禁止编码，Ⅱ片输出全为1，不影响Ⅰ片的编码，且Ⅰ片$\overline{Y_{EX}}=0$（即最高位），此时输出$F_3\sim F_0$就是Ⅰ片有效输入的优先编码。②Ⅰ片$\overline{I_{15}}\sim\overline{I_8}$均无信号输入时，$Y_S=0$，Ⅱ片允许编码，当$\overline{I_7}\sim\overline{I_0}$中有信号时，Ⅱ片正常编码，Ⅰ片除了$\overline{Y_{EX}}=1$（即最高位），其

余输出为 1，不影响Ⅱ片的编码，此时输出 $F_3 \sim F_0$ 就是Ⅱ片有效输入的优先编码。例如，$\overline{I_{15}}=\overline{I_{14}}=1$，$\overline{I_{13}}=0$，其余输入任意，Ⅰ片编码输出$\overline{Y_2}\sim\overline{Y_0}=010$，且Ⅰ片的$\overline{Y_{EX}}=0$，同时由于片Ⅰ的 $Y_S=1$，则Ⅱ片不工作，输出 $F_3F_2F_1F_0=0010$ 是$\overline{I_{13}}$的编码。故完成了 16 线-4 线优先编码器的功能。

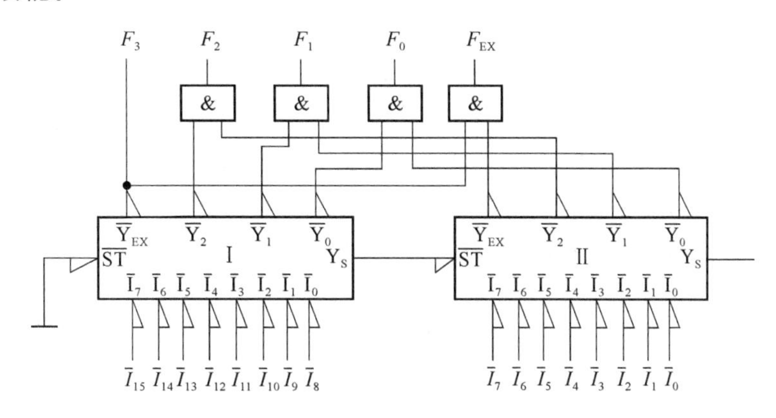

图 3.5.8　编码器扩展连接图

（3）应用

【例 3.5.2】 用一片 74148 和外加门构成 8421BCD 码编码器。

解：8421BCD 码编码器需要 10 个输入和 4 个输出，而 74148 只有 8 个输入和 3 个输出，利用使能输入端$\overline{ST}$扩展输入端，如图 3.5.9 所示。

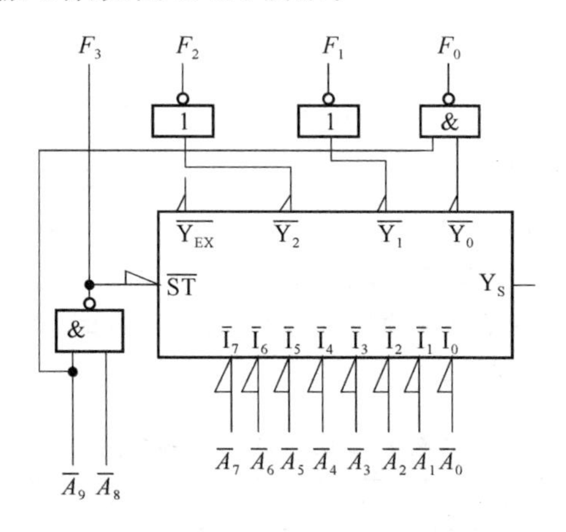

图 3.5.9　74148 构成 BCD 码编码器

当输入$\overline{A_8}$或$\overline{A_9}$为低电平时（即有 8 或 9 十进制数输入），两输入端与非门出 1 使 74148 编码器禁止编码，对$\overline{A_8}$或$\overline{A_9}$进行编码；当输入$\overline{A_8}$和$\overline{A_9}$均为高电平时，74148 编码器正常工作，对$\overline{A_0}\sim\overline{A_7}$进行编码。

3.5.3　译码器

译码是编码的逆操作，是将每个代码所代表的信息翻译过来，还原成相应的输出信息。实现译码功能的逻辑电路称为译码器（Decoder），图 3.5.10 为其框图，满足关系式：$m \leqslant 2^n$。常用的译码器有二进制译码器（$m=2^n$）、二-十进制译码器（$m<2^n$）和数字显示译码器 3 种。

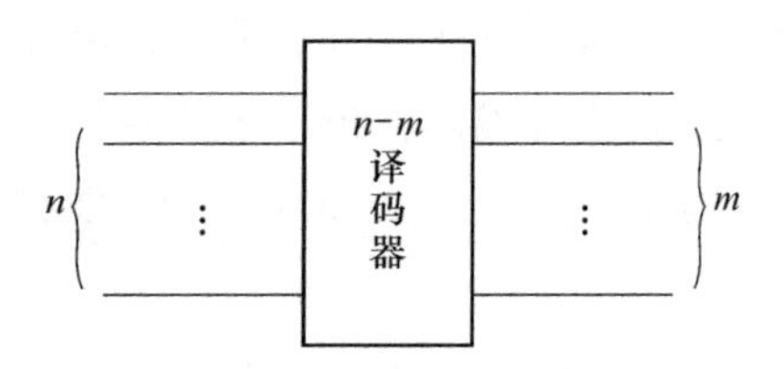

图 3.5.10 译码器框图

1. 二进制译码器

二进制译码器满足关系式：$m=2^n$，即完全译码，输出是输入变量的各种组合，因此一个输出对应一个最小项，又称为最小项译码器。若输出是 1 有效，称为高电平译码，一个输出就是一个最小项；若输出是 0 有效，称为低电平译码，一个输出对应一个最小项的非。

(1) 基本功能

图 3.5.11 是一个 2 线-4 线的译码器电路，输入是两位二进制码，有 4 条输出线。

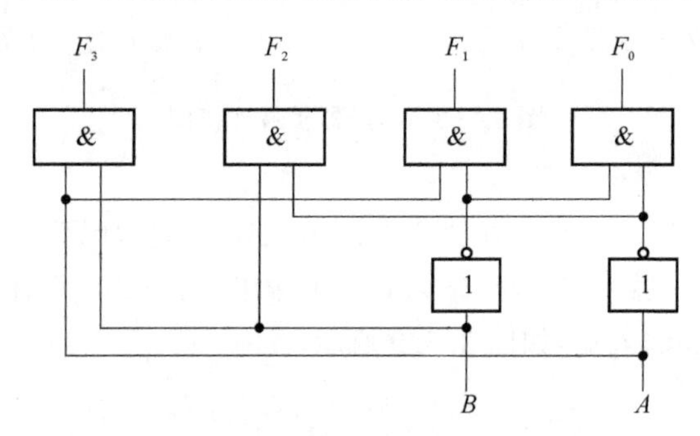

图 3.5.11 2 线-4 线译码器

由逻辑图写出输出表达式：

$$F_0(B,A)=\overline{B}\,\overline{A},F_1(B,A)=\overline{B}A,F_2(B,A)=B\overline{A},F(B,A)_3=BA$$

可见输出就是 4 个最小项，其真值表如表 3.5.4 所示。对应每个输入状态，仅有一个输出为 1，其余皆为 0，是高电平译码。例如，当输入 $BA=00$ 时，仅 $F_0=1$，即 F_0 是输入代码 00 的译码输出，因而实现了译码器功能。

表 3.5.4 2 线-4 线译码器功能表

B	A	F_0	F_1	F_2	F_3
0	0	1	0	0	0
0	1	0	1	0	0
1	0	0	0	1	0
1	1	0	0	0	1

图 3.5.12 所示为一种 TTL74LS138 3 线-8 线译码器，输入为 3 位二进制数 A_2、A_1、A_0，输出有 8 个，由图 3.5.12(a)写出输出表达式：

$$\overline{Y_i}=\overline{S_A S_B S_C m_i}=\overline{S_A\,\overline{\overline{S_B}+\overline{S_C}}m_i}\quad(i=0\sim7)$$

当 $S_A=1,\overline{S_B}=\overline{S_C}=0$ 时，$\overline{Y_i}=\overline{m_i}$，$i=0\sim7$，即每个输出是输入变量所对应的最小项的非，是低电平译码。为了功能扩展，还设有使能输入端 S_A、$\overline{S_B}$、$\overline{S_C}$，只有当 $S_A=1,\overline{S_B}=\overline{S_C}=0$

时，译码器工作，否则译码器不实现译码，输出全为 1。表 3.5.5 是其功能表。

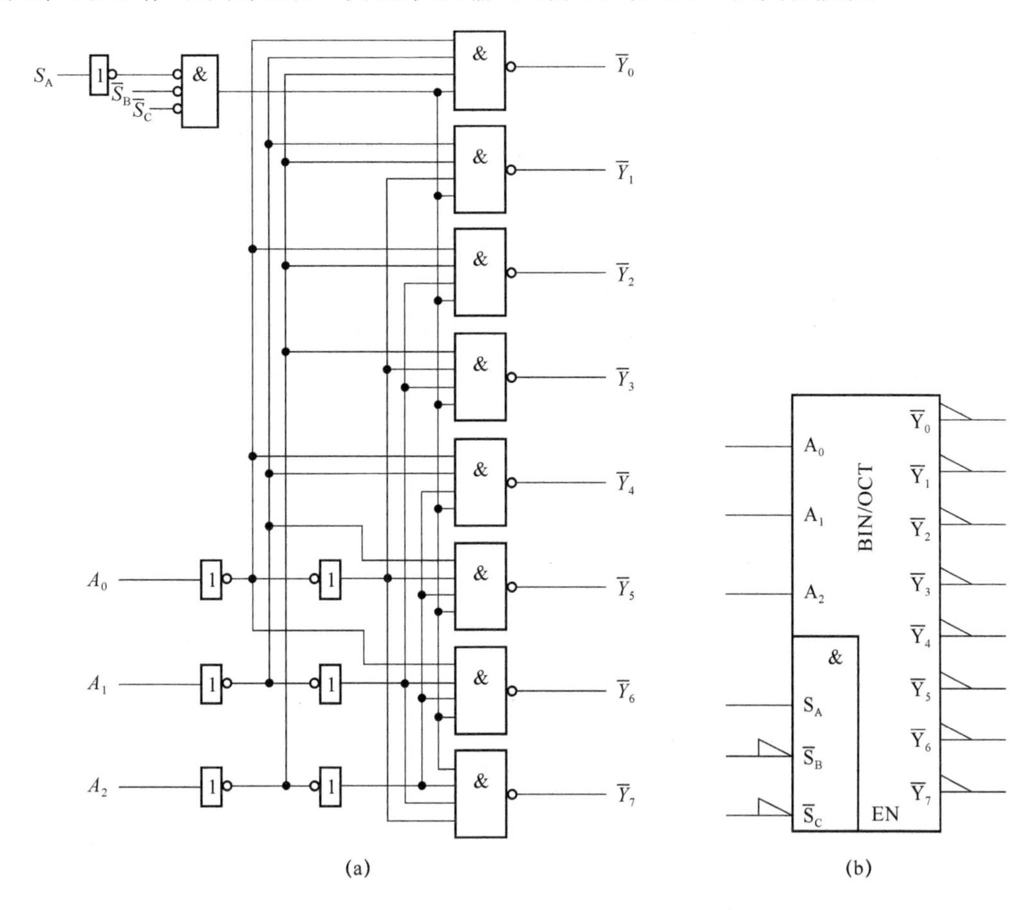

图 3.5.12　3 线-8 线译码器的逻辑图及其符号

表 3.5.5　3 线-8 线译码器功能表

输入					输出							
S_A	$\overline{S}_B+\overline{S}_C$	A_2	A_1	A_0	$\overline{Y}_0$	$\overline{Y}_1$	$\overline{Y}_2$	$\overline{Y}_3$	$\overline{Y}_4$	$\overline{Y}_5$	$\overline{Y}_6$	$\overline{Y}_7$
0	×	×	×	×	1	1	1	1	1	1	1	1
×	1	×	×	×	1	1	1	1	1	1	1	1
1	0	0	0	0	0	1	1	1	1	1	1	1
1	0	0	0	1	1	0	1	1	1	1	1	1
1	0	0	1	0	1	1	0	1	1	1	1	1
1	0	0	1	1	1	1	1	0	1	1	1	1
1	0	1	0	0	1	1	1	1	0	1	1	1
1	0	1	0	1	1	1	1	1	1	0	1	1
1	0	1	1	0	1	1	1	1	1	1	0	1
1	0	1	1	1	1	1	1	1	1	1	1	0

(2) 功能扩展

在中规模译码器中，一般都设置有使能端。使能端有两个用途：其一是作选通脉冲输入端，消除冒险脉冲的发生；其二是用于功能扩展。

① 串行扩展

【例 3.5.3】 用 3 线-8 线译码器组成 4 线-16 线译码器。

解：显然一片 3 线-8 线译码器不够，必须两片，连接如图 3.5.13 所示。输入 4 位码为 $DCBA$，片Ⅰ的$\overline{S_C}$和片Ⅱ的$\overline{S_B}$连在一起作为外部使能端。由于片Ⅰ的$\overline{S_B}$与片Ⅱ的 S_A 并接在一起，作为最高位 D 的输入端，当 $D=0$ 时，片Ⅰ正常译码，而片Ⅱ被禁止译码，$\overline{Y_0}\sim\overline{Y_7}$有信号输出，$\overline{Y_8}\sim\overline{Y_{15}}$均为 1。当 $D=1$ 时，片Ⅰ被禁止译码，片Ⅱ正常译码，$\overline{Y_8}\sim\overline{Y_{15}}$有信号输出，$\overline{Y_0}\sim\overline{Y_7}$均为 1，从而实现了 4 线-16 线译码器功能，使能端可用于进一步扩展，否则接地，保证正常工作。

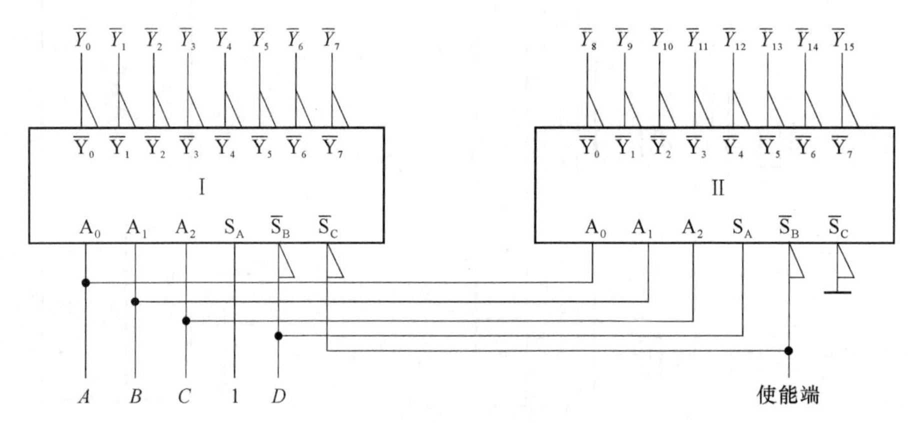

图 3.5.13　4 线-16 线译码器扩展连接图

所以扩展方法：Ⅰ根据输出线数确定需要的最少片数，Ⅱ连接时，同名地址端相连作低位输入，高位输入接使能端，保证每次只有一片处于工作状态，其余处于禁止状态。

② 并行扩展(树形结构)

【例 3.5.4】 用 3 线-8 线译码器组成 6 线-64 线译码器。

解：由输出线数可知，至少需要 8 片 3 线-8 线译码器，这时使能端本身已经不能完成高位控制了，常采用树形结构扩展，再加 1 片译码器对高 3 位译码，其 8 个输出分别控制其余 8 片的使能端，选择其中一个工作，连接如图 3.5.14 所示。

(3) 应用

① 在存储器中的应用

用做地址译码器或指令译码器，输入为地址代码，输出为存储单元的地址，n 位地址线可以寻址 2^n 个单元。

【例 3.5.5】 用 3 线-8 线译码器 74LS138 组成图 3.5.15 所示电路，说明$\overline{Y_0}$、$\overline{Y_1}$、…、$\overline{Y_7}$分别被译中时，相应的地址线 $A_7\sim A_0$ 的状态是什么？用十六进制数表示。若改用 10 位地址线 $A_9\sim A_0$ 和 74LS138 相连，且要求$\overline{Y_0}$、$\overline{Y_1}$、…、$\overline{Y_7}$被译中时，$A_9\sim A_0$ 的状态分别为 340H、341H、…、347H，电路连线应作何改动？画出相应的接线图。

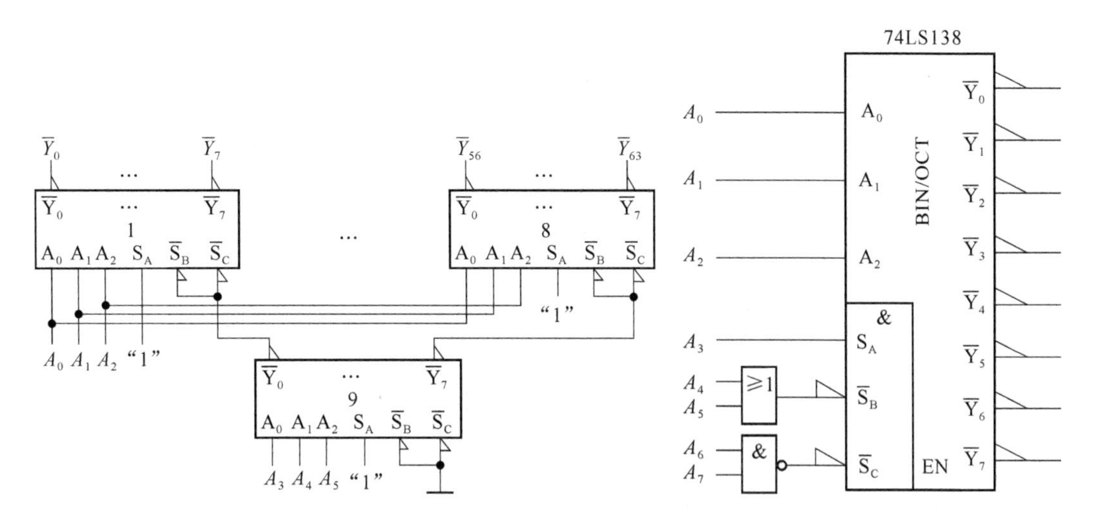

图 3.5.14　6 线-64 线译码器扩展连接图　　　　图 3.5.15　例 3.5.5 的电路

解:74LS138 芯片要实现译码,要求 A_3、A_6、A_7 为高电平,同时 A_4、A_5 为低电平,即地址线 $A_7A_6A_5\,A_4A_3=11001$ 时芯片才能正常工作,此时输出通道的选择则取决于 $A_2\,A_1A_0$ 的状态,在 $A_2\,A_1A_0=000$ 时,$\overline{Y_0}$被译中,$A_2\,A_1A_0=001$ 时,$\overline{Y_1}$被译中,…,$A_2\,A_1A_0=111$ 时,$\overline{Y_7}$被译中。不难得到$\overline{Y_0}$、$\overline{Y_1}$、…、$\overline{Y_7}$分别被译中时,相应的地址线 $A_7\sim A_0$ 的状态应为 C8H、C9H、CAH、CBH、CCH、CDH、CEH、CFH。

要满足$\overline{Y_0}$、$\overline{Y_1}$、…、$\overline{Y_7}$被译中时,地址线 $A_9\sim A_0$ 的状态分别为 340H、341H、…、347H,高 7 位的地址线 $A_9A_8A_7\,A_6A_5A_4A_3$应设定为 1101000,电路的连线应保证 A_9、A_8、A_6 为高电平,A_7、A_5、A_4、A_3 为低电平,可考虑采用图 3.5.16 所示的连接。图中连接表明,当 A_9、A_8、A_6 为高电平时,$\overline{S_C}=0$;A_7、A_5、A_4、A_3 为低电平时,$\overline{S_B}=0$,$S_A=1$。在使能端条件满足的条件下,$A_2\,A_1A_0=000$ 时,$\overline{Y_0}$被译中,$A_2\,A_1A_0=001$ 时,$\overline{Y_1}$被译中,…,$A_2\,A_1A_0=111$ 时,$\overline{Y_7}$被译中。

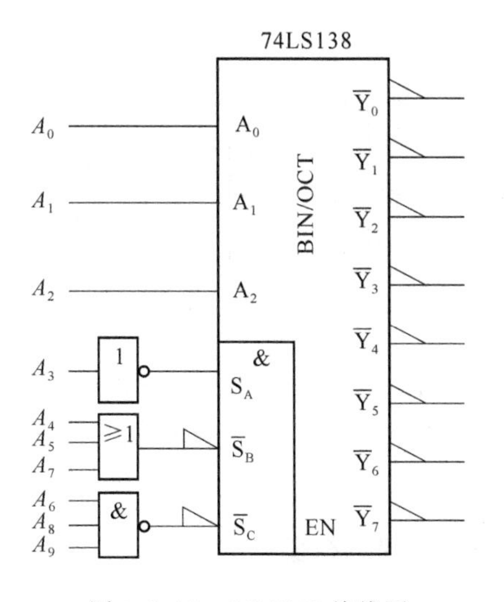

图 3.5.16　74LS138 接线图

② 作数据分配器

具有使能端的译码器,可将数据按要求分配到不同地址的通道上去。如图 3.5.17 所示,其中$\overline{Y_i}$为输出,地址输入作控制信号,决定此时将输入数据 D 分配到哪一路输出。

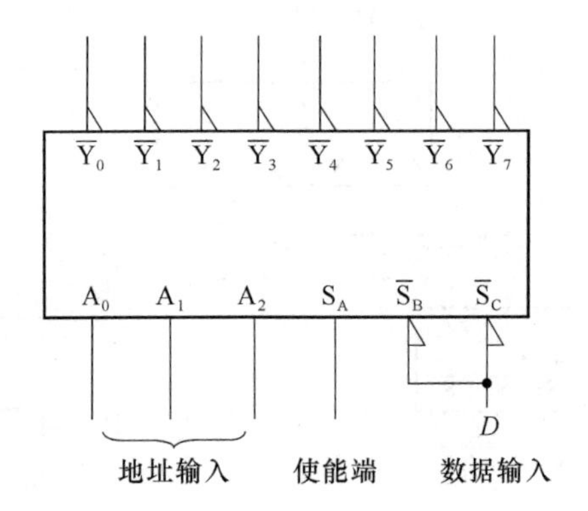

图 3.5.17　　译码器用做数据分配器

令 $S=S_A\cdot\overline{\overline{S_B}+\overline{S_C}}$,则$\overline{Y_i}=\overline{S\cdot m_i}$,若使能 $S_A=1$,可得$\overline{Y_i}=\overline{\overline{D}\cdot m_i}$。

显然当 $m_i=1$ 时,$\overline{Y_i}=D$。

即选中哪一路,输入数据 D 就送到哪一路,而其余路保持 1。

③ 作函数发生器

因为译码器的输出分别对应一个最小项(高电平译码)或一个最小项的非(低电平译码),所以附加适当门,可实现任意函数。

特点:方法简单,无须简化,工作可靠。

【例 3.5.6】 用 3 线-8 线译码器实现函数 $F(A,B,C)=\sum m(0,3,4,7)$。

解:3 线-8 线译码器实现函数如图 3.5.18 所示。

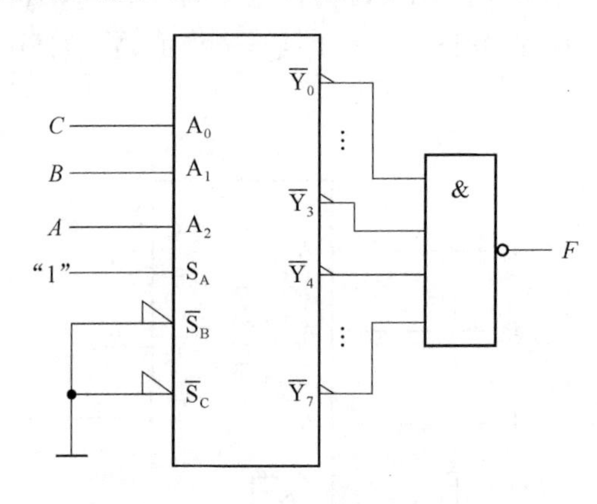

图 3.5.18　3 线-8 线译码器实现函数

由图可得:$F(A,B,C)=\overline{\overline{Y_0}\,\overline{Y_3}\,\overline{Y_4}\,\overline{Y_7}}=Y_0+Y_3+Y_4+Y_7=m_0+m_3+m_4+m_7=\sum m(0,3,4,7)$。

2. 二-十进制译码器(4 线-10 线译码器)

(1) 基本功能

4 线-10 线译码器可由 4 线-16 线译码器构成,也有专用的 4 线-10 线译码器。

图 3.5.19为 CMOS 型(C301)BCD 十进制译码器的逻辑电路图，它只有 4 位 BCD 码输入端，无使能端，输出为高电平译码，功能表如表 3.5.6 所示。由电路图可以直接写出表达式：

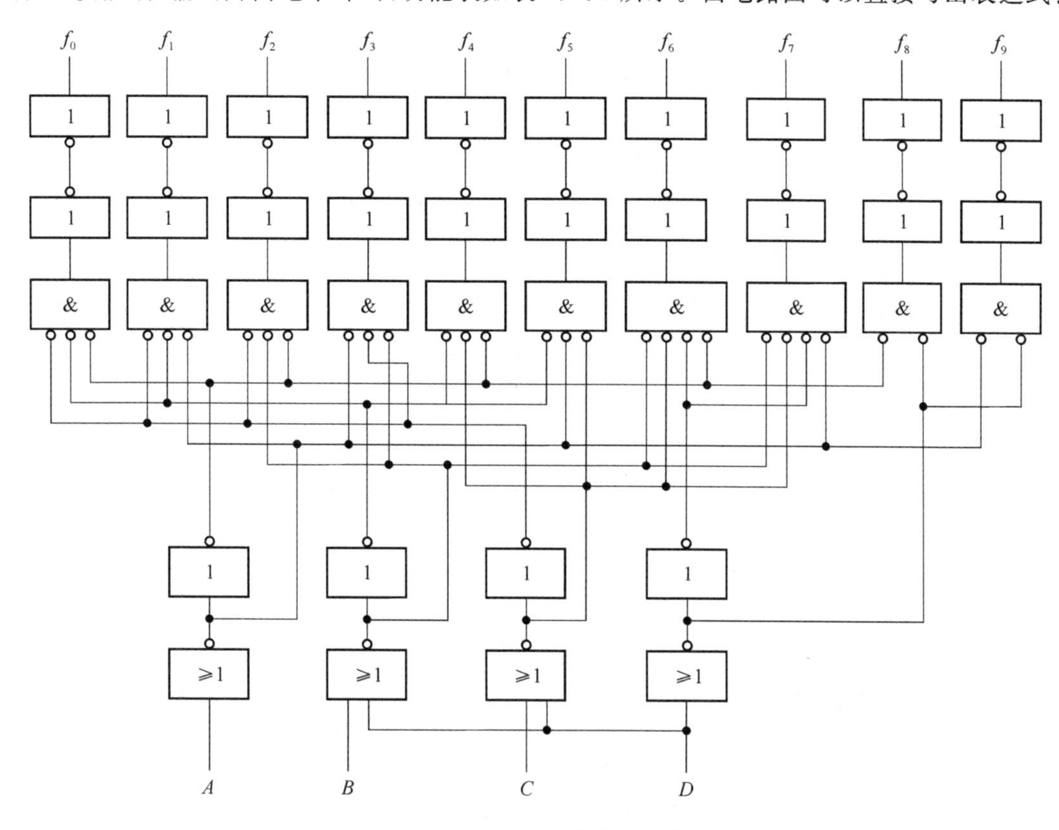

图 3.5.19　二-十进制译码器

表 3.5.6　4 线-10 线译码器功能表

输入				输出									
D	C	B	A	f_0	f_1	f_2	f_3	f_4	f_5	f_6	f_7	f_8	f_9
0	0	0	0	1	0	0	0	0	0	0	0	0	0
0	0	0	1	0	1	0	0	0	0	0	0	0	0
0	0	1	0	0	0	1	0	0	0	0	0	0	0
0	0	1	1	0	0	0	1	0	0	0	0	0	0
0	1	0	0	0	0	0	0	1	0	0	0	0	0
0	1	0	1	0	0	0	0	0	1	0	0	0	0
0	1	1	0	0	0	0	0	0	0	1	0	0	0
0	1	1	1	0	0	0	0	0	0	0	1	0	0
1	0	0	0	0	0	0	0	0	0	0	0	1	0
1	0	0	1	0	0	0	0	0	0	0	0	0	1

$f_0(D,C,B,A)=\overline{D}\,\overline{C}\,\overline{B}\,\overline{A}=m_0$

$\vdots$

$f_7(D,C,B,A)=\overline{D}CBA=m_7$

$f_8(D,C,B,A)=\overline{A}D$

$f_9(D,C,B,A)=AD$

可见输出 $f_0\sim f_7$ 为对应的最小项，f_8 和 f_9 则利用了 10～15 这 6 个任意项化简而来。

(2) 功能扩展

BCD 十进制译码器可以构成带有使能端的 3 线-8 线译码器，只需将最高位输入端 D 当做使能端，输出端 f_8、f_9 不用即可。如图 3.5.20 所示，当 $D=0$ 时，由 C、B、A 输入决定 $f_0\sim f_7$ 中某一个输出为 1，其余输出为 0；若 $D=1$，则 $f_0\sim f_7$ 输出均为 0，处于“禁止”状态。

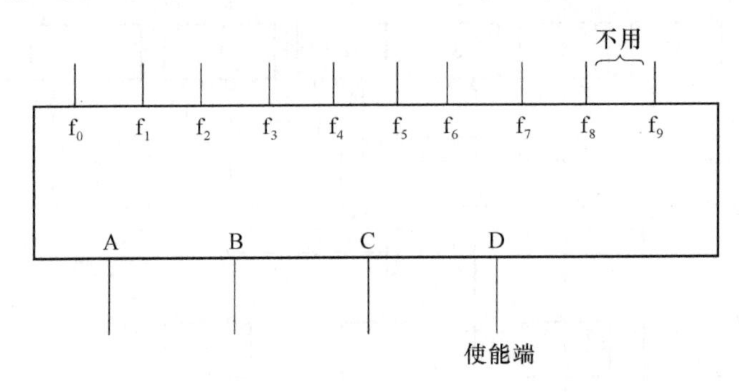

图 3.5.20　二-十进制译码器用作 3 线-8 线译码器

3. 数字显示译码器

在数字系统中，常常需要将测量或数值运算结果用十进制数码显示出来，数字显示电路包括译码驱动电路和数码显示器，其框图如图 3.5.21 所示。

数字显示器有许多种不同类型的产品，如发光二极管、荧光数码管、液晶数字显示器等，由于显示器件和显示方式不同，其译码电路也不相同。下面介绍常用的七段荧光数码管显示器及其译码驱动电路。

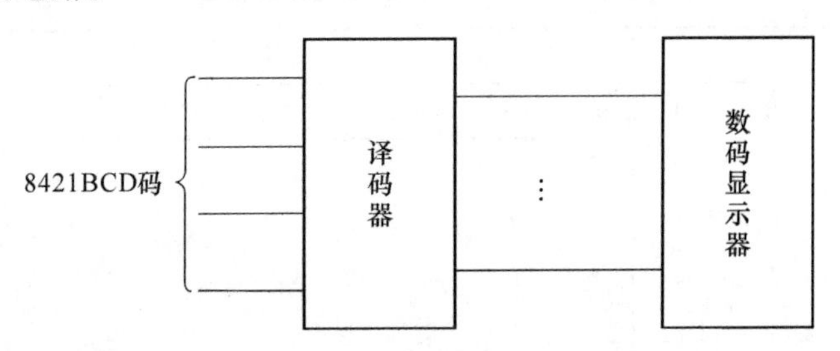

图 3.5.21　8421BCD 显示译码电路框图

(1) 七段荧光数码管

七段荧光数码管是分段式半导体显示器件，7 个发光段就是 7 个发光二极管，它的 PN 结是由特殊的半导体材料磷砷化镓做成。当外加正向电压时，发光二极管可以将电能转化为光能，从而发出清晰悦目的光线。发光二极管显示电路有共阳极和共阴极两种连接方式：共阳极是将 7 个发光二极管的阳极接在一起并接到正电源上，阴极接到译码器的各输出端，哪个发光二极管的阴极为低电平哪一个发光管就亮；共阴极是将 7 个发光二极管的阴极联在一起并接地，阳极接到译码器的各输出端，哪一个阳极为高电平哪一个发光管就亮。若用共阴极电路，译码器的输出经输出驱动电路分别加到 7 个阳极上，当给其中某些段加上驱动信号时，则这些段发光，显示出相应的十进制数字。图 3.5.22(a)是一种共阴极荧光数码管BS201A(还带一个小数点)，图(b)为其显示的十进制数。

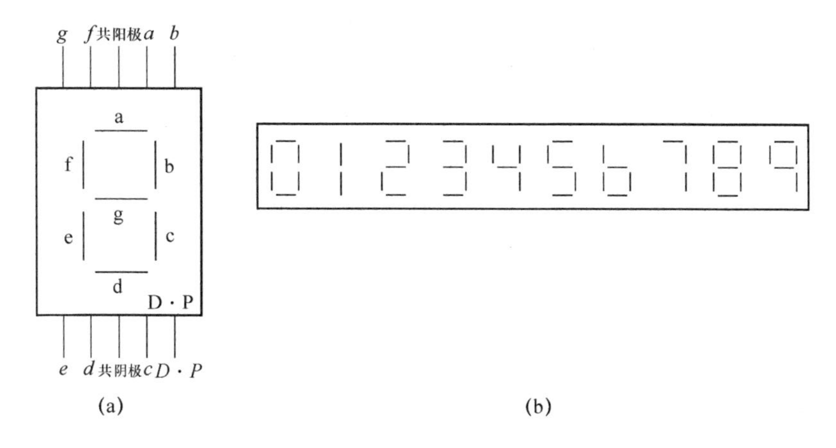

图 3.5.22 BS201A 数码管及显示字形

(2) 译码驱动电路

七段数码管工作时需要有分段式译码驱动电路相配合。下面介绍一种中规模二-十进制七段显示译码/驱动器 74LS48，图 3.5.23 是它的逻辑符号，其中 A_3、A_2、A_1、A_0 为 BCD 码输入信号，Y_a、Y_b、Y_c、Y_d、Y_e、Y_f、Y_g 为译码器的 7 个输出(高电平有效)，因为它驱动的是共阴极电路。为增加器件的功能，扩大器件的应用，在译码/驱动电路基础上又附加了辅助功能控制信号$\overline{LT}$、$\overline{RBI}$、$\overline{BI}/\overline{RBO}$。

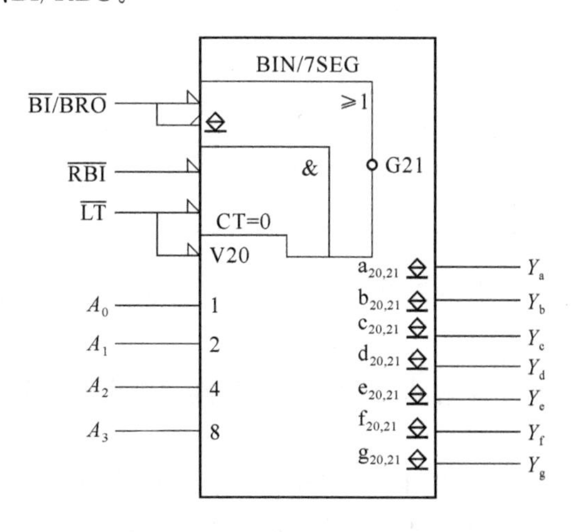

图 3.5.23 74LS48 逻辑符号

74LS48 的功能列于表 3.5.7 中，可见，当辅助功能控制信号无效时，即表中 1～16 行，A_3、A_2、A_1、A_0 输入一组二进制码，Y_a～Y_g 输出端有相应的输出，电路实现正常译码。如 $A_3A_2A_1A_0=0001$，只有 Y_b、Y_c 输出 1，b、c 字段点燃，显示数字 1。由于已接有上拉电阻，使用时可将输出 Y_a～Y_g 直接驱动 BS201A 的输入。

下面介绍辅助功能控制信号$\overline{LT}$、$\overline{RBI}$、$\overline{BI}/\overline{RBO}$的作用。

① $\overline{BI}$为熄灭信号。当$\overline{BI}=0$ 时，不论$\overline{LT}$、$\overline{RBI}$及输入 $A_3A_2A_1A_0$ 为何值，输出 Y_a～Y_g 均为 0，使七段显示都处于熄灭状态，不显示数字，优先权最高。

② $\overline{LT}$为试灯信号，用来检查七段显示器件是否能正常显示。当$\overline{BI}=1$，$\overline{LT}=0$时，不论输入$A_3A_2A_1A_0$为何值，输出$Y_a \sim Y_g$均为1，使七段显示都点燃，优先权次之。

表 3.5.7 74LS48 功能表

输入						$\overline{BI}/\overline{RBO}$	输出						
$\overline{LT}$	$\overline{RBI}$	A_3	A_2	A_1	A_0		Y_a	Y_b	Y_c	Y_d	Y_e	Y_f	Y_g
1	1	0	0	0	0	1	1	1	1	1	1	1	0
1	×	0	0	0	1	1	0	1	1	0	0	0	0
1	×	0	0	1	0	1	1	1	0	1	1	0	1
1	×	0	0	1	1	1	1	1	1	1	0	0	1
1	×	0	1	0	0	1	0	1	1	0	0	1	1
1	×	0	1	0	1	1	1	0	1	1	0	1	1
1	×	0	1	1	0	1	0	0	1	1	1	1	1
1	×	0	1	1	1	1	1	1	1	0	0	0	0
1	×	1	0	0	0	1	1	1	1	1	1	1	1
1	×	1	0	0	1	1	1	1	1	0	0	1	1
1	×	1	0	1	0	1	0	0	0	1	1	0	1
1	×	1	0	1	1	1	0	0	1	1	0	0	1
1	×	1	1	0	0	1	0	1	0	0	0	1	1
1	×	1	1	0	1	1	1	0	0	1	0	1	1
1	×	1	1	1	0	1	0	0	0	1	1	1	1
1	×	1	1	1	1	1	0	0	0	0	0	0	0
×	×	×	×	×	×	0	0	0	0	0	0	0	0
1	0	0	0	0	0	0	0	0	0	0	0	0	0
0	×	×	×	×	×	1	1	1	1	1	1	1	1

③ $\overline{RBI}$为灭0输入信号，当不希望0（例如小数点前后多余的0）显示出来时，可以用$\overline{RBI}$信号灭掉。当$\overline{LT}=1$、$\overline{RBI}=0$时，只有当输入$A_3A_2A_1A_0=0000$时，$Y_a \sim Y_g$输出均为0，七段显示都熄灭，不显示数字0，而输入$A_3A_2A_1A_0$为其他组合时能正常显示。故$\overline{RBI}=0$，只能熄灭0字，优先权最低。

④ $\overline{RBO}$为灭0输出信号。当$\overline{LT}=1$，$\overline{RBI}=0$时，若输入$A_3A_2A_1A_0=0000$，不仅本片灭0，而且输出$\overline{RBO}=0$。这个0送到另一片七段译码器的$\overline{RBI}$端，可以使这两片的0都熄灭。

注意：熄灭信号$\overline{BI}$和灭零输出信号$\overline{RBO}$是电路的同一点，故标示$\overline{BI}/\overline{RBO}$，即该端口是双重功能的端口，既可作为输入信号$\overline{BI}$端口，又可作为输出信号$\overline{RBO}$端口。

将灭0输入$\overline{RBI}$与灭0输出$\overline{RBO}$配合使用，可实现多位数码显示系统的灭0控制。图3.5.24所示为灭0控制的连接方法。只需在整数部分把高位的$\overline{RBO}$与低位的$\overline{RBI}$相连，在小数部分将低位的$\overline{RBO}$与高位的$\overline{RBI}$相连，就可以把前后多余的0熄灭了。这样在整数部分，由于百位（片Ⅰ）的$\overline{RBI}=0$，当百位输入$A_3A_2A_1A_0=0000$时，百位不会显示0字，如果十位（片Ⅱ）的输入$A_3A_2A_1A_0$和百位输入$A_3A_2A_1A_0$同时都为0000时，使得十位也处于灭 0 状态。若百位输入 $A_3A_2A_1A_0 \neq 0000$，则片Ⅰ输出$\overline{RBO}=1$，使片Ⅱ$\overline{RBI}=1$，则十位（片Ⅱ）不会灭 0。在小数部分，最低位 1/1000 位（片Ⅵ）的输入$\overline{RBI}$接地，所以 1/1000 位显示器灭 0，而当 1/1000 位的输入和 1/100 位（片Ⅴ）的输入同时为 0000 时，则会实现 1/1000 和 1/100同时灭"0"。例如当各片输入为 002 .800，由于$\overline{RBO}$和$\overline{RBI}$的配合，直接显示 2.8。这样，既看起来清晰，又可以减少功耗。

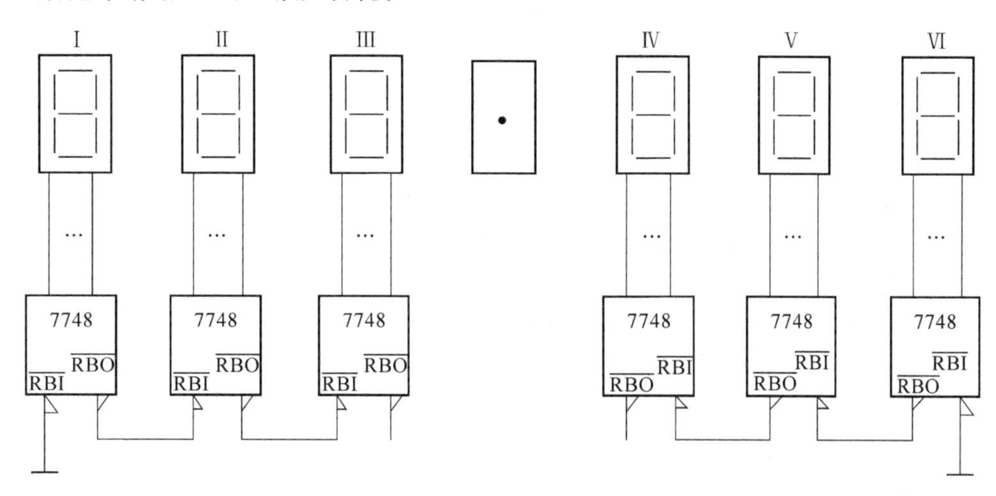

图 3.5.24　数字显示系统连接图

3.5.4　数据选择器

数据选择器（Multiplexer）又称多路选择器，简称 MUX，它能够从多路输入数据中选择一路输出，选择哪一路由当时的控制信号决定，其功能类似于单刀多掷开关，如图 3.5.25 所示。

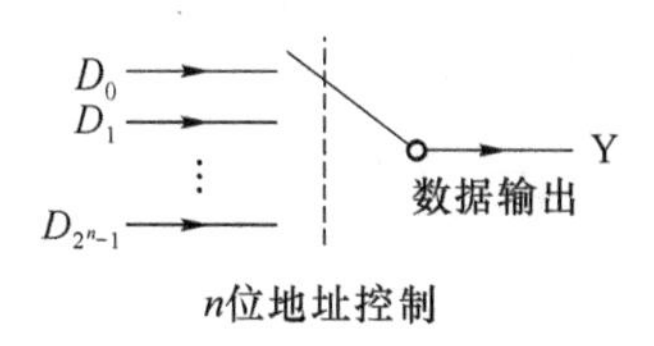

图 3.5.25　数据选择器示意图

1. 基本功能

74LS151 是一种 TTL 型 8 选 1 数据选择器，如图 3.5.26 所示，其中 $D_7 \sim D_0$ 为数据输入端，A_2、A_1、A_0 为地址控制端，$\overline{ST}$为使能输入端，Y 和 W 为两个互补输出端。当$\overline{ST}=0$时，由图可写出输出的逻辑表达式为

$$Y = \overline{A_2}\,\overline{A_1}\,\overline{A_0}D_0 + \overline{A_2}\,\overline{A_1}A_0D_1 + \overline{A_2}A_1\,\overline{A_0}D_2 + \overline{A_2}A_1A_0D_3 + A_2\,\overline{A_1}\,\overline{A_0}D_4 + A_2\,\overline{A_1}A_0D_5 + A_2A_1\,\overline{A_0}D_6 + A_2A_1A_0D_7 = \sum_{i=0}^{2^3-1} m_iD_i$$

其中，m_i 为地址变量 $A_2A_1A_0$ 构成的最小项。

由上式可知，当 $A_2A_1A_0=000$ 时，$Y=D_0$，$A_2A_1A_0=001$ 时，$Y=D_1$，依此类推。即在 $A_2A_1A_0$ 的控制下，从 8 路数据中选择 1 路送至输出端。

当$\overline{ST}=1$时，输出$Y=0$，处于禁止状态，表3.5.8是其功能表。

同理，可推出2^n选1数据选择器的输出表达式：

$$Y=\sum_{i=0}^{2^n-1}m_iD_i$$

其中，n为地址端数，m_i为地址变量构成的最小项。

表3.5.8　74LS151的功能表

使能输入	选择地址输入			数据输入	输出	
$\overline{ST}$	A_2	A_1	A_0	$D_7\sim D_0$	Y	$\overline{W}$
1	×	×	×	×	0	1
0	0	0	0	$D_7\sim D_0$	D_0	$\overline{D}_0$
0	0	0	1	$D_7\sim D_0$	D_1	$\overline{D}_1$
0	0	1	0	$D_7\sim D_0$	D_2	$\overline{D}_2$
0	0	1	1	$D_7\sim D_0$	D_3	$\overline{D}_3$
0	1	0	0	$D_7\sim D_0$	D_4	$\overline{D}_4$
0	1	0	1	$D_7\sim D_0$	D_5	$\overline{D}_5$
0	1	1	0	$D_7\sim D_0$	D_6	$\overline{D}_6$
0	1	1	1	$D_7\sim D_0$	D_7	$\overline{D}_7$

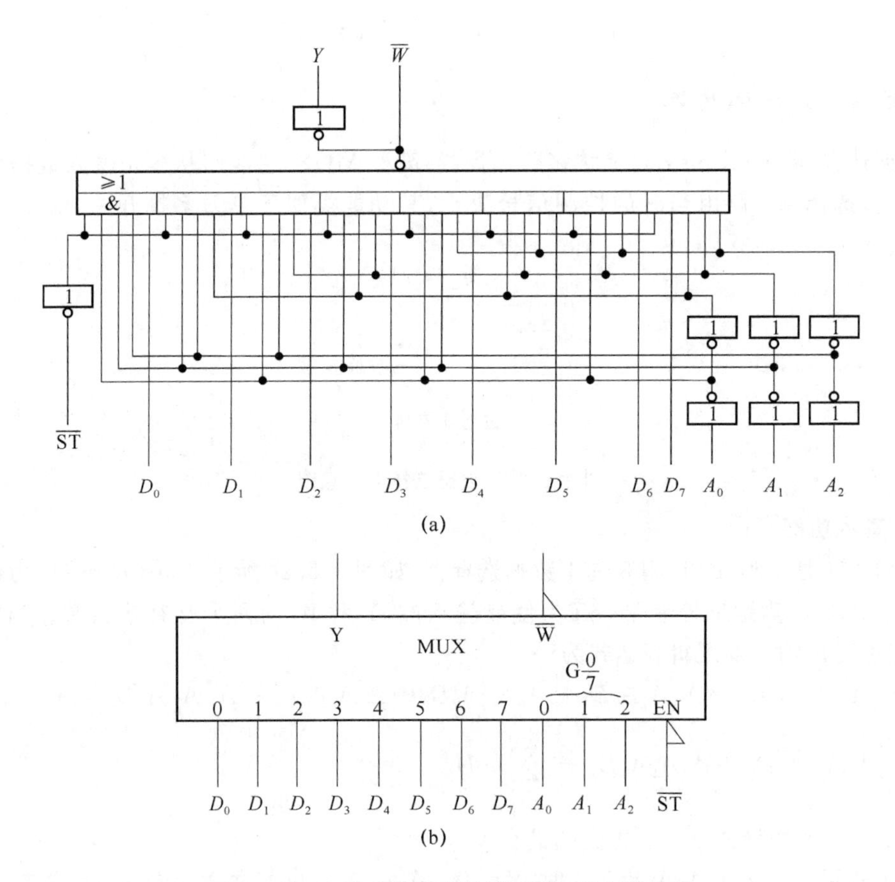

图3.5.26　8选1数据选择器逻辑图及逻辑符号

74LS153是双4选1数据选择器，在一个芯片上集成了两个完全相同4选1数据选择器，如图3.5.27所示。其中A_1、A_0为两个地址输入端，被两个选择器所共用，每个选择器各有一个使能输入端。表3.5.9是其功能表，对芯片中的任意一个都适用。

当$\overline{ST}=0$时，其输出表达式为$Y=\sum_{i=0}^{3}m_iD_i=m_0D_0+m_1D_1+m_2D_2+m_3D_3$。

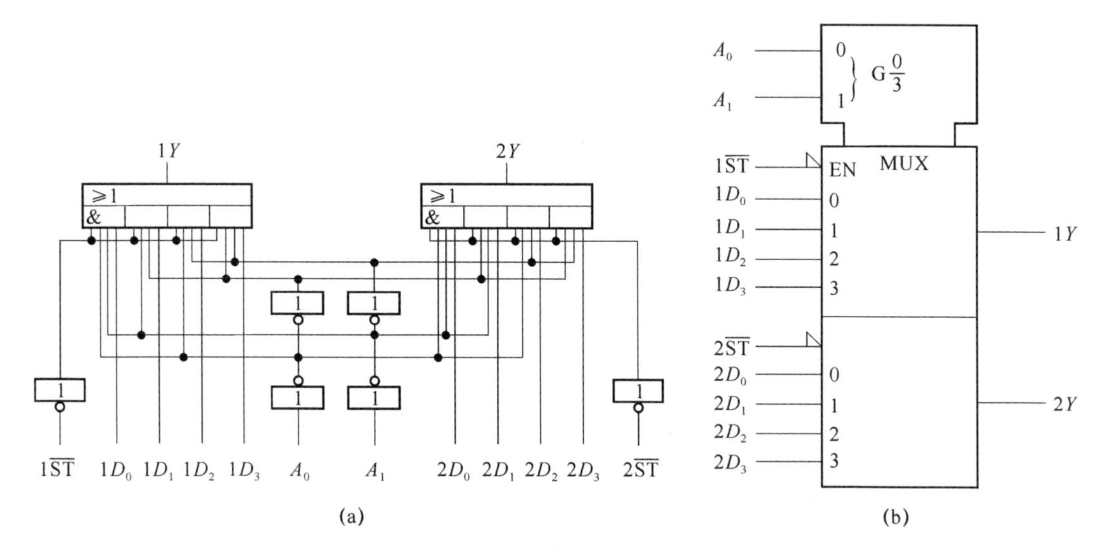

图3.5.27　双4选1数据选择器

表3.5.9　74LS153功能表

使能输入 $\overline{ST}$	地址输入 A_1	A_0	数据输入 $D_3\sim D_0$	输出 Y
1	×	×	×	0
0	0	0	$D_3\sim D_0$	D_0
0	0	1	$D_3\sim D_0$	D_1
0	1	0	$D_3\sim D_0$	D_2
0	1	1	$D_3\sim D_0$	D_3

2. 功能扩展

可以利用使能端或多片级联来扩展功能。

(1) 用使能端扩展

【例3.5.7】　用双4选1数据选择器构成8选1数据选择器。

解：如图3.5.28所示，将双4选1数据选择器的使能端$\overline{1ST}$和$\overline{2ST}$通过一个反相器接在一起作地址的最高位A_2。当$A_2=0$时，低位片(1)工作而高位片(2)不工作，Y_1按地址输入000～011选中数据$D_0\sim D_3$中的某一个输出，此时$Y_2=0$；当$A_2=1$时，两片工作情况正好相反，此时Y_2按地址输入100～111选中数据$D_4\sim D_7$中的某一个输出，而$Y_1=0$，故8选1数据选择器的输出$Y=Y_1+Y_2=D_i(i=0\sim7)$。

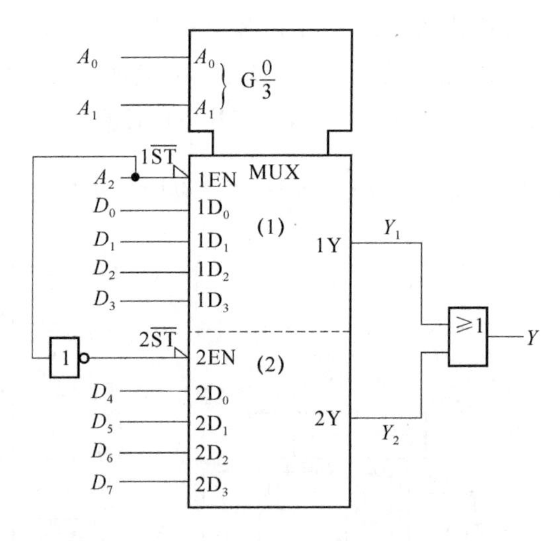

图 3.5.28　利用使能端扩展的 8 选 1 数据选择器

(2) 级联扩展(树形扩展)

图 3.5.29 是用 3 片双 4 选 1 数据选择器级联构成 16 选 1 数据选择器的连接图。第Ⅰ级用了 1 片双 4 选 1 数据选择器中的一个，它的 A_1A_0 为高两位地址 A_3A_2 的输入端，第Ⅱ级用了两片双 4 选 1 数据选择器，它们的 A_1A_0 为低两位地址 A_1A_0 的输入端，第Ⅱ级的 4 个输出送至第Ⅰ级相应的数据输入端。数据选择分为两步：①由低位地址 A_1A_0 从输入的 16 路数据中选出 4 路数据；②再由高位地址 A_3A_2 选出其中的一路数据输出。从而实现了 16 选 1 数据选择器的功能。

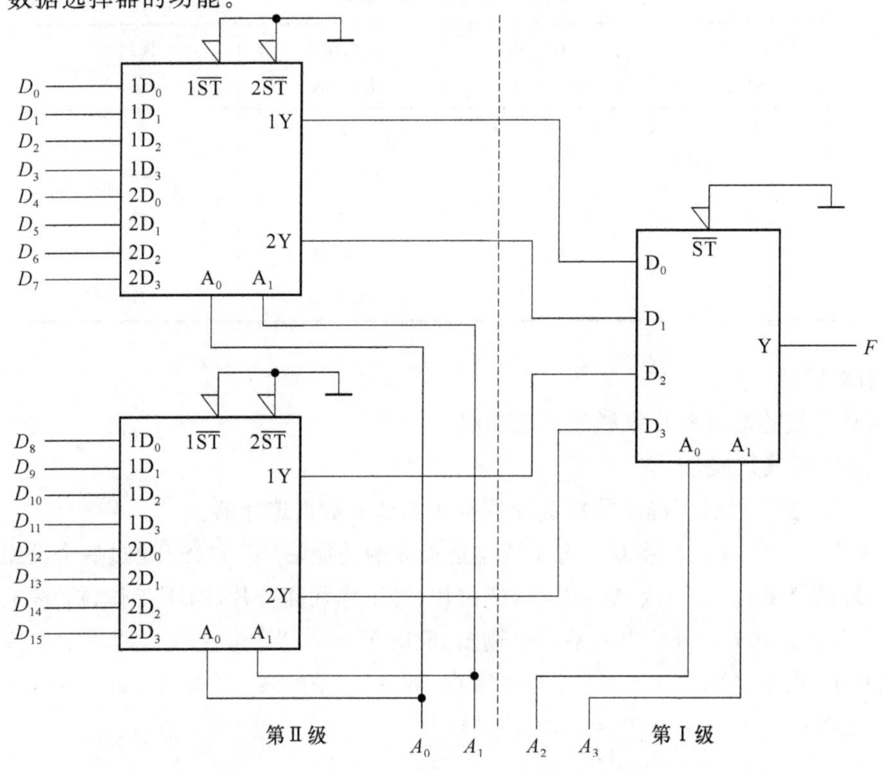

图 3.5.29　4 选 1 组成 16 选 1 数据选择器

【例 3.5.8】 用 8 选 1MUX 构成 64 选 1MUX。

解:共需 9 片 8 选 1MUX,片 1～片 8 的同名地址端相连接低 3 位地址输入,片 9 的 3 位地址端接高 3 位地址输入,并将片 1～片 8 的输出接至片 9 相应的数据输入端,即构成了 64 选 1MUX,如图 3.5.30 所示。

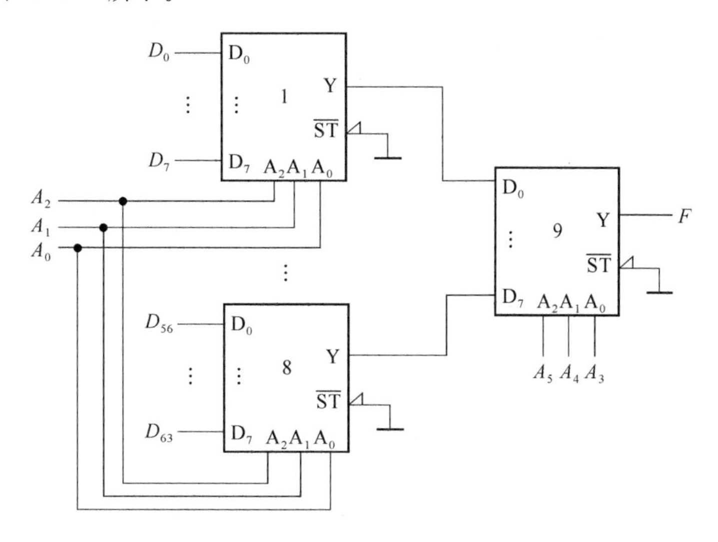

图 3.5.30 8 选 1 构成 64 选 1 数据选择器

3. 数据选择器的应用

数据选择器通用性较强,除了能从多路数据中选择输出信号外,还可以实现并行数据到串行数据的转换,作函数发生器等。

(1) 并-串转换电路

在数字系统中,往往要求将并行输入的数据转换成串行数据输出,用数据选择器很容易完成这种转换。例如,将 4 位的并行数据送到 4 选 1 数据选择器的数据端上,然后在 A_1、A_0 地址输入端周期性顺序给出 00→01→10→11(由 11 返回 00),则在输出端将输出串行数据,先是 D_0,而后是 D_1、D_2、D_3,之后又按该顺序不断重复,如图 3.5.31 所示。

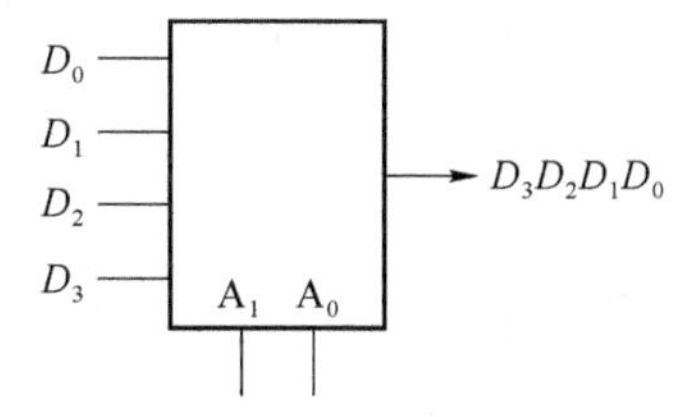

图 3.5.31 并-串转换电路

(2) 实现逻辑函数

2^n 选 1 数据选择器的输出表达式如下:

$$Y = \sum_{i=0}^{2^n-1} m_i D_i$$

其中,n 为地址端数,m_i 对为地址变量对应的最小项。

将该表达式与 $F=\sum m_i$ 对比可见，D_i 相当于最小项表达式中的系数，当 $D_i=1$，对应的最小项列入函数式，$D_i=0$，对应的最小项不列入函数式。所以将逻辑变量从数据选择器的地址端输入，而在数据端加上适当的 0 或 1，就可以实现逻辑函数。

① 逻辑变量数小于或者等于所选用 MUX 地址端数时，列出真值表，直接在 MUX 的数据输入端加上与真值表对应的值。

【例 3.5.9】 用 8 选 1 数据选择器实现三变量的奇校验函数。

解：其真值表见本章第 2 节表 3.2.1，则在数据选择器的数据输入端加上与真值表对应的值，即 $D_1=D_2=D_4=D_7=1$，其余为 0，如图 3.5.32 所示。则输出函数表达式为

$$F(A,B,C)=m_1+m_2+m_4+m_7=\overline{A}\,\overline{B}C+\overline{A}B\,\overline{C}+A\,\overline{B}\,\overline{C}+ABC$$

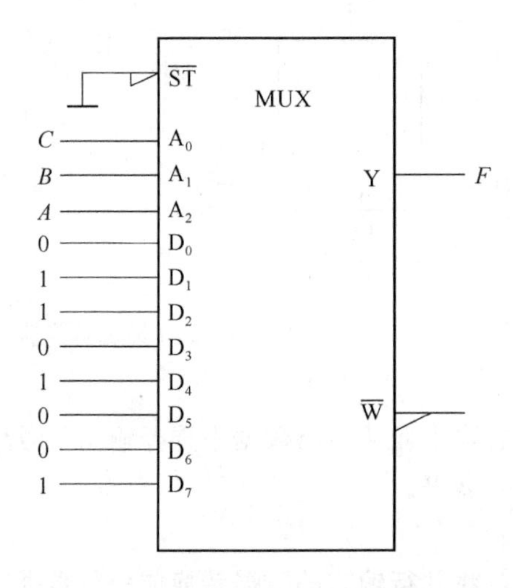

图 3.5.32　8 选 1 数据选择器实现函数

连接时注意：一是使能端，二是高低位，三是若变量数小于选用 MUX 地址端数时，不用的地址端和数据端均接地。如图 3.5.33 用 8 选 1 数据选择器实现异或函数和同或函数。

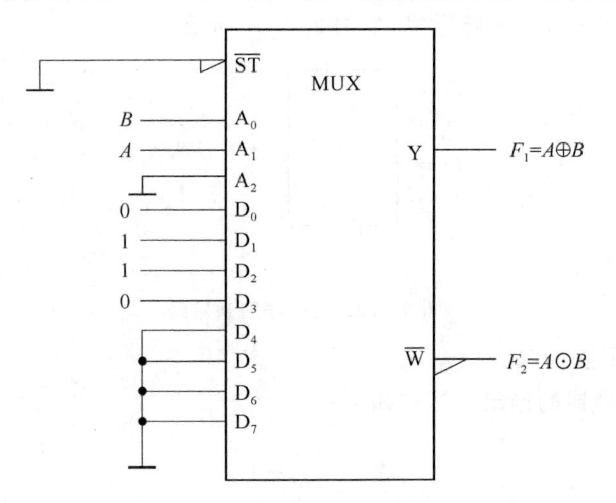

图 3.5.33　8 选 1 数据选择器实现异或、同或函数

② 逻辑变量数 n 大于所选用数据选择器地址端数 m 时，首先选出 m 个变量从数据选择器地址端输入，其余 $n-m$ 个变量只能从数据端输入，故 D_i 不再是简单的 0 或 1，而是其余 $n-m$ 个变量的函数。

例如，用 4 选 1 数据选择器实现三变量函数：

$$F(A,B,C)=\overline{A}\,\overline{B}\,\overline{C}+\overline{A}\,\overline{B}C+A\overline{B}\,\overline{C}+ABC$$

若选变量 A，B(也可以选其他任何两个变量)作地址变量，则从上述最小项表达式中提取地址变量最小项的公共因子，整理后如下：

$$F(A,B,C)=\overline{A}\,\overline{B}(C+\overline{C})+A\overline{B}\,\overline{C}+ABC=m_0+m_2\overline{C}+m_3C$$

即得 4 选 1 数据选择器数据输入 $D_3\sim D_0$。D_0 为 m_0 的系数，$D_0=1$，D_1 为 m_1 的系数，$D_1=0$；同理可得 $D_2=\overline{C}$，$D_3=C_0$，D_2、D_3 是变量 C 的函数，其逻辑图如图 3.5.34 所示。

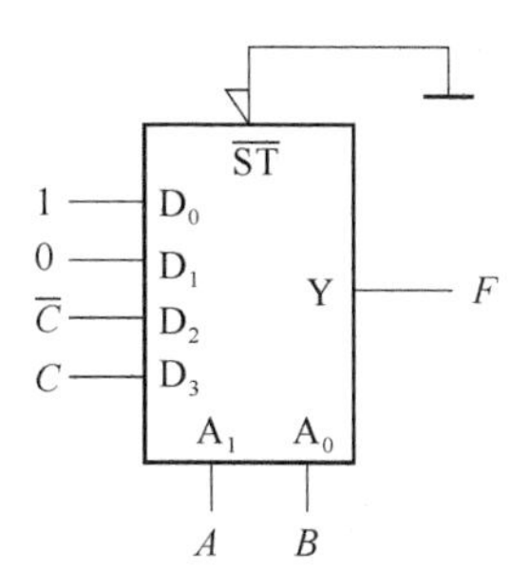

图 3.5.34　4 选 1 数据选择器实现函数的逻辑图

上例是代数法，更常用卡诺图法进行设计，简便直观。卡诺图法是按 m 个地址变量的组合将原卡诺图划分为 2^m 个区域，称为子卡诺图，由 2^m 个子卡诺图求出各个 D_i 的值。必须先解决一个问题：如何选择合适的地址变量？所谓合适是指能使 D_i 的表达式简单，电路实现经济。有两种方法：

一是选函数最简式中出现最多的变量作地址变量，它能使剩余变量组成的函数最简。

二是可先假设一种选法，在卡诺图上看一下它的子卡诺图情况，再决定是否这样选。

经常采用第一种方法，下面举例说明。

【例 3.5.10】　用 4 选 1 数据选择器实现函数：

$$F(A,B,C,D)=\sum m(1,2,4,9,10,11,12,14,15)$$

解：首先由函数的卡诺图求出最简式：$F(A,B,C,D)=B\overline{C}\,\overline{D}+AC+\overline{B}\,\overline{C}D+\overline{B}C\overline{D}$。

统计变量出现的次数：A 为 1 次，B 为 3 次，C 为 4 次，D 为 3 次，所以选择 BC 或 CD 作地址变量均可，在此选 BC。

其次按 BC 组合将原卡诺图划分为 4 个子卡诺图，如图 3.5.35(a)中虚线所示。子卡诺图是两维的(两个变量)，故又称为降维卡诺图。各子卡诺图内所示的函数就是与其地址码 m_i 对应的数据输入 D_i。由于一个数据输入对应一个地址码，因此求 D_i 时只能在相应的子卡诺图内化简。分别化简 4 个子卡诺图，见图中实线圈。标注这些圈的积项时去掉所有地址变量，即可得到各个 D_i 的函数表达式：$D_0=D$，$D_1=A+\overline{D}=\overline{\overline{A}D}$，$D_2=\overline{D}$，$D_3=A$，其逻辑图如图 3.5.35(b)所示，只附加一个与非门。

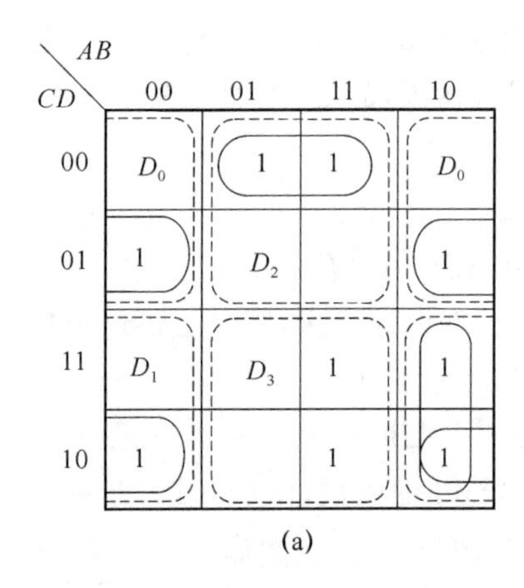

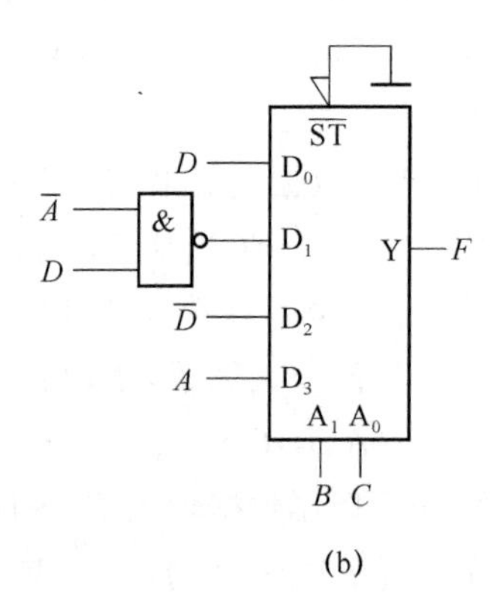

图 3.5.35　例 3.5.9 的卡诺图与逻辑图

上述函数如果选用 AB 作地址变量，相应的子卡诺图、逻辑图如图 3.5.36 所示，各 D_i 为：$D_0=\overline{C}D+C\overline{D}$，$D_1=\overline{C}\,\overline{D}$，$D_2=C+D=\overline{\overline{C}\,\overline{D}}$，$D_3=C+\overline{D}=\overline{\overline{C}D}$，需加 5 个与非门。

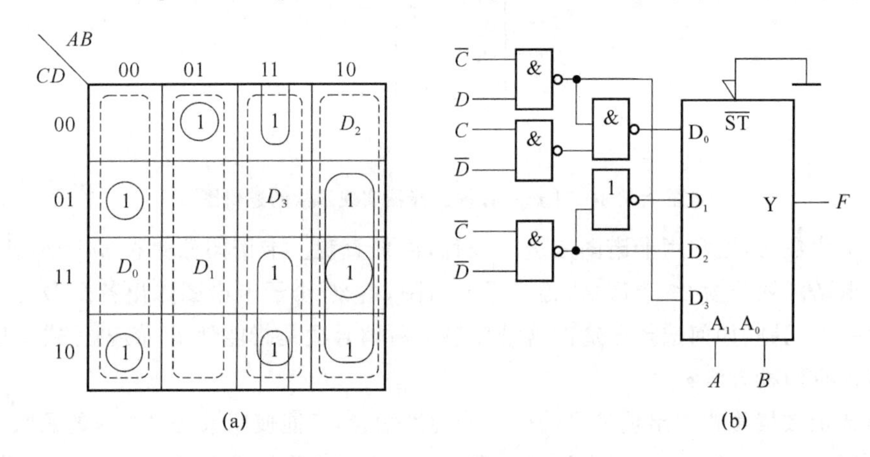

图 3.5.36　例 3.5.9 的另一方案

显然用 BC 作地址变量电路更简单，读者可自己验证用 CD 作地址变量电路也简单。当然数据输入 D_i 函数表达式也可以用数据选择器来实现。

数据选择器实现函数与译码器实现函数相比，在一个芯片前提下，译码器必须外加门才能实现变量数不大于其输入端数的函数，不能实现变量数大于其输入端数的函数，但可同时实现多个函数；数据选择器不用外加门就能实现变量数不大于其地址端数的函数，在外加门时还能实现变量数大于其地址端数的函数，但只能实现一个函数。

3.5.5　数据分配器

数据分配器(DMUX)的功能与数据选择器相反，将一个输入数据分配到多路输出中的某一路，从哪一路输出由当时的地址变量决定，也等效为单刀多掷开关，如图 3.5.37 所示，只是方向相反，故称 DMUX。

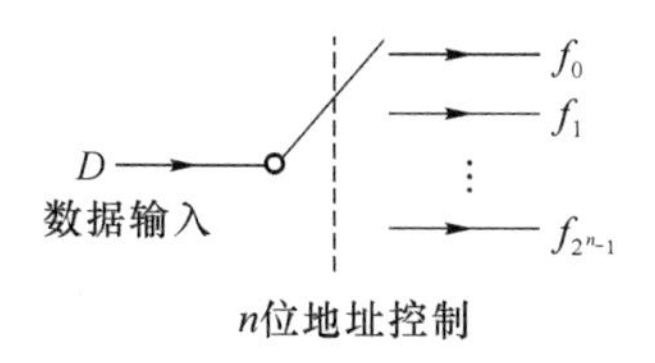

图 3.5.37　数据分配器框图

1. 基本功能

74LS155 为 TTL 型双 1 线至 4 线数据分配器，这两个 1 线至 4 线数据分配器不完全相同，图 3.5.38(a)是其中一个的逻辑原理图，图 3.5.36(b)为逻辑符号。图中 D 为数据输入端，A_1A_0 为公用地址输入端，1ST 为使能端，$\overline{F}_0 \sim \overline{F}_3$ 为数据输出端。

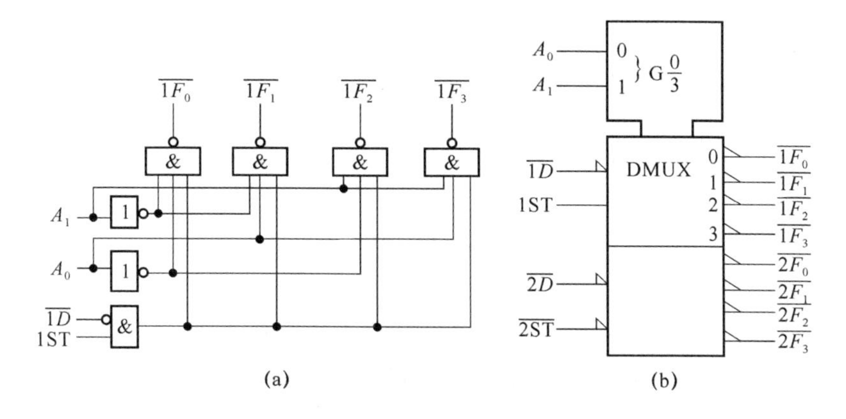

图 3.5.38　数据分配器的逻辑原理图与逻辑符号

由图 3.5.38(a)可以看出，数据分配器的核心部分是一个 2 线至 4 线译码器，比译码器多了一个数据端，所以数据分配器是译码器加数据端构成。当 1ST=0 时，$\overline{f_0} \sim \overline{f_2}=1$，输出与输入无关，为禁止态；当 1ST=1 时，写出输出表达式：$\overline{1F_0}=\overline{1D}m_0$，$\overline{1F_1}=\overline{1D}m_1$，$\overline{1F_2}=\overline{1D}m_2$，$\overline{1F_3}=\overline{1D}m_3$，$m_i(i=0\sim3)$为地址变量 A_1A_0 的最小项，故 $m_i=1$ 时，则$\overline{1F_i}=\overline{1D}$，即根据地址不同，将$\overline{1D}$送到不同的输出端。其功能表如表 3.5.10(a)、(b)所示。

表 3.5.10　数据分配器功能表

(a)

输入			输出			
1ST	$1A_1$	$1A_0$	$\overline{1f_0}$	$\overline{1f_1}$	$\overline{1f_2}$	$\overline{1f_3}$
0	×	×	1	1	1	1
1	0	0	$\overline{1D}$	1	1	1
1	0	1	1	$\overline{1D}$	1	1
1	1	0	1	1	$\overline{1D}$	1
1	1	1	1	1	1	$\overline{1D}$

(b)

输入			输出			
$\overline{2ST}$	$2A_1$	$2A_0$	$\overline{2f_0}$	$\overline{2f_1}$	$\overline{2f_2}$	$\overline{2f_3}$
1	×	×	1	1	1	1
0	0	0	$\overline{2D}$	1	1	1
0	0	1	1	$\overline{2D}$	1	1
0	1	0	1	1	$\overline{2D}$	1
0	1	1	1	1	1	$\overline{2D}$

2. 功能扩展

直接利用使能端进行扩展。如果将双 1 线至 4 线数据分配器的使能端 1ST 与$\overline{2ST}$并接作为高位地址变量 A_2 输入端，两个数据输入端并接作为数据输入，则可扩展为 1 线至 8 线的分配器。

3. 应用

(1) 作译码器

由于数据分配器是译码器加数据端构成,若将数据输入端接地,则图 3.5.38(a)电路就变成 2 线至 4 线的译码器,令 $D=0$,表 3.5.10 就变成译码器的功能表。反之,具有使能端的译码器也可用做数据分配器,将输入数据 D 从使能端输入即可,在译码器部分已有介绍。

【例 3.5.11】 使用一片 74LS155,请附加最少的门实现如下两输出函数(在给出的图 3.5.39 上完成设计,A 为高位)。

$$F_1(A,B,C)=A\cdot\overline{B}\cdot C+\overline{A}\cdot\overline{B}\cdot\overline{C}+B\cdot C$$

$$F_2(A,B,C)=\sum m(0,1,2,3,5,6,7)$$

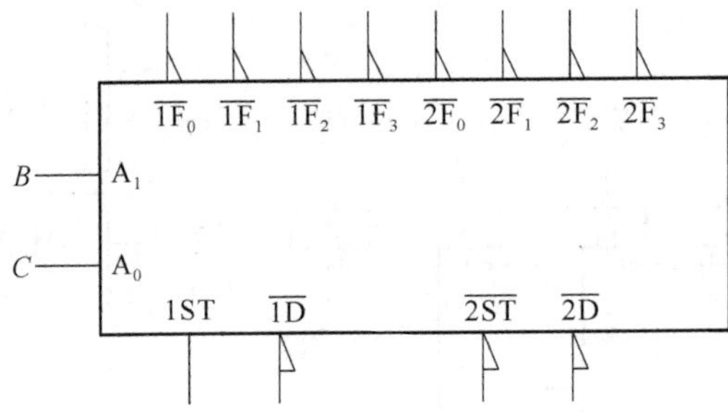

图 3.5.39 74LS155 的简化符号

解:首先将 74LS155 双 1 线至 4 线数据分配器扩展为 1 线至 8 线分配器:将使能端 1ST 与$\overline{2ST}$并接作为高位地址变量 A 输入端,两个数据输入端并接作为数据输入端$\overline{D}$。

然后将此 1 线至 8 线分配器变成 3 线至 8 线译码器:将数据输入端$\overline{D}$接地。注意:此时 8 条输出线(即 8 个最小项的非)的排列如图 3.5.40 所示。

再将 F_1 转换为最小项表达式为 $F_1(A,B,C)=A\cdot\overline{B}\cdot C+\overline{A}\cdot\overline{B}\cdot\overline{C}+B\cdot C=\sum m(0,3,5,7)$,外加一个与非门即可实现;$F2$ 转换为 $F_2(A,B,C)=\sum m(0,1,2,3,5,6,7)=M_4=\overline{m_4}$ 不用外加门,直接引出即可,如图 3.5.40 所示。

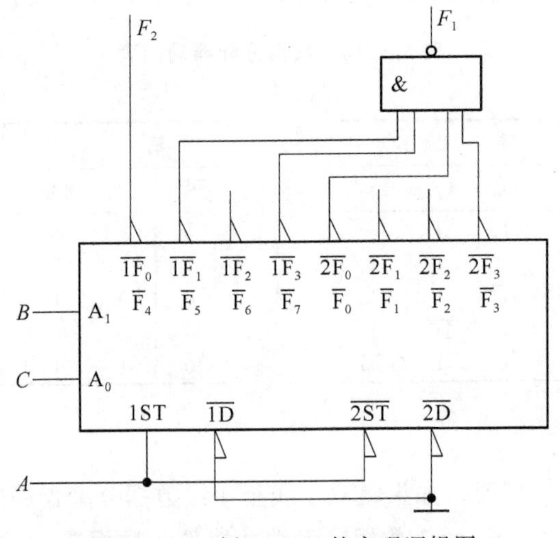

图 3.5.40 例 3.5.11 的实现逻辑图

(2) 多路分配器

将数据选择器和数据分配器配合使用,就可以实现多路数据的传输。图 3.5.41 所示的是 8 路数据传输,受地址输入 ABC 的控制。例如,当 ABC=001 时,实现 $D_1 \rightarrow f_1$ 的传输,在此强调指出,收、发两端的地址要严格同步。

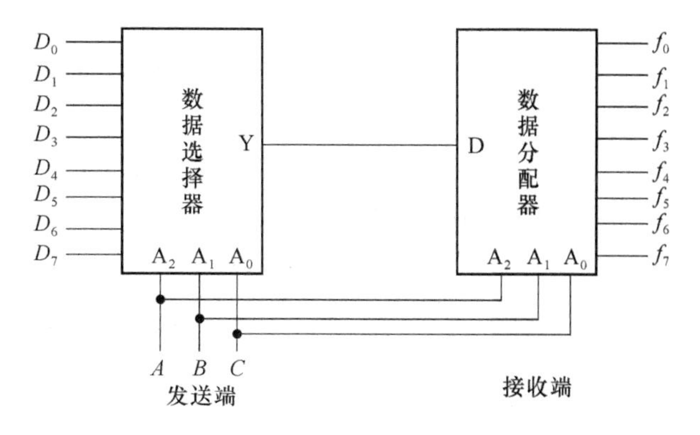

图 3.5.41　8 路数据传输

3.5.6　奇偶校验与可靠性编码

1. 奇偶校验码

(1) 基本功能

在数码的传送及存储过程中由于存在干扰,数码可能发生差错,如 1 变为 0 或 0 变为 1。发现这些错误并将它们进行纠正,这就是纠错技术,这一技术已经广泛地应用到数据传输及计算机系统中。奇偶校验码是其中最基本的检错码,这种码具有一定的检错能力,但不能纠错。

奇偶校验码是在信息码之后,加一位校验位,使整个码组中 1 的个数为奇数或偶数,前者称为奇校验,后者称为偶校验。表 3.5.11 为 8421BCD 码的奇偶校验码。只要收发双方预先约定采用何种校验码,当传输中有差错便能很容易地判断出来。但若有两位同时有错是不能发现的,不过两位同时出错的概率很小,故奇偶校验码被广泛应用。常采用奇校验,因为它排除了全 0 的情况。奇偶校验单元的通用符号如图 3.5.42 所示。

表 3.5.11　8421BCD 码的奇偶校验码

十进制数	8421BCD 码(信息码)				奇校验位	偶校验位
0	0	0	0	0	1	0
1	0	0	0	1	0	1
2	0	0	1	0	0	1
3	0	0	1	1	1	0
4	0	1	0	0	0	1
5	0	1	0	1	1	0
6	0	1	1	0	1	0
7	0	1	1	1	0	1
8	1	0	0	0	0	1
9	1	0	0	1	1	0

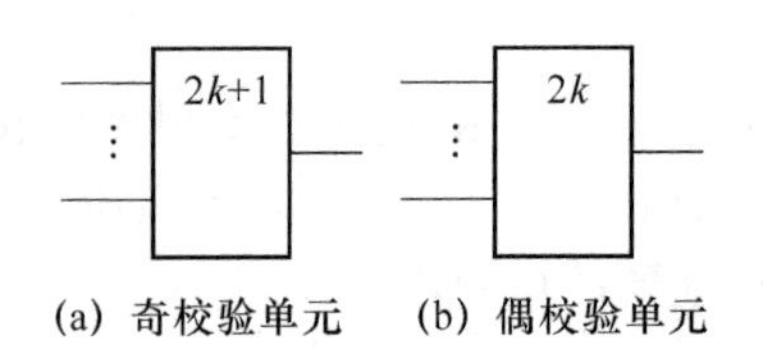

(a) 奇校验单元　(b) 偶校验单元

图 3.5.42　奇偶校验单元的通用符号

由于异或的性质:奇数个 1 异或结果为 1,偶数个 1 异或结果为 0。因此用异或门构成奇偶校验电路十分方便。图 3.5.43 为 8421BCD 码发送端奇校验位产生电路和接收端奇校验电路,这是串行连接,当位数多时,还可采用并行(树形)结构。

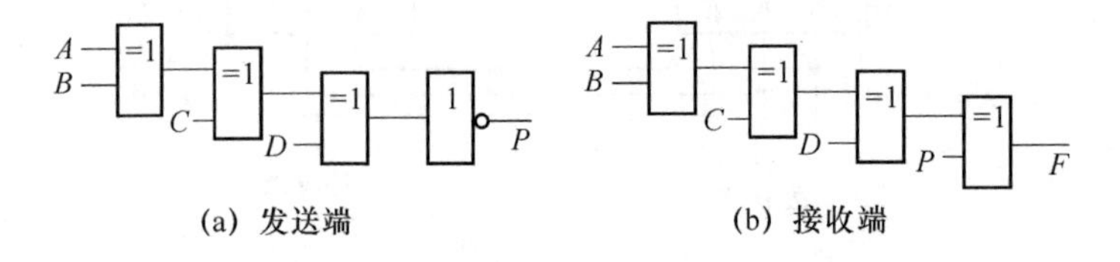

(a) 发送端　(b) 接收端

图 3.5.43　奇校验位产生电路与奇校验电路

由图 3.5.41 可得:

$$P=\overline{D\oplus C\oplus B\oplus A}$$

$$F=D\oplus C\oplus B\oplus A\oplus P$$

则 $F=0$ 表示传输有错误。

集成 9 位奇偶校验器 74LS280 的逻辑符号如图 3.5.44 所示,其中 $A\sim I$ 是输入端,Q_E 和 Q_O 是输出端,功能列于表 3.5.12 中。输出表达式为

$$Q_O=A\oplus B\oplus C\oplus D\oplus E\oplus F\oplus G\oplus H\oplus I$$

$$Q_E=\overline{A\oplus B\oplus C\oplus D\oplus E\oplus F\oplus G\oplus H\oplus I}$$

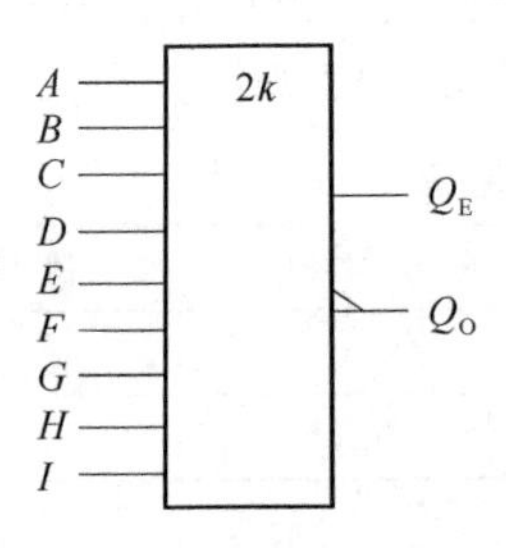

图 3.5.44　74LS280 的逻辑符号

表 3.5.12　奇偶校验器功能表

输入 $A\sim I$ 中 1 的个数	Q_O	Q_E
偶数	0	1
奇数	1	0

74LS280 既适用于奇校验,也适用于偶校验;既可用于校验位的产生,也可用于奇偶性的校验。图 3.5.45 所示是利用 74LS280 对 8 位信息传输产生校验位与校验的电路。

(2) 功能扩展

若用 74LS280 实现输入多于 9 位的奇偶校验,可用串行级联和并行级联的方式扩展,如图 3.5.46 所示。

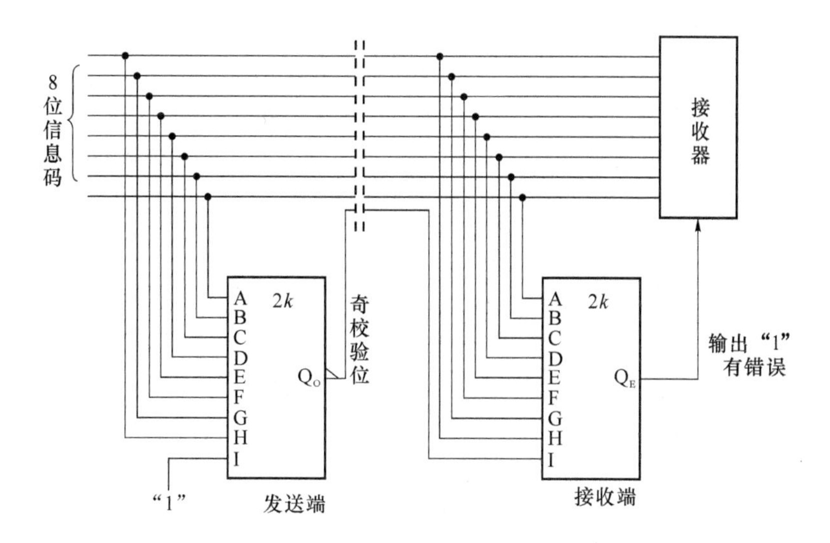

图 3.5.45　具有奇偶校验的数据传输

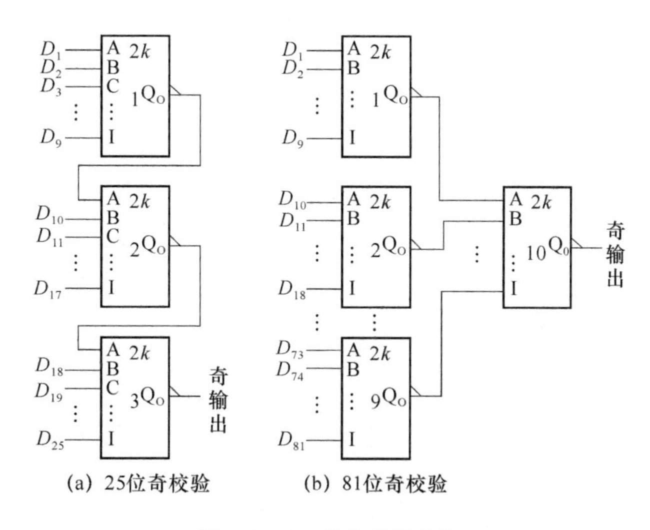

图 3.5.46　多位奇偶校验

2. 汉明码

奇偶校验码只能检测出一位错，而不能纠正错误。汉明码是既具有检错功能又具有纠错功能的一种可靠性编码。汉明码校验的基础也是奇偶校验，但它是多重的奇偶校验码。

下面以 8421 汉明码为例来说明汉明码的编码方法及检错纠错原理。

(1) 汉明码的编码

8421 汉明码是由 8421 码和 3 位校验位组成。设 8421 码为 I_4、I_3、I_2、I_1，3 位汉明校验位为 P_3、P_2、P_1，3 位校验位的位置分别设置在 2^i 码位上，$i=0$、1、2。即 P_1 置于 $2^0=1$ 码位上，P_2 置于 $2^1=2$ 码位上，P_3 置于 $2^2=4$ 码位。这样组成的 8421 汉明码的位序如下：

$$\begin{array}{ccccccc} 7 & 6 & 5 & 4 & 3 & 2 & 1 \\ I_4 & I_3 & I_2 & P_3 & I_1 & P_2 & P_1 \end{array}$$

其中 3 位校验码的编码方法如下：

首先将 7 位汉明码进行分组，因为用 3 位校验码，就分成 3 组进行奇偶校验。分组时，位序号所在的列中，先填写位序号对应的二进制码(S_1为低位)，如 6 是 110，$S_3S_2S_1=110$，然后，在 1 的位置上填写位序号对应的码元，如 6 对应 I_3，就在 6 列下 S_3、S_2 行填写 I_3，如表 3.5.13 所示。分组结果 3 个校验位分别位于 3 个组，每一组写出校验位的生成表达式如下：

表 3.5.13　汉明码分组表

分组 \ 位序号	7	6	5	4	3	2	1
S_3	I_4	I_3	I_2	P_3			
S_2	I_4	I_3			I_1	P_2	
S_1	I_4		I_2		I_1		P_1

$$P_3=I_4\oplus I_3\oplus I_2$$
$$P_2=I_4\oplus I_3\oplus I_1$$
$$P_1=I_4\oplus I_2\oplus I_1$$

根据上述规则写出 8421 汉明码如表 3.5.14 所示。

表 3.5.14　8421 汉明码

N \ 位序号	7	6	5	4	3	2	1
0	0	0	0	0	0	0	0
1	0	0	0	0	1	1	1
2	0	0	1	1	0	0	1
3	0	0	1	1	1	1	0
4	0	1	0	1	0	1	0
5	0	1	0	1	1	0	1
6	0	1	1	0	0	1	1
7	0	1	1	0	1	0	0
8	1	0	0	1	0	1	1
9	1	0	0	1	1	0	0

(2) 汉明码的校验

发送端将汉明码发送出去后，若接收端收到以后不再满足上述 P_i 表达式，则说明传输过程出了错，因此，接收端通过下列奇偶校验方程来判断。

$$S_3=I_4\oplus I_3\oplus I_2\oplus P_3$$
$$S_2=I_4\oplus I_3\oplus I_1\oplus P_2$$
$$S_1=I_4\oplus I_2\oplus I_1\oplus P_1$$

如果收到的代码是正确的，则 $S_3S_2S_1=000$；如果收到的代码不正确，有一个错，则由 S_3、S_2、S_1 所构成的二进制数指出错误位序号。

例如，发送端发出的 8421 汉明码为

7　6　5　4　3　2　1

0　1　0　1　0　1　0

接收端收到的代码为

7　6　5　4　3　2　1

0　1　0　1　1　1　0

则由校验方程得到 $S_3S_2S_1=011$，表明位序 3 出错，将第三位码 I_1 修改，1 变为 0，即得到纠正。

这是因为从分组表可见 I_1 序号是 3，对应 $S_3S_2S_1$ 的二进制码是 011，如果传输正确，S_i 皆为 0，一旦 I_1 出错，则对应二进制码 011 中所有 1 的 S_i 表达式 S_2、S_1 均为 1，故由 $S_3S_2S_1$ 的二进制码即可发现错误的位置。

表 3.5.15 汉明码校验位与最大信息位关系

校验位 k	总位数 2^k-1	最大信息位数 n
2	3	1
3	7	4
4	15	11
5	31	26
6	63	57
7	127	120

由上述分析可知，3 位校验码形成的 S_3、S_2、S_1 共给出 $2^3=8$ 种不同的状态，除了 000 表示正确外，其余 7 种状态分别指出 7 个码元的错误。因为包含了 3 位校验位，故 3 位校验位最多可校正 4 位信息位。

设有 k 位校验位，共 2^k 种组合，其中全 0 表示正确，出错组合数为 2^k-1，即总位数为 2^k-1，所以若信息位为 n 位，则 $n_{max}\leqslant 2^k-1-k$，表 3.5.15 给出汉明码校验位与最大信息位的关系。

随着校验位的增加，汉明码的检错、纠错能力也随之增强，它可以检出双位错、纠正一位错，也可以指出多位错、纠正双位错等，汉明码在计算机的信息传输中应用很广。

3.5.7 运算电路

1. 加法器

两个二进制数之间的算术运算无论是加、减、乘、除，目前在数字计算机中都是化做若干步加法运算进行的，因此加法器是构成算术运算器的基本单元。

加法器可由全加器构成，当有 n 位二进制数相加时就需 n 个全加器构成多位并行加法器。按照进位方式不同，常分为串行进位加法器和超前进位加法器两种。

(1) 串行进位加法器

本章第 3 节图 3.3.25 为 4 位串行进位加法器的逻辑框图，这种加法器的构成比较简单，只需将 4 个全加器串联起来，低位全加器的进位输出连到相邻高位全加器的进位输入，最低位全加器的进位端 CI 应当接 0。

这种加法器虽然各位相加是并行的，但其进位信号是由低位向高位逐级传递的，因此运算速度较慢。但结构比较简单，在运算速度要求不高的情况下，仍可采用。

(2) 超前进位加法器

为了提高运算速度，必须设法减小或消除由于进位信号逐级传递所耗费的时间，可以通过逻辑电路事先得出每一位全加器的进位信号，而无须再从最低位开始向高位逐位传递进位信号，采用这种结构的加法器叫超前进位加法器。下面以 4 位超前进位加法器为例来说明。

设两个加数 A 和 B，$A=A_4A_3A_2A_1$，$B=B_4B_3B_2B_1$。

由前面逐位传递加法器可得到各位和与进位表达式为

$$S_1=A_1\oplus B_1\oplus C_0 \qquad C_1=A_1B_1+C_0(A_1\oplus B_1)$$

$$S_2=A_2\oplus B_2\oplus C_1 \qquad C_2=A_2B_2+C_1(A_2\oplus B_2)$$

$$S_3 = A_3 \oplus B_3 \oplus C_2 \qquad C_3 = A_3B_3 + C_2(A_3 \oplus B_3)$$

$$S_4 = A_4 \oplus B_4 \oplus C_3 \qquad C_4 = A_4B_4 + C_3(A_4 \oplus B_4)$$

在表达式中，设

$$G_i = A_iB_i \qquad P_i = A_i \oplus B_i$$

G_i 为进位生成项，P_i 为进位传递项。则进位 C_i 形成速度决定于积项 P_iC_{i-1}，将进位表达式变换一下得

$$C_1 = G_1 + P_1C_0$$

$$C_2 = G_2 + P_2C_1 = G_2 + P_2G_1 + P_2P_1P_0$$

$$C_3 = G_3 + P_3C_2 = G_3 + P_3G_2 + P_3P_2G_1 + P_3P_2P_1C_0$$

$$C_4 = G_4 + P_4C_3 = G_4 + P_4G_3 + P_4P_3G_2 + P_4P_3P_2G_1 + P_4P_3P_2P_1C_0$$

各位和的输出为

$$S_i = P_i \oplus C_{i-1}$$

74LS283 4 位超前进位加法器就是基于这种逻辑结构制作的，其逻辑图示于图 3.5.47(a) 中，可知最多经过四级门就得到结果，图 3.5.47(b)是其简化逻辑符号。

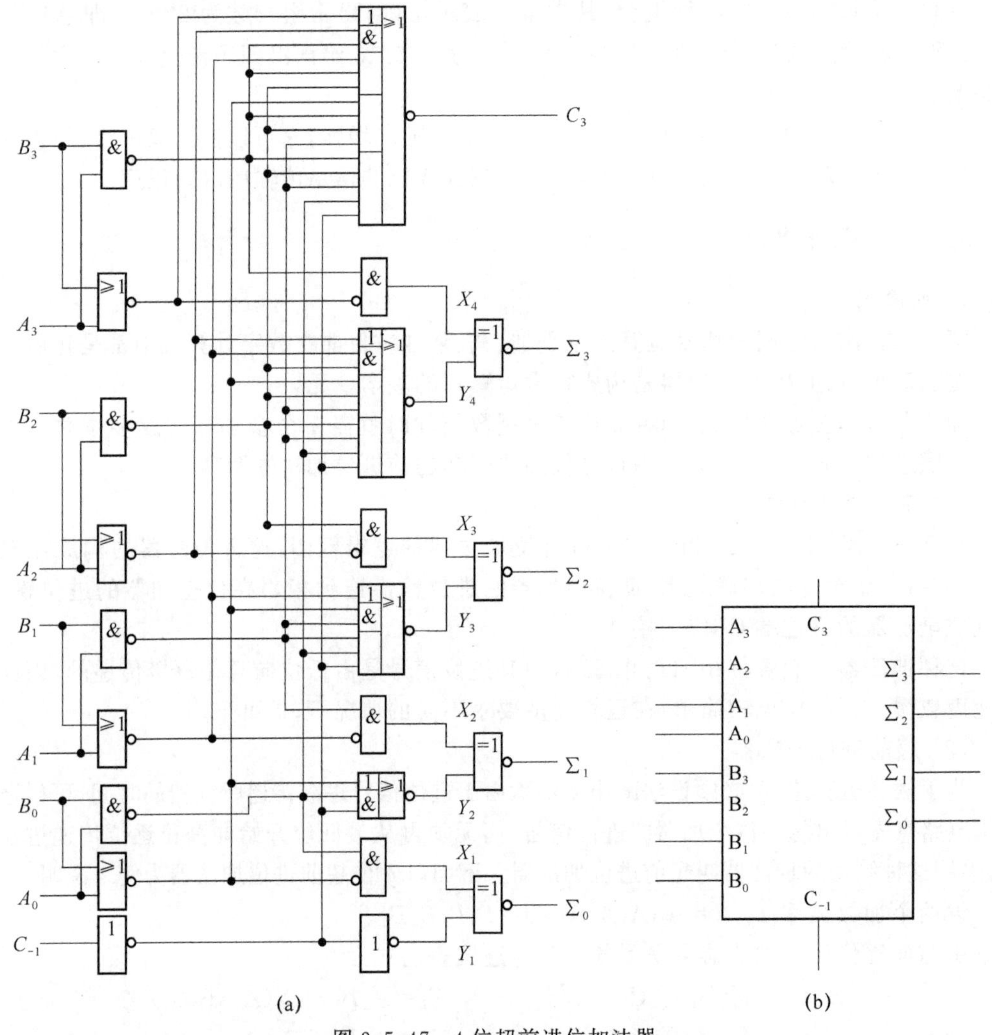

图 3.5.47　4 位超前进位加法器

显然，进位传递时间的节省是以逻辑电路的复杂为代价换取的。因此当运算位数较多时常采用折中方法，即将 n 位分为若干组，组内采用超前进位，组间采用串行进位。例如实现两个 16 位二进制数相加，需用 4 片 74LS283 4 位超前进位加法器串行级联，低位片的进位 C_3 接到相邻高位片的 C_{-1}，最低位片的 C_{-1} 接 0 即可。

(3) 应用

加法器除作二进制加法运算外，还可以广泛用于构成其他功能电路，如代码转换电路、减法器、十进制加法器等。

【例 3.5.12】 用 4 位加法器实现 8421BCD 码至余 3BCD 码的转换。

解： 由于余 3BCD 码比相应的 8421BCD 多 3(0011)，只需将输入的 8421BCD 加 3 即可，用 1 片 4 位加法器就能实现，如图 3.5.48 所示。

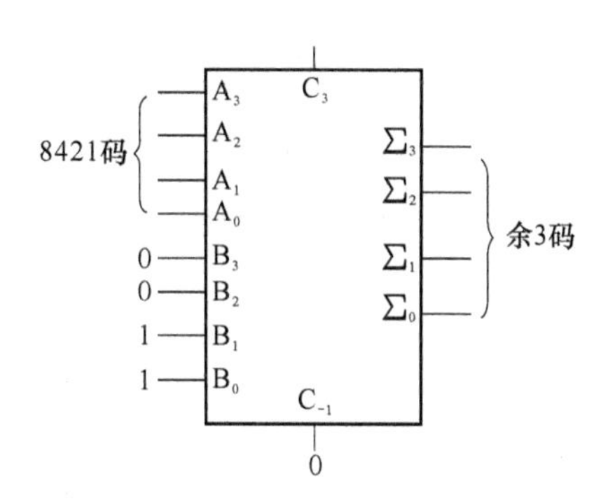

图 3.5.48 代码转换电路

【例 3.5.13】 试将两位 8421BCD 码转换为等值的二进制数。

解： 两位 8421BCD 码转换为二进制数，比较简便的方法是利用权值来转换。设两位 8421BCD 码 N 的高位为 $D'_8D'_4D'_2D'_1$，低位是 $D_8D_4D_2D_1$，则：

$$
\begin{aligned}
N &= (D'_8\times 8+D'_4\times 4+D'_2\times 2+D'_1)\times 10+D_8\times 8+D_4\times 4+D_2\times 2+D_1 \\
&= D'_8\times 80+D'_4\times 40+D'_2\times 20+D'_1\times 10+D_8\times 8+D_4\times 4+D_2\times 2+D_1 \\
&= D'_8\times(64+16)+D'_4\times(32+8)+D'_2\times(16+4)+D'_1\times(8+2)+D_8\times 8+D_4\times 4+D_2\times 2+D_1 \\
&= D'_8\times 2^6+D'_4\times 2^5+(D'_8+D'_2)\times 2^4+(D'_4+D'_1+D_8)\times 2^3+(D'_2+D_4)\times 2^2+(D'_1+D_2)\times 2+D_1
\end{aligned}
$$

由推导结果可知，按上式进行计算，将相加的进位加到高位上去，用两个 4 位加法器就可实现将两位 8421BCD 码转换为等值的二进制数，其逻辑连接图如图 3.5.49 所示。

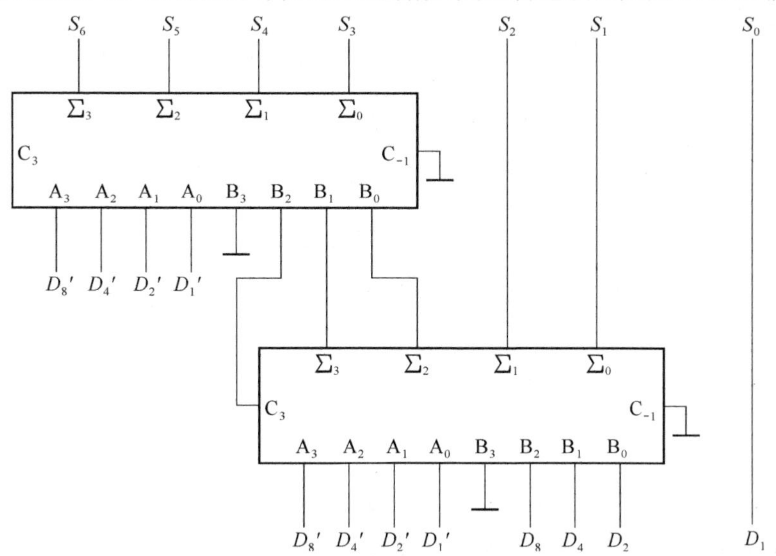

图 3.5.49 两位 8421BCD 码转换电路

【**例 3.5.14**】 用 4 位二进制加法器构成 1 位 8421BCD 码加法器。

解:本章第 3 节例 3.3.15 是用全加器实现的,本题改用 4 位二进制加法器实现,原理相同,如图 3.5.50 所示。

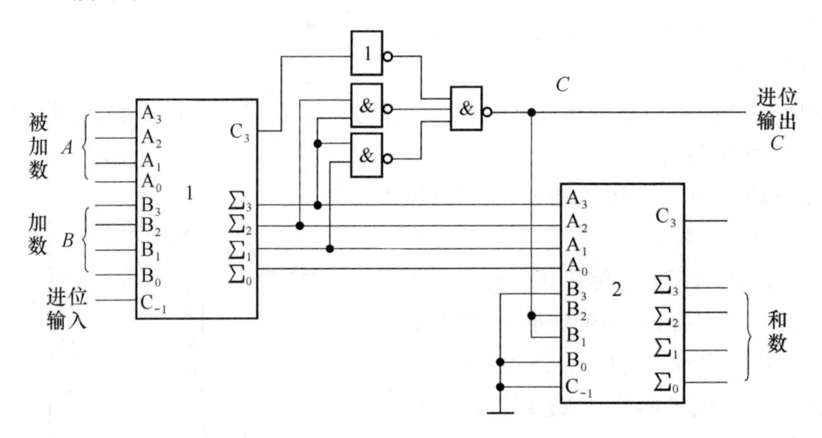

图 3.5.50 例 3.5.14 的逻辑电路图

2. 减法器

(1) 全减器

本章第 3 节例 3.3.11 是用 SSI 芯片实现的全减器,其真值表见表 3.3.3。实用中,为了简化系统结构,通常不另外设计减法器,而是将减法运算变为加法运算来处理,使运算器既能实现加法运算,又可实现减法运算。

由真值表得到 D_i 和 C_i 的表达式如下:

$$D_i = A_i \oplus B_i \oplus C_{i-1}$$

$$C_i = \overline{A_i}B_i + \overline{A_i}C_{i-1} + B_iC_{i-1}$$

若以 $\overline{A_i}$ 作为输入,则表达式为

$$D_i = \overline{\overline{A_i} \oplus B_i \oplus C_{i-1}}$$

$$C_i = (\overline{A_i} \oplus B_i)C_{i-1} + \overline{A_i}B_i$$

可见与全加器表达式形式相似,故可用全加器实现全减器,如图 3.5.51 所示。

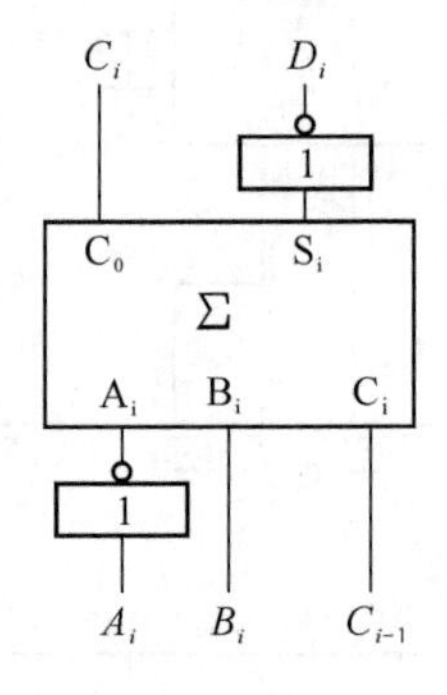

图 3.5.51 全加器实现的全减器

在数字电路中,减法运算用补码的加法来完成,先介绍二进制数的表示方法。

(2) 二进制正、负数的表示法

在数字系统中，数的符号是用 0 表示正号，1 表示负号。有符号的二进制数有 3 种表示法：原码、反码和补码。

3 种表示法对于正整数来说是一样的，即符号位为 0，随后是二进制数的数值。例如 +18，3 种表示均为 010010。

对于负数 3 种表示法不同。

原码：负数的符号位为 1，随后是二进制数的绝对值。例如，−18 的原码是 110010。

反码：符号位为 1，随后是将绝对值按位取反。也相当于将其对应的正数按位取反（连同符号位）。例如，−18 的反码是 +18(010010) 的按位取反为 101101。

补码：负数的补码是其反码加 1。例如，−18 的补码是 101110。

求一个负数的补码也可按下述方法进行：对于其对应的正数（连同符号位），从最低位开始，保留所有的低位 0 不变；遇到第一个 1 时，保持这个 1 不变；以后各高位均取反：即 1 换 0，0 换 1。

(3) 补码表示法的减法

对于减法运算：

$$(\pm A)-(+B)=(\pm A)+(-B)$$

将被减数和减数取补，将减法运算变成补码的加法运算，其运算结果为补码形式。

由于负数的补码的补（连同符号位）正是其对应的正数（绝对值），例如，−18 的补码是 101110，再一次取补（按位取反加 1），则为 010010，即是正数 18，所以在减法运算中，若减数是负数，对负数的补码取补为正数，即减负等于加正。如下列运算：

$$(\pm A)-(-B)=(\pm A)+(B)$$

因此，当两个补码表示的二进制数相减时，可对补码表示的减数再取补（连同符号位），减法运算变成加法运算，运算结果也是补码形式。

对于无符号数，上述减法也适用，图 3.5.52 所示是两个 4 位正数相减 $A-B$，对减数 B 取补（按位取反加 1），将减法变成加法，用 4 位加法器完成。由于没有考虑符号位（A 的符号是 0，$(-B)$ 的符号是 1），所以相加结果若 $C_3=1$，表示够减，输出 $\Sigma_0\sim\Sigma_3$ 即为差值正数。若 $C_3=0$，表示不够减，输出为负数补码，将结果取补即为差的绝对值。

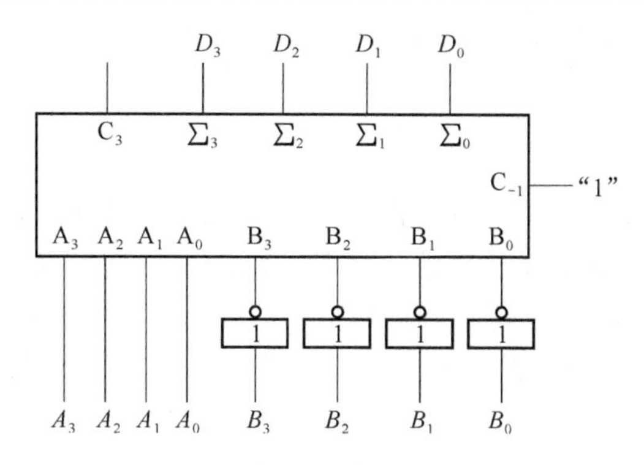

图 3.5.52　4 位减法电路

图 3.5.53 是可控的加减电路，$M=1$，实现减法运算，$M=0$ 实现加法运算。

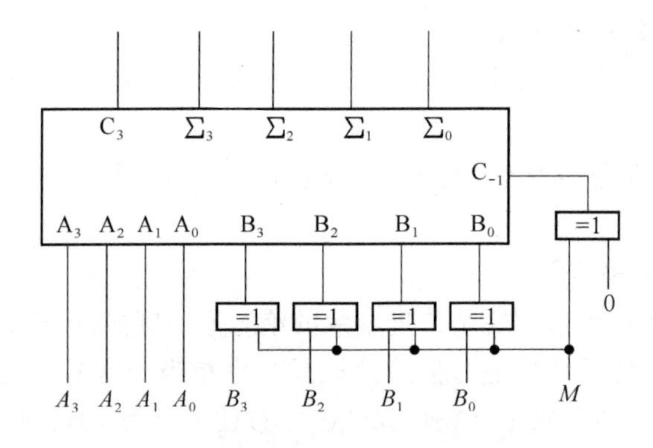

图 3.5.53 可控的加减电路

另外，乘法和除法运算也可用加法器实现，具体实现可参考相关资料。

3. 算术逻辑单元(Arithmetic-logic Unit,ALU)

数字系统中常把执行数值比较、加法和减法等算术运算、与、与非、或、或非、异或和移位等逻辑运算，以及逻辑运算和算术运算的混合运算的各种电路组合成一个电路，称为算术逻辑单元(ALU)或称多功能函数发生器，故算术逻辑单元(ALU)能够完成一系列的算术运算和逻辑运算。

74LS381 是比较简单的双极型 ALU，其功能如表 3.5.16 所示，引脚图如图 3.5.54 所示。

表 3.5.16 74LS381 功能表

选择			算术/逻辑操作
S_2	S_1	S_0	
0	0	0	清零
0	0	1	B 减 A
0	1	0	A 减 B
0	1	1	A 加 B
1	0	0	$A \oplus B$
1	0	1	$A+B$
1	1	0	$A \cdot B$
1	1	1	预置

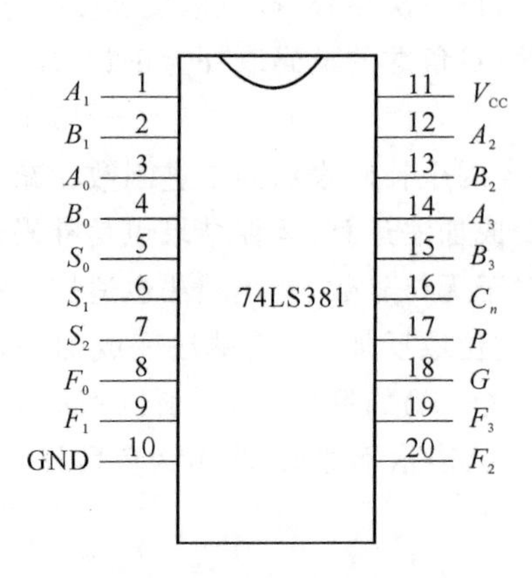

图 3.5.54 74LS381 引脚图

该算术逻辑单元可以对两个 4 位数据 A 和 B 进行 6 种算术或逻辑运算，并有清零和预置功能。所谓清零是使各种数据输出端的状态为 0，预置是使数据输出端处于预定的状态。输入信号 $S_2 \sim S_0$ 可以选择 8 种不同的运算功能。进行算术运算时，其输出为二进制数；进行逻辑运算时，则为含一定意义的代码。进行预置操作时，预定的状态从 A_3、A_2、A_1、A_0 端输入。

可以根据需要把若干片 4 位 ALU 与超前进位产生器连接，扩展 ALU 的位数。

习　题

3-1　试分析题图 3.1 所示逻辑电路的功能。

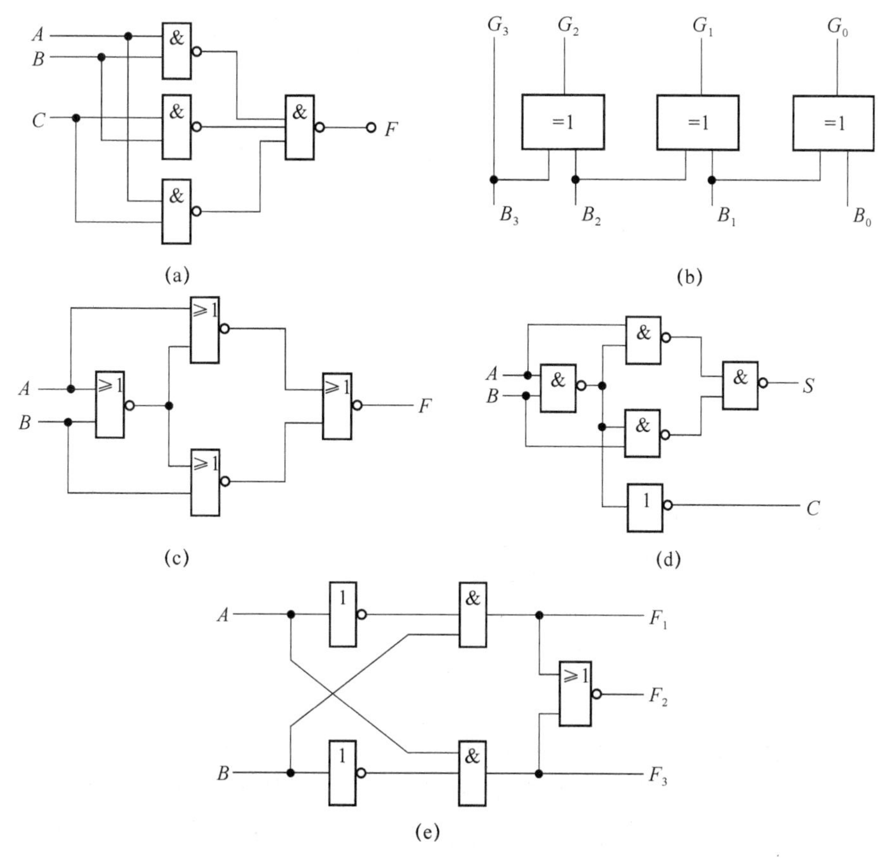

题图 3.1

3-2　试分析哪些输入码型可使题图 3.2 逻辑图中输出 F 为 1。

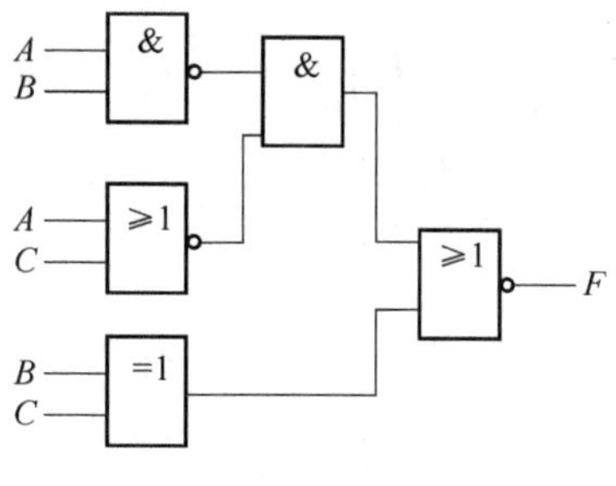

题图 3.2

3-3　题图 3.3 中，如果 a 点有接地故障(即 a 点为 0)，同时 b 点有接高电位的故障，试问对电路的输出有无影响？

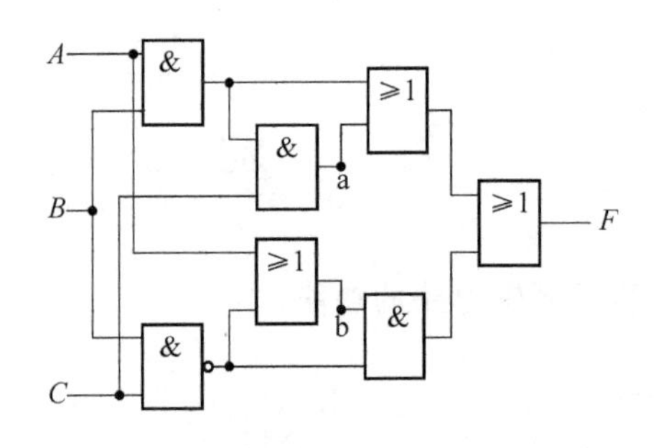

题图 3.3

3-4　试分析题图 3.4 所示各逻辑电路，作出真值表，并说明其逻辑功能。

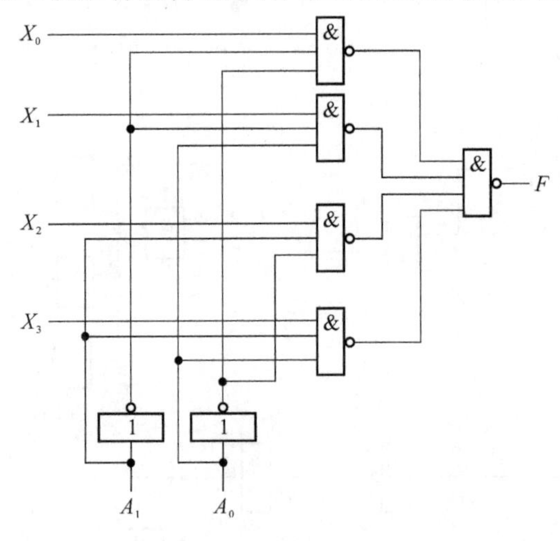

题图 3.4

3-5　已知题图 3.5 是一个受 M 控制的 4 位二进制码和格雷码的相互转换。当 $M=1$ 时，完成自然二进制码至格雷码转换；当 $M=0$ 时，完成相反的转换，试说明之。

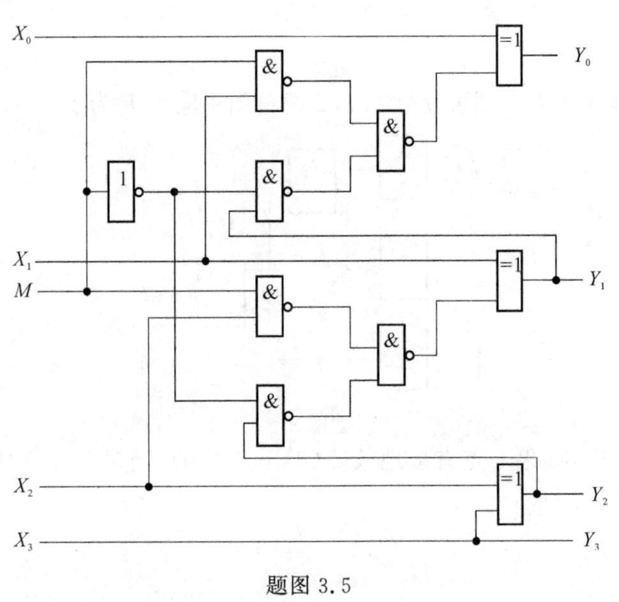

题图 3.5

3-6　分析题图 3.6 所示多功能逻辑运算电路。图中 S_3、S_2、S_1、S_0 为控制输入端，列出真值表，说明 F 与 A、B 的关系。

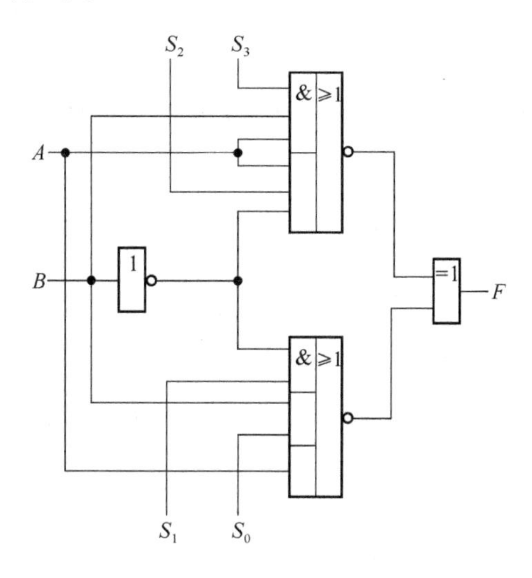

题图 3.6

3-7　在输入既有原变量又有反变量的条件下，用与非门实现下列函数：

(1) $F(A,B,C)=\sum m(2,3,4,5,7)$；

(2) $F(A,B,C,D)=\sum m(0,2,6,7,10,12,13,14,15)$；

(3) $F(A,B,C,D)=\sum m(0,4,5,6,7,10,11,13,14,15)$；

(4) $F(A,B,C,D,E)=A\overline{B}+\overline{A}C+B\overline{C}\,\overline{D}+BCE+B\overline{D}\,\overline{E}$；

(5) $F(A,B,C,D)=AB+\overline{\overline{A}+C}\cdot BD+B\overline{\overline{C}D}$；

(6) $F(A,B,C,D)=\sum m(2,4,5,6,7,10)+\sum \phi(0,3,8,15)$；

(7) $F(A,B,C,D,E)=\sum m(0,1,3,6,7,13,15,20,23,28,31)+\sum \phi(10,12,16,18,25,27,29)$。

3-8　设输入既有原变量又有反变量，用与非门实现下列多输出电路：

(1) $F_1(A,B,C,D)=\sum m(2,4,5,6,7,10,13,14,15)$；

$F_2(A,B,C,D)=\sum m(2,5,8,9,10,11,12,13,14,15)$。

(2) $F_1(A,B,C,D)=\sum m(0,4,8,9,10,14)$；

$F_2(A,B,C,D)=\sum m(1,2,4,5,10,11)$；

$F_3(A,B,C,D)=\sum m(0,1,3,5,7,8,9,10,11,14)$。

3-9　在有原变量又有反变量的输入条件下，用或非门设计实现下列函数的组合电路：

(1) $F(A,B,C,D)=\sum m(0,1,2,4,5,10,14,15)$；

(2) $F(A,B,C,D)=\prod M(0,1,3,7,9,11,14)\cdot\prod\phi(5,8,10,12)$；

(3) $F(A,B,C,D)=\sum m(2,4,6,10,14,15)+\sum\phi(0,3,9,11)$；

(4) $F=\overline{\overline{\overline{A+B}+\overline{B+C}}\cdot\overline{A}\,\overline{B}}$。

3-10　设输入只有原变量而无反变量，试用最少的三级与非门实现下列函数：

(1) $F(A,B,C)=\overline{A}B+A\overline{C}+A\overline{B}$；

(2) $F(A,B,C,D)=\sum m(1,2,5,6,8,9,10)$；

(3) $F(A,B,C,D)=\sum m(1,3,5,6,7,9,11,12,13,14)$；

(4) $F(A,B,C,D)=\prod M(3,6,7,8,12,15)$。

3-11　在输入只有原变量没有反变量的条件下，用或非门设计实现下列函数的组合电路：

(1) $F(A,B,C,D)=\prod M(1,2,3,8,9,10)$；

(2) $F(A,B,C,D)=\sum m(0,1,5,7,10,11,12,13,14,15)$。

3-12　用与非门设计1个4人表决器，多数人赞成决议通过，否则决议不通过。

3-13　设X、Y均为4位二进制数，它们分别是一个逻辑电路的输入与输出，当$0\leqslant X\leqslant 4$时，$Y=X+1$；当$5\leqslant X\leqslant 9$时，$Y=X-1$，且X不大于9。试用与非门实现该电路。

3-14　试为某水坝设计一个水位报警控制器，设水位高度用4位二进制数提供。当水位上升到8 m时，白指示灯开始亮；当水位上升到10 m时，黄指示灯开始亮；当水位上升到12 m时，红指示灯开始亮。水位不可能上升到14 m，且同时只允许一个指示灯亮。试用或非门设计此报警器的控制电路。

3-15　已知输入信号A、B、C、D的波形如题图3.7所示，选择适当的集成逻辑门电路，设计产生输出F波形的组合电路（输入无反变量）。

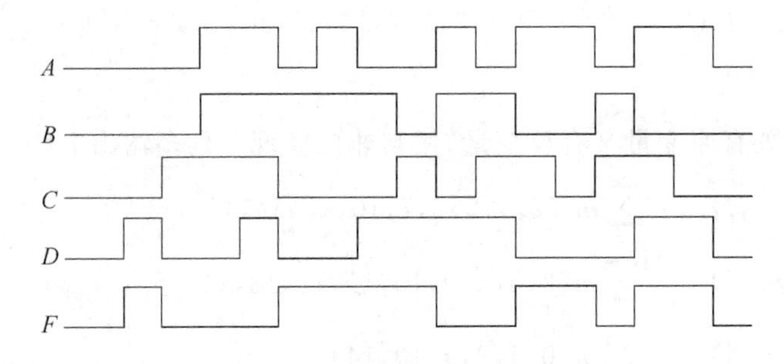

题图 3.7

3-16　设计1个4位格雷码至4位二进制码的转换电路，用异或门实现。

3-17　3人裁判举重比赛，1个主裁判、2个副裁判，认为杠铃举上时，按自己面前的电键（为1），否则不按（为0）；裁判结果用红、绿灯表示，红绿灯都亮（均为1）表示完全举上，只红灯亮表示需研究录像决定，其余为未举上。

(1) 三个裁判均按下自己的电键，红绿灯全亮；

(2) 两个裁判(其中一个是主裁判)按下自己的电键，红绿灯全亮；

(3) 两个副裁判或一个主裁判按下自己的电键，只红灯亮；

(4) 其他情况红绿灯全灭。

用与非门设计满足上述要求的控制电路。

3-18 用与非门实现下列代码转换：

(1) 8421 码转换为余 3 码；

(2) 8421 码转换为 2421 码；

(3) 余 3 码转换为余 3 格雷码。

其代码转换表如题表 3.1 所示。

题表 3.1

十进制数	8421 码				余 3 码				2421 码				余 3 格雷码			
0	0	0	0	0	0	0	1	1	0	0	0	0	0	0	1	0
1	0	0	0	1	0	1	0	0	0	0	0	1	0	1	1	0
2	0	0	1	0	0	1	0	1	0	0	1	0	0	1	1	1
3	0	0	1	1	0	1	1	0	0	0	1	1	0	1	0	1
4	0	1	0	0	0	1	1	1	0	1	0	0	0	1	0	0
5	0	1	0	1	1	0	0	0	1	0	1	1	1	1	0	0
6	0	1	1	0	1	0	0	1	1	1	0	0	1	1	0	1
7	0	1	1	1	1	0	1	0	1	1	0	1	1	1	1	1
8	1	0	0	0	1	0	1	1	1	1	1	0	1	1	1	0
9	1	0	0	1	1	1	0	0	1	1	1	1	1	0	1	0

3-19 设输入既有原变量又有反变量，试用两块 74LS10(三输入端三与非门)实现下列多输出函数：

(1) $F_1(A,B,C,D)=\sum m(6,7,8,9,12)$；

(2) $F_2(A,B,C,D)=\sum m(5,6,7,8,10,13,15)$。

3-20 用两个半加器和一个或门构成一个全加器。

3-21 设计一个无冒险的电路，其工作条件是：当输入 4 位码为 $\sum m(0,1,5,7,8,11,15)$ 时，绿灯亮，输入其他码时红灯亮。

3-22 判断下列表达式是否存在逻辑冒险，如有，则说明是什么类型的冒险。

(1) $F(A,B,C)=A\overline{B}+\overline{A}C+B\overline{C}$；

(2) $F(A,B,C)=\overline{A}\,\overline{C}+\overline{A}B+AC$；

(3) $F(A,B,C)=(A+B)\cdot(\overline{B}+C)$；

(4) $F(A,B,C)=(A+\overline{B})(\overline{A}+C)(B+\overline{C})$。

3-23 用卡诺图法消除函数 $F=\overline{A}C+B\overline{C}D+A\overline{B}\,\overline{C}$ 的冒险。

3-24 用代数法判断题图 3.8 所示各逻辑电路是否存在逻辑冒险，如有，则说明是什么类型的冒险。

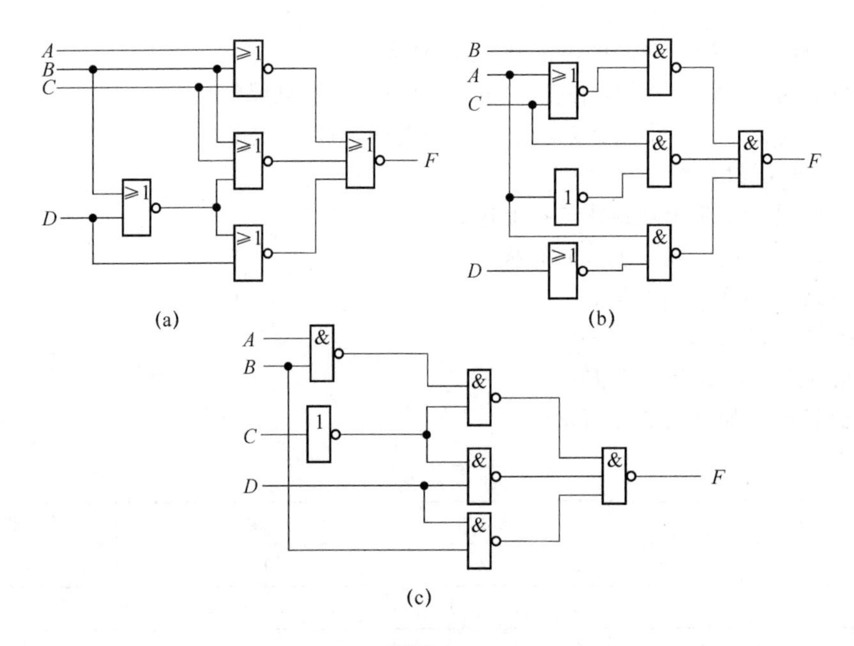

题图 3.8

3-25 某逻辑函数的卡诺图如题图 3.9 所示，试判断当输入信号作如下变化时，是否存在功能冒险。

(1) $ABCD$ 从 0011→0100；

(2) $ABCD$ 从 0110→0111；

(3) $ABCD$ 从 1010→1100；

(4) $ABCD$ 从 0010→1110；

(5) $ABCD$ 从 1001→1100。

CD \ AB	00	01	11	10
00	0	0	1	0
01	0	1	1	1
11	1	1	0	1
10	1	1	1	1

题图 3.9

3-26 已知逻辑函数 $F(A,B,C,D)=\sum m(1,3,4,5,6,8,9,12,14)$，试判断当输入变量变化按自然二进制码的顺序变化时，是否存在静态功能冒险，如果存在，请用选通脉冲法消除。画出用与非门实现的逻辑电路图。

3-27 试用中规模集成 4 位数码比较器扩展成 18 位数码比较器。

3-28 设 A、B、C 为 3 个互不相等的 4 位二进制数。试用 4 位数码比较器和 2 选 1 选择器，设计一个能在 3 个数中选出最小数的逻辑电路。

3-29 试用两个 4 位数码比较器组成 3 个数的判断电路。要求能够判别 3 个 4 位二进制数 $A(a_3a_2a_1a_0)$、$B(b_3b_2b_1b_0)$、$C(c_3c_2c_1c_0)$ 是否相等、A 是否最大、A 是否最小，并分别给出“3 个数相等”、“A 最大”、“A 最小”的输出信号。可以附加必要的门电路。

3-30 用 4 位数码比较器和 4 位加法器构成 4 位二进制数转换成 8421BCD 码的电路。

3-31 试用 74148 组成 24 线-5 线优先编码器。

3-32 设计一个 4 线-2 线优先编码器，要求输入/输出均为高电平有效，试写出用与非门实现的编码器输出的逻辑表达式。

3-33 用一片 3 线-8 线译码器和与非门构成 1 位全加器。

3-34 试用 4 片 BCD 码/十进制译码器和一个二输入变量的译码器，组成一个 5 线-32

线的译码器。

3-35　试用3片3线-8线译码器组成一个5线-24线译码器。

3-36　写出题图3.10电路输出Y_1、Y_2的逻辑函数式。

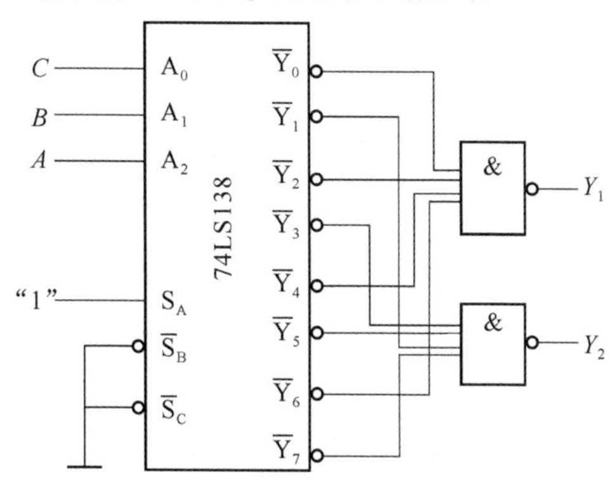

题图 3.10

3-37　用3线-8线译码器设计一个路灯控制电路，要求在4个不同的地方都能独立地开灯和关灯。

3-38　用3线-8线译码器实现二进制码到格雷码的转换。

3-39　写出如题图3.11所示的地址译码器的选通信号$\overline{CS_1}$、$\overline{CS_2}$、$\overline{CS_3}$所选中的地址空间范围（以十六进制表示，若不连续，分别写出），地址线为A_7～A_0。

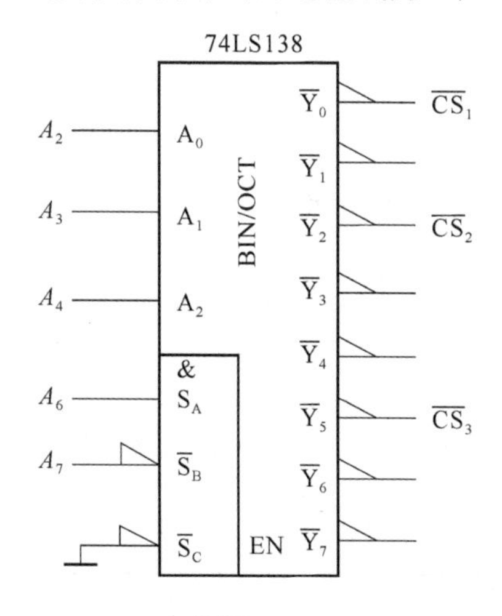

题图 3.11

3-40　用一片双4选1数据选择器实现1位全加器。

3-41　电路的输出F与输入A、B、C的关系如题图3.12所示，试用一片8选1数据选择器实现。

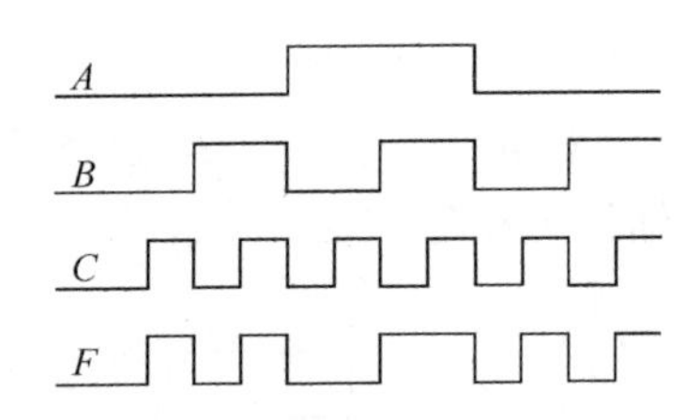

题图 3.12

3-42　用 8 选 1 数据选择器实现下列函数(输入提供原变量和反变量)：

(1) $F(A,B,C)=AB+BC+AC$；

(2) $F(A,B,C)=A\oplus B\oplus AC\oplus BC$；

(3) $F(A,B,C)=\sum m\ (0,2,3,6,7)$；

(4) $F(A,B,C,D)=\sum m(0,4,5,8,12,13,14)$；

(5) $F(A,B,C,D)=\sum m(0,3,5,8,11,14)+\sum \phi(1,6,12,13)$；

(6) $F(A,B,C,D,E)=\sum m(0,2,4,10,11,15,18,20,25,26,28,29)+\sum \phi(5,6,14,17,22,24)$。

3-43　用双 4 选 1 数据选择器实现题 3-42 各函数。

3-44　分析如题图 3.13 所示的 8 选 1 数据选择器组成的电路的逻辑功能。

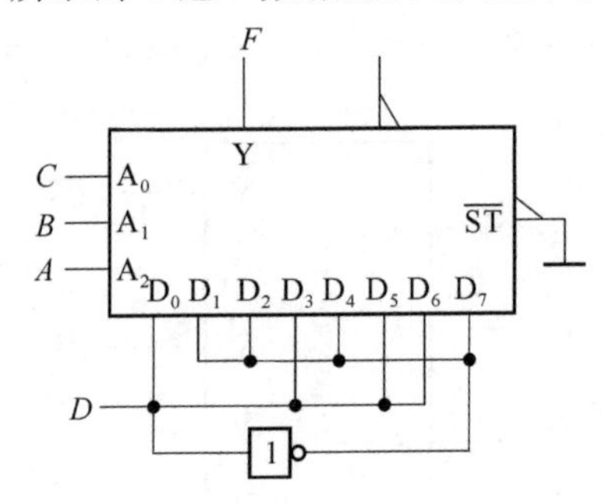

题图 3.13

3-45　分析如题图 3.14 所示的由双 4 选 1 数据选择器组成的电路的逻辑功能。

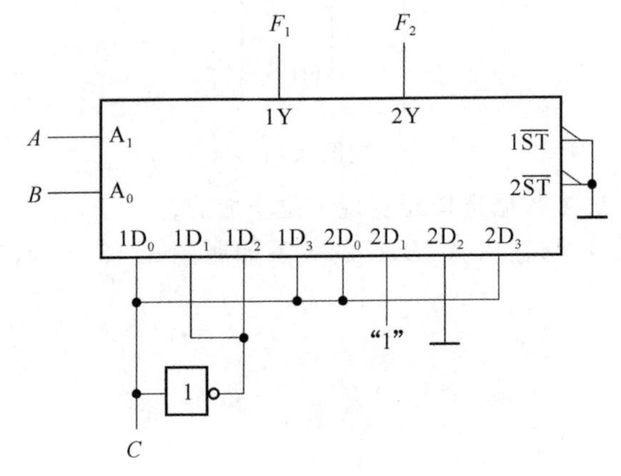

题图 3.14

3-46　用 8 选 1 数据选择器设计一个函数发生器电路，它的功能表如题表 3.2 所示。

题表 3.2

S_1	S_0	Y
0	0	$A \cdot B$
0	1	$A+B$
1	0	$A \oplus B$
1	1	$\overline{A}$

3-47　试用 6 个 8 路数据选择器连接一个 40 路数据选择器。

3-48　用 8 选 1 数据选择器产生 10110011 序列信号。

3-49　由 8 选 1 数据选择器实现的函数 F 如题图 3.15 所示。

(1) 写出函数 F 的表达式；

(2) 用 3 线-8 线译码器 74LS138 实现函数 F。

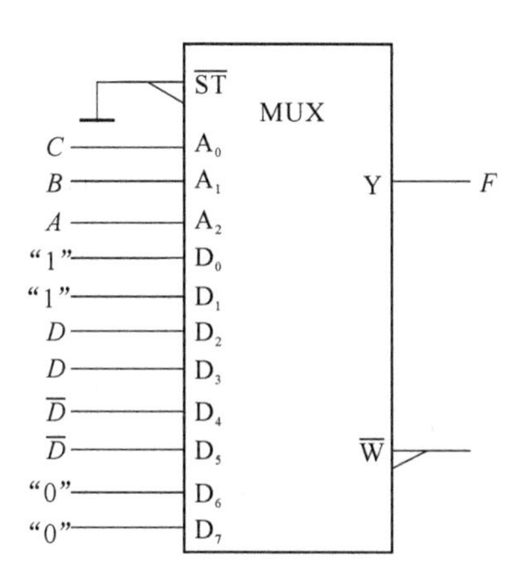

题图 3.15

3-50　设计一个既能实现 1 位二进制全加运算，又能实现 1 位二进制全减运算的组合逻辑电路。

(1) 写出电路输出函数的最简与或表达式；

(2) 用 3 线-8 线译码器 74LS138 实现该电路；

(3) 用双 4 选 1 数据选择器 74LS153 实现该电路。

3-51　设 A、B、C 为 3 个互不相等的 4 位二进制数，用 4 位数码比较器和 2 选 1 数据选择器设计一个能在 3 个数中选出最小数的逻辑电路。

3-52　用一片 4 位加法器构成将余 3 码转换为 8421BCD 码的电路。

3-53　用 4 位加法器和 4 位数码比较器构成将 8421BCD 码转换为 2421BCD 码的电路。

3-54　分析题图 3.16 所示电路，图中 $A_3 \sim A_0$ 和 $B_3 \sim B_0$ 为两位十进制数的 8421BCD

码，输出为二进制数，说明该电路完成的功能。

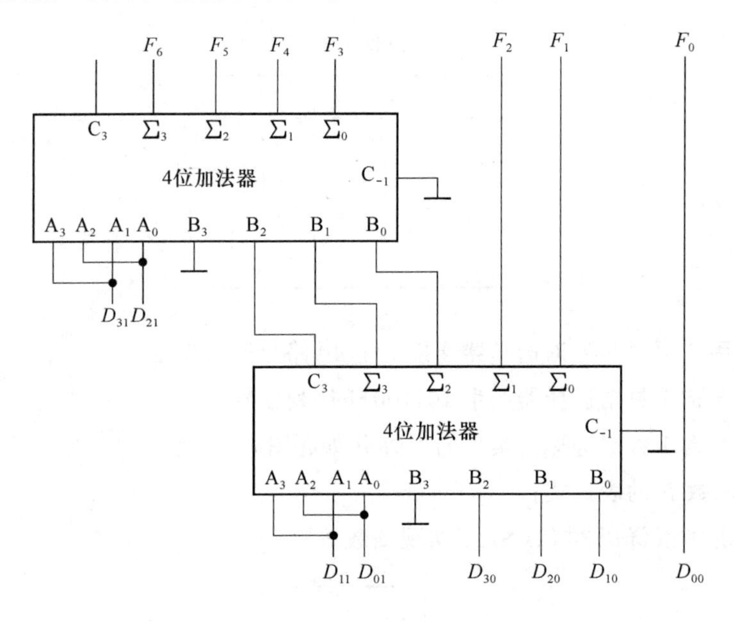

题图 3.16

3-55 试用 74LS283 加法器和逻辑门实现 1 位 8421BCD 码减法电路，输入/输出均是 BCD 码。

第4章 集成触发器

从本章开始学习时序逻辑电路(Sequential Logic Circuit)的分析与设计。主要介绍触发器的特点、构成及时序电路描述和分析方法。

4.1 时序电路的特点

前面介绍的各种组合逻辑电路虽然逻辑功能不同,但有一个共同点,那就是某一时刻的输出,仅仅由该时刻的输入决定,而与该时刻以前电路的状态没有关系;在电路结构上,一般是没有反馈的。

时序电路的特征是输出不仅和当前的输入有关,而且也和以前的输入有关。换句话说,即使当前的输入是相同的,但由于以前的输入不同,输出也可能不同。因此这类电路必须具有记忆功能。

最常用的记忆元件是双稳态触发器(Flip-Flop,F-F),因为有两个稳定状态(简称稳态),故此得名。本章将介绍各类集成触发器的原理、功能及描述方法,是时序电路分析的基础,需要注意 TTL 触发器和 CMOS 触发器在使用上的差别。

4.2 触发器的基本特性及其记忆作用

集成触发器的种类很多,但所有的双稳态触发器都具备以下这些特性:

(1) 有两个互补的输出 Q 和$\overline{Q}$。当 $Q=1$ 时,$\overline{Q}=0$,而当 $Q=0$ 时,$\overline{Q}=1$。

(2) 有两个稳态。若输入不变,触发器必处于其中一个稳态,且保持不变。将 $Q=1$ 和$\overline{Q}=0$ 称为“1”状态;而把 $Q=0$ 和$\overline{Q}=1$ 称为“0”状态。

(3) 在输入信号的作用下,可以从一个稳态转换到另一个稳态,并保持下去,直到下一次输入发生变化时,才可能再次改变状态。

设输入信号没有到来时(即发生变化之前,t_n 时刻),触发器的输出状态称为现在状态、原状态或当前状态,用 Q^n 和$\overline{Q^n}$表示;输入信号到来后(即发生变化之后,t_{n+1}时刻),触发器达到稳定时的输出状态称为下一状态、新状态或次态,用 Q^{n+1} 和$\overline{Q^{n+1}}$表示。若用 X 来表示输入信号的集合,则触发器的下一状态是它的现在状态和输入信号的函数,即

$$Q^{n+1}=f(Q^n,X) \tag{4.2.1}$$

这个式子称为触发器的下一状态方程,简称状态方程,是描述时序电路的最基本表达

式。每种触发器都有自己特定的状态方程，因此也叫特征方程。

现在状态和下一状态是相对于输入变化而言的，在某一个时刻输入变化后电路进入的下一状态，对于下一次输入变化而言，就是触发器的现在状态。即下一状态是对某一时刻而言的，过了这个时刻就应看做现在状态。

双稳态触发器有两个稳态，所以能记忆一位二进制数的两个状态。实际只记忆两种状态是不够的，可以通过多个触发器的连接来获得多种记忆状态。

4.3 基本 RS 触发器

4.3.1 电路结构及工作原理

基本 RS 触发器是一切触发器构成的基础。

1. 结构

基本 RS 触发器由两级或非门或两级与非门交叉形成，如图 4.3.1 所示，其中，S 为 Set 置位端，R 为 Reset 复位端。图 4.3.1 (a)的等效图如图 4.3.2 所示。

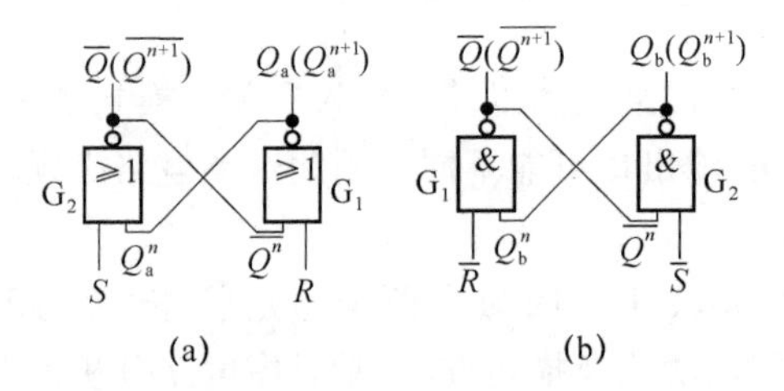

图 4.3.1　基本 RS 触发器的两种结构图

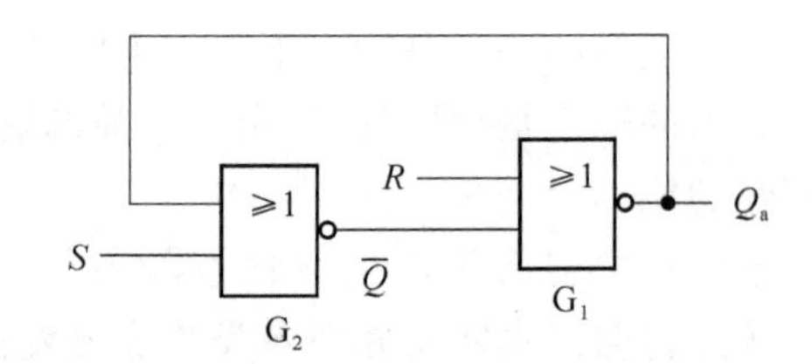

图 4.3.2　图 4.3.1(a)的另一种画法

两种结构图均反映了一个基本特点：时序电路的下一状态是其输入和现在状态的函数。

由于或非门有 1 就输出 0，1 信号起作用，1 有效；与非门有 0 就输出 1，0 信号起作用，0 有效。为统一两者取值关系，在与非门组成的触发器输入信号上加非号成$\overline{SR}$，逻辑符号上 R、S 端加一小圆圈，表示 0 有效。图 4.3.1(a)称为 RS 触发器，图 4.3.1(b)称为$\overline{R}\,\overline{S}$触发器。

2. 原理

由图 4.3.1(a)、(b)不难得出两种结构的触发器具有下面相同的结论：

(1) 当$\left.\begin{matrix}S=0,R=0\\ \overline{S}=1,\overline{R}=1\end{matrix}\right\}$时，$Q^{n+1}=Q^n$，触发器保持原状态。

(2) 当$\left.\begin{matrix}S=0,R=1\\ \overline{S}=1,\overline{R}=0\end{matrix}\right\}$时，$Q^{n+1}=0$，复位，触发器置 0。

(3) 当$\left.\begin{matrix}S=1,R=0\\ \overline{S}=0,\overline{R}=1\end{matrix}\right\}$时，$Q^{n+1}=1$，置位，触发器置 1。

(4) 当$\left.\begin{matrix}S=1,R=1\\ \overline{S}=0,\overline{R}=0\end{matrix}\right\}$时，或非门：$Q^{n+1}=0,\overline{Q^{n+1}}=0$；与非门：$Q^{n+1}=1,\overline{Q^{n+1}}=1$。这是触发器的禁止状态，因为：

① 此时输出 $Q=\overline{Q}$相等，破坏了输出端互补的逻辑关系。

② 若以此时的状态作现在状态，则当 S、R 同时由 1→0（$\overline{S}$,$\overline{R}$由 0→1），由于两个门的延迟时间不同（$t_{pd1}\neq t_{pd2}$），且谁大谁小具有随机性，当 $t_{pd1}<t_{pd2}$ 时，$Q^{n+1}=1$，$t_{pd1}>t_{pd2}$ 时，$Q^{n+1}=0$，所以新状态不确定；而 R、S 非同时由 1→0 时，若 S 先由 1→0，$Q^{n+1}=0$，若 R 先由 1→0，$Q^{n+1}=1$，新状态同样不确定。

故综合以上情况，基本 RS 触发器不允许 $S=R=1$ 出现，称为约束条件，即 $R\cdot S=0$。

4.3.2 描述触发器（时序电路）的方法

下面以基本 RS 触发器为例介绍。

1. 状态表

将输入信号称为外输入，触发器的原状态 Q^n 称为内输入。状态表是用表格形式表示所有可能的输入与输出的对应关系，类似于真值表，更常以卡诺图（二维真值表）的形式出现。由此可以得到基本 RS 触发器的状态表如图 4.3.3 所示。

$S=R=1$ 为不允许输入，在表中表现为任意项。

2. 功能表

为简化的状态表，只列出外输入与输出 Q^{n+1} 的对应关系，多用于器件手册。基本 RS 触发器的功能表如表 4.3.1 所示。

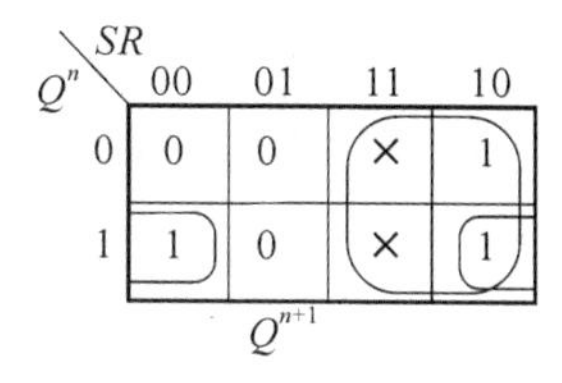

图 4.3.3 基本 RS 触发器的状态表

表 4.3.1 基本 RS 触发器的功能表

S	R	Q^{n+1}	功能说明
0	0	Q^n	保持
0	1	0	置 0
1	0	1	置 1
1	1	×	不允许

功能表在形式上与组合逻辑电路的真值表相似，左边是输入状态的各种组合；右边是相应的输出状态。但这时输出取值中除了 0 和 1 之外还有反映过去输入结果的 Q^n，这正体现出时序电路的特性。

3. 状态方程（特征方程）

将输入 S、R、Q^n 和 Q^{n+1} 之间的关系用函数式表示出来，有两种方法：

（1）化简图 4.3.3 基本 RS 触发器的状态表，可得：

$$\begin{cases}Q^{n+1}=S+\overline{R}Q^n\\R\cdot S=0\end{cases}\tag{4.3.1}$$

（2）从电路图 4.3.1(a) 中直接求得：$Q^{n+1}=\overline{R+\overline{S+Q^n}}=\overline{R}(S+Q^n)=S\overline{R}+\overline{R}Q^n$，由于有约束条件 $R\cdot S=0$，可在上式中加入一项 RS，得：

$$\begin{cases}Q^{n+1}=S\overline{R}+\overline{R}Q^n+RS=S+\overline{R}Q^n\\R\cdot S=0\text{（或非门）或}\overline{R}+\overline{S}=1\text{（与非门）}\end{cases}\tag{4.3.2}$$

可见两种方法的结论相同，$\overline{RS}$触发器的状态方程和 RS 触发器是一致的，仅约束条件的形式有所不同，以后统一采用公式（4.3.1）。

4. 波形图(时序图)

触发器输入信号和其输出 Q 之间对应关系的工作波形图称做时序图，可直观地说明触发器的特性。根据功能表就可由触发器的现在状态及输入来决定触发器的下一状态，图 4.3.4为基本 RS 触发器的波形图，设初始状态为 $Q_0=0$，图中虚线部分表示状态不确定。

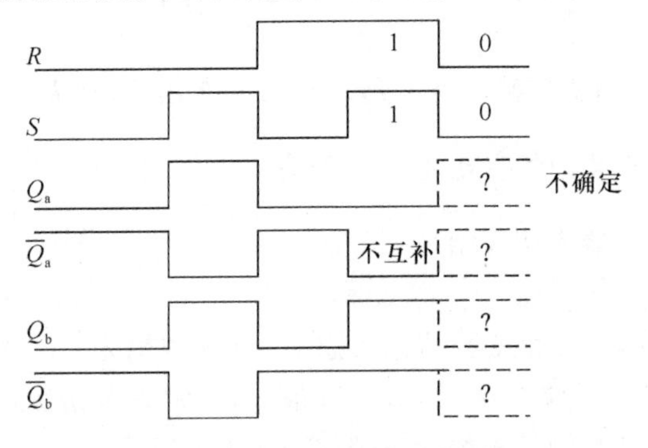

图 4.3.4　基本 RS 触发器的波形图

正像所有逻辑电路都有延迟，RS 触发器的输出对输入也有一定的延迟。设每个或非门(与非门)的延迟时间为 t_{pd}，则可以得到图 4.3.5(a)、(b)的波形图，图(a)是带延迟的或非门基本触发器的输出波形，图(b)是带延迟的与非门基本触发器的输出波形。在图(a)中当 S 变为 1 时，经过一个 t_{pd} 后引起 $\overline{Q}$ 的变化，再经过一个 t_{pd} 引起 Q 的变化。而在图(b)中，则是 $\overline{S}$ 变为低电平后先引起 Q 的变化(延迟 t_{pd})，再经过一个 t_{pd} 后才引起 $\overline{Q}$ 的变化。所以考虑到门延迟的影响，要保证基本 RS 触发器有稳定的输出，输入信号的持续时间应大于 $2t_{pd}$。

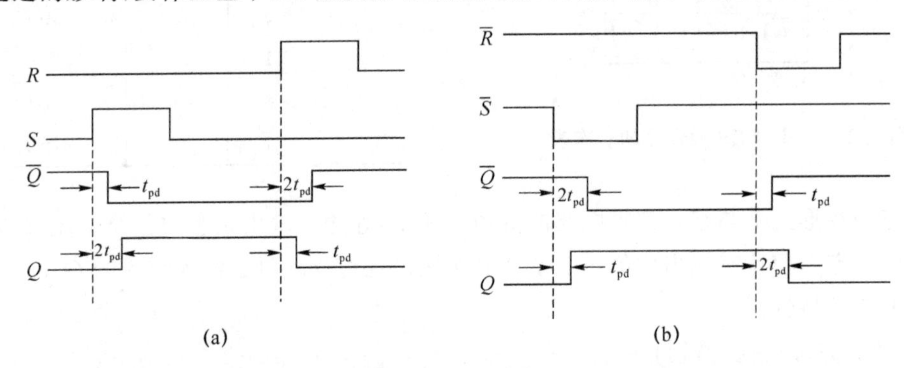

图 4.3.5　考虑延迟的基本 RS 触发器波形图

5. 状态图(或状态转移图)

以图形方式表示输出状态转换的条件和规律。用圆圈○表示各状态，圈内注明状态名或取值，用箭头→表示状态间的转移，箭头指向新状态，线上注明状态转换的条件/输出，条件可以多个。基本 RS 触发器的状态图如图 4.3.6 所示。

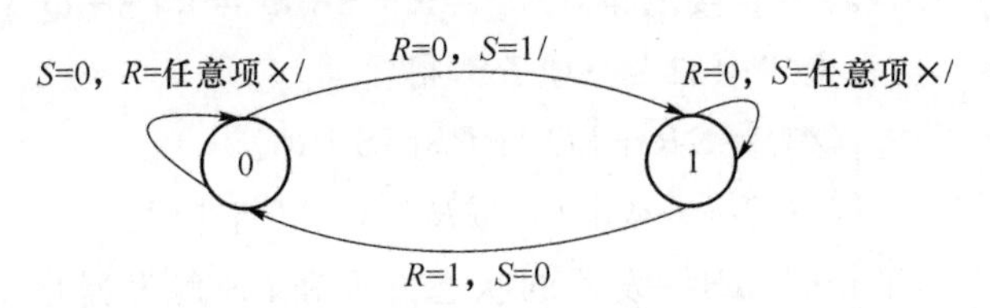

图 4.3.6　基本 RS 触发器的状态图

6. 激励表

列出已知的状态转换和所要求的输入条件的表格叫激励表。是以当前状态 Q^n 和下一状态 Q^{n+1} 为变量，以对应的输入变量 R、S 为函数的关系表，即在什么样的激励下，才能使 $Q^n \to Q^{n+1}$。表 4.3.2 为基本 RS 触发器的激励表。

表 4.3.2 基本 RS 触发器的激励表

Q^n	Q^{n+1}	S	R
0	0	0	×
0	1	1	0
1	0	0	1
1	1	×	0

显然以上各种描述方法之间可以互相转换。

对于触发器，最重要的是掌握它们的特征方程和约束条件。

4.3.3 基本 RS 触发器的特点

(1) 状态转换时刻和方向(即变成哪种状态)，同受输入信号 S、R 控制，为异步时序电路。

(2) 基本 RS 触发器是组成各类触发器的基础。(因为 R、S 输入有限制，所以使用不便。)

在一些数字系统中，往往要求触发器的状态不是在输入信号变化时立即转换，而是等待一个控制脉冲到达时才转换，这个控制脉冲就是时钟脉冲 CP(Clock Pulse)。

用一个时钟信号保持整个时序系统协调工作的电路称为同步时序电路。

转换时刻受 CP 控制的触发器称为钟控触发器，是同步时序电路的基础。下面介绍各种钟控触发器。

4.4 各种钟控触发器的逻辑功能

4.4.1 钟控 RS 触发器

1. 结构

具有时钟输入的 RS 触发器如图 4.4.1 所示，由 4 个与非门构成，与非门 G3、G4 构成基本 $\overline{R}\,\overline{S}$ 触发器。

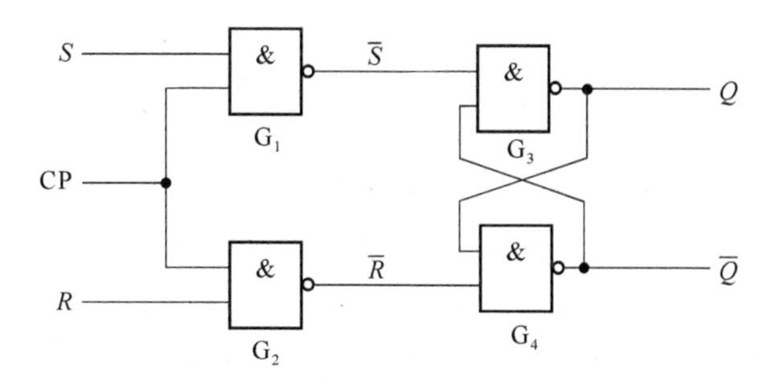

图 4.4.1 钟控 RS 触发器逻辑图

2. 原理

电路的工作分为两种情况：

(1) 当 CP=0 时，与非门 G_1、G_2 的输出都为 1，即 $\overline{R}\,\overline{S}=11$。由 $\overline{R}\,\overline{S}$ 触发器的性能可知

此时触发器保持原状态，即

$$Q^{n+1}=Q^n \cdot \overline{CP}$$

(2) 当 CP=1 时，G_1、G_2 打开，输入信号 RS 通过 G_1、G_2 作用到$\overline{R}\ \overline{S}$触发器的输入端，实现基本 RS 触发器的功能，即

$$Q^{n+1}=(S+\overline{R}Q^n)\cdot CP$$

综合以上两种情况，可以得出钟控 RS 触发器的状态方程为

$$Q^{n+1}=(S+\overline{R}Q^n)\cdot CP+Q^n\cdot\overline{CP}$$

对于有时钟的电路，其状态方程中应该有 CP 这个输入变量。但由于在 CP=0 时，触发器只是维持原状态，因此，一般都把状态方程只限于 CP=1 的情况，省去 CP 这个变量：$Q^{n+1}=S+\overline{R}Q^n$（此时 CP=1），其功能表如表 4.4.1 所示。

表 4.4.1　钟控 *RS* 触发器功能表

CP	S	R	Q^{n+1}	功能说明
0	×	×	Q^n	保持
1	0	0	Q^n	保持
1	0	1	0	置 0
1	1	0	1	置 1
1	1	1	×	不允许

钟控 RS 触发器在 CP=0 时，维持原状态；在 CP=1 时，输出随输入按基本 RS 触发器的特性而变化，这种钟控触发方式称为电位触发。

钟控 RS 触发器的缺点是输入有限制，使用不方便。

4.4.2　钟控 *D* 触发器

在钟控 RS 触发器的输入部分加一个反相器，将两个输入端减为一个，就构成了钟控 D 触发器，其逻辑图示于图 4.4.2。从图中可以看出，原来的 RS 输入信号，现在则以 $S=D$ 和 $R=\overline{D}$来代替，因此可利用 RS 触发器的状态方程得出 D 触发器的状态方程，即当 CP=1 时：

$$Q^{n+1}=S+\overline{R}Q^n=D+\overline{\overline{D}}Q^n=D \tag{4.4.1}$$

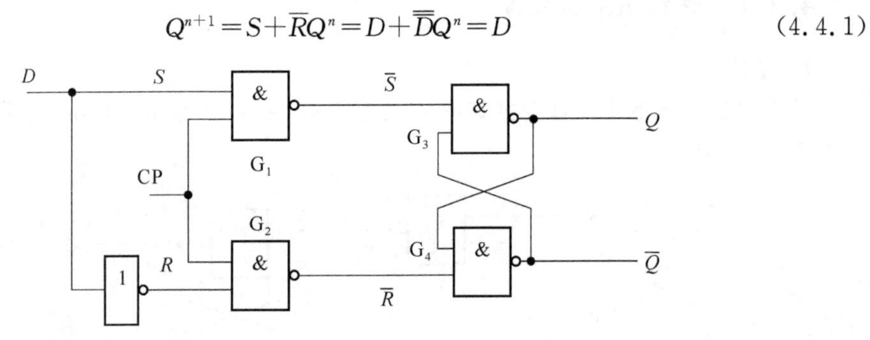

图 4.4.2　钟控 D 触发器

由状态方程可以立即得出 D 触发器的功能表，如表 4.4.2 所示。可见其逻辑功能十分简单，就是在时钟信号作用下，将输入的数据接收并保存。由于 D 触发器只有一个输入端，在许多情况下，可使触发器之间的连接变得简单，因此使用十分广泛。

表 4.4.2　*D* 触发器功能表

CP	D	Q^{n+1}	功能说明
0	×	Q^n	保持
1	0	0	置 0
1	1	1	置 1

4.4.3 锁存器

在实际中，有些数据出现时间很短，但使用的时间比较长，就需要在数据出现时，将数据存储起来，以便以后使用。完成这种功能的部件称为锁存器(Latch)。

由于 D 触发器有直接存储数据的功能，一般都是用 D 触发器构成锁存器。一位钟控 D 触发器只能传送或存储一位数据，而在实际工作中往往希望一次传送或存储多位数据。为此可以把若干个钟控 D 触发器的控制端 CP 连接起来，用一个公共的控制信号来控制，而各个数据端仍然是各自独立地接收数据。

集成锁存器的品种很多，位数有 2 位、4 位、8 位等，输出有单输出 Q，反相输出$\overline{Q}$，以及互补输出 Q 和$\overline{Q}$。常用的 8 位 D 锁存器 74LS373 还带有输出三态控制，使输出可以呈现 0、1 或高阻 3 种状态，表 4.4.3 是其功能表。注意：无时钟信号 CP，而是电位信号 G。

表 4.4.3 8 位 D 锁存器 74LS373 功能表

输出控制 OE	G	D	Q^{n+1}
0	1	1	1
0	1	0	0
0	0	×	Q^n
1	×	×	高阻

利用这种锁存器，可以构成双向数据锁存器，逻辑图如图 4.4.3 所示。当输出控制信号 $OE_1=0$ 和 $OE_2=1$ 时，锁存器Ⅱ输出为高阻态，锁存器Ⅰ工作，数据可以从左边传送到右边。而当 $OE_1=1$ 和 $OE_2=0$ 时，锁存器Ⅰ为高阻抗输出，锁存器Ⅱ工作，数据可以从右边传到左边，从而完成了双向数据传送和锁存的功能。

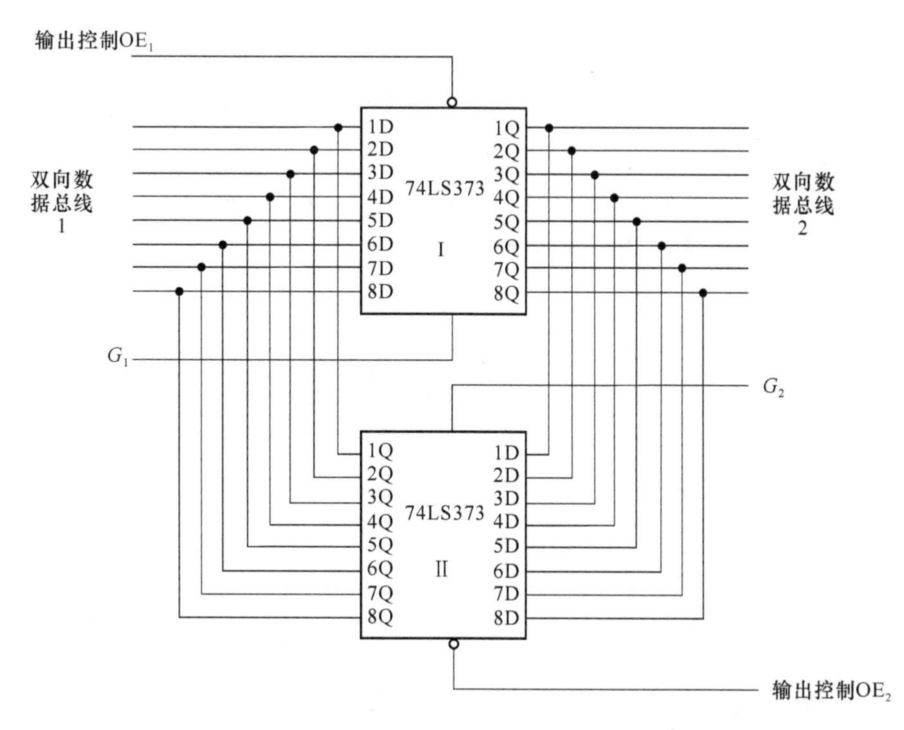

图 4.4.3 由 74LS373 构成双向数据锁存器

锁存器仍然是一种电位控制的触发器，在控制信号有效时，输出是随输入数据的变化而变化的。有的资料上把由脉冲边沿触发的 D 触发器构成的数据寄存器也称为锁存器。而实际上,这两类电路的工作是不同的。为了加以区别,有时称前者为透明式锁存器,而把后一种称为非透明的锁存器。

锁存器在实践中有广泛的应用,但它们不能用在同步时序系统中构成计数器、移位寄存器或其他同步电路。

4.4.4 钟控 JK 触发器

另一种使用十分广泛的触发器是 JK 触发器。它有两个输入端,但对输入的取值不再受限制,即可以取 00、01、10、11 4 种组合的任何一种。JK 触发器的逻辑图如图 4.4.4 所示,是由钟控 RS 触发器加上两条反馈线而构成的:即从 $\overline{Q}$ 反馈到原 S 信号输入门,从 Q 反馈到原 R 信号输入门,并把 S 输入端改为 J,R 输入端改为 K。这样,实际的 R 和 S 信号为

$$S=J\,\overline{Q^n};\qquad R=KQ^n$$

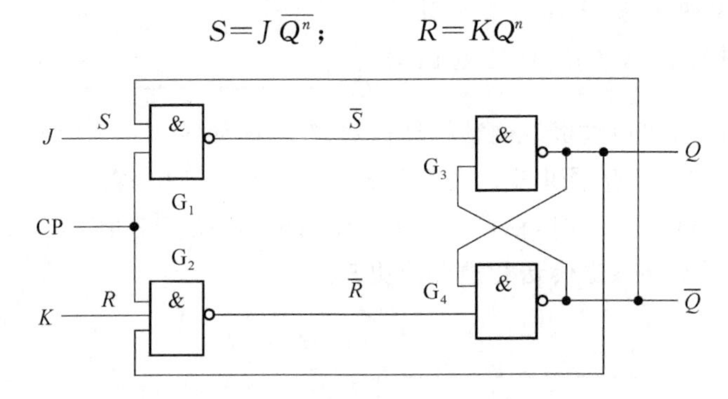

图 4.4.4 钟控 JK 触发器

把它们代入 RS 触发器的状态方程可得

$$Q^{n+1}=S+\overline{R}Q^n=J\,\overline{Q^n}+\overline{KQ^n}\cdot Q^n=J\,\overline{Q^n}+\overline{K}Q^n \tag{4.4.2}$$

由状态方程可作出 JK 触发器的功能表 4.4.4。

表 4.4.4 JK 触发器的功能表

CP	J	K	Q^{n+1}	功能说明
0	×	×	Q^n	保持
1	0	0	Q^n	保持
1	0	1	0	置 0
1	1	0	1	置 1
1	1	1	$\overline{Q^n}$	翻转

由表可见,RS 触发器对输入 11 组合不允许出现的限制,在这里不再存在,从而使得 JK 触发器的使用,比 RS 触发器广泛得多。

4.4.5 钟控 T 触发器

把 JK 触发器的两个输入端连接在一起,构成了另一种只有一个输入端的触发器,称为

T 触发器，其逻辑图如图 4.4.5 所示。采用与 JK 触发器同样的分析方法，可知这时的等效 R、S 输入信号为

$$S = T\overline{Q^n}; \qquad R = TQ^n$$

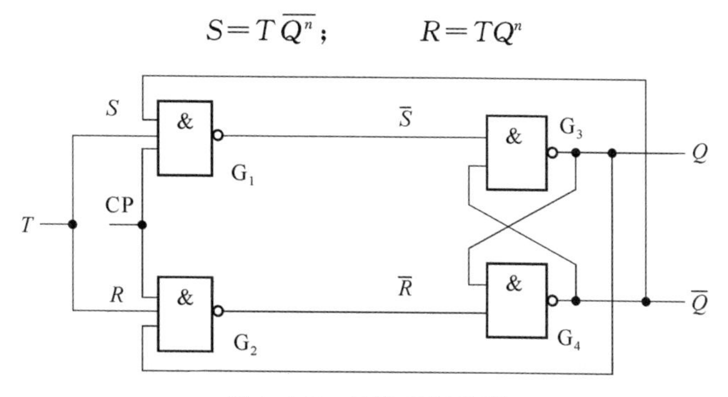

图 4.4.5　钟控 T 触发器

因此，T 触发器的状态方程为

$$Q^{n+1} = S + RQ = T\overline{Q^n} + \overline{TQ^n} \cdot Q^n = T\overline{Q^n} + \overline{T}Q^n = T \oplus Q^n \tag{4.4.3}$$

其逻辑功能也很简单，当 $T=0$ 时，触发器状态不变，而当 $T=1$ 时，触发器状态就翻转一次。表 4.4.5 是 T 触发器的功能表。

表 4.4.5　T 触发器的功能表

CP	T	Q^{n+1}	功能说明
0	×	Q^n	保持
1	0	Q^n	保持
1	1	$\overline{Q^n}$	翻转

当 $T \equiv 1$ 或没有 T 输入端（对 TTL 电路来说，这隐含着 $T \equiv 1$），则来一个时钟脉冲，触发器就改变一次状态，这种触发器称为 T' 触发器或计数触发器，其状态方程为

$$Q^{n+1} = \overline{Q^n} \tag{4.4.4}$$

4.4.6　各种触发器之间的转换

目前市场上出售的集成触发器，从功能上看，大多是 JK 触发器和 D 触发器。这是因为 JK 触发器的逻辑功能最为完善，而 D 触发器对于单端信号输入时使用最为方便。在实际工作中，经常需要利用手中现有的触发器完成其他触发器的逻辑功能，这就需要将不同功能的触发器进行转换。图 4.4.6 表示触发器逻辑功能转换的框图，图中已有触发器是给定的，与转换逻辑电路一起构成待求功能的触发器，转换的关键是转换逻辑电路。转换逻辑电路的输入端为转换后触发器的输入端，而其输出端为已有触发器输入端。同时应注意，转换前后的触发方式不变。

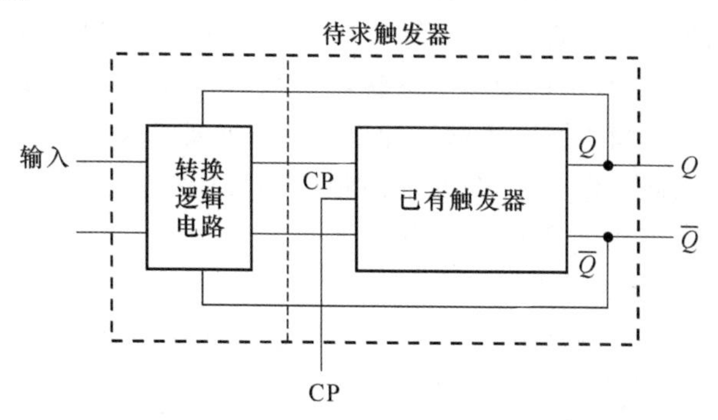

图 4.4.6　触发器逻辑功能转换框图

转换依据是转换前后的状态方程相等，转换方法有两种：公式法和真值表法。如将 D 触发器转换为 T 触发器。

1. 公式法

因为在 CP=1 时，$D:Q^{n+1}=D$，$T:Q^{n+1}=T\oplus Q^n$，所以 $D=T\oplus Q^n$，得到转换图 4.4.7。

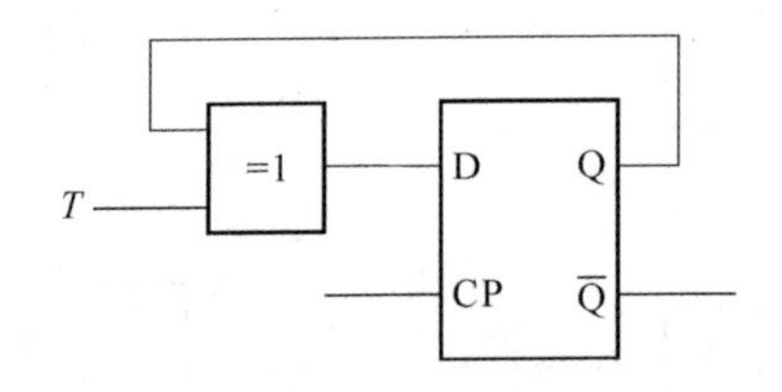

图 4.4.7　由 D 触发器到 T 触发器的转换

2. 真值表法

将 Q^n、T 作为输入变量，先得到 Q^{n+1} 的值，再根据 Q^n 到 Q^{n+1} 的状态转移求出此时所需的激励信号 D，即得以 Q^n、T 为输入变量的函数 D 的真值表，如表 4.4.6 所示。中间一列 Q^{n+1} 只起过渡作用。

表 4.4.6　求 D 的真值表

Q^n	T	Q^{n+1}	D
0	0	0	0
0	1	1	1
1	0	1	1
1	1	0	0

由真值表可以求出 D 的表达式：$D=\overline{Q^n}\cdot T+Q^n\cdot\overline{T}=T\oplus Q^n$。

公式法简单，但适用范围窄；真值表法适用范围广。

4.4.7　钟控触发器的缺点

以上这些钟控触发器均为电位触发，即在 CP=1 时触发器状态随输入信号变化而改变，所以为了使这类触发器稳定可靠工作，要求在 CP=1 期间，输入信号不变，这就限制了它们的应用，同时也说明这类触发器的抗干扰能力较差。

另一方面，在 CP=1 时，即使输入信号不变，对于 T' 触发器及 JK 触发器 $J=K=1$ 时，触发器的状态转移均为 $Q^{n+1}=\overline{Q^n}$，因此，若 CP=1 的脉冲宽度较宽，超过组成触发器的门的延迟时，触发器将会出现连续不停地多次翻转，这种现象叫做空翻。如果要求每来一个 CP 脉冲，触发器仅发生一次翻转的话，则对脉冲信号的宽度要求极其苛刻。

故电位触发式触发器工作不可靠，在使用时有两个限制：

(1) CP=1 时，脉冲信号的宽度要求窄。

(2) CP=1 时，输入信号不变。

但由于外来干扰不易控制，还会引起错翻。所以产生了主从触发器和边沿触发器两种实用的触发器，它们在 1 个 CP 到来时，只翻转一次，且对 CP 要求不高。

4.5 TTL 集成主从触发器

实际用于同步时序电路中的触发器应该在一个时钟周期中，只能翻转一次，并且对于时钟的宽度不应有苛刻的要求。主从触发器可以满足这些要求，是目前应用最广泛的集成触发器之一。

4.5.1 基本工作原理

图 4.5.1 是 TTL 主从触发器的原理逻辑图。

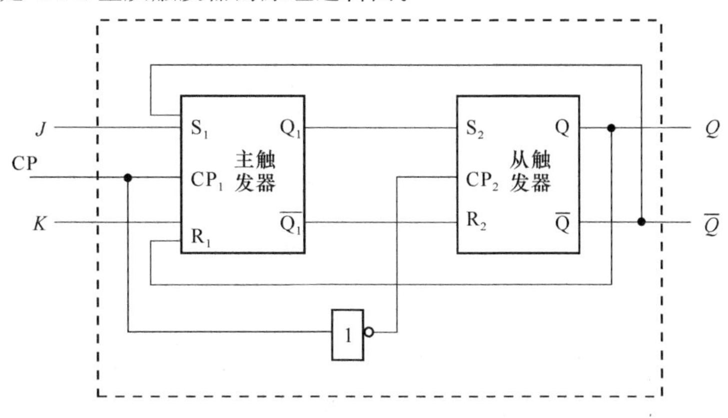

图 4.5.1　主从 JK 触发器

它由两个钟控 RS 触发器构成：与输入相连的称为主触发器(Master Flip-flop)，与输出相连的称为从触发器(Slave Flip-flop)，两条反馈线由从触发器的输出接到主触发器的输入，从而使整个电路具有 JK 触发器的特性而不是 RS 触发器的特性。时钟 CP 直接作用于主触发器，经反相后再作用于从触发器。

其工作原理依据主、从触发器的时钟反相的特点容易理解。先假设在 CP=1 期间，输入 J、K 不变。工作分为两个阶段：

(1) 当 CP=0 时，$CP_1=0$，$CP_2=1$，使主触发器封锁，保持原状态，从触发器工作，其输入信号为

$$S_2=Q_1^n$$

$$R_2=\overline{Q_1^n}$$

所以
$$Q^{n+1}=S_2+\overline{R_2}Q^n=Q_1^n+\overline{\overline{Q_1^n}}\cdot Q^n=Q_1^n$$

从触发器重复主触发器的状态。即将主触发器的状态传送给从触发器，并且在整个 CP=0期间，由于主触发器状态不变，所以从触发器状态也不再改变。

(2) 当 CP=1 时，$CP_1=1$，$CP_2=0$，使从触发器封锁，保持原状态，主触发器工作，其输入信号为

$$\left.\begin{aligned}S_1&=J\,\overline{Q^n}\\R_1&=KQ^n\end{aligned}\right\}\tag{4.5.1}$$

所以
$$Q_1^{n+1}=S_1+\overline{R_1}Q_1^n=J\,\overline{Q^n}+\overline{KQ^n}\cdot Q_1^n=J\,\overline{Q^n}+\overline{K}Q_1^n+\overline{Q^n}Q_1^n\tag{4.5.2}$$

由于在时钟出现之前，主触发器的状态和从触发器状态是一致的，即 $Q_1^n=Q^n$，则式(4.5.2)可

改写为

$$Q_1^{n+1}=J\,\overline{Q_1^n}+\overline{K}Q_1^n=J\,\overline{Q^n}+\overline{K}Q^n$$

这是 JK 触发器的状态方程，即主触发器的状态按 JK 触发器的功能发生变化。

故主从 JK 触发器的工作过程：在 CP=1 时，主触发器的状态按 JK 触发器特性决定，然后在 CP 从 1→0 时，再将此状态传送到从触发器输出，由于此时主触发器封锁，所以输出不随输入变化，只在 CP 下降沿改变一次输出状态。

由此可知，主从 JK 触发器输出变化的时刻在时钟的下降沿，输出变化的方向由时钟脉冲下降时的 JK 值和 JK 触发器的特性来决定。

图 4.5.2 给出了主从 JK 触发器的波形图，设初始状态 $Q=0$。

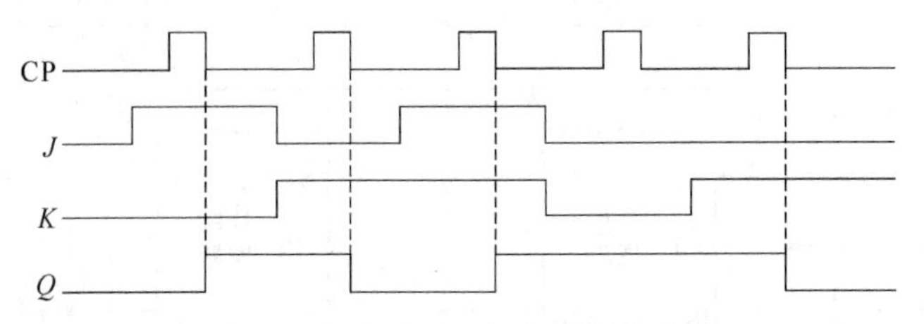

图 4.5.2　主从 JK 触发器输出波形

4.5.2　主从 JK 触发器的一次翻转

若在 CP=1 期间，JK 信号发生了变化，由于主触发器工作，虽然从触发器封锁，输出不变，但对主触发器的输出是有影响的，当 CP=0 时，这个影响会传到输出。问题是：主触发器是否也会像钟控触发器那样随输入 JK 变化发生多次翻转？答案是否定的，主触发器只可能发生一次翻转，这就是所谓的主从 JK 触发器的一次翻转现象。

一次翻转的根本原因是由于主触发器的反馈线取自从触发器的输出，而不是自己的输出。当 CP=1 时，从触发器封锁，输出不变，即 Q^n、$\overline{Q^n}$ 不变，由式(4.5.1)可知，主触发器的输入总有一个为 0，这时有两种情况：

(1) 若 $Q^n=0$，由式(4.5.1)可得：$S_1=J$，$R_1=0$，S_1R_1 只有 10(置 1)、00(保持)两种组合，而不能为置 0 状态，所以即使 JK 变化多次，主触发器只能由 0 到 1 变化一次，而不可能再返回到 0 状态，即一次翻转，并且可知 K 不起作用，由 J 决定是否翻转，$J=1$，主触发器翻转。

(2) 若 $Q^n=1$，$S_1=0$，$R_1=K$，S_1R_1 只有 01(置 0)、00(保持)两种组合，而不能为置 1 状态，所以主触发器只能由 1 到 0 翻转一次，由 K 决定是否翻转，$K=1$，主触发器翻转。

如图 4.5.3 所示的波形图，在 t_0 时刻，由于 $J=1$，所以 Q_1 翻转，并在时钟的下降沿 t_1 时刻，传给从触发器，使 Q 翻转。

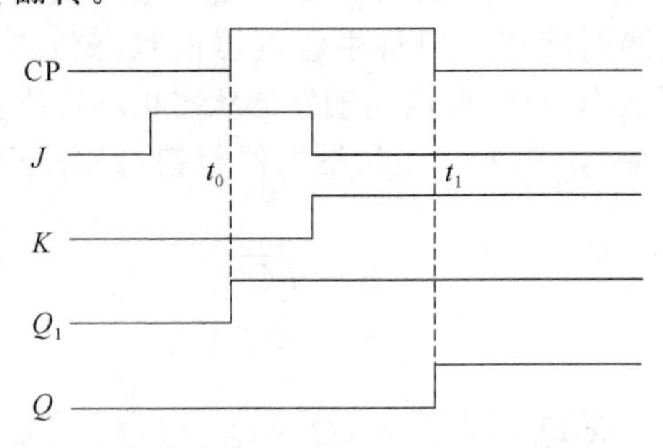

图 4.5.3　主从 JK 触发器的一次翻转

所以主从 JK 触发器有如下特点：

(1) 输出变化的时刻在时钟的下降沿(用↓表示)。

(2) 输出变化的方向：

① 若在 CP=1 期间，JK 信号不变，由 CP 下降沿的 JK 值决定输出状态。

② 若在 CP=1 期间，JK 信号发生了变化，这时可按以下方法来处理：

· CP=1 以前，若 $Q=0$，则看 CP=1 期间的 J 信号，若 J 有 1 出现，则 CP 下降时 Q 一定为 1。否则，Q 保持 0。

· CP=1 以前，若 $Q=1$，则看 CP=1 期间的 K 信号，若 K 有 1 出现，则 CP 下降时 Q 一定为 0。否则，Q 保持 1。

例如，图 4.5.4(a)所示的波形图，Q 原状态为 0。在 CP 为 1 期间，在 t_1 时刻 $J=1$，所以在 CP↓，Q 变为 1。在图 4.5.4(b)中，在 CP=1 期间，没有出现 $J=1$，所以在 CP↓，Q 仍为 0。

一次翻转是主从 JK 触发器所特有的现象，其他的集成触发器都无一次翻转现象存在。

图 4.5.4　考虑一次翻转的输出波形

4.5.3　异步置 0 置 1 输入

对于集成 JK 触发器，状态转换的时刻除了受时钟控制外，还受异步置 0 置 1 输入的控制。异步置 0 端是 R_D，异步置 1 端是 S_D，其作用是使触发器在任何时刻都被强迫置 0 或置 1，而与当时的 CP、J、K 值无关，因此又叫直接置 0 置 1 端。由于它们的作用与时钟是否到来无关，所以称为异步置位输入。

R_D 和 S_D 均是低电平有效，当 $R_D=0$，$S_D=1$ 时，JK 触发器置 0，当 $S_D=0$，$R_D=1$ 时，JK 触发器置 1。但须注意，不允许 R_D 和 S_D 同时为 0，否则会使 Q 和 $\overline{Q}$ 都为高电位。在不需要置位功能时，R_D 和 S_D 都应该为 1。图 4.5.5 是带有异步置 0、置 1 输入信号的波形图，可见，当 $R_D=0$ 时，输出 Q 立刻变为 0，而当 $S_D=0$ 时，由于 Q 已经是 1，所以不影响 Q 的输出。

表 4.5.1 是带有异步置 0 置 1 输入 JK 触发器的功能表。前两行为异步置位功能，“×”表示该信号可为任意值，第三行是不允许状态。下面 4 行反映 JK 触发器特性，此时 $R_D=S_D=1$。也有手册用 H 代表 1，L 代表 0。

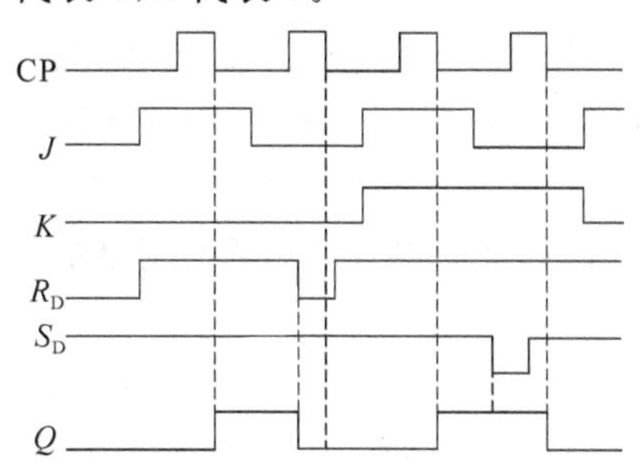

图 4.5.5　带有异步置 0 置 1 输入的 JK 触发器波形

表 4.5.1　具有异步置 0 置 1 输入的 JK 触发器功能表

S_D	R_D	CP	J	K	Q	$\overline{Q}$
0	1	×	×	×	1	0
1	0	×	×	×	0	1
0	0	×	×	×	1*	1*
1	1	↓	0	0	Q^n	$\overline{Q^n}$
1	1	↓	0	1	0	1
1	1	↓	1	0	1	0
1	1	↓	1	1	$\overline{Q^n}$	Q^n
1	1	1	×	×	Q^n	$\overline{Q^n}$

*此状态不使用。

4.5.4　主从触发器的特点

主从 JK 触发器虽然只在时钟的下降沿改变一次状态，满足了来一个时钟只翻转一次的要求，可用于同步时序电路；但在 CP=1 期间，主触发器对外是开放的，所以也容易受干扰信号的影响。在使用时，应该减少 CP=1 宽度，减少触发器可能接收干扰的时间。

4.6　集成边沿触发器

边沿触发器不仅只在时钟信号的某一边沿（上升沿↑或下降沿↓）才改变一次状态，而且状态转换方向仅取决于转换前（CP↑或 CP↓）一瞬间的数据输入，故此命名。

边沿触发器的特点：只在时钟信号的某一边沿（CP↑或 CP↓）对输入信号作出响应并引起状态翻转。即：只有时钟有效边沿附近的输入信号才是真正有效的，其他时间的输入不影响触发器的输出，因而提高了抗干扰能力，工作更可靠。

边沿触发器从电路结构上可分成两类：一类利用门的延迟，另一类用门电路构成维持-阻塞电路，以实现边沿触发的功能。

4.6.1　负边沿 JK 触发器

1. 电路构成

图 4.6.1 是利用门的延迟构成的负边沿 JK 触发器逻辑图。两个与或非门构成基本 RS 触发器，两个与非门 G_7、G_8 用来接收 JK 信号。时钟信号一路送给 G_7、G_8，另一路送给 G_2、G_6，注意 CP 信号是经 G_7、G_8 延时，所以送到 G_3、G_5 的时间比到达 G_2、G_6 的时间晚一个与非门的延迟时间（$1t_{pd}$），这就保证了触发器的翻转对准的是 CP 的负边沿。

2. 工作原理

下面分 3 个阶段分析：

(1) 当 CP=0 时，与门 G_2、G_6=0，与非门 G_7、G_8 封锁，不接受 JK 输入，输出 $S=R=1$，使触发器的输出保持不变。

(2) 当 CP=1 时，与非门 G_7、G_8 打开，接受 JK 输入，由图可得输出表达式：

$$Q^{n+1}=\overline{\overline{Q^n}\cdot \mathrm{CP}+\overline{Q^n}\cdot S}=\overline{\overline{Q^n}+\overline{Q^n}\cdot S}=Q^n \tag{4.6.1}$$

$$\overline{Q^{n+1}}=\overline{Q^n\cdot \mathrm{CP}+Q^n\cdot R}=\overline{Q^n+Q^n\cdot R}=\overline{Q^n} \tag{4.6.2}$$

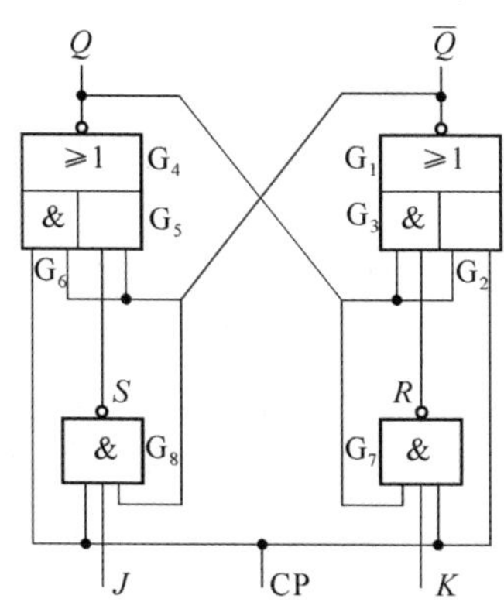

图 4.6.1　负边沿 JK 触发器

可知触发器的输出仍保持不变。

(3) 在 CP 由 1→0 的瞬间，CP 信号是直接加到与门 G_2、G_6 输入端，但 G_7、G_8 的输出 S 和 R，需要经过一个与非门延迟 t_{pd} 才能变为 1。设 $\overline{Q^{n'}}$ 为 G_1 在这一瞬间的输出，则 S、R 在没有变为 1 以前，仍维持 CP 下降前的值：

$$S=\overline{J\,\overline{Q^n}}\qquad R=\overline{KQ^n}$$

由式(4.6.1)，可得

$$Q^{n+1}=\overline{\overline{Q^{n'}}\cdot 0+\overline{Q^{n'}}\cdot S}=\overline{\overline{Q^{n'}}\cdot S} \tag{4.6.3}$$

由式(4.6.2)可得

$$\overline{Q^{n'}}=\overline{Q^n\cdot 0+Q^n\cdot R}=\overline{Q^n\cdot R}$$

代入式(4.6.3)得

$$\begin{aligned}Q^{n+1}&=\overline{\overline{Q^n\cdot R}\cdot S}\\&=\overline{\overline{Q^n\cdot\overline{KQ^n}}\cdot\overline{J\,\overline{Q^n}}}\text{（将 }S\text{、}R\text{ 代入）}\\&=J\,\overline{Q^n}+\overline{K}Q^n\end{aligned}$$

显然，这是 JK 触发器的特征方程。

由以上分析可知，只有时钟下降前的 JK 值才能对触发器起作用并引起翻转，实现了边沿触发 JK 触发器的功能。

4.6.2　维持-阻塞 *D* 触发器

1. 电路组成

图 4.6.2 是正边沿触发维持-阻塞 D 触发器的逻辑图，共由 6 个与非门构成，门 1～4 构成 RS 钟控触发器，门 5～6 为信号接收门。它是利用电路的内部反馈构成维持阻塞电路，来实现正边沿触发功能。

2. 工作原理

下面分 3 个阶段分析：

(1) 当 CP=0 时，如图 4.6.2 (a)所示，门 3 和门 4 的输出都是 1，使触发器的输出维持原状态。

(2) 当 CP=1 时，如图 4.6.2 (b)所示，输入的 D 信号经过门 6～3 加到由门 1 和门 2 构成的$\overline{R}\,\overline{S}$触发器的输入端，有$\overline{S}=\overline{D}$，$\overline{R}=D$ 即 $S=D$，$R=\overline{D}$，使电路的输出为

$$Q^{n+1}=S+\overline{R}Q^n=D+\overline{\overline{D}}Q^n=D$$

是 D 触发器的特征方程。

(3) 在 CP=1 期间，如果输入信号 D 发生变化，如图 4.6.2(c)所示，将输入信号改为$\overline{D}$，以表示 D 信号发生了变化，其结果只是使门 6 的输出变为 1，而其他各门的输出仍然与图(b)相同，输出当然不会改变。

使得在 CP=1 期间，触发器输出保持不变的原因是门 4 输出到门 6 输入，门 3 输出到门 5 输入的反馈。如果没有门 4 到门 6 的反馈，输入由 D 变为$\overline{D}$后，变化的结果会传递到门 2 的输入。现在由于有了这条反馈线，使得门 6 的输出为 1，这就阻塞了输入变化所产生的作用。在门 6 输出变为 1 后，通过门 3 输出到门 5 输入的反馈，使得门 5 的输出维持为原来的 D 不变。可见正是这些反馈线起了维持和阻塞作用，因此称这种电路为维持-阻塞型电路。

由以上分析可知，只有在时钟上升前的 D 信号才能进入触发器并引起翻转，故为边沿型触发器，常称为正边沿型 D 触发器。

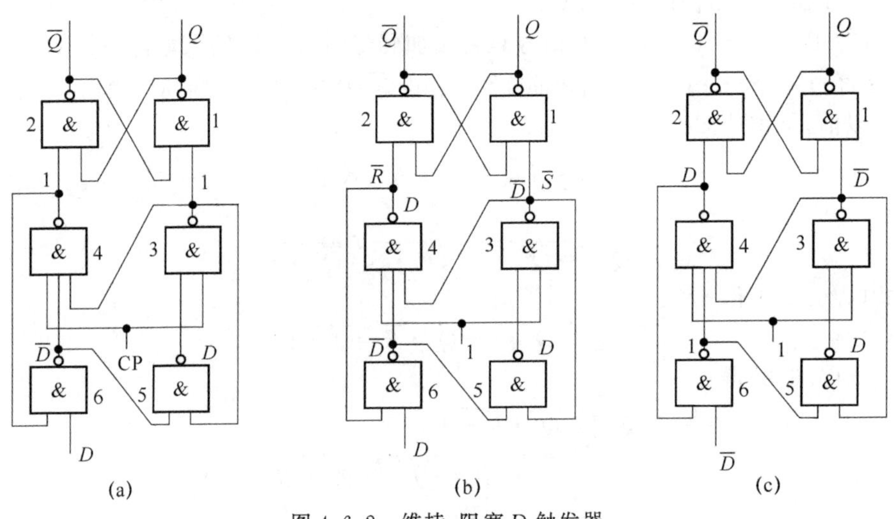

图 4.6.2　维持-阻塞 D 触发器

3. 功能

表 4.6.1 是正边沿型 D 触发器功能表。其中 S_D 和 R_D 为异步置 1 和置 0 输入信号，均为 0 有效，非置位工作时都应为 1，注意两个置位输入不能同时为 0。

表 4.6.1　正边沿型 D 触发器功能表

S_D	R_D	CP	D	Q	$\overline{Q}$
0	1	×	×	1	0
1	0	×	×	0	1
0	0	×	×	1*	1*
1	1	↑	1	1	0
1	1	↑	0	0	1
1	1	0	×	Q^n	$\overline{Q^n}$

*此状态不使用。

4.6.3 JK 触发器和 D 触发器的实际产品

实际的 JK 触发器芯片的输入方式有多种，不同芯片内的触发器个数也不同，时钟控制方式各不相同，有的没有置 0 端，有的没有置 1 端等，如表 4.6.2 所示。

实际的 D 触发器芯片的输出方式有多种，有双轨或单轨输出，有三态输出等，如表 4.6.3 所示。

表 4.6.2 几种 JK 触发器芯片特性

型号	特性	J 输入	K 输入	时钟	置 1	置 0
7472	主从 JK	$J_1 \cdot J_2 \cdot J_3$	$K_1 \cdot K_2 \cdot K_3$		√	√
7470	正边沿 JK	$J_1 \cdot J_2 \cdot J_3$	$K_1 \cdot K_2 \cdot K_3$		√	√
74H160	双 JK 负边沿	J	K	独立	独立	独立
74H108	双 JK 负边沿	J	K	公共	独立	独立
74109	双 JK 正边沿	J	$\overline{K}$	独立	独立	独立
74H101	JK 负边沿	$J_{1A}J_{1B}+J_{2A}J_{2B}$	$K_{1A}K_{1B}+K_{2A}K_{2B}$		√	×
7473	双主从 JK	J	K	独立	×	独立
74276	四 JK 负边沿	J	$\overline{K}$	独立	公共	公共
74376	四 JK 正边沿	J	$\overline{K}$	公共	×	公共

表 4.6.3 几种 D 触发器芯片特性

型号	特性	输入	输出	时钟	置 1	置 0
74LS171	4D 正边沿	D	$Q\overline{Q}$	公共	×	公共
74LS174	6D 正边沿	D	Q	公共	×	公共
74LS273	8D 正边沿	D	Q	公共	×	公共
74LS374	8D 正边沿	D	三态	公共	×	×
74AS575	8D 正边沿	D	三态	公共	×	公共
74ALS74	4D 正边沿	D	$Q\overline{Q}$	独立	独立	独立

可见，不同芯片的使用各不相同，这里列出的也只是一部分芯片，在实际工作中，首先通过器件手册了解芯片的功能，然后根据需要来选用。

4.6.4 触发器的逻辑符号

图 4.6.3 是上述各种触发器的逻辑符号。

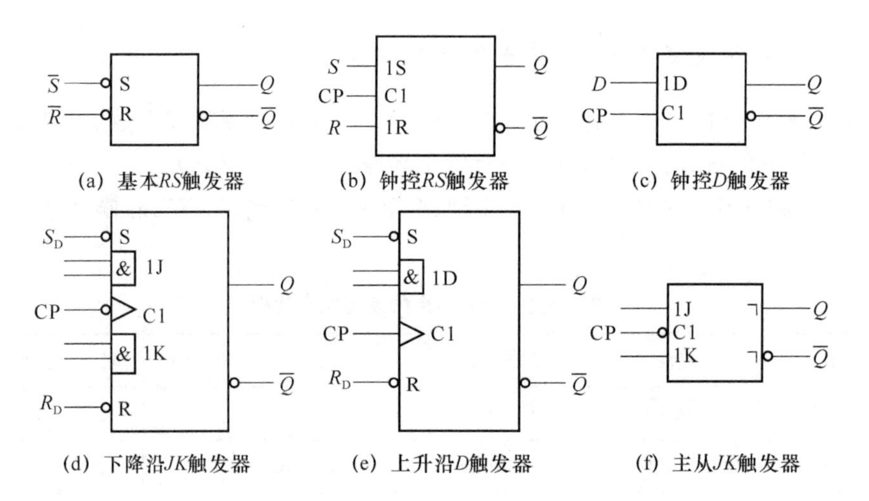

图 4.6.3 触发器逻辑符号

4.7 CMOS 触发器

从基本工作原理而言，CMOS 触发器和 TTL 触发器是相同的，但从具体构成和使用来看，两者还是有不少差别。TTL 集成触发器以钟控 *RS* 触发器为基础，而 CMOS 集成触发器以钟控 *D* 触发器为基础。

4.7.1 CMOS 钟控 *D* 触发器

1. 电路结构

图 4.7.1 是 CMOS 钟控 *D* 触发器的逻辑结构图，由两个传输门 TG_1、TG_2 和两个反相器 1、2 组成，反相器 3 为传输门提供反相控制信号。

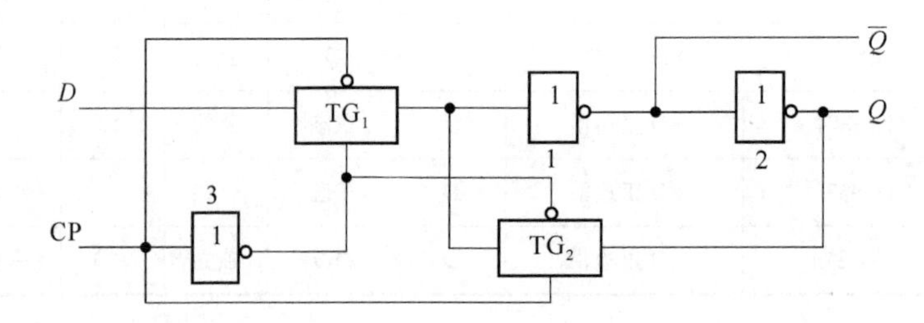

图 4.7.1 CMOS 钟控 *D* 触发器

2. 工作原理

电路的工作可分为两个阶段：

(1) 当 CP=0 时，TG_1 导通，TG_2 截止，使输入 *D* 和输出 *Q* 之间形成通路，输出到反相器 1 的反馈被切断。电路实际按组合电路工作，因此有：

$$Q=D,\overline{Q}=\overline{D}$$

(2) 当 CP=1 时，TG_1 截止，TG_2 导通，使输入和输出之间的通路被切断，但连通了输出到反相器 1 的反馈通路。触发器封锁，即保持原状态，维持 CP=1 之前的 D 输入。

由以上分析可知，在 CP=1 时，触发器保持原状态，CP=0 时，具有 D 触发器功能，其功能表如表 4.7.1 所示。

表 4.7.1 CMOS 钟控 D 触发器功能表

CP	D	Q^{n+1}
0	1	1
0	0	0
1	×	Q^n

4.7.2 CMOS 主从 D 触发器

1. 电路结构

CMOS 主从 D 触发器由两个 CMOS 钟控 D 触发器构成，图 4.7.2 是带有异步置 0 置 1 输入的主从 D 触发器逻辑图。R 是异步置 0 端，S 是异步置 1 端，由于 R、S 是 1 有效，将图 4.7.1中的反相器改为或非门，这样在非置位工作时，置位输入 $R=S=0$，图 4.7.2 中的或非门就相当于反相器。

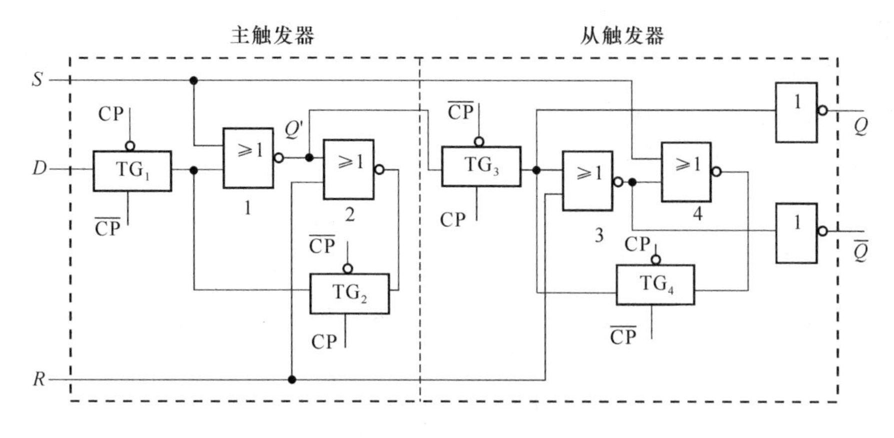

图 4.7.2 CMOS 主从 D 触发器

2. 工作原理

在置位输入 $R=S=0$ 时，电路的工作可分为 3 个阶段：

(1) 当 CP=0 时，TG_1 导通，TG_2 截止，主触发器接收输入端 D 的数据，$Q'=\overline{D}$；TG_3 截止，TG_4 导通，从触发器保持原状态，输出不变。

(2) 当 CP 由 0→1 时，TG_1 截止，TG_2 导通，主触发器封锁，Q'保持 CP 上升前一瞬间的输入信号：$Q'=\overline{D}$；同时 TG_3 导通，TG_4 截止，从触发器开放，因此 $Q'=\overline{D}$就进入从触发器，输出为

$$Q=\overline{Q'}=D,\overline{Q}=\overline{D}$$

实现了主触发器状态向从触发器的转移。

(3) 在 CP=1 期间，由于主触发器封锁，从触发器的输出不再变化。

由以上分析可知，虽然在 CP=0 期间，主触发器是开放的，但只有 CP 上升前一瞬间的输入信号 D 进入从触发器，影响输出，从而实现了上升沿触发的边沿 D 触发器功能。

3. 置位信号的功能实现

由于是异步置位，所以要保证无论在什么状态下，置位信号都能起作用。

当 $SR=10$，若 $\mathrm{CP}=0$，从触发器的或非门 4 输出为 0，再经 TG_4 和反相器使输出 $Q=1$；若 $\mathrm{CP}=1$，主触发器的或非门 1 输出 $Q'=0$，再经 TG_3 和反相器也使 $Q=1$。可见 S 端实现了异步置 1 功能，且 1 有效。

对于 $SR=01$ 作类似分析，可以证明 R 端能实现异步置 0 功能，且 1 有效。

4. 特点

表 4.7.2 是其功能表，与 TTL 型 D 触发器功能表的差别有 3 点：

(1) 异步置 0 置 1 信号是高电平有效，而不是低电平有效；

(2) 状态翻转的时刻是时钟的上升沿，而不是下降沿；

(3) 不存在一次翻转现象，为边沿触发器，只根据 CP 上升前的输入信号，就可以决定输出。

这是因为其主触发器是 D 触发器，只有置 0 或置 1 功能，而没有保持功能。所以 CMOS 主从 D 触发器尽管在结构上属于主从触发器，但功能上属于边沿触发器，只是现在一般的器件手册上，还都是从结构着眼，称之为主从触发器，这是应该特别注意的。

表 4.7.2 CMOS 主从 *D* 触发器功能表

S	R	CP	D	Q^{n+1}	$\overline{Q^{n+1}}$
0	1	×	×	0	1
1	0	×	×	1	0
1	1	×	×	1*	1*
0	0	↑	0	0	1
0	0	↑	1	1	0
0	0	0	×	Q^n	$\overline{Q^n}$

* 此状态不使用。

4.7.3 CMOS 主从 *JK* 触发器

CMOS 主从 JK 触发器是在 CMOS 主从 D 触发器的基础上增加转换电路构成的。采用公式法，可得转换电路的表达式为

$$D=J\overline{Q^n}+\overline{K}Q^n$$

在具体实现时，再将表达式作一些变换：

$$D=J\overline{Q^n}+\overline{K}Q^n=(J+Q^n)(\overline{Q^n}+\overline{K})=(J+Q^n)\cdot\overline{KQ^n}=\overline{\overline{J+Q^n}+KQ^n}$$

这样得到 CMOS 主从 JK 触发器的逻辑图如图 4.7.3 所示，它具有 CMOS 主从 D 触发器的所有特点，也是边沿触发器，只是实现了 JK 触发器的功能。

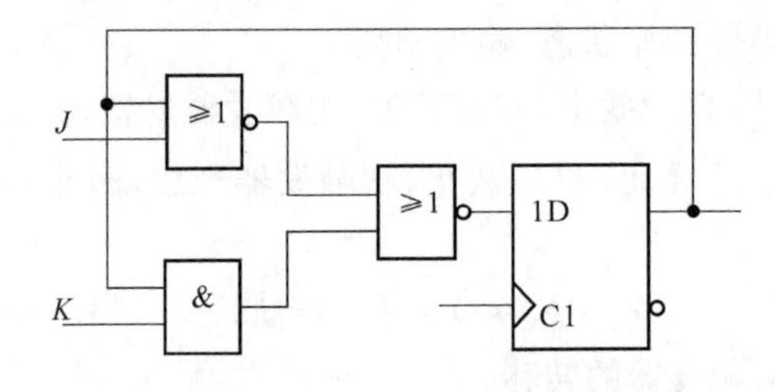

图 4.7.3 CMOS 主从 JK 触发器逻辑图

4.8 集成触发器的选用和参数

在实际中，应该从逻辑功能、触发方式和参数3个方面来考虑触发器的选择问题。

4.8.1 逻辑功能的选择

在选择触发器的逻辑功能时，应作如下考虑：

(1) 如果要求单端形式的输入信号时，宜选用 D 触发器。

(2) 如果要求双端形式的输入信号时，宜选用 JK 触发器。JK 触发器包含 RS 触发器的逻辑功能，且没有约束条件。

(3) 如果用触发器进行计数时，宜选用 T' 触发器。它可以容易地用 JK 触发器或 D 触发器转换而成。

4.8.2 触发方式的选择

如果只用触发器作存储数据用，可选择主从触发方式；如果要求触发器的状态不受干扰，工作稳定，最好选用边沿触发方式。注意，有上升沿和下降沿两种触发方式。

4.8.3 触发器的参数

为了保证触发器稳定可靠地工作，除了正确选择逻辑功能和触发方式外，还应考虑其参数。触发器的参数包括直流参数和时间参数。

1. 直流参数

由于触发器是由门电路组成的，所以触发器的直流参数几乎与门电路一样，也可以用同样的方法来测试。主要包括：输出高电平 V_{OH}、输出低电平 V_{OL}、输入高电平(开门电平) V_{ON}、输入低电平(关门电平) V_{OFF}、低电平输入电流(输入短路电流) I_{iL}、高电平输入电流(交叉漏电流) I_{iH}、电源电流(功耗) I_{CC}。

主要差别在于对不同的输入端(CP、J、K、S_D、R_D、D)输入电流的指标是不同的，原因是每个输入端所连接的触发器内部晶体管的数目是不同的。例如，TTL JK 触发器7472的输入电流指标如表4.8.1所示，反映了对前级的不同电流要求。另外不同触发器的各输入端电流值的比例也可能是不同的。

表 4.8.1 7472 触发器的电流指标

I_{iH}	J,K	40μA
	R_D	80μA
	S_D	80μA
	CP	40μA
I_{iL}	J,K	1.6 mA
	R_D	3.2 mA
	S_D	3.2 mA
	CP	1.6 mA

2. 时间参数

触发器的时间参数比门电路复杂得多，也更重要。因为它们将影响触发器是否可以正常、可靠地工作。

集成触发器状态转换的时刻虽然是在时钟的某一边沿，但由于触发器内部电路存在的延迟，触发器翻转也需要一定时间，所以输入信号不能在时钟的边沿出现时才来到，也不能在时钟有效边沿之后就立即消失。因此为保证触发器能正常工作，对各种信号都有时间上的要求，这就是时间参数。

(1) 输入信号(J、K、D 等)的时间参数

输入信号的时间参数有两个：建立时间 t_{su} 和保持时间 t_h。其定义如图 4.8.1 所示。

建立时间 t_{su} 是指输入信号较之时钟有效边沿提前到来的时间；保持时间 t_h 是输入信号位于时钟有效边沿之后保持不变的时间。

显然，输入信号不这样的话，就可能写不进触发器，或者触发器工作不可靠。

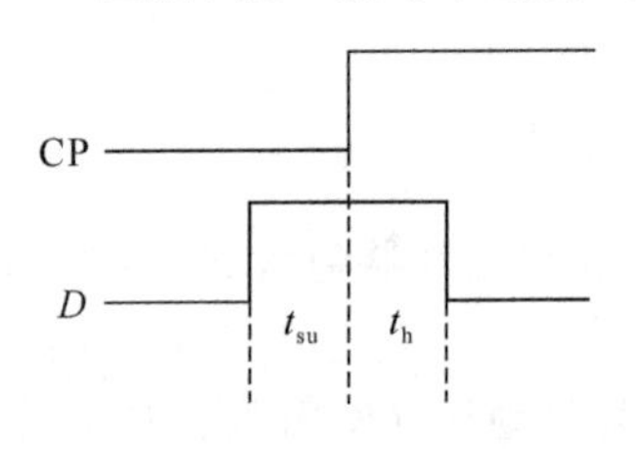

图 4.8.1　建立时间和保持时间

有些触发器，如边沿型 JK 触发器，t_h 可为 0，这是由其电路结构决定的。这也是边沿型 JK 触发器的一个优点。

有时手册中也给出异步置位信号的建立时间。

(2) 时钟信号的时间参数

时钟信号的时间参数也有两个：高电平宽度 t_{WH} 和低电平宽度 t_{WL}。

高电平宽度 t_{WH} 是指时钟保持高电平的最小持续时间，低电平宽度 t_{WL} 是指时钟保持低电平的最小持续时间。

时钟的时间参数和输入信号的时间参数有关，在图 4.8.1 的情况下，要求 $t_{WL} \geqslant t_{su}$，$t_{WH} \geqslant t_h$。一般这两对参数不是相等的关系，特别是当 $t_h = 0$ 时，t_{WL} 或 t_{WH} 不能为 0。

t_{WH} 和 t_{WL} 之和是保证触发器正常工作的最小时钟周期，由此可确定触发器的最高工作频率 f_{max}：

$$f_{max} \leqslant \frac{1}{t_{WH} + t_{WL}} \tag{4.8.1}$$

f_{max} 是表明触发器工作速度的一个指标。

对于每个具体型号的集成触发器，可以从手册上查到这些时间参数，在使用时应符合这些参数所规定的条件。例如，74ALS114 JK 负边沿触发器的主要时间参数为：$t_{su} = 25$ ns，$t_h = 0$ ns，$t_{WH} = 25$ ns，$t_{WL} = 5$ ns，$f_{max} = 30$ MHz。

下面通过一个例子说明时序的重要性。

【例 4.8.1】 图 4.8.2 是一种两拍工作寄存器的逻辑图，即每次在存入数据之前，必须先加入置 0 信号，然后“接收”信号有效，数据存入寄存器。①若不按两拍工作方式来工作，即置 0 信号始终无效，则当输入数据为 $D_2D_1D_0 = 100 \to 001 \to 010$ 时，输出数据 $Q_2Q_1Q_0$ 将如何变化？②为使电路正常工作，置 0 信号和接收信号应如何配合？画出这两种信号的正确时间关系。

解：

(1) 若按一拍工作，并且置 0 信号恒为 1 时，可得表 4.8.2。

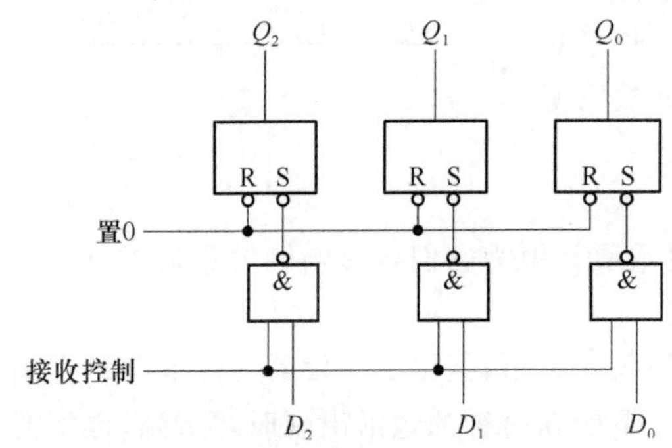

图 4.8.2　两拍工作寄存器逻辑图

表 4.8.2

$\bar{S}$	$\bar{R}$	Q^{n+1}	
$\bar{D}$	1	$D=0$	保持
		$D=1$	置 1

所以可得状态表 4.8.3。

表 4.8.3

D_2	D_1	D_0	Q_2^{n+1}	Q_1^{n+1}	Q_0^{n+1}	说明
1	0	0	1	0	0	触发器状态与数据一致，正确
0	0	1	1	0	1	触发器状态与数据不一致，错误
0	1	0	1	1	1	触发器状态与数据不一致，错误

即当 $D_2D_1D_0$ 为 100→001→010 时，$Q_2Q_1Q_0$ 为 100→101→111（初始状态都为 0）。这是因为当 $D=0$，$\overline{R}\,\overline{S}=11$，只起保持 Q 不变的作用，而不一定使 Q 输出为 0。

(2) 若按两拍工作方式，即每次在存入数据之前，必须先加入置 0 信号，然后“接收”信号有效，如图 4.8.3 所示。

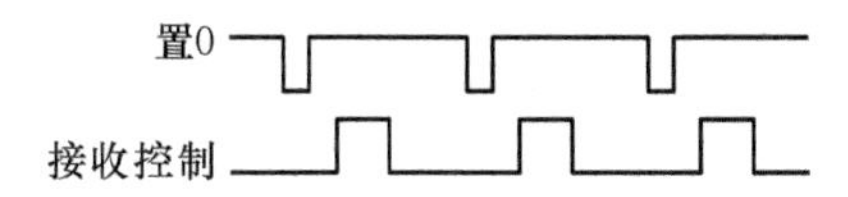

图 4.8.3　加入置 0 信号后“接收”信号有效

可得表 4.8.4。

表 4.8.4

	$\overline{S}$	$\overline{R}$	Q^{n+1}		功能
置 0 信号有效	1	0	0		清 0
接收信号有效	$\overline{D}$	1	$D=0$	保持	接收数据
			$D=1$	置 1	
之后	1	1	保持		保持数据

这样安排时序，使输出每拍都先有一段的 000 时间，实际使用时，还要加输出控制门以保证正确输出。

习　题

4-1　由或非门构成的触发器电路如题图 4.1(a)所示，请写出输出 Q 的下一状态方程。已知输入信号 a、b、c 的波形如题图 4.1 (b)所示，画出输出 Q 的波形(设触发器的初始状态为 1)。

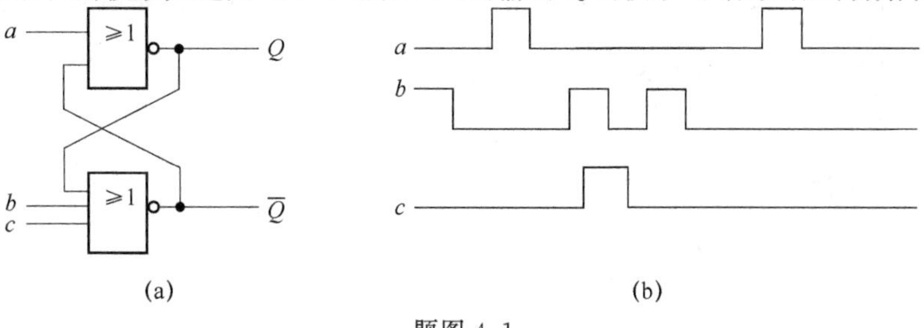

题图 4.1

4-2　由与非门构成的触发器电路如题图 4.2(a)所示，请写出输出 Q 的下一状态方程，并根据题图 4.2(b)所示的输入波形，画出输出 Q 的波形(设初始状态 Q 为 1)。

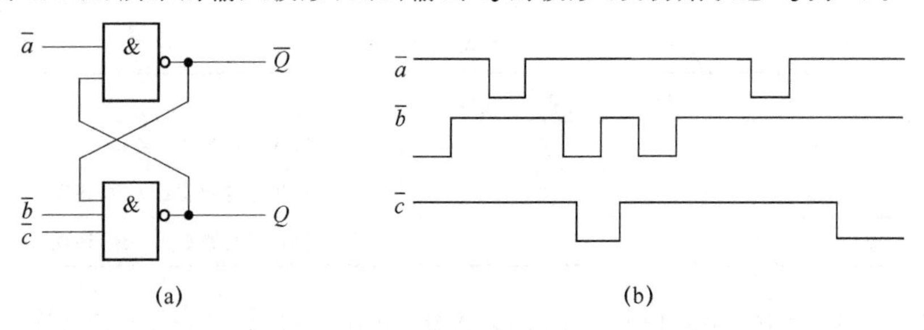

题图 4.2

4-3　由与或非门构成的触发器如题图 4.3 所示，当 $G=1$ 时，触发器处于什么状态？当 $G=0$ 时，触发器的功能等效于哪一种触发器？

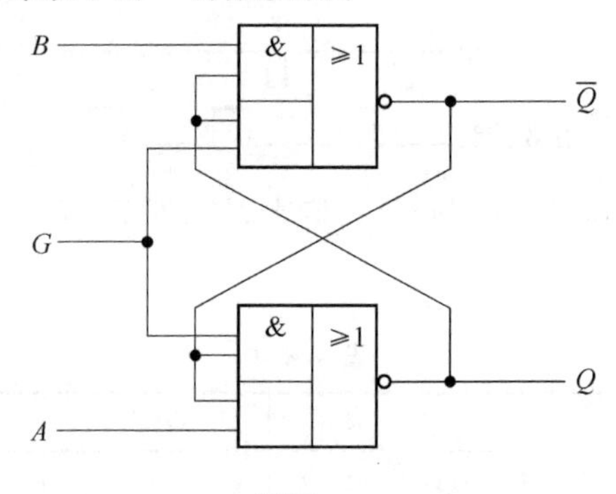

题图 4.3

4-4　用基本 RS 触发器构成一个消除机械开关震颤的防颤电路如题图 4.4(a)所示，画出对应于题图 4.4(b)输入波形的输出 Q 的波形，并说明其工作原理。

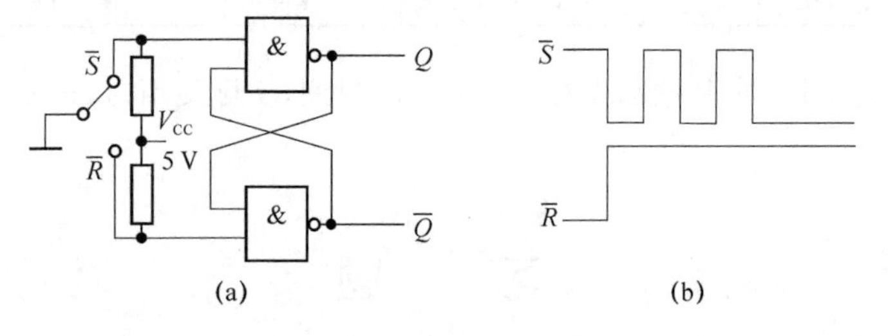

题图 4.4

4-5　写出题图 4.5(a)所示钟控触发器的状态方程和功能表(以 CP 和 U_i 为外部输入变量)，并画出在题图 4.5(b)输入波形作用下的输出 Q 的波形(设初始状态 Q 为 0)。

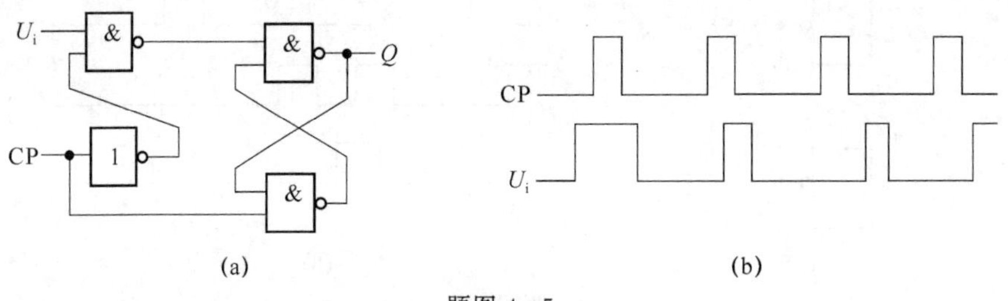

题图 4.5

4-6　列表小结 RS、D、JK 和 T 触发器的状态方程、状态表以及功能表。

4-7　将 JK 触发器分别转换为 D 和 T 触发器，画出逻辑图。

4-8　将 D 触发器分别转换为 JK 和 T 触发器，画出逻辑图。

4-9　将 T 触发器分别转换为 JK 和 D 触发器，画出逻辑图。

4-10　用 JK 触发器构成一个可控的 D/T 触发器，画出逻辑图。

4-11　用 JK 触发器和 D 触发器（可外加门）实现特征方程为 $Q^{n+1}=A\oplus B\oplus Q^n$ 的触发器。

4-12　已知 TTL 主从 JK 触发器的输入波形如题图 4.6 所示，画出输出 Q 的波形。

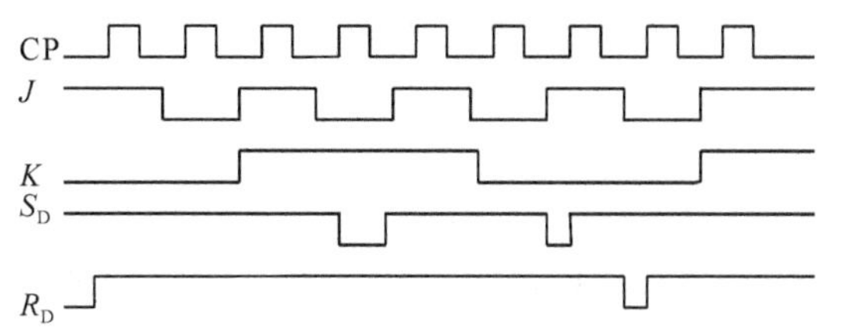

题图 4.6

4-13　题图 4.7(a)是用 TTL 主从 JK 触发器构成的信号检测电路，用来检测 CP 高电平期间 u 是否有输入脉冲，若 CP、u 的波形如题图 4.7(b)所示，画出输出 Q 的波形。

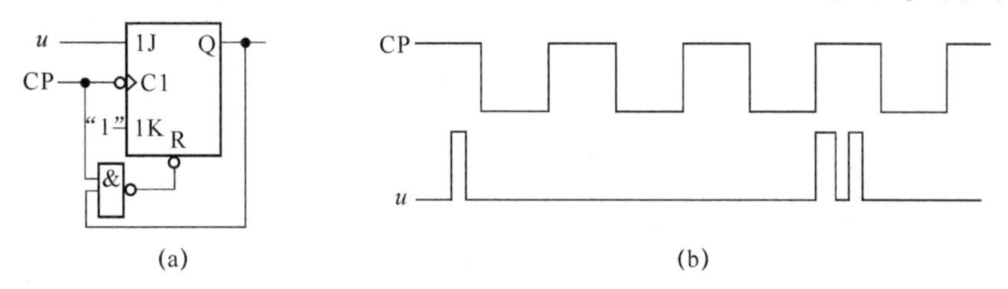

题图 4.7

4-14　已知 JK 信号如题图 4.8 所示，请分别画出 TTL 主从 JK 触发器和负边沿 JK 触发器的输出 Q 的波形（设触发器的初始状态为 0）。

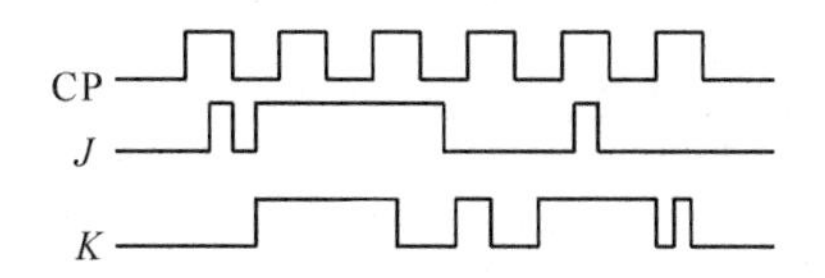

题图 4.8

4-15　负边沿 JK 触发器组成的电路如题图 4.9(a)所示，输入波形如题图 4.9(b) 所示，画出输出 Q 的波形（设触发器初始状态为 0）。

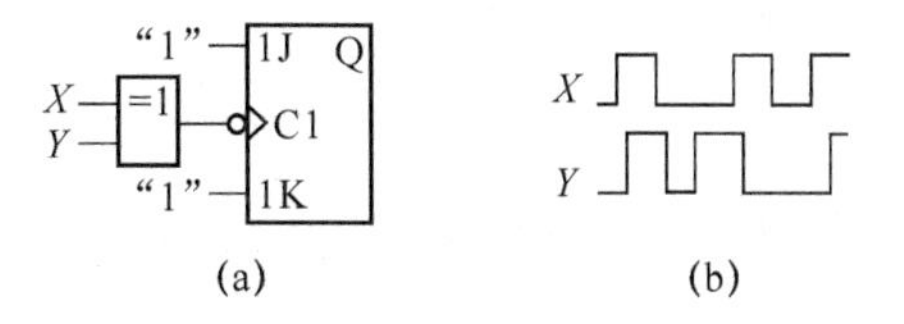

题图 4.9

4-16　写出题图 4.10 所示各触发器的下一状态方程。

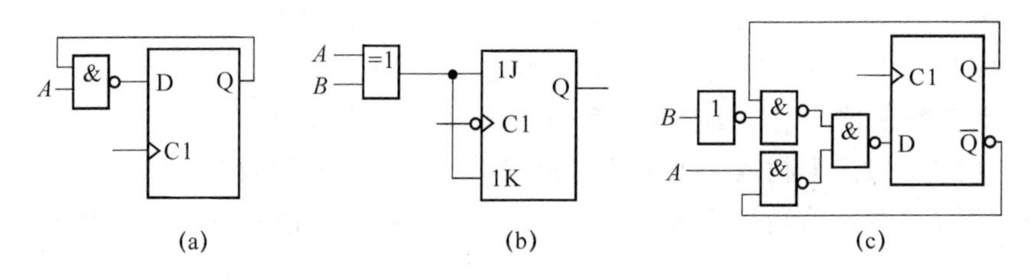

题图 4.10

4-17　如题图 4.11(a)所示的电路，输入波形如题图 4.11(b) 所示，画出输出 Q_1、Q_2 的波形。

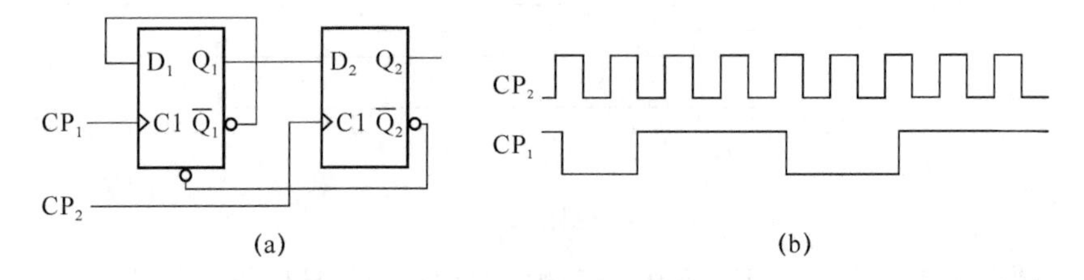

题图 4.11

4-18　如题图 4.12(a)所示的电路，输入波形如题图 4.12(b) 所示，分别画出加 R 和不加 R 时，电路输出 Q 的波形(设触发器初始状态为 0)。

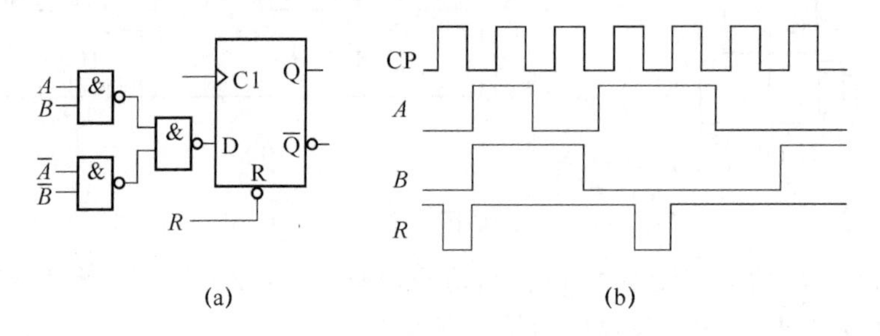

题图 4.12

4-19　题图 4.13 (a)中是由 D 触发器和 JK 触发器构成的电路，题图 4.13 (b)是输入波形，画出输出 Q_1、Q_2 的波形。

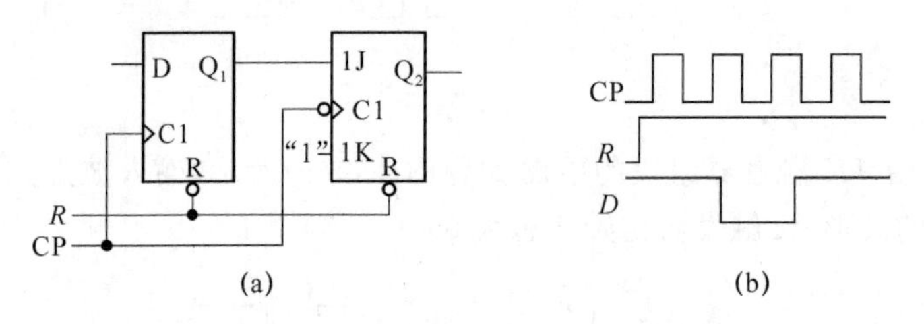

题图 4.13

4-20　负边沿 JK 触发器组成的电路如题图 4.14 所示，它是一个单脉冲发生器，按钮

S 每按下一次(不论时间长短),就在 Q_1 输出一个宽带一定的脉冲,试根据给定的 CP 和 J_1 的波形画出 Q_1 和 Q_2 的波形。

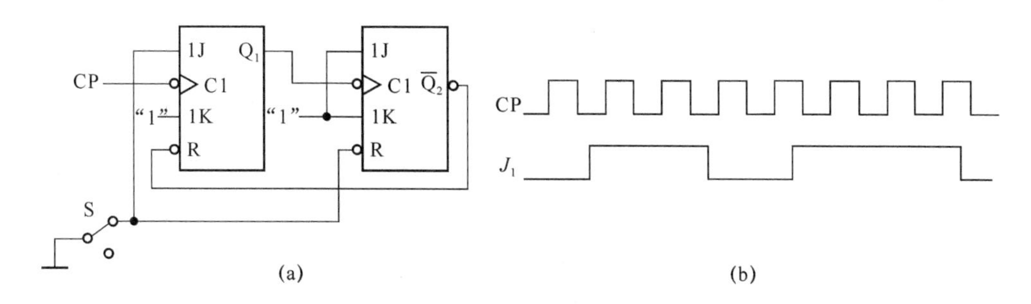

题图 4.14

4-21 写出题图 4.15 中各个触发器的下一状态方程,并画出各个触发器的输出 Q 的波形(设初始状态为 0)。

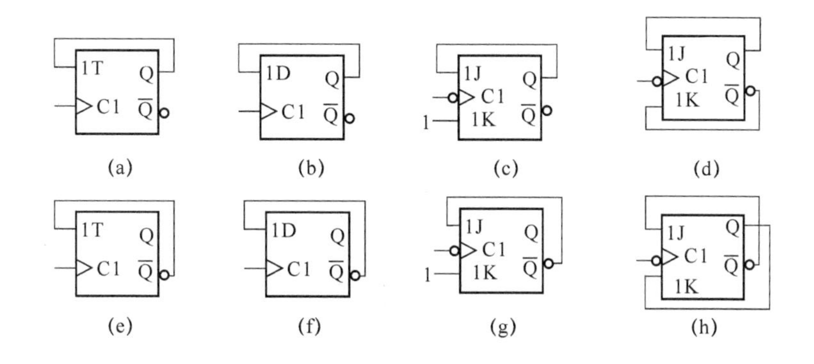

题图 4.15

4-22 CMOS 主从 JK 触发器的输入波形如题图 4.16 所示,画出输出 Q 的波形(设触发器初始状态为 0)。

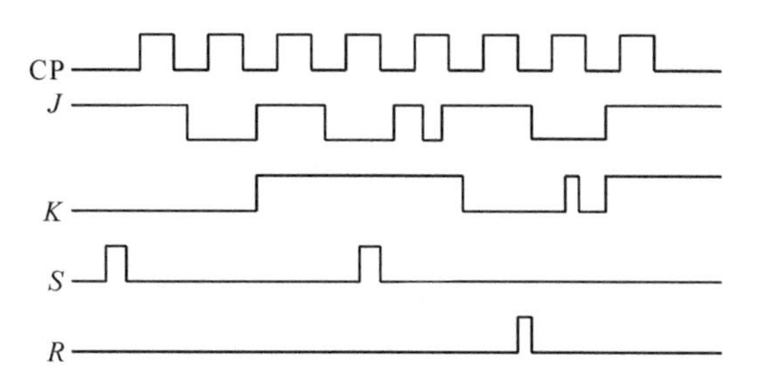

题图 4.16

4-23 题图 4.17 是一种两拍工作寄存器的逻辑图,即每次在存入数据之前,必须先加入置 0 信号,然后"接收"信号有效,数据存入寄存器。① 若不按两拍工作方式来工作,即置 0 信号始终无效,则当输入数据为 $D_2D_1D_0=100\rightarrow001\rightarrow010$ 时,输出数据 $Q_2Q_1Q_0$ 将如何变化？②为使电路正常工作，置 0 信号和接收信号应如何配合？画出这两种信号的正确时间关系。

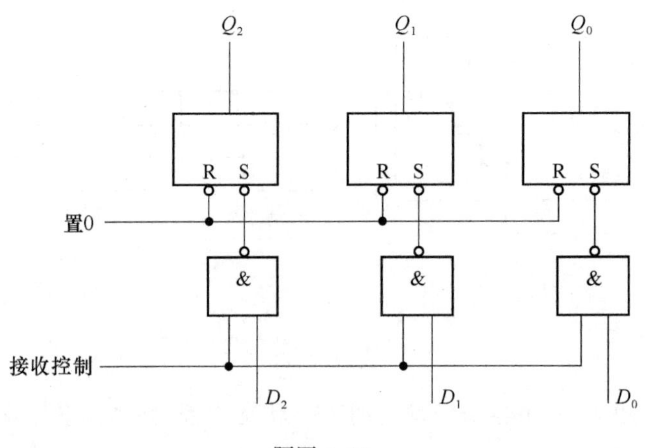

题图 4.17

第5章　时序逻辑电路

本章主要在概要讲述时序逻辑电路在逻辑功能和电路结构特点的基础上，详细介绍分析时序逻辑电路的具体方法、步骤以及时序逻辑电路的设计方法。

一般时序逻辑电路按照其时钟工作方式可以分为两类：同步时序电路和异步时序电路。同步时序逻辑电路使用同一个时钟源，即所有触发器的状态变化都受同一个时钟的控制，所有的触发器都是同步工作的。异步时序逻辑电路中的触发器也有时钟的控制，但不是每个触发器的时钟来自同一个时钟源，即不是所有的触发器的状态变化与系统时钟源同步，在沿触发的时序逻辑电路中，不同触发器时钟沿的到来在时间上有差异。

实际的数字系统多数是同步时序电路构成的同步系统。本章介绍的基本时序逻辑电路也主要是关于同步时序电路的分析和设计。

5.1　概　　述

在组合逻辑电路中，任一时刻的输出信号仅取决于当时的输入信号，这是组合逻辑电路在逻辑功能上的主要特点。在时序逻辑电路中，任一时刻的输出信号不仅取决于当时的输入信号，还与初始状态及现在所研究时刻之前的输入有关。具备这种逻辑功能特点的电路叫做时序逻辑电路(简称时序电路)。同步时序逻辑电路的一般框图如图5.1.1所示。

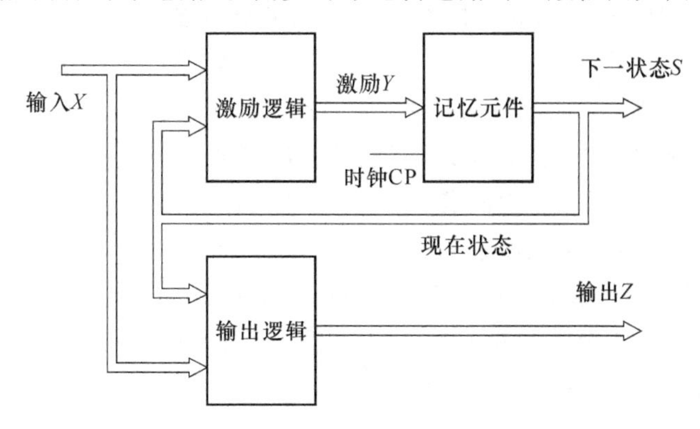

图5.1.1　同步时序电路框图

n 个输入、k 个触发器和 m 个输出的同步时序电路可用三组方程来表示。

(1) 激励方程

$$Y=f(\text{输入信号 } X,\text{现状态 } S^n)$$

即

$$Y_i = f_i(X_0, X_1, \cdots, X_{n-1}, Q_0^n, Q_1^n, \cdots, Q_{k-1}^n) \qquad (i=0,\cdots,k-1) \qquad (5.1.1)$$

式(5.1.1)中,$X_0, X_1, \cdots, X_{n-1}$表示 n 个输入信号,$Q_0^n, Q_1^n, \cdots, Q_{k-1}^n$表示现状态集合 S^n 所包括的 k 个触发器的现状态。

(2) 状态方程

$$S^{n+1}=h(\text{输入信号 } X, \text{现状态 } S^n)$$

即

$$Q_i^{n+1} = h_i(X_0, X_1, \cdots, X_{n-1}, Q_0^n, Q_1^n, \cdots, Q_{k-1}^n) \qquad (i = 0,\cdots,k-1) \qquad (5.1.2)$$

S^{n+1}表示下一状态(次状态)的集合,式(5.1.2)中 Q_i^{n+1}表示第 i 个触发器下一状态,即下一状态与现状态、输入信号间的逻辑关系。

(3) 输出方程

$$Z=g(\text{输入信号 } X, \text{现状态 } S^n)$$

即

$$Z_j=g_j(X_0, X_1, \cdots, X_{n-1}, Q_0^n, Q_1^n, \cdots, Q_{k-1}^n) \qquad (j = 0,\cdots,m-1) \qquad (5.1.3)$$

激励方程是触发器的输入方程,它是输入信号和现状态的函数。对于 D 触发器,激励方程应为各触发器 D 输入端函数的集合,即 $Y=\{D_0, D_1, \cdots, D_{k-1}\}$;对于 JK 触发器,激励方程应为各触发器 JK 输入端函数的集合,即 $Y=\{J_0, J_1, \cdots, J_{k-1}, K_0, K_1, \cdots, K_{k-1}\}$。状态方程就是触发器的输出方程,因为触发器的输入与时序电路的输入及现状态有关,所以,状态方程是电路的输入和现在状态的函数。现状态 S^n 包含了 k 个触发器的现状态,即$S^n=\{Q_0^n, Q_1^n, \cdots, Q_{k-1}^n\}$,所以每个触发器的下一状态用式(5.1.2)表示。

为了进一步说明时序逻辑电路的特点,下面先来分析图 5.1.2 给出的串行加法器。串行加法,是指将两个多位二进制数相加时,采取从低位到高位逐位相加的串行方式完成相加运算,输出也为串行输出。

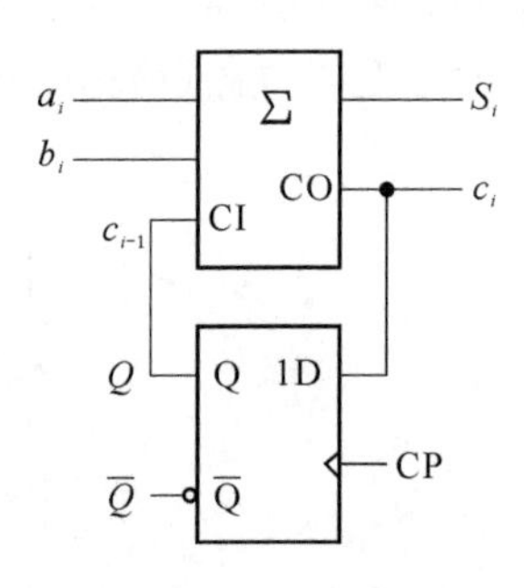

图 5.1.2　串行加法器

对于两个 n 位的二进制数($a_0, a_1, \cdots, a_{n-1}$ 和 $b_0, b_1, \cdots, b_{n-1}$),由于每一位(例如第 i 位)相加的结果不仅取决于本位的加数 a_i 和被加数 b_i,还与低一位是否有进位有关,所以完整的串行加法器电路除了应该具有将加数、被加数以及来自低位的进位相加的能力之外,还必须具备记忆功能,要把本位相加后的进位结果保存下来,以备作高一位相加时使用。因此,图 5.1.2 的串行加法器电路包含了两个组成部分:一部分是全加器Σ,另一部分是由 D 触发器构成的存储电路。全加器完成 a_i、b_i 和 c_{i-1}3 个数的相加运算,D 触发器记录每次相加后的进位结果,供高一位运算使用。

通过这个简单的例子可以看出,时序电路在电路结构上有两个显著的特点:

(1) 时序电路通常包含组合电路和存储电路两个组成部分,一个时序电路可以没有组合逻辑电路部分,但存储电路是必不可少的。

(2) 存储电路的输出状态通常反馈到组合电路的输入端,与输入信号一起,共同决定组合逻辑电路的输出(S_i 是输入 a_i、b_i 以及触发器现状态 Q^n 的函数)和触发器的下一状态

(Q^{n+1}也是a_i、b_i 和Q^n 的函数)。

根据输出信号的特点,可将时序电路划分为米里(Mealy)型和摩尔(Moore)型两种。

(1) 米里型电路

输出信号不仅取决于存储电路的状态,而且还取决于输入变量。即:

$$Z_i = g_i(X_0, X_1, \cdots, X_{n-1}, Q_0^n, Q_1^n, \cdots, Q_{k-1}^n) \quad (i = 0, \cdots, m-1) \tag{5.1.4}$$

例如,串行加法器中的输出S_i 与a_i、b_i 和Q^n 有关。

(2) 摩尔型电路

输出信号仅仅取决于存储电路的状态,与输入信号无关。即:

$$Z_i = g_i(Q_0^n, Q_1^n, \cdots, Q_{k-1}^n) \quad (i=0, \cdots, m-1) \tag{5.1.5}$$

由表达式(5.1.5)可见,摩尔型电路只是米里型电路的一种特例。

在逻辑电路分析和设计中,通常将状态方程和输出方程结合在一起用矩阵的形式表示,构成同步时序电路的状态表,就是说,状态表是用来表示下一状态以及输出与电路的输入和现在状态的关系的表格。

状态表主要描述状态的转换,状态表中的状态一般都用文字、字母(如$A,B,C,\cdots$或$S_1,S_2,\cdots$等)表示。在具体实现这个状态表时,需要进行状态编码,也就是用字母表示的状态需要改用二进制代码表示,这种经过状态编码的、用二进制代码表示状态的状态表称为状态转移表。

表 5.1.1 为某米里型状态表,该表描述的时序电路有一个输入信号(X)和 6 个状态($A \sim F$)。下一状态S^{n+1}与输出Z 用斜线"/"隔开,斜线左边为下一状态,右边为输出。

表 5.1.1 米里型状态表

S^n \ X (S^{n+1}/Z)	0	1
A	$C/1$	$D/1$
B	$B/0$	$C/1$
C	$C/1$	$A/0$
D	$D/0$	$C/0$
E	$E/0$	$C/0$
F	$F/0$	$C/1$

Q^{n+1}/Z

表 5.1.2 为另一时序电路的状态表,从表中可以看出,这是一个摩尔型时序逻辑电路,输出仅与现状态有关。表 5.1.3 为对应的状态转移表,状态转移表与状态表的主要区别是把状态表中使用文字或字母的状态描述进行状态编码,即状态改用二进制编码表示。

表 5.1.2 摩尔型状态表

S^n \ X (S^{n+1})	0	1	Z
A	A	B	0
B	B	C	0
C	C	D	0
D	D	E	0
E	A	B	1

表 5.1.3 摩尔型状态转移表

S^n \ X (S^{n+1})	0	1	Z
000	000	001	0
001	001	010	0
010	010	011	0
011	011	100	0
100	000	001	1

在有些具体的时序电路中,并不都具备图 5.1.1 所示的完整形式。例如,有的时序电路中没有组合逻辑电路部分,而有的时序电路又可能没有输入逻辑变量,但它们在逻辑功能上仍具有时序电路的基本特征。

用输入信号和电路状态(状态变量)的逻辑函数去描述时序电路逻辑功能的方法也称时序机。在分析时序电路时只要把状态变量和输入信号一样当做逻辑函数的输入变量处理，则分析组合电路的一些运算方法仍然可以使用在时序逻辑电路的分析中。

5.2 同步时序逻辑电路分析

5.2.1 常用时序电路简介

常用时序电路包括寄存器、移位寄存器、计数器等。

1. 寄存器

寄存器由多位触发器构成，用来寄存多位二进制信息。各个触发器由统一的时钟控制，在时钟信号的控制下，把需要寄存的信息同时存入寄存器。在没有时钟有效边沿时，已经存入的信息可以供其他设备读取、使用。

集成的寄存器芯片，一般还带有输出的三态控制端，输出有工作方式和高阻方式，即输出可以是 0、1 或高阻状态。表 5.2.1 是 8 位 D 型寄存器 74LS374 的功能表，描述了 8 位触发器中某 1 位的功能，高阻控制端和时钟输入端为 8 位公用。

锁存器与寄存器的功能有些相似，但锁存器是使用电平触发的。74LS373 是集成 8 位锁存器，表 5.2.2 给出了 74LS373 的功能表。

表 5.2.1　74LS374 的功能表

$\overline{OC}$	CP	D	Q^{n+1}
0	↑	0	0
0	↑	1	1
0	0	×	Q^n
1	×	×	高阻

表 5.2.2　74LS373 的功能表

$\overline{OC}$	CP	D	Q^{n+1}
0	1	0	0
0	1	1	1
0	0	×	Q^n
1	×	×	高阻

从两个功能表看出，二者的区别在于 74LS374 为沿触发，74LS373 为电平触发。有些资料上对锁存器和寄存器的提法不加区别，但是在使用时必须注意区分，主要是要看系统中用来控制数据存入的是什么信号，如果是电平信号，则一定要用锁存器；如果是时钟边沿控制寄存，则一定要用寄存器。

在集成电路手册上，有时也称这样的芯片为“D 触发器”。本书中，集成 D 触发器特指芯片上的每个触发器有互补的两个输出(每个触发器有两个输出引脚，Q 和$\overline{Q}$，例如 74LS379 为 4D 触发器)，而寄存器或者锁存器，每位都是只有一个输出 Q，没有$\overline{Q}$。

2. 移位寄存器

移位寄存器(简称移存器)是由触发器构成的专门一类、具有特殊信号传递寄存方式的常用时序电路。移位寄存器具有寄存和移位两重功能：除了寄存数据外，还可以在时钟的控制下，将数据向左或者向右进行移位。一般移位寄存器有一个串行的数据输入端，一个串行的数据输出端。双向移存器则有两个数据输入端，有一个移存方向控制端，在移存方向控制端的控制下实现数据的左移或右移。

有的集成移位寄存器还可以有并行数据输入端和并行数据输出端。因此，移位寄存器可以有 4 种工作方式：串行输入串行输出、并行输入并行输出、串行输入并行输出、并行输入串行输出(简称:串入串出、并入并出、串入并出、并入串出)。

3. 计数器

计数器是通过电路的状态来反映输入脉冲数目的电路。只要电路的状态和输入脉冲的数目有固定的对应关系,这样的电路就可以作为计数器来使用。从第 4 章我们知道,一位触发器有两个状态。如果将一个 JK 触发器的 J、K 端都接逻辑 1,初始时触发器的状态为 0。在时钟的作用下,触发器的状态就会是 0、1、0、1、……不断变化。将这个触发器的输出接到另一个 JK 的触发器的时钟输入。如触发器为下降沿触发,则第一个触发器输出的下降沿就会使另一个 JK 触发器改变状态。两个触发器就有 4 种不同的状态:00、01、10、11。如果触发器的初始状态是 00,则输入一个时钟就到 01 状态,再输入一个时钟就到状态 10……这样,通过电路的状态就可以知道输入脉冲的数目。

一个计数器可以计数的最大值,称为计数器的模值,一般用 M 表示。

如果设电路的初始状态不是 00 而是 10,这时,输入一个时钟,就到状态 11……同样也能进行计数,只是电路的状态和脉冲的数目是另一种对应关系。计数器的模值 M 没有改变。

计数器是应用非常广泛的一种时序电路。可以用不同的方法对计数器进行分类。

(1) 按计数模值分类

① 二进制计数器,计数器的模值 M 和触发器数 k 的关系是 $M=2^k$。例如 4 位二进制计数器的模值为 16,计数状态为 0000 到 1111。

② 十进制计数器,计数器的模值是 10,当采用不同的 BCD 码时,会有不同的十进制计数器。常用的 8421 码计数器的计数状态使用 0000 到 1001。

③ 任意进制计数器,计数器有一个最大的计数模值,由于该类集成计数器多有比较丰富的控制端,具体使用时可通过简单的连接(一般不需要额外的附加门电路),计数模值可以在最大值范围内任意设置,使得一种计数器芯片有多种计数范围。

(2) 按计数值变化的方式分类

①加法计数器,每输入一次时钟,计数值加 1,加到最大值后,再从初始状态继续。

②减法计数器,每输入一次时钟,计数值减 1,减到最小值后,再从初始状态继续。

③可逆计数器,在加/减控制端或不同时钟端的控制下,可以进行加、减选择的计数器。

(3) 按时钟控制方式分类

①同步计数器,各级触发器的时钟都由同一外部时钟提供,触发器在时钟有效边沿同时翻转,工作速度较快。

②异步计数器,计数器内一部分触发器的时钟由前级触发器的输出提供,由于触发器本身的延迟,使得后级触发器要等到前级触发器翻转后,才可能获得有效时钟产生状态翻转,速度相对较低。

5.2.2 同步时序逻辑电路分析方法

同步时序电路的分析就是对给定的时序电路逻辑图进行分析,得出电路的逻辑功能。

同步时序电路可以用三组方程式来描述:激励方程、状态方程和输出方程。其中的激励方程是获得状态方程的过渡表达式,真正描述时序电路功能的还是状态方程和输出方程。

进行时序电路分析时,为了以更加形象的方式直观地显示出时序电路的逻辑功能,有时还进一步把状态表(或状态转移表)的内容表示成状态图(或状态转移图)的形式。状态图或状态转移图是状态表或者状态转移表的图形化表示。

在状态图或状态转移图中用圆圈表示状态,用带方向的弧线(或直线)表示状态的转移方向,在弧线上标明状态转换的输入条件和转换时得到的输出。通常将输入变量取值写在斜线以上,将输出值写在斜线以下。如果是摩尔型时序电路,可把输出写在圆圈内斜线的下方。状态图和状态转移图不同的是:状态图圆圈内的状态和状态名相对应,状态转移图圆圈内的状态与状态的二进制代码相对应。就像状态表和状态转移表一样,状态图和状态转移图没有本质的不同。图 5.2.1 是某电路的状态图。

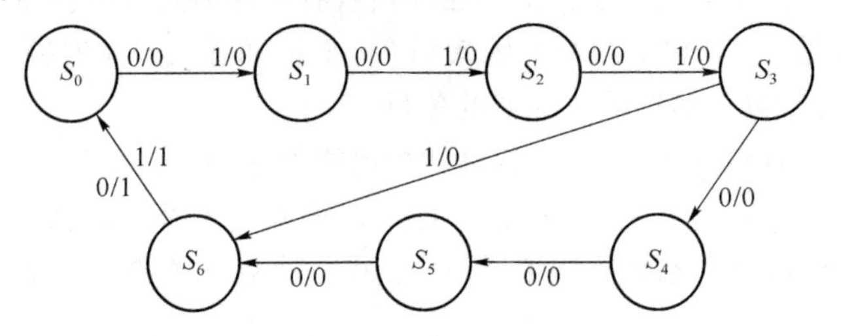

图 5.2.1 状态图

同步时序电路的分析可按以下步骤进行:

(1) 根据给定的时序电路,写出每个触发器的输入激励方程。

(2) 根据电路,写出时序电路的输出方程。

(3) 由激励方程和触发器的特征方程,写出触发器的状态方程(即下一状态方程)。触发器的特征方程和状态方程没有实质的不同,只是特征方程是用触发器的直接输入(如 RS、D、JK)等表示的,而状态方程是用时序电路中输入和现状态表示的。

(4) 由触发器的状态方程和时序电路的输出方程,作出电路的状态转移表和状态转移图。

(5) 根据要求和电路状态特点,分析电路完成的具体逻辑功能。

对于具体的时序电路,以上分析过程的某些步骤可能有所简化。例如,有的时序电路的输出就是触发器的输出,这样就没有电路的输出方程,而只要写出触发器的状态方程就可以进行分析了。

5.2.3 一般同步时序电路分析举例

【例 5.2.1】 分析图 5.2.2 所示时序逻辑电路的逻辑功能,写出电路的激励方程、状态方程和输出方程,画出电路的状态转移图并分析电路完成的功能。

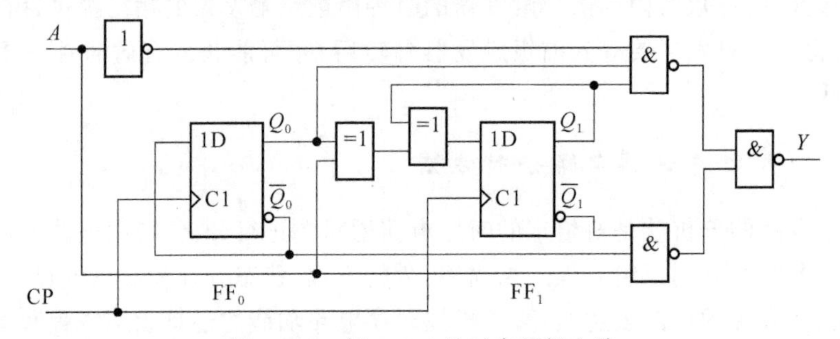

例 5.2.2 例 5.2.1 的时序逻辑电路

解：(1) 从给定的电路图写出激励方程：

$$\begin{cases} D_0=\overline{Q_0^n} \\ D_1=A \oplus Q_0^n \oplus Q_1^n \end{cases} \tag{5.2.1}$$

(2) 将式(5.2.1)代入 D 触发器的特性方程，得到电路的状态方程：

$$\begin{cases} Q_0^{n+1}=D_0=\overline{Q_0^n} \\ Q_1^{n+1}=D_1=A\oplus Q_0^n\oplus Q_1^n \end{cases} \tag{5.2.2}$$

(3) 从图 5.2.2 的电路图写出输出方程：

$$Y=\overline{\overline{\overline{A}Q_0^nQ_1^n}\cdot\overline{A\,\overline{Q_0^n}\cdot\overline{Q_1^n}}}=\overline{A}Q_0^nQ_1^n+A\,\overline{Q_0^n}\cdot\overline{Q_1^n} \tag{5.2.3}$$

(4) 通过输出方程和状态方程，可以得到状态转移表及状态转移图(如表 5.2.3 和图 5.2.3所示)。

表 5.2.3　图 5.2.2 电路的状态转换表

A \ $Q_1^nQ_0^n$ ($Q_1^{n+1}Q_0^{n+1}/Y$)	00	01	11	10
0	01/0	10/0	00/1	11/0
1	11/1	00/0	10/0	01/0

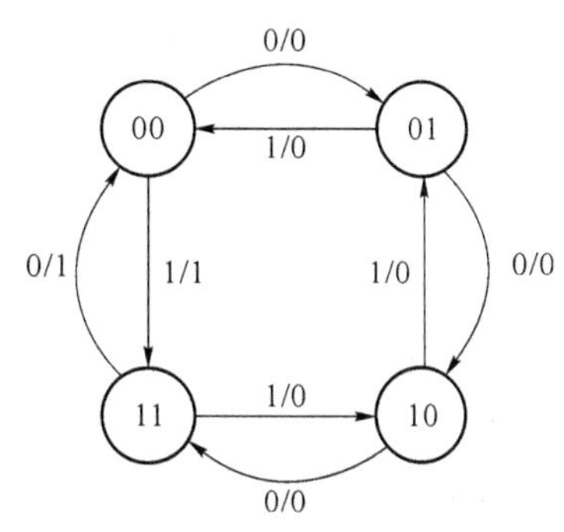

图 5.2.3　图 5.2.2 的状态转移图

(5) 根据状态转移表和状态转移图对电路进行分析，可以看出，图 5.2.2 所示电路是可逆计数器，输入信号 $A=0$ 时为加计数，且状态到 11 时输出为 1；输入信号 $A=1$ 时为减计数，状态为 00 时输出为 1。

【例 5.2.2】 分析图 5.2.4 所示同步计数器的逻辑功能。

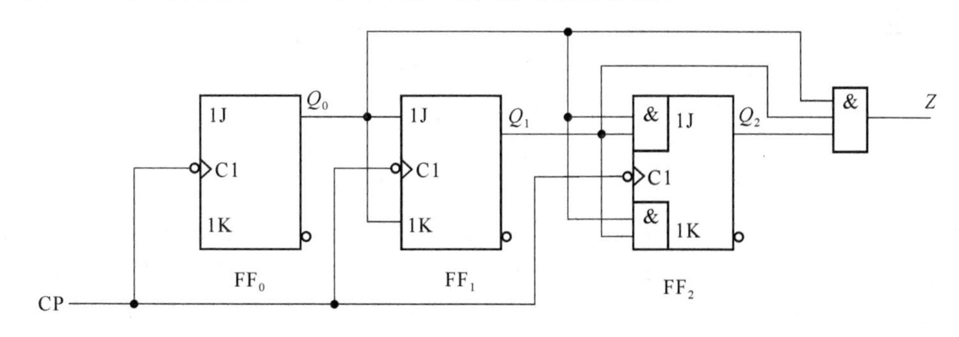

图 5.2.4　例 5.2.2 的时序电路

解：(1) 写出电路的触发器的激励方程(输入端悬空，认为输入为“1”)：

$$\begin{cases} J_2= Q_0^nQ_1^n, K_2= Q_0^nQ_1^n \\ J_1= Q_0^n, K_1= Q_0^n \\ J_0= 1, K_0= 1 \end{cases} \tag{5.2.4}$$

(2) 写出触发器的状态方程(即写出电路的状态方程，把激励方程带入触发器的特征方程 $Q^{n+1}=J\,\overline{Q^n}+\overline{K}Q^n$)：

$$\begin{cases}Q_2^{n+1} = Q_0^n Q_1^n \overline{Q_2^n} + \overline{Q_0^n Q_1^n} Q_2^n \\ Q_1^{n+1} = Q_0^n \overline{Q_1^n} + \overline{Q_0^n} Q_1^n \\ Q_0^{n+1} = 1 \cdot \overline{Q_0^n} + \overline{1} \cdot Q_0^n = \overline{Q_0^n}\end{cases} \tag{5.2.5}$$

(3) 写出电路的输出方程：

$$Z = Q_0^n Q_1^n Q_2^n \tag{5.2.6}$$

(4) 由状态方程和输出方程，作出状态转移表和状态转移图。作状态转移表的方法和组合电路由函数表达式作真值表的方法类似，但该电路为摩尔型电路，且没有输入，所以得到的状态转移表如表 5.2.4 所示，状态转移图如图 5.2.5 所示。每个圆圈表示一个状态，图中用十进制数表示等值的二进制码，0～7 相当于二进制码 000～111。输出只与状态有关，在状态转移图中，输出直接写在圆圈内斜线的下方。

表 5.2.4　例 5.2.2 计数器的状态转移表

Q_2^n	Q_1^n	Q_0^n	Q_2^{n+1}	Q_1^{n+1}	Q_0^{n+1}	Z
0	0	0	0	0	1	0
0	0	1	0	1	0	0
0	1	0	0	1	1	0
0	1	1	1	0	0	0
1	0	0	1	0	1	0
1	0	1	1	1	0	0
1	1	0	1	1	1	0
1	1	1	0	0	0	1

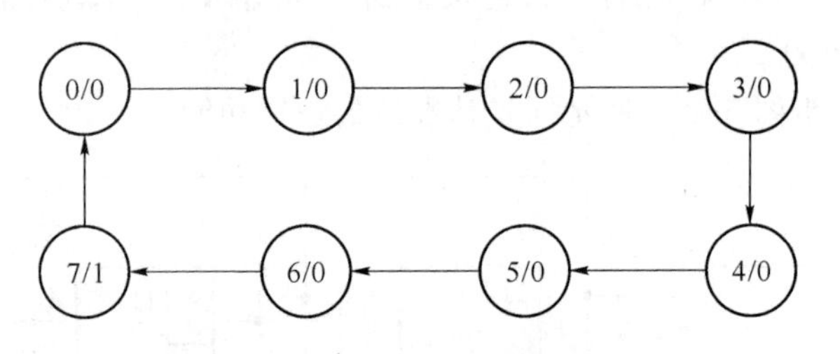

图 5.2.5　例 5.2.2 的状态转移图

(5) 分析逻辑功能：分析计数器是要确定它的计数的模值、确定计数时使用什么编码、确定计数的方式是加计数还是减计数等。根据状态转移图，这个计数器是模值等于 8 的二进制加法计数器，计数状态是从 000～111。计数满 8 个数时（状态为 111），输出 Z 等于 1，相当于逢 8 进 1 的进位输出。

用 JK 触发器构成的同步二进制加法计数器的组成是有规律可循的。若触发器的数目是 k，计数的模值为 2^k。触发器各级之间的连接关系为

$$\begin{cases}J_0 = K_0 = 1 \\ J_i = K_i = Q_0^n Q_1^n \cdots Q_{i-1}^n\end{cases} \tag{5.2.7}$$

若是二进制减法计数器，则连接关系为

$$\begin{cases} J_0 = K_0 = 1 \\ J_i = K_i = \overline{Q_0^n}\ \overline{Q_1^n} \cdots \overline{Q_{i-1}^n} \end{cases} \tag{5.2.8}$$

【例 5.2.3】 分析图 5.2.6 所示的同步计数器。

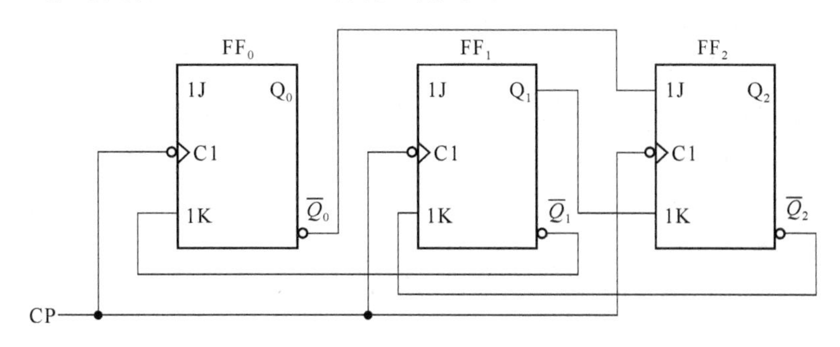

图 5.2.6　例 5.2.3 的同步计数器电路

解:这个计数器没有输出电路。分析时,将直接用触发器的输出作为时序电路的输出。分析和作表时,可以省略与输出有关的部分,分析其状态变化即可。

(1) 列写激励方程:

$$\begin{cases} J_2 = \overline{Q_0^n}, K_2 = Q_1^n \\ J_1 = 1, K_1 = \overline{Q_2^n} \\ J_0 = 1, K_0 = \overline{Q_1^n} \end{cases} \tag{5.2.9}$$

(2) 列写状态方程:

$$\begin{cases} Q_2^{n+1} = \overline{Q_0^n} \cdot \overline{Q_2^n} + \overline{Q_1^n} Q_2^n \\ Q_1^{n+1} = 1 \cdot \overline{Q_1^n} + Q_2^n Q_1^n = \overline{Q_1^n} + Q_2^n \\ Q_0^{n+1} = 1 \cdot \overline{Q_0^n} + Q_1^n Q_0^n = \overline{Q_0^n} + Q_1^n \end{cases} \tag{5.2.10}$$

(3) 作状态转移表和状态转移图。由于没有专门的输出函数,状态转移表中也就不需要表示输出的列。可先在 Q^n 列中按顺序写出状态组合,然后根据状态方程得到各触发器的下一状态。所得到的状态转移表如表 5.2.5 所示。

表 5.2.5　例 5.2.3 计数器的状态转移表

Q_2^n	Q_1^n	Q_0^n	Q_2^{n+1}	Q_1^{n+1}	Q_0^{n+1}
0	0	0	1	1	1
0	0	1	0	1	0
0	1	0	1	0	1
0	1	1	0	0	1
1	0	0	1	1	1
1	0	1	1	1	0
1	1	0	0	1	1
1	1	1	0	1	1

从这个状态转移表到作出状态转移图需要一个一个状态进行跟踪。例如，从 000 状态开始，下一状态是 111，再从 111 到下一状态 011……直到把所有的状态和它们的转移关系都在状态转移图中表示清楚为止。例 5.2.3 的状态转移图如图 5.2.7 所示。

(4) 分析和说明。从状态转移图可以清楚地看到，计数器是在 5 种状态中进行循环，是模值等于 5 的五进制计数器。不过，计数状态不是二进制的递增或递减，属于任意编码计数器的范畴。

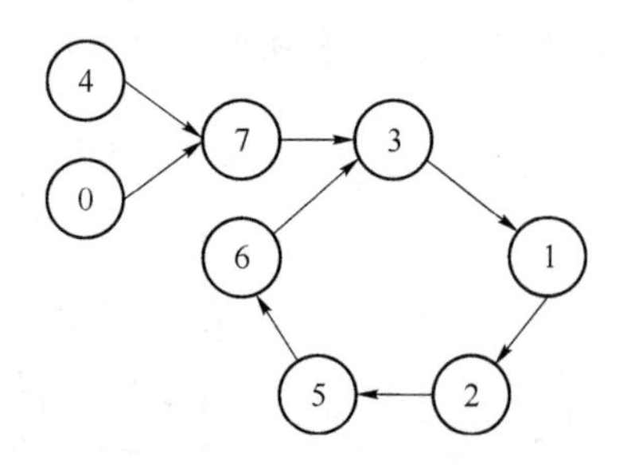

图 5.2.7　例 5.2.3 的状态转移图

对于 k 个触发器，计数模值小于 2^k 的计数器，定有若干状态不在计数循环内，需要分析计数器是否可以自启动。自启动就是要求计数器不管由于什么原因进入了这些不使用状态，也能够在经过几个周期的时钟后，重新进入正常的计数循环。

例 5.2.3 的五进制计数器有 3 个不使用状态：00、100 和 111。从状态转移图上可以看出，如果进入这些状态，最多经过 2 个时钟周期后，就可以重新进入计数循环，所以该计数器可自启动。

5.2.4　移位寄存器及其应用电路的分析

1. 移位寄存器的构成

移位寄存器除了具有存储代码的功能以外，还具有移位功能。所谓移位功能，是指寄存器里存储的代码能在移位脉冲的作用下依次左移或右移。因此，移位寄存器不但可以用来寄存代码，还可以用来实现数据的串行-并行转换、数值的运算以及数据处理等。

图 5.2.8 所示电路是由边沿触发的 D 触发器组成的 4 位移位寄存器。

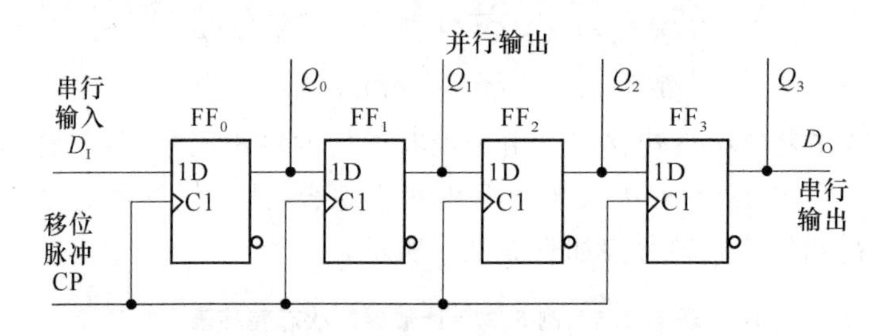

图 5.2.8　用 D 触发器构成的移位寄存器

其中第一个触发器 FF_0 的输入端接收输入信号 D_I，其余的每个触发器输入端均与前边一个触发器的 Q 端相连，输出为 D_O(串行输出)，或输出为 $Q_3Q_2Q_1Q_0$(并行输出)。

因为从 CP 上升沿到达触发器的时钟输入端开始，到输出端新状态的建立，需要经过一段传输延迟时间，所以当 CP 的上升沿同时作用于所有的触发器的瞬间，它们输入端(D 端)的输入信号为前一个触发器原来的输出状态，即维持在时钟沿到达时刻前的状态，前一级状态还没有改变。于是对于 FF_1 来说，是按 Q_0 原来的输出 Q_0^n 作为该级输入信号进行状态变化，FF_2 按 Q_1 原来的输出状态进行状态变化，FF_3 按 Q_2 原来的输出状态进行变化。同时，加到寄存器输入端 D_I 的代码存入 FF_0。总的效果相当于移位寄存器里原有的代码依次右移了一位。

例如，在 4 个时钟周期内输入代码依次为 1011，设移位寄存器的初始状态为 $Q_3^nQ_2^nQ_1^nQ_0^n=0000$，那么在移位脉冲（也就是触发器的时钟脉冲）的作用下，移位寄存器里代码的移动情况将如表 5.2.6 所示。图 5.2.9 给出了各触发器输出端在移位过程中的电压波形图。

表 5.2.6 移位寄存器中代码的移动情况

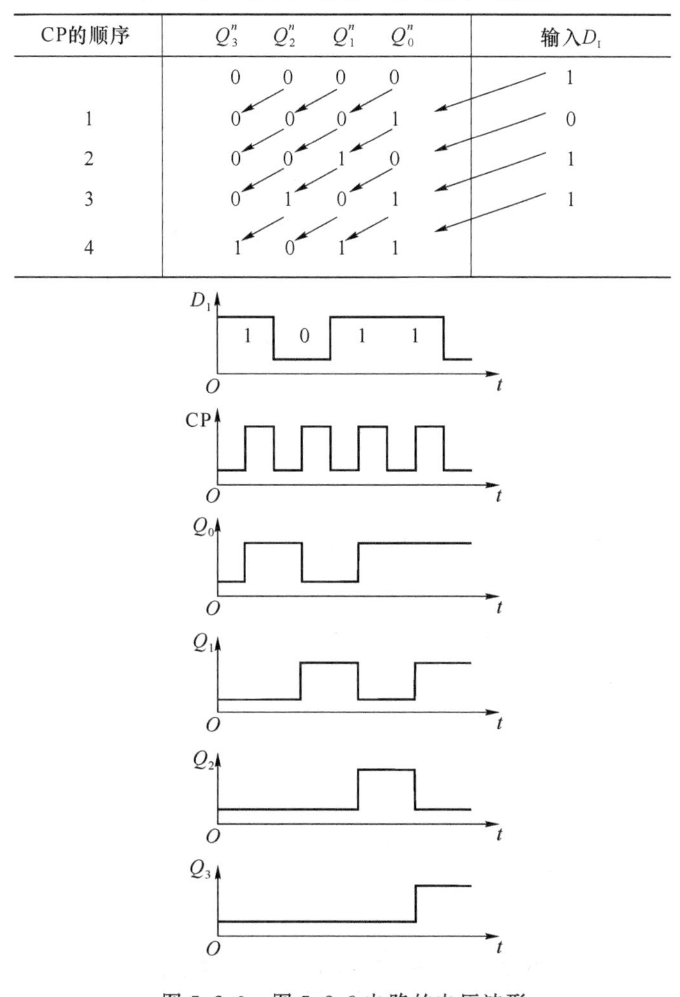

CP的顺序	Q_3^n	Q_2^n	Q_1^n	Q_0^n	输入D_I
	0	0	0	0	1
1	0	0	0	1	0
2	0	0	1	0	1
3	0	1	0	1	1
4	1	0	1	1	

图 5.2.9 图 5.2.8 电路的电压波形

可以看到，经过 4 个 CP 信号以后，串行输入的 4 位代码全部移入了移位寄存器中，同时在 4 个触发器的输出端可以得到了并行输出的代码。因此，利用移位寄存器可以实现代码的串行-并行转换。

如果首先将 4 位数据并行置入移位寄存器的 4 个触发器中，然后连续加入 4 个移位脉冲，则移位寄存器里的 4 位代码将从串行输出端 Q_3 依次送出，从而实现了数据的并行-串行转换。

图 5.2.10 是用 JK 触发器组成的 4 位移位寄存器，它和图 5.2.8 电路具有同样的逻辑功能。

为便于扩展逻辑功能和增加使用的灵活性，有些集成移位寄存器电路中附加了左、右移控制、数据并行输入、保持、异步置零（复位）等功能。

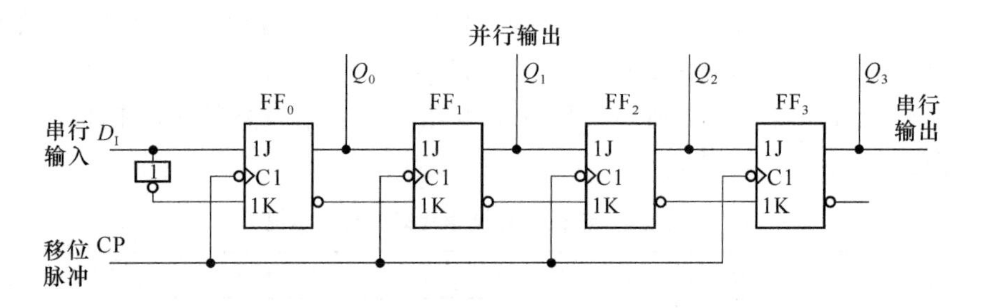

图 5.2.10 用 JK 触发器构成的移位寄存器

2. 环形计数器

计数器也可以用移位寄存器构成，这时要求移位寄存器有 M 个状态，分别和 M 个输入脉冲相对应，并且在这 M 个状态中不断地循环，这样的移位寄存器就可以作为模值为 M 的计数器使用。对于这类反馈移位寄存器的分析，一般只要关心输入级的反馈信号是如何获得的即可。

图 5.2.11 是三位环形计数器的逻辑图。环形计数器的特点是输入级的信号(称为反馈信号)直接取自最后一级的 Q 端。

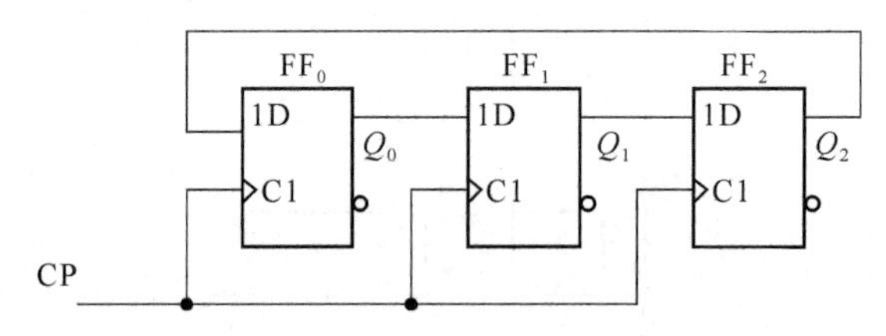

图 5.2.11 三位环形计数器

在图 5.2.11 中，反馈信号是

$$D_0 = Q_2^n \tag{5.2.11}$$

各个触发器的状态方程为

$$\begin{cases} Q_0^{n+1} = Q_2^n \\ Q_1^{n+1} = Q_0^n \\ Q_2^{n+1} = Q_1^n \end{cases} \tag{5.2.12}$$

由这些状态方程式可以得到表 5.2.7 的状态转移表和图 5.2.12 的状态转移图。

表 5.2.7 三位环形计数器状态转移表

Q_2^n	Q_1^n	Q_0^n	Q_2^{n+1}	Q_1^{n+1}	Q_0^{n+1}
0	0	0	0	0	0
0	0	1	0	1	0
0	1	0	1	0	0
0	1	1	1	1	0
1	0	0	0	0	1
1	0	1	0	1	1
1	1	0	1	0	1
1	1	1	1	1	1

由表 5.2.5 和图 5.2.12 可以对三位环形计数器进行分析，并得到环形计数器的一般特点：

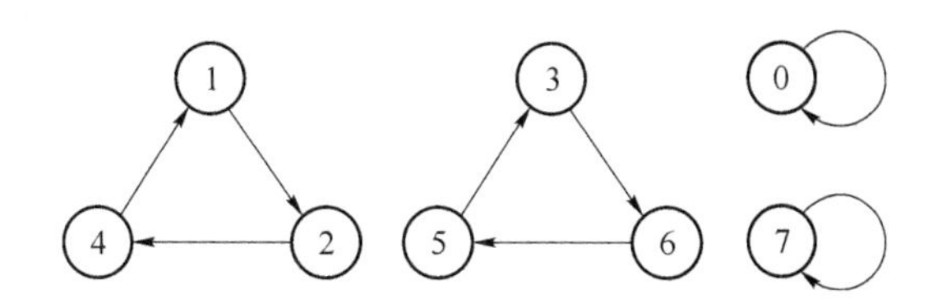

图 5.2.12　三位环形计数器状态转移图

(1) 由 k 位触发器构成的环形计数器反馈连接的方式是：$D_0=Q_{k-1}^n$，其内部连接方式：$D_i=Q_{i-1}^n$。

(2) k 位移位寄存器构成的环形计数器可以计 k 个数，即计数模值是 k。

(3) 通常选用的工作计数循环是：计数状态中只有一位触发器是 1 的循环，也可以只有一位触发器是 0 的循环。由于有效工作状态都只含有一位 1，根据 1 的位置就可以区分不同状态，用计数器的输出控制其他电路时可以不要译码电路，例如将发光二极管直接接到各个触发器的输出端，根据发光二极管的发光的位置，就可以知道计数器的状态，即计数的结果。

(4) 简单地将移位寄存器首尾相连所构成的环形计数器不能自启动。若要求计数器能够自启动，必须对反馈的逻辑函数进行修改，才能既保持环形计数器的特点，又能够自启动。

例如，将反馈函数修改为 $D_0=\overline{Q_1^n}\cdot\overline{Q_0^n}$ 就可以解决不能自启动的问题。这是由于我们关注的有效工作循环是 100、010、001，在这 3 个状态时，应有确定的转移方向，而处于其他状态时，转移到什么状态我们并不关注，即可设为任意状态(用×表示)。其原卡诺图和反馈函数圈法如图 5.2.13 所示。通过增加或加少任意项的圈入，可改变其任意状态的转移方向，新的圈法如图 5.2.14 所示。这时，状态 000 的下一状态是 001，状态 111 的下一状态是 110、新的状态转移图如图 5.2.15 所示。

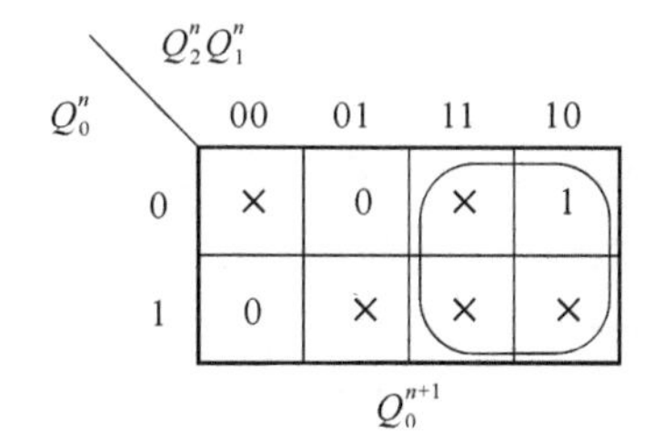

Q_0^n \ $Q_2^nQ_1^n$	00	01	11	10
0	×	0	×	1
1	0	×	×	×

Q_0^{n+1}

图 5.2.13　环形计数器原卡诺图

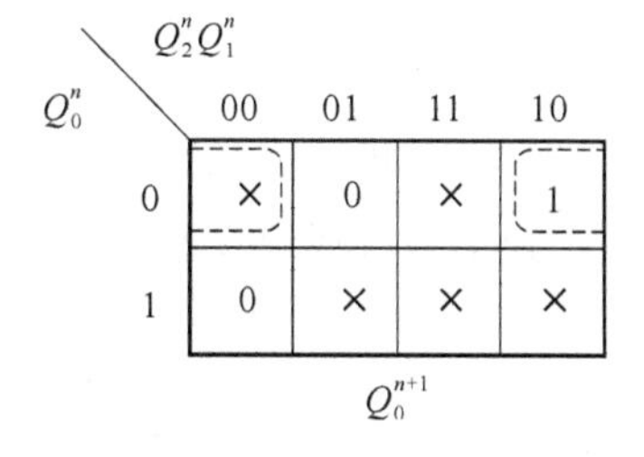

Q_0^n \ $Q_2^nQ_1^n$	00	01	11	10
0	×	0	×	1
1	0	×	×	×

Q_0^{n+1}

图 5.2.14　修改圈法后的卡诺图

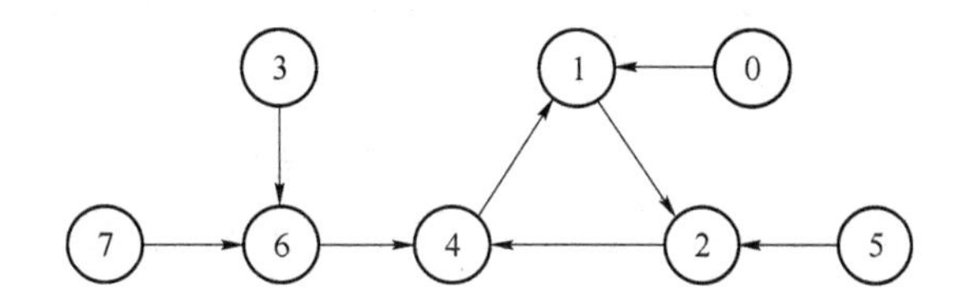

图 5.2.15　可以自启动的三位环形计数器状态转移图

这种可以自启动环形计数器的连接方法可以推广到一般情况：对于由 $Q_0\cdots Q_{k-1}$ 共 k 个 D 触发器构成的环形计数器，反馈得逻辑函数应为

$$D_0=\overline{Q_0^n}\ \overline{Q_1^n}\cdots\overline{Q_{k-2}^n} \tag{5.2.13}$$

4 位可以自启动的环形计数器逻辑图如图 5.2.16 所示。

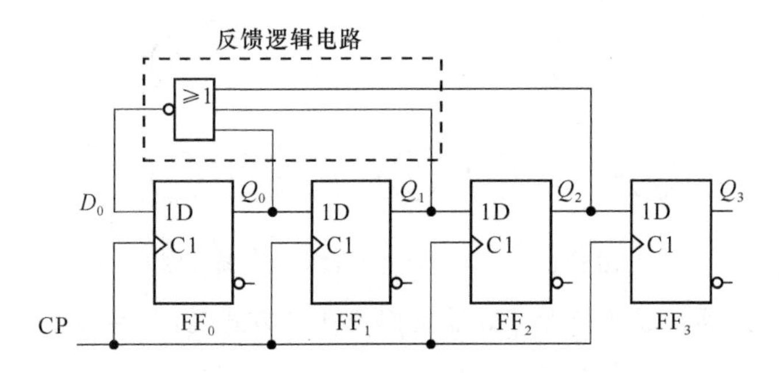

图 5.2.16　能自启动的环形计数器电路

3. 扭环计数器

为了在不改变移位寄存器内部结构的条件下提高环形计数器的电路状态利用率，可以通过改变反馈逻辑电路从而获得更多的使用状态。

实际上任何一种移位寄存器型计数器的结构均可表示为图 5.2.17 的一般形式。其中反馈逻辑电路的函数表达式可写成：

$$D_0 = f(Q_0^n, Q_1^n, \cdots, Q_{k-1}^n) \tag{5.2.14}$$

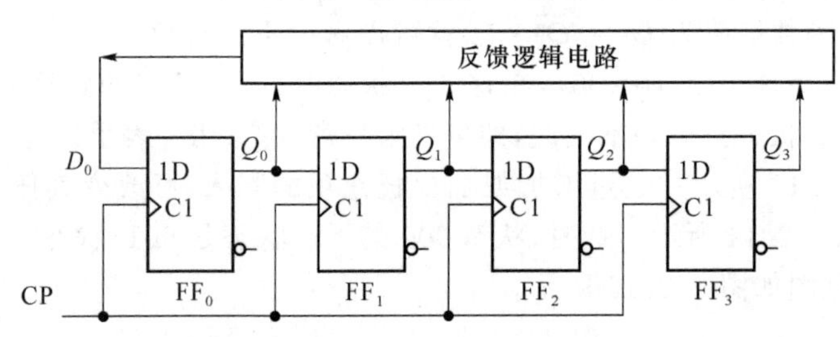

图 5.2.17　移位寄存器型计数器的一般结构形式

环形计数器是反馈逻辑函数中最简单的一种，即 $D_0 = Q_{k-1}^n$。若将反馈逻辑函数取为 $D_0 = \overline{Q_{k-1}^n}$，则得到扭环计数器电路。4 位扭环计数器如图 5.2.18 所示。

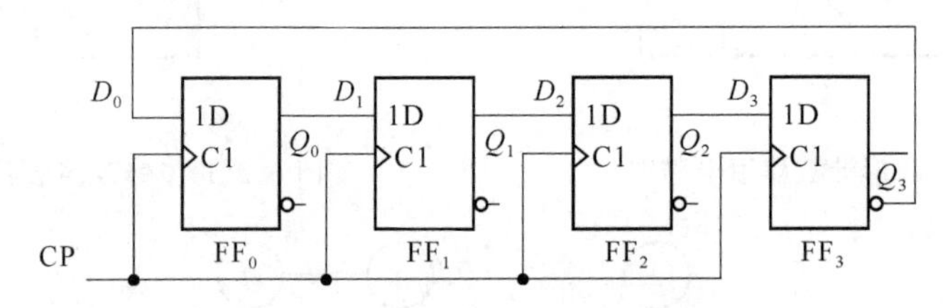

图 5.2.18　扭环形计数器电路

图 5.2.18 所示电路称为扭环计数器（也称为约翰逊计数器）。它的状态转移图如图 5.2.19所示。

从图 5.2.19 可以看出，它有两个状态循环，若取图中左边的一个为有效工作循环，则余下的一个就是非工作循环。显然，这个计数器不能自启动。

为了实现自启动，可将图 5.2.18 电路的反馈逻辑函数稍加修改，令 $D_0 = Q_1^n\overline{Q_2^n} + \overline{Q_3^n}$，可以得到可自启动的扭环计数器，电路图如图 5.2.20 所示，图 5.2.21 为状态转移图。

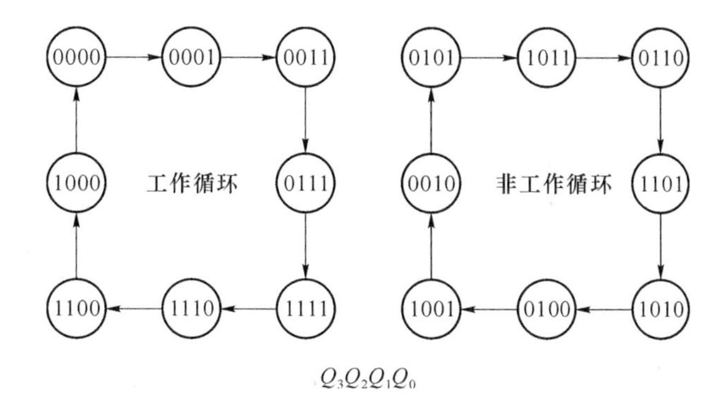

图 5.2.19　图 5.2.18 电路的状态转移图

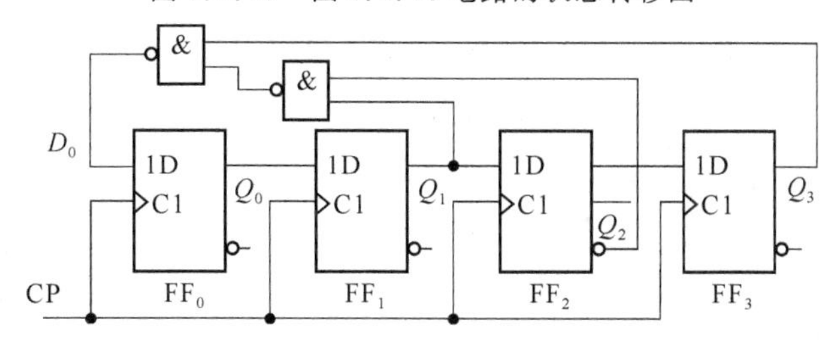

图 5.2.20　能自启动的 4 位扭环计数器

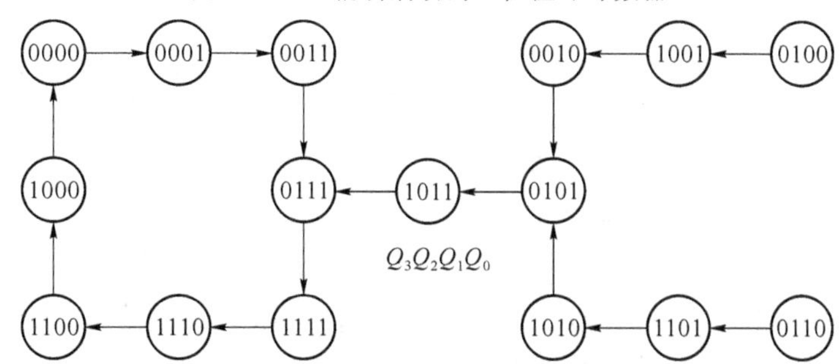

图 5.2.21　图 5.2.20 电路的状态转移图

从以上分析可以看出，用 k 个触发器构成的扭环计数器可以得到 $2k$ 个有效工作状态的循环，触发器的使用状态比环形计数器提高了一倍。而且，如采用图 5.2.19 中的有效工作循环，由于电路在每次状态转换时只有一位触发器改变状态，因而在对电路状态译码时不会产生竞争-冒险现象（功能冒险）。

从以上分析可以得到扭环计数器有以下的特点：

(1) 不考虑自启动时，k 位触发器构成的环形计数器反馈连接的方式是 $D_0=\overline{Q_{k-1}^n}$，其内部仍然是移位寄存器的连接方式 $D_i=Q_{i-1}^n$。

(2) k 个触发器构成的扭环计数器有 $2k$ 个状态构成工作循环，模值 $M=2k$，比环形计数器多一倍。

(3) 一般选取包含全 0 状态和全 1 状态的 $2k$ 个工作循环，可以从全 0 状态或全 1 状态中的一个来推导出全部的计数状态。

(4) 扭环计数器构成脉冲分配器时的译码电路也是比较简单的。不论 k 等于多少，每个状态的译码输出函数都是两变量函数。

脉冲分配器是指使用模值为 M 的计数器加译码电路产生 M 个输出，即每个状态对应一个输出，且只在该状态下输出为1(或为0)，其他状态时该输出为0(或为1)。

以图5.2.18所示的扭环计数器为例，例如0000状态对应输出F_0，该状态下的译码输出为$F_0=1$，输出F_0的卡诺图如图5.2.22所示。卡诺图中"×"为非工作循环对应的状态，在正常工作循环中不会出现。由卡诺图可见，"1"所在的位置有3个任意项可以与其圈在一起，消去两个变量，即可以用一个两变量函数表示F_0。

实际上，图5.2.22的卡诺图中每个非任意项的位置都是在计数器工作循环中对应一个状态和脉冲分配器中的一个输出，且在该状态时，输出为1，其他状态下输出为0。也就是脉冲分配器中的8个输出共有8个如图5.2.22所示的卡诺图与其对应。由于每个卡诺图中只有一个1且在不同的位置(对应不同状态)，可将8个卡诺图合成1个卡诺图，如图5.2.23所示。

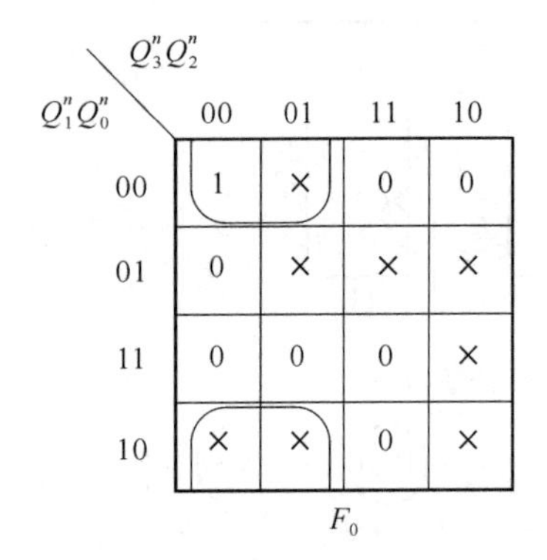

图5.2.22　状态0000译码输出F_0的卡诺图

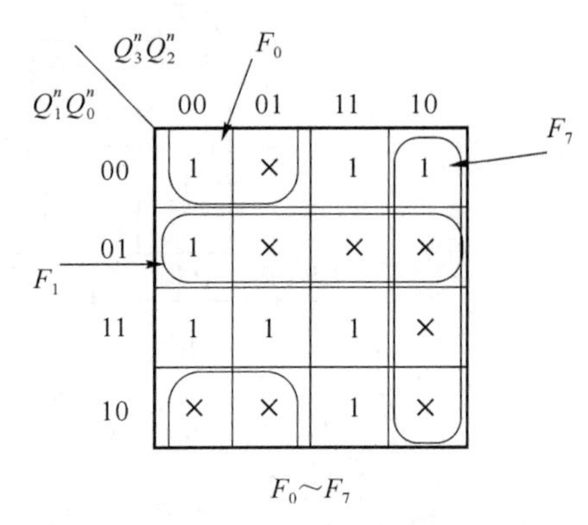

图5.2.23　8个输出合一的译码卡诺图

图5.2.23所示的卡诺图标出了F_0、F_1和F_7的译码简化方法，其他输出类似。从图中可以看出，每个1均可与3个任意项合并实现简化，成为两变量函数。

如果触发器的个数为5，每个输出的"1"可与7个任意项合并，消去3个变量。

(5) 直接按$D_0=\overline{Q_{k-1}^n}$方式连接的扭环计数器是不能自启动的。如果要求电路能够自启动，则还必须另外采取措施。

解决扭环计数器不能自启动的方法之一是：根据图5.2.18所示电路，可以得到对应反馈函数的圈法，如图5.2.24所示。

由于被圈过的"×"对应输出函数值为"1"，没有被圈过的"×"为"0"，可以通过改变圈法，即：减少"×"的圈入个数或增加"×"的圈入个数，使非工作循环进入到工作循环。图5.2.20所示电路就是增加"×"的圈入个数实现电路自启动的。其圈法如图5.2.25所示。

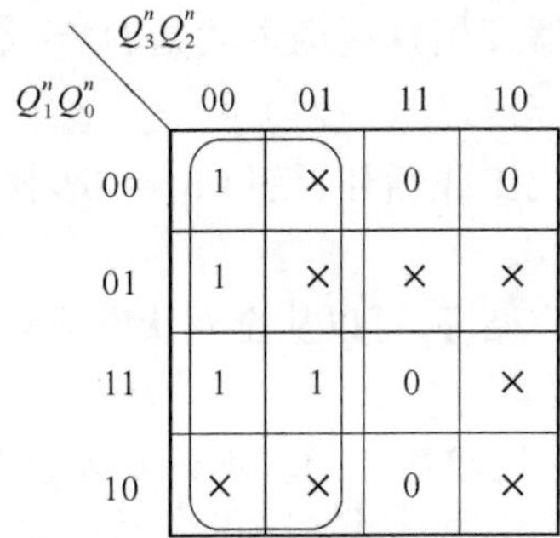

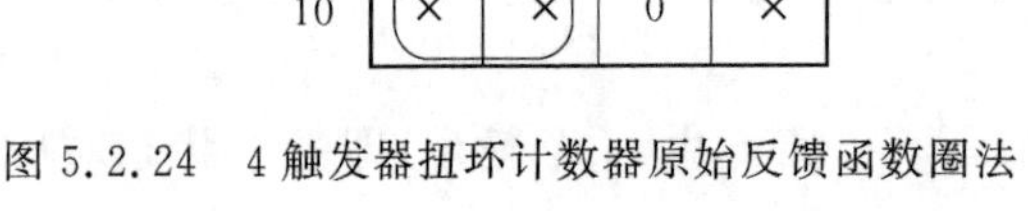

图5.2.24　4触发器扭环计数器原始反馈函数圈法

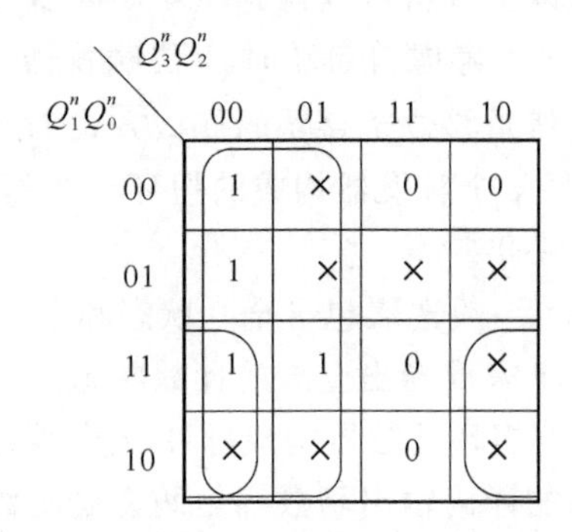

图5.2.25　通过改变任意项圈法实现自启动

解决扭环计数器不能自启动的另一方案是利用组合逻辑电路检测非工作循环的某一状态，在该状态下强制修改其反馈输出，使其能够进入工作状态。例如，图 5.3.19 中，$Q_3^nQ_2^nQ_1^nQ_0^n=1011$ 是非工作循环的一个状态，它的下一状态应为 0110，在该状态下强制修改 1011 状态下的反馈输出，使反馈值不是为 0，而是为 1，即变为 0111，就可以进入有效工作循环。也就是可以用对 1011 译码后输出与原来的$\overline{Q_3^n}$进行异或(即当检测电路在非需要检测的状态时，输出为 0，此时异或输出为原来的$\overline{Q_3^n}$；当检测电路在需要检测的状态时输出为 1，异或输出为$\overline{\overline{Q_3^n}}=Q_3^n$)，异或的结果作为新的反馈输入($D_0$ 的输入)。

另外，在触发器的复位端没有被使用的情况下，也可以对某不使用状态进行译码后接到触发器的异步复位端，即：在检测到该状态时复位，直接进入 0000 状态，因为 0000 为有效使用状态。

环形计数器和扭环计数器是两种特殊结构的、由移位寄存器构成的计数器。根据需要，合理设计反馈函数，可以构成其他模值的移存型计数器。

4. 序列信号发生器

序列信号发生器是产生一组循环长度为 M 的、有规律的串行序列信号的时序逻辑电路。使用移存器并加上适当的反馈逻辑电路可以构成移存器型序列信号发生器。电路的组成方式及分析方法都与前面分析的环形和扭环计数器类似。只是电路的作用更强调能够得到一定长度和规律的序列信号(强调的是输出为串行序列)，而不是像计数器那样只要求有一定数目的循环状态(强调的是输出并行状态)。

【例 5.2.4】 分析图 5.2.26 所示的序列信号发生器，说明序列信号长度 M 和序列码的构成。

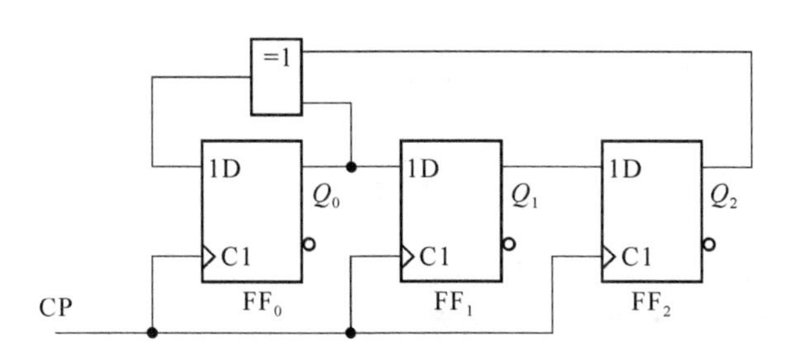

图 5.2.26　序列信号发生器逻辑图

解：由于电路是属于反馈移位寄存器应用，所以用移位的方法来构成状态转移表。

(1) 写出反馈信号 D_0 的逻辑表达式：

$$D_0=Q_0^n\oplus Q_2^n \tag{5.2.15}$$

(2) 先选择 000 为起始状态，并通过式(5.2.15)计算出 D_0 的值：$D_0=0$。显然，它的下一状态还是 000，所以确定 000 不是工作循环中的状态。

(3) 再选择一个状态，如 001，算出 $D_0=1$。用移位的方法得到下一状态是 011。再计算 D_0，得到新的状态，如此重复，直到出现状态的循环(即：下一状态是 001)为止。构成的状态转移表如表 5.2.8 所示。

表 5.2.8 例 5.2.4 的状态转移表

Q_2^n	Q_1^n	Q_0^n	D_0
0	0	0	0
0	0	1	1
0	1	1	1
1	1	1	0
1	1	0	1
1	0	1	0
0	1	0	0
1	0	0	1
0	0	1	1

(4) 分析和说明：状态转移表显示了电路有 7 个状态构成循环。这个序列信号发生器的特性是：①序列的长度 M 等于 7；②序列码是 1110100（由于可能选定的初始点不同，序列的形式会有差别，例如以 001 状态作为开始点，Q_0 的输出为 1110100，Q_1 的输出为 0111010，等，但首尾相接后的序列循环顺序相同）；③不能自启动，000 状态自己构成非工作循环。

序列信号发生器和移存型计数器的电路构成和分析方法都是相同的。如果对于计数状态没有特别的要求，只要循环的状态的数目相同，序列信号发生器就可以作为计数器使用，但是，同样循环长度的移存器型计数器一般不能直接用做特定序列的序列信号发生器，此时，尽管序列的长度是满足了要求，但是序列的排列顺序并不一定满足要求。

如果序列信号发生器由 D 触发器构成，同时反馈电路也比较简单时，可以不作出状态转移表，而直接从起始状态开始，根据反馈函数的逻辑关系，逐位地写出全部的序列信号。图 5.2.27 表示了直接写出图 5.2.26 所示电路的输出序列的过程。

(1) 从起始状态 111 开始，根据 $D_0 = Q_0^n \oplus Q_2^n$ 计算出 0、2 位产生的反馈值是 0，将这个 0 直接写到序列的后面，成为 1110。

(2) 向后移一位，从状态 110 开始，继续完成上述的过程，使序列变为 11101。

(3) 重复上两个步骤，直到重新出现起始状态 111 为止。

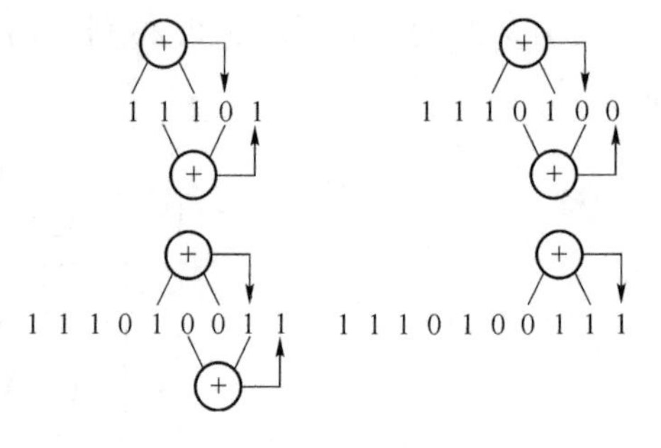

图 5.2.27 直接写出输出序列的过程

5.2.5 异步时序逻辑电路的分析方法

异步时序电路的分析方法和同步时序电路的分析方法有所不同。在同步时序电路中，只要时钟沿有效，所有的触发器都将根据当时的激励信号进行状态变换，而在异步时序电路中，某些触发器获得有效的时钟沿发生电路状态转换时，另外一些触发器可能没有有效时钟沿。因此在某一时刻，只有那些有有效时钟信号的触发器才需要用特性方程去计算其下一状态，而没有有效时钟信号的触发器将保持原来的状态不变。

在分析异步时序电路时需要以外加时钟为参考，找出每次外时钟沿有效时，哪些触发器有有效时钟信号，哪些触发器没有有效时钟信号。所以，分析异步时序电路要比分析同步时序电路复杂。

一般异步时序电路的分析步骤如下：

(1) 写出激励方程、状态方程和输出方程。

(2) 由外部时钟提供时钟沿触发的触发器，各个时钟沿均有效。

(3) 设定电路的初始状态(例如 0000),填入状态表的现状态列的第一行。根据激励方程和状态方程求出由外部时钟提供触发的触发器的下一状态,填入下一状态列的第一行。

(4) 对于某一级触发器取自前级的输出作为时钟时,需要根据前级时钟的变化,确定是否有有效时钟,如果有有效时钟,则根据激励方程和状态方程求其新状态。没有有效时钟时,状态不变。

(5) 将求得的新状态作为现状态,重复第(4)步,依次求取各触发器的下一状态,直到状态转移表出现重复状态。

(6) 如果某些状态不在上述循环中,可设某一不在循环中的状态作为现状态,重复上述步骤,最终完成状态转移表。

(7) 作出状态图。

(8) 分析其功能。

下面通过一个例子具体说明一下分析的方法和步骤。

【例 5.2.5】 已知异步时序电路的逻辑图如图 5.2.28 所示,试分析它的逻辑功能,画出电路的状态转移图。

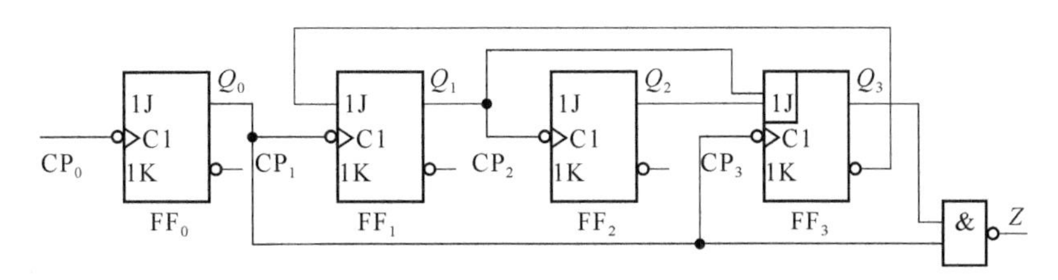

图 5.2.28 例 5.2.5 异步时序逻辑电路

解:首先根据逻辑图写出激励方程:

$$\begin{cases} J_0 = K_0 = 1 \\ J_1 = \overline{Q_3^n};K_1 = 1 \\ J_2 = K_2 = 1 \\ J_3 = Q_1^n Q_2^n;K_3 = 1 \end{cases} \tag{5.2.16}$$

将式(5.2.16)代入 JK 触发器的特征方程后得到状态方程:

$$\begin{cases} Q_0^{n+1} = \overline{Q_0^n} \cdot \mathrm{CP}_0 \\ Q_1^{n+1} = \overline{Q_3^n} \cdot \overline{Q_1^n} \cdot \mathrm{CP}_1 \\ Q_2^{n+1} = \overline{Q_2^n} \cdot \mathrm{CP}_2 \\ Q_3^{n+1} = Q_1^n Q_2^n \overline{Q_3^n} \cdot \mathrm{CP}_3 \end{cases} \tag{5.2.17}$$

式(5.2.17)中以大写的 CP 表示时钟信号,它不是一个逻辑变量。对下降沿触发的触发器而言,CP=1 仅表示时钟输入端有下降沿到达;对于上升沿触发的触发器而言,CP=1 表示时钟输入端有上升沿到达。CP=0 表示没有时钟信号到达,触发器保持原来的状态不变。

根据电路图写出输出方程:

$$Z = Q_0^n Q_3^n \tag{5.2.18}$$

首先设定 $Q_3^n Q_2^n Q_1^n Q_0^n$=0000 为初始状态,因为只有触发器 FF_0 使用外时钟,所以先求

Q_0^{n+1}。根据状态方程，得到 $Q_0^{n+1}=1$。由于使用下降沿触发的触发器，Q_0 的输出(0→1)没有给后面的触发器有效时钟沿，$Q_3^nQ_1^n$ 不变；由于 Q_1^n 不变，所以 Q_2^n 不变。于是得到新状态为0001。将0001作为现状态，可以求得新的 $Q_0^{n+1}=0$。由于 FF_0 从1变为0，所以为 FF_1 和 FF_3 提供了有效时钟，可根据激励方程和状态方程求得 FF_1 和 FF_3 的新状态：$Q_3^n=0$，$Q_1^n=1$，由于 Q_1^n 是从0变为1，没有下降沿，所以 FF_2 不变。得到新的状态为0010。依次计算下去，可得到表5.2.9所示的状态转移表。

表 5.2.9　例 5.2.5 的状态转移表

CP_0 的顺序	Q_3^n	Q_2^n	Q_1^n	Q_0^n	Q_3^{n+1}	Q_2^{n+1}	Q_1^{n+1}	Q_0^{n+1}	Z
1	0	0	0	0	0	0	0	1	0
2	0	0	0	1	0	0	1	0	0
3	0	0	1	0	0	0	1	1	0
4	0	0	1	1	0	1	0	0	0
5	0	1	0	0	0	1	0	1	0
6	0	1	0	1	0	1	1	0	0
7	0	1	1	0	0	1	1	1	0
8	0	1	1	1	1	0	0	0	0
9	1	0	0	0	1	0	0	1	0
10	1	0	0	1	0	0	0	0	1
11	0	0	0	0	0	0	0	1	0

由于电路中有4个触发器，它们的状态组合有16种，而表5.2.9中只包含了10种，因此需要分别求出其余6种状态下的输出和下一状态。将这些计算结果补充到表5.2.9中，构成完整的状态转移表。完整的电路状态转移图如图5.2.29所示。状态转移图表明，当电路处于表5.2.9中所列10种状态以外的任何一种状态时，都会在时钟信号作用下最终进入表5.2.9中的状态循环中去。即该时序电路能够自启动。

从图5.2.29的状态转移图还可以看出，图5.2.28电路是一个异步十进制加法计数器。

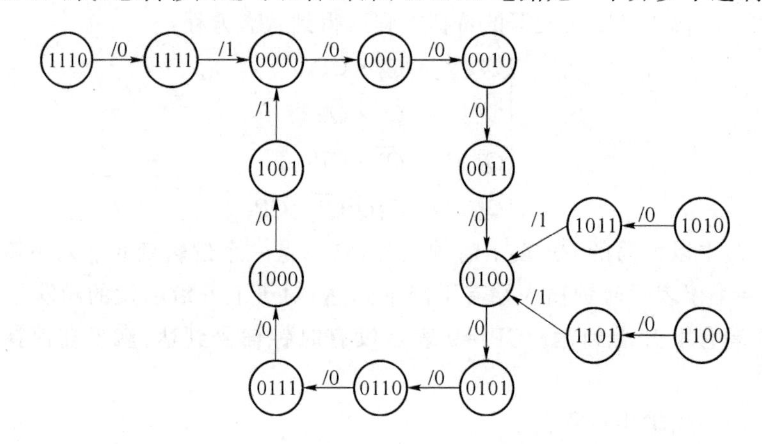

图 5.2.29　图 5.2.28 电路的状态转移图

5.3 常用时序电路的设计

本节介绍同步计数器、序列信号发生器等常用时序电路的设计方法。掌握这些方法，可以根据自己的特定需要，设计时序电路，以便于使用 VHDL 语言对时序电路进行描述和设计。

5.3.1 常用时序电路的设计步骤

一般计数器、序列信号发生器等常用时序电路都可以直接从设计要求作出状态转移表，根据状态转移表设计时序电路激励和输出。

具体步骤如下：

(1) 根据设计要求，作出状态转移表。

(2) 根据状态转移表，作出以现在状态为输入，下一状态为输出的卡诺图，从卡诺图求出电路的状态方程。同时，作出电路输出的卡诺图，求出输出方程。

(3) 由状态方程直接求出触发器的输入激励方程，完成触发器输入逻辑的设计。

(4) 根据设计结果，画出状态转移图。由于一般设计要求中，指定了工作状态的转移关系，所以要将所有状态的转移关系表示清楚。检查是否能自启动，若不能自启动，还要重新修改某个触发器的激励方程。

(5) 根据激励方程和输出方程，选择器件，完成具体的逻辑设计。画出最后得到的逻辑图。

以上的设计步骤，将在以后的设计举例中详细说明。

5.3.2 同步计数器的设计

一般设计同步计数器时，往往根据系统需求会给出计数器的模值和编码。因此，很容易作出状态转移表，再使用适当的方法，就可以得到触发器的输入激励方程，完成计数器的设计。在使用 JK 触发器进行时序电路设计时，为了使得写出的状态方程和触发器的特征方程在形式上一致，直接获得激励函数，可将卡诺图分为两个子卡诺图，即在每个卡诺图都用粗黑线分为 $Q_i^n=0$ 和 $Q_i^n=1$ 两个子图。在卡诺图中合并相邻项时，必须只在子图中进行，不允许超越分割线。这样合并和写出的状态方程，将和 JK 触发器的特征方程的形式相一致，进而就可以直接写出触发器输入的激励方程。以下的例子将说明具体设计方法。

【例 5.3.1】 用 JK 触发器，设计一个 8421 码十进制同步计数器。

解：(1) 确定触发器的数目。因为计数模值 $M=10$，所以需要 4 个触发器。

(2) 作出状态转移表。根据设计要求中给出的条件，可以知道计数的状态转移关系。在状态转移表中，可在左边现状态栏中先写一个初始现状态(如 0000)，在右边下一状态栏中写出相应的下一状态(即 0001)；到下一行，再以上一行的下一状态(0001)为现在状态，写出本行的下一状态(0010)。一直写到下一状态中重新出现第一个状态为止。结果如表5.3.1 所示。

表 5.3.1　8421 码十进制计数器状态转移表

Q_3^n	Q_2^n	Q_1^n	Q_0^n	Q_3^{n+1}	Q_2^{n+1}	Q_1^{n+1}	Q_0^{n+1}
0	0	0	0	0	0	0	1
0	0	0	1	0	0	1	0
0	0	1	0	0	0	1	1
0	0	1	1	0	1	0	0
0	1	0	0	0	1	0	1
0	1	0	1	0	1	1	0
0	1	1	0	0	1	1	1
0	1	1	1	1	0	0	0
1	0	0	0	1	0	0	1
1	0	0	1	0	0	0	0

(3) 作出下一状态的卡诺图，写出每个触发器的状态方程。先将卡诺图按照 $Q_i^n=0$ 和 $Q_i^n=1$ 分为两个子图，在子图中进行相邻项的合并，这样获得的触发器状态方程在形式上和触发器的特征方程相一致，以便直接获得触发器的激励方程。例 5.3.1 计数器下一状态的卡诺图如图 5.3.1 所示。

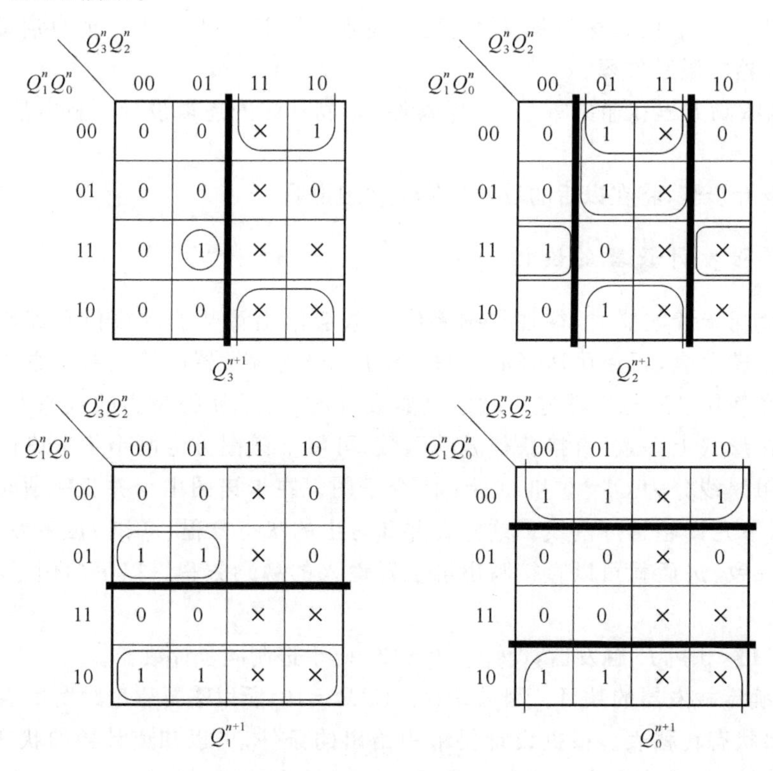

图 5.3.1　例 5.3.1 的卡诺图

在写出每个触发器的状态方程过程中，对于 Q_3^{n+1} 来说，如果按照一般的做法，位于 0111 的 1 格应该和相邻的任意项合并，但是这样的合并，跨越了图中的分割线，所得到的方程式中与项将不包含 Q_3^n 或$\overline{Q_3^n}$,即与 JK 触发器的特征方程形式上不一致,也就不能直接写出输入激励方程。不跨越图中粗黑线,简化后写出的触发器状态方程见式(5.3.1)。

$$\begin{cases} Q_3^{n+1}=Q_2^nQ_1^nQ_0^n\ \overline{Q_3^n}+\overline{Q_0^n}Q_3^n \\ Q_2^{n+1}=Q_1^nQ_0^n\ \overline{Q_2^n}+(Q_1^n+\overline{Q_0^n})Q_2^n \\ Q_1^{n+1}=\overline{Q_3^n}Q_0^n\ \overline{Q_1^n}+\overline{Q_0^n}Q_1^n \\ Q_0^{n+1}=\overline{Q_0^n} \end{cases} \tag{5.3.1}$$

式(5.3.1)状态方程的形式与 JK 触发器的特征方程形式一致。$\overline{Q_i^n}$的系数就是 J_i 的输入激励方程,Q_i^n 的系数就是$\overline{K_i}$的输入激励方程,因此,可以直接进入下一步。

(4) 直接写出各触发器的输入激励方程:

$$\begin{cases} J_3=Q_2^nQ_1^nQ_0^n \qquad K_3=Q_0^n \\ J_2=Q_1^nQ_0^n \qquad K_2=\overline{Q_1^n+\overline{Q_0^n}} \\ J_1=\overline{Q_3^n}Q_0^n \qquad K_1=Q_0^n \\ J_0=1 \qquad K_0=1 \end{cases} \tag{5.3.2}$$

(5) 检查不在计数循环中的状态的转移关系。检查不使用状态的转移方向可以有两种方法。

方法一:将需要检查的状态代入状态方程式(5.3.1),求出下一状态。

方法二:从图 5.3.1 中直接观察 6 个不使用状态,从而得到其下一状态。即:凡在简化时被圈入的任意项,其下一状态的取值为 1,没有被圈入的任意项取值为 0。例如,对于 1100 状态,其 Q_3^{n+1}、Q_2^{n+1}、Q_0^{n+1} 被简化时圈入,下一状态为“1”。可以得到 1100 的下一状态为 1101。

通过以上两种方法均可以得到 6 个不使用状态的下一状态:

1010→1011　1011→1000　1100→1101　1101→0100　1110→1111　1111→0000

这样,就可以画出全部 16 个状态的状态转移图,如图 5.3.2 所示。由图可以看出,这个计数器是可以自启动的。

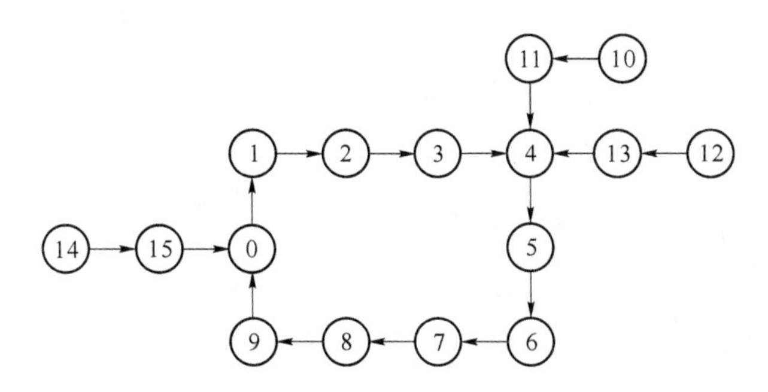

图 5.3.2　例 5.3.1 的状态转移图

(6) 画逻辑图,如图 5.3.3 所示。

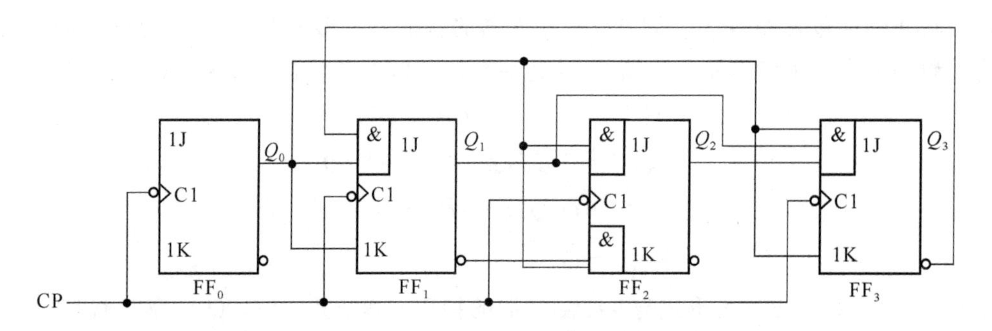

图 5.3.3 8421 码十进制计数器

【例 5.3.2】 用 D 触发器和与非门设计一个可自启动的模 6 同步计数器，使用状态为 $S_0=000,S_1=001,S_2=011,S_3=111,S_4=110,S_5=100$，且当处于状态 S_5 时输出 1。

解：根据题目要求列出状态转移表，如表 5.3.2 所示。

表 5.3.2 例 5.3.2 的状态转移表

Q_2^n	Q_1^n	Q_0^n	Q_2^{n+1}	Q_1^{n+1}	Q_0^{n+1}	Z
0	0	0	0	0	1	0
0	0	1	0	1	1	0
0	1	1	1	1	1	0
1	1	1	1	1	0	0
1	1	0	1	0	0	0
1	0	0	0	0	0	1

由表 5.3.2 可以作出下一状态卡诺图和输出函数的卡诺图，如图 5.3.4 所示。

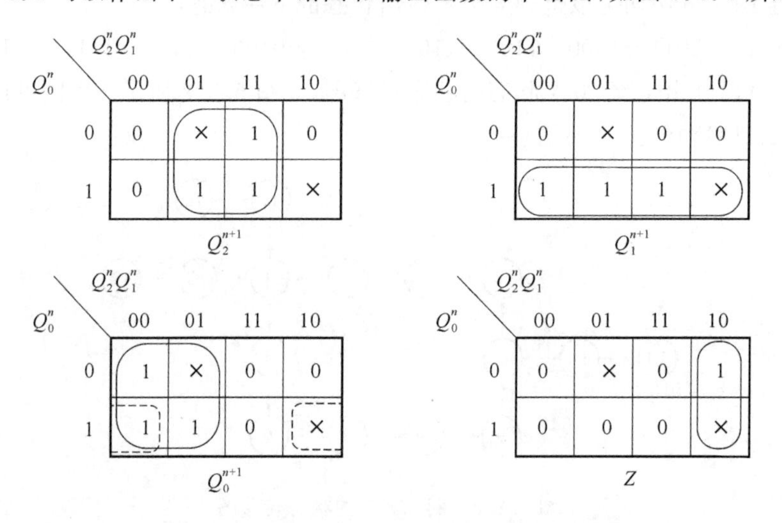

图 5.3.4 例 5.3.2 下一状态和输出函数卡诺图

由于在状态转移表中 010 和 101 两个状态未出现，所以图 5.3.4 中作任意项处理，由图 5.3.4 中的实线圈，可求出状态方程：

$$\begin{cases}Q_2^{n+1}=Q_1^n \\ Q_1^{n+1}=Q_0^n \\ Q_0^{n+1}=\overline{Q_2^n}\end{cases} \tag{5.3.3}$$

输出函数：

$$Z=Q_2^n\overline{Q_1^n} \tag{5.3.4}$$

确定状态转移方程后，可以检验是否具有自启动特性。由于 3 位二进制代码一共有 8 种代码组合，现只使用了 6 种，尚有 010 和 101 为非工作状态。假设计数器处于状态 010，根据状态方程，下一状态为 101，状态 101 仍为非工作状态，再代入状态方程，在时钟作用下，下一状态为 010，这两个状态自成循环，不能进入工作循环。计数器不具有自启动特性。

为了保证计数器能够进入工作循环，可以使用多种方法打破非工作循环，使其在时钟的作用下，经过几个时钟周期后，进入工作循环。例如，利用复位或置位端，使用组合电路检测非工作循环状态，当在非工作循环状态时，产生一个输出，强迫计数器中的一些触发器复位或置位，脱离非工作循环而进入工作循环。

另外，在设计中，要求使其具有自启动特性，也可以通过修改设计（改变合并项的圈法），打断非工作循环，使某非工作状态在时钟作用下转移到有效工作状态中去。该方法一般会比置位或复位方法更加简洁。由于在未考虑自启动的电路设计时，非工作循环状态都是作为任意项处理的，任意项在合并简化之后，虽然确定了其转移方向（简化时圈入的任意项的下一状态为"1"，没有圈入的为"0"），可能形成非工作循环。现在需要改变某一非使用状态的转移方向（将原圈入的任意项退出，或没有圈入的任意项圈入）。例如，打断 101～010 的转移，令 101 转移到有效状态 011，在图 5.3.4 中对 Q_0^{n+1} 的 101 格的任意项作 1 处理（原来没有被圈，是按 0 处理的，现在把其圈入，加入虚线所示的合并项），重新化简，因此各级触发器的状态方程为

$$\begin{cases}Q_2^{n+1}=Q_1^n \\ Q_1^{n+1}=Q_0^n \\ Q_0^{n+1}=\overline{Q_2^n}+\overline{Q_1^n}Q_0^n\end{cases} \tag{5.3.5}$$

按式（5.3.5）检验非工作状态，具有了自启动特性，其状态转移图如图 5.3.5 所示。

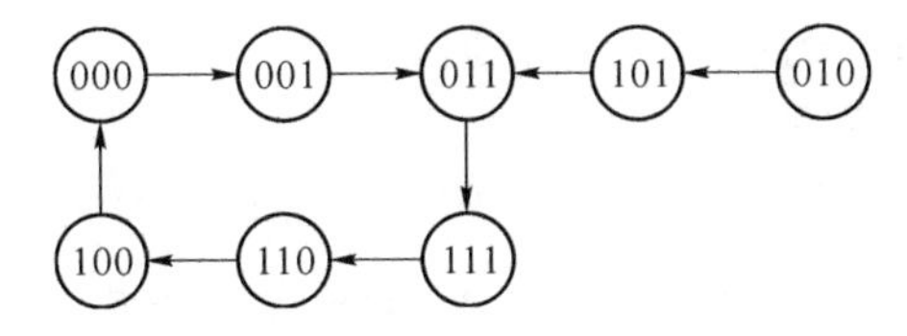

图 5.3.5　例 5.3.2 的状态转移图

采用 D 触发器，可求得激励方程为

$$\begin{cases}D_2=Q_1^n \\ D_1=Q_0^n \\ D_0=\overline{Q_2^n}+\overline{Q_1^n}Q_0^n\end{cases} \tag{5.3.6}$$

最后画出具有自启动特性的模 6 同步计数器的逻辑电路，如图 5.3.6 所示。

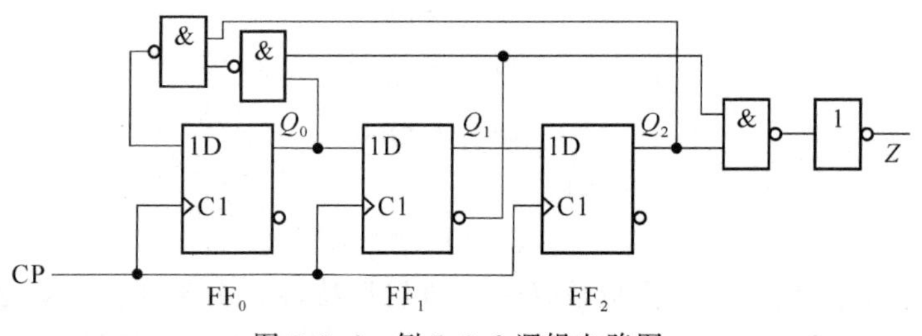

图 5.3.6　例 5.3.2 逻辑电路图

5.3.3　序列信号发生器设计

序列信号发生器一般可以由两种结构构成，一种是由模值为序列信号长度的计数器加组合译码逻辑电路构成，另一种是由移位寄存器加反馈电路来构成。

1. 由计数器与译码电路构成的序列信号发生器

计数器加译码器构成的序列信号发生器的框图由图 5.3.7 所示。

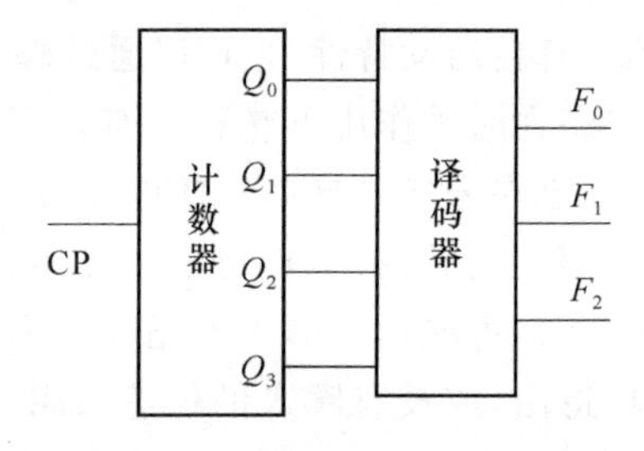

图 5.3.7　计数器加译码器构成的序列信号发生器框图

该类序列信号发生器的设计主要分为两个部分，计数器和译码电路。计数器的设计一般需要根据序列信号的长度确定计数周期，其设计方法前面已经介绍过，不再介绍。译码电路设计也很简单，只是将计数器的输出作为译码电路的输入，按照计数器的状态顺序和所要求的序列信号给出真值表并求解输出即可。

【例 5.3.3】　分析图 5.3.6 所示电路 Z 的输出序列，并采用与非门和同或门增加两个输出序列信号：X=110011，110011，…和 Y=101101，101101，…。

解：(1) 首先分析电路 Z 的输出序列：根据前面的设计过程和状态转移表(表 5.3.2)可以知道，该电路 Z 的输出序列为 000001。

(2) 根据所使用的状态、状态转移顺序和所要求的输出序列，画出真值表(表 5.3.3)。

表 5.3.3　例 5.3.3 的输出序列真值表

Q_2^n	Q_1^n	Q_0^n	X	Y	Z
0	0	0	1	1	0
0	0	1	1	0	0
0	1	1	0	1	0
1	1	1	0	1	0
1	1	0	1	0	0
1	0	0	1	1	1

(3) 通过真值表,画出 X 和 Y 的卡诺图并进行简化。

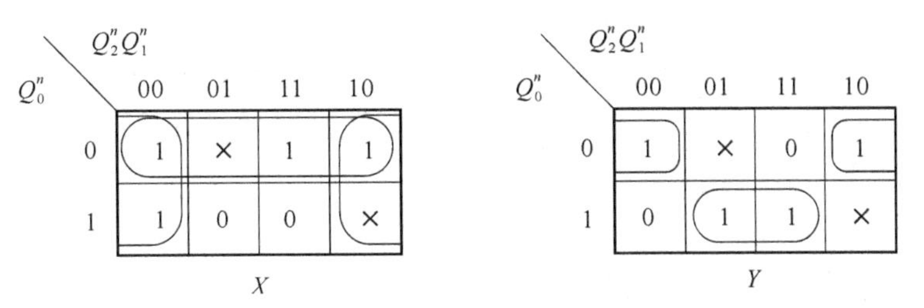

$Q_2^nQ_1^n$
Q_0^n
00 01 11 10
0 1 × 1 1
1 1 0 0 ×
X
$Q_2^nQ_1^n$
Q_0^n
00 01 11 10
0 1 × 0 1
1 0 1 1 ×
Y

图 5.3.8　例 5.3.3X 和 Y 的输出函数卡诺图

简化后得到 X 和 Y 的输出函数:

$$\begin{cases} X = \overline{Q_0^n} + \overline{Q_1^n} = \overline{Q_1^n Q_0^n} \\ Y = \overline{Q_1^n} \cdot \overline{Q_0^n} + Q_1^n \cdot Q_0^n = Q_1^n \odot Q_0^n \end{cases} \tag{5.3.7}$$

根据输出函数,绘制完成逻辑电路图。所获得的序列信号发生器完整的逻辑图如图 5.3.9所示。

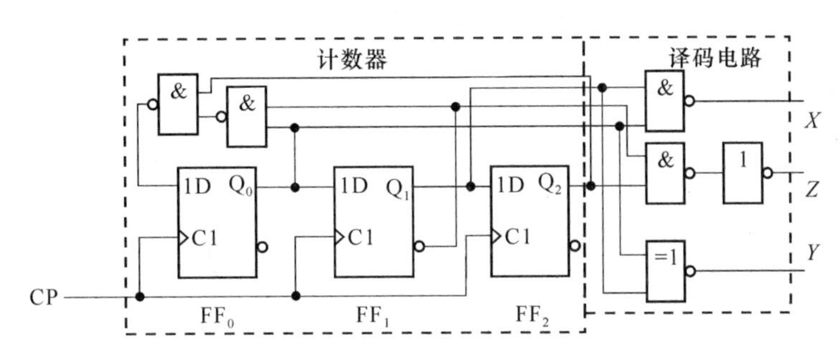

图 5.3.9　例 5.3.3 逻辑电路图

需要说明的一个问题是,对于序列信号 Y 的输出,实际上的循环长度为 3(101),对于计数周期能够被整除模值,也可以实现短于计数周期的序列信号。像本例中,通过译码电路的设计,可以实现长度为 3 或 2 的循环序列信号。

2. 由移位寄存器加反馈电路构成的序列信号发生器

由于移位寄存器的内部结构是固定的,内部连接不需要再设计,需要设计的只是反馈电路。设计的依据就是要产生的序列信号:

对于计数器来说,计数模值 M 和触发器数目 k 之间一定满足以下关系:

$$2^{k-1} < M \leqslant 2^k \tag{5.3.8}$$

如果由移存器构成的序列信号长度也用 M 表示,此时 M 和 k 的关系不一定满足式(5.3.8)的关系。例如要求序列信号的长度是 5,k 值取决于序列信号的具体形式,也许 3 个触发器就够了,也可能要 4 个触发器才能实现。

因此,序列信号发生器的设计步骤应该有所变化:

(1) 首先根据给定序列信号的长度 M,依据式(5.3.8)初步确定所需要的最少触发器数目 k。

(2) 验证并确定实际需要的触发器数目 k。方法是对给定的序列信号,先取最少需要的触发器数目 k 位为一组作为触发器的状态,第一组确定后,向后移一位,按 k 位再取一组,总共取 M 组。如果这 M 组状态,都不重复,就可以使用已经选择的 k;否则,就使 k 增加一位。

再重复以上的过程,直到 M 组状态不再重复时,k 值就可以确定下来。

(3) 最后得到的 M 组状态,就是序列信号发生器的状态转移关系,将它们依次排列,构成这个序列信号发生器反馈函数的真值表。真值表的左边为按状态转移顺序纵向排列转移状态,表的右边是这个状态下的反馈信号值 D_0。在使用 D 触发器的情况下,这个反馈值就是 FF_0 触发器的下一状态 Q_0^{n+1}。

(4) 由反馈函数的真值表求出反馈函数 D_0。

(5) 检查不使用状态的状态转移关系。

(6) 画逻辑图。

【例 5.3.4】 用 D 触发器设计一个移存器型序列信号发生器,产生序列信号 10100,10100,…。

解:(1) 序列信号长度是 5(10100),先设最小触发器数目是 3。

(2) 根据序列信号,取前 3 位为第一组触发器的状态,每取一组向后移一位,共取 5 组:

1010010100
101
 010
  100
   001
    010

5 组中出现了两次 010。说明 $k=3$ 不能满足设计要求。再取 $k=4$。重新按 4 位一组作为触发器的状态,也取 5 组:1010、0100、1001、0010、0101。没有重复,确定 $k=4$。

(3) 列写反馈函数的真值表,如表 5.3.4 所示。

表 5.3.4 例 5.3.4 的反馈函数真值表表

Q_3^n	Q_2^n	Q_1^n	Q_0^n	D_0
1	0	1	0	0
0	1	0	0	1
1	0	0	1	0
0	0	1	0	1
0	1	0	1	0

(4) 作 D_0 的卡诺图,如图 5.3.10 所示。

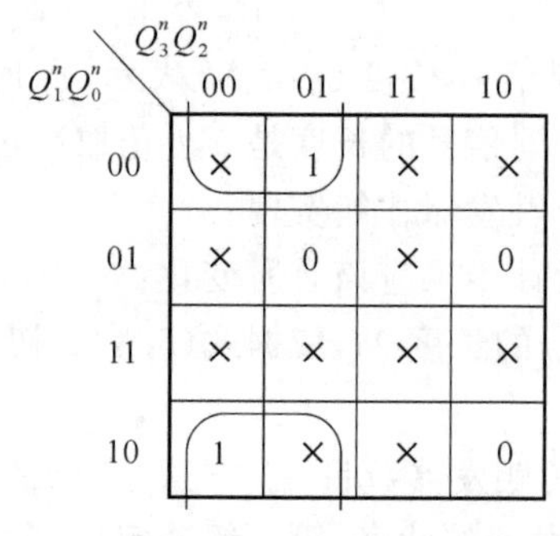

图 5.3.10 例 5.3.4D_0 的卡诺图

由卡诺图写出 D_0 的表达式：

$$D_0=\overline{Q_3^n}\cdot\overline{Q_0^n} \tag{5.3.9}$$

(5) 检查自启动。卡诺图 5.3.10 中，没有被圈入任意项格的 D_0 值都是 0，从而可以确定不使用状态的下一状态。如状态 1101 的下一状态是最后一位后面添加一位 0，即 1010。确定所由状态的转移关系后，画出状态转移图 5.3.11。电路可以自启动。

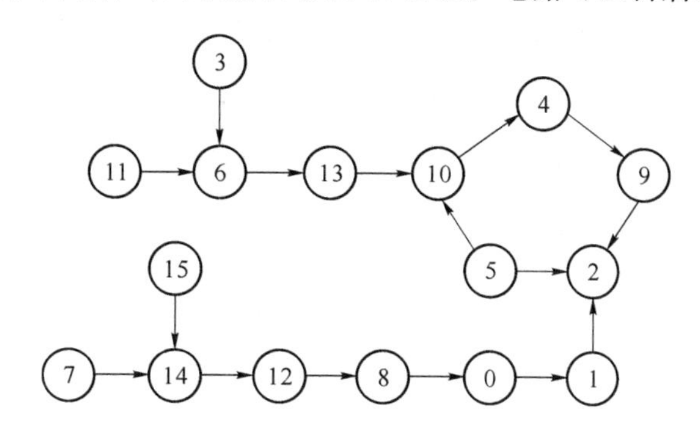

图 5.3.11　例 5.3.4 的状态转移图

(6) 画出逻辑图，如图 5.3.12 所示。

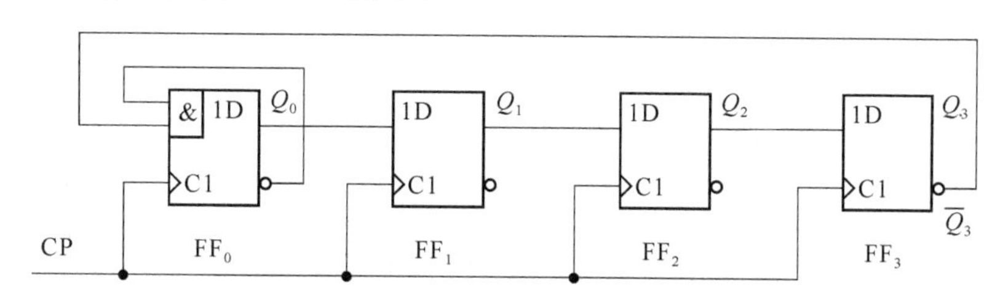

图 5.3.12　例 5.3.4 的逻辑图

比较计数器型序列信号发生器和移存器型序列信号发生器，可以看出：

(1) 计数器型序列信号发生器中的计数器相当于组合电路的输入源，决定序列信号的长度。组合电路在这个输入源的作用下，产生序列信号。这时，计数器的输出可以供给几个组合电路，产生几种长度相同(计数周期可以被循环序列长度整除时，循环序列长度也可以短于计数周期)但是序列内容不同的序列信号。

(2) 在用计数器型序列信号发生器产生序列信号时，触发器的数目 k 与计数模值 M 之间一定符合 $2^{k-1}<M\leqslant 2^k$ 的关系，而移存器型序列信号发生器则不一定满足。

(3) 用计数器构成的序列信号发生器，其结构一般都比直接用移位寄存器设计的序列信号发生器要复杂一些。

5.3.4　*M* 序列发生器

在实际的数字通信中，0、1 信号的出现是随机的，但是从统计的角度来看，0 和 1 出现的概率应该是接近的。所以，在测试通信设备或通信系统时，经常需要一种称为“伪随机信号”的序列信号。“伪随机信号”就是用来模拟实际数字信号的测试信号。因此，它应该有各种不同的 0、1 组合，而且 0 和 1 的总数接近相等。

M 序列发生器就是用来产生这种伪随机信号的发生器，也称为最长线性序列发生器。

这种发生器所产生的序列的长度都是 2^k-1，其中 k 是移位寄存器的位数。

M 序列发生器是由移位寄存器和反馈电路来构成，但是反馈电路一般都是异或电路，异或电路的构成方式随着 M 序列信号长度的不同而不同。

由于 M 序列使用非常普遍，M 序列发生器的设计也都已经规格化：也就是在应用时，如果决定了 M 序列的长度，可以查表来决定异或门的输入是从哪些触发器的输出来获得。

表 5.3.5 是一些不同长度 M 序列发生器的长度和相应的反馈函数。

表 5.3.5　不同长度的 M 序列发生器的反馈函数

k	$M=2^k-1$	反馈函数
3	7	$Q_0 \oplus Q_2$ 或 $Q_1 \oplus Q_2$
4	15	$Q_0 \oplus Q_3$ 或 $Q_2 \oplus Q_3$
5	31	$Q_1 \oplus Q_4$ 或 $Q_2 \oplus Q_4$
6	63	$Q_0 \oplus Q_5$
7	127	$Q_0 \oplus Q_6$ 或 $Q_2 \oplus Q_6$
8	255	$Q_0 \oplus Q_1 \oplus Q_2 \oplus Q_7$
9	511	$Q_3 \oplus Q_8$
10	1 023	$Q_6 \oplus Q_9$
11	2 047	$Q_1 \oplus Q_{10}$
12	4 095	$Q_0 \oplus Q_3 \oplus Q_5 \oplus Q_{11}$
15	32 767	$Q_0 \oplus Q_{14}$ 或 $Q_{13} \oplus Q_{14}$
21	2 097 151	$Q_1 \oplus Q_{20}$

表 5.3.5 中所示的反馈电路构成的 M 序列信号将不包括 k 个 0 的组合，一旦进入了全零状态就会一直保持下去，不能自启动。

为了解决不能自启动问题，可以在反馈函数中再增加一项校正项，校正项是先由 k 个触发器输出的“或非”，再将这个或非结果和原来的反馈输出再次进行“异或”运算，表达式如式(5.3.10)所示。

$$D_0=D'_0 \oplus \overline{Q_{k-1}+Q_{k-2}+\cdots+Q_2+Q_1+Q_0} \tag{5.3.10}$$

未加校正项前，k 个触发器输出都是 0 时，则 FF_0 输入端为 0，M 序列发器仍然进入全 0 状态。加校正项后，触发器全零时，因为或非门的输出是 1，异或后的总输出将是 1(FF_0 的输入端)，使得 Q_0 的输出变为 1，全 0 状态不会继续，所以可以自启动。

M 序列信号发生器也可以使用 JK 触发器构成移位寄存器来产生 M 序列，并且有可能不使用异或电路，直接通过适当的连接来产生 M 序列。

因为 JK 触发器的特征方程为

$$Q^{n+1}=J\,\overline{Q^n}+\overline{K}Q^n \tag{5.3.11}$$

如果反馈电路的逻辑表达式刚好是 Q_0 的输出和另一个触发器的输出的异或，即

$$Q_0^{n+1}=D_0=Q_i^n\,\overline{Q_0^n}+\overline{Q_i^n}Q_0^n \tag{5.3.12}$$

比较以上两个表达式，只要使得 $J_0=Q_i^n$ 和 $\overline{K_0}=\overline{Q_i^n}$ 就可以实现相应长度的 M 序列信号。图 5.3.13 是用 JK 触发器实现的长度 $M=15$ 的序列发发生器，图中可以不用外加异或电路。

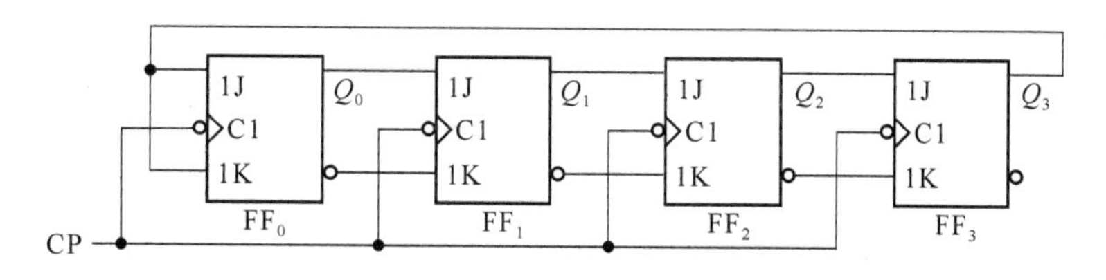

图 5.3.13 *JK* 触发器实现的 *M* 序列发生器

若需要一个序列信号长度短于 2^k-1 的序列信号发生器或计数器，而对于输出什么样的序列没有特殊要求时，可通过缩短 *M* 序列发生器的方法构成。具体方法如下：

(1) 以触发器为全"1"开始写出 *M* 序列发生器的输出序列。

(2) 如果需要输出序列的长度(或计数周期)为 *L*，则以全"1"最为第一个状态，找到第 $L+1$状态，将该状态译码出到触发器的置位端，使全部触发器置"1"，从而跳过后面的所有状态，即电路在全"1"状态到第 *L* 个状态间循环，由于一般触发器为异步置位，所以第 $L+1$ 个状态只有短暂的持续时间，与全"1"状态在同一个时钟周期。

(3) 为了保证触发器器置位的可靠性，译码输出电路可增加一个触发器，使置位信号延迟半个时钟周期。

5.4 一般时序逻辑电路的设计方法

5.3 节介绍了常用时序电路的设计方法，这些常用电路功能明确，使用触发器状态和触发器的数量确定，所以设计比较简单。本小节介绍一般时序电路的设计步骤和设计方法。

5.4.1 一般同步时序逻辑电路的设计方法

在设计时序逻辑电路时，要求设计者根据给出的具体逻辑问题，求出实现这一逻辑功能的逻辑电路。所得到的设计结果应力求简单。

当选用小规模集成电路做设计时，电路最简的标准是所用的触发器和门电路的数目最少，并且触发器和门电路的输入端数目也最少。而当使用中、大规模集成电路时，电路最简的标准则是使用的集成电路数目及外围所需要的门电路最少，器件种类最少，而且互相间的连线也最少。

设计同步时序逻辑电路时，一般按如图 5.4.1 所示步骤进行。

(1) 建立电路的原始状态图或状态表

建立电路的原始状态图或状态表就是把要求实现的时序逻辑功能表示为时序逻辑函数，可以用状态表的形式，也可以用状态图的形式。这就需要：

① 分析给定的逻辑问题，确定输入变量、输出变量以及电路的状态数。通常取原因(或条件)作为输入逻辑变量，取结果作输出逻辑变量。

② 定义输入/输出逻辑状态和每个电路状态的含意，并将电路状态顺序编号。

③ 按照题意列出电路的原始状态表或画出电路的原始状态图。

这样，就把给定的逻辑问题抽象为一个时序逻辑函数了。

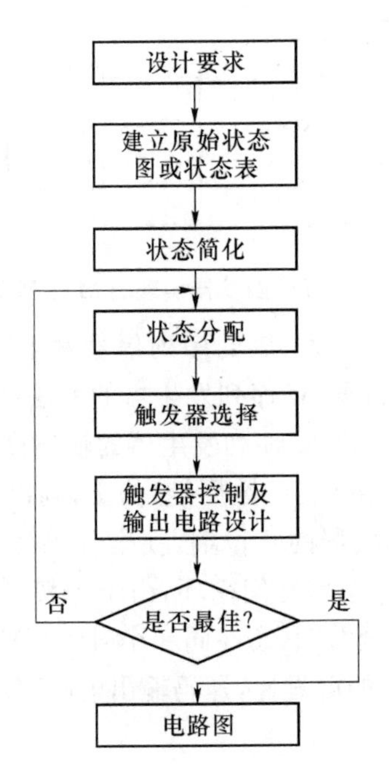

图 5.4.1　时序逻辑电路的设计过程

(2) 状态简化

若设计中出现两个状态在相同的输入下有相同的输出,并且转换到同样下一状态,则称这两个状态为等价状态。显然等价状态是重复的,可以合并为一个。电路的状态数越少,设计出来的电路也越简单,使用触发器的数量越少。

状态简化的目的就在于将等价状态合并,以求得最简的状态转换图。

(3) 状态分配

状态分配又称状态编码。时序逻辑电路的状态是用触发器状态的不同组合来表示的。

首先,需要确定触发器的数目 k。因为 k 个触发器共有 2^k 种状态组合,所以为获得时序电路所需的 M 个状态,应该取:

$$2^{k-1}<M\leqslant 2^k \tag{5.4.1}$$

其次,要给每个电路状态规定对应的触发器状态组合。每组触发器的状态组合都是一组二进制代码,又将这项工作称为状态编码。在 $M<2^k$ 的情况下,从 2^k 个状态中取 M 个状态的组合可以有多种不同的方案,每个方案中 M 个状态的排列顺序又有许多种。如果编码方案选择得当,设计结果可以很简单。反之,编码方案选得不好,设计出来的电路就会复杂得多,这里面需要一定的方法和技巧。

此外,为便于记忆和识别,一般选用的状态编码和它们的排列顺序都遵循一定的规律。

(4) 选定触发器的类型,求出电路的状态方程、驱动方程和输出方程。

因为不同逻辑功能的触发器激励方式不同,所以用不同类型触发器设计出的电路也不一样。为此,在设计具体的电路前必须选定触发器的类型。选择触发器类型时应考虑到器件的供应情况、时序要求(例如,上升沿触发还是下降沿触发),并应力求减少系统中使用的触发器种类。

编码以后可以得到状态转移表和状态转移图,根据状态转移表和状态转移图以及选定的触发器的类型，可以写出电路的状态方程、激励方程和输出方程。

(5) 根据得到的方程画出逻辑图。

(6) 检查设计的电路能否自启动。

如果电路不能自启动，则需采取措施加以解决。一种解决办法是在电路开始工作时通过预置值将电路的状态预置成有效状态循环中的某一状态，或通过修改逻辑设计加以解决。

下面通过具体实例进一步深入说明上述设计方法。

【例 5.4.1】 设计一个用来检测二进制输入序列的检测电路，当输入序列中连续输入 4 位数码均为 1 时，电路输出 1(可重叠，即当连续输入到第 5 个 1 时也输出 1)。

解：第 1 步，建立原始状态图和状态表。

原始状态图和原始状态表是用图形和表格的形式将设计要求描述出来。这是设计时序逻辑电路关键的一步，是完成后面具体设计的依据。构成原始状态图和状态表的方法是首先根据设计要求，分析清楚电路的输入和输出，确定有多少种输入信息需要“记忆”，对每一种需“记忆”的输入信息规定一种状态来表示，根据输入的条件和输出要求确定各状态之间的关系，从而构成原始状态图。

对于本例题，根据要求，该电路有一个输入端(X)，接收被检测的二进制序列串行输入，有一个输出端(Z)。为了正确接收输入序列，整个电路的工作与输入序列必须同步。根据检测要求，当输入的二进制序列连续输入 4 个 1 时，输出 1，其余情况下均输出 0。所以该电路必须“记忆”3 位连续输入序列。

设 A 状态为初始状态，当第 1 个输入信号为 0 时，因为不是所需要检测的输入数据，电路状态仍返回 A 状态，若第 1 个输入为 1，则进入 B 状态。在 B 状态下有两个分支，即第 2 个输入分别为 0 和 1，分别进入 C 状态(记忆收到 10)和 D 状态(记忆收到 11)。在 C 状态下对应两个分支，表示第 3 个输入为 0 或 1，分别进入 E 状态和 F 状态。同理，在 D 状态下输入 0 和 1 时进入 G 和 H 状态。这时 E、F、G、H 分别对应 100、101、110 和 111 状态。E 状态下再输入 0，应该回到 A 状态，输入 1，进入 B 状态(记忆收到第一个 1)。在 F 状态下输入 0，回到 A 状态，输入 1 应该进入 D 状态(因为在 101 后面又收到一个 1，即连续两个 1，而 D 状态表示连续收到两个 1)。同理，G 状态(110)在收到 0 和 1 后分别进入 A 状态和 B 状态。H 状态下收到 0，回 A 状态，若为 1，则表示已有连续 4 位输入 1，电路状态仍保持为 H 状态(111)，且输出 1，等待下面连续检测。由以上分析，可作出原始状态图，如图 5.4.2 所示。列成表格，即为表 5.4.1 所示的原始状态表。

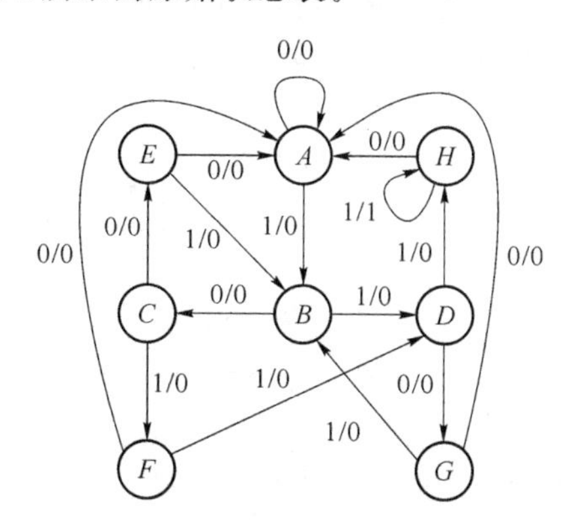

图 5.4.2　例 5.4.1 的原始状态图

表 5.4.1　例 5.4.1 的原始状态表

S^n	S^{n+1}		Z	
	$X=0$	$X=1$	$X=0$	$X=1$
A	A	B	0	0
B	C	D	0	0
C	E	F	0	0
D	G	H	0	0
E	A	B	0	0
F	A	D	0	0
G	A	B	0	0
H	A	H	0	1

状态表有两种类型，一种是在所有的输入条件下，都有确定的状态转移和确定的输出，这种状态表称为完全规定型状态表，如本例表 5.4.1 为完全规定型状态表。另一种是在有些输入条件下，下一状态或输出为任意的、不确定的，称为非完全规定型状态表，例如表 5.4.2给出的是非完全规定型状态表。

表 5.4.2　非完全规定型状态表

S^n	S^{n+1}		Z	
	$X=0$	$X=1$	$X=0$	$X=1$
A	A	B	×	0
B	C	×	0	0
C	B	A	1	0

在本书中主要介绍完全规定型的状态表简化，非完全规定型状态表简化可参阅其他资料。

第 2 步，状态简化(完全规定型状态表简化)。

在构成原始状态图和原始状态表时，为了充分如实地描述其功能，根据设计要求，列了许多状态，这些状态之间都有内在联系，有些状态可以进行合并。

在完全规定型状态表中，两个状态如果“等价”，则这两个状态可以合并为一个状态。两个状态等价必须同时满足如下两个条件：

(1) 在所有输入条件下，两个状态对应输出完全相同。

(2) 在所有输入条件下，两个状态的下一状态完全相同或在满足一定条件时下一状态相同。

满足上述两个条件的状态称为等价状态，等价状态可以合并。

因此，比较两个状态时，如果不满足第 1 个条件，则肯定不是等价状态；如果满足第 1 个条件，则要继续比较第 2 个条件。第 2 个等价条件有下面 3 种情况：

① 在所有输入条件下，S_1 和 S_2 的下一状态一一对应完全相同(例如在只有一个输入信号，输入 X 为 0 和 1 时，S_1 的下一状态对应 S_3 和 S_4，S_2 的下一状态也是 S_3 和 S_4)，则状态等价。

② 在有些输入条件下，状态转移的下一状态虽然不相同（例如，在输入 $X=0$ 时，S_1 转移到 S_3，S_2 转移到 S_4，$X=1$ 时转移状态相同），但如果证明 S_3 和 S_4 两个状态是等价状态，则 S_1 和 S_2 也是等价状态；如果 S_3 和 S_4 不是等价状态，则 S_1 和 S_2 也不等价。即 S_3 和 S_4 是否等价是 S_1 和 S_2 是否等价的条件，称 S_3 和 S_4 是 S_1 和 S_2 的等价隐含条件。

③ 在有些输入条件下，S_1 和 S_2 状态对和 S_3 和 S_4 状态对互为隐含条件，则 S_1 和 S_2 等价，S_3 和 S_4 也等价。

此外，等价状态有传递性。例如，S_1 和 S_2 等价，S_2 和 S_3 等价，则 S_1 和 S_3 也等价。

为了有条理地进行状态简化，一般采用列表比较的方法找出所有等价状态对。

（1）寻找全部等价状态对

寻找全部等价状态对，采用列表法，如表 5.4.3 所示。表呈现直角形网格形式，称为隐含表。表中每一个小方格代表一个状态对。根据等价条件将各列状态与各行状态一一进行比较，比较结果填入到对应的小方格中。两个状态进行比较时，有 3 种情况：

① 原始状态表中，两个状态输出 Z 不相同，则这两个状态不是等价状态，不能合并，则在对应的小方格中填×符号。

② 比较状态表中两个状态，如果在任何输入条件下，输出值 Z 都相同，且在任何输入条件下所对应的下一状态都是相同或为原状态对（比较的两个状态本身），则这两个状态满足等价条件，可以合并，在对应的小方格中记以√符号。

③ 状态表中的两个状态，如果在任何输入条件下，输出值 Z 都相同，但在有些输入条件下，下一状态不相同，则将这些不相同的下一状态对作为等价条件填入到相应的方格中，如表 5.4.1 中，状态 A 和状态 B，在所有输入条件下，对应输出均相同，但下一状态在输入 $X=0$时，分别为 A 和 C，在输入 $X=1$ 时，分别为 B 和 D，则在表 5.4.3 相应的方格中填 AC、BD，表示 AC、BD 两对状态是 A 和 B 两状态等价的隐含条件。

表 5.4.3　例 5.4.1 的隐含表

B	AC BD						
C	AE BF	CE DF					
D	AG BH	CG DH	EG FH				
E	√	AC BD	AE BF	AG BH			
F	BD	AC	AE DF	AG DH	BD		
G	√	AC BD	AE BF	AG BH	√	BD	
H	×	×	×	×	×	×	×
	A	B	C	D	E	F	G

依照上述 3 种情况比较结果，完成表 5.4.3 的隐含表。然后通过表 5.4.3 进行状态简化。一般从不等价的状态对出发，例如表中 AH 不等价，在所有可能条件等价的小方格中找到有 AH 组合的条件，将有 AH 组合的方格用一条斜线划去，表示该状态对中的隐含条件有一个不满足等价条件，所以该状态对不满足等价条件。这样逐次逐格判断，直至将所有不等价的状态对都排除为止。

由于用一条斜线划去的方格对应的状态对也是不等价状态，所以从新出现不等价的状态对出发，例如 AD 不等价，在剩下的小方格中找到有 AD 组合的条件，将该方格用两条斜线划去，表示该状态不满足等价条件。直至将所有不等价的状态对都排除为止。

再从用两条斜线划去的新的不等价的状态对出发，重复以上过程，直至不再出现新的不等价的状态为止。

剩下的状态对将都满足等价条件，所以 AE、AG、CE、EG、BF 状态对均为等价状态。这样，就寻找到所有等价状态对。

(2) 寻找最大等价类

等价类是多个等价状态组的集合，在等价集合中任意两个状态都是等价的。如果一个等价类中的各个状态都不出现在任何别的等价类中，则这个等价类叫做最大等价类。

在上述 AE、AG、CE、EG、BF 等价对中，由于等价状态的传递性，AE、AG 形成等价类 (AEG)，但不是最大等价类，由于 E 和 G 状态还包含在别的状态对中。实际上，AE、AG、CE、EG 可以合并成最大等价类 ($ACEG$)。(BF) 也不包含在任何别的等价类中，所以也是最大等价类。

(3) 选择最大等价类组成最大等价类集合

最大等价类集合要满足两个条件：

① 最大等价类集合中包括了原始状态表中所有状态，称为“覆盖”性。

② 最大等价类中任一等价状态的隐含条件都包含在最大等价类集合中，称为最大等价类集合具有“封闭”性。

满足上述两个条件的最大等价类集合称为具有“闭覆盖”的最大等价类集合。在本例中由 ($ACEG$)、(BF)、(D)、(H) 组成具有最小闭覆盖性质的最大等价类集合。

(4) 将最大等价类集中的各等价状态合并，最后得到原始状态表的简化状态表。

令 ($ACEG$) 合并为状态 a，(BF) 合并为状态 b，(D) 为状态 c，(H) 为状态 d，得到最简状态表，如表 5.4.4 所示。这样，原始状态表 5.4.1 中的 8 个状态简化为 4 个状态。简化后的状态图如图 5.4.3 所示。

表 5.4.4 例 5.4.1 简化后的状态表

S^n	S^{n+1}		Z	
	$X=0$	$X=1$	$X=0$	$X=1$
a	a	b	0	0
b	a	c	0	0
c	a	d	0	0
d	a	d	0	1

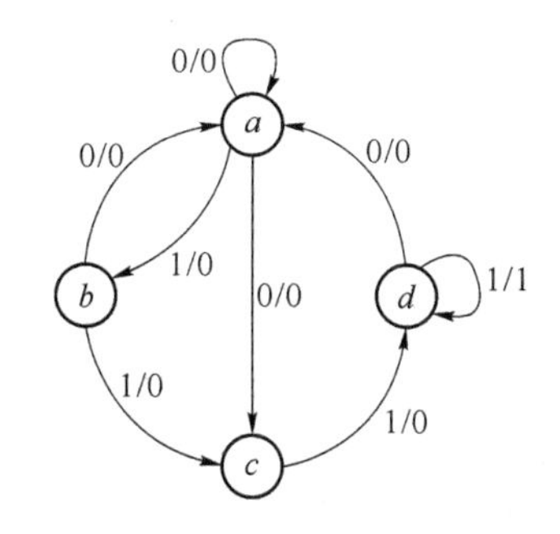

图 5.4.3　例 5.4.1 的简化状态图

第 3 步，状态分配。

状态分配是指将简化后的状态表中各个状态赋予二进制代码，因此状态分配又叫状态编码。状态编码后，状态表就改称状态转移表。

状态分配可以有许多种方案。假定状态表中的状态数是 r，需要的触发器的数目是 k，总共有 2^k 个不同的状态代码，将这些状态代码分配到 r 个状态，可能的分配方案数为

$$\frac{(2^k-1)!}{(2^k-r)!\ k!} \tag{5.4.2}$$

方案数将随着 k 和 r 的增加而非常迅速地增加。例如当 $k=3$，$r=7$ 时，分配方案数为 840，而当 $k=4$，$r=9$ 时，分配方案数就增加到 10 810 800。

不同的分配方案将影响组合电路设计结果的复杂性。对于异步时序电路而言，有时还会产生冒险，从而影响正常工作。要得到一个最好的分配方案，最可靠的方法是对所有可能的方案进行试验和比较，显然这不是实际的解决办法，虽然已经有许多学者研究了许多状态分配的算法，但是还没有一个算法可以证明是最佳算法。所以，实际使用的状态分配方法一般还是以经验和一些简单的方法，以期获得较好结果。

状态分配中，通常使用以下原则。

对于初始状态，应该分配一个非常容易在电路开始工作时就进入的代码；一般情况下，初始状态将分配全 0 的代码，因为一般触发器都有复位端，只要使所有的触发器都复位，就可进入全 0 的初始状态。在确定初始状态后可根据下列的状态分配原则进行状态分配。

（1）行相邻原则

当两个或两个以上状态在相同输入的情况下，具有相同的下一状态时，它们的代码尽可能安排为相邻代码。例如表 5.4.4 中，在 $X=0$ 时，原状态 a 和 b 的下一状态相同，应给 a、b 状态相邻编码，同样，a 和 c、a 和 d、b 和 c、b 和 d 等状态也应给相邻编码。所谓相邻编码是指两个代码中只有一个变量取值不同，其余变量均为相同。

当采用行相邻原则进行状态分配后，在触发器的下一状态的每个卡诺图中，相邻编码位置的两个格中的下一状态相同（有两个相邻的“1”，或两个相邻的“0”），对于 k 个触发器的电路，每个卡诺图都可以有两个“1”（或两个“0”）可以合并。

（2）列相邻原则

对于每一个现状态在相邻输入组合之下的下一状态不同，给这些下一状态以相邻编码。例如表 5.4.4 中的 a 状态下对应 $X=0$ 和 $X=1$ 时的下一状态是 a、b，应给予 a、b 相邻编码，d 状态下对应 $X=0$ 和 $X=1$ 时的下一状态是 a、d，应给予 a、d 相邻编码。

当采用列相邻原则进行状态分配后，在 k 个触发器的下一状态的卡诺图中，有 $k-1$ 个卡诺图相邻编码位置的两个格中的下一状态相同，$k-1$ 个卡诺图可以有两个“1”（或两个“0”）合并。

(3) 输出相邻原则

若两个或两个以上的现状态在同一输入组合下有相同的输出时，应给予相邻编码。例如，如果表中有两个状态下都输出 1 时，应给这两个状态相邻编码。

另外，如果条件允许，可以考虑增加状态代码的位数，（例如集成芯片中有多个触发器，不必考虑使用最少触发器进行电路设计时）可以给每一个状态使用一位状态代码，即所谓的“单位代码”分配法。例如有 3 个状态，使用 3 位代码，每个状态的代码是 100、010、001，这样可以简化逻辑输出的译码电路。

进行状态编码时，通常以原则(1)到(3)顺序进行，(1)的级别最高，其次是(2)。但如果(2)的需求程度比(1)更大，则需要考虑有尽可能多的需要相邻编码的状态对使用相邻编码，统筹兼顾。

一个简单的方法是统计每一个状态对相邻编码的需求数量，在数量相等的情况下，先考虑(1)，其次是(2)。

例 5.4.1 中，每一个状态对相邻编码的需求数量如表 5.4.5 所示。

表 5.4.5　例 5.4.1 状态对相邻编码的数量统计

状态对	行相邻	列相邻	输出相邻	总计
ab	1	1		2
ac	1	1		2
ad	1	2		3
bc	1			1
bd	1			1
cd	2			2

由表 5.4.5 可见，ad 给予相邻编码的优先级最高，其次为 cd，再其次是 ab 和 ac。根据以上编码原则，分配编码为：a 分配编码 00；b 分配编码 01；c 分配编码 11；d 分配编码 10。

根据已选择好的状态分配，可以将表 5.4.4 改写成表 5.4.6 的形式。此表即为状态转移表。

表 5.4.6　例 5.4.1 的简化状态转移表

S^n		S^{n+1}				Z	
		$X=0$		$X=1$			
Q_1^n	Q_0^n	Q_1^{n+1}	Q_0^{n+1}	Q_1^{n+1}	Q_0^{n+1}	$X=0$	$X=1$
0	0	0	0	0	1	0	0
0	1	0	0	1	1	0	0
1	1	0	0	1	0	0	0
1	0	0	0	1	0	0	1

第 4 步，选择存储器的类型，确定存储电路的激励输入。

先确定使用触发器的类型，例如确定使用 JK 触发器，可通过卡诺图求出触发器的激励输入函数。

由表 5.4.6 可分别作出 Q_1^{n+1} 及 Q_0^{n+1} 以及输出 Z 的卡诺图，如图 5.4.4 所示。

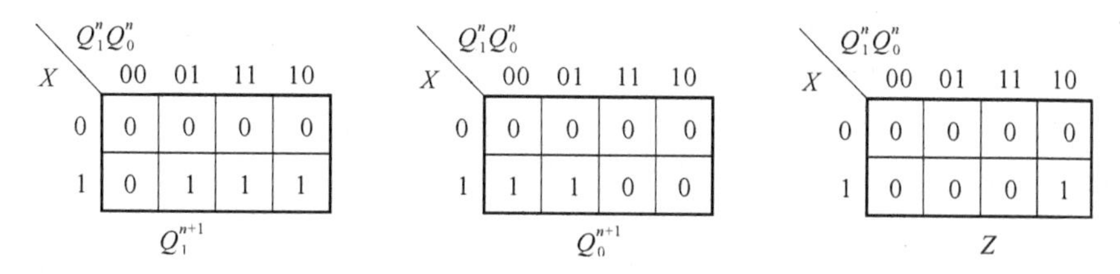

图 5.4.4 例 5.4.1 的下一状态卡诺图

由卡诺图可求出状态方程为

$$\begin{cases} Q_1^{n+1}=XQ_0^n\,\overline{Q_1^n}+XQ_1^n \\ Q_0^{n+1}=X\,\overline{Q_1^n}\cdot\overline{Q_0^n}+X\,\overline{Q_1^n}Q_0^n \end{cases} \tag{5.4.3}$$

JK 触发器的激励函数分别为

$$\begin{cases} J_1=XQ_0^n; \qquad K_1=\overline{X} \\ J_0=X\,\overline{Q_1^n}; \qquad K_0=\overline{X\,\overline{Q_1^n}} \end{cases} \tag{5.4.4}$$

第 5 步，求输出函数。

由图 5.4.4 输出函数 Z 的卡诺图得到：

$$Z=XQ_1^n\,\overline{Q_0^n} \tag{5.4.5}$$

第 6 步，画逻辑图。

采用 JK 触发器及与非门，根据激励函数和输出函数，可以画出例 5.4.1 的逻辑电路图，如图 5.4.5 所示。

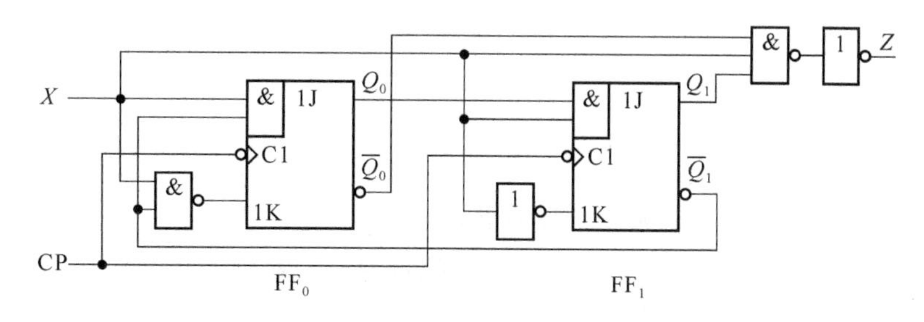

图 5.4.5 例 5.4.1 的逻辑电路

归纳以上所述，时序逻辑电路设计有 4 个主要步骤：

第 1 步是确定原始状态图和原始状态表，这是以下各步骤的基础，关键在于要对实际逻辑问题给予正确的理解，要把各种可能情况尽可能没有遗漏地考虑到。在建立状态图时，重要的是正确描述逻辑问题，主要考虑记忆内容以及状态数的多少。

第 2 步状态简化，状态数的多少将会影响存储电路器件的多少。

第 3 步是状态编码，对于同步时序电路来说，状态编码是否最佳影响电路的结构是否简单，而对于异步时序电路来说，有时还要考虑电路的冒险，是否会影响电路正常工作。有关异步时序电路，尤其是电位型异步时序电路的设计，请参看有关资料。

第 4 步存储电路类型的选择，可以求各个状态的转移方程，然后确定触发器类型，再求激励函数。

【例 5.4.2】 设计一个自动饮料售货机，只准使用 1 元硬币购买饮料，饮料价格为 1.5 元，一次最多同时购买两瓶饮料，当硬币投入足够数量后（满 2 元或 3 元），需按确认键后送出饮料和找回余款。如果操作中延迟 1 分钟没有再投币且没有按确认键，系统自动按输入确认处理。请画出原始状态图和原始状态表。

解：根据设计要求可以确定系统有两个输入：投币为串行输入，输入变量为 X，当 $X=1$ 为投入一枚硬币；按确认键为另一输入 Y，$Y=1$ 为按确认键。输出有 4 个：定义 $Z_1Z_2=11$ 为送出两瓶饮料，$Z_1Z_2=01$ 为送出一瓶饮料，$Z_1Z_2=00$ 时不送出饮料。$Z_3=1$ 为找回 5 角余款，$Z_4=1$ 为将已经投入的硬币退币。

设系统的初始状态为 A。当输入 $XY=00$ 时，电路仍处在原状态(A)；当没有投入硬币并按动确认键时($XY=01$)，输出为全 0，回到 A 状态；当投入一枚硬币后($XY=10$)进入 B 状态；在 A 状态下输入 $XY=11$ 为不存在的输入组合，因为一旦投入一枚硬币后，系统就进入 B 状态。在 B 状态下，只按动确认键($XY=01$)时，或不投币也不按确认并超时后($XY=00$)系统返回原状态并退币；当再投入一枚硬币后($XY=10$)进入 C 状态；在 B 状态下输入 $XY=11$ 不存在。在 C 状态下不再投币按动确认或时间超时时（对应输入为 01 和 00）系统送出 1 瓶饮料并找回余款（5 角）；投入第三枚硬币按动确认或投入第三枚硬币后时间超时时（对应输入为 11 和 10）系统送出 2 瓶饮料。

根据以上的输入、输出定义，画出初始的状态图如图 5.4.6 所示。

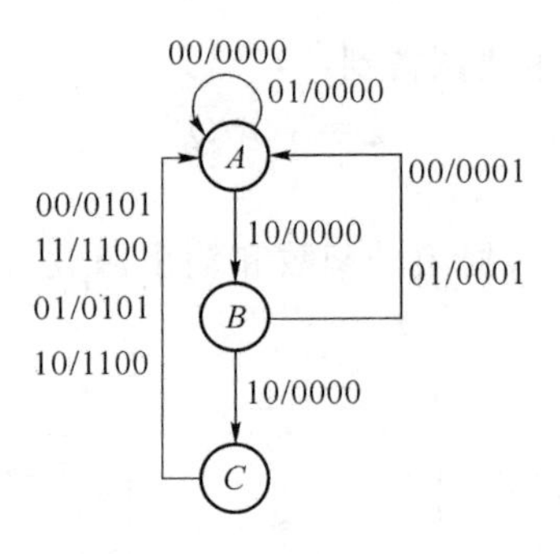

图 5.4.6　例 5.4.2 的原始状态图

由图 5.4.6 的原始状态图，可得到原始状态表，如表 5.4.7 所示。

表 5.4.7　例 5.4.2 的原始状态表

S \ XY	00	01	11	10
A	A/0000	A/0000	×/××××	B/0000
B	A/0001	A/0001	×/××××	C/0000
C	A/0101	A/0101	A/1100	A/1100

$S/Z_1Z_2Z_3Z_4$

【例 5.4.3】 设计一个可变模值的同步计数器，当控制信号 $C=0$ 时，实现 $M=7$ 计数，当 $C=1$ 时，实现 $M=5$ 计数，且在最后一个状态时电路输出“1”。

解：根据要求，在控制信号 C 作用下，原始状态图如图 5.4.7 所示。图中带箭头转移线上方的 0/0 或 1/0 等标注表示转移条件 C 和输出 Z，即 C/Z。由于最大计数模值为 7，共 7 个状态 $S_0 \sim S_6$，因此无须再简化。

由于最大模值为 7，因此必须取代码位数 $k=3$。假设令 $S_0=000$，$S_1=001$，$S_2=011$，$S_3=110$，$S_4=101$，$S_5=010$，$S_6=100$，则可以作出状态转移表，如表 5.4.8 所示。

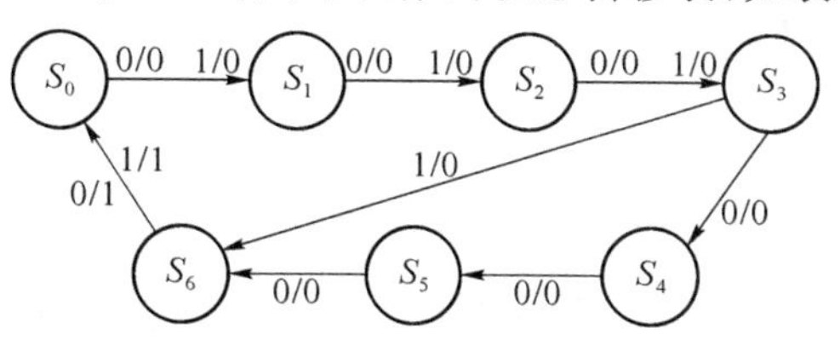

图 5.4.7 例 5.4.3 的原始状态图

表 5.4.8 例 5.4.3 的状态表

序号	Q^n			Q^{n+1}						Z	
				$C=0$			$C=1$				
	Q_2^n	Q_1^n	Q_0^n	Q_2^{n+1}	Q_1^{n+1}	Q_0^{n+1}	Q_2^{n+1}	Q_1^{n+1}	Q_0^{n+1}	$C=0$	$C=1$
0	0	0	0	0	0	1	0	0	1	0	0
1	0	0	1	0	1	1	0	1	1	0	0
2	0	1	1	1	1	0	1	1	0	0	0
3	1	1	0	1	0	1	1	0	0	0	0
4	1	0	1	0	1	0	x	x	x	0	0
5	0	1	0	1	0	0	x	x	x	0	0
6	1	0	0	0	0	0	0	0	0	1	1

由表 5.4.8 可作出相应的状态转移卡诺图及输出函数卡诺图，如图 5.4.8 所示。

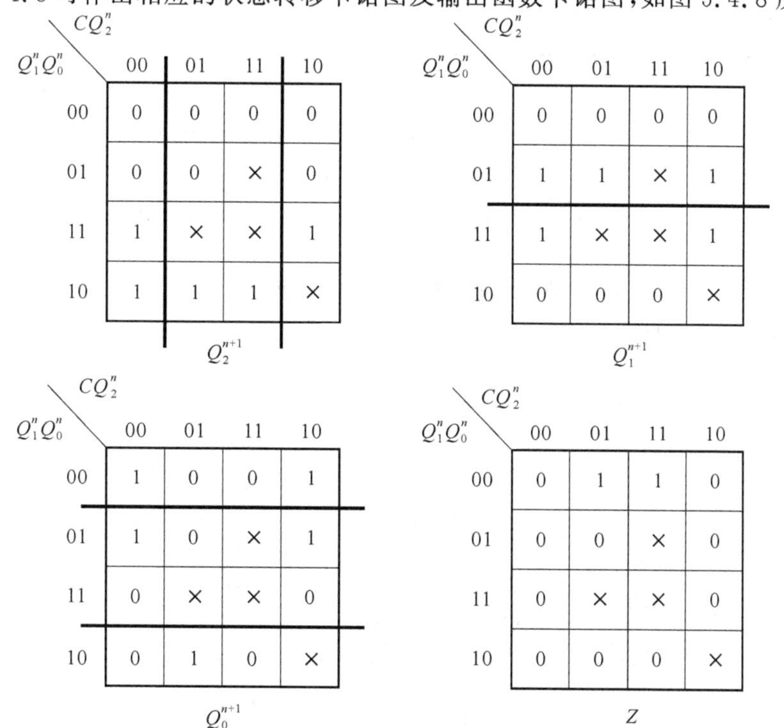

图 5.4.8 例 5.4.3 的下一状态和输出的卡诺图

若采用 JK 触发器，经卡诺图化简，得到各级触发器的状态方程为

$$\begin{cases} Q_2^{n+1}=Q_1^n\overline{Q_2^n}+Q_1^nQ_2^n \\ Q_1^{n+1}=Q_0^n\overline{Q_1^n}+Q_0^nQ_1^n \\ Q_0^{n+1}=(\overline{Q_2^n}\cdot\overline{Q_1^n}+\overline{C}Q_2^nQ_1^n)\overline{Q_0^n}+\overline{Q_2^n}\cdot\overline{Q_1^n}Q_0^n \end{cases} \tag{5.4.6}$$

激励函数为

$$\begin{cases} J_2=Q_1^n \qquad K_2=\overline{Q_1^n} \\ J_1=Q_0^n \qquad K_1=\overline{Q_0^n} \\ J_0=\overline{Q_2^n}\cdot\overline{Q_1^n}+\overline{C}Q_2^nQ_1^n \qquad K_0=\overline{\overline{Q_2^n}\cdot\overline{Q_1^n}} \end{cases} \tag{5.4.7}$$

输出方程为

$$Z=Q_2^n\cdot\overline{Q_1^n}\cdot\overline{Q_0^n} \tag{5.4.8}$$

由于 $k=3$，共有 8 个状态，在 $C=0$ 执行 $M=7$ 计数时，有一个不使用状态(111)，在 $C=1$ 执行 $M=5$ 计数时，有 3 个不使用状态(111)、(101)、(010)，而其中(101)和(010)在 $C=0$ 时为有效状态。根据状态方程检验这些不使用状态的转移情况，如表 5.4.9 所示。可见，不使用状态能自动进入到有效计数状态，具有自启动特性。其状态转移图如图 5.4.9 所示。

表 5.4.9　例 5.4.3 的不使用状态

Q^n			Q^{n+1}					
			$C=0$			$C=1$		
Q_2^n	Q_1^n	Q_0^n	Q_2^{n+1}	Q_1^{n+1}	Q_0^{n+1}	Q_2^{n+1}	Q_1^{n+1}	Q_0^{n+1}
1	1	1	1	1	0	1	1	0
1	0	1				0	1	0
0	1	0				1	0	0

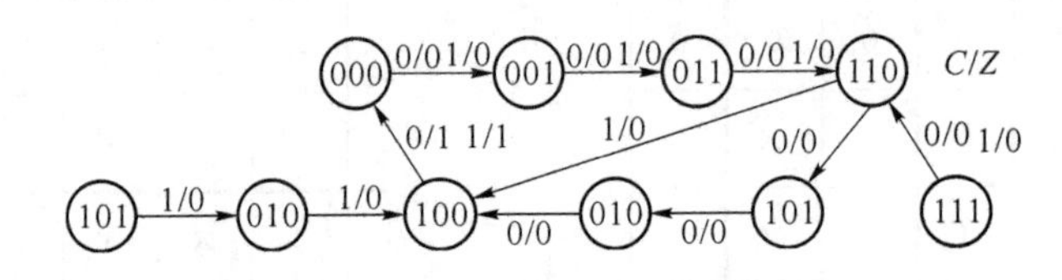

图 5.4.9　例 5.4.3 的状态转移图

最后画出逻辑图(如图 5.4.10 所示)：

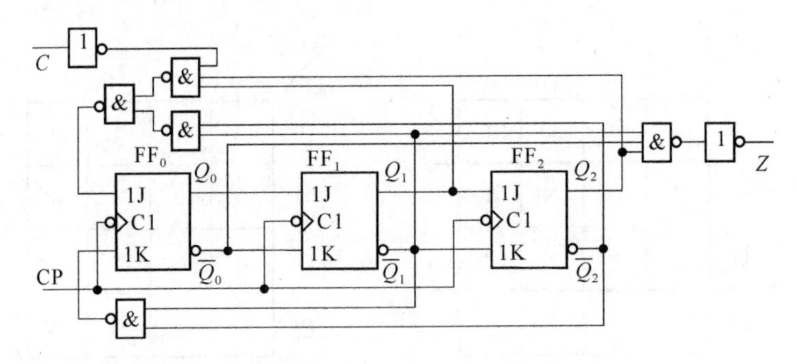

图 5.4.10　例 5.4.3 的逻辑图

5.4.2 采用小规模集成器件设计异步计数器

异步计数器的设计步骤与同步计数器设计步骤有所不同。但由于它是异步工作，因此就必须合理地选择各级触发器的时钟信号。下面通过例题来说明具体的设计步骤。

【例 5.4.4】 设计 8421BCD 二-十进制异步计数器。采用 8421BCD 码，即 $S_0=0000$，$S_1=0001$，$S_2=0010$，$S_3=0011$，$S_4=0100$，$S_5=0101$，$S_6=0110$，$S_7=0111$，$S_8=1000$，$S_9=1001$，当处于 S_9 状态时输出 1。

解：原始状态转移图如图 5.4.11 所示。根据原始状态图可以得到状态转移表，如表 5.4.10所示。

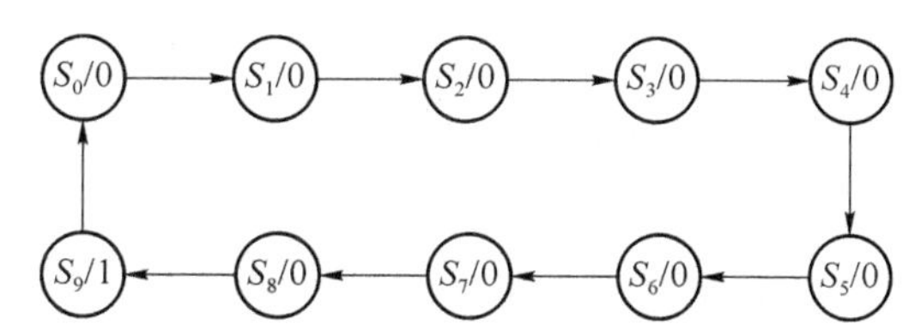

图 5.4.11 例 5.4.4 的原始状态图

表 5.4.10 例 5.4.4 的状态转移表

序号	Q^n				Q^{n+1}				Z
	Q_3^n	Q_2^n	Q_1^n	Q_0^n	Q_3^{n+1}	Q_2^{n+1}	Q_1^{n+1}	Q_0^{n+1}	
0	0	0	0	0	0	0	0	1	0
1	0	0	0	1	0	0	1	0	0
2	0	0	1	0	0	0	1	1	0
3	0	0	1	1	0	1	0	0	0
4	0	1	0	0	0	1	0	1	0
5	0	1	0	1	0	1	1	0	0
6	0	1	1	0	0	1	1	1	0
7	0	1	1	1	1	0	0	0	0
8	1	0	0	0	1	0	0	1	0
9	1	0	0	1	0	0	0	0	1

设计步骤如下。

第 1 步：由状态转移表，选择各级触发器的时钟信号。

选择各级触发器时钟信号的原则是：在该级触发器的状态需要发生变化时(即由 0 至 1 或由 1 至 0)，必须有时钟信号触发沿到达；其他时刻到达该级触发器的时钟信号触发沿越少越好，这样有利于该级触发器的激励函数的简化。

对于第 1 级触发器(FF_0)，一般使用外部的时钟脉冲 CP。对于第 2 级触发器(FF_1)的时钟触发信号，先看第 1 级的输出 Q_0 能否满足要求，即第 2 级触发器的状态需要发生变化时，Q_0 是否能够有效时钟信号触发沿，如果不行，则选外部的时钟信号。对于第 3 级触发器(FF_2)的时钟触发信号，先选第 2 级输出 Q_1 作为时钟脉冲信号，如果不满足要求则选第 1 级的输出 Q_0 作为时钟脉冲信号，如果还不满足要求，只能选择外部的时钟脉冲 CP 作为时钟信号。依此类推，第 i 级触发器的时钟触发信号可以在外部时钟脉冲 CP 和第 i 级以前的所有各级触发器的输出中选取。最先考虑前一级输出作为时钟信号。

根据上述时钟信号的选取原则，选取本例题中各级触发器的时钟：

第 1 级触发器 FF_0 的时钟：CP_0 为输入时钟脉冲 CP。

第 2 级触发器 FF_1 的时钟：从表 5.4.10 可见，Q_1 的状态变化发生在序号 1、3、5、7 时刻。在这些时刻，计数脉冲和 Q_0 输出有下降沿产生（$\overline{Q_0}$ 有上升沿产生，本例题中设定采用下降沿触发器），因此可选择 Q_0 作为触发器的时钟。当然也可以使用输入的时钟脉冲作为触发脉冲，但在 Q_1 的状态不发生变化的那些时刻有过多"多余"的触发脉冲存在，这样会使得激励函数变得比较复杂。因此选 Q_0 的输出作为 CP_1。

第 3 级触发器的时钟：从表 5.4.10 可见，Q_2 的状态变化发生在序号 3、7 的时刻，在这些时刻 Q_1 有下降沿产生。因此选择 $CP_2=Q_1$。

第 4 级触发器的时钟：从表 5.4.10 可见，Q_3 的状态变化发生在序号 7、9 时刻，在序号 9 时刻 Q_1、Q_2 没有下降沿产生，Q_0 满足要求，所以选 Q_0 作为 CP_3。

第 2 步：作简化状态转移表。

在选择了各级触发器的时钟信号后，由于在某些时刻，没有时钟有效触发沿的触发器，其状态将不会发生变化，因此可以根据各个触发器的时钟信号，作出适合求解激励函数的新的状态转移表，如表 5.4.11 所示。

外部输入时钟脉冲作为触发器 FF_0 的时钟信号，每一个外部计数脉冲的下降沿对 FF_0 均有效，触发器 FF_0 状态的变化与否与将依据其激励输入。所以表 5.4.11 中的 Q_0^{n+1} 列与表 5.4.10 相同，无须修改。

Q_0 下降沿作为触发器 FF_1 和触发器 FF_3 的时钟信号触发信号。在序号 1、3、5、7、9 这些时刻 Q_0 会产生下降沿触发触发器 FF_1 和触发器 FF_3，因此，可以在序号 1、3、5、7、9 状态时写出触发器 FF_1 和触发器 FF_3 的下一状态 Q_1^{n+1}、Q_3^{n+1}，即在这些时刻表 5.4.11 中的 Q_1^{n+1}、Q_3^{n+1} 与表 5.4.10 相同。而在其余时刻，由于 Q_0 不产生下降沿，因此无论加什么样的激励信号，触发器 FF_1 和触发器 FF_3 不会发生状态的变化，其转移状态可以作任意项处理，如表 5.4.11 中 Q_1^{n+1} 和 Q_3^{n+1} 列中的"×"符号。

同样，Q_1 下降沿作为时钟触发触发器 FF_2，在序号 3 和 7 时刻，产生有效时钟沿，因此可写出在序号 3 和 7 时的 Q_2^{n+1}。在其余时刻，Q_2 转移状态作任意项处理。如表 5.4.11 中 Q_2^{n+1} 列下的"×"符号。

表 5.4.11　例 5.4.4 的简化状态转移表

序　号	Q^n				Q^{n+1}				Z
	Q_3^n	Q_2^n	Q_1^n	Q_0^n	Q_3^{n+1}	Q_2^{n+1}	Q_1^{n+1}	Q_0^{n+1}	
0	0	0	0	0	×	×	×	1	0
1	0	0	0	1	0	×	1	0	0
2	0	0	1	0	×	×	×	1	0
3	0	0	1	1	0	1	0	0	0
4	0	1	0	0	×	×	×	1	0
5	0	1	0	1	0	×	1	0	0

续表

序号	Q^n				Q^{n+1}				Z
	Q_3^n	Q_2^n	Q_1^n	Q_0^n	Q_3^{n+1}	Q_2^{n+1}	Q_1^{n+1}	Q_0^{n+1}	
6	0	1	1	0	×	×	×	1	0
7	0	1	1	1	1	0	0	0	0
8	1	0	0	0	×	×	×	1	0
9	1	0	0	1	0	×	0	0	1

第 3 步：根据表 5.4.11 作出各级触发器的下一状态卡诺图，如图 5.4.12 所示。卡诺图中所有的空格是不使用状态，均按任意项处理。

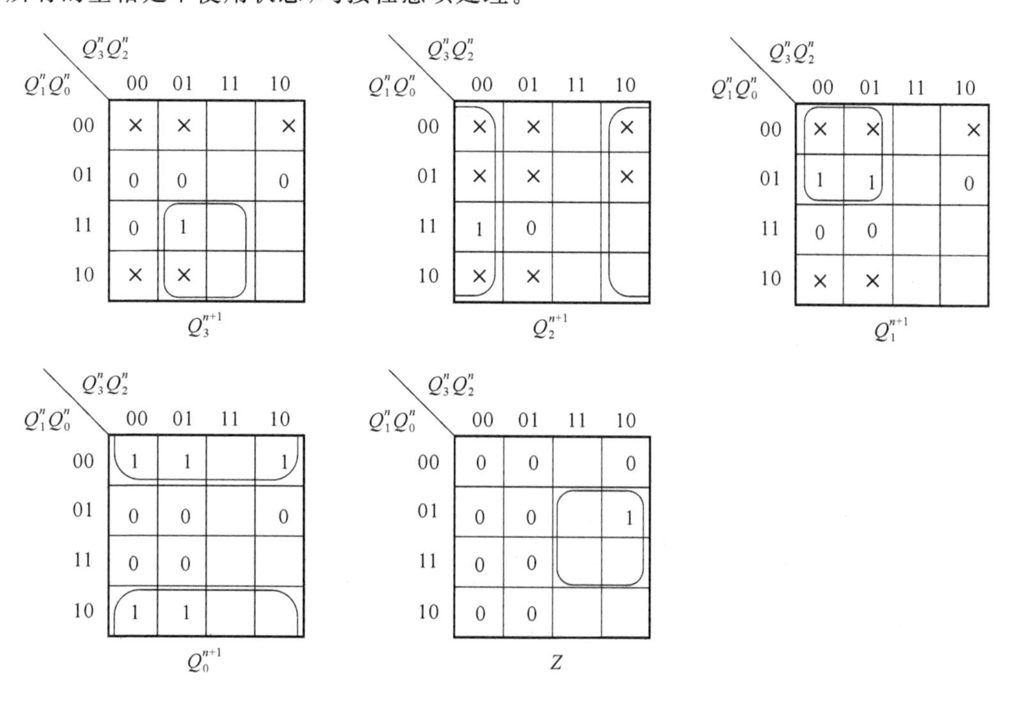

图 5.4.12　例 5.4.4 的下一状态和输出的卡诺图

当使用下降沿触发的 D 触发器设计电路时，可写出状态方程和激励方程：

$$\begin{cases} Q_3^{n+1}=D_3=Q_2^nQ_1^n \\ Q_2^{n+1}=D_2=\overline{Q_2^n} \\ Q_1^{n+1}=D_1=\overline{Q_3^n}\cdot\overline{Q_1^n} \\ Q_0^{n+1}=D_0=\overline{Q_0^n} \end{cases} \tag{5.4.9}$$

输出函数：

$$Z=Q_3^nQ_0^n \tag{5.4.10}$$

第 4 步：检验是否具有自启动特性。

本例中一有 1010、1011、1100、1101、1110、1111 共 6 个不使用状态，由于 $FF_0(Q_0)$ 使用外部时钟，每个时钟沿均有效，可根据状态方程先求出 Q_0^{n+1}，如表 5.4.12 所示的最后一列。由于 Q_0 输出给 FF_1 和 FF_3 作为时钟，在没有时钟沿的位置，输出保持不变，例如计数器处于 1010 状态，外部时钟到达后，Q_0 的变化为 0→1，没有时钟沿，因此 Q_1^{n+1} 和 Q_3^{n+1} 保持不变（表 5.4.12 中的第 1 行），由于 Q_1 没有变化，所以 Q_2^{n+1} 也不变，电路进入 1011 状态。当计数器处于状态 1011，在外部计数脉冲作用下，Q_0 由 1→0，Q_0 的下降沿触发触发器 FF_1 和触发器 FF_3，使 Q_1 由 1→0，Q_3 由 1→0；而 Q_1 的下降沿触发触发器 FF_2，使 Q_2 由 0→1。这样在计数脉冲输入后，不使用状态由 1011 转移到状态 0100、0100 为有效状态。其余类同，如表 5.4.12 所示。

表 5.4.12　例 5.4.4 的不使用状态检验

Q_3^n	Q_2^n	Q_1^n	Q_0^n	Q_3^{n+1}	Q_2^{n+1}	Q_1^{n+1}	Q_0^{n+1}
1	0	1	0	1	0	1	1
1	0	1	1	0	1	0	0
1	1	0	0	1	1	0	1
1	1	0	1	0	1	0	0
1	1	1	0	1	1	1	1
1	1	1	1	1	0	0	0

由表 5.4.10 和表 5.4.12 可以作出状态转移图，如图 5.4.13 所示。

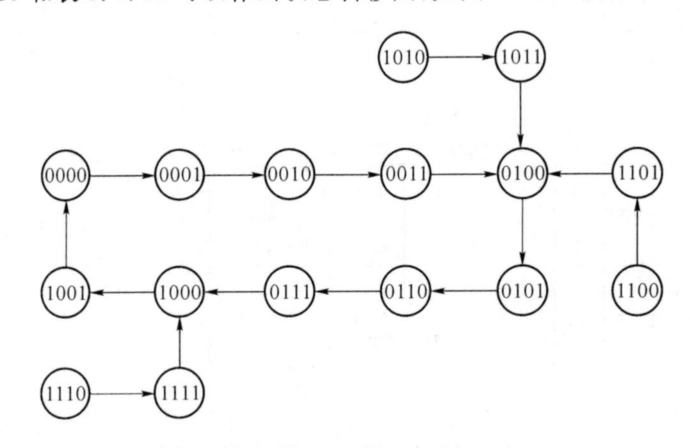

图 5.4.13　例 5.4.4 的状态转移图

电路可自启动。

第 5 步：画逻辑电路图。

如果采用 D 触发器，由时钟脉冲下降沿触发，其逻辑电路如图 5.4.14 所示。

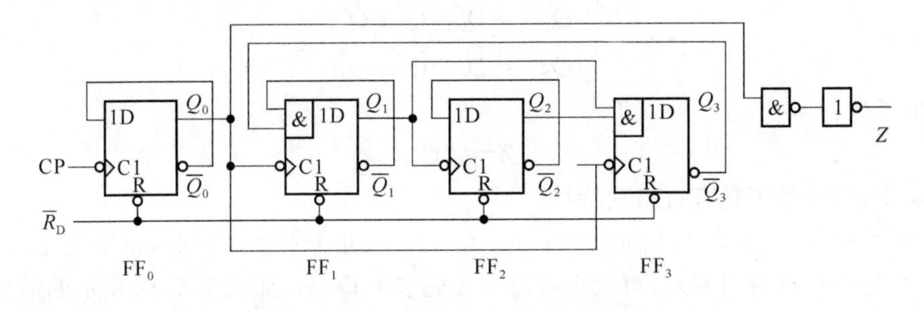

图 5.4.14　例 5.4.4 采用 D 触发器的逻辑图

如果利用 JK 触发器构成计数器，逻辑电路如图 5.4.15 所示。

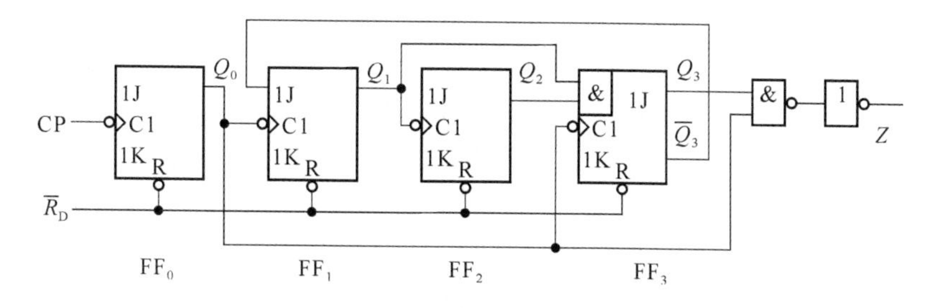

图 5.4.15 例 5.4.4 的逻辑图

由此例可以看出，异步计数器的设计步骤和同步计数器设计步骤有所不同。由于在选择各级触发器时钟时，可能有不同的方案，电路结构不同（主要是各级触发器激励函数不同）。对于这种异步时序电路，时钟的选择除去影响电路结构外，如果触发器的时钟和激励输入同时发生变化时，还要防止可能出现的竞争冒险现象。

习　题

5-1 已知一个时序电路在时钟作用下，状态的变化是 000→010→011→001→101→110→010→011→001→101→110→010→011→…这样的电路能否作计数器？为什么？如果可以作计数器，计数模值为多少？

5-2 如果一个时序电路，在时钟作用下，状态的变化是 000→010→011→001→101→010→011→101→110→010→011→001→…这样的电路能否作计数器？为什么？如果可以作计数器，计数模值为多少？

5-3 分析题图 5.1 所示时序电路的逻辑功能，写出电路激励方程、状态转移方程和输出方程，画出状态转移图，说明电路是否具有自启动特性。

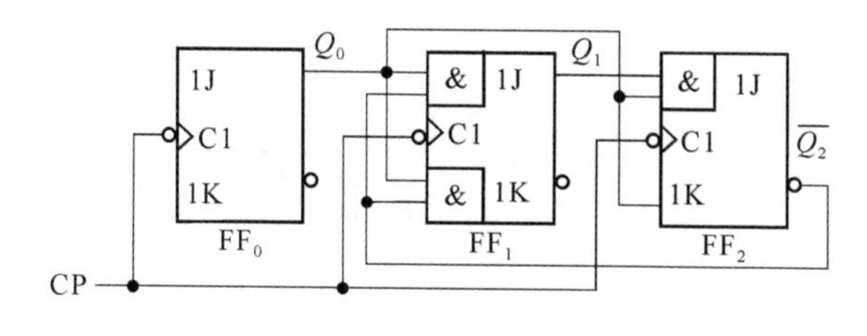

题图 5.1

5-4 分析题图 5.2 所示两个同步计数电路，作出状态转移表和状态转移图。计数器是几进制计数器？能否自启动？并画出在时钟作用下的各触发器输出波形。

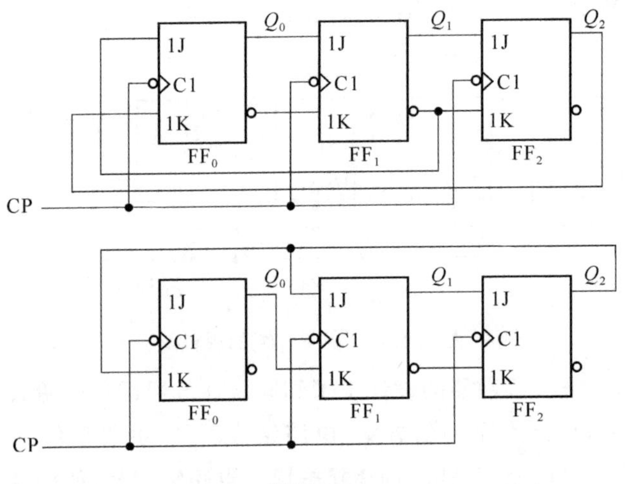

题图 5.2

5-5 分析题图 5.3 所示时序电路的逻辑功能，写出电路的激励方程、状态转移方程和输出方程。画出状态转移图，说明电路是否具有自启动特性。

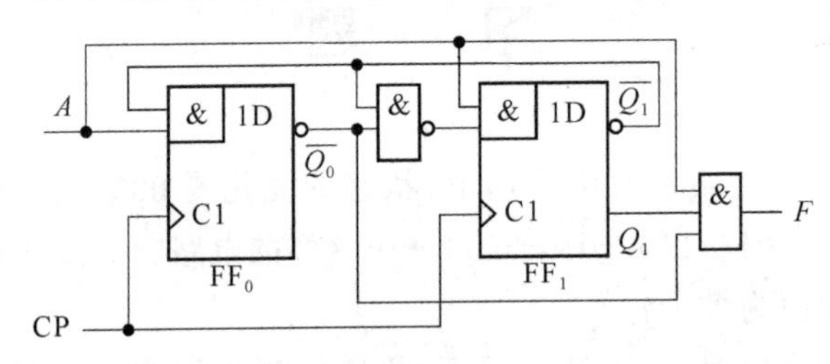

题图 5.3

5-6 分析题图 5.4 所示的同步计数电路，作出状态转移表和状态转移图，并分析能否自启动。通过分析找出这种结构的计数电路状态变化的规律，设初始状态为全 0。

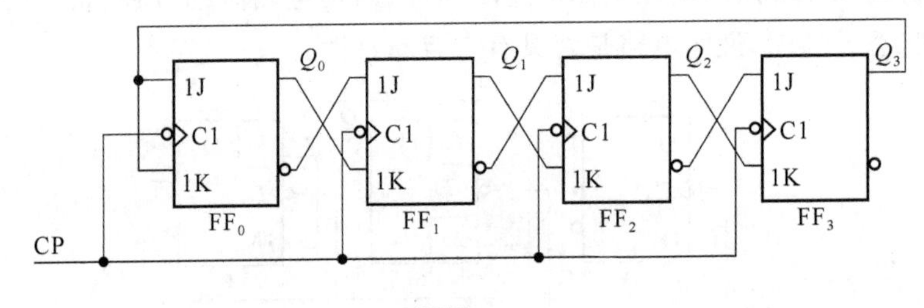

题图 5.4

5-7 题图 5.5 是一序列信号发生器电路，它由一个计数器和一个 4 选 1 数据选择器构成。

(1) 分析计数器的工作原理，确定其模值和状态转换关系；

(2) 确定数据选择器的输出序列。

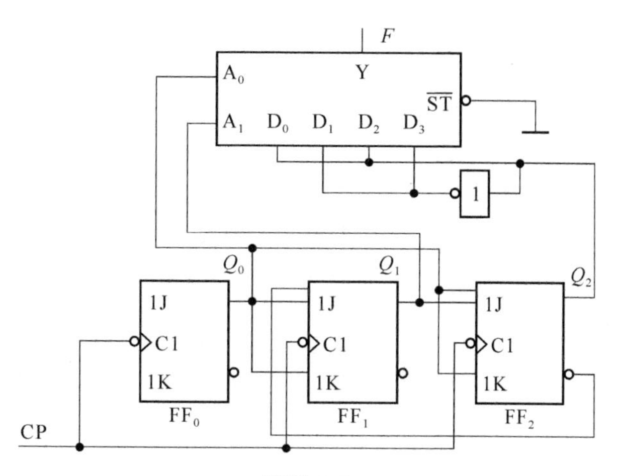

题图 5.5

5-8 分析题图 5.6 所示时序电路，写出激励方程、状态转移方程和输出方程，画出状态转移图。

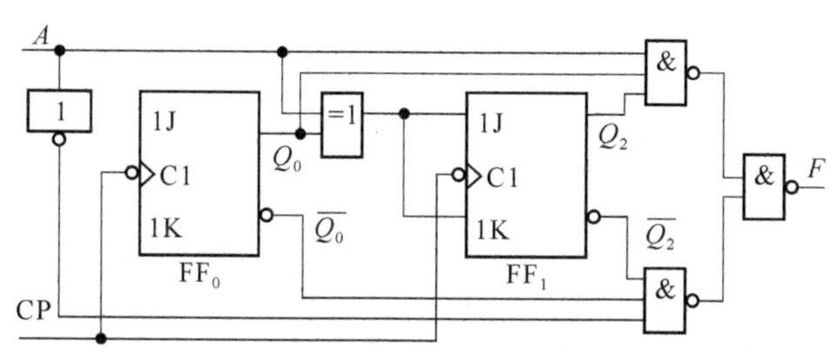

题图 5.6

5-9 分析题图 5.7 所示时序电路，写出激励方程、状态转移方程和输出方程，画出状态转移图及在时钟 CP 作用下 $Q_0Q_1Q_2Q_3$ 和 F 的工作波形。

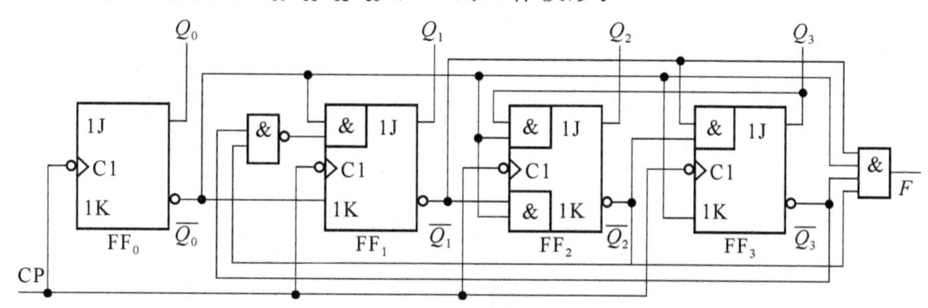

题图 5.7

5-10 分析题图 5.8 所示移存型计数器，画出状态转移图。

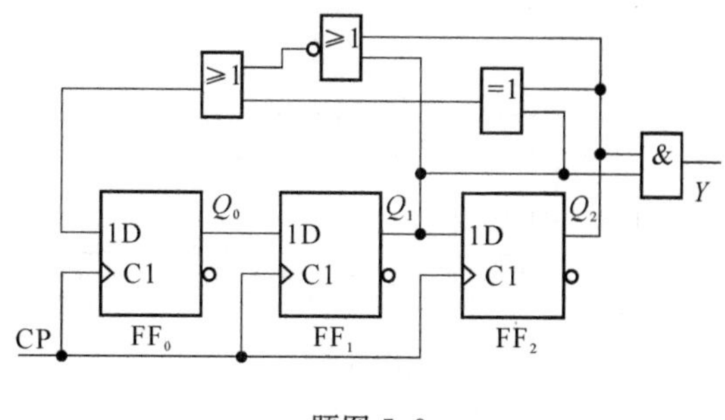

题图 5.8

5-11　题图 5.9 所示为序列信号发生器逻辑图，试作出状态转移表和状态转移图，确定其输出序列。

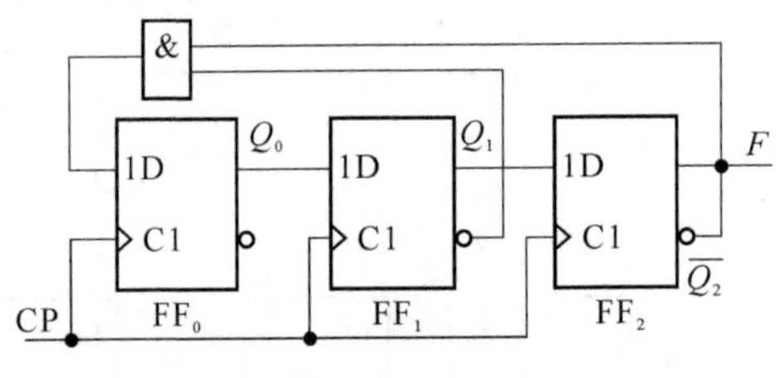

题图 5.9

5-12　分析题图 5.10 所示时序电路，画出状态转移图，并说明该电路的逻辑功能。

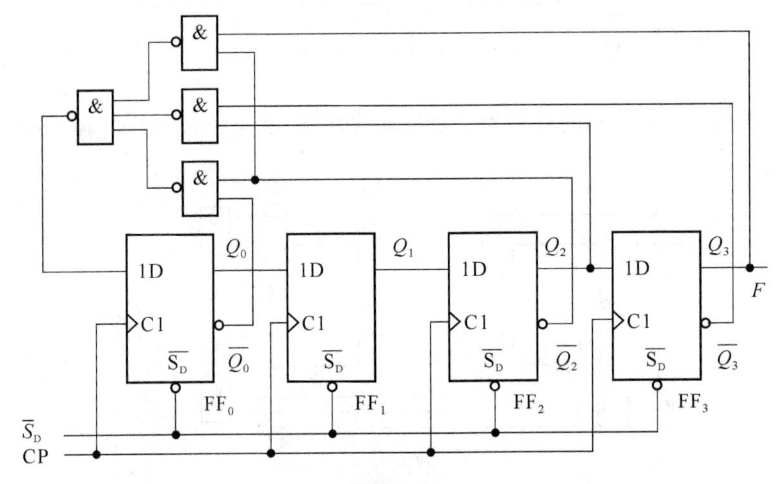

题图 5.10

5-13　分析题图 5.11 所示的异步时序电路的逻辑功能，写出电路激励方程、状态转移方程和输出方程，画出状态转移图，说明电路是否具有自启动特性。

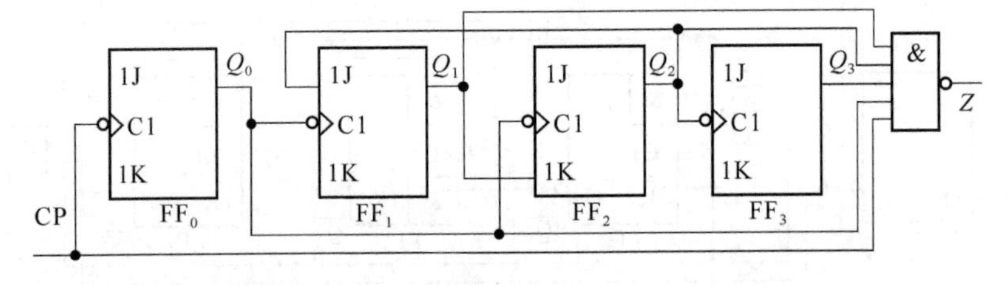

题图 5.11

5-14 分析题图 5.12 所示的异步时序电路，并画出在时钟 CP 的作用下 Q_1 的输出波形（设初始为全 0 状态），并说明 Q_1 输出与时钟 CP 之间的关系。

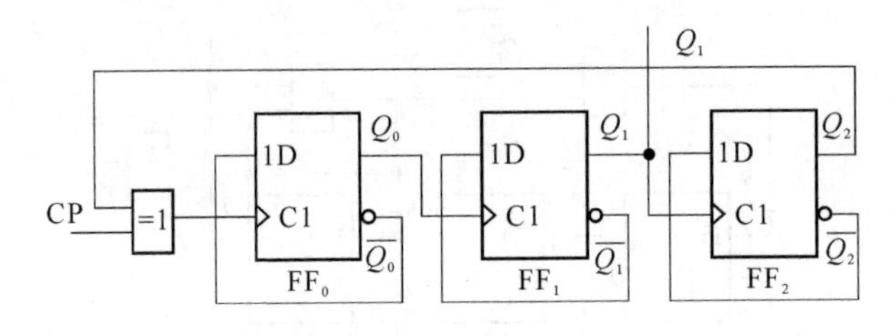

题图 5.12

5-15　分析题图 5.13 所示异步时序电路，写出状态转移方程，并画出在时钟 CP 的作用下输出 a、b、c、d、e、f 及 F 的各点波形。说明该电路完成什么逻辑功能。

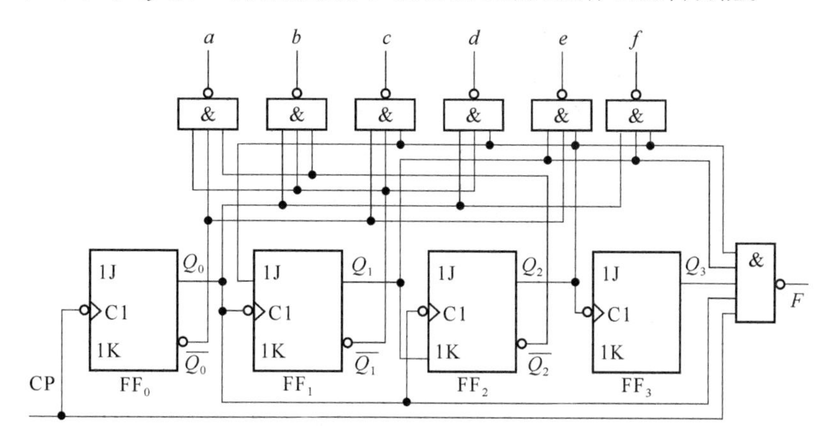

题图 5.13

5-16　分析如题图 5.14 所示的时序电路，画出图中 A、B、C、D、E 和 F 各点的波形。一共画 12 个时钟周期。

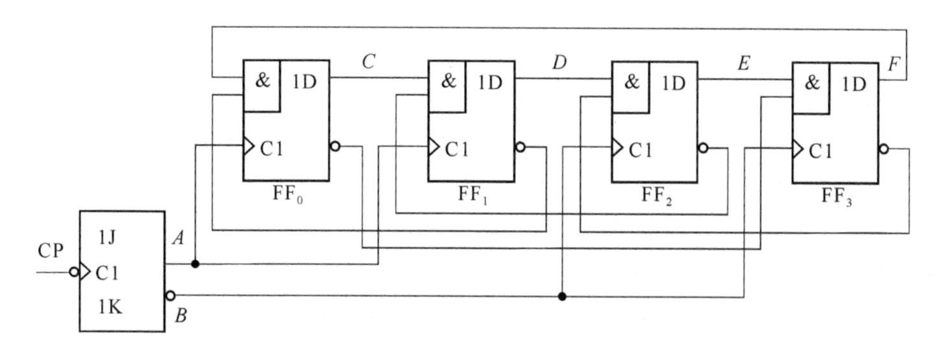

题图 5.14

5-17　分析题图 5.15 所示的异步计数器，作出其状态转移表和状态图，说明各是几进制计数器。

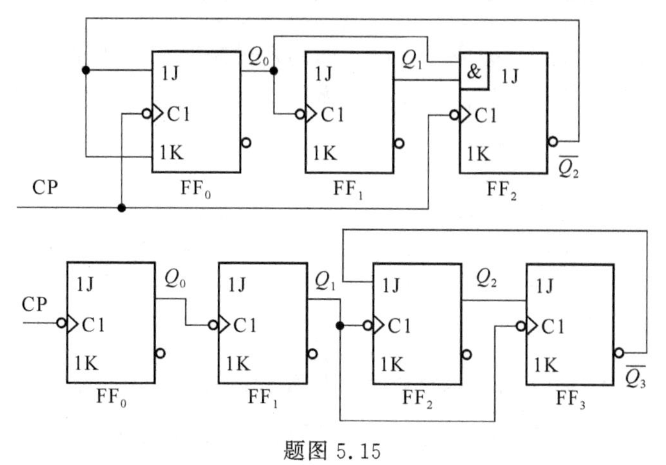

题图 5.15

5-18　用 JK 触发器设计一个模 7 同步计数器。

5-19　已知一触发器的特征方程为 $Q^{n+1}=M \oplus N \oplus Q^n$，要求：

(1) 用 JK 触发器实现该触发器的功能；

(2) 用该触发器构成模 4 同步计数器。

5-20　按下列给定状态转移表，设计同步计数器。

序号	A	B	C	D
0	0	0	0	0
1	0	0	0	1
2	0	0	1	0
3	0	0	1	1
4	0	1	0	0
5	0	1	0	1
6	0	1	1	0
7	1	0	0	0
8	1	0	0	1
9	1	0	1	0

(a)

序号	A	B	C	D
0	0	0	0	0
1	0	0	0	1
2	0	1	0	0
3	0	1	0	1
4	0	1	1	0
5	0	1	1	1
6	1	0	0	0
7	1	0	0	1
8	1	1	0	0
9	1	1	0	1
10	1	1	1	0
11	1	1	1	1

(b)

序号	A	B	C	D
0	0	0	0	0
1	0	0	0	1
2	0	0	1	1
3	0	0	1	0
4	0	1	1	0
5	0	1	1	1
6	0	1	0	1
7	0	1	0	0
8	1	1	0	0
9	1	0	0	0

(c)

5-21　采用 JK 触发器设计具有自启动特性的同步五进制计数器，状态转移表如下表示，画出计数器逻辑图。

	(1)	(2)	(3)
1	110	110	011
2	101	011	110
3	011	100	001
4	100	001	010
5	001	101	101

5-22　用 D 触发器构成按循环码规律工作的六进制同步计数器。

5-23　用 D 触发器及与非门构成计数型序列信号发生器来产生题图 5.16 所示的序列信号。画出相应的逻辑图。

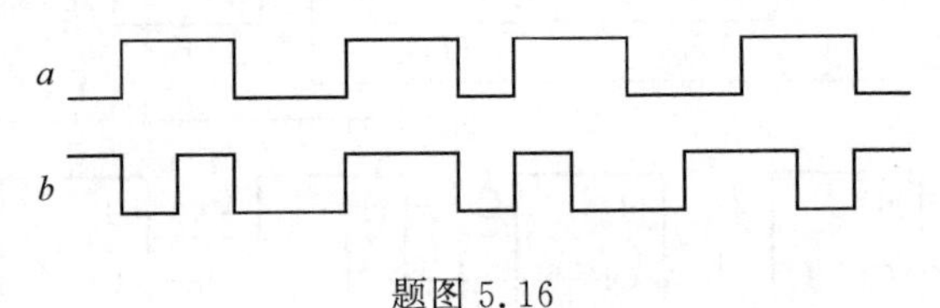

题图 5.16

5-24　用题图 5.17 所示的电路结构来构成五路脉冲分配器，请具体设计其中的译码电路。试用最简与非门电路及 74LS138 集成译码器来分别构成这个译码器，分别画出连接图。

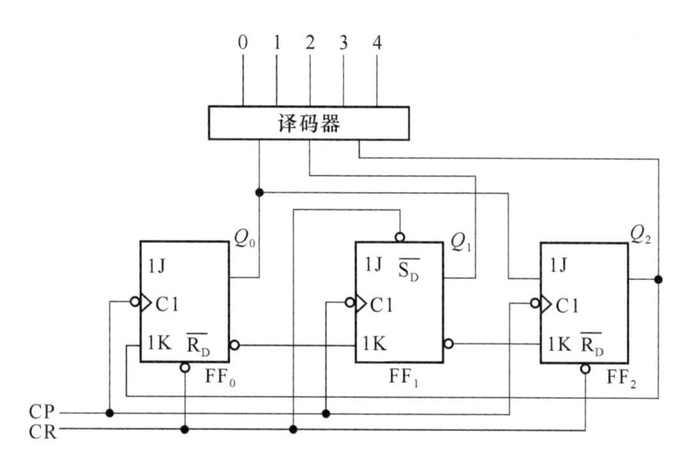

题图 5.17

5-25　设计产生下列的计数型序列信号发生器。

(1) 11110000,…

(2) 1111001000,…

5-26　设计一个可控同步计数器，M_1、M_2 为控制信号，要求：

(1) $M_1M_2=00$ 时，维持原状态；

(2) $M_1M_2=01$ 时，实现模 2 计数；

(3) $M_1M_2=10$ 时，实现模 4 计数；

(4) $M_1M_2=11$ 时，实现模 8 计数。

5-27　设计一个具有两种功能的五进制计数器：当控制信号 $E=0$ 时，每输入一个时钟脉冲加 1，即 0000→0001→0010→0011→0100→0000。而当控制信号=1 时，每输入一个时钟脉冲加 2，也就是状态变化为 0000→0010→0100→0110→1000→0000。触发器使用 JK 触发器。

5-28　用 JK 触发器设计具有以下特点的计数器：

(1) 计数器有两个控制输入 C_1 和 C_2，C_1 用以控制计数器的模数，C_2 用以控制计数的增减。

(2) 若 $C_1=0$ 计数器的 $M=3$；如果 $C_1=1$，则计数器为 $M=4$。

(3) 若 $C_2=0$，则为加法计数，若 $C_2=1$，则为减法计数。作出状态表，并画出计数器逻辑图。

5-29　采用 D 触发器设计移存型具有自启动特性的同步计数器：

(1) 模 5；

(2) 模 12。

5-30　若用移位寄存器构成的序列信号生器产生序列 0100101，(1)需要几个触发器？作出状态转移表。(2)画出实现的逻辑图。

5-31　采用 4 级 D 触发器构成移存型序列信号发生器，要求：

(1) 当初始状态预置为 $Q_3Q_2Q_1Q_0=0110$ 时，产生序列信号 011,011…

(2) 当初始状态顶置为 $Q_3Q_2Q_1Q_0=1111$ 时，产生序列信号 1111000,1111000…

(3) 当初始状态预置为 $Q_3Q_2Q_1Q_0=1000$ 时，产生序列信号 100010,100010…

(4) 当初始状态预置为 $Q_3Q_2Q_1Q_0=0000$ 时,产生全 0 序列信号。

5-32 设计产生循环长度为 N 的序列信号发生器:

(1) $N=12$;

(2) $N=21$。

5-33 分析题图 5.18 所示的同步时序电路,作出状态转移表和状态图,说明这个电路能对何种输入序列进行检测?

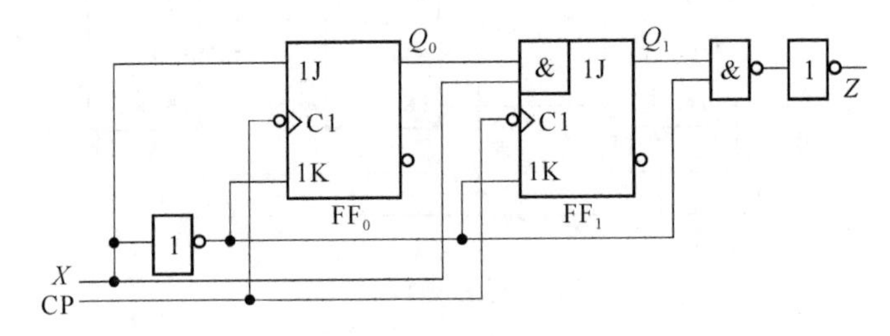

题图 5.18

5-34 分析题图 5.19 所示同步时序电路,作出状态转移表和状态图。当输入序列 X 为 01011010 时,画出相应的输出序列。设初始状态为 000。

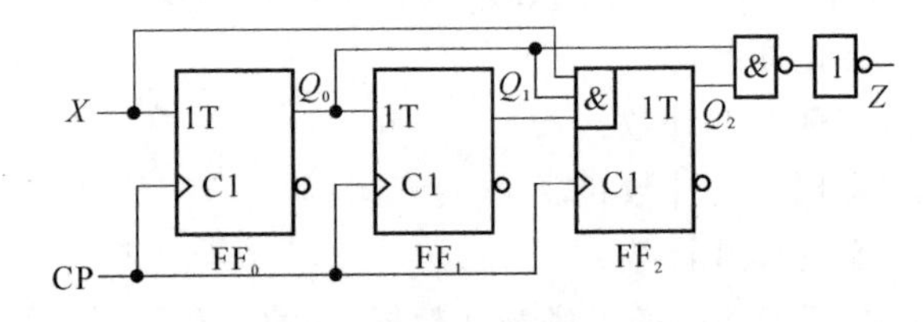

题图 5.19

5-35 作出'101'序列信号检测器的状态表,凡收到输入序列 101 时,输出就为 1,并规定检测的 101 序列不重迭,例如:

X:010101101

Z:000100001

5-36 作出序列信号检测器的状态表,凡收到输入序列为'001'或'011'时输出就为 1,规定被检测的序列不重迭,例如:

X: 10011011

Z: 00010001

5-37 同步时序电路有一个输入端和一个输出端,输入为二进制序列 $X_0X_1X_2\cdots$ 当输入序列中 1 的数目为奇数时输出为 1,作出这个时序奇偶校验电路的状态图和状态表。

5-38 同步时序电路用来对串行二进制输入进行奇偶校验,每检测 5 位输入,输出一个结果;当 5 位输入中 1 的数目为奇数时,在最后一位的时刻输出 1。作出状态图和状态表。

5-39 设计一个时序电路,只有在连续两个或两个以上时钟作用期间,两个输入信号 X_1 和 X_0 一致时,输出信号才是 1,其余情况输出为 0。

5-40 对下列原始状态表进行简化,并设计其时序逻辑电路(如不能简化,直接设计电路)。

S^n	S^{n+1}		Z	
	$X=0$	$X=1$	$X=0$	$X=1$
A	A	B	0	0
B	C	A	0	1
C	B	D	0	1
D	D	C	0	0

(a)

S^n	S^{n+1}		Z	
	$X=0$	$X=1$	$X=0$	$X=1$
A	B	H	0	0
B	E	C	0	1
C	D	F	0	0
D	G	A	0	1
E	A	H	0	0
F	E	B	1	1
G	C	F	0	0
H	G	D	1	1

(b)

5.41　按下列给定的状态转移表设计异步计数器。

序号	A	B	C	D
0	0	0	0	0
1	0	0	0	1
2	0	0	1	0
3	0	0	1	1
4	0	1	0	0
5	0	1	0	1
6	0	1	1	0
7	1	0	0	0
8	1	0	0	1
9	1	0	1	0

(a)

序号	A	B	C	D
0	0	0	0	0
1	1	1	1	1
2	1	1	1	0
3	1	1	0	1
4	1	1	0	0
5	0	1	1	1
6	0	1	1	0
7	0	0	1	1
8	0	0	1	0
9	0	0	0	1

(b)

第 6 章 中规模时序集成电路及应用

本章介绍中规模时序集成电路的功能及应用，主要介绍中规模集成计数器及移位寄存器等应用电路。

中规模计数器主要分为异步计数器和同步计数器。无论异步计数器还是同步计数器都具有多功能的特点。即经过外部简单的连接或增加少数门电路，一片计数器芯片可以完成不同的功能。

移位寄存器在第 5 章已经介绍过，中规模移位寄存器除可以有串入串出、串入并出、并入串出和并入并出 4 种工作方式外，还可以实现许多其他功能。

6.1 中规模异步计数器

为了适应不同用途的需要，达到多功能的目的，中规模异步计数器通常采用组合式的结构形式，即由两个独立的计数器来构成整个的计数器芯片。

以 74LS90 为例，图 6.1.1(a)是 74LS90 计数器的逻辑图，图(b)是 74LS90 的符号，图(c)为简化的符号，也是习惯的画法。

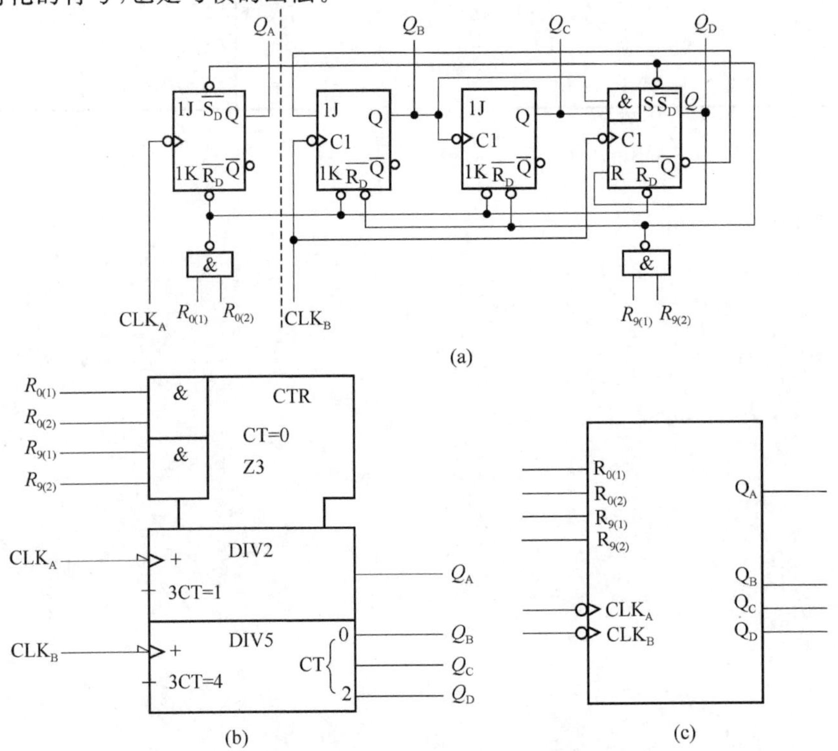

图 6.1.1 74LS90 的逻辑图和逻辑符号

从图 6.1.1(a)74LS90 计数器的逻辑图可以看到它的结构和功能特性如下。

74LS90 由一个模 2 计数器(Q_A 端输出)和一个模 5 计数器(输出端为 $Q_DQ_CQ_B$)构成，两个计数器分别有自己的时钟输入端：CLK_A 和 CLK_B。

从 CLK_A 输入外部时钟，Q_A 端输出，实现模 2 计数；从 CLK_B 输入外部时钟，输出端为 $Q_DQ_CQ_B$ 时，实现模 5 计数；从 CLK_A 输入外部时钟，且 Q_A 接到 CLK_B(用 Q_A 作为 CLK_B 的时钟)，实现 8421 码十进制计数；从 CLK_B 输入外部时钟，且 Q_D 接到 CLK_A，实现 5421 码十进制计数。

74LS90 有两个置 0 输入端：$R_{0(1)}$ 和 $R_{0(2)}$，当两个置 0 输入端都是高电平时，计数器进入 0000 的状态(异步置 0，此时要求 $R_{9(1)}$ 和 $R_{9(2)}$ 中至少应有一个为 0)。

74LS90 还有两个置 9 输入端：$R_{9(1)}$ 和 $R_{9(2)}$，当两个置 9 输入端都是高电位时，计数器进入 1001 的状态(此时要求 $R_{0(1)}$ 和 $R_{0(2)}$ 中至少应有一个为 0)。

74LS90 的置 0 和置 9 都是异步输入。

74LS90 计数器的逻辑符号如图 6.1.2(b)所示，这样的符号属于标准符号，由于这类标准符号在绘制时不是很方便，所以在许多书籍和资料中，还常用一种简化的符号，如图 6.1.1(c)所示。

74LS90 计数器设置两个置 0 端和两个置 9 端，目的是构成其他模值的计数器时比较方便。只要充分利用这几个输入端，74LS90 可以构成从 2～10 所有模值的计数器，而不需要添加任何外部的逻辑电路。

数字逻辑集成电路的使用手册中通常给出内部结构图，除对功能进行文字描述外，还会给出功能表，通过功能表，我们可以比较清楚地了解逻辑器件的功能。表 6.1.1 给出了 74LS90 的逻辑功能。

表 6.1.1　74LS90 的逻辑功能表

$R_{0(1)}$	$R_{0(2)}$	$R_{9(1)}$	$R_{9(2)}$	CLK_A	CLK_B	Q_D	Q_C	Q_B	Q_A
1	1	0	×	×	×	0	0	0	0
1	1	×	0	×	×	0	0	0	0
0	×	1	1	×	×	1	0	0	1
×	0	1	1	×	×	1	0	0	1
×	0	×	0	↓	0	二进制计数			
×	0	0	×	0	↓	五进制计数			
0	×	×	0	↓	Q_A	8421 十进制计数			
0	×	0	×	Q_D	↓	5421 十进制计数			

类似的异步计数器还有 74LS92，由模 2 和模 6 计数器组成；74LS93 由模 2 和模 8 计数器组成。此外，还有 4 位二进制异步计数器 74LS197，74LS293，双 4 位二进制异步计数器 74LS393，7 位二进制异步计数器 CC4024，12 位二进制异步计数器 CC4040 等。

6.2 中规模同步计数器

6.2.1 同步计数器的分类

同步计数器种类较多,每种计数器的功能各不相同,它们的多功能特性主要表现在以下几个方面。

1. 计数方式

通过选择不同时钟输入端或在控制加减的输入端加不同的信号,实现加计数方式或减计数方式。这样的计数器称为可逆计数器。也可称为加/减计数器。

实现可逆计数的方法有两种:加减控制输入方式和双时钟输入方式。加减控制输入方式需要一个控制信号来控制计数方式。控制信号端是 $U/\overline{D}$,当 $U/\overline{D}=1$ 时进行加计数方式,当 $U/\overline{D}=0$ 时进行减计数。

另一种实现可逆计数的方式是双时钟输入方式。这样的计数器有两个外部时钟输入端:CLKUP(或 CLK_+)和 CLKDW(或 CLK_-),当外部时钟从 CLKUP 端输入时,作加法计数;当外部时钟从 CLKDW 输入时,作减法计数。没有接外部时钟的时钟端,应该根据器件的要求接 0 或者接 1,使得这个输入端不起作用。

2. 预置功能

许多计数器都具有预置功能。计数器有一个预制控制端,一般多用$\overline{\text{LOAD}}$(或$\overline{\text{LD}}$)表示,低电平有效。当$\overline{\text{LOAD}}=0$ 时,计数器将预置信号送到每个触发器的输出。预置方式有同步预置和异步预置两种。

异步预置:异步预置类似于触发器的异步复位/置位,只要预置控制信号有效,就立即实现预置,与时钟无关。这时每个触发器的输出等于它的预置值。

同步预置:同步预置要求预置控制信号必须有效,但是预置信号有效后,并不立即实现预置,而是要到下一次有效时钟边沿到来时,才实现预置功能。即:所谓的同步预置,就是预置要和时钟同步。

3. 复位功能

复位也称为"清零"或"置零",就是将计数器的状态复位到全 0 状态。复位是由复位控制端来控制。同样,复位也分异步复位和同步复位,异步复位与时钟无关,只要复位信号到达就立即复位。而同步复位除需要复位信号有效外,还必须在时钟的有效边沿到来才能实现复位。

4. 进位、借位功能

同步计数器还可以有进位(借位) 信号输出功能。当加法计数器进入最大状态(例如输出全 1),会产生一个进位输出信号;或者当减法计数进入最小状态(输出全 0),会产生一个借位输出信号。进位/借位输出一般都是宽度等于一个周期的脉冲,但是,脉冲的极性(正脉冲或负脉冲)则要取决于具体的芯片,可从手册中的描述或功能表中获得。

5. 计数控制(使能控制)

中规模同步计数器一般都有两个计数控制输入:ENP 和 ENT(或$\overline{\text{ENP}}$、$\overline{\text{ENT}}$),可以通

过这两个输入来控制计数是否进行。另外，ENT 或$\overline{\text{ENT}}$还可以控制是否产生进位，只有当其有效时，计数器才能在一定状态下产生进位信号。

6.2.2 同步集成计数器简介

下面通过几个芯片说明同步计数器的功能。

1. 同步 4 位二进制(十六进制)计数器 74161

图 6.2.1 为中规模集成的同步 4 位二进制计数器 74161 的逻辑图和符号。74161 除了具有二进制加法计数外，还具有预置数、保持和异步复位等功能。图中$\overline{\text{LOAD}}$为预置数控制端；$A \sim D$ 为数据输入端，RCO 为进位输出端，$\overline{\text{CLR}}$为异步复位(清零)端，ENP 和 ENT 为计数控制端。

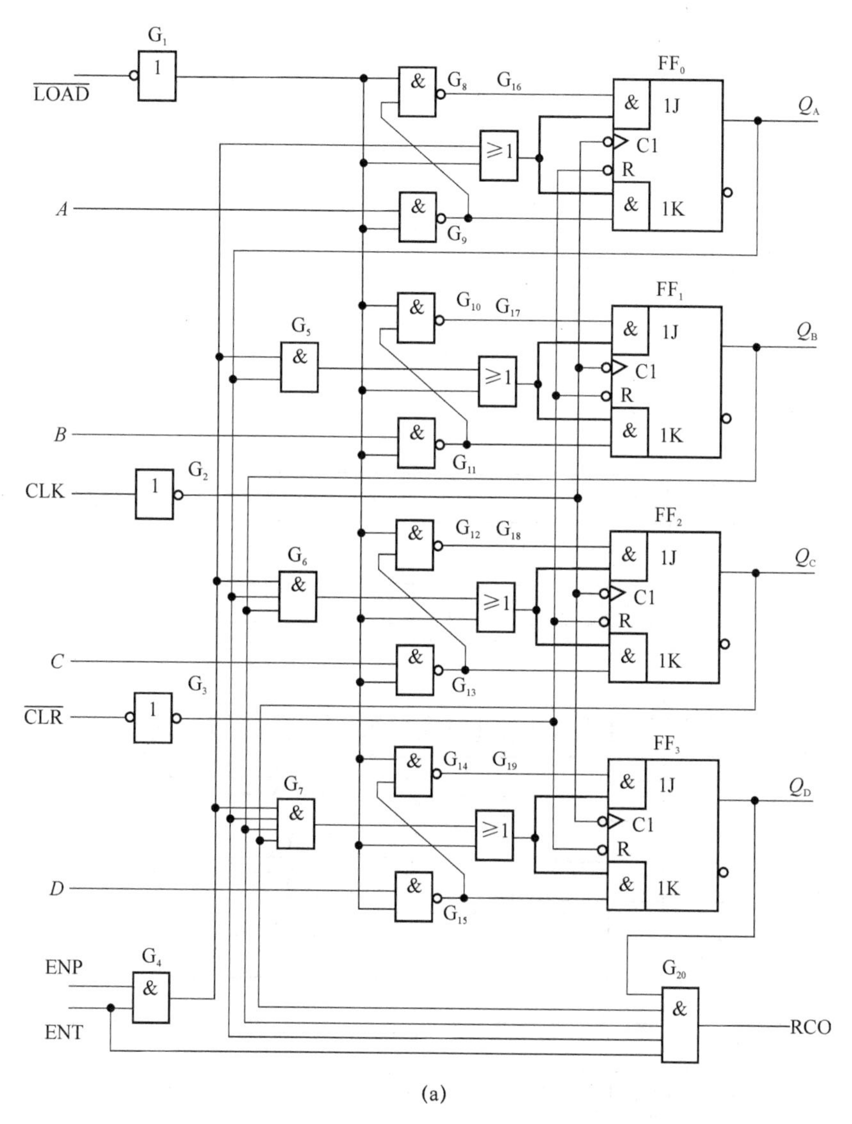

(a)

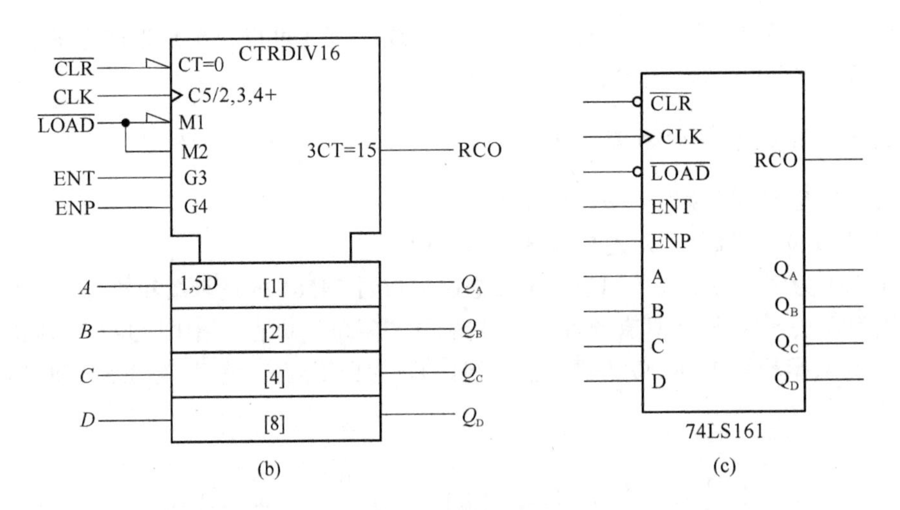

图 6.2.1　同步 4 位二进制计数器 74161 的逻辑图及符号

表 6.2.1 是 74161 的功能表，图 6.2.2 给出的是 74161 的时序图。

表 6.2.1　74161 的功能表

CLK	$\overline{CLR}$	$\overline{LOAD}$	ENP	ENT	工作状态
×	0	×	×	×	复位
↑	1	0	×	×	预置数
×	1	1	0	1	保持
×	1	1	×	0	保持(但 RCO=0)
↑	1	1	1	1	十六进制计数

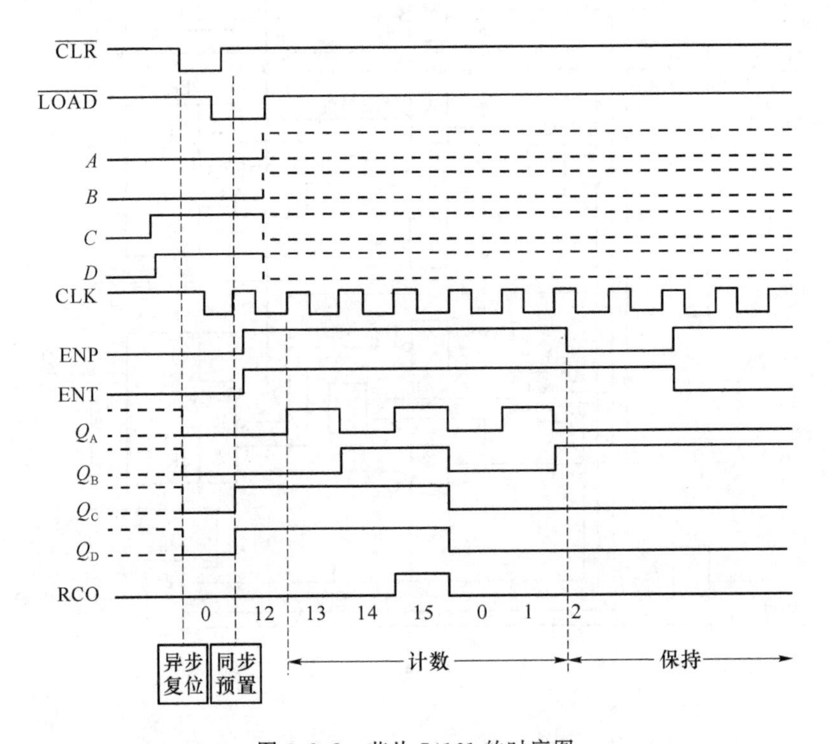

图 6.2.2　芯片 74161 的时序图

由表 6.2.1 和图 6.2.2 可见，当$\overline{CLR}=0$时所有内部触发器将同时被复位，$Q_DQ_CQ_BQ_A=0000$，而且复位操作不受其他输入端状态的影响，与时钟的边沿有否无关，计数器为异步复位，且优先级最高。

当$\overline{CLR}=1$而$\overline{LOAD}=0$时，电路工作在预置状态，并在下一个上升沿出现时实现数据预置，由于 $DCBA=1100$，所以 $Q_DQ_CQ_BQ_A=1100$，显然该计数器实现的是同步预置。

当$\overline{CLR}=\overline{LOAD}=1$，且 ENP=ENT=1 时，电路工作在计数状态，当电路出现 1111 状态时 RCO=1，电路从 1111 状态返回 0000 状态，RCO 端从高电平跳变至低电平。可以利用 RCO 端输出的高电平、上升沿或下降沿等作为进位输出信号。

当$\overline{CLR}=\overline{LOAD}=1$，而 ENP=0，ENT=1 时，无论有无时钟，它们保持原来的状态不变，同时 RCO 的状态也得到保持。如果 ENT=0，则 ENP 不论为何状态，计数器的状态也将保持不变，但这时进位无论在什么输出状态下，RCO 都等于 0。

与 74LS161 相似的器件有 74LS160，它是十进制计数器，在内部电路结构形式上与 74161 有些区别，但引脚排列和各控制端功能均相同。

2. 74LS192 可预置十进制可逆计数器

74LS192 是十进制计数器，计数的编码采用 8421 码，计数循环是 0000～1001。74LS192 是采用双时钟方式的可逆计数器，时钟输入端为 CLKUP 和 CLKDW。当外部时钟接到 CLKUP 时进行加计数，接到 CLKDW 时进行减计数。

图 6.2.3(a)是 74LS192 的逻辑符号，图 6.2.3(b)是其简化的逻辑符号。

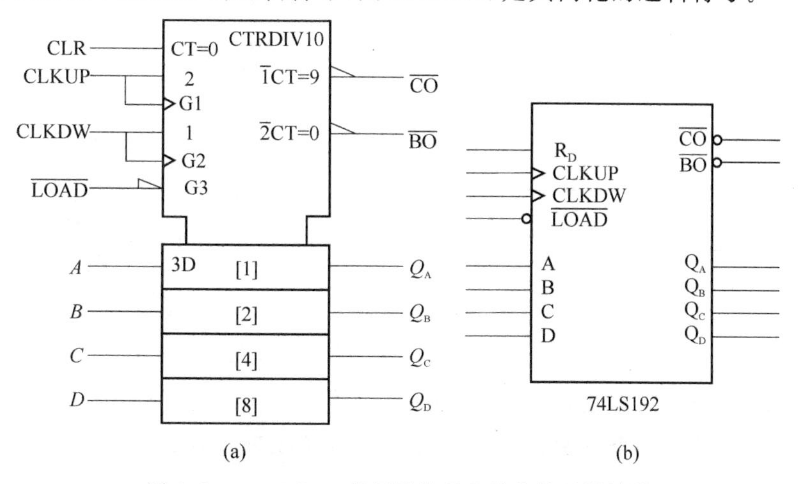

图 6.2.3　74LS192 的逻辑符号和简化的逻辑符号

表 6.2.2 给出了 74LS192 的逻辑功能。通过功能表可以看出 74LS192 具有预置功能，当预置控制输入$\overline{LOAD}$有效时，将预置的数据输入 A、B、C、D 置位到 4 个触发器。74LS192 的预置控制属于异步预置，低电平有效。

表 6.2.2　74LS192 的逻辑功能

CLKUP	CLKDW	$\overline{LOAD}$	CLR	D	C	B	A	Q_D Q_C Q_B Q_A
×	×	×	1	×	×	×	×	0 0 0 0
×	×	0	0	d	c	b	a	d c b a
↑	1	1	0	×	×	×	×	十进制加计数
1	↑	1	0	×	×	×	×	十进制减计数
1	1	1	0	×	×	×	×	保持原状态

74LS192 复位输入是 CLR，为异步控制，高电平产生复位，优先级最高；预置为异步预置。

74LS192 的进位/借位输出是分开的，进位输出是$\overline{CO}$，加法计数进入状态 1001 时产生一个周期宽度的负脉冲输出。借位输出是$\overline{BO}$，减法计数进入状态 0000 时产生一个周期宽度的负脉冲输出。

74LS192 没有计数控制输入，即：没有 ENP 和 ENT（或$\overline{ENP}$、$\overline{ENT}$）控制输入端。

表 6.2.2 比较简洁地给出了 74LS192 的大多数功能，但是进位、借位的特性还是不能通过功能表来表示，因此许多手册中还需要对这部分功能进行文字性的描述。

3. 74LS169 可预置 4 位二进制可逆计数器

74LS169 是 4 位二进制计数器，计数循环从 0000 到 1111，共 16 个状态。74LS169 采用加/减控制方式实现可逆计数，当控制端 $U/\overline{D}=1$ 时为加计数，$U/\overline{D}=0$ 时为减计数。图 6.2.4(a)为 74LS169 的逻辑符号，图 6.2.4（b）为其简化的逻辑符号。表 6.2.3 是 74LS169 的功能表，图 6.2.5 是 74LS169 的时序图。

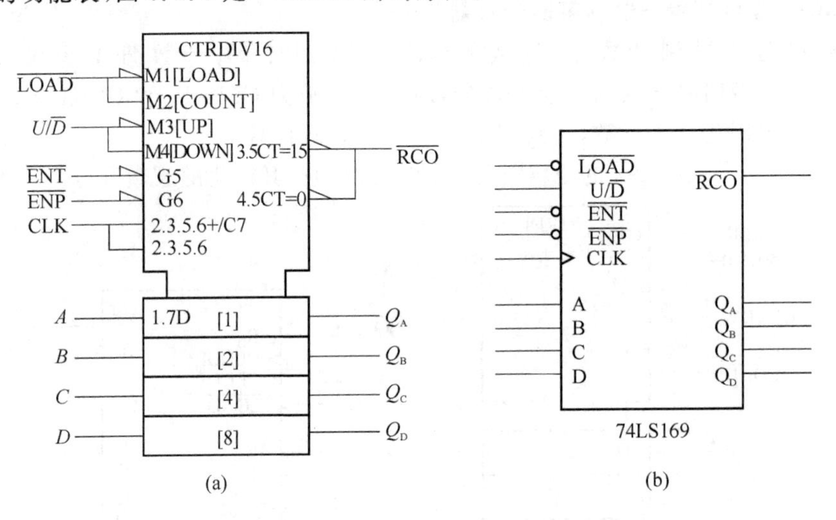

图 6.2.4 74LS169 的逻辑符号和简化符号

从时序图和功能表可以看出，预置功能是由$\overline{LOAD}$端控制，低电平有效，是同步预置，必须在$\overline{LOAD}$有效后的下一个时钟有效边沿到来时，才能实现预置。

表 6.2.3 74LS169 的功能表

$\overline{ENT}+\overline{ENP}$	$U/\overline{D}$	$\overline{LOAD}$	CLK	Q_D Q_C Q_B Q_A
1	×	1	×	保持原状态
0	×	0	↑	预置
0	1	1	↑	加计数
0	0	1	↑	减计数

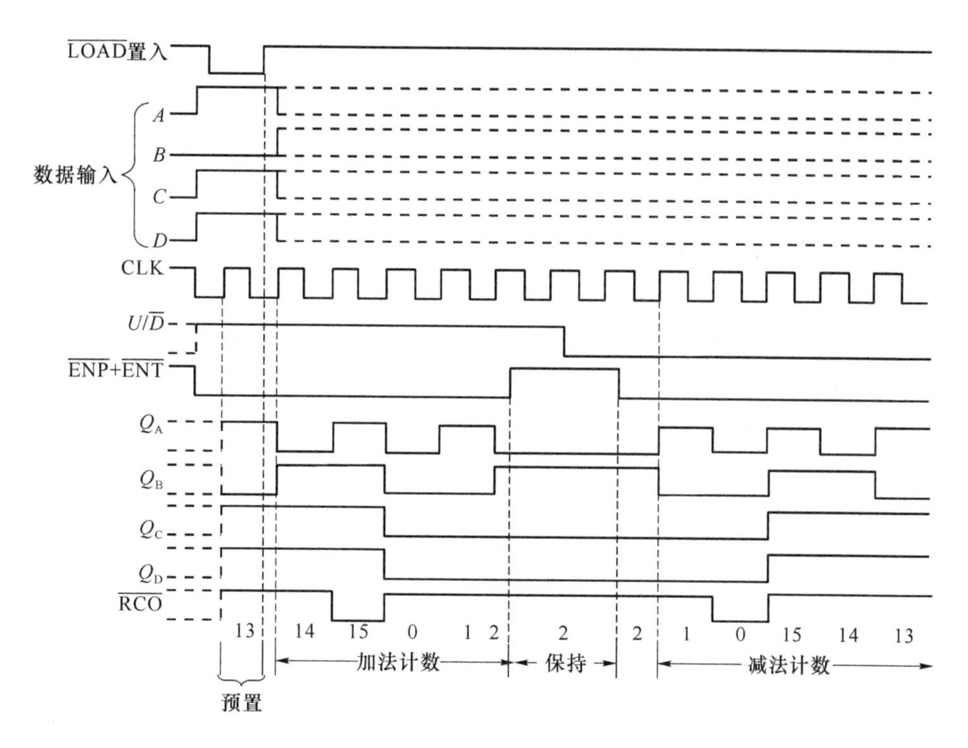

图 6.2.5 芯片 74LS169 的时序图

74LS169 的进位和借位输出使用同一个输出端，为$\overline{\text{RCO}}$。当加计数状态为 1111 时，或减计数达到 0000 状态，$\overline{\text{RCO}}$端输出宽度为一个时钟周期的负脉冲。

74LS169 没有复位输入，只能通过预置的方式使得计数器回到计数的初始状态 0000 或者 1111。

74LS169 有两个计数控制输入：$\overline{\text{ENP}}$和$\overline{\text{ENT}}$。这两个输入都是低电平时，计数器才可以进行正常计数。$\overline{\text{ENT}}$还会影响进位的保持，当计数器在 1111 状态时$\overline{\text{ENT}}=1$，计数器的输出状态得到保持，但进位脉冲输出不被保持。这一点与 74161 类似。

6.3 中规模计数器的应用

6.3.1 中规模计数器构成任意进制计数器

从前面对几种中规模计数器的介绍中可以知道，多数计数器有预置功能和复位功能。充分利用预置和复位控制端、通过适当的连接或加入简单的门电路，几乎所有的中规模计数器都可以构成小于其最大计数周期的任意进制计数器。

1. 复位法

复位法的基本思想是计数器从被复位后的初始状态开始计数，到达满足模值等于 M 的终止状态时，产生复位信号，将此复位信号加到计数器的复位输入，使计数器回到初始状态，然后重复进行，实现模值为 M 的计数。

复位法的前提是计数器本身具有复位控制端。复位法又有异步复位和同步复位之分，两种复位方法应用时有一些差别。例如，如果计数器是异步复位，只要复位端出现有效电平，就能使计数器复位到初始状态，而若计数器是同步复位，复位端出现有效电平后还需等到有效沿到达时才能使计数器复位到初始状态。

(1) 异步复位

如果计数器最大模值为 N、具有异步复位功能的计数器，要求设计一个计数模值是 M ($M<N$)的计数器时，可设初始状态是第一个状态(通常是 0000，如果使用 74LS90，也可使用 1001 作为初始状态)，当计数到第 $M+1$(对应加计数时，对应状态 M)个状态时产生复位信号。由于复位是异步的，复位信号将立即起作用，第 $M+1$ 个状态只会存在非常短的时间，然后就回到初始状态，也就是初始状态和第 $M+1$ 状态在一个时钟周期中。所以计数循环只有 M 个状态。

【例 6.3.1】 用 74LS90 异步计数器构成模 6 计数器。

解:由于 74LS90 为模 2+模 5 计数器，所以首先要将它连接成一个十进制计数器：即将 Q_A 连接到 CLK_B，CLK_A 作为时钟输入端。

74LS90 计数器是异步复位，复位信号是高电平有效。现在要实现模 6 计数，应该从 0000 加计数到 0110(状态 6，也就是从 0000 算起的第 $M+1$ 个状态)状态产生复位信号。复位信号一般可以通过外部逻辑电路来产生，也就是对 0110 进行译码，当出现 0110 时产生译码输出“1”。由于 74LS90 本身有两个“相与”的复位输入端，可以直接将触发器 Q_B 和 Q_C 的输出连接到复位输入端 $R_{0(1)}$ 和 $R_{0(2)}$，计数进入状态 0110 时，就可以直接用 Q_B 和 Q_C 输出的高电位实现复位。图 6.3.1 是用 74LS90 连接为模 6 计数器的逻辑图。这种非全译码的方式在使用时，要求在使用的有效计数循环过程中(除需要复位的时刻)，不能再出现 Q_B 和 Q_C 同时输出高电平的状态组合，否则所设计的循环计数周期将小于 M。

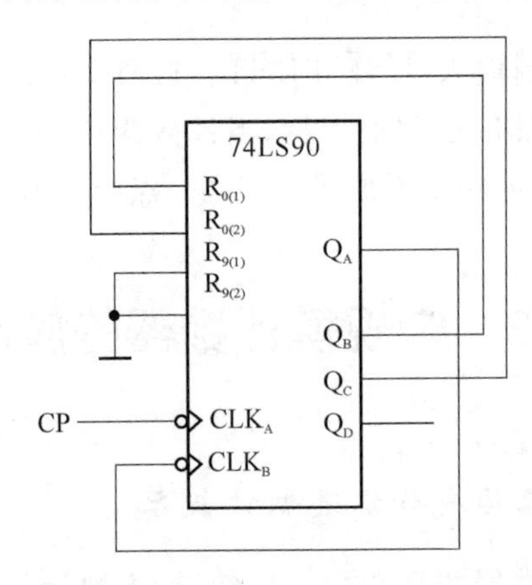

图 6.3.1 用 74LS90 连接为模 6 计数器的逻辑图

使用 74LS90 计数器的置 9 输入端，也可以连接任意进制计数器，此时的初始状态为 1001。利用上述介绍的方法也可实现模 6 的计数器。

【例 6.3.2】 用 74LS192 和复位法实现 $M=6$ 的计数器。

解:74LS192 是高电平异步复位，所以计数从 0000 状态开始，在进入状态 0110 时产生复位信号。74LS192 只有一个复位端，外部需要增加一个与门，逻辑图如图 6.3.2(a)所示。

使用这种简单的异步复位方式可能会面临一个问题，由于复位信号随着计数器中触发器置零而立即消失，所以复位信号持续时间极短，如果计数器中触发器的复位速度有快有慢，则可能动作慢的触发器还未来得及复位，复位信号已经消失，导致计数器发生错误。为了克服这个缺点，经常采用图 6.3.2(b)所示的改进电路。

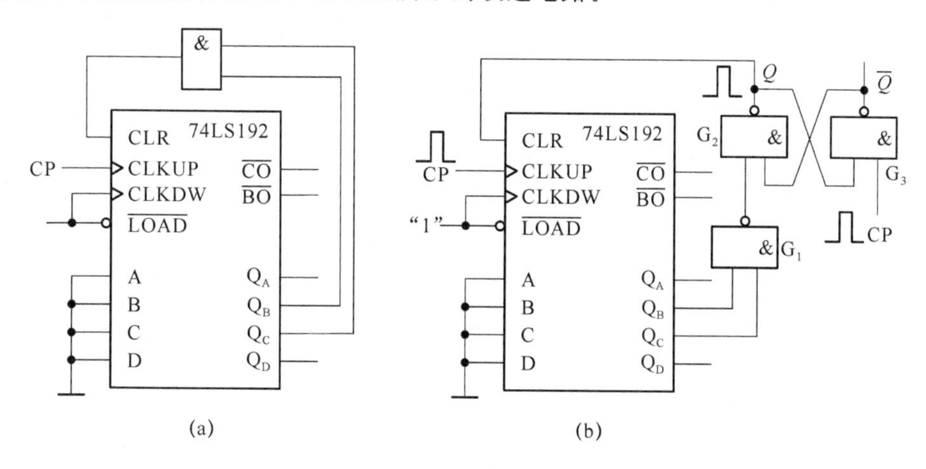

图 6.3.2 用 74LS192 和异步复位法实现的 $M=6$ 的计数器

图(b)中的与非门 G_1 起译码器的作用，当电路进入 0110 状态时，它输出低电平信号。与非门 G_2 和 G_3 组成了基本 RS 触发器，以它 Q 端输出的高电平作为计数器的复位信号。若计数器从 0000 状态开始计数，则第 6 个计数输入脉冲上升沿到达时计数器进入 0110 状态，G_1 输出低电平，将基本 RS 触发器置 1，Q 端的高电平立刻将计数器复位。一旦计数器中有触发器被复位(如某个触发器从高电平变为低电平)，G_1 输出的低电平信号随之变为高电平，但在 CP 为高电平期间基本 RS 触发器的输入为 11，输出状态仍保持不变，因此计数器的复位信号得以维持，直到计数脉冲 CP 回到低电平。时钟出现下降沿后，基本 RS 触发器被复位，Q 端的高电平信号才消失。可见，加到计数器复位端的复位信号宽度与输入计数脉冲 CP 高电平持续时间相等。

利用触发器展宽复位信号的宽度以增加电路的可靠性，这种方法可以用在所有异步复位计数器的设计中。

(2) 同步复位

如果计数器是同步复位，要求计数模值是 M，则要求从初始状态开始，计数到第 M 个状态产生复位信号。这个复位信号产生后，只是为复位准备了复位的条件，要到下一次时钟有效边沿到来时，才能实现复位。也就是第 M 个状态也占一个时钟周期。例如，74LS162(可自行查看数据手册了解其功能)是同步复位的计数器，如果也要实现模 6 计数，加计数从 0000 状态开始，则应该在状态 0101 产生复位控制信号。

2. 预置法

预置法的设计方式与复位法基本相同。首先是根据计数模值确定预置值(状态)，从预置值开始计数到所需模值时产生预置控制信号，将预置控制信号加到预置输入端，使得计数又从预置值重新开始计数。从而实现模值为 M 的计数器。

预置法构成任意进制计数器与预置控制端是异步预置还是同步预置有关。如果是异步预置，预置状态作为第一个状态，则应该在第 $M+1$ 个状态产生预置控制信号，并连接到预置输入端，实现模 M 计数。如果是同步预置，则应该在第 M 个状态产生预置控制信号。

使用预置法实现任意进制计数器时，选择预置信号可以很灵活。例如当加计数时，可以利用进位脉冲作为预置信号，即当计数到达最大值时，利用芯片提供的进位输出实现预置；也可以在减计数时利用借位脉冲信号实现预置；还可以利用组合逻辑电路对输出的某一状态译码后作为预置信号。

例如，用 74LS192（异步预置）通过预置法实现模 8 计数，若选预置状态是 0001，则应该在状态 1001 产生预置控制信号。从而实现状态从 0001 到 1000 的 8 个状态的循环。1001 状态仅仅为一个极为短暂的状态。

同样，如果是同步预置，选定预置状态后，则应该在第 M 个状态产生预置信号。例如，用 74LS169 通过预置法实现模 8 计数，若预置状态也是 0001，则应在状态 1000 产生预置控制信号。实现的也是从 0001 到 1000 的 8 个状态的循环。

为了简化设计，如果不要求确定使用哪几个状态时，在按预置法构成模 M 计数器时，可以充分利用计数器的进位/借位信号，将计数的终止状态定为加计数时的最大状态，或者减计数时的最小状态。在这些状态时，计数器会自动产生一个进位脉冲或借位脉冲，用这个进位或借位脉冲可以作为预置的控制信号，也就不再需要通过组合逻辑电路来产生预置控制信号了。

这种情况下预置状态可以按以下的方法来确定：假设计数器的最大计数值是 N，要求的计数模值是 M，则预置状态是：

异步预置：	加计数	预置值 = $N-M-1$
	减计数	预置值 = M
同步预置：	加计数	预置值 = $N-M$
	减计数	预置值 = $M-1$

例如，十进制计数器的最大计数值是 $N=10$，要构成模 $M=6$ 的计数器，对于异步预置的计数器，预置值为

$$10-6-1=3$$

计数的过程是：

$$3\to4\to5\to6\to7\to8\to9(3)$$

计数过程中的状态 9 只是一个极短的过程，状态 9 和状态 3 存在于同一个时钟周期，所以，计数的循环还是 6 个时钟周期，使用的状态是 3、4、5、6、7、8。

对于同步预置的十进制计数器，要实现模 6 计数，预置值 $=10-6=4$，也就是预置值应该为 4。使用的状态为 4、5、6、7、8、9 这 6 个状态。

如果用减法计数器，预置值的确定就更加简单，如果要实现模 6 数器。

异步预置：预置值=6，使用的状态为 1、2、3、4、5、6。0 状态为一个瞬时脉冲。

同步预置：预置值=5，使用的状态为 0、1、2、3、4、5。

【例 6.3.3】 使用同步十进制计数器 74160 构成模值 $M=6$ 的计数器（要求使用预置法）。

74160 为十进制同步计数器，其他功能与 74161 相同，功能表参见 74161 的功能表（见表 6.2.1）。

解：

同步预置方法一：如没有规定使用哪几个状态，可任意选取一个预置值，例如 1000。由于 74160 的预置为同步预置，因此从 1000 开始的第 6 个状态就是所要检测并产生预置控制

信号的状态，所使用的状态为 8，9，0，1，2，3。在 0011 状态下产生预置信号，使用了一个正负混合逻辑的与非门 G 来检测 0011，当该与非门的输入为 0011 时 G 输出低电平。图 6.3.3(a)为方法一构成六进制计数器的逻辑图。

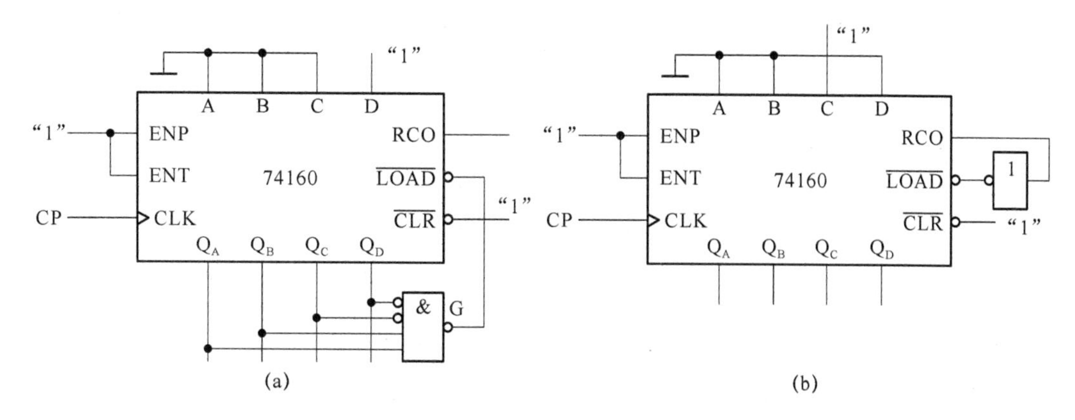

图 6.3.3　用 74160 同步预置法构成六进制计数器

同步预置方法二：使用进位输出端 RCO 进行预置。74160 是十进制计数器，且在状态 1001 时 RCO=1，所以预置值=$N-M=10-6=4$。使用状态为 4，5，6，7，8，9。由于 RCO 进位输出为高电平，需要使用一个非门。图 6.3.3(b)为方法二构成六进制计数器的逻辑图。

【例 6.3.4】 用 74LS169 计数器实现 10 分频，并且要求分频后的输出是方波。

10 分频是指每输入 10 个时钟脉冲，输出一个脉冲，本题要求输出的脉冲是方波。74LS169 是同步预置的 4 位二进制计数器，如果使用加计数，从 0000 到 1111 的 16 个状态中，最高位的前 8 个状态为 0，后 8 个状态为 1。因此去掉前 3 个和最后 3 个状态时刚好是 10 个状态，且最高位作为输出时形成方波。因此应检测 1100 状态产生预置脉冲，预置值为 0011。

图 6.3.4 是用 74LS169(同步预置)构成的 10 分频电路。其中的与非门用来检出状态 1100，并产生一个低电平的预置控制信号(由于 Q_DQ_C 同时为 11 的状态只在最后一个状态出现，所以使用两输入端的与非门即可)，加到预置输入端 $\overline{LOAD}$，并将预置值 0011 置位到计数器的各个触发器，重新从 0011 状态开始计数。从而在 Q_D 端实现输出 10 分频方波的要求。

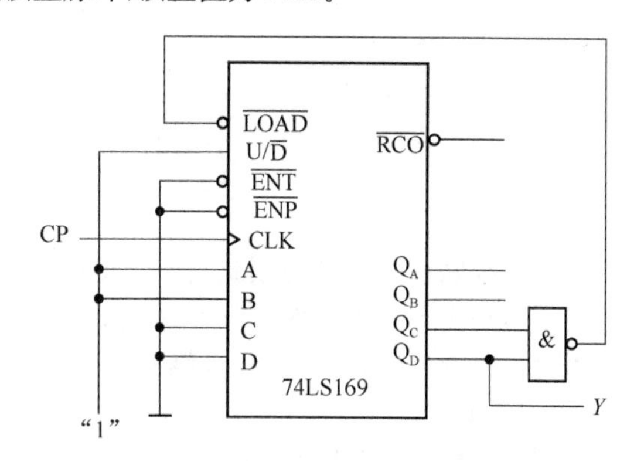

图 6.3.4　用 74LS169 构成的 10 分频电路

6.3.2　中规模计数器的级联

如果我们要得到大于单片中规模计数器的最大计数周期的计数值时，可通过多片计数器级联获得。

(1) 根据在级联时使用时钟的方式不同，有同步级联和异步级联。

① 异步级联

异步级联是用前级计数器的输出作为后一级计数器的时钟信号。前级计数器的输出可以是触发器的输出，也可以是前级的进位、借位输出。

图 6.3.5 是用两片 74LS90 级联构成最大模值等于 100 的异步计数器。74LS90 计数器本身连接为十进制计数器，从触发器 Q_D 的输出连接到下一级的时钟输入，当计数器的状态从 1001 转换为 0000 时，Q_D 输出一个负跳变，作为下一级时钟的有效输入，使第 2 级计数器的 JK 触发器翻转一次状态。从而实现了计数器的级联。第 1 片 74LS90 每次状态从 1001 到 0000 变化时，Q_D 给第 2 片一个有效时钟下降沿。

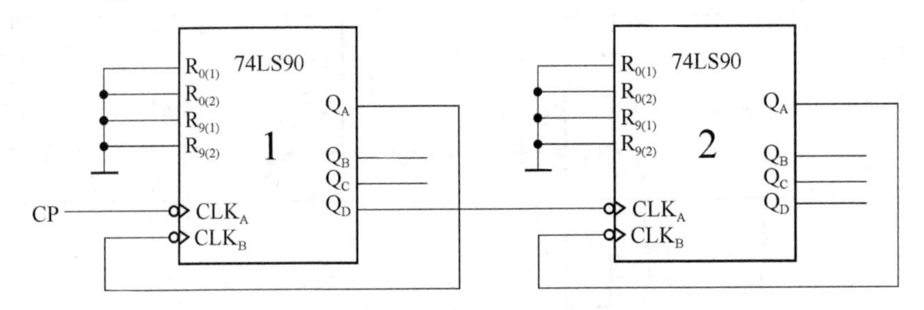

图 6.3.5 两片 74LS90 构成模值为 100 的异步计数器

74160 是同步的十进制计数器，它也可以通过前级的输出作为后级的时钟，从而整体构成异步计数器。图 6.3.6 所示的级联电路是使用进位输出端给第 2 片提供时钟的级联方式，实现的计数周期为 100 的计数器。两片 74160 的 ENP 和 ENT 恒为 1，都工作在计数状态。第 1 片每计数到 9(1001)时 RCO 端输出变为高电平，经反相器后使第 2 片在第 1 片最后一个状态(1001)结束的时刻获得有效时钟(上升沿)。

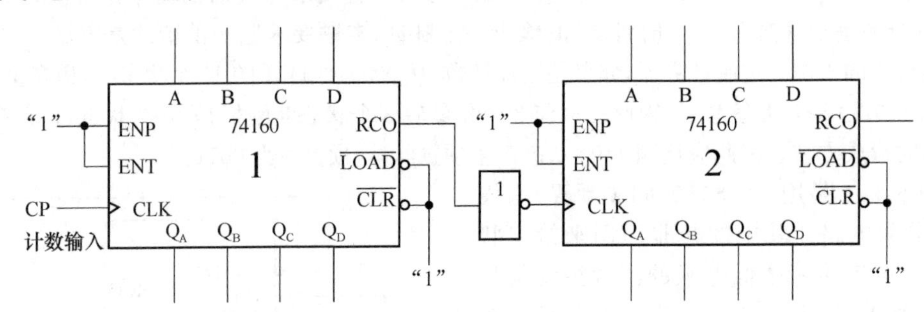

图 6.3.6 74160 构成的计数周期为 100 的异步计数器

异步级联必须保证连接到后一级的时钟输入可以使后级有效的工作。异步计数器的主要缺点是延迟比较大。对于异步中规模计数器和没有 $\overline{\mathrm{ENP}}$ 和 $\overline{\mathrm{ENT}}$(或 ENP 和 ENT)的中规模同步计数器，只能采用异步级联。

② 同步级联

同步级联，是将外部时钟同时连接到各片计数器的时钟输入端，使得各级计数器可以同步的工作。

为了正确的实现级联，必须在前级加计数器达到最大计数状态(或减计数器达到最小计数状态)后，后一级计数器才可以在外部时钟作用下改变状态。在这种情况下，必须使用计数控制端 $\overline{\mathrm{ENP}}$ 和 $\overline{\mathrm{ENT}}$(或者是 ENP 和 ENT)。

图 6.3.7 是用 3 片 74LS169 级联构成的周期为 4 096 的同步计数器。除了第 1 级计数器的 $\overline{\mathrm{ENP}}$ 和 $\overline{\mathrm{ENT}}$ 固定接地，始终处于有效计数状态外，后两级计数器的 $\overline{\mathrm{ENP}}$ 和 $\overline{\mathrm{ENT}}$ 都是连接到前级计数器的进位输出。只有前级计数器进入 1111 状态时，进位输出才是低电平，后级计数器的 $\overline{\mathrm{ENP}}$ 和 $\overline{\mathrm{ENT}}$ 才能进入计数工作状态，下一次时钟到来时，后级计数器改变一次

状态,也就是前级计数器计数 16 次,后一级计数器计数一次。3 片 74LS169 级联实现了最大模值等于 4 096 的计数器。

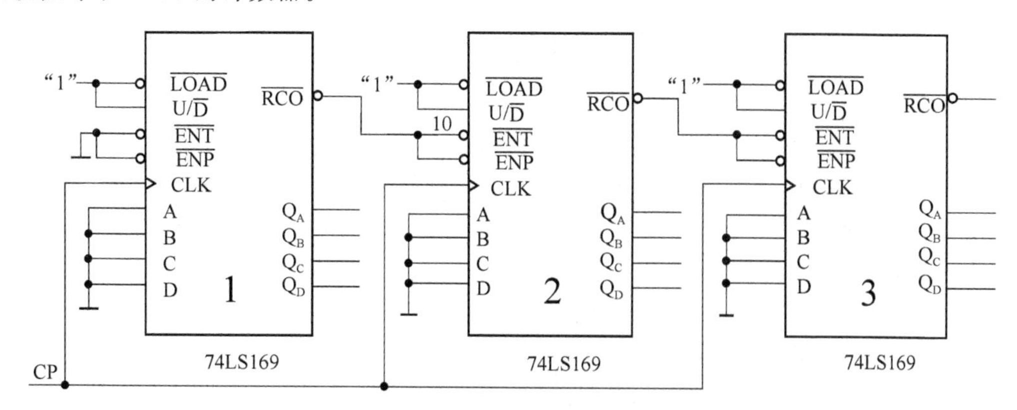

图 6.3.7　3 片 74LS169 构成的周期为 4096 的同步计数器

(2) 当所需计数模值大于单片计数器的最大模值时,构成方式有两种:

① 如果所需计数模值不是质数,可以拆分,例如,$M=54=6\times 9$,可以先构成 $M=6$ 和 $M=9$的两个计数器,然后进行级联,得到所需要的模值。

② 通过计数器的级联先得到一个较大的计数周期的计数器,然后再通过复位或预置方法实现所需要的计数周期。

当所需计数模值为质数不能拆分时,只能使用第 2 种方法获得。

【例 6.3.5】 用两片 74LS169 计数器,并使用预置法构成模值为 101 的计数器。

解:因为模值 101 不能被分解,只能采用先级联,然后通过预置的方法(或复位法)实现。采用加计数先将两片 74LS169 直按级联,构成模值等于 256 的计数器。采用$\overline{\text{RCO}}$作为预置信号,可以算出预置值=256−101=155(74LS169 是同步预置)。

将预置值 155 变为等值的二进制数。155 的等值二进制数是 10011011,注意高位的预置值要接入到第 2 级计数器的预置输入端,即第 1 片的预置值=1011,第 2 片的预置值=1001。预置后,片 2 状态为 1001 时,片 1 的状态是 1011～1111,共 5 个状态;对应片 2 的状态 1010～1111,片 1 都是 16 个状态,共 101 个状态。

模值为 101 的计数器逻辑图如图 6.3.8 所示。

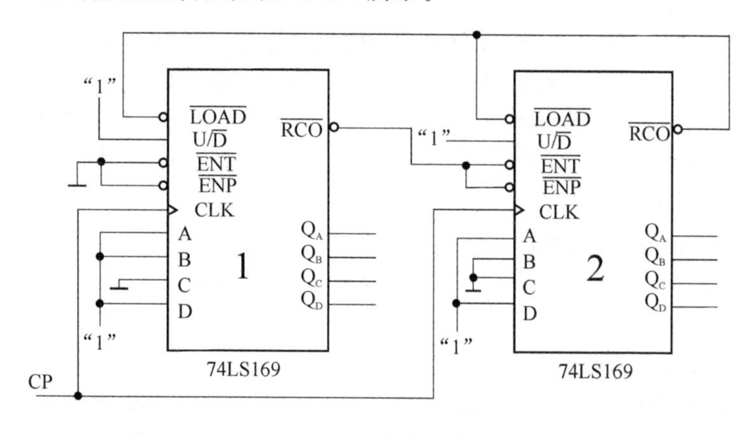

图 6.3.8　两片 74LS169 构成模值为 101 的计数器

【例 6.3.6】用两片同步十进制计数器 74160 构成二十一进制计数器。

解:因为 $M=21$ 是一个合数,除可以先构成一百进制计数器再利用预置法或复位法进行设计外,也可以先构成一个三进制计数器和一个七进制计数器后进行级联获得。

第 1 片 74160 使用了同步预置法得到模值为 3 的计数器(使用状态为 7,8,9),第 2 片 74160 使用了异步复位法实现模值为 7 的计数器(使用状态为 0,1,2,3,4,5,6,)。两个计数器使用同步级联模式得到总计数模值为 21 的计数器。这里需要注意,由于要使用第 1 片的 RCO 作为第 2 片的使能控制信号,所以第 1 片使用的状态中必须包含状态 9(1001)来获得进位信号。逻辑图如图 6.3.9 所示。

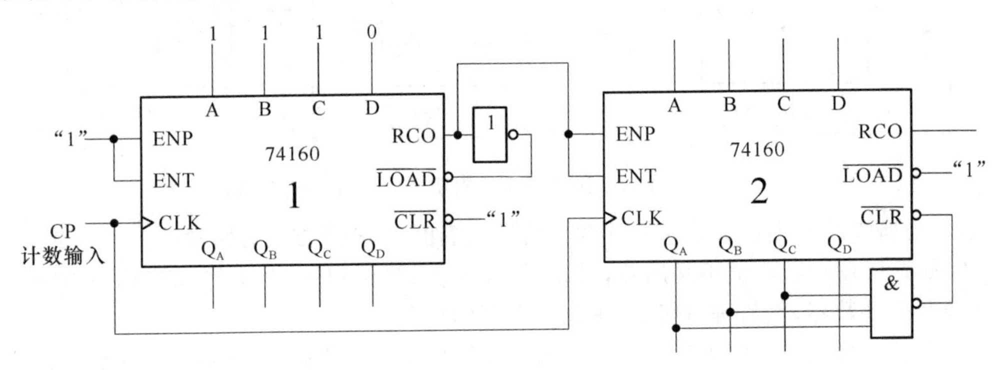

图 6.3.9　两片 74160 构成二十一进制计数器

6.3.3　中规模计数器构成的常用功能电路

中规模计数器可以和其他逻辑器件一起构成在计算机及通信系统中的一些常用功能电路,包括脉冲分配器、序列信号发生器等。

1. 计数器用于脉冲分配器

脉冲分配器是将输入时钟脉冲按一定的规律周期性地分配到各路输出、用于控制被控对象的一种逻辑部件。脉冲分配器有多个输出,在任一时刻,只有一路输出出现有效的输出脉冲。脉冲分配器常用于控制系统,使各路的输出脉冲依次控制多个部件轮流工作。脉冲分配器由计数器和译码器组成。计数器的计数周期决定产生几路输出脉冲,输出脉冲由译码器的各个输出分别产生。

【例 6.3.7】 用 74LS161 计数器和译码器构成 8 路输出的脉冲分配器。

解:因为要产生 8 路输出脉冲,计数器应该设计成为模 8 计数器。74LS161 为十六进制计数器,当仅使用 $Q_CQ_BQ_A$ 作为输出时,就是一个八进制计数器。译码器可采用 3 线-8 线译码器 74LS138,它的输入是 3 位二进制代码 000～111,与计数器的输出一一对应,可在 8 个输出端分别输出译码结果。

如果输出少于 8 路信号,则需要对计数器进行设计,例如,如果只需要 6 路输出,可设计计数器的使用状态为 000～101,对应译码器用$\overline{Y_0}$～$\overline{Y_5}$进行输出,实现 6 路输出的脉冲分配器。

图 6.3.10 所示电路是用 74LS161 和 3 线-8 线译码器 74LS138 构成脉冲分配器。其中非门的作用是使输出的脉冲宽度为时钟周期的一半,如果 74LS138 的 S_A 端接"1",输出的脉冲宽度将增加一倍。

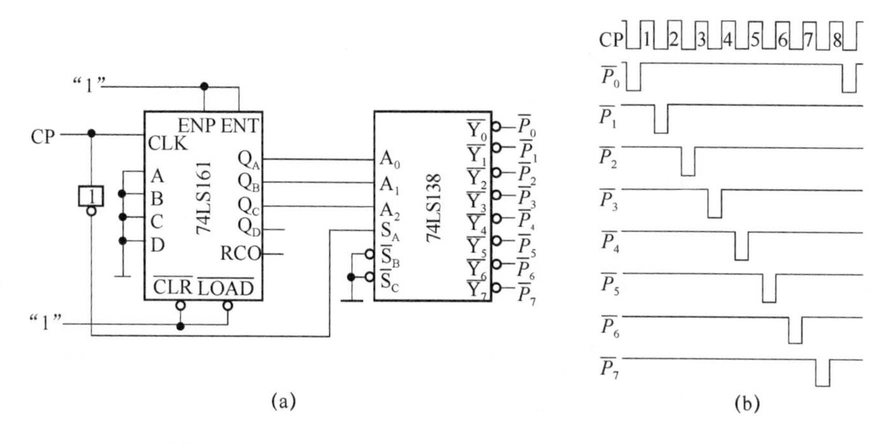

图 6.3.10　用 74LS161 和 74LS138 构成的脉冲分配器

【例 6.3.8】 串行通信总线 ST-BUS 时隙分配时序逻辑。

图 6.3.11 是一种串行通信总线 ST-BUS 的时隙分配电路，读者若设计实用的数字通信系统时可参考应用。ST-BUS 是一种在数字通信设备中常用的串行通信总线。通常语音信号采用 8 kHz 的采样速率，每个采样编码为 8 bit。当时钟为 2.048 MHz 时，可分配 32 路信号在总线上串行传输，每路信号占用一个"时隙(time-slot)"，一个时隙为 8 bit。每 125 μs 为一帧(frame)(32 路×8 bit)，1 秒共 8 000 个帧。一般需要一组时隙分配信号，借助时隙分配信号，将需要传输的语音编码(或其他数据)插入到总线中，或从总线上读取所需的数据。

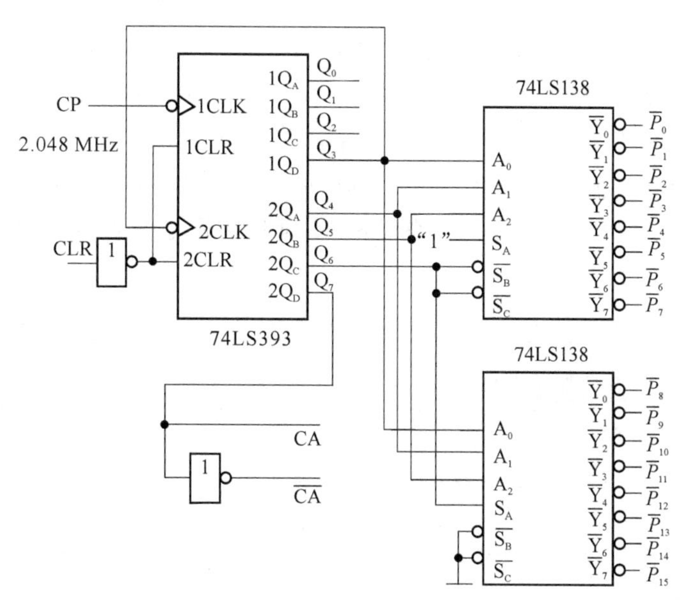

图 6.3.11　串行通信总线 ST-BUS 的时隙分配电路

图 6.3.11 中 74LS393 是双 4 位二进制异步加法计数器，通过外部连接(将第 1 个计数器的最高位 $1Q_D$ 作为第 2 个计数器的时钟)构成计数周期为 256 的异步计数器。两个 74LS138 译码器构成 4 线-16 线译码电路。整个电路的时钟 CP 的频率为 2.048 MHz。CLR 为复位信号(在总线中称为帧定位信号)，当 CLR 为低电平时，74LS393 被复位，作为

一个循环(帧)的开始。

由于4线-16线译码电路的输入为74LS393输出的$Q_6 \sim Q_3$,所以$\overline{P_0} \sim \overline{P_{15}}$每个输出低电平的持续时间为8个时钟周期,也就是8 bit(如$\overline{P_0}$在计数器为00000000到00000111间为低电平),因此其译码输出为128 bit(时钟周期)为一个周期。当以256个时钟周期作为一帧时,$\overline{P_0}$对应在第0时隙和第16时隙时为低电平,$\overline{P_1}$在第1时隙和第17时隙时为低电平,……,$\overline{P_{15}}$在第15时隙和第31时隙时为低电平。其输出波形如图6.3.12所示。

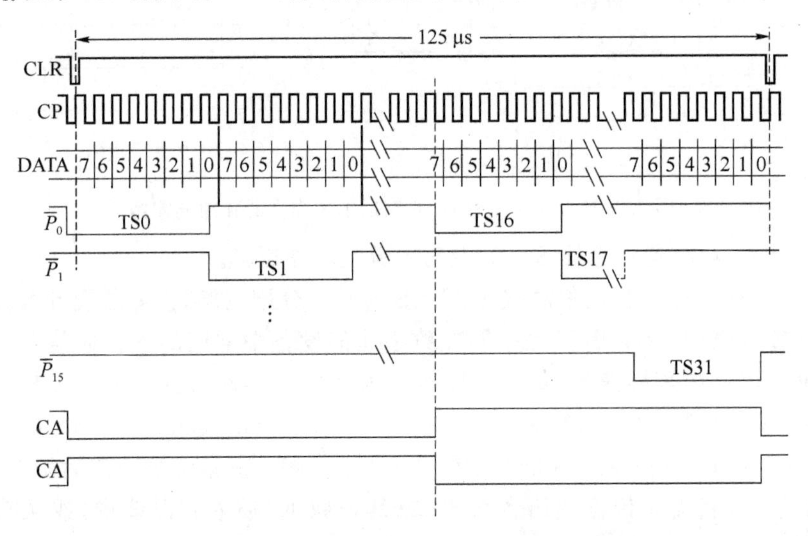

图6.3.12　ST-BUS时隙分配电路的输出波形图

为能使每个时隙有一个时隙分配信号,可使用$\overline{P_0} \sim \overline{P_{15}}$和半帧信号CA和$\overline{CA}$来获得,半帧信号是一帧内,CA为前半帧为0,后半帧为1;$\overline{CA}$为前半帧为1,后半帧为0。利用$\overline{P_0} \sim \overline{P_{15}}$与CA相或,可以唯一确定对应时隙0到时隙15的时隙分配信号(例如$TS0 = \overline{P_0} + CA$仅在时隙0为低电平),利用$\overline{P_0} \sim \overline{P_{15}}$与$\overline{CA}$相或,可以唯一确定对应时隙16到时隙31的时隙分配信号(例如,$TS16 = \overline{P_0} + \overline{CA}$,仅在时隙16为低电平)。实际应用时的时隙分配信号时序图如图6.3.13所示。

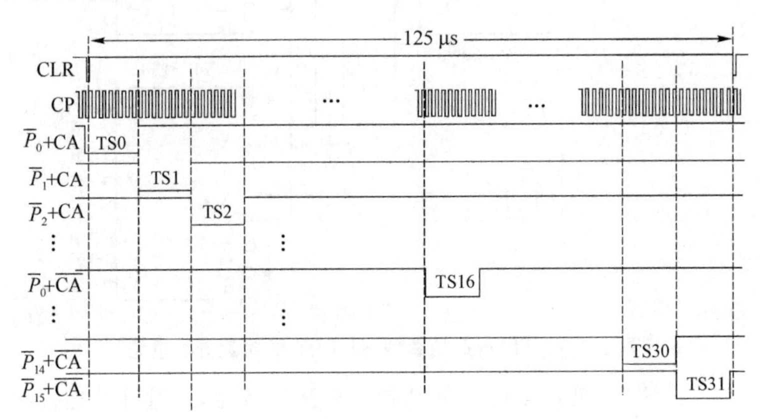

图6.3.13　实际应用时的时隙分配信号时序图

2. 计数器用于序列信号发生器

【例 6.3.9】 用中规模计数器 74LS169 和双 4 选 1 数据选择器 74LS153 产生两个序列信号：

(1) 10100,10100,…

(2) 11011,11011,…

解：

(1) 两个序列的长度都是 5,应该将 74LS169 连接为模 5 的计数器。采用加法计数,并使用进位位实现预置,预置值＝16－5＝11,即：二进制数 1011。计数状态是：1011、1100、1101、1110、1111。

(2) 作序列信号发生器的真值表。观察所使用的状态,由于最高位都是 1,所以取 3 个触发器的输出就可以,即：以 $Q_CQ_BQ_A$ 作为真值表的输入,对应的真值表如表 6.3.1 所示。

表 6.3.1 序列信号发生器的真值表

Q_C	Q_B	Q_A	Y_1	Y_2
0	1	1	1	1
1	0	0	0	1
1	0	1	1	0
1	1	0	0	1
1	1	1	0	1

(3) 作卡诺图,如图 6.3.14 所示。

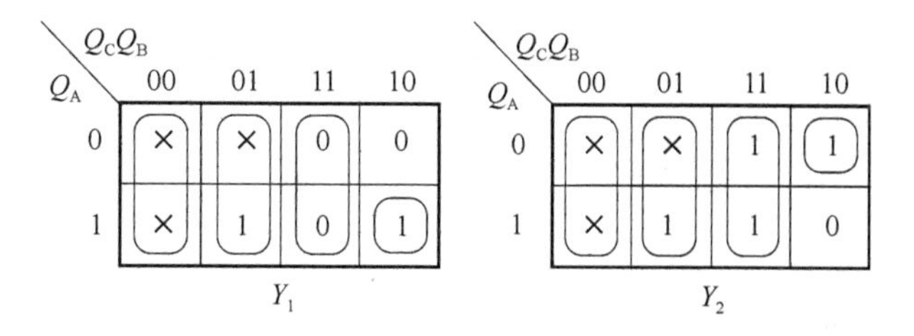

图 6.3.14 例 6.3.9 的卡诺图

选择 Q_C 和 Q_B 作为数据选择器的地址输入,两个数据选择器的数据端的连接应该是：

$1D_0=0$ $1D_1=1$ $1D_2=Q_A$ $1D_3=0$

$2D_0=0$ $2D_1=1$ $2D_2=\overline{Q_A}$ $2D_3=1$

(4) 作序列发生器逻辑图,如图 6.3.15 所示。

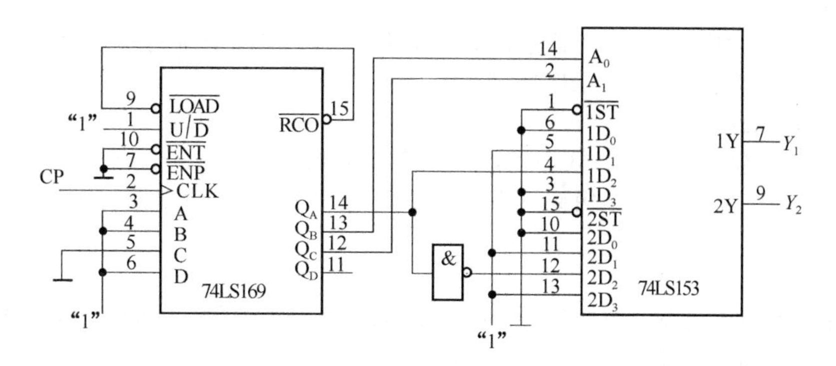

图 6.3.15 例 6.3.9 序列发生器逻辑图

6.4 中规模移位寄存器

中规模移位寄存器也是一类常用的中规模时序电路。关于移位寄存器的工作原理，在第5章已经介绍过，移位寄存器可以有4种工作方式，串入串出、串入并出、并入串出和并入并出。

其中的“串入串出”和“串入并出”是所有的移位寄存器都具有的工作方式。另外两种工作方式，则不一定是所有的移位寄存器都有。

6.4.1 中规模移位寄存器的功能

为了使中规模移位寄存器能够适用于不同场合，实现多种功能，多数中规模移位寄存器都有一些功能选择和控制端。

1. 移位方式的选择

移位寄存器的移位方式有两种：左移方式和右移方式。根据定义：逻辑图中最低有效位(LSB)到最高有效位(MSB)的电路排列顺序应为从上到下、从左到右，因此低位到高位的数据移存为右移，高位到低位的移动为左移。若用D触发器构成移位寄存器，右移位寄存器的各级触发器的输入方程是：

$$D_0 = S_R$$
$$D_i = Q_{i-1}^n \qquad (i=1,2,\cdots,N-1)$$

其中，S_R是右移输入，N是移位寄存器的位数。

同样，左移位寄存器的触发器输入方程是：

$$D_{n-1} = S_L$$
$$D_i = Q_{i+1}^n \qquad (i=0,1,2,\cdots,N-2)$$

其中，S_L是左移输入，D_{n-1}是最高位触发器的输入。

中规模移位寄存器有单方向移位的芯片，也有通过移位控制端控制实现双方向移位芯片。

2. 并行预置

并行预置不是所有移位寄存器芯片都具有的功能，只有具有并行预置功能的移位寄存器才有并入串出和并入并出的工作方式。

3. 串行输入方式的选择

串行输入有D触发器的方式输入，也有JK触发器的方式输入。有的移位寄存器的串行输入端有两个，两个输入作用到一个内部的与门，与门的输出才是移位寄存器的串行输入。

4. 复位功能

多数的移位寄存器都具有复位(置零)功能，移位寄存器的复位功能一般都是异步复位，也有个别的移位寄存器是同步复位。

6.4.2 中规模移位寄存器介绍

1. 通用移位寄存器 74LS194

74LS194是一片具有多种功能的移位寄存器，功能表如表6.4.1所示。

74LS194 用 S_0、S_1 作为移位寄存器的功能控制端。两个控制信号有 4 种组合，控制 74LS194 的 4 种不同的工作方式。

① S_1 S_0 为 00 时：寄存器保持原来状态。

② S_1 S_0 为 01 时：实现右移位。

③ S_1 S_0 为 10 时：实现左移位。

④ S_1 S_0 为 11 时：进行并行预置，预置是同步方式的。

⑤ $\overline{\mathrm{CLR}}$是 74LS194 的清零输入，清零是异步清零。

表 6.4.1　74LS194 移位寄存器功能表

$\overline{\mathrm{CLR}}$	S_1	S_0	CLK	S_L	S_R	Q_A	Q_B	Q_C	Q_D
0	×	×	×	×	×	0	0	0	0
1	1	1	↑	×	×	A	B	C	D
1	0	1	↑	×	S_R	S_R	Q_A	Q_B	Q_C
1	1	0	↑	S_L	×	Q_B	Q_C	Q_D	S_L
1	0	0	×	×	×	Q_A	Q_B	Q_C	Q_D

注：表中 A、B、C、D 为 4 个数据并行置入端。

图 6.4.1 是 74LS194 的逻辑符号。

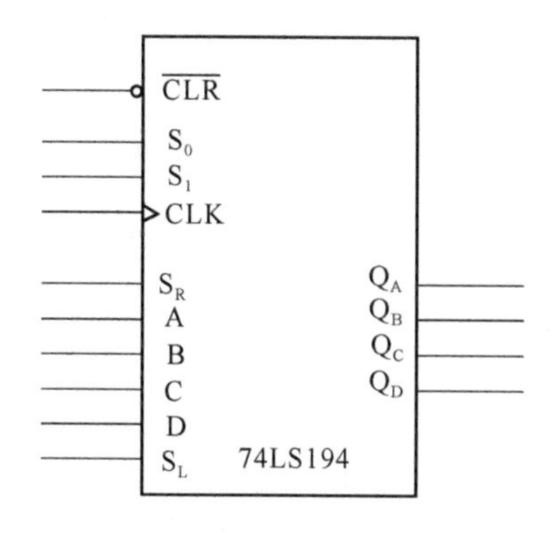

图 6.4.1　74LS194 的逻辑符号

2. *JK* 输入的移位寄存器 74LS195

74LS195 实现的是单向移位，只能右移。它也有并行同步预置和异步复位功能。

表 6.4.2　74LS195 移位寄存器功能表

$\overline{\mathrm{CLR}}$	SH/$\overline{\mathrm{LD}}$	CLK	J	$\overline{K}$	Q_A	Q_B	Q_C	Q_D
0	×	×	×	×	0	0	0	0
1	0	↑	×	×	A	B	C	D
1	1	↑	0	1	Q_A	Q_A	Q_B	Q_C
1	1	↑	0	0	0	Q_A	Q_B	Q_C
1	1	↑	1	1	1	Q_A	Q_B	Q_C
1	1	↑	1	0	$\overline{Q}_A$	Q_A	Q_B	Q_C

74LS195 是由 JK 触发器构成的移位寄存器，它有两个移位信号的输入端：J 和$\overline{K}$。使用 J、$\overline{K}$的输入方式主要是便于构成 D 触发器的输入方式：只要将 J 和$\overline{K}$连接在一起，就可

以作为 D 触发器的输入端来使用。74LS195 的功能表如表 6.4.2 所示。其中 A、B、C、D 是并行输入端。

74LS195 的 SH/$\overline{\text{LD}}$为移位和数据置入控制端，低电平是为数据置入。74LS195 有两个串行输出端：Q_D 和$\overline{Q}_D$，即提供最后一级触发器的反相输出，这对于构成反馈移位寄存器的应用方式是很有用的，例如无须增加外部元件实现 M 序列信号发生器等。

图 6.4.2 是 74LS195 的逻辑符号。

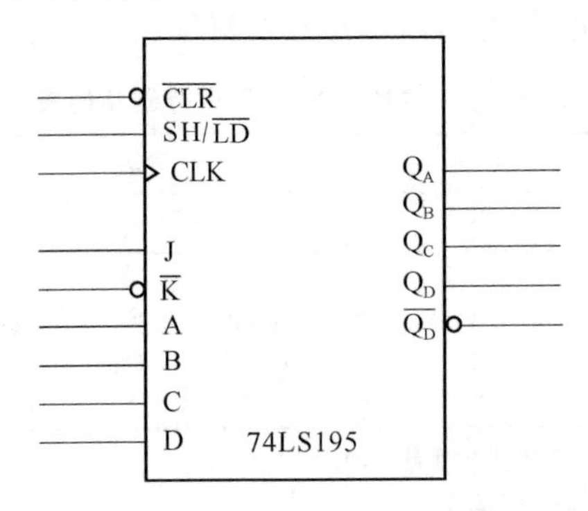

图 6.4.2　74LS195 的逻辑符号

3. 具有与门输入的 8 位移位寄存器 74LS164

74LS164 就是一种 8 位移位寄存器芯片。功能表如表 6.4.3 所示。

表 6.4.3　74LS164 移位寄存器功能表

$\overline{\text{CLR}}$	CLK	A	B	Q_A	Q_B	Q_C	Q_D	Q_E	Q_F	Q_G	Q_H
0	×	×	×	0	0	0	0	0	0	0	0
1	↑	1	1	1	Q_A	Q_B	Q_C	Q_D	Q_E	Q_F	Q_G
1	↑	1	0	0	Q_A	Q_B	Q_C	Q_D	Q_E	Q_F	Q_G
1	↑	0	×	0	Q_A	Q_B	Q_C	Q_D	Q_E	Q_F	Q_G

74LS164 的功能比较简单，只有单向右移。74LS164 有异步复位的输入端。它是由 D 触发器构成的移位寄存器。74LS164 有两个移位输入 A 和 B，两个输入加到一个内部的与门再输出到移位寄存器的输入。这可以在构成反馈移位寄存器时减少外部逻辑器件的使用。

图 6.4.3 是 74LS164 的逻辑符号。

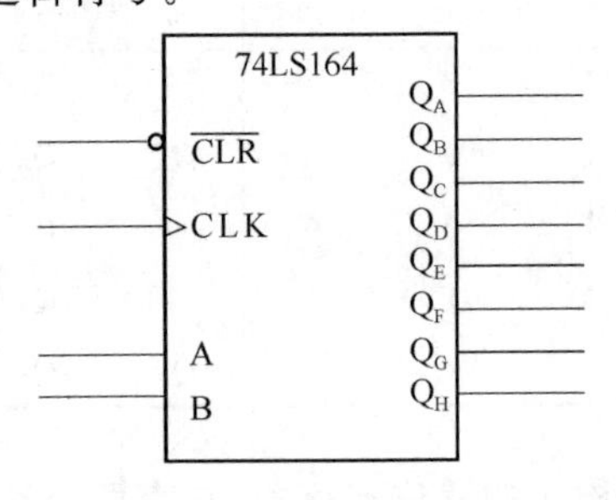

图 6.4.3　74LS164 的逻辑符号

4. 具有预置功能的 8 位移位寄存器 74LS166

74LS166 是具有并行预置功能的 8 位移位寄存器。使用 SH/$\overline{LD}$端控制移位寄存器进行移位或预置操作，$\overline{CLR}$端进行复位，串行输入端为 S_R。74LS166 有两个和时钟有关的输入端，CLK 和 CLKINH，CLK 是时钟输入，CLKINH 是"时钟禁止"输入，当 CLKINH＝0 时，允许时钟输入，而 CLKINH＝1 时，不允许时钟输入。另外 74LS166 只有一个输出端，因此只能实现数据的串入串出和并入串出。图 6.4.4 是移位寄存器 74LS166 的逻辑符号。

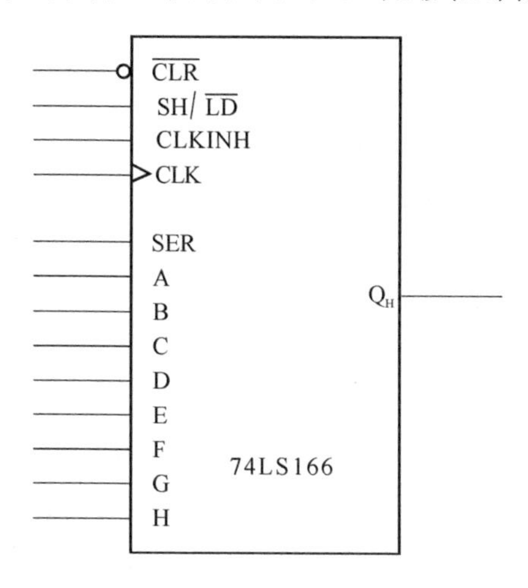

图 6.4.4　移位寄存器 74LS166 的逻辑符号

6.5　中规模移存器的应用

6.5.1　中规模移存器的扩展

【例 6.5.1】 用 74LS194 构成 8 位双向移存器。

图 6.5.1 是用两片 74LS194 构成 8 位双向移位寄存器的连接图。设计时只需将第 1 片的高位输出接至第 2 片的右移输入，将第 2 片的低位输出接至第 1 片的左移输入，同时将两片的对应控制端(功能选择端 S_1、S_0；时钟等)接到一起即可。

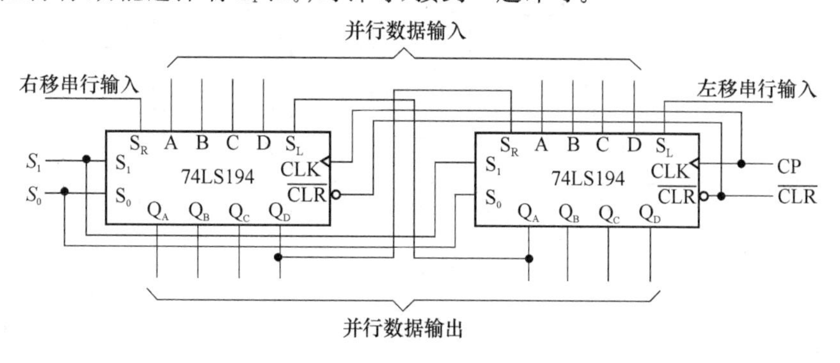

图 6.5.1　两片 74LS194 接成 8 位双向移位寄存器

6.5.2 中规模移存器构成串-并变换器

一般情况下串行输入并行输出是多数移存器都具有的功能。完成数据的串行-并行转换的关键在于控制信号的产生，即保证能够在所需的数据都移入移存器时实现并行输出。例如，数据的长度是8位，控制信号应该保证8位数据全部串行移入移位寄存器后，产生一个并行输出控制信号，将已经移入移位寄存器的8位数据并行输出到一个外部的锁存器，供其他设备读取。

图6.5.2(a)是实现8位串行数据转换为并行数据的一种控制方式，由数据寄存器74LS374、移位寄存器74LS164及计数器74LS169构成。

8位数据寄存器74LS374来存放并行的输出数据。74LS374是上升沿触发的数据寄存器，$\overline{OC}=0$时输出数据，$\overline{OC}=1$时输出为高阻。因此应该在8位数据全部串行移入移位寄存器后，为74LS374提供一个时钟的上升沿，将74LS374输入端的数据写入数据寄存器并保持到下一个有效时钟到达。

计数器74LS169是用来产生并行输出的控制信号，当计数器低3位为状态000且CP=1时，或门输出$Y=0$(持续半个时钟周期)，当或门的输出Y由0变为1时为74LS374提供一个上升沿，将并行数据写入数据寄存器，其他时刻数据寄存器的输出不变。

当系统复位后，74LS169、74LS164、74LS374的输出都为“0”。此时或门的输出为“0”，74LS374被写入全“0”状态。参见图6.5.2(b)所示的时序图，在t_0时刻，第1个时钟脉冲到达后，串行数据的第1位进到74LS164，在t_7时刻，第8个时钟脉冲到达后，8位数据全部进入74LS164，此时计数器74LS169的输出为全“0”，时钟CP=1，$Y=0$，随后CP=0时，$Y=1$，产生一个上升沿，数据再次写入74LS374。

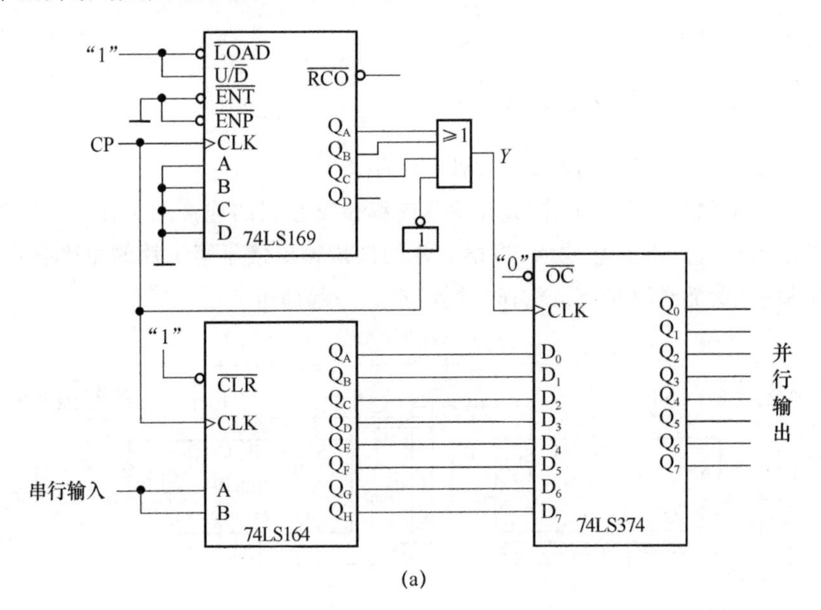

(a)

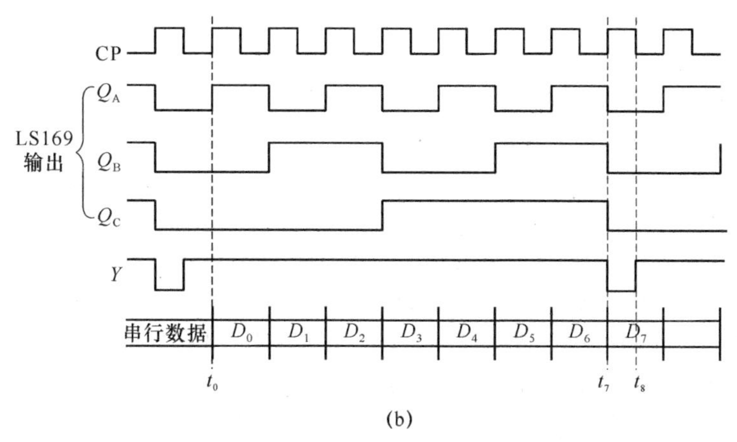

(b)

图 6.5.2　8 位串行数据转换为并行数据

6.5.3　中规模移存器构成并-串变换器

由于在计算机和通信设备中，对数据的处理时通常是并行操作，而在设备之间，数据通常是通过串行方式传输。实现数据的并-串变换可以通过对移存器并行数据置入，并在时钟的作用下逐位移出即可。

并-串数据变换的控制方式可以有很多种，主要是通过逻辑电路控制并行数据的置入时机，当前一组数据全部移出时开始置入第 2 组数据。图 6.5.3 所示电路可实现并入串出的功能。选用具有预置功能的 8 位移位寄存器 74LS166，因为只是用于数据的并入串出，所以，串行输入 S_R 和时钟禁止端 CLKINH 都接地。

电路中用计数器 74LS169 产生移位/预置的控制信号。当计数器低 3 位处于 111 状态时，与非门的输出等于 $Y=0$，在下一个时钟上升沿到达时实现并行预置，此时数据的最高位已经在输出端输出。当计数器的低 3 位不是处于 111 状态时，与非门输出端 $Y=1$，移位寄存器进行移位操作。每当 8 位数据中的最后一位移位到输出端时，Y 再次为 0，下一个时钟沿到来时，再次实现并行预置。

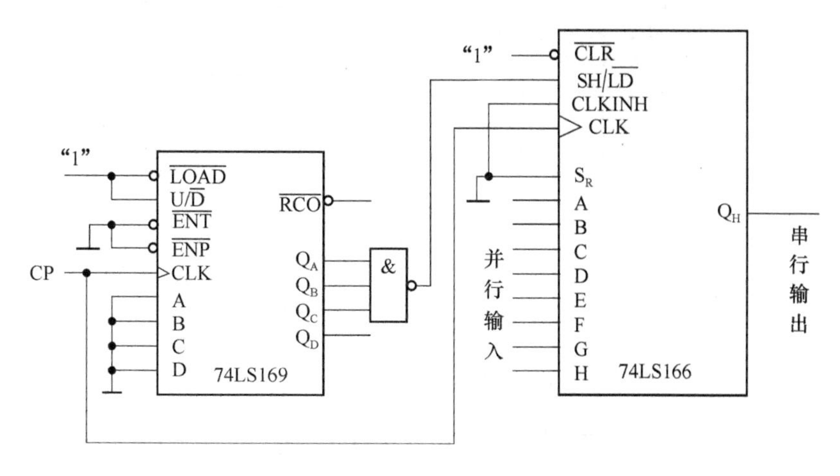

图 6.5.3　用 74LS169 和 74LS166 实现并入串出的功能

前面提到在通信系统中的串行数据总线 ST-BUS，我们可以将通信设备中采集的一些并行数据(例如电话交换机的摘挂机信息)变为串行数据，通过串行数据总线 ST-BUS 传送给处理器进行处理，数据插入到 ST-BUS 时，只在指定的时隙插入需要传输的串行数据，并保证在其他时隙时电路的输出为高阻状态。

图 6.5.4(a)所示的电路可将采集的并行数据变为串行数据，通过串行通信总线 ST-BUS 送到数据处理系统进行处理。电路中时钟 CP 为 2.048 MHz，并假设使用时隙 TS0 传输串行数据。因此，使用$\overline{P_0}$+CA 为第 0 时隙的时隙分配信号，即由$\overline{P_0}$+CA 确定将数据送到 ST-BUS 的第 0 时隙(如果将数据送到其他时隙，可选其他时隙的时隙分配信号，如$\overline{P_5}$+CA 对应时隙 5，$\overline{P_5}+\overline{CA}$对应时隙 21 等)。$\overline{P_0}$+CA 经 74LS74-1(双 D 触发器 74LS74 中的一个)延迟半个时钟周期后，其输出$\overline{F_a}$送到 74LS126(三态缓冲门)的使能端，使 74LS126 的输出为低阻状态(输出信号)，同时 F_a 送到 74LS74-2 的输入端。经 74LS74-2 再延迟半个周期且反相后($\overline{F_b}$)，送到 74LS166 的移存/预置(SH/$\overline{\text{LD}}$)输入端。在$\overline{F_b}$变为高电平之前的一个时钟上升沿(图 6.5.4(b)的虚线处)使 74LS166 实现并行预置，并在 ST-BUS 上输出第一个数据(D_7)，在$\overline{F_b}$上升沿之后(高电平持续期间)实现移位。移位完成后，串行数据总线在$\overline{F_a}$的控制下再次进入高阻状态。串行通信总线 ST-BUS 并-串变换电路的时序图如图 6.5.4(b)所示。

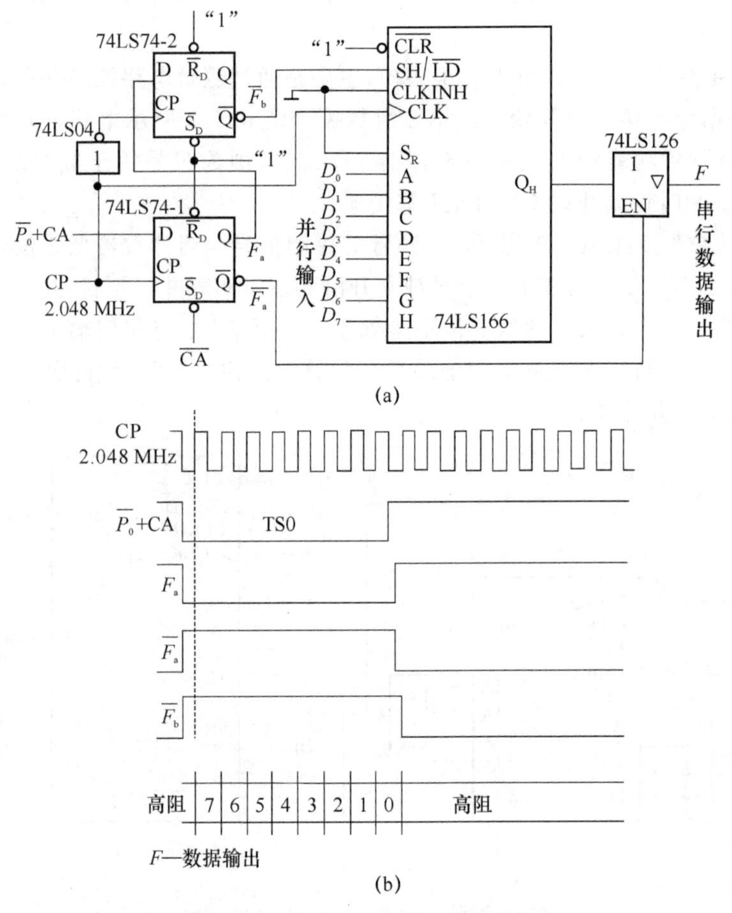

图 6.5.4 ST-BUS 的并-串变换电路

图 6.5.4 电路及例 6.3.8 所示电路均可供在实际应用 ST-BUS 设计电路时进行参考。

6.5.4 中规模移存器构成计数器

应用移位寄存器 SH/$\overline{\text{LD}}$控制端，选择合适的并行输入数据值和适当的反馈网络，可以实现任意模值 M 的同步计数器。

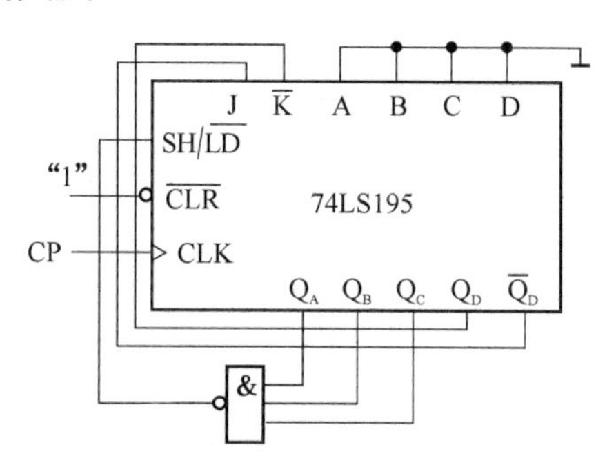

图 6.5.5　74LS195 构成的模 12 计数器

在第 5 章的表 5.3.5 中给出了伪随机码发生器(M 序列信号发生器)的反馈函数，这些反馈函数均为异或，所构成的 M 序列信号中不包括状态 0000。若使用同或，也能构成伪随机码发生器，序列状态中不包含状态 1111。图 6.5.5 所示由 74LS195 构成的计数器电路中，若去掉与非门，并令 SH/$\overline{\text{LD}}$=1 时，就是由同或反馈构成的伪随机码发生器。由于 Q_D 与串行数据输入$\overline{K}$连接，$\overline{Q_D}$作为 J 输入，构成了反馈函数为 $Q_A^{n+1}=\overline{Q_D}\ \overline{Q_A}+Q_DQ_A=Q_D\odot Q_A$的伪随机码发生器，序列信号长度为 15，对应 4 个输出端有 15 个状态，也就是说为 M=15的计数器(不含 1111 状态)。若我们希望构成一个模值为 $M(M<15)$的计数器，可任选一个初始预置状态，例如 0000 状态，从 0000 开始找到所需模值对应的状态，通过译码电路产生预置信号预置 0000 即可。选择不同的状态产生预置信号以及改变预置值都可以改变计数周期。图 6.5.5使用 SH/$\overline{\text{LD}}=\overline{Q_CQ_BQ_A}$，预置值为 0000，实现模 12 的计数器。在时钟 CP 作用下，其状态转移如表 6.5.1 所示。

表 6.5.1　模 12 的计数器的状态转移表

Q_D^n	Q_C^n	Q_B^n	Q_A^n	SH/$\overline{\text{LD}}$	Q_D^{n+1}	Q_C^{n+1}	Q_B^{n+1}	Q_A^{n+1}
0	0	0	0	1	0	0	0	1
0	0	0	1	1	0	0	1	0
0	0	1	0	1	0	1	0	1
0	1	0	1	1	1	0	1	0
1	0	1	0	1	0	1	0	0
0	1	0	0	1	1	0	0	1
1	0	0	1	1	0	0	1	1
0	0	1	1	1	0	1	1	0
0	1	1	0	1	1	1	0	1
1	1	0	1	1	1	0	1	1
1	0	1	1	1	0	1	1	1
0	1	1	1	0	0	0	0	0

6.5.5　中规模移存器构成分频器

图 6.5.6 所示为由 3 线-8 线译码器和两片 74LS195 构成的可控分频器。图中芯片 I 为 3 线-8 线译码器，当选择不同的输入值 CBA 时，可用来控制改变分频比（2-8 分频）。芯片 II、芯片 III 为移位寄存器 74LS195。

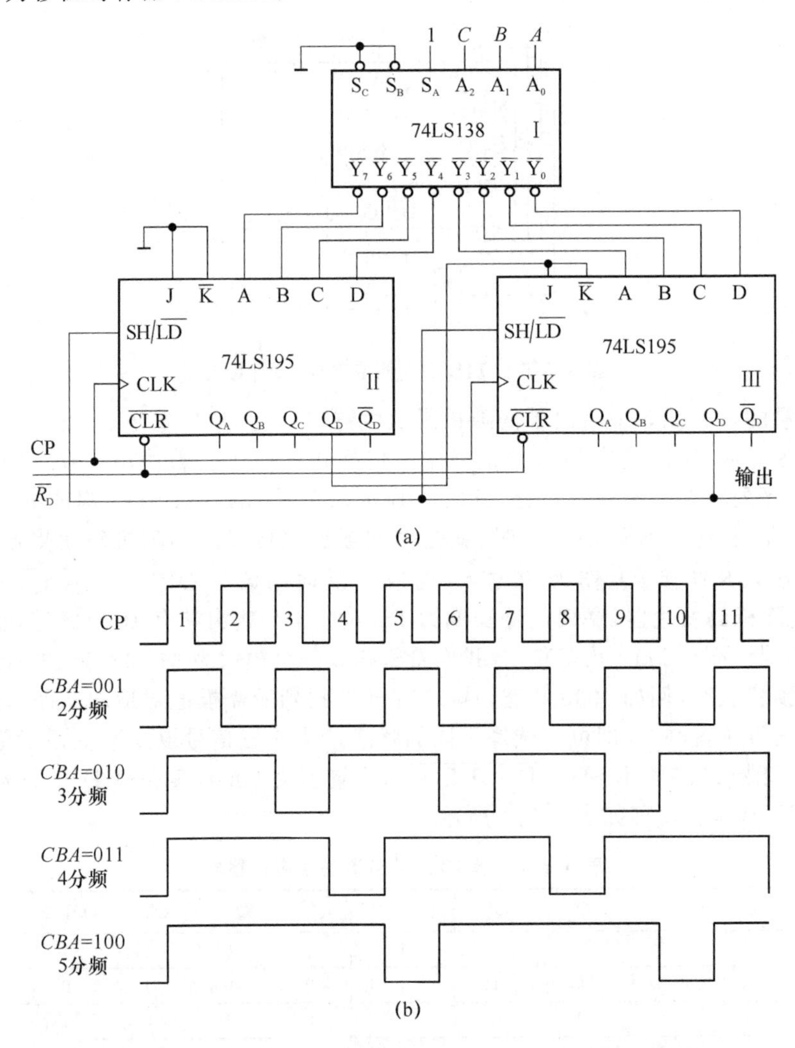

图 6.5.6　由 74LS138 译码器和 74LS195 构成的可控分频器

6.5.6　中规模移存器构成序列信号发生器

移位寄存器可以和数据选择器一起来构成序列信号发生器。一般构成序列信号发生器时，需要将各级触发器的输出连接到反馈电路，通过反馈电路为第一级触发器提供反馈信号。在很多情况下会需要从某些触发器的$\overline{Q}$端取得信号。然而中规模移位寄存器一般都不提供$\overline{Q}$端的输出信号。若使用数据选择器作为反馈电路，在输入数据变量等于数据选择器的地址端时不需要使用$\overline{Q}$，在输入数据变量大于数据选择器的地址端时，数据选择器的数据输入部分还可能需要一些反相信号，但是数量较少。

利用中规模移位寄存器和数据选择器设计序列信号发生器的步骤和以前介绍过的设计方法相同。

【例 6.5.2】 用中规模移位寄存器和数据选择器设计一个序列信号发生器，输出序列为 0110011110001001。

解：(1)由于序列的长度是 16，先选寄存器最小位数，选择 4。将序列信号分 4 个一组，共 16 组，检查是否有重复组合：

0110　1100　1001　0011　0111　1111　1110　1100

1000　0001　0010　0100　1001　0010　0101　1011

16 组代码中有些代码组合出现了两次，例如 1100，所以再用位数等于 5 来试验，新写出的 16 组 5 位代码组合，由于没有重复，可以用 5 位的移位寄存器。

选用 5 位移位寄存器 74LS96(芯片功能可查阅相关技术手册)，它是可以并行预置的移位寄存器。74LS96 的信号输入控制端 PE 来实现移位和预置的控制。即，PE=0 时为串行移位，PE=1 时为并行预置。由于本题要求中不需要并行预置，PE 端可以固定接地。

(2) 列出状态转移表，如表 6.5.2 所示。DATA 是 74LS96 的串行数据输入端，由数据选择器输出的反馈信号应接于该端。

表 6.5.2　例 6.5.2 的状态转移表

Q_E	Q_D	Q_C	Q_B	Q_A	DATA
0	1	1	0	0	1
1	1	0	0	1	1
1	0	0	1	1	1
0	0	1	1	1	1
0	1	1	1	1	0
1	1	1	1	0	0
1	1	1	0	0	0
1	1	0	0	0	1
1	0	0	0	1	0
0	0	0	1	0	0
0	0	1	0	0	1
0	1	0	0	1	0
1	0	0	1	0	1
0	0	1	0	1	1
0	1	0	1	1	0
1	0	1	1	0	0

(3) 画出 DATA 的卡诺图，如图 6.5.7 所示，由于是用数据选择器来实现组合逻辑电路，首先要选择数据选择器的地址输入。现选择 $Q_EQ_DQ_C$ 作为地址输入。

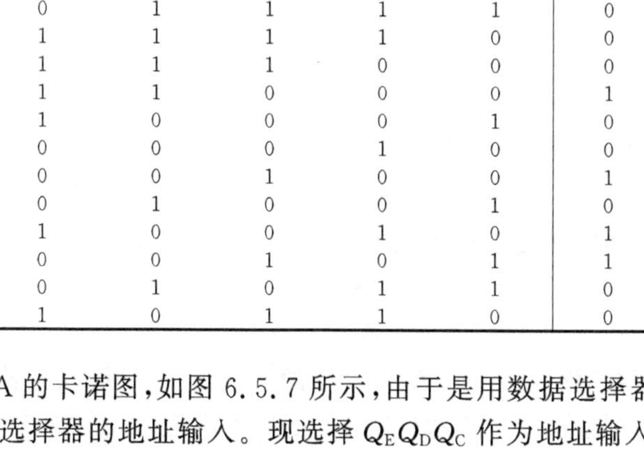

Q_BQ_A \ $Q_EQ_DQ_C$	000	001	011	010	110	111	101	100
00	×	1	1	×	1	0	×	×
01	×	1	×	0	1	×	×	0
11	×	1	0	0	×	×	×	1
10	0	×	×	×	×	0	0	1

图 6.5.7　例 6.5.2 DATA 的卡诺图

在卡诺图上，按照 $Q_EQ_DQ_C$ 的 8 种组合，分为 8 个子图，然后可以确定数据选择器的 8 个数据输入：

$D_0=0$　　$D_1=1$　　$D_2=0$　　$D_3=\overline{Q_B}$　　$D_4=Q_B$　　$D_5=0$　　$D_6=1$　　$D_7=0$

检查自启动，发现在 00000 时为死循环，修改 D_0 中的任意项：令 $D_0=\overline{Q_B}$ 即可。

(4) 画出逻辑图：如图 6.5.8 所示。

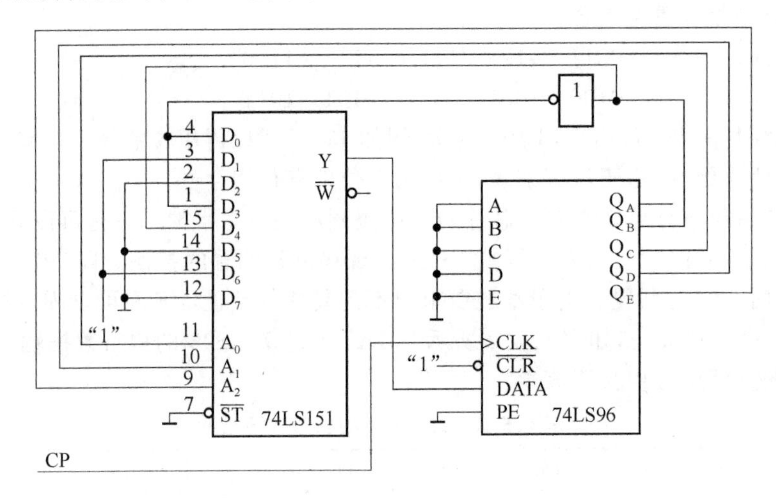

图 6.5.8　例 6.5.2 的逻辑图

习　题

6-1　74LS90 异步十进制计数器除了作为二进制、五进制、十进制计数器之外，可以在不加门电路的情况下构成从二到十的各种模值计数器，而且有多种方案。若要构成模为 3、6、9 的各种计数器，应如何连接才能实现？画出相应连接图。

6-2　中规模计数器 74LS92 的示意图和符号如题图 6.1 所示。其内部有一个模 2 计数器和一个模 6 计数器(000～101)，有两个置 0 端，当 $R_{0(1)}=R_{0(2)}=1$ 时，$DCBA=0000$。

(1) 试用该计数器连接成 $M=5$ 和 $M=10$ 的计数器，分别画出连接图。

(2) 用该计数器连接成 $M=11$ 的计数器，采用尽可能少的外接门电路，画出连接图。

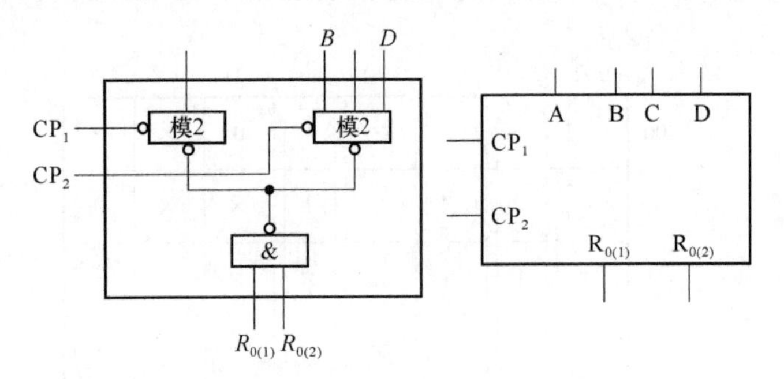

题图 6.1

6-3　题图 6.2 是一种构成任意模值计数器的方式。试问改变预置值一共可以连接成几种不同模值的计数器？分别是什么模值？要连接成十二进制加法计数器，预置值应为多少？画出状态图和输出波形图，注意 Q_D 的波形有什么特点。

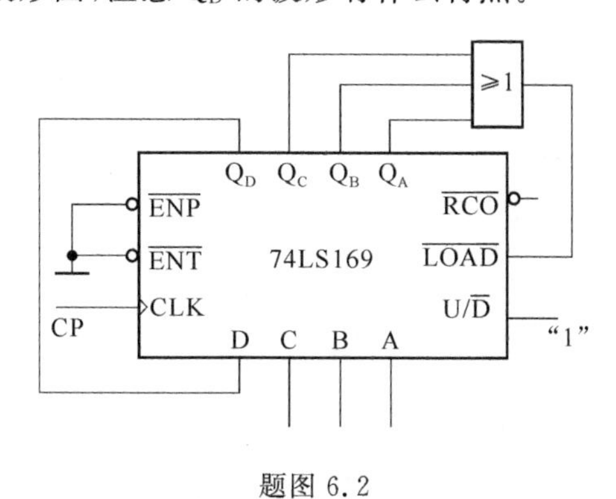

题图 6.2

6-4　分析题图 6.3 所示计数器电路，说明是多少进制计数器，列出状态转移表。

6-5　分析题图 6.4 所示计数器电路，说明当 $M=0$ 和 $M=1$ 时是多少进制计数器，列出状态转移表。

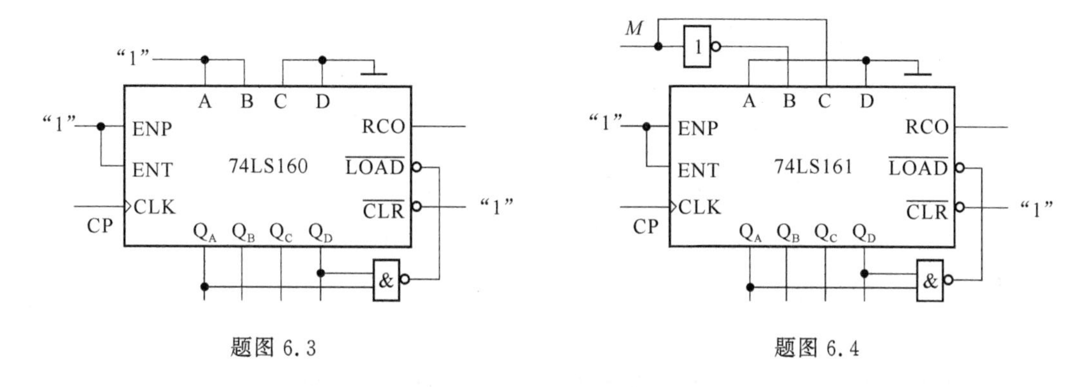

题图 6.3　　题图 6.4

6-6　题图 6.5 所示是可变进制计数器，试分析当控制信号 A 为 1 和 0 时，各为几进制计数器。列出状态转移表。

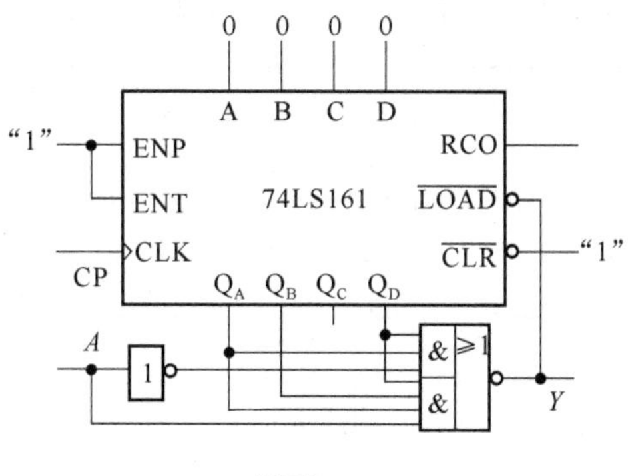

题图 6.5

6-7　分析题图 6.6 所示电路，请画出在 CP 作用下 f_0 的输出波形。并说明 f_0 与时钟 CP 之间的关系。

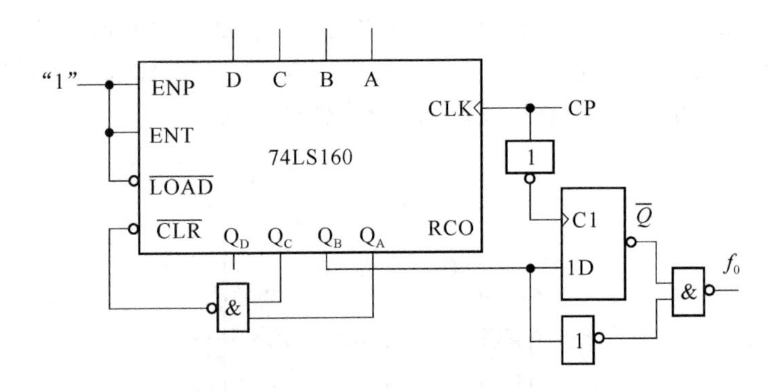

题图 6.6

6-8 用计数器的输出去控制预置端,使计数和预置交替进行改变计数器的模值:试求出题图 6.7 中各计数器的模值和状态转换表。

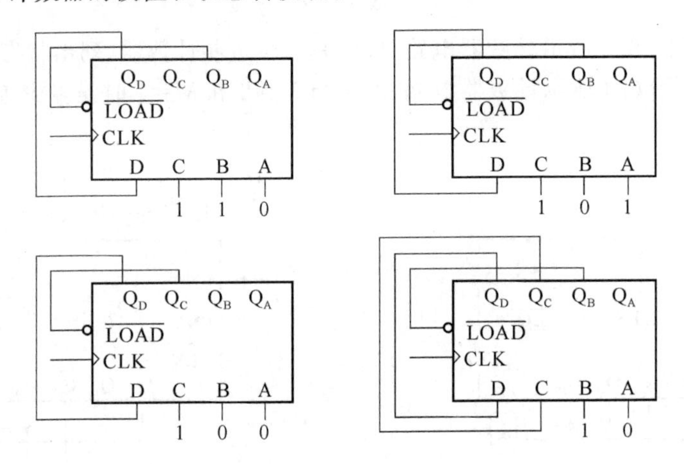

题图 6.7

6-9 题图 6.8 是一种中规模计数器的级联方式,改变预置值。能改变级联计数器的模值。

(1) 请分析题图 6.8 所示是几进制计数器,说出理由。

(2) 若要两个计数器级联后的 $M=55$,预置值应如何确定?

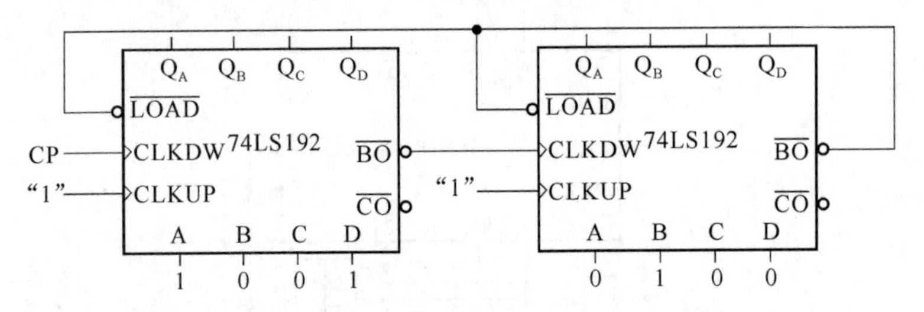

题图 6.8

6-10 题图 6.9 所示是两片 74161 中规模集成电路组成的计数器电路,试分析该计数器的模值是多少,列出其状态转移表。

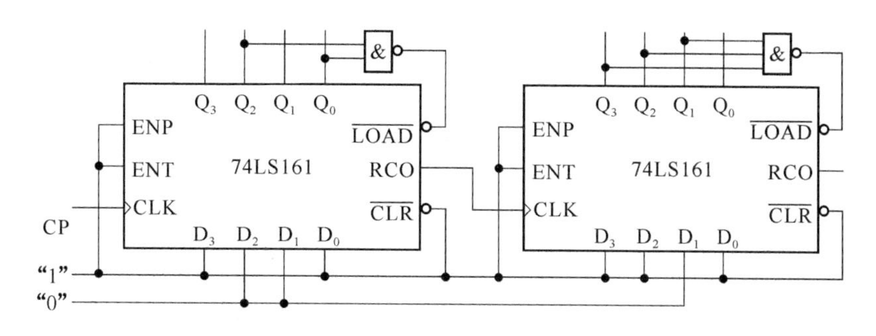

题图 6.9

6-11　试分析题图 6.10 所示计数器电路的最大分频比。

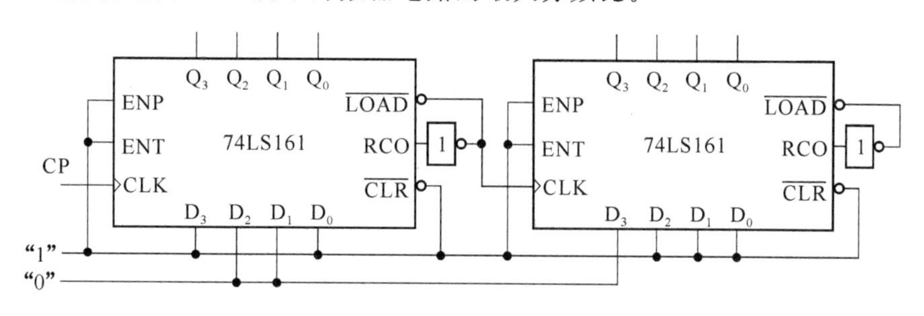

题图 6.10

6-12　题图 6.11 所示为由二-十进制编码器 74147 和同步十进制计数器 74160 组成的可控分频器。试说明当输入控制信号 A,B,C,D,E,F,G,H,I 每个为低电平时由 F 端输出的脉冲频率是多少，假定 CP 的频率为 10 kHz。

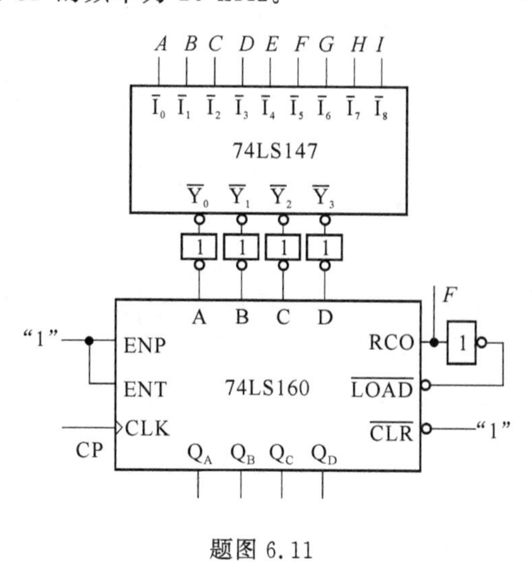

题图 6.11

6-13　题图 6.12 所示为由一个 8 位串入-并出移位寄存器和或非门组成的正弦波发生器的原理图。当移位寄存器的输出端与权电阻网络连接时，由分压器产生输出信号。试画出在 CP 时钟作用下 D、$Q_0 \sim Q_7$ 及输出 v_o 的波形。

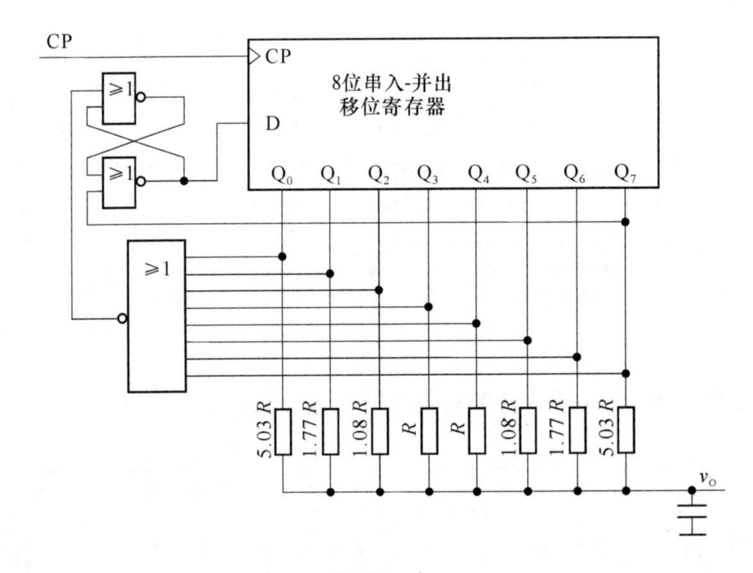

题图 6.12

6-14　试用中规模集成十六进制同步计数器 74161 接成一个十三进制计数器，可以附加必要的门电路。

6-15　试用中规模集成十进制同步计数器 74160 设计一个三百六十五进制的计数器，可以附加必要的门电路。

6-16　74LS561 是一种功能较为齐全的同步计数器。其内部是 4 位二进制计数器。功能表和引脚示意图如题图 6.13 所示（Q_D 为高位输出）。其中$\overline{OC}$为输出高阻控制端，OOC 是与时钟同步的进位输出，其他各输入端的功能可由功能表得知。

（1）叙述这个计数器的清零和预置有几种方式。

（2）若要用这个计数器来构成十进制计数器，有几种连接方式？画出它们的连接图。

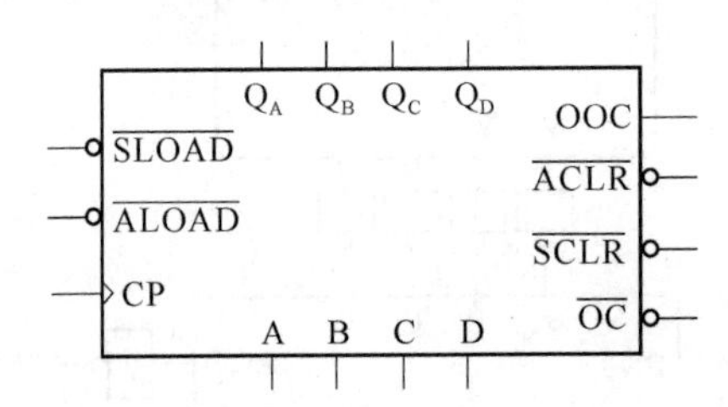

$\overline{OC}$	$\overline{SLOAD}$	$\overline{ALOAD}$	$\overline{SCLR}$	$\overline{ACLR}$	CP	$D\ C\ B\ A$	$Q_D\ Q_C\ Q_B\ Q_A$
1	×	×	×	×	×	××××	高阻
0	0	1	1	1	↑	$d\ c\ b\ a$	$d\ c\ b\ a$
0	×	0	1	1	×	$d\ c\ b\ a$	$d\ c\ b\ a$
0	×	×	0	1	↑	××××	0 0 0 0
0	×	×	×	0	×	××××	0 0 0 0
0	1	1	1	1	↑	××××	加法计算

题图 6.13

6-17 用 74LS169 中规模计数器构成可逆十进制计数器。加计数时，状态由 0000 递增到 1001；减计数时，状态由 1001 递减到 0000。外加的加/减控制信号为 P，$P=1$ 时作加法，$P=0$ 时作减法。用一片 74LS169 和少量与非门完成这个设计，画出逻辑图。

6-18 使用一片 74LS169 计数器和一个 3 输入或门构成十进制加法计数器。4 个预置端都不和输出端直接相连。问改变这个或门跟输出端的连接以及 DCBA 预置值，共有几种方式可构成十进制加计数器？画出各自的连接图，并写出相应的状态转移关系。

6-19 一种高速 ECL 同步计数器 MC10136 的功能表和引线示意图如题图 6.14 所示。$\overline{Q_{out}}$ 为进位/借位输出，加计数时，在状态 1111 时输出低电平，减计数时，在 0000 状态时为低电平。

(1) 在加计数和减计数时，如何连接就可成为可编程计数器(即可变模数计数器)？画出连接图。

(2) 要构成 $M=10$ 的计数器，有几种连接方式？画出连接图。

S_1 S_0	CP	工作方式
0 0	↑	预置
0 1	↑	加计数（模16）
1 0	↑	减计数（模16）
1 1	×	保持

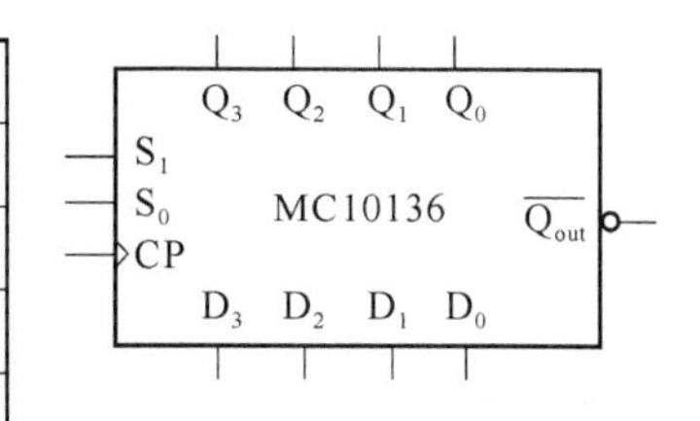

题图 6.14

6-20 试用两片 74LS169 计数器级联构成模值为 60 的计数器；这种计数器可以用多种方式来构成。举出两种连接方式，画出连接图，并说明它们的状态变化过程。

6-21 还是用两片 74LS169 构成模 60 计数器，但要求计数器状态按两位 8421BCD 码的规律变化，即从 0000 0000 变到 0101 1001。分别用同步级联和异步级联的方式来构成这种计数器。画出连接图。

6-22 用一片同步计数器 74LS169 和一片 8 选 1 数据选择器，设计一个输出序列为 01001100010111 的序列信号发生器，画出逻辑图。

6-23 若要用一片 4 位寄存器 74LS194 和一片 8 选 1 数据选择器，实现 01001100010111 的序列信号发生器是否可能？若不可能，还需什么器件？画出逻辑图(若认为可能，则可直接设计出逻辑图)。

6-24 用一片中规模移位寄存器 74LS195 和一片 8 选 1 数据选择器，设计一个移存型计数器，要求状态转移规律为：1→2→4→9→3→6→12→8→1→2→…设计时要求自启动，画出逻辑图。

6-25 用 1 片 74LS169 计数器和 2 片 74LS138 译码器构成一个具有 12 路脉冲输出的数据分配器。画出连接图，在图上应标明第 1 路到第 12 路输出的位置。

6-26 用 1 片 74LS195 移存器和 2 片 74LS138 译码器构成一个具有 12 路脉冲输出的数据分配器。画出连接图，在图上应标明第 1 路到第 12 路输出的位置。

第7章 可编程逻辑器件

早期的数字逻辑系统由通用中小规模集成电路芯片连接而实现。这种形式的电路在可靠性、工作速度、功耗及体积方面都难以满足大规模、高性能信息处理系统的要求。随着集成电路的发展，专用集成电路(Application Specific Integrated Circuits，ASIC)可以将整个(子)系统集成在一块芯片上。由于芯片内集成度高、连线短，ASIC 可给出通用中小规模集成电路的系统难以达到的性能指标。但 ASIC 需要由半导体生产厂家去制造完成，设计周期较长。现代信息处理的快速发展要求集成电路的设计、调测及生产的过程周期应尽可能短，因而希望专用集成电路具有可编程实现的特点，这促进了可编程逻辑器件(Programmable Logic Device，PLD)的发展。

PLD 主要由逻辑单元、互连线单元、输入/输出单元组成，各单元的功能及相互连接关系都可经编程设置。借助 EDA(Electronic Design Automation)工具软件，用户自己可设计、修改 PLD 所完成的逻辑功能。

PLD 从早期的小规模 PLD(PROM，PLA，PAL，GAL)发展起，现已发展成功能强大而灵活的大规模的 PLD(CPLD/FPGA)，其逻辑单元可多达数千个、等效逻辑门数百万个、片内信号延时在 ns 数量级。快速发展的微电子技术已可将 CPU(中央处理器)、存储器、逻辑单元等部件集成在一块芯片中，构成系统级 PLD(SoPC)，使用户通过编程可实现更综合、更大规模的系统。

本章主要从可编程逻辑的角度介绍几类 PLD 器件的构造和应用。

7.1 存储器及其在可编程逻辑实现方面的应用

存储器是计算机中的重要部件，用于二进制数据信息的保存和管理。但存储器的结构和功能也使其可用于逻辑函数的可编程实现。

7.1.1 只读存储器

只读存储器(Read Only Memory，ROM)用于存储固定信息。ROM 中的存储数据在芯片掉电后能继续保存。存储的数据在 ROM 工作时只能被读出，不能被改写。ROM 所存储的 0、1 数据内容可由制造厂家一次性制作进去，也可由用户写入，后者称为 PROM (Programmable ROM)。

ROM 由若干存储单元(字)组成，每一单元存储了 m 个二进制位。输入 ROM 的为 n

条地址线(A_i),地址线经地址译码器给出 2^n 条字线,每条字线(W_k)寻址一个存储单元。被寻址的存储单元通过 m 条位线(D_j)将存储的 0、1 信息送出 ROM。

图 7.1.1 表达了一个 $n=2$、$m=4$ 的 MOS-ROM 的结构。ROM 有 $2^n=4$ 个存储单元,每个存储单元有 $m=4$ 个存储位。从图中可见各存储位存储的 1、0 信息和 MOS 管的"有"、"无"的对应关系。

ROM 中的地址译码器输出 2^n 条字线,每条字线(W_k)对应 n 位地址变量的一个最小项(n 位地址变量的与运算乘积项),如式(7.1.1)所示。

$$\left.\begin{aligned} W_0 &= \overline{A_1} \cdot \overline{A_0} \\ W_1 &= \overline{A_1} \cdot A_0 \\ W_2 &= A_1 \cdot \overline{A_0} \\ W_3 &= A_1 \cdot A_0 \end{aligned}\right\} \tag{7.1.1}$$

由式(7.1.1)可见,ROM 的地址译码器是一个与运算阵列,这个与运算阵列在 ROM 中是固定制备的,因而说,ROM 中隐含地完成了地址变量的与运算,固定地得出了 n 位地址变量的全部最小项 W_k($k=0\sim2^n-1$)。在任何时刻,各 W_k 中必有一个且只有一个有效。

由图 7.1.1 可见,各存储单元中具有相同位权的 MOS 存储管的漏极输出连接在同一条输出数据线(位线 D_j)上。由于同一时刻只可能有一条字线(W_k)有效,因而同一位线上的各存储位呈线或关系,即每条数据线 D_j 完成存储位所对应的各相关最小项 W_k 的逻辑或运算。由于存储位的 0、1 数据是根据需要制作进入或由用户写入,因而各 D_j 完成的或运算是可编程的或运算,存储单元阵列是可编程或运算阵列。在图 7.1.1 ROM 中的各数据线 D_j 完成的可编程或运算如式(7.1.2)所示。

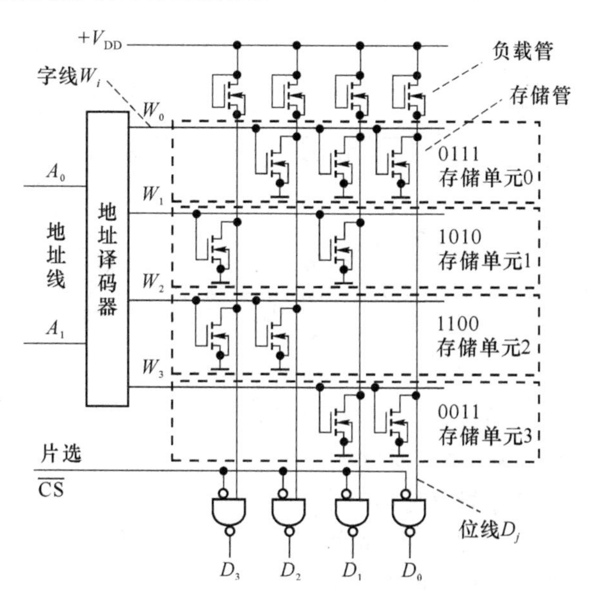

图 7.1.1　MOS-ROM 的结构示例

$$
\left.\begin{aligned}
D_0&=W_0\cdot 1+W_1\cdot 0+W_2\cdot 0+W_3\cdot 1=\overline{A_1}\cdot\overline{A_0}+A_1\cdot A_0\\
D_1&=W_0\cdot 1+W_1\cdot 1+W_2\cdot 0+W_3\cdot 1=\overline{A_1}\cdot\overline{A_0}+\overline{A_1}\cdot A_0+A_1\cdot A_0\\
D_2&=W_0\cdot 1+W_1\cdot 0+W_2\cdot 1+W_3\cdot 0=\overline{A_1}\cdot\overline{A_0}+A_1\cdot\overline{A_0}\\
D_3&=W_0\cdot 0+W_1\cdot 1+W_2\cdot 1+W_3\cdot 0=\overline{A_1}\cdot A_0+A_1\cdot\overline{A_0}
\end{aligned}\right\}\qquad(7.1.2)
$$

从以上分析可见,ROM虽然是二进制数据的存储器件,但从逻辑运算的角度看,ROM是一种与运算固定,或运算可编程的器件。ROM可作为PLD实现 n 个变量的多输出(最多 m 个)组合逻辑函数。

在用ROM实现组合函数时,需将函数的 n 个变量输入到ROM的对应地址线 A_i 上,由ROM的每条输出数据线 D_j 得到一个组合逻辑函数的输出。应写入ROM中各存储单元的数据由函数表达式(最小项表达式)决定。

通常用"容量"表述存储器的存储能力。容量被定义为存储器中存储位的数目并写为"存储单元数×每单元位数"的形式。例如容量为256×8的ROM中有256个存储单元,每单元有8个数据位,共有2 048个存储位,该ROM有8条地址线、8条数据线。

7.1.2 PROM的种类

依据结构和编程写入方式的不同,ROM有多个种类。本节重点介绍几种PROM。

(1) 熔丝型和反熔丝型PROM

熔丝型和反熔丝型PROM是一次编程性ROM,数据一经写入便不能更改。图7.1.2为双极型晶体管熔丝PROM的结构示意。在PROM出厂时,多发射极晶体管的各发射极所连的熔丝呈连接状态,相当于各存储位存储数据"1"。在写入信息时,对需要写"0"的位控制其晶体管发射极电流,使其足够大到将发射极连接的熔断丝烧断。

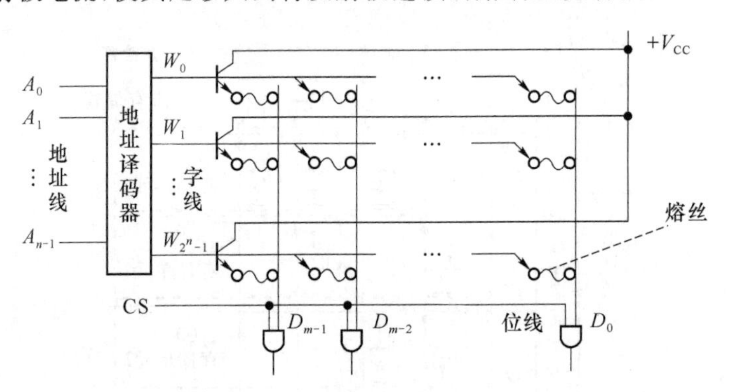

图7.1.2 双极型晶体管熔丝型PROM

图7.1.3为反熔丝的结构示意。反熔丝相当于生长在 N^+ 扩散层和多晶硅(两个导电材料层)之间的介质层,这一介质层在器件出厂时呈现很高的电阻,使两个导电层间绝缘。当编程需要连接两个导电层时,在介质层施加高脉冲电压使介质层被击穿将两个导电层连通。连通电阻小于1 kΩ。反熔丝占用的硅片面积较小,适宜制做高集成度可编程器件中的编程位单元。

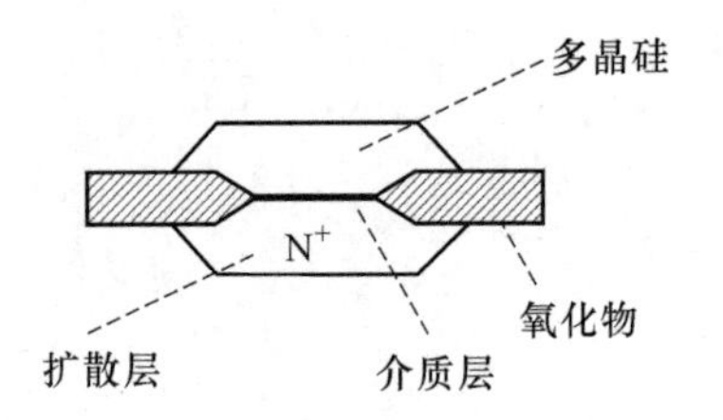

图7.1.3 反熔丝的结构示意

(2) EPROM

可改写 PROM(Erasable PROM,EPROM)可经紫外线照射擦除所存储的数据,擦除后可再次写入,又被称为 UV-EPROM(UltraViolet EPROM)。EPROM 中的关键器件是浮栅 MOS 晶体管,图 7.1.4 为叠栅式浮栅 MOS 管示意图。浮栅 MOS 管中的栅极 G_1 埋在 SiO_2 绝缘层中没有引出线,称之为浮栅。第二栅极 G_2 有引出线。图 7.1.5 为 EPROM 中的存储位单元,其中的 VT_2 为浮栅管,当读取该存储位时,字线 x、y 由地址译码器置高电平。

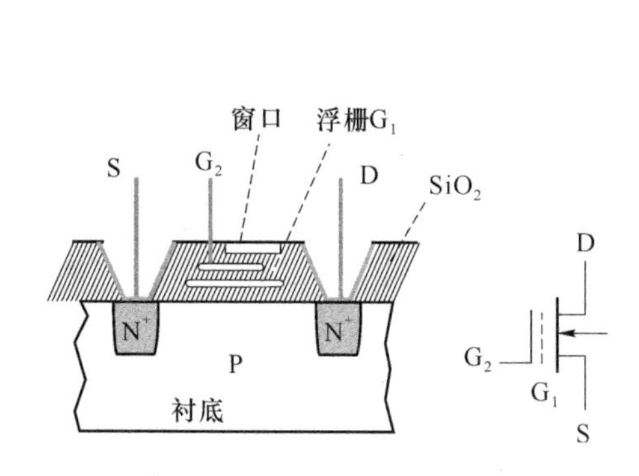

图 7.1.4 EPROM 中的浮栅 MOS 管

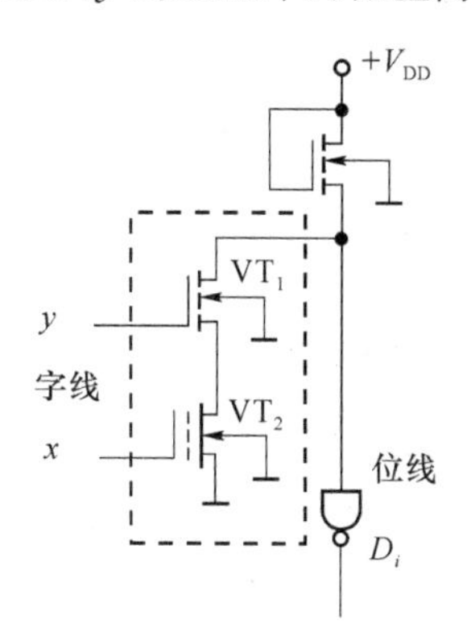

图 7.1.5 EPROM 中的位存储单元

编程写入时,在 D、S 加施足够大的脉冲正电压,使 PN 结出现雪崩击穿而产生许多高能量的电子,同时在 G_2 加正电压,使沟道中的电子在电场的作用下穿过绝缘层注入到浮栅 G_1。由于 G_1 埋在绝缘层中没有放电通路,在脉冲正电压结束后,积累在 G_1 浮栅的负电荷可长期保留。G_1 上积累的负电荷使浮栅 MOS 管的开启电压(V_{TH})变得较高,使得在 G_2 加高电平时,管也不能导通,这一状态相当于在存储位中存储了数据"0"。而当 G_1 上没有电子积累时,浮栅管的开启电压相对较低,在 G_2 施加高电平时,管可以导通,相当于在存储位存储数据"1"。

当需要改写 EPROM 中的存储内容时,需要先擦除原存储内容。用紫外线透过芯片表面的透明窗照射浮栅 G_1(照射需数分钟),使浮栅上的负电荷获得足够的能量穿过绝缘层回到衬底,使 EPROM 中所有存储位回到存"1"状态。此后就可对 EPROM 再次写入。

(3) EEPROM

可电擦除 PROM(Electrical Erasable PROM,EEPROM)使用电信号完成擦改工作,无须紫外线照射,这给使用者带来了方便。也开始为在系统编程(In System Programmability,ISP)建立基础。EEPROM 的结构可类比 EPROM。EEPROM 的浮栅 MOS 晶体管如图 7.1.6 所示。管中的浮栅 G_1 有一区域与衬底间的氧化层极薄,在所施加的电场足够强时可产生隧道效应。在编程注入时,在 G_2 栅极加脉冲正电压时,隧道效应使电子由衬底注入浮栅 G_1。脉冲正电压结束后,注入 G_1 的负电荷由于没有放电通路而保留在浮栅上,使 MOS 管的开启电压变高。图 7.1.7 为 EEPROM 中的一个位存储单元。当浮栅管 VT_2 的 G_1 有负电荷积累时,VT_2 管不导通,位存储单元相当于存储了数据"1"。当需要在某位写"0"(擦除)时,使该存储位的浮栅管的 G_2 接地,在漏极施加脉冲正电压使浮栅上的负电荷通过隧道效应回到衬底。

目前的 EEPROM 的存储容量可有数 kb 到数 Mb 的多种规格。数据读取时间在几十

ns 数量级，页写入时间约在 10 ms 数量级。擦除/写入次数可多达 10 万次。写入的数据一般可保持 10 年。接口方式有并行和串行两种。

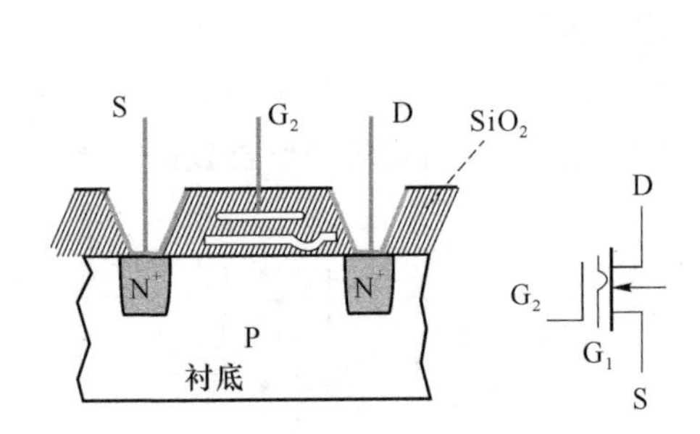

图 7.1.6　EEPROM 中的浮栅 MOS 管

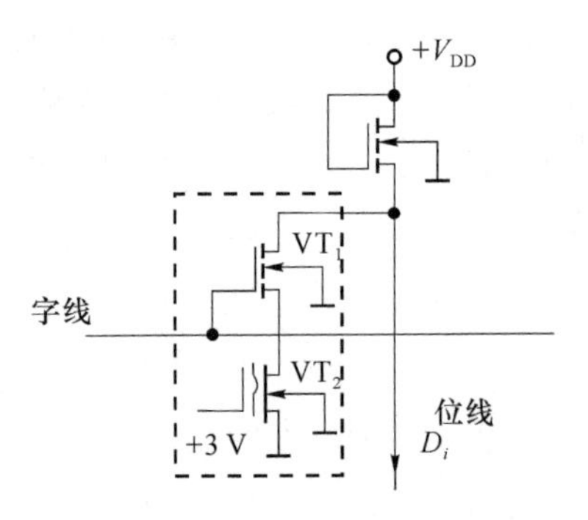

图 7.1.7　EEPROM 中的位存储单元

(4) Flash Memory (闪速存储器)

闪速存储器的位存储单元与 EEPROM 相似，也为双栅极 MOS 管结构。两个栅极为控制栅和浮置栅。与 EEPROM 相比，闪速存储器的隧道区域面积更小、氧化物层更薄。

闪速存储器的擦除与 EEPROM 类似，利用"隧道效应"(FN 隧道效应)。而编程写入方法有 FN 隧道效应法和 CHE 法两类，后者与 EPROM 类似，为一种基于雪崩击穿的电子注入技术。

闪存有 NOR 和 NAND 两种类型。NOR 闪存的地址线和数据线分开，对存储数据可以字节为单位随机读取，所存储的程序代码可直接运行，如同内存一样。因而 NOR 闪存常用做系统的上电启动芯片。

NAND 闪存的地址线和数据线共用，存储空间分为块、页两级，每页 512 B，每块 2 KB、4 KB 或 16 KB。在读取单个字节时，NAND 闪存需多级寻址，因而它的随机读取速率低于 NOR 闪存。但 NAND 闪存的块擦除、块写入速率远高于 NOR 闪存。因而 NAND 闪存常用于大容量数据的存储。

(5) FRAM(铁电存储器)

FRAM 的核心技术是铁电晶体材料。当铁电晶体材料置于电场中，晶阵中的每个自由浮动的中心原子会沿着电场方向移动并稳定在一种低能量状态，这种稳定状态在电场撤销后可长时间保留。在正向、反向电场的作用下，这种低能量稳态只有两个，状态之间转换的速率很快。这些特性特别适用于 ROM。

由于铁电晶体单元在存储状态改变时的物理过程中没有任何原子碰撞，FRAM 的写入速率可比 EPROM 类(EPROM、EEPROM、Flash Memory)快得多，在 ns～μs 数量级。而后者通常在 ms 数量级。另一方面，FRAM 写入功耗也比 EPROM 类的低得多，约为 EEPROM 的千分之一。FRAM 的写入次数寿命也比 EPROM 类的高得多，一般 EEPROM 类的写入次数寿命在十万到百万次之间，而 FRAM 的可高达百亿次。

在芯片掉电后，FRAM 的存储内容可长时间(10 年)保存，因而可将 FRAM 归属 ROM 类，但在工作中，FRAM 可以相同的速率对存储器中任一单元读出或写入，这一点上 FRAM 又表现出随机存储器的特征。

存储器的接口(地址线、数据线)形式有两类：并行和串行。图 7.1.8 为一个串行接口存储器的典型电路。图中的 FM25P16 为 FRAM 串行存储器芯片，容量为 2 044 B。存储器以 SPI

(Serial Peripheral Interface)协议进行数据写入或读出，频率可达 1 MHz。$\overline{CS}$为片选信号，低电平使能本芯片，高电平使芯片进入低功耗等待状态。$\overline{WP}$为写保护信号，低电平时屏蔽对片内状态寄存器的写入。$\overline{HOLD}$为保持信号，低电平时中断芯片的工作。

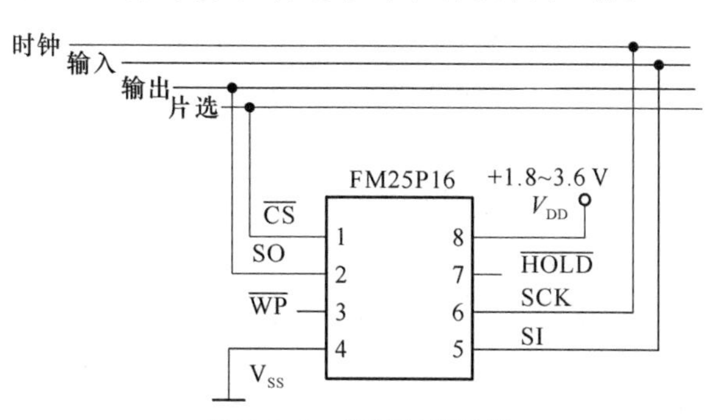

图 7.1.8　串行存储器例

7.1.3　随机存储器

随机存储器(Random Access Memory，RAM)在工作时可对任一存储单元读取或写入，也称为随机存取存储器。RAM 常用于对数据有频繁快速暂存和选择读取的场合。

RAM 和 ROM 的逻辑结构类似，主要由地址译码器和存储单元阵列构成，如图 7.1.9 所示。地址译码器给出 n 位地址变量的全部最小项 W_k($k=0\sim2^n-1$)，存储单元阵列完成可编程或运算。因而，RAM 也可被认为是一种与运算固定、或运算可编程的逻辑器件。

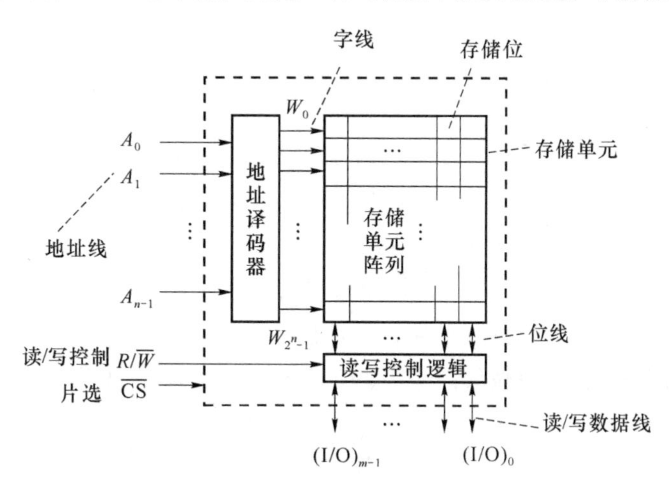

图 7.1.9　RAM 的逻辑结构

RAM 分为静态 RAM(Static RAM，SRAM)和动态 RAM(Dynamic RAM，DRAM)。SRAM 的存储数据在写入后可一直保存(不掉电的情况下)。DRAM 的存储数据的保存时间有限，工作中需定时进行刷新操作。在同等材料和工艺情况下，SRAM 的存取速率一般相对较快，而 DRAM 的集成度会相对较高。

与 ROM 不同，RAM 是易失性存储器件，存储数据在器件掉电后丢失。这是由 RAM 存储位的性质决定的。

（1）静态随机存储器中的存储位

图 7.1.10 中的 $VT_1 \sim VT_6$ 构成 CMOS-SRAM 中的一个存储位，VT_7、VT_8 由该位线所连的各存储位所共用。管 $VT_1 \sim VT_4$ 构成 RS 触发器，从 Q、$\overline{Q}$位置可读出 RS 触发器保存的 0/1 状态，在 Q、$\overline{Q}$位置施加高、低电平也可改变触发器的状态(写入)。管 VT_5、VT_6 和 VT_7、VT_8 为门控管，可完成信号的双向传输，相当于模拟开关。A_1、A_2、A_3 为三态缓冲门。

当对该存储位读出或写入时，片选信号$\overline{CS}$有效，字线 W_k 使 VT_5、VT_6 和 VT_7、VT_8 导通，位线 D_j、$\overline{D_j}$分别和 Q、$\overline{Q}$连通，如果是读出，$R/\overline{W}=1$，A_1、A_3 输出呈高阻，A_2 导通，使 Q 的电平状态被送到数据线$(I/O)_j$。如果是写入，$R/\overline{W}=0$，A_1、A_3 导通，A_2 输出呈高阻，数据线$(I/O)_j$ 来的电平信号作用到 Q、$\overline{Q}$位置，使 RS 触发器的状态随之决定。

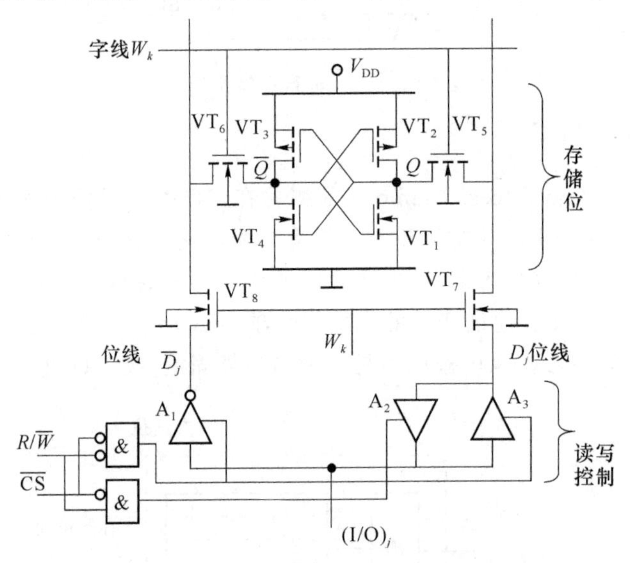

图 7.1.10 SRAM 的六管存储位电路

（2）动态随机存储器中的存储位

动态 RAM 中的存储位利用 MOS 管栅极电容上的充电电荷作为对数据信息的存储。图 7.1.11 为 DRAM 的一种位存储电路。C 是存储管 VT_2 的栅极电容。字线分为读字线、写字线，位线也同样分为读、写位线。VT_3、VT_1 分别是读、写控制管。

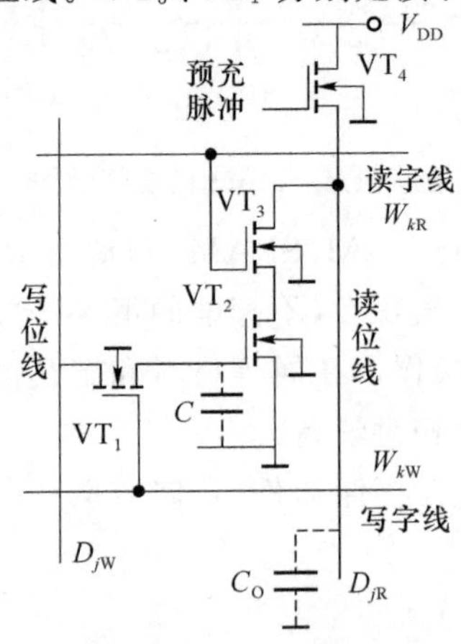

图 7.1.11 DRAM 的三管存储位电路

在进行写操作时，写字线 $W_{k\mathrm{W}}$ 高电平使 VT_1 导通，写位线 $D_{j\mathrm{W}}$ 上来的电平信号通过 VT_1 对 C 充电/放电。如果写入的是 1/0，则写操作结束后的 C 上电压 v_C 应高于/低于管 VT_2 的开启电压。

在读操作时，首先预充脉冲使 VT_4 导通对电容 C_O 充电，随后读字线 $W_{k\mathrm{R}}$ 变高电平使 VT_3 导通，如果存储管 VT_2 栅极电容上保存的是 1，则 C_O 上的预充电荷经 VT_3、VT_2 释放，在读位线 $D_{j\mathrm{R}}$ 上读出的是 0，如果 VT_2 保存的是 0，则 VT_2 截止、C_O 无放电通路，在 $D_{j\mathrm{R}}$ 上读出1。$D_{j\mathrm{R}}$ 经反相器后送至读/写数据线。

由于栅极的漏电，栅极电容 C 保存电荷的时间有限，因而 DRAM 在工作中需总进行刷新的操作，即按一定的频率将存储位上的信息读出、再写回。

DRAM 中的控制电路部分相对复杂，但其位存储电路可做得简单（可做到单管存储），因而 DRAM 的集成度可以较高，这是 DRAM 的优点。

SDRAM（Synchronous Dynamic Random Access Memory）为同步动态随机存储器，它的写入、读出、刷新操作都须与外部时钟（上升沿）同步。

DDR 是双倍速率同步动态随机存储器（Double Data Rate SDRAM）的简称。在 SDRAM 的基础上，DDR 的改进主要是将时钟发展为差分式，在时钟的上升沿和下降沿都执行操作，因而它的数据传输速率较 SDRAM 增加了一倍。另外，使用 DLL（Delay Locked LOOP，延时锁相环路）保证本地时钟和系统时钟的同步。随后发展的 DDR2、DDR3 在核心模块数量、刷新控制、工作电压等多方面都继续改进，使动态随机存储器向着更高的数据传输速率、更大的集成度规模、更低的能耗方面不断进步。

7.1.4 用存储器实现逻辑处理

存储器主要用于二进制数据信息的保存和管理。但根据前面的介绍，从逻辑运算的角度可认为存储器是一种与运算固定、或运算可编程的逻辑器件。存储器中隐含地产生地址变量的全部最小项，对存储单元写入的数据决定了逻辑函数的构成。

(1) 存储器实现组合逻辑

根据 7.1.1 小节的分析，当用存储器（并行接口）实现 n 个逻辑变量、m 个输出的组合逻辑函数时有以下几个要点：

- 需要用 n 位地址、2^n 个存储单元、每单元 m 位的 ROM 或 RAM。
- 存储器的各地址线 $A_i(i=n-1\sim0)$ 由各变量依次（按各变量在它们的最小项中高位至低位的排序）连接。
- 由存储器的输出数据线 D_j 得到第 j 个逻辑函数($j=m-1\sim0$)。
- 应将各逻辑函数写成最小项表达式。写入存储器中的第 $k(k=0\sim2^n-1)$ 个存储单元的第 j 位($j=m-1\sim0$)的 1/0 应根据最小项 W_k 在第 j 个函数表达式中的有/无来决定。例如实现式(7.1.2)的存储器的各存储单元应存入的数据为：0111（单元 0）、1010（单元 1）、1100（单元 2）、0011（单元 3）。

【例 7.1.1】 用 ROM 实现 4 位自然二进制码与循环码的转换电路。

解： 设 4 位二进制码为 $DCBA$，循环码为 $WXYZ$。$DCBA$ 到 $WXYZ$ 的转换真值表如表 7.1.1所示。由转换真值表可得出由 $DCBA$ 的最小项序号表达的 W、X、Y、Z 的逻辑关系式如式(7.1.3)。

$$\left.\begin{aligned}Z&=\sum m(1,2,5,6,9,10,13,14)\\Y&=\sum m(2,3,4,5,10,11,12,13)\\X&=\sum m(4,5,6,7,8,9,10,11)\\W&=\sum m(8,9,10,11,12,13,14,15)\end{aligned}\right\}\qquad(7.1.3)$$

可用 4 位地址、4 位数据的 ROM(容量为 16×4)实现此转换的电路。将二进制码DCBA连接到 ROM 的地址线 $A_3A_2A_1A_0$,由 ROM 的输出数据线 D_3、D_2、D_1、D_0 分别得到循环码 W、X、Y、Z,如图 7.1.12 所示。根据式(7.1.3)可得到 ROM 各存储单元的存储信息,如表7.1.1所示。

修改存储单元的数据可使此 4 地址线、4 数据线的 ROM 实现 4 变量的任一 4 输出的组合逻辑函数。

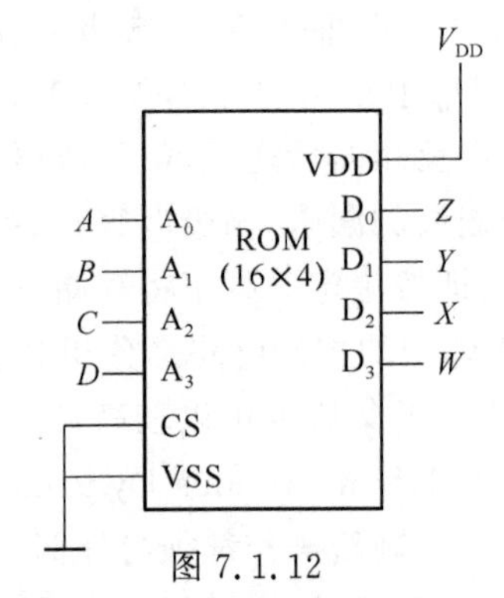

图 7.1.12

用 16×4ROM 实现 4 变量($ABCD$)、4 输出($WXYZ$)的任一组合逻辑的电路

表 7.1.1　4 位二进制码与循环码转换真值表

二进制码				循环码				
D	C	B	A	W	X	Y	Z	
0	0	0	0	0	0	0	0	0
0	0	0	1	0	0	0	1	1
0	0	1	0	0	0	1	1	3
0	0	1	1	0	0	1	0	2
0	1	0	0	0	1	1	0	6
0	1	0	1	0	1	1	1	7
0	1	1	0	0	1	0	1	5
0	1	1	1	0	1	0	0	4
1	0	0	0	1	1	0	0	C h
1	0	0	1	1	1	0	1	D h
1	0	1	0	1	1	1	1	F h
1	0	1	1	1	1	1	0	E h
1	1	0	0	1	0	1	0	A h
1	1	0	1	1	0	1	1	B h
1	1	1	0	1	0	0	1	9
1	1	1	1	1	0	0	0	8
A_3	A_2	A_1	A_0	D_3	D_2	D_1	D_0	ROM 存储
ROM 的 地 址 线				ROM 的 数据 线				单元的内容

上述介绍是从与运算、或运算的角度说明存储器对多输出组合逻辑函数的实现。存储器的对外基本行为功能可描述为:保存数据,根据多位输入决定多位输出。基于这种行为功能,很容易理解存储器对由真值表(如表 7.1.1)给出的编码转换或逻辑函数的实现,也很容易得出各存储单元应存储的数据了。

ROM 的行为也可更简单地归为：查表。在基于查表方法实现算法或处理的系统中，ROM 都有着应用潜力。

由存储器实现的组合逻辑电路不会出现逻辑冒险，因为不存在信号的多路传输。存储器内部的电路设计可保证输出信号的稳定性。但功能冒险仍有可能出现，因为功能冒险是由于多个输入信号的不同步而产生。当多位地址变量出现变化的时刻偏差大于存储器的读取时间，功能冒险就存在，输出信号上就可能出现毛刺噪声。

(2) 存储器实现时序逻辑

根据 5.1 节的介绍，时序逻辑的激励函数 Y、下一状态 Q^{n+1}、输出函数 Z 都是输入信号 X 和当前状态 Q^n 的组合逻辑函数。这意味着利用存储器也可实现同步时序逻辑。特别是在实现状态转移规律确定、无须直接存储输入信号的时序电路，如计数器、序列信号发生器等。利用 ROM 可简化设计过程，实现电路也简单。

图 7.1.13 为利用 ROM 和寄存器实现计数器或序列信号发生器的一般性电路。寄存器是为了使状态变化和时钟 CP 的有效边沿同步，如果 ROM 能做到边沿使能，就可不用寄存器。

当前状态码 $Q_i^n(i=0\sim k-1)$送入 ROM 的地址，当前 ROM 地址所寻址的存储单元内总存放下一状态的状态码 $Q_i^{n+1}(i=0\sim k-1)$，决定 Q_i^{n+1} 数据的下一状态函数 $Q^{n+1}=h(X,Q^n)$及输出函数 $Z=g(X,Q^n)$均由 ROM 实现。实现的方法就是根据 Q^{n+1} 和 Z 的真值表将数据写入以当前状态码为地址的存储单元。

在每个时钟的有效沿，寄存器输出更新，上一状态被作为了当前状态 Q^n。ROM 以当前输入 X 和 Q^n 作为地址去寻址，输出 Z 和 Q^{n+1}。Z 作为时序电路的当前处理结果，Q^{n+1} 作为对处理阶段的记忆保存到下一时钟有效沿时刻。

图 7.1.13 既可作为米里(Mealy)型时序电路，也可作为摩尔(Moore)型时序电路。如果各存储单元中对应 Z 的位是根据 $Z=g(X,Q^n)$类型的方程的真值表决定的，则实现的是米里型时序电路，X 改变时，Z 立即有响应。而如果 Z 是根据 $Z=g(Q^n)$类型的方程决定的，则实现的是摩尔型电路。

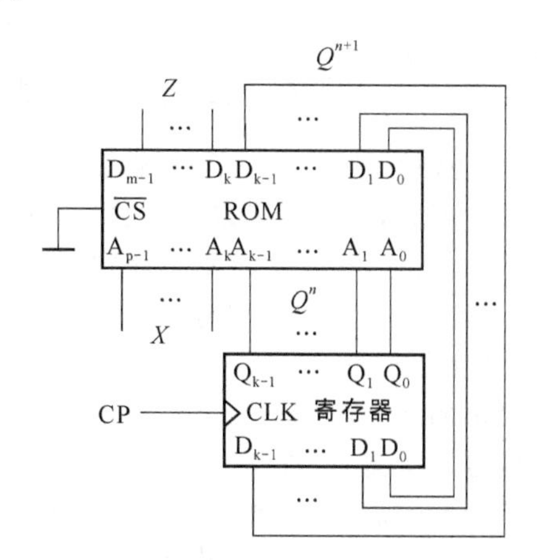

图 7.1.13　利用 ROM 实现时序电路

【例 7.1.2】 用图 7.1.3 实现 8421 码模 10 加法计数器，有 1 位输出 Z。Z 在状态为 1001 时输出 1，其他状态时输出 0。

解：由于计数模值为 10，需要 4 位状态码，故图中的 $k=4$。由于没有输入变量 X，ROM 仅需 4 条地址线，故 $p=4$。每存储单元需 5 个存储位（1 位输出码+4 位状态码），故 $m=5$。需用 10 个存储单元保存 10 个状态值，设 ROM 有 16 个存储单元。

将 ROM 输出数据线的 $D_3D_2D_1D_0$ 经寄存器依次连接输入地址线 $A_3A_2A_1A_0$。ROM 输出的 D_4 作为 Z 。根据 8421 码的规律，从状态 0000 开始，将下一状态的码型存入以当前状态码为地址的存储单元内。结果如表 7.1.2 所示。

在用多级分立触发器实现计数器时，需做多个卡诺图化简，过程繁杂、电路复杂，还需考虑自启动问题。而用 ROM 实现时，只需根据状态码型和输出方程向 ROM 预存数据，同一电路可实现多种码型的计数器。输出信号 Z 也不存在冒险问题。自启动问题的解决也很简单，只需向未使用到的存储单元存入任一状态码，如表 7.1.2 所示。

表 7.1.2 例 7.1.2 中 ROM 的存储数据

ROM 地址				存储数据				
A_3	A_2	A_1	A_0	D_4	D_3	D_2	D_1	D_0
0	0	0	0	0	0	0	0	1
0	0	0	1	0	0	0	1	0
0	0	1	0	0	0	0	1	1
0	0	1	1	0	0	1	0	0
0	1	0	0	0	0	1	0	1
0	1	0	1	0	0	1	1	0
0	1	1	0	0	0	1	1	1
0	1	1	1	0	1	0	0	0
1	0	0	0	0	1	0	0	1
1	0	0	1	1	0	0	0	0
1	0	1	0	0	0	0	0	1
1	0	1	1	0	0	0	0	1
1	1	0	0	0	0	0	0	1
1	1	0	1	0	0	0	0	1
1	1	1	0	0	0	0	0	1
1	1	1	1	0	0	0	0	1
Q_3^n	Q_2^n	Q_1^n	Q_0^n	Z	Q_3^{n+1}	Q_2^{n+1}	Q_1^{n+1}	Q_0^{n+1}
当前状态				输出	下一状态			

用 ROM 实现序列信号发生器时，图 7.1.13 的电路模板既可实现移存型，也可实现计数组合型。设计移存型序列发生器时，首先要确定所需的存储位的数目 k 和状态移存码表，方法过程如 5.3.3 小节所述。在保证各移存状态不出现重复码型后就得出了 k 值和状态移存码表。根据状态移存码表，依次将下一状态码填入以当前状态码为地址的存储单元。ROM 存储单元的数目应等于或大于序列码长 M。无须 Z 输出位和 X 输入位。由 k 位数据输出的任一位可顺序得到所要求的序列信号。

在设计计数组合型序列信号发生器时，首先由序列码长 M 根据 $2^{k-1}<M\leqslant 2^k$ 确定地址位数目 k ，随后设计模值为 M 的计数器，计数器的码型可任选（例如可选最简单直观的自然二进制码）。然后依次将序列信号值和下一状态码值写入以当前状态为地址的存储单元。例如在实现 $M=10$ 的单一序列（0110100011）时，可用与例 7.1.2 相同的电路，将序列码值由前至后依次填入表 7.1.2 的 D_4 存储位。工作时，由 D_4 的输出可得到所要求的序列。增

加存储位宽的数目就可同时得到码长相同的多个序列信号。

【例 7.1.3】 基于 ROM 实现图 7.1.14 所示的状态图。

解： 状态图中的状态是由符号给出的。在实现时需首先对状态符号进行编码。5.4.1 小节介绍了几种分配状态编码的方法。在用分立触发器实现时，状态编码的目的是追求触发器级数少、外围电路简单。而在使用 ROM 时，这样的编码追求的意义不大，因而为状态符号分配编码的方法就可简单又多样了。

在本例中，为使存储位数目少、列表简单，可采用自然二进制编码，对状态 A、B、C、D、E 分别分配 000、001、010、011、100。根据图 7.1.14 的状态图得到状态转移表，如表 7.1.3 所示。实现电路仍基于图 7.1.13 的电路模板。以当前状态 $Q_2^n Q_1^n Q_0^n$ 和输入 X 作为地址 $A_3^n A_2^n A_1^n A_0^n$，在对应的存储单元（$D_3^n D_2^n D_1^n D_0^n$）存进输出信号 Z 和下一状态 $Q_2^{n+1} Q_1^{n+1} Q_0^{n+1}$。实现电路如图 7.1.15 所示。

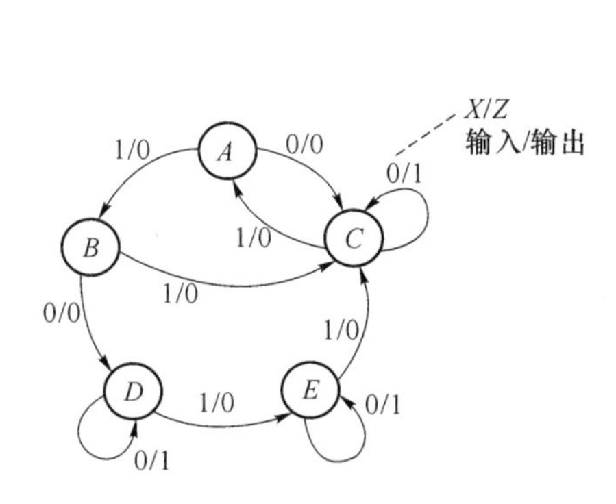

图 7.1.14 例 7.1.3 的状态图

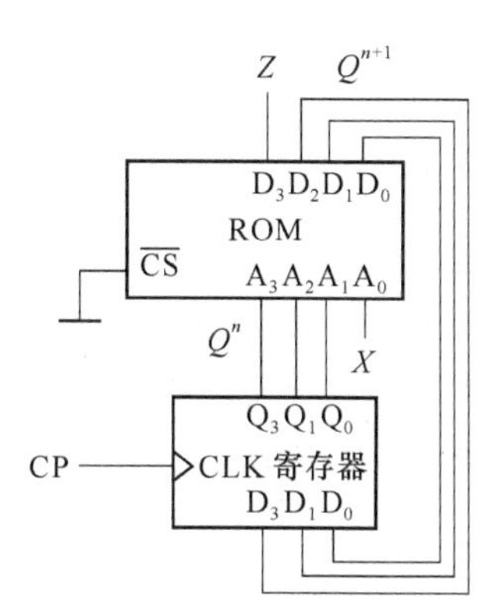

图 7.1.15 例 7.1.3 的实现电路

表 7.1.3 例 7.1.3 的状态转移表和 ROM 存储数据

状态符号	当前状态			输入	输出	下一状态			状态符号
	Q_2^n	Q_1^n	Q_0^n	X	Z	Q_2^{n+1}	Q_1^{n+1}	Q_0^{n+1}	
A	0	0	0	0	0	0	1	0	C
	0	0	0	1	0	0	0	1	B
B	0	0	1	0	0	0	1	1	D
	0	0	1	1	0	0	1	0	C
C	0	1	0	0	1	0	1	0	C
	0	1	0	1	0	0	0	0	A
D	0	1	1	0	1	0	1	1	D
	0	1	1	1	0	1	0	0	E
E	1	0	0	0	1	1	0	0	E
	1	0	0	1	0	0	1	0	C
	1	0	1	0	0	0	0	0	A
	1	0	1	1	0	0	0	0	A
	1	1	0	0	0	0	0	0	A
	1	1	0	1	0	0	0	0	A
	1	1	1	0	0	0	0	0	A
	1	1	1	1	0	0	0	0	A
	A_3	A_2	A_1	A_0	D_3	D_2	D_1	D_0	
	ROM 地址				存储数据				

同步时序逻辑电路是一种有限状态机,其状态转移规律都可用状态图描述。状态及其转移关系代表着对输入信号 X 处理的阶段及步骤,输出信号 Z 是各阶段的处理结果。状态转移总发生在时钟的有效边沿,计数器是实现状态转移关系的电路形式,状态的编码决定着电路的复杂程度。

基于随机存储器 RAM 可实现移位寄存器、串/并转换等时序电路。读者可自己尝试设计。

存储器的通用集成电路通常是多输出位(例如 8 位)、多存储单元(2^k 个,$k>10$)。如果用存储器芯片实现单个逻辑函数,芯片面积的使用效率一般是较低的。但用存储器实现同步逻辑处理是一种能力强而又简单的方法。在可编程逻辑器件中,存储器有着多方面的应用。

7.2 PLA、PAL、GAL

PLA、PAL、GAL 是可编程逻辑器件(PLD)发展过程中的阶段性产品。了解、比较它们的逻辑结构可认识编程器件的特点和发展。

为简便描述 PLD 的逻辑结构和编程信息,通常用阵列图作为表达形式。图 7.2.1 为阵列图中逻辑门和连接关系的画法。图 7.2.2 为例 7.1.1 中实现 4 位二进制码与循环码转换功能的 ROM 的阵列图。

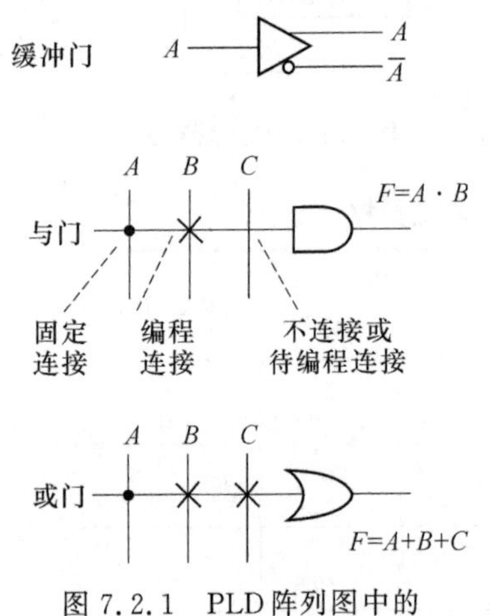

图 7.2.1　PLD 阵列图中的逻辑门及连接关系

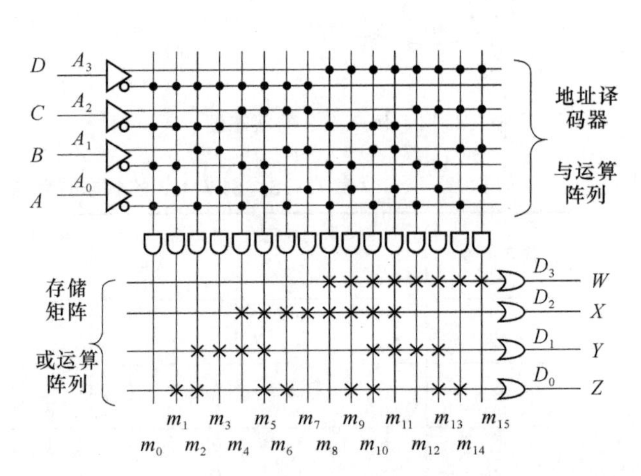

图 7.2.2　实现 4 位二进制码与循环码转换的 ROM 的阵列图

7.2.1　PLA

可编程逻辑阵列(Programmable Logic Array,PLA)中的与阵列、或阵列均可被编程。

图 7.2.3 为 4×8×4 PLA 中组合逻辑部分的阵列图，有 4 条变量输入线、4 条输出线，每条输出线可实现一个与或逻辑式，其中最多可有 8 个乘积项。与阵列和或阵列中每条线的交点均可由编程决定连接或不连接。由于 PLA 的与阵列并不固定产生输入变量的全部最小项，其芯片面积使用效率高于存储器。

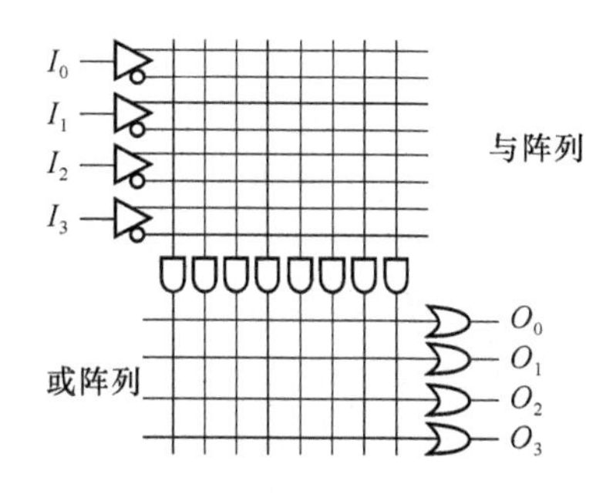

图 7.2.3　4×8×4PLA

在用 PLA 实现组合逻辑函数时，需根据 PLA 中能提供乘积项的数目化简函数表达式。多输出函数情况时，也要考虑公共乘积项的利用。

7.2.2　PAL

可编程阵列逻辑（Programmable Array Logic，PAL）是 20 世纪 70 年代末发展出的 PLD，采用的是双极型工艺、熔断丝的编程方式。PAL 的组合逻辑部分具有与阵列可编程，或阵列固定的特点。根据输出电路结构的不同，PAL 有着多种类型。图 7.2.4 为有输出寄存器类型 PAL 中某型号的逻辑结构图（部分电路）。

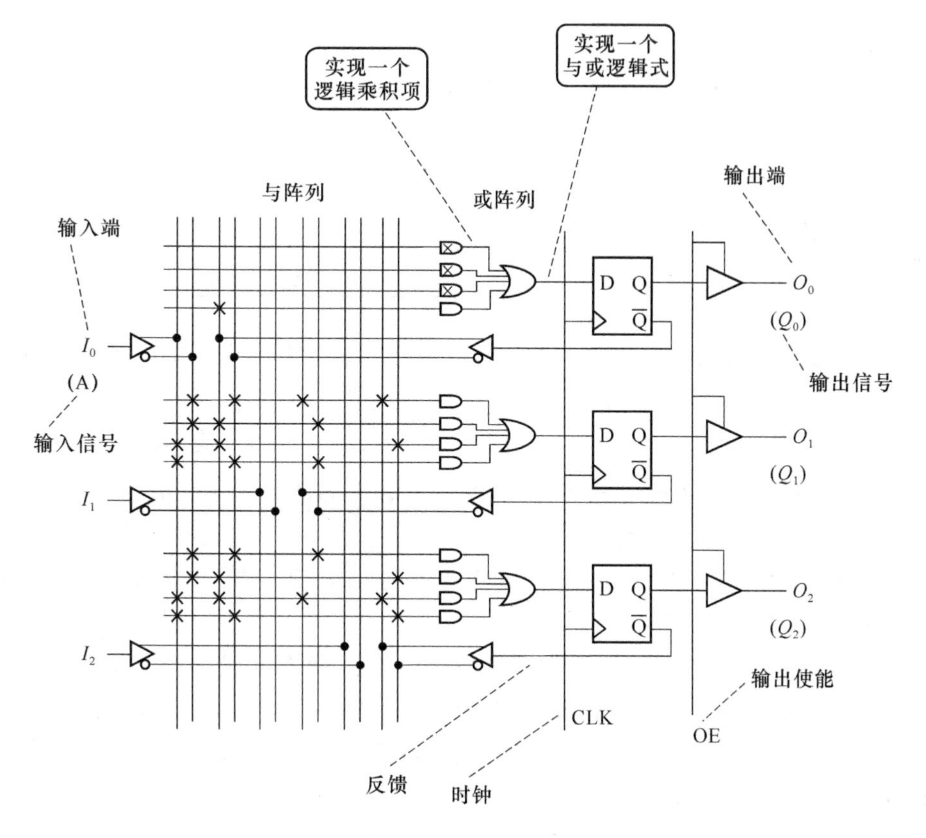

图 7.2.4　有输出寄存器类型 PAL 的某型号的逻辑结构图（部分电路）

在图 7.2.4 中，连接每个与门的横线可实现一个逻辑乘积项，每个乘积项的变量可编程选自输入信号及反馈信号（现图中的各编程连接符“×”是例 7.2.1 的结果）。每个或门输出可实现一个与或逻辑式,其中固定包括有 4 个乘积项,因而说 PAL 的或阵列固定、与阵列可编程。图 7.2.4 的 PAL 中,每个或门的输出作为触发器的输入,各触发器的时钟连接专用时钟输入线 CLK,因而可以实现同步时序逻辑。各输出缓冲门的使能也由专用线 OE 控制。

【例 7.2.1】 基于图 7.2.4 结构的 PAL 实现可控加减法模 6 计数器(自然二进制码规律)。

解: 第 5 章中给出了可控加减计数器电路的分析的例子,也介绍了计数器的一般设计方法。在本例中可设一输入控制信号 A,A 为逻辑 0 时进行加计数,A 为 1 时进行减计数。状态转移表如表 7.2.1 所示。

表 7.2.1 可控加减模 6 计数器的状态转移表

A	Q_2^n	Q_1^n	Q_0^n	Q_2^{n+1}	Q_1^{n+1}	Q_0^{n+1}
0	0	0	0	0	0	1
0	0	0	1	0	1	0
0	0	1	0	0	1	1
0	0	1	1	1	0	0
0	1	0	0	1	0	1
0	1	0	1	0	0	0
0	1	1	0	ϕ	ϕ	ϕ
0	1	1	1	ϕ	ϕ	ϕ
1	0	0	0	1	0	1
1	0	0	1	0	0	0
1	0	1	0	0	0	1
1	0	1	1	0	1	0
1	1	0	0	0	1	1
1	1	0	1	1	0	0
1	1	1	0	ϕ	ϕ	ϕ
1	1	1	1	ϕ	ϕ	ϕ

根据表 7.2.1 可得出 Q_2^{n+1}、Q_1^{n+1}、Q_0^{n+1} 的卡诺图。化简各卡诺图(过程略)得到各 D 触发器输入信号的表达式如式(7.2.1)。

$$\left.\begin{aligned} Q_2^{n+1} &= D_2^n = \overline{A}Q_1^nQ_0^n + \overline{A}Q_2^n\overline{Q_0^n} + A\,\overline{Q_2^n}\ \overline{Q_1^n}\ \overline{Q_0^n} + AQ_2^nQ_0^n \\ Q_1^{n+1} &= D_1^n = \overline{A}\cdot\overline{Q_2^n}\ \overline{Q_1^n}Q_0^n + \overline{A}Q_1^n\overline{Q_0^n} + AQ_2^n\overline{Q_0^n} + AQ_1^nQ_0^n \\ Q_0^{n+1} &= D_0^n = \overline{Q_0^n} \end{aligned}\right\} \tag{7.2.1}$$

以编程连接符号“×”将式(7.2.1)表达在与阵列、或阵列中就得到了用 PAL 实现本例的逻辑电路图,如图 7.2.4 所示。

熔断丝编程的 PAL 在出厂时各熔断丝呈连通状态,相当于结构图与阵列中的各交差点均存在编程连接。编程时将不需要的连接位置处的熔断丝熔断而保留需要的熔断丝。与阵列未使用到的与门(线)的各编程点呈连接状态,与门输出信号恒为 0,但为简化表达,未使用到的与门对应的各编程点均不标画符号“×”或将“×”标在与门中,如图 7.2.4 所示。

7.2.3 GAL

20 世纪 80 年代在 PAL 基础上发展的通用阵列逻辑(Generic Array Logic,GAL)有着以下主要特点：

① 首次在 PLD 采用了 EEPROM 工艺，使得 PLD 具有了电擦除可重复编程的性能。

② 沿用了 PAL 的“与阵列可编程，或阵列固定”的结构，在输出部分用逻辑宏单元（OLMC）取代了通用寄存器，增进了器件的功能。

图 7.2.5 为 GAL 典型器件 GAL16V8 的结构图。

（1）逻辑阵列

在图 7.2.5 所示的 GAL16V8 的与阵列中，连接每个与门的横线可实现一个乘积项。送入每个 OLMC 内的或门各有 8 个乘积项（8 条横线）。每个乘积项中的变量可选自 32 个信号（来自输入端的 8 个原变量、8 个反变量，来自反馈的 8 个原变量、8 个反变量）。

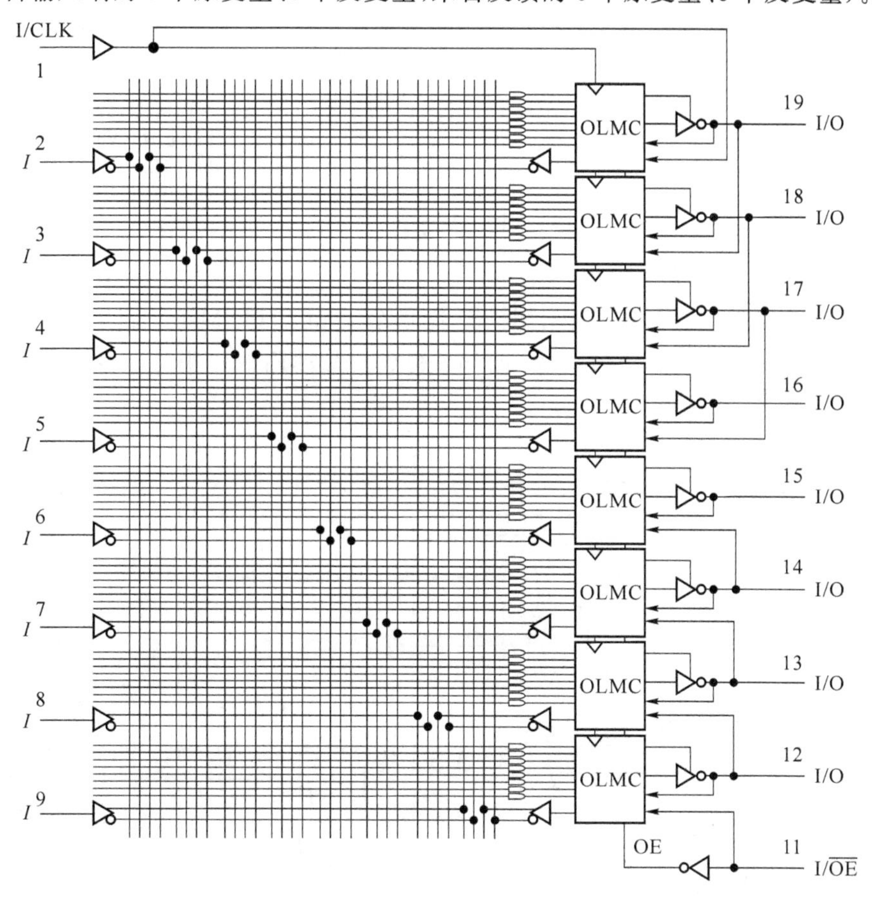

图 7.2.5　GAL16V8 的结构图

由图 7.2.5 可见，每个 OLMC 向与阵列反馈回一个信号，这个反馈可选自 3 个信号：本 OLMC 的输出信号、相邻 OLMC 的输出信号、I/O 引脚来的外输入信号。反馈信号可以增加一个 OLMC 实现的组合逻辑函数中的乘积项的个数，也可以增加一个乘积项中变量的个数。在 OLMC 构成时序逻辑电路时反馈也是必要的。

图 7.2.5 中的引脚 I/CLK、I/$\overline{OE}$经编程可以作为一般输入端引脚（I），也可为各 OLMC 提供专用全局时钟（CLK）和输出使能（$\overline{OE}$）信号。

图 7.2.6 给出基于 EEPROM 的可编程与门的结构示意。当浮栅保存有负电荷使浮栅

管（如 VT_{A2}）总处于截止状态时，该路输出总为高电平，该路对应的变量（如 A）对线与输出 F 的电平没有影响，相当于该变量没有被编程连接到与门。反之，若某路的浮栅管内的负电荷被释放掉，则相当于该路变量被编程连接到与门。

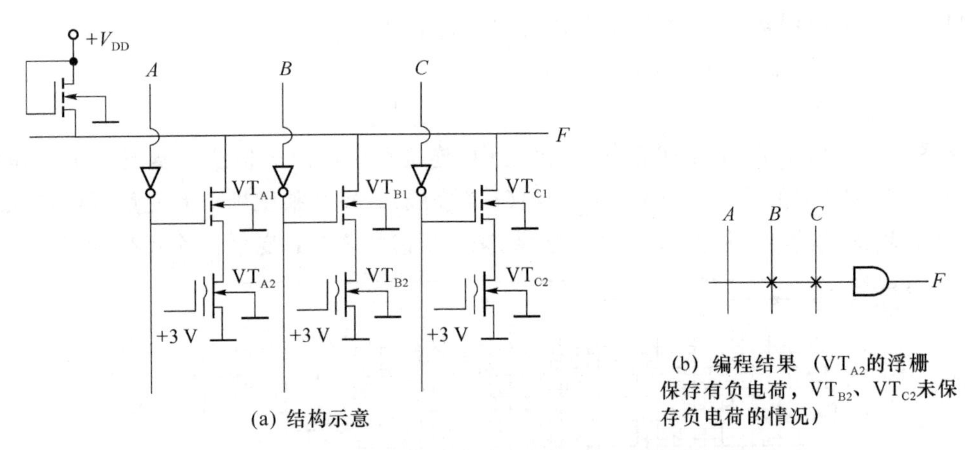

图 7.2.6　基于 EEPROM 的可编程与门的结构示意

（2）OLMC

图 7.2.7 为 GAL16V8 中的输出逻辑宏单元（Output Logic Macro Cell，OLMC）的逻辑图。其中，8 输入或门完成或运算，异或门起着可编程控非门的作用。D 触发器使 GAL 有了时序逻辑功能，其时钟用全局时钟（CLK）。

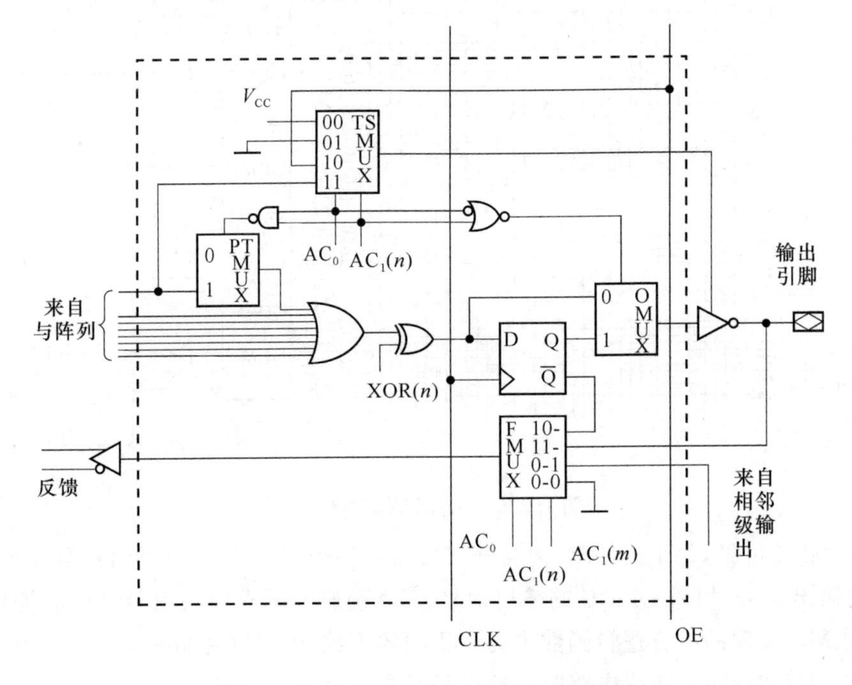

图 7.2.7　GAL16V8 的 OLMC 的逻辑图

对 OLMC 的编程配置主要是通过 4 个选择器进行的。其中，选择器 TSMUX 为输出缓冲门选取控制信号；PTMUX 决定由与阵列来的第 8 个乘积项是否可作为输出缓冲器的控制信号;OMUX 决定是否使用 D 触发器,当选择组合逻辑电路的结果直送输出时不使用 D 触发器,但 D 触发器也不能另作它用。这一缺点在后发展的 EPLD、CPLD、FPGA 中有了改进。选择器 FMUX 选取反馈信号,反馈信号可来自本 OLMC(序号为 n),也可来自相邻 OLMC(序号 m、$m=n+1$ 或 $n-1$,如图 7.2.7 所示)的输出,也可来自 I/O 引脚的输入信号。也可选择无反馈。AC_0、$AC_1(n)$、$AC_1(m)$决定着各选择器的选通连向。

AC_0、$AC_1(n)$、$AC_1(m)$为 GAL 控制字中的信息位。使用者通过编译工具将编程信息写入 GAL 的控制字。

OLMC 有 5 种工作模式。图 7.2.8(a)、图 7.2.8(b)分别为其中的时序输出模式和组合 I/O 模式。

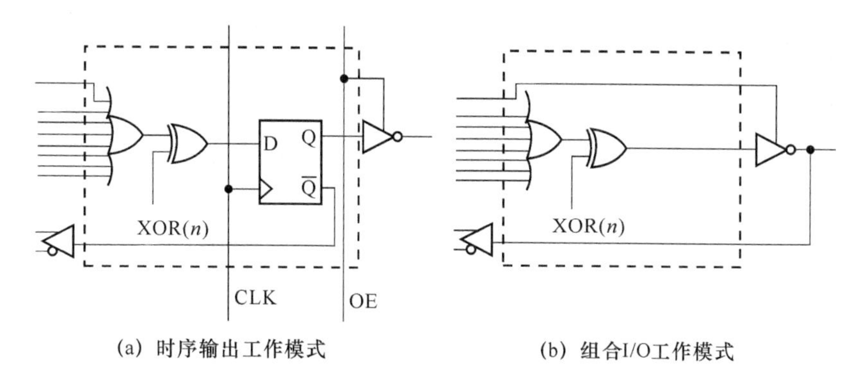

图 7.2.8 OLMC 的工作模式

7.3 EPLD[①]

PLA、PAL、GAL 是 PLD 早期发展进程中的代表性产品,可将它们统称为简单 PLD (SPLD)。随着信息数字处理技术的发展,SPLD 在资源规模、配置灵活度等方面都难以满足构建大规模数字系统的要求。EPLD、CPLD、FPGA 是继 SPLD 后发展起、现仍在发展中的 PLD 器件。本节以 MAX7000 系列为例介绍可擦除的可编程逻辑器件(Erasable PLD, EPLD)器件的主要特点。

7.3.1 MAX7000 系列的系统结构

MAX7000 系列 PLD 采用 0.8μm CMOS EEPROM 技术制造,有 600～5 000 个可用门。引脚到引脚的信号延时为 6 ns ,计数器最高工作频率为 151.5 MHz。图 7.3.1 为 MAX7000E/S 器件的结构框图。

MAX7000 系列器件由以下几个基本部分组成:逻辑阵列块(LAB)、宏单元(MC)、输入/输出控制块(I/O 控制块)、可编程连线阵列(PIA)、扩展乘积项、专用输入线(4 个)。

① 本节的各图源自 Altera 的器件资料。

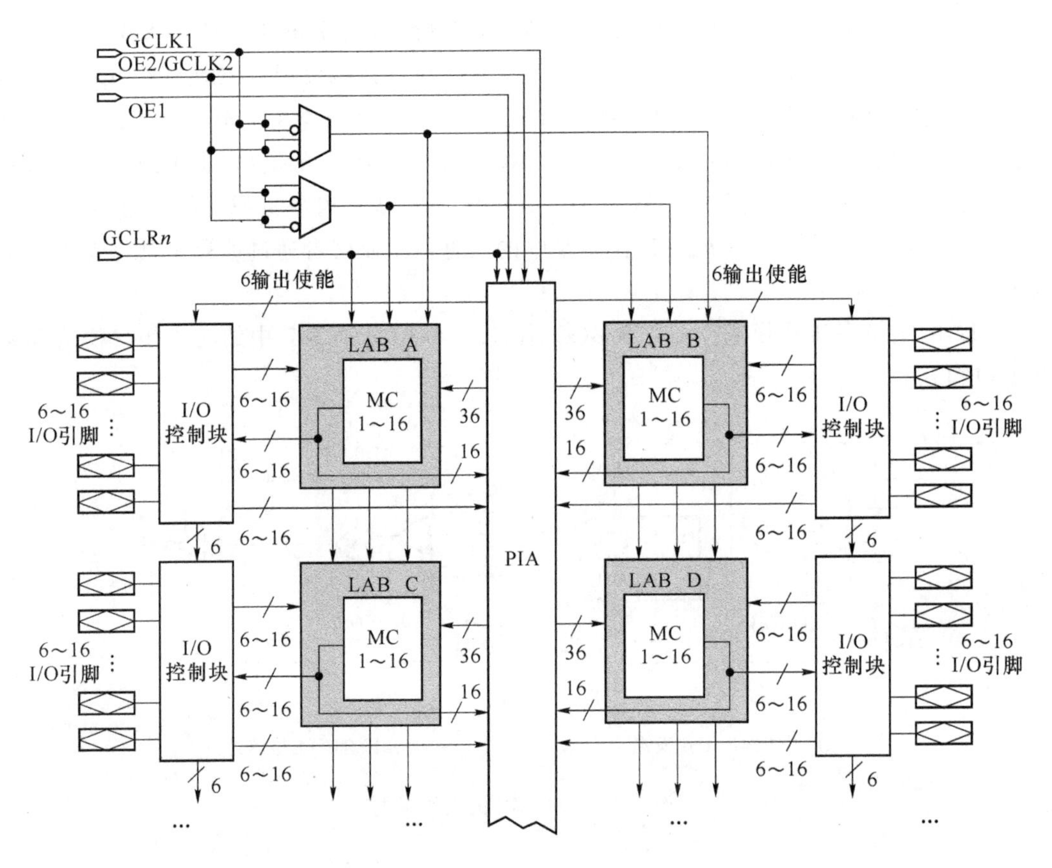

图 7.3.1 MAX7000 的结构框图

4 个专用输入端可作为全局时钟(CLK)、清除(CLR)、输出使能(OE)信号，它们是为 MC 和 I/O 控制块提供的高速控制信号。

各 LAB 之间通过 PIA(Programmable Interconnection Array)互连。信号经 PIA 传输后增加一个传输延时 t_{PIA}。对一确定型号的 EPLD，t_{PIA}是一个固定值，不因信号在 PIA 中的路径不同而改变。这是 EPLD/CPLD 类 PLD 器件的特点。

MAX7000 系列的 EPLD 的编程技术基于 EEPROM，其编程内容不会因器件掉电而丢失。这给应用系统带来了方便。

本节主要介绍 MAX7000 系列中 LAB 和 MC。对其他部件的介绍可见相关资料。

7.3.2 MAX7000 系列的 LAB 和 MC

依系列中型号的不同，MAX7000 可分别提供 2～16 个逻辑阵列块(LAB)，每个 LAB 中有 16 个宏单元(MC)并分为两组，每组 8 个。MC 主要由逻辑阵列、乘积项选择矩阵和可编程触发器组成。图 7.3.2 为 MC 的结构图。

1. 逻辑阵列和乘积项选择矩阵

逻辑阵列实现与运算，图 7.3.2 中每个与门实现一个乘积项，每个乘积项的变量可选自从 PIA 来的 36 个信号以及从本 LAB 来的 16 个共享扩展项信号。由逻辑阵列本身可实现 5 个乘积项，但使用扩展乘积项后可使一个 MC 实现多至 20 个的乘积项。

乘积项选择矩阵选取乘积项送入或门及异或门以构成组合逻辑函数。后接的可编程触发器的置位(PRN)、清除(CLRN)、时钟(CLK)、时钟使能(ENA)信号也可由乘积项选择矩阵从乘积项中选取。

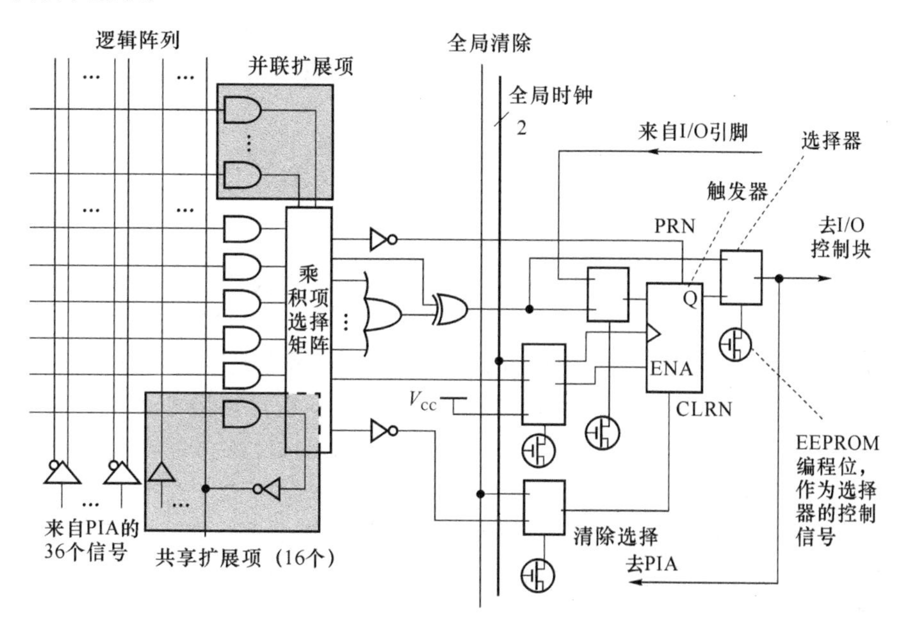

图 7.3.2 MAX7000 系列中宏单元(MC)的结构框图

2. 可编程触发器

可编程触发器可被设置实现 D、JK、T、RS 触发器的功能。

触发器的时钟工作方式可有 3 种:①时钟选自全局时钟(GCLK1、GCLK2),这种方式的工作速度最快;②带有时钟使能控制的全局时钟,时钟使能信号来自乘积项;③时钟来自某一乘积项。

触发器的置位(PRN)、清除(CLRN)均为异步方式。它们可选自乘积项,清除信号也可选自全局清除信号。

触发器的输入信号可来自组合逻辑部分(由乘积项选择矩阵决定),也可直接来自 I/O 引脚。来自 I/O 引脚时,器件所要求的输入建立时间很短(3 ns),此时的可编程触发器可作为寄存器快速捕获输入信号。

触发器也可根据需要被旁路掉,将组合逻辑部分的结果直送 MC 的输出。

3. 扩展乘积项

使用扩展乘积项可增加 MC 的逻辑功能,有两种扩展乘积项。

(1) 共享扩展项

由每个 MC 提供一个未使用的乘积项反馈回本 LAB 的逻辑阵列(如图 7.3.2 所示)。这个乘积项称为共享扩展项。这样,一个 LAB 的逻辑阵列中可有 16 个共享扩展项,它们可被本 LAB 中的任何 MC 使用。使用共享扩展项后,信号的传输延时会增加一个 t_{sexp} 量。共享扩展项可增加乘积项中逻辑变量的个数。

(2) 并联扩展项

一个 MC 未使用的乘积项可通过并联扩展项的方式提供给相邻的 MC 使用。一个 LAB 中的 MC 分为两组,每组 8 个。在每组 MC 中,排序号高的可向序号低的借用并联扩展项。一个 MC 可最多实现 20 个乘积项,其中的 5 个来自本 MC 的逻辑阵列,另 15 个来自相邻的 MC。每使用一个并联扩展项,信号的传输延时会增加一个 t_{pexp} 量。

7.4 CPLD[①]

复杂的可编程逻辑器件(Complex PLD,CPLD)是一类大规模 PLD 的总称,其集成规模度大于或远大于 EPLD。

本节以 FLEX10K 系列芯片为例介绍 CPLD 类可编程器件的主要特点。

FLEX10K 系列是一种高密度、高性能的可编程器件。它可提供 10 000～25 0000 个等效门。内带的嵌入式阵列增强了其运算处理能力。FLEX10K 的内部连接具有高速、延时固定并可预测的特点。FLEX10K 采用 CMOS-SRAM 的制作工艺,与 EEPROM 工艺的器件不同,基于 CMOS-SRAM 的 PLD 的编程内容在芯片断电后并不能自己保存数据,需另设 ROM 类器件为其保存编程数据,在系统上电时也需有一个将编程数据自动下载到芯片的配置过程。

基于 SRAM 技术被认为是 FPGA(现场可编程门阵列)类 PLD 的特征之一,因而也有将 FLEX10K 系列归入 FPGA 类的。

7.4.1 FLEX10K 的系统结构

FLEX10K 主要由嵌入式阵列块(EAB)、逻辑阵列块(LAB)、快速连线带(FastTrack)和输入/输出单元(IOE)4 个部分组成。图 7.4.1 给出了它们的结构关系。

FLEX10K 是业界最先将嵌入式阵列结合进 PLD 的。借助嵌入式阵列,PLD 可更有效地实现复杂的逻辑处理。嵌入式阵列由多个 EAB 组成,每个 EAB 基本为一个带有寄存器的 RAM(2048 位)。

LAB 呈行列构造,每行嵌入一个 EAB。每个 LAB 内包含有局部连线和 8 个逻辑单元(LE),每个 LAB 自身可构成一个低密度 PLD。多个 LAB 互连结合可构成更大的逻辑块,因而也将 LAB 称为构成 CPLD 的"粗颗粒(coarse grain)"。

行、列快速连线带贯穿于整个器件的长、宽,分布于 LAB 的行列之间。连线带内有多条等长度的连续金属连接线,每条称为一个互连通道,统称为互连资源。LAB、EAB、IOE 之间的互连主要是通过快速连线带连接的。

IOE 起着引脚接口的作用,其内部主要有一个双向缓冲器和一个寄存器。每个 IOE 可经编程选择与多个互连通道连接。FLEX10K 还有 6 个专用输入引脚,其连接线遍布整个器件,经它们传送信号的延时较小。它们可用作全局时钟及清除、置位信号。

表 7.4.1 给出了 FLEX10K 系列两种型号器件中的主要模块的数目。

---

① 本节各图源自 Altera 的器件资料。

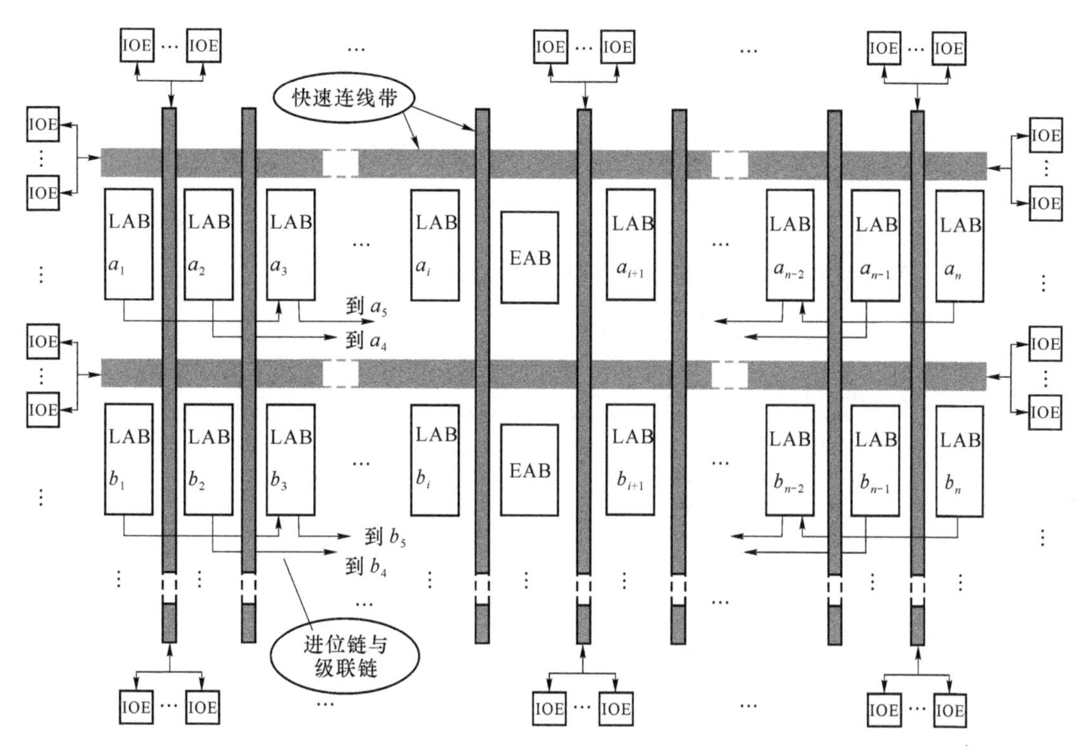

图 7.4.1　FLEX10K 的结构框图

表 7.4.1　FLEX10K 系列的两种型号器件中的主要模块数目

器件 \ 数量 \ 模块	提供的门数	EAB 数	LAB 数	LE 数	总 RAM 位	快速连线带行/列数	每行内互连通道数	每列内互连通道数	最大 I/O 引脚数
EPF10K10 EPF10K10A	10 000	3	72	576	6 144	3/24	144	24	134
⋮	⋮	⋮	⋮	⋮	⋮	⋮	⋮	⋮	⋮
EPF10K250A EPF10K250B	250 000	20	1 520	12 160	40 960	20/76	456	40	470

7.4.2　FLEX10K 的嵌入式阵列块

每个 FLEX10K 的嵌入式阵列块(EAB)为一个有 2 048 位(bit)的 RAM 块,其输入、输出带有寄存器。

利用 EAB 可直接构成规模不很大的存储器,如 ROM、RAM、FIFO(First In First Out,先入先出存储器)。实现存储器时,可将一个 EAB 配置为 256×8(256 单元,每个单元 8 位)或 512×4、1 024×2、2 048×1。较大规模的存储器可由多个 EAB 连接实现,如两个 512×4 的 EAB 连接可得 512×8 的存储器。

EAB 中的 RAM 的入出端均带有寄存器,输入/输出寄存器可用不同的时钟,这给 EAB 实现 FIFO、双端 RAM 带来方便。

EAB 也可用于乘法器、数字滤波器等复杂逻辑的实现中。例如,将 EAB 配置为 256×8

只读存储器,其中存入两个4位无符号数相乘的积,将两个4位输入数据作为地址,这样用一个EAB就可实现4×4乘法器。这种查找表法实现的乘法器的工作速度快于由门电路构成的乘法器。

7.4.3 FLEX10K的逻辑阵列块

一个FLEX10K的逻辑阵列块(LAB)中包括8个逻辑单元(LE)、进位链与级联链、控制信号以及LAB局部互连带,结构关系如图7.4.2所示。

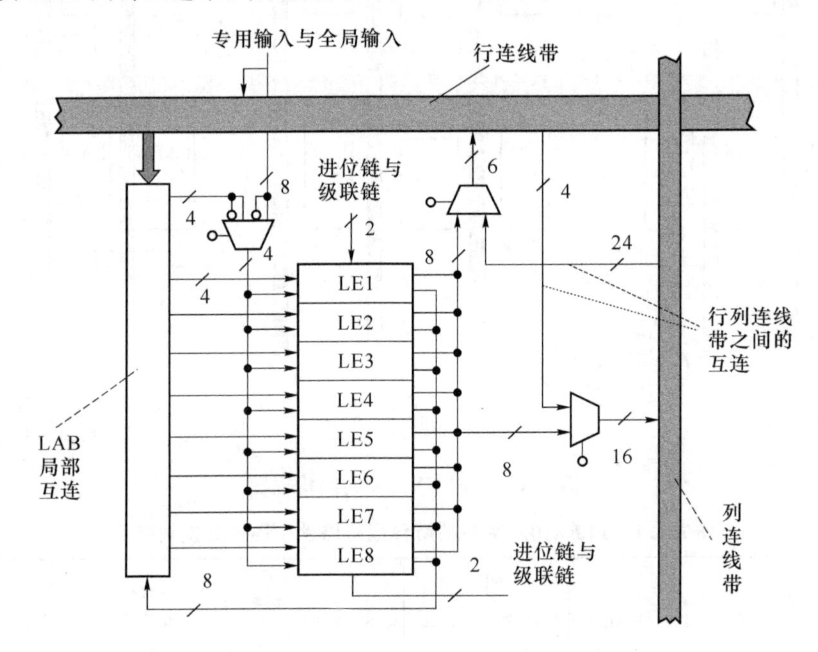

图7.4.2 FLEX10X的逻辑阵列块(LAB)

每个LAB中为8个LE提供4个控制信号,其中的两个可作为时钟,另两个作为置位/清除信号。这4个控制信号可选择来自器件的专用与全局输入信号或来自LAB的局部互连信号。专用与全局输入信号通过器件时的时延量很小,适于作为同步控制信号。

进位链与级联链是各LE间的快速连接线,信号通过它们传输时的时延小于经行、列连线带的时延。进位链与级联链也在同一行的LAB间连接,由图7.4.1并结合图7.4.2可见,某一LAB中第8个LE输出的进位链、级联链送到同一LAB行间隔列LAB的第1个LE的进位链、级联链的输入。但进位链、级联链不穿过LAB行中间的EAB。

各LE的输出可编程选择送入行、列快速连线带,也可反馈回本LAB的局部互连带。

7.4.4 FLEX10K的逻辑单元

逻辑单元(LE)是FLEX10K结构中的基本处理单元。图7.4.3所示为LE的结构。每个LE包含一个4输入查找表(Look Up Table,LUT),一个带有使能和异步清除、置位端的可编程触发器,一个进位链和一个级联链。LE有4种工作模式。

1. 查找表

查找表(LUT)为一种存储结构,可作为编程实现组合逻辑函数的一种方法。与基于乘积项的组合逻辑函数实现方法(如GAL、MAX7000中)不同,LUT只需改变存储器的内容即可实现给定变量的任何组合函数，因而也称 LUT 为函数发生器。图 7.4.4 为用 SRAM 和选择器构成的 4 变量 LUT 的框图。

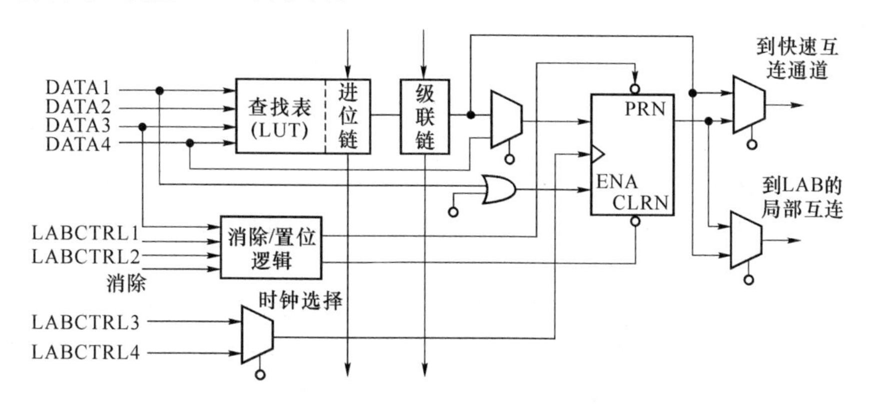

图 7.4.3　FLEX10K 的逻辑单元(LE)

例如，实现函数 $F=A\oplus B+C\oplus D$。基于乘积项方法的设计需 4 个与门、1 个或门。而 LUT 法根据函数 F 的真值表(表 7.4.2)将 F 的取值存入 SRAM。而将输入变量作为四组二选一选择器的控制信号。图 7.4.4 所示的结构可实现 4 变量的任一组合逻辑函数，其复杂度和工作延时不随乘积项的多少而改变。

表 7.4.2　真值表

A	B	C	D	$F=A\oplus B+C\oplus D$
0	0	0	0	0
0	0	0	1	1
0	0	1	0	1
0	0	1	1	0
0	1	0	0	1
0	1	0	1	1
0	1	1	0	1
0	1	1	1	1
1	0	0	0	1
1	0	0	1	1
1	0	1	0	1
1	0	1	1	1
1	1	0	0	0
1	1	0	1	1
1	1	1	0	1
1	1	1	1	0

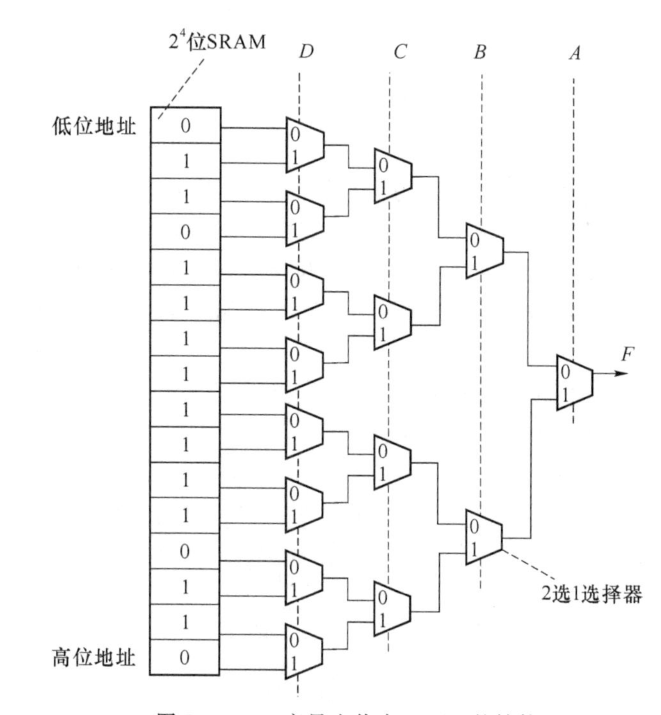

图 7.4.4　4 变量查找表(LUT)的结构

2. 可编程触发器

可编程触发器可被设置成 D、T、JK 或 SR 触发器。触发器的时钟(CLK)、清除(CLR、异步)、置位(PRN、异步)及使能(ENA)可选自专用输入或通用 I/O 引脚的信号，也可由内部逻辑电路产生，如图 7.4.3 所示。可编程触发器和 LUT 的输出可以各自独立工作、分别输出，这提高了 LE 的利用率。

3. 进位链和级联链

进位链提供了 LE 之间的快速(0.2 ns)进位功能。低位 LE 的进位信号可经进位链送到高位 LE。这一特点有助 FLEX10K 实现多位的高速加法器、计数器和比较器。

利用级联链可使一个 LE 实现多变量(多于 4 个)的组合逻辑函数。

4. LE 的工作模式

根据对 LE 中的 LUT 和可编程触发器的设置的不同，可把 LE 的工作模式分为 4 种。

图 7.4.5 所示称为正常工作模式。在这种工作模式中，LUT 被设置为 4 输入查找表，4 个输入来自 DATA1～DATA4 及进位链输入。可编程触发器的输入数据可以是查找表的输出，也可选择直接来自局部互连(DATA4)。触发器和查找表可各自独立工作、分别输出。这种工作模式可接收输入进位链、级联链，产生输出级联链，但没有输出进位链。

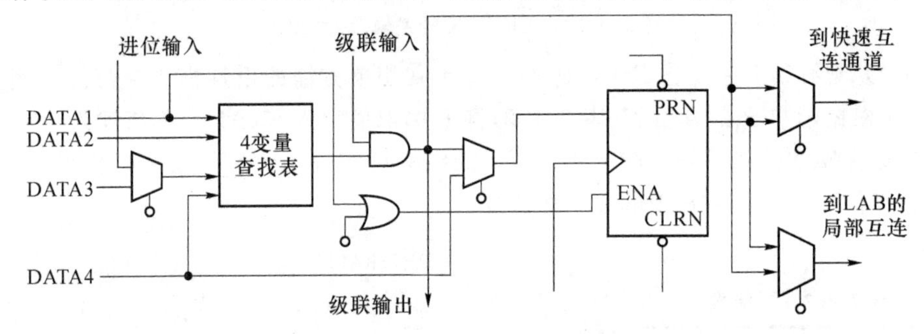

图 7.4.5 LE 的正常工作模式

图 7.4.6 所示称为加/减计数工作模式。LUT 被设置为两个 3 变量查找表。第 1 个查找表的输出可去作用触发器。第 2 个查找表的输出连接到进位链送下级 LE。本 LE 的输出(Q)被反馈回送到查找表的输入，DATA2 可作为加/减控制信号与 Q 及进位链来信号运算后再经进位链送到下级 LE。可编程触发器可以被同步加载数据，这是由 DATA3、DATA4控制完成的。

另两种工作模式：运算工作模式、有(同步)清除功能的计数模式，见相关的参考资料。

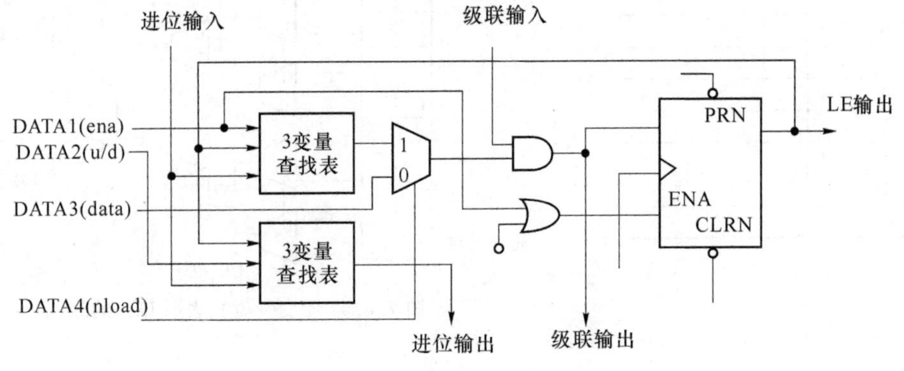

图 7.4.6 LE 的加/减计数工作模式

7.4.5 FLEX10K 的快速连线带

行、列快速连线带(FastTrack)由横向、纵向遍布于器件的一系列连续连接线(互连通道)组成,这是EPLD/CPLD类器件的布线的特点。由图7.4.1和图7.4.7可见快速连线带和LAB、EAB在器件中的分布关系。由图7.4.2可见快速连线带与LAB的互连。在行、列连线带的交叉位置设置有选择器和驱动器以实现行、列信号的互连。

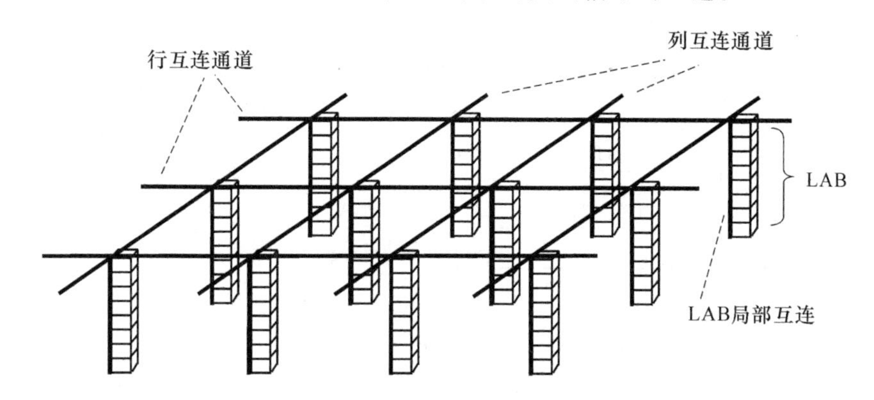

图7.4.7　CPLD/EPLD类器件中的快速连线带

为提高连接布线的效率,行连线带的互连通道分为全长和半长通道,全长通道横惯器件,可连LAB行上的各个LAB。半长通道仅能连接LAB行的一半,距离较近的LAB可通过半长通道互连。

表7.4.1中列举了快速连线带的行/列数目及每行/列内的通道数。

连线带内采用连续连接线的布线方式称为连续式互连结构,这通常被认为是EPLD/CPLD类器件的互连布线的特点。采用这种布线结构的器件,芯片引脚-引脚的信号延时是可预测或固定的。这给一些高频、高速信号处理的应用带来方便。与之相比,FPGA类器件采用分段式互连结构,布线效率较高,但有着信号延时不固定的特点,即随着器件完成的逻辑功能的不同,引脚-引脚的信号延时可能也不同。

7.4.6　FLEX10K的输入/输出单元

(输入/输出单元(IOE))主要包含一个输出缓冲器和一个寄存器,如图7.4.8所示。IOE使I/O引脚可输入、输出、双向传送信号,也可呈输出高阻状态。

当输入信号的存在时间较短时,可用IOE寄存器快速捕获输入数据。输出信号时,IOE寄存器也可提供快速"时钟-输出"性能。

输出三态缓冲器可提供漏极开路输出的选择,这增加了输出引脚的驱动功能。输出电压摆动速率可被编程设置为高速或低速,高速输出时,输出电压信号的摆动速率大,但输出信号的边沿毛刺噪声也可能较大,器件的功耗也较大。低速输出时,输出噪声低、功耗也较小。

每个IOE的时钟可选自两个专用时钟线。IOE的清除(CLR)、时钟使能(ENA)、输出使能(OE)及时钟(CLK)可选自周边控制总线。共有12条周边控制总线,其上复用分配的信号有8个输出使能、6个时钟使能、2个时钟、2个清除和4个全局信号。每个周边控制总线的信号可由专用输入引脚驱动,也可由某一LAB特定行中的每个LAB的第一个LE驱动。

IOE作为输入单元时可驱动两个行通道或两个列通道。作为输出单元时,IOE可通过多路选择器从 m 个行通道或 k 个列通道中选择信号,m 和 k 的数值随器件型号而定,例如EPF10K10的 $m=18$,$k=16$。

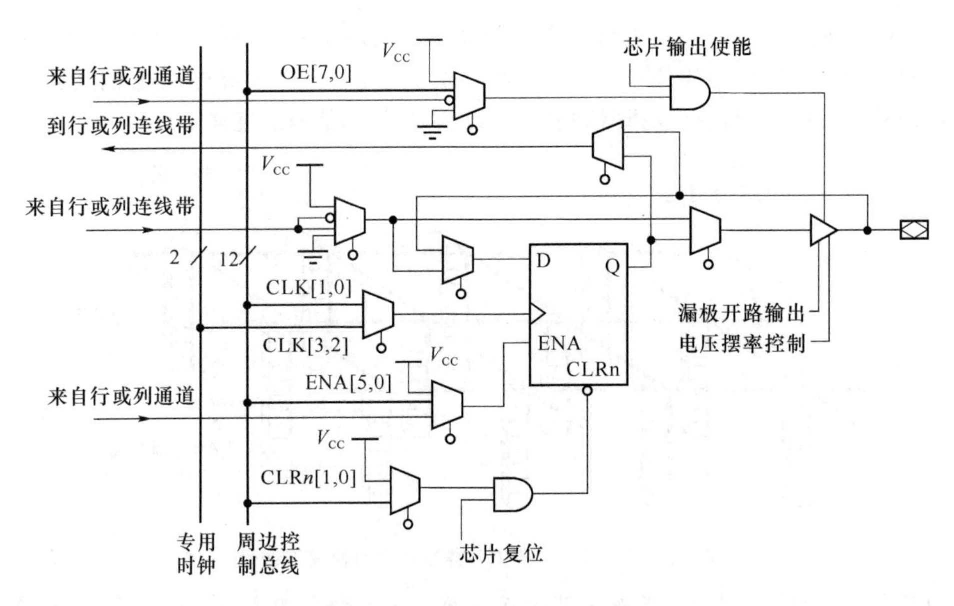

图 7.4.8　FLEX10K 的 IOE

7.5　FPGA①

现场可编程门阵列(Field Programmable Gate Array,FPGA)是一类大规模 PLD 的总称。FPGA 在功能结构、入出接口等方面和 CPLD 类 PLD 的基本相同。但在以下几个方面,两类 PLD 有着各自的特点。

(1) FPGA 的编程配置基于 SRAM。在芯片掉电后,配置信息丢失,需另设非易失性存储器件保存配置信息并完成上电自动加载。而 CPLD(一部分)的编程配置基于闪存(Fast Flash)。配置不会因芯片掉电而丢失。两类芯片均有在系统编程(In System Programmable, ISP)的能力。

(2) FPGA 的基本逻辑模块(CLB)的集成规模度与 CPLD 类的 LAB 比较相对较小,故称 FPGA 为"细颗粒结构"的 PLD。

(3) FPGA 组合逻辑部分基于 SRAM 查找表技术。而 CPLD 常基于逻辑乘积项技术。在解决以组合逻辑为主的问题时,CPLD 的使用效率较高。而在解决以时序逻辑为主的问题时,FPGA 的效率较高。

(4) FPGA 的内部互连布线采用分段式结构,布线效率较高,但信号的引脚-引脚延时常不是固定的,因逻辑功能的不同而不同。而 CPLD 采用连续布线方式。引脚-引脚的信号延时是固定的。

本节以 Spartan-Ⅱ系列的器件为例介绍 FPGA 中的主要结构模块,这些模块的特点在后续开发的器件系列中得到了延续和发展。

Spartan-Ⅱ系列 FPGA 主要由 5 个模块单元构成:可配置逻辑模块(CLB)、输入/输出

① 本节中各图源自 Xilinx 的器件资料。

模块(IOB)、块状存储模块(Block RAM)、可编程互连资源、延迟锁相环模块(DLL)及边界扫描测试单元等。总体结构如图 7.5.1 所示。根据系列内型号的不同,Spartan-Ⅱ器件可提供 96～1 176 个 CLB,86～284 个用户 I/O,16～56 kbit 的 Block RAM,4 个 DLL。Spartan-Ⅱ系列的最高工作频率达 200 MHz。

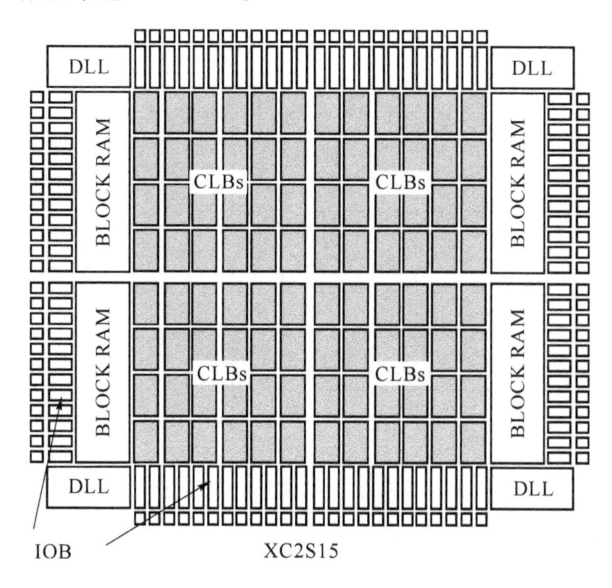

图 7.5.1　Spartan-Ⅱ系列 FPGA 的模块结构

7.5.1　可配置逻辑模块

FPGA 的主要逻辑功能是由可配置逻辑模块(Configurable Logic Block,CLB)及其连接完成的。CLB 在器件中呈行、列排列,依型号的不同,行、列数目及 CLB 总数目也不同。Spartan-Ⅱ系列中的每个 CLB 分为两个切片(Slice),每个 Slice 中包含两个逻辑单元(LC),图 7.5.2 为 Slice 的简化结构。每个 LC 包含一个基于 SRAM 的 4 输入查找表(LUT)、一个进位链及控制逻辑单元、一个触发器及片内互连驱动。

一个 4 输入 LUT 可以作为函数发生器实现 4 变量的任一组合逻辑函数,通过控制逻辑,同一 Slice 中的两个 LUT 可以被配置成为 5 变量函数发生器,也可实现最多 9 个变量的某些组合逻辑或一个 4 选 1 选择器。同一 CLB 中四个 LUT 可以被配置成为 6 变量函数发生器,也可实现最多达 19 个变量的某些组合逻辑或一个 8 选 1 选择器。

各 LUT 的 SRAM 也构成了 FPGA 器件中的分布式存储器。每个 LUT 可被设置为 16×1 bit的同步 RAM,一个 Slice 中的两个 LUT 可实现 16×2 bit 或 32×1 bit 的同步 RAM 或 16×1 bit 的同步双口 RAM。

在 Spartan-Ⅱ及后续发展的 FPGA 中,LUT 可以被配置成为一个 16 位移位寄存器,适用于捕获高速数据或突发数据。

每个 Slice 配有一个进位链逻辑,进位链增强了 CLB 完成加法、减法、累加、比较和计数等处理的能力,也为相邻 CLB 间提供了快速连接通路。

Slice 中的触发器可被配置成边沿触发的 *D* 触发器或电平触发的锁存器。触发器的输入可来自 LUT 的输出或直接来自 Slice 的输入。CLK、CE 为触发器提供了时钟、时钟使能信号,SR、BY 为触发器提供了置位、复位信号,其工作方式可被设置为同步或异步。

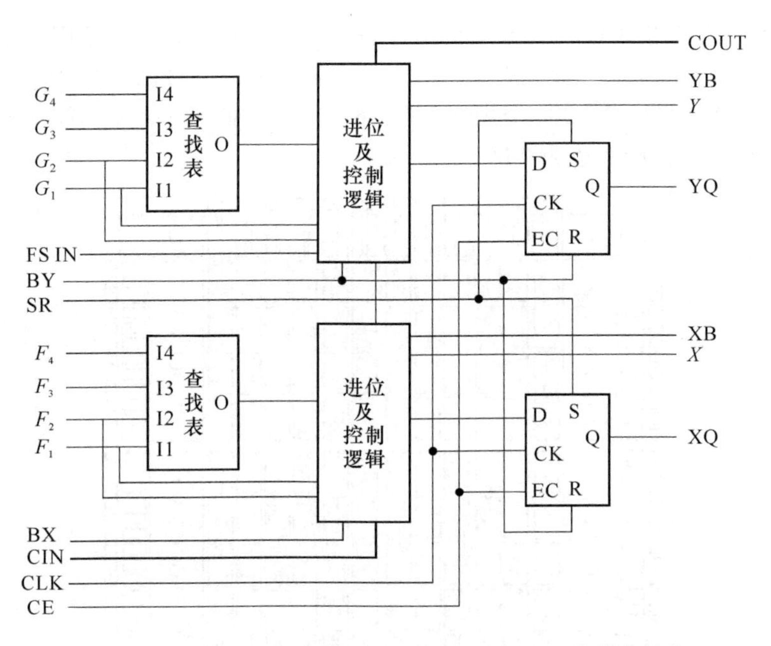

图 7.5.2　Spartan-Ⅱ系列 FPGA 的 CLB 中 Slice 的简化结构

每个 LC 的输出配有一条向本 CLB 的反馈连接,它增强了 CLB 的处理灵活度。

7.5.2　输入/输出模块

输入输出模块(Input/Output Block,IOB)是 FPGA 的片内处理和外围引脚之间的接口,起着信号捕获、驱动保障、电平匹配、静电防护等作用。

图 7.5.3 为 Spartan-Ⅱ系列的 IOB 的结构框图。其中的触发器 IFF、OFF、TFF 可被设置为边沿 D 触发器或电平触发的锁存器。3 个触发器共用同一时钟 CLK,但独立拥有各自的时钟使能。SR 信号为 3 个触发器共用,SR 可被设置为同步、异步的置位或复位信号。

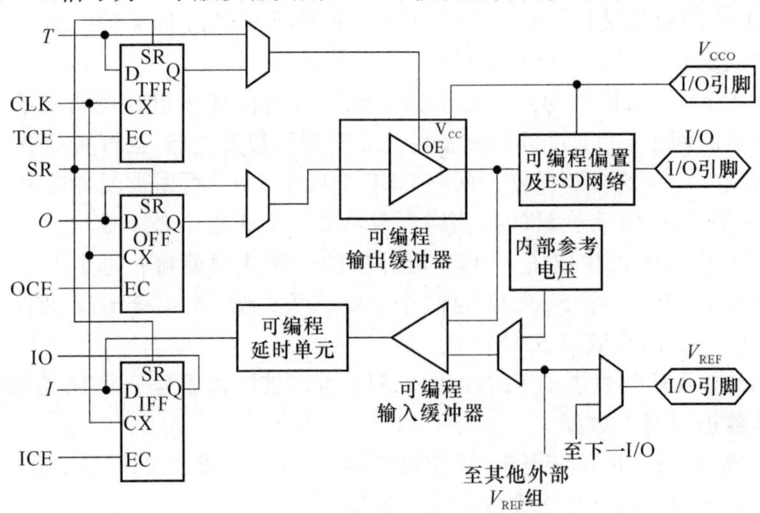

图 7.5.3　Spartan-Ⅱ系列 FPGA 中 IOB 的结构

经片内互连资源来的信号 O 可经/不经 OFF 寄存再通过输出三态缓冲器送出 I/O 引脚。T 端信号经/不经 TFF 为输出缓冲器的提供使能控制。

经输入缓冲器来的输入信号可经 IFF 寄存(当从 IO 端位置连取信号时)或不经过寄存器而直接进入 CLB(当从 *I* 端位置连取信号时)。信号在送入 IFF 寄存器前可由延时单元编程增加其传输滞后的延时量,这是为了补偿时钟的延时偏移。系统时钟在传输到达 IOB 的输入时钟位置时,可能会出现一定的滞后延时,为保证 IFF 在时钟边沿的可靠触发,输入信号应有足够的持续保持时间。在高速信号工作情况,可能会要求输入信号增加与时钟偏移相应的保持时间。这通常难以被满足。在输入信号传输通路上设置的延时使信号到达触发器入端时有着与时钟滞后偏移相应的延时,这可降低对端口输入信号源增加保持时间的要求。因而,可编程延时单元起着匹配系统时钟和端口输入信号的作用,保证端口输入信号可以有零保持时间。当选择信号不经 IFF 寄存而直接连送入 CLB 时,信号会从可编程延时单元自动旁路。

随着 PLD 的快速发展,出现了多种低电压 I/O 接口标准,如 LVTTL、LVCOMS2、PCI 等。各种接口标准在信号电平、电源电压、端接电阻等方面都有着不同。对各种 I/O 接口标准的论述可参见有关参考资料。Spartan-Ⅱ系列 FPGA 可支持 16 种 I/O 接口标准。

对多种 I/O 接口标准的适配是通过 IOB 中的可编程输入缓冲器、输出缓冲器实现的。Spartan-Ⅱ的工作要求有两组外加直流辅助电源:V_{REF} 和 V_{CCO},V_{REF} 的数值取决于输入信号的接口标准,V_{CCO} 取决于输出信号的接口标准。Spartan-Ⅱ的技术资料中有着对 V_{REF} 和 V_{CCO} 的详细介绍。

每个 I/O 端口可被设置为输入、输出或双向的模式。输出信号的电压摆动速率、输出(电流)驱动能力也可被编程设置,这有助于减小输出信号的边沿毛刺噪声。

每个 I/O 引脚配置有起到静电放电(Electro Static Discharge,ESD)防护和过压保护作用的嵌位二极管。每个 I/O 引脚也可被编程配置上拉电阻和下拉电阻以及弱保持(Weak-Keeper)电路,它们起着减小引脚信号干扰、稳定器件工作的作用。

在两个 PLD 器件的引脚之间经电路板线或传输线进行高速信号传输时,引脚阻抗的匹配对信号的可靠传输有着重要的作用。在 Spartan-Ⅱ系列后续发展的 FPGA 中,每个引脚内配置了可编程匹配电阻,通过对匹配电阻的设置可实现最佳信号传输。图 7.5.4 为引脚的防护、上(下)拉和匹配部件的示意。

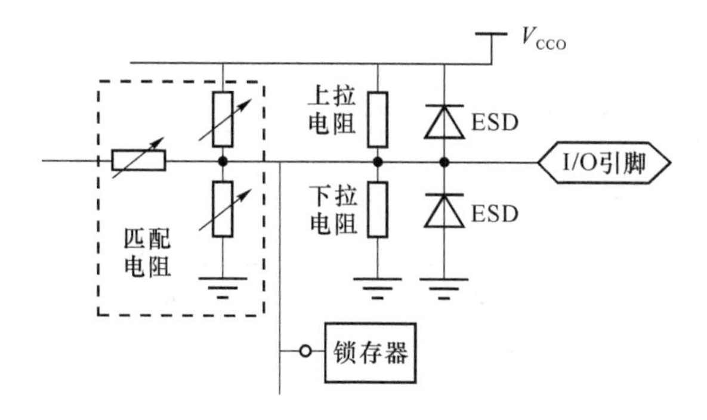

图 7.5.4　引脚的防护、上(下)拉电阻和匹配电阻

7.5.3　块状 RAM

RAM(随机存储器)可应用在数据管理(如 FIFO、移位寄存器)及基于查找表的算法等

多方面的处理中。RAM的使用有着芯片利用率高、工作速度快的特点。在器件中嵌入块状RAM(Block RAM)是PLD的一个发展点。

在Spartan-Ⅱ系列的芯片中，每个RAM块有4 096 bit，块的数量依型号的不同而不同，最多可有14块、共56 kbit的总容量。在后续发展的FPGA中，出现了有着更多RAM块和更大嵌入存储容量的器件。

每个RAM块有自己独立的地址总线、数据总线及控制位。RAM块的数据位宽可被编程设置，例如，设置数据位宽为1位时，每块的存储深度为4 096，若位宽被设置为8位时，则存储深度为512。地址总线的位宽随数据位宽的设置而自动调整。

每个RAM块可被设置成单端口RAM〔如图7.5.5(a)所示〕或双端口RAM〔如图7.5.5(b)所示〕。图7.5.6为单口RAM的读写时序说明图。当处于读状态(WE=低电平)时，在时钟CLK的上升沿(后)，RAM将由地址总线(ADDR)指定的存储单元的内容送到数据输出总线(DOUT)上。当处于写状态(WE=高电平)时，在时钟CLK的上升沿(后)，数据输入总线(DIN)上的数据被写入由地址总线(ADDR)指定的存储单元，同时映射到DOUT上。

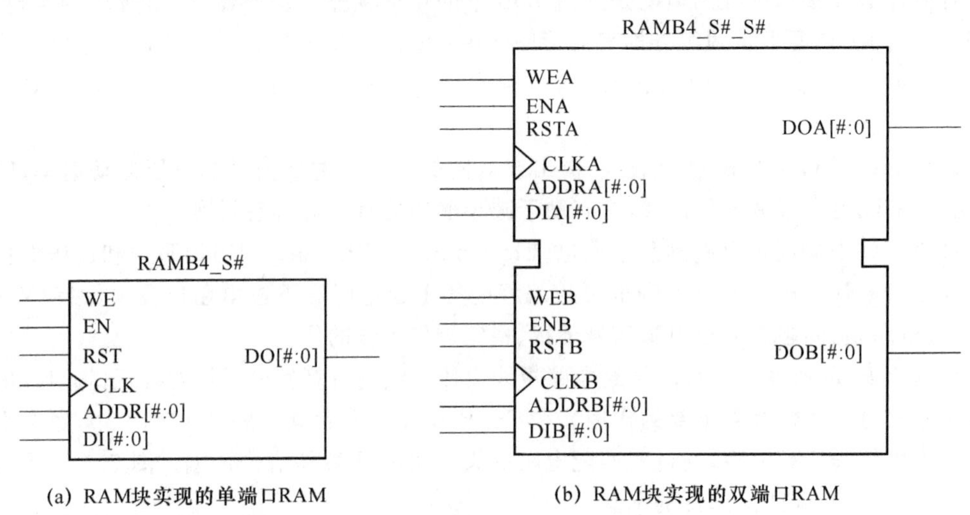

(a) RAM块实现的单端口RAM　　(b) RAM块实现的双端口RAM

图7.5.5　RAM块实现的单端口、双端口RAM

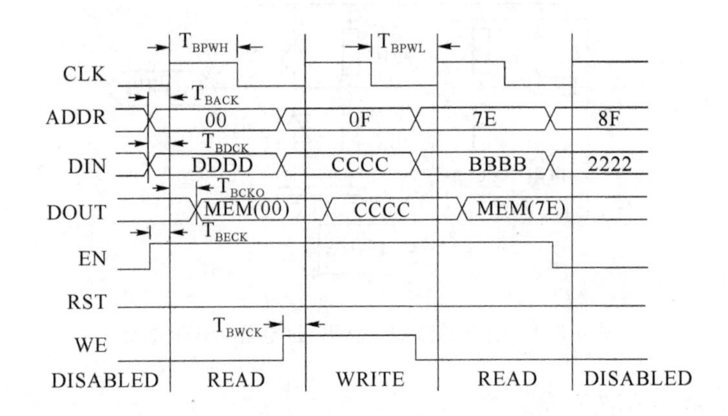

图7.5.6　单端口RAM的读/写时序

双端口 RAM 允许从两套地址、数据总线访问同一片存储区域。两套地址、数据总线及时钟、读/写控制可独立地工作。但当从一个端口向某一存储单元写数据时，从另一端口不可同时（两端口时钟有效沿过于接近、在参数 T_{BCCS} 的时间范围内）读或写同一单元，否则执行结果无效。

7.5.4 可编程互连资源

PLD 的逻辑功能是由 CLB 及其互连实现的。逻辑功能强大的必要条件是高效而丰富的可编程片内互连资源。可编程互连资源是各 CLB 之间、CLB 和 IOB 之间连接线及其控制、驱动部件的总称，通常是一种多层布线通道的结构。

Spartan-Ⅱ的互连资源有局部互连布线、通用互连布线、I/O 互连布线、专用布线、全局布线。

局部互连布线包括：①CLB 和通用布线矩阵 GRM 之间的互连；②CLB 内部的反馈连接；③水平相邻的 CLB 之间的直接连接。

通用互连布线位于与 CLB 行列连接的水平、垂直布线通道上，片内的互连多数是由通用互连布线实现的。通用互连布线资源包括：①通用布线矩阵（General Routing Matrix，GRM），GRM 是一个将水平布线和垂直布线互连的开关矩阵，也是 CLB 接入通用互连资源的途径，通过图 7.5.7 可间接认识通用布线矩阵的连接功能；②连接相邻 GRM 的单长线（24 条），通过图 7.5.8 可从单层角度间接认识 CLB 、GRM 及单长线的关系；③跨越 6 个 GRM 的 16 进制连接线（96 条）；④横向、纵向贯通器件的长线（12 条）。

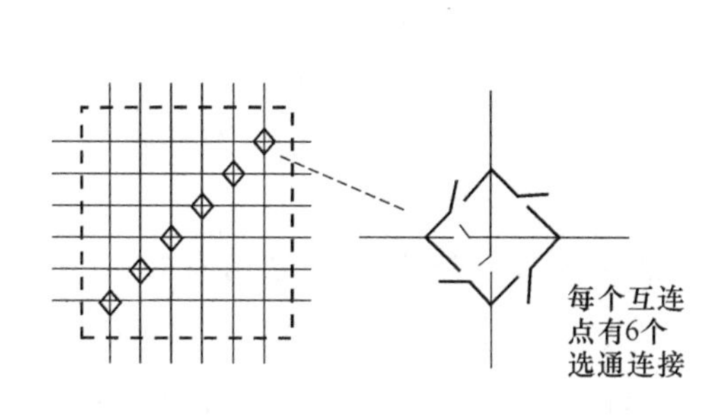

图 7.5.7 通用布线矩阵

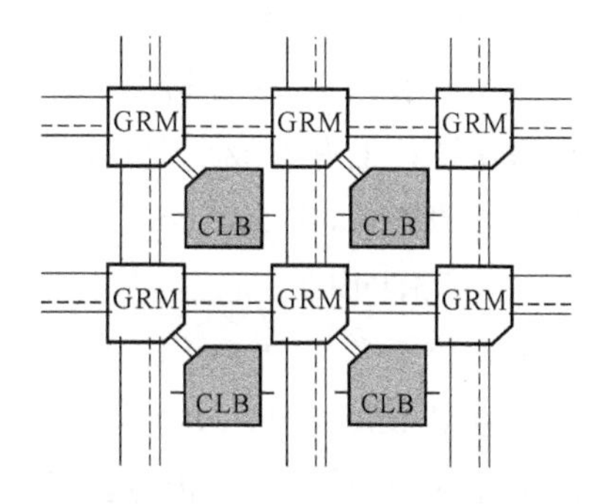

图 7.5.8 通用布线矩阵和单长度线

I/O 互连布线是 CLB 和 IOB 间的接口连接，器件外引脚位置的交换和锁定也是通过 I/O 互连布线实现的。

专用布线为互连提供了高性能的信号传输。Spartan-Ⅱ中有两种专用布线。为每个 CLB 行横向配有 4 条三态双向总线。为每个 CLB 配备有两根与纵向相邻 CLB 直接连接的连接线，它们为进位链信号的传递提供了快速连接。

全局布线资源可提供高扇出、低偏移的信号传输。全局布线资源分为主全局布线层和次全局布线层。①主全局布线资源通常用于全局时钟的传输与分配。主全局布线资源有 4 个布线网，每个布线网由专用缓冲器驱动，每个布线网可驱动所有的 CLB、IOB 和块状 RAM 的时钟。②次全局布线资源有 24 条脊骨状线，每柱脊线又分出 12 条长线。次全局布线可作为时钟分配网络，也可为非时钟信号提供传输路径。

7.5.5 延迟锁相环模块

分布于器件中各个位置处的 CLB、IOB 所使用的时钟信号是由时钟分配网络传输的。时钟分配网络由主全局布线资源实现。Spartan-Ⅱ器件有 4 个专用时钟输入引脚 GCLKPAD，为每个 GCLKPAD 配置有缓冲驱动器 GCLKBUF，每个 GCLKBUF 可驱动一个布线网构成时钟分配网络。图 7.5.9 为时钟分配网络的一个示例。

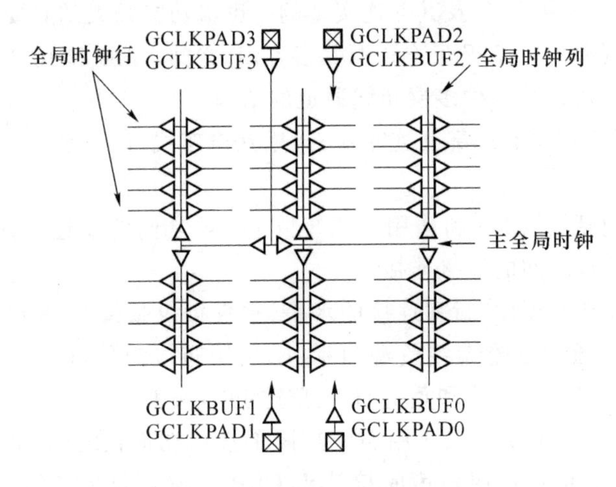

图 7.5.9 时钟分配网络

在大规模、高频率或高速信号处理的场合，对系统中各触发器时钟的同步性经常有很严格的要求，即要求各相关触发器的时钟有效边沿之间的时间偏差尽可能小。时钟分配网络在设计上有着最小(相对其他互连资源)的时延和抖动，但为了满足对时钟同步性的更严格的要求，在 Spartan-Ⅱ及后续发展的 FPGA 中增设了数字延迟锁相环路(Delay-Locked Loop，DLL)。

DLL 位于芯片中 GCLKBUF 后，GCLKBUF 的输入信号可以来自专用时钟引脚，也可来自通用布线资源。DLL 的作用可由图 7.5.10 说明。如果将时钟信号 CLKIN 直接送入时钟分配网络，由于传输路径中的惯性延时和传导延时，经时钟分配网路传输的时钟信号 CLKFB 较 CLKIN 会出现滞后延迟 τ_{pd}。在大规模、高频率或高速信号处理系统中，τ_{pd}就可能导致严重的不良后果。为减小 τ_{pd}，DLL 中的控制逻辑部分抽样比较 CLKFB 和 CLKIN，输出反映两者相位差的误差信号 W，信号 W 控制可变延迟单元输出信号的延迟量。与传统的模拟锁相环相比，控制逻辑单元相当于鉴相器，可变延迟单元相当于压控振荡器。DLL 使 CLKFB 和 CLKIN 间的相位差达到最小，使 τ_{pd}趋于零。加入 DLL 处理后，经时钟分配网络传输到 CLB、IOB 位置处的系统时钟和时钟源可以达到足够理想的同步。

图 7.5.11 是 DLL 的模型。DLL 可提供时钟 CLK0(＝CLKOUT)的 90°、180°、270°相移的信号，还可输出 CLK0 的 2 倍频以及 1.5、2、2.5、3、4、5、8、16 次分频的信号。

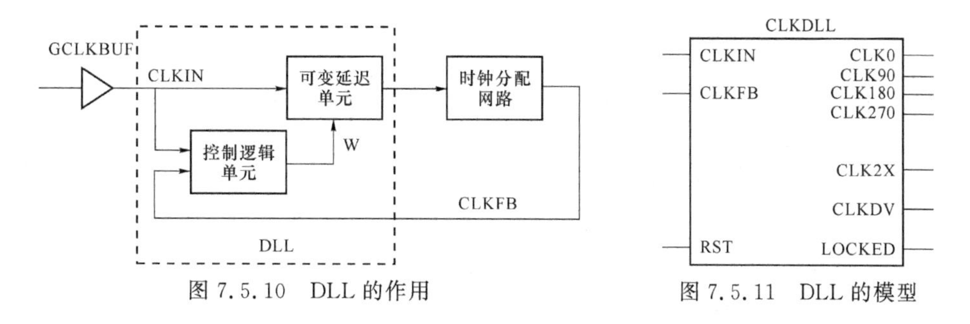

图 7.5.10　DLL 的作用　　　　图 7.5.11　DLL 的模型

7.5.6　边界扫描测试

当数字器件已在 PCB 电路板焊接完成后，通常需要对板级电路有一个物理测试的过程，如检测芯片之间的连接是否正确，验证板上芯片功能是否符合要求。传统的测试方法采用测针或夹具配合测量仪表来检测芯片的引脚。随着微电子技术的发展，电路板的层数增多，器件封装引脚也越来越密集。传统测试方法的难度越来越大，甚至难以得出完整的测量。

20 世纪 80 年代，联合测试行动组（Joint Test Action Group，JTAG）开发制定了 IEEE1149.1 边界扫描测试技术规范（也称为 JTAG 接口协议），这一规范为计算机对板上芯片的测调建立了基础。

JTAG 规范要求芯片为边界扫描设置测试访问端口（Test Access Port，TAP）。TAP 有 5 条专用外信号线：TDI（测试数据输入）、TDO（测试数据输出）、TMS（测试方式选择）、TCK（测试时钟）、TRST（测试复位）。TAP 主要由 3 个部分组成：TAP 控制器、指令寄存器、数据寄存器。通常将 TAP、专用信号线及相应的控制软件统称为 JTAG 接口。

TAP 的数据寄存器中包含旁路寄存器、边界扫描寄存器（BSR）等多个移位寄存器，其中的边界扫描寄存器由各边界扫描单元（BSC）级联串接而成，图 7.5.12 描述了芯片中 TAP 的组成。在器件核心逻辑正常工作时，各 BSC 呈“透明”，即不影响核心逻辑的工作。在测量板上芯片之间的连接时，各 BSC 隔离核心逻辑对引脚连接的影响。在测试芯片的核心逻辑时，各 BSC 阻断板上芯片的外连接的作用。

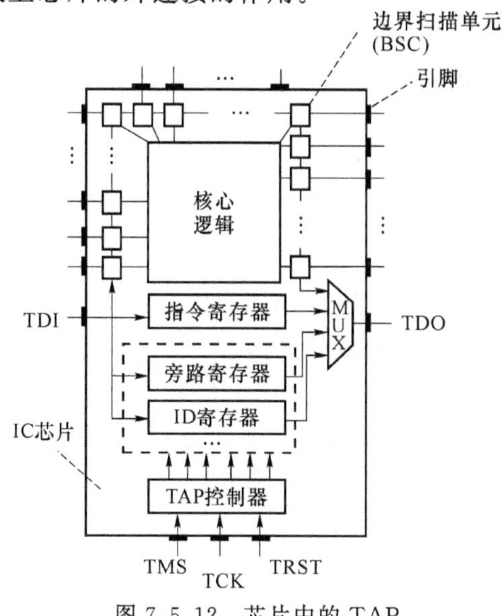

图 7.5.12　芯片中的 TAP

图 7.5.13 示意了 JTAG 边界扫描测量两个芯片引脚的板上连接的情况。连接芯片 1 的 TDO 和芯片 2 的 TDI，测试数据从 TDI_1 串行输入，在芯片内的 BSR 移位，经待测引脚连线的连接及 TDO_1-TDI_2 的连接，数据进入芯片 2 并从 TDO_2 移出。比较连线两端芯片 1 的输出和芯片 2 的输入可判断连线是处于连接或断开的状态。通过边界扫描测试，可以消除或大大减少对板上芯片的传统测试。

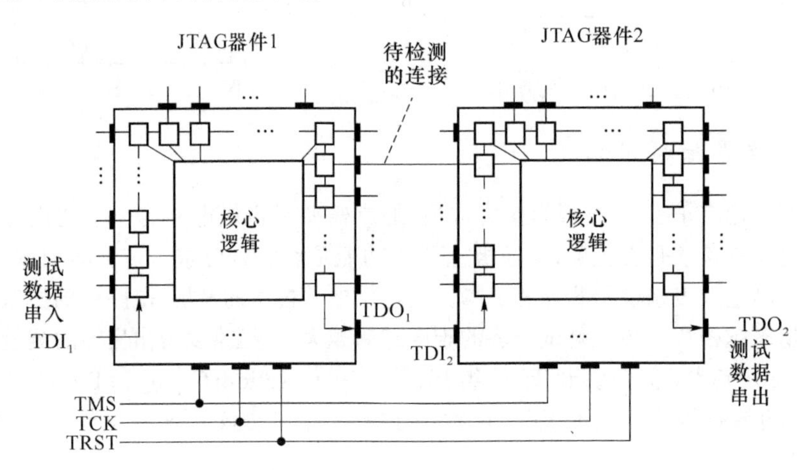

图 7.5.13　边界扫描检测

由于 JTAG 电路使 TDI-TDO 的串行数据链与核心逻辑建立了联系路径，利用 JTAG 接口也可完成对芯片配置数据的下载或读出，这是 JTAG 接口的另一主要应用。

目前的 CPLD/FPGA 及数字系统级芯片（如 CPU、DSP）大多都设置了 JTAG 接口。

本章介绍了几类 PLD 器件的主要特点。PLD 是快速发展的半导体技术，在工作速率、集成规模、内在功能、低功耗等方面不断出现新的进展和创新。初学者应首先了解 PLD 的主要模块构成、认识 PLD 实现组合逻辑、时序逻辑的方法，了解 PLD 在集成规模、工作速度等指标方面的当前发展。

EDA(Electronic Design Automation)的学习基本包括 3 个方面，对 PLD 器件结构、性能的认识；对硬件描述语言（HDL）的掌握；对 EDA 工具软件的熟悉。完整地学习 EDA，是一个课程和实验相结合的过程。

习　题

7-1　用 ROM 实现下列多输出函数。画出 ROM 的阵列图，写出 ROM 中各存储单元应存储的信息码元。画出 ROM 电路图，标出输入、输出信号。

$F_1 = ACD + AB \qquad F_2 = BCD + \overline{B}\,\overline{D} + \overline{B}\,\overline{C} \qquad F_3 = C\overline{D} + \overline{C}D \qquad F_4 = \overline{D}$

7-2　用 ROM 实现下列运算。画出 ROM 的阵列图，写出 ROM 中各存储单元应存储的信息码元。画出 ROM 电路图，标出输入、输出信号。

(1) 两个两位二进制数相乘。

(2) 一个 3 位二进制数的平方。

7-3　欲用题图 7.1 电路实现 8 路输出（$F_0 \sim F_7$）的脉冲分配器，每路输出的正脉冲宽度为一个时钟 CP 的周期。每路输出的脉冲依次后沿一个时钟周期。试写出 ROM 中各存储单元应存储的数据内容(由低位地址单元到高位地址单元)。

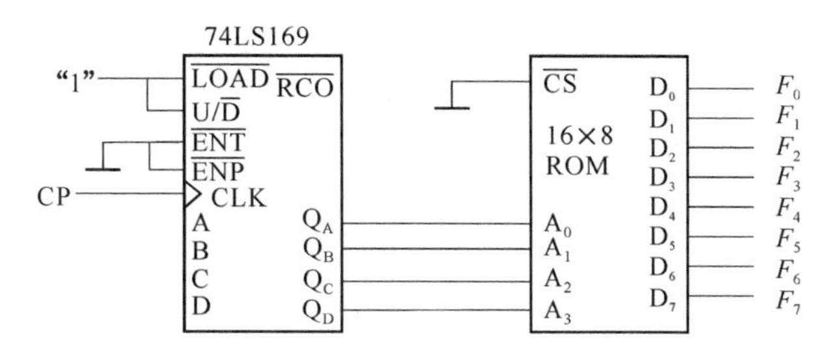

题图 7.1

7-4　试用 2 片 256×8 位的 ROM 组成一个 256×16 位的 ROM。

7-5　基于 ROM 实现计数器。当控制位 $x=1$ 时完成模 7 二进制码的减法计数。当 $x=0$时完成模 10 计数,码型为循环码(表 1.1.3)。两种计数均在全 0 状态时输出 $Z=1$,其他状态时 $Z=0$。画出实现电路图,说明所用 ROM 的数据位宽 m,地址位宽 p,存储单元数目。写出各存储单元的地址和存储数据的表格。

7-6　基于 ROM 同时产生两个序列信号:①01101001;②10100100。画出实现电路图,说明所用 ROM 的数据位宽 m,地址位宽 p,存储单元数目。写出各存储单元的地址和存储数据的表格。

7-7　利用 ROM 实现题图 7.2 所示的状态图。X 为输入信号,Z 为输出信号。试说明所设计的状态编码。画出实现电路图,说明所用 ROM 的数据位宽 m,地址位宽 p,存储单元数目。写出各存储单元的地址和存储数据的表格。

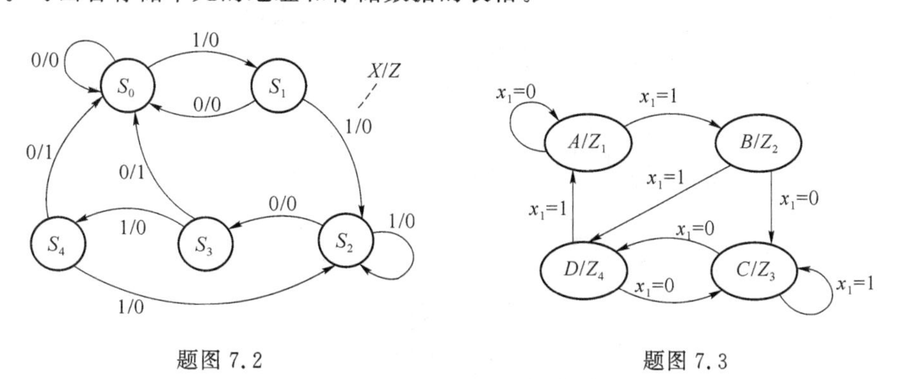

题图 7.2　　　　题图 7.3

7-8　利用 ROM 实现题图 7.3 所示的状态图。二位输入信号为 x_1、x_2,一位输出信号 Z 。状态 A 时,$Z=Z_1=x_1\cdot x_2$,状态 B 时,$Z=Z_2=x_1+x_2$,状态 C 时,$Z=Z_3=x_1\oplus x_2$,状态 D 时,$Z=Z_4=\overline{x_2}$。试说明所设计的状态编码。画出实现电路图,说明所用 ROM 的数据位宽 m,地址位宽 p,存储单元数目。写出各存储单元的地址和存储数据的表格。

7-9　用 ROM 实现 8 路脉冲分配器。要求各路输出脉冲的宽度为 1 μs。每路输出的脉冲依次后沿一个时钟周期。画出实现电路图,说明所用 ROM 的数据位宽 m,地址位宽 p,存储单元数目。写出各存储单元的地址和存储数据的表格。说明时钟 CP 的频率应为多少。

7-10　以题图 7.4 所示的 ROM 电路实现同步计数器或序列信号发生器。试说明电路的设计是否存在问题。电路工作时会有什么结果。

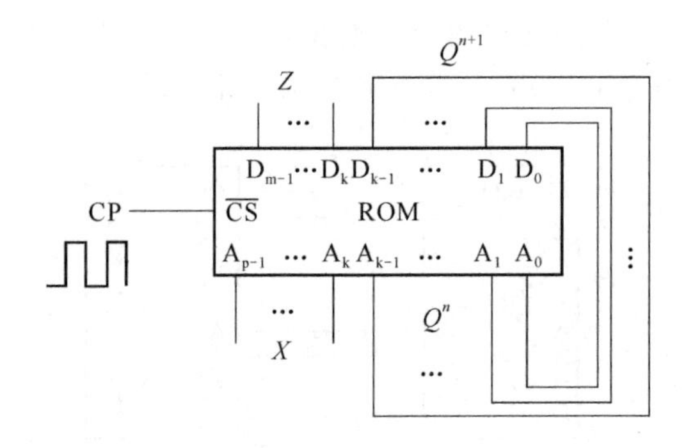

题图 7.4

7-11　基于书图 7.2.3 的 PLA 分别实现题表 7-1、7-2 所示的 2 线-4 线译码器电路。

题表 7.1　2 线-4 线译码(正逻辑输出)

S_1	$\overline{S}_2$	A_1	A_0	Y_0	Y_1	Y_2	Y_3
1	0	0	0	1	0	0	0
1	0	0	1	0	1	0	0
1	0	1	0	0	0	1	0
1	0	1	1	0	0	0	1
0	ϕ	ϕ	ϕ	0	0	0	0
ϕ	1	ϕ	ϕ	0	0	0	0

题表 7.2　2 线-4 线译码(负逻辑输出)

S_1	$\overline{S}_2$	A_1	A_0	$\overline{Y}_0$	$\overline{Y}_1$	$\overline{Y}_2$	$\overline{Y}_3$
1	0	0	0	0	1	1	1
1	0	0	1	1	0	1	1
1	0	1	0	1	1	0	1
1	0	1	1	1	1	1	0
0	ϕ	ϕ	ϕ	1	1	1	1
ϕ	1	ϕ	ϕ	1	1	1	1

7-12　用题图 7.5 所示 PLA 实现二进制模 4 计数器，当控制位 M_1M_0 为 00 时进行加计数、01 时进行减计数、10 时进行同步预置、11 时为保持状态。

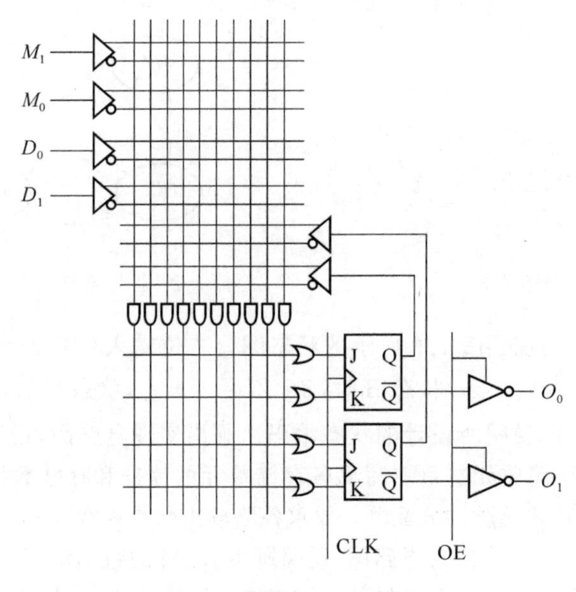

题图 7.5

7-13　基于题图 7.6 的 PAL 实现题表 7-3 所示的 4 线-2 位的优先编码器。

题表 7.3

$\overline{ST}$	$\overline{I}_0$	$\overline{I}_1$	$\overline{I}_2$	$\overline{I}_3$	$\overline{Y}_1$	$\overline{Y}_0$	$\overline{Y}_{ES}$	Y_S
0	1	1	1	1	1	1	1	0
0	ϕ	ϕ	ϕ	0	0	0	0	1
0	ϕ	ϕ	0	1	0	1	0	1
0	ϕ	0	1	1	1	0	0	1
0	0	1	1	1	1	1	0	1
1	ϕ	ϕ	ϕ	ϕ	1	1	1	1

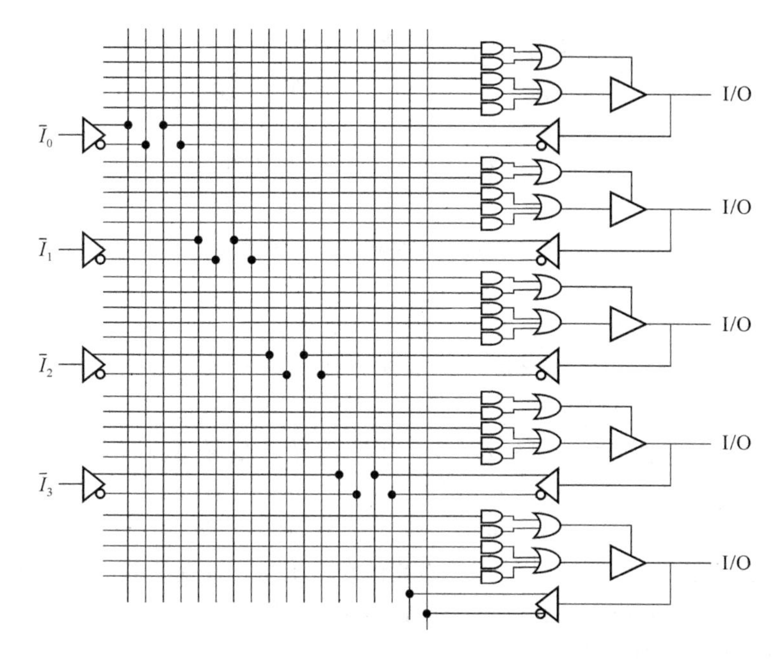

题图 7.6

7-14　用题图 7.7 所示的 PAL 实现二进制模 4 计数器，当控制位 M_1M_0 为 00 时进行加计数、01 时进行减计数、10 时进行同步预置、11 时为保持状态。设进位(借位)输出端为 CO(BO)。

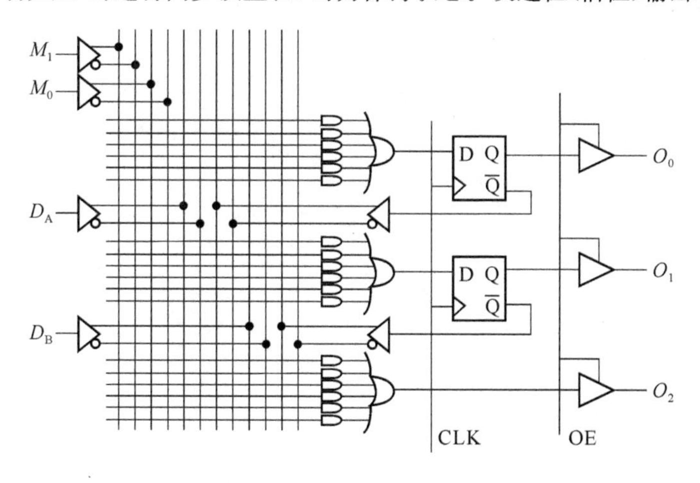

题图 7.7

7-15　基于题图 7.6 所示的 PAL 实现移位寄存器，当控制位 M_1M_0 为 00 时进行左移位、移入数据为 D_A；01 时进行右移位、移入数据为 D_B；10 时进行同步置零；11 时为保持状态。

7-16　画出控制位 $AC_0=0$、$AC_1(n)=0$ 时 GAL16V8 的输出逻辑宏单元 OLMC 的结构。

7-17　在 GAL16V8 的 OLMC 中，当选择组合逻辑电路的结果直送输出时不使用 D 触发器，此时 D 触发器为什么不能别作它用？试做出改动，使此情况中 D 触发器也可为它方所用。

7-18　MAX7000 系列 PLD 器件中共享扩展项与并联扩展项各有什么作用？

7-19　MAX7000 系列器件和 FLEX10K 系列器件实现组合逻辑函数的方法各有什么特点？

7-20　FLEX10K 系列器件的进位链和级联链有什么作用？它们在 LAB 间是如何连接的？

7-21　试分别用查找表(LUT)方法(FLEX10K)和乘积项方法(MAX7000)实现逻辑函数 $F=\overline{B}\,\overline{C}+AB+\overline{A}\,\overline{D}$。

7-22　利用两个 3 变量查找表(LUT)实现一位全加器。画出查找表的结构。

7-23　输出缓冲门输出的信号的压摆率和附加毛刺噪声及器件功耗一般有什么样的关系？

7-24　FLEX10K 系列器件的输入/输出单元中，输入信号可直接传送到行/列连线带，也可经寄存器传送。什么情况下需使用后者？

7-25　与 EPLD/CPLD 类器件相比，FPGA 类可编程器件一般有哪些特点？

7-26　什么是双口 RAM，Spartan-Ⅱ系列的块状 RAM 实现的双口 RAM 有哪些特点？

7-27　在 FPGA 器件(Spartan-Ⅱ系列)的输入/输出单元(IOB)中，输入信号通路上设置的可编程延时单元有什么作用？

7-28　Spartan-Ⅱ系列和 FLEX10K 系列器件内的互连资源结构有哪些不同？

7-29　延迟锁相环路 DLL 工作原理是什么？什么情况需使用 DLL？

7-30　什么是 JTAG 接口？JTAG 接口的硬件部分是如何构成的？JTAG 接口的主要作用有哪些？

第 8 章　硬件描述语言 VHDL

随着信息处理技术的进步和集成电路的快速发展，实现对信息的数字处理的硬件系统的规模和复杂度越来越高。相应地，电子设计自动化(Electronic Design Automation，EDA)技术也在快速地发展。本章重点介绍在 EDA 中起着基础作用的硬件描述语言。

8.1　电子设计自动化与硬件描述语言

8.1.1　电子设计自动化

在电子设计自动化(EDA)设计过程中，可以用硬件描述语言(Hardware Description Language，HDL)对数字电路系统给予程序性的描述，借助 EDA 工具软件对 HDL 程序进行仿真、综合、优化等处理，最后在可编程器件或 ASIC 器件中生成实现电路。

传统的数字系统设计方法有着“自底向上”的特点，一般是对根据系统的目标性能、指标的要求首先选定最底层的硬件单元、通常是已有的标准中小规模集成电路，然后设计电路模块并最后连成系统。对系统的性能测试一般要在各模块都完成并连成了系统之后。如果改变底层的硬件单元，通常就意味着必须再设计对应的模块乃至系统。如果系统要求的性能、指标有了调整又可能使底层的标准单元不再适用。这些缺点使得“自底向上”设计方法不能完全适应大规模、高性能数字系统的要求。

EDA 的设计有着“自顶向下”的特点。设计时首先完成的是系统级模型的建立和仿真，随后进行各层子系统及电路模块的设计及仿真，最后由逻辑门构成最低层电路。在“自顶向下”的设计中，低一设计层的电路的改变一般不会严重影响上层的设计结果。在低层电路完成之前，可通过仿真的方式检验上层的设计、预测下层的结果。

实际的 EDA 设计常是“自顶向下”和“自底向上”过程的结合。

图 8.1.1 所示为 EDA 设计的一般过程

(1) 系统级设计和仿真

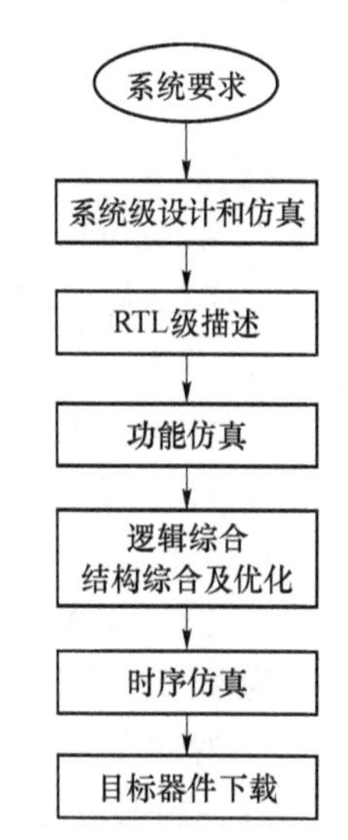

图 8.1.1　EDA 设计的一般过程

根据对系统的功能要求或设计规范设计电路的系统

构成，划分各子系统。用数学关系式或逻辑表达式描述各子系统的相互关系。描述可以仅是一种行为关系的表达，不过多考虑具体的实现电路。用高级语言或 HDL 仿真这种行为关系。这种行为级的描述和仿真的目的是使设计者在硬件电路建立之前了解、检验其功能或性能。这是"自顶向下"设计的优点。

(2) 寄存器传输级描述

用 HDL 语句描述系统的行为、结构或信号间的逻辑关系，得出寄存器传输级(RegisterTransport Level，RTL)模型的描述程序。行为级描述一般是抽象的、整体的，而 RTL 级描述通常是具体的、分模块的。

(3) 功能仿真

由 EDA 工具软件仿真 RTL 级模型的功能。与行为仿真相比，功能仿真可给出将要由硬件完成的逻辑结果。但功能仿真仍不是对实际硬件工作过程的仿真，例如不能仿真出工作器件的实际时延情况。对不太复杂的系统，行为级和 RTL 级的描述及仿真可合并为一。

(4) 逻辑综合、结构综合及优化

在逻辑综合过程中由 EDA 工具软件将 RTL 描述或行为描述转换为由门级网表文件描述的门级电路结构。在结构综合过程中，EDA 工具软件根据门级网表文件完成目标器件的布局、布线和结构优化等工作并生成时序仿真文件。

(5) 时序仿真

时序仿真文件中给出了目标器件在布局布线后工作的硬件信息。时序仿真中，EDA 工具软件可给出目标器件工作时的动态过程，例如信号的延时、组合逻辑电路的冒险等。这是最接近硬件实际工作的仿真。

(6) 目标器件下载

在仿真结果满足系统要求后，可在 EDA 工具软件环境中通过下载电缆将综合结果设置到目标器件中。然后即可对目标器件进行实际工作测试了。

由以上过程可见，HDL 是 EDA 设计的基础，工具软件是 EDA 的工作平台。

8.1.2 硬件描述语言

(硬件描述语言(HDL))用类似自然语言的语句描述硬件的工作，描述的内容可以是信号间的逻辑关系，也可以是电路模块的功能行为或模块间的互联关系。与传统的电路图描述方法相比，HDL 描述更适合计算机处理。借助 EDA 工具软件和设计库，HDL 简化了硬件电路的设计、调整工作，提高了工作效率。

HDL 从 20 世纪 80 年代开始发展。目前有两种 HDL 应用得较为普遍：VHDL 和 Verilog-HDL。它们都已作为 IEEE(the Institute of Electrical and Electronics Engineers)的标准得到许多 EDA 公司的工具软件的支持。Verilog-HDL 在描述门级电路和 RTL 级电路方面有着特长，而 VHDL(Very High Speed Integrated Circuit HDL)更见长于描述电路系统的行为及层次化关系。本章介绍的是 VHDL。

VHDL 中的许多语句和高级语言的类似，但高级语言面向的是计算机的软件处理，而 HDL 是一种面向硬件设计的语言。硬件处理的主要特征——并行处理在 HDL 中有着许多反映，这也是 HDL 与高级语言的主要不同。

HDL 追求对硬件工作的全面描述，而将 HDL 描述的设计在目标器件上实现的工作是由 EDA 工具软件中的综合器完成的。受限于目标器件,并不是所有 VHDL 语句均可被综合器支持,也就是说,并不是所有 VHDL 语句均可被硬件实现。例如 VHDL 的赋值延时语句目前还不能被综合实现出,它只能作为描述语句,描述、仿真硬件电路中的实际延时现象。在学习 VHDL 时,应注意语句及语句结构在功能仿真中的表现和被综合实现出的硬件表现,两者常是既有区别又有密切联系的。

EDA 的学习主要有 3 个方面的内容:对可编程逻辑器件的了解、对硬件描述语言的掌握、对工具软件的熟悉。EDA 的学习是一个书本与实验紧密结合的过程。

本章简述 VHDL 中的主要内容,8.5 节是本章的重点。

8.2 VHDL 程序的基本结构

描述一个设计单元的 VHDL 程序必须包含实体(Entity)和构造体(Architecture)两个基本部分。根据需要还可能包含库(Library)、程序包(Package)、配置(Configuration)部分。下例是一段简单的 VHDL 程序。

【例 8.2.1】 描述图 8.2.1 所示的两输入或门。

```
LIBRARY IEEE;                          --声明使用 IEEE 库
USE IEEE.STD_LOGIC_1164.ALL;           --声明使用 IEEE 库中 STD_LOGIC_1164 程序包
ENTITY or_gate IS                      --声明实体名:or_gate                 ┐
PORT(a,b:IN STD_LOGIC;                 --声明 or_gate 的输入、输出端口      ├实体
c:OUT STD_LOGIC);                      --                                   ┘
END or_gate;                           --

ARCHITECTUREdata_fw OF or_gate IS --声明 or_gate 的结构体名:data_fw  ┐
BEGIN                                  --                                   │
c <= aOR b;                            --描述结构体中要完成的工作          ├结构体
END data_fw;                           --                                   ┘
```

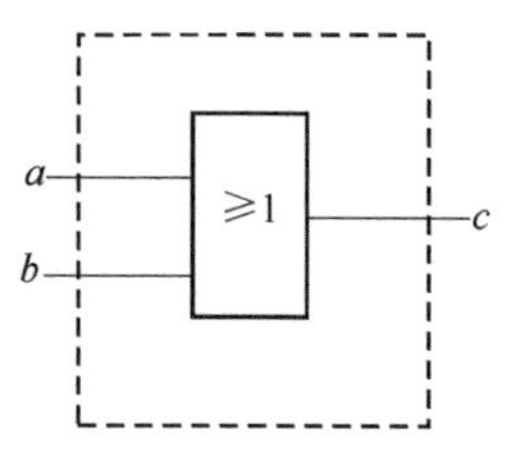

图 8.2.1 两输入或门

在 VHDL 程序中,由符号“--”引导注释。VHDL 中的每条语句须以“;”结尾。VHDL 中的标识符不区分英文字母的大小写。

8.2.1 实体

由上例可见,实体(ENTITY)的作用是说明一个设计单元的对外引脚或端口。

实体的一般构成格式如下：

```
ENTITY 实体名 IS
[GENERIC(类属表)；]
  PORT(端口表)；
END [ENTITY][实体名]；
```

“[]”中为可选则性内容。

1. 由关键词 GENERIC 引导的类属说明语句

由类属表给出程序中用到的一些公共参量，如向量位宽，延时时长。这些参量在程序中作为常量使用。类属说明语句的一般格式如下：

```
GENERIC(参数名：数据类型[：= 初始值])；
```

在层次化设计中，本设计单元的结果可被其他设计单元调用。将一些关键参数放入类属表后，在其他设计单元调用时可通过类属映射(GENERIC MAP)语句对类属表参数再赋值。这使得本单元的设计具有一般化意义。可参见后例。

2. 由关键词 PORT 引导的端口说明语句

端口说明语句说明了本设计单元的对外引脚端上信号的名称、流向及数据类型。一般格式如下：

```
PORT(端口名 1：端口模式数据类型；……端口名 n：端口模式 数据类型)；
```

(1) 端口名为本设计单元对外连接的引脚的名称。在 VHDL 中，端口上流动的数据为信号形式，因而在实体和结构体中，端口名也作为信号名使用。

(2) 端口模式定义了该端口上信号的流向。有 4 种端口模式。

① IN(输入)：仅允许数据从该端口输入本设计单元。

② OUT(输出)：仅允许数据从该端口输出本设计单元。

③ INOUT(双向)：数据可从该端口输入、输出。

④ BUFFER(缓冲)：从该端口输出的数据可在本设计单元读得，因而缓冲端口带有内部反馈。从缓冲端口也可输入来自其他设计单元的缓冲端口的数据。

(3) 数据类型给定了该端口信号承载的数据的种类名称，如 BIT(二进制位)、BIT_VECTOR(二进制位向量)、INTEGER(整型)、BOOLEAN(布尔型)、STD_LOGIC(标准逻辑位)等。数据类型将在 8.3 节中介绍。

【例 8.2.2】 *n* 位锁存器的 VHDL 描述。

```
entity n_latch is                    --实体
  GENERIC(n:integer:=8);   --类属表参数 n 的数据类型为整型，初值为 8，可被再设定
  port(control:in bit;idata:in bit_vector(n downto 1);odata:outbit_vector(n
downto 1));
end n_latch;
architecture dfdo of n_latch is      --结构体
 BEGIN
  process(control,idata)             --进程
   begin
```

```
    if(control = "1")then odata <= idata;--如果 control = '1',则 idata 赋值给
                                         --odata 输出
    end if;                              --如果 control≠'1',则 odata 保持不
                                         --变,因而被
  end process;                           --实现为锁存器
end dfdo;
```

【例 8.2.3】 描述图 8.2.2 的 *RS* 触发器。

```
library IEEE;                         --程序中将用到 std_logic 型数据,需先声
                                      --明定义此数据类型的库和程序包
use ieee.std_logic_1164.all;
entity RS_ff is
 generic(tpd:TIME: = 5 ns);           --类属说明语句
 port(R,S:in std_logic;
         q,nq:BUFFER std_logic);--由于输出信号 q,nq 要被读回,故将 q,nq
end RS_ff;                            --的端口模式定义为 BUFFER
architecture dafw of RS_ff is
 begin
 q <= R NOR nq   AFTER tpd;
 nq <= S NOR q   AFTER tpd;
end dafw;
```

"<="为对信号赋值的标识符。信号赋值语句中的"AFTER tpd"表示延时 t_{pd}时间后再完成赋值,是为功能仿真设置的延时,见 8.3.1 小节。

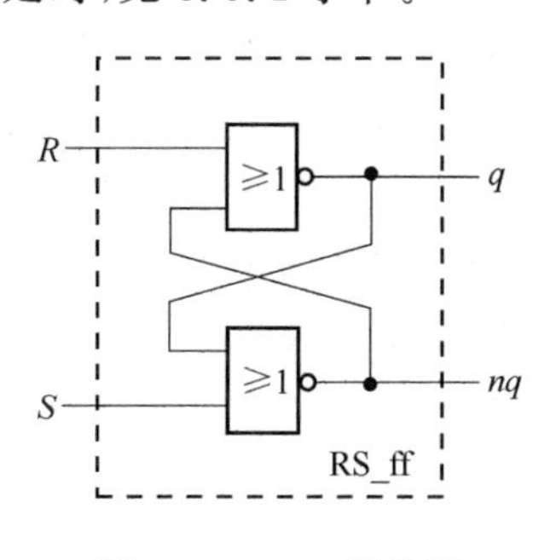

图 8.2.2 *RS* 触发器

8.2.2 结构体

由前面的例子可见,结构体(ARCHITECTURE)的作用是描述设计单元(名称为实体名)的行为功能或逻辑结构。结构体的一般格式如下:

```
ARCHITECTURE 结构体名 OF 实体名 IS
[说明语句;]
BEGIN
  并行语句;
```

……

并行语句；

END[ARCHITECTURE][结构体名]；

(1) 说明语句部分中定义或说明本结构体用到的信号、常量、数据类型(自定义)、元件、子程序名等。它们只能用在本结构体中。

(2) 结构体中只能使用并行语句，它们描述本设计单元的行为功能、逻辑结构或信号关系。结构体中各并行语句的执行结果和语句书写的前后顺序无关，也就是说，各语句是被并行处理的。这是硬件描述语言的特点。

在 VHDL 中，结构体中的并行语句有以下几类：

- 并行信号赋值语句
- 进程语句(一个进程相当于一条并行语句)
- 块语句(一个块相当于一条并行语句)
- 元件例化语句、元件生成语句
- 并行过程调用语句

将在 8.6.1 小节中介绍各并行语句。

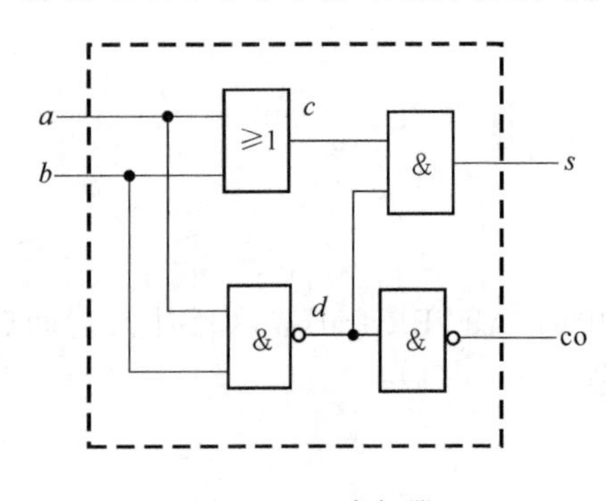

图 8.2.3　半加器

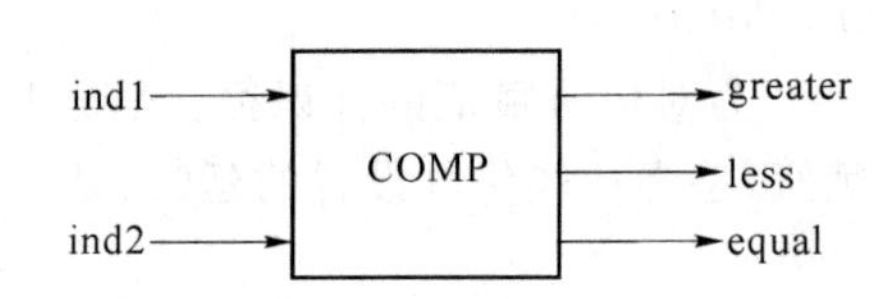

图 8.2.4　数据比较器

【例 8.2.4】 半加器(图 8.2.3)的 VHDL 描述。

```
LIBRARY IEEE;
USE IEEE.STD_LOGIC_1164.ALL;
ENTITY half_adder IS
 PORT(a,b:IN STD_LOGIC;
        s,co:OUT STD_LOGIC);
END half_adder;
ARCHITECTURE daflow OF half_adder IS
 SIGNAL c,d:STD_LOGIC;  --定义结构体内部的信号
 BEGIN
  c <= a OR b;            --结构体中各并行赋值语句在书写上的前后顺序不影响
  s <= c AND d;           --对半加器的描述结果
  d <= aNAND b;
  co <= NOT d;            --各并行语句描述了信号在半加器内部的流程关系
```

```
END daflow;
```

【例 8.2.5】 数据比较器(图 8.2.4)的 VHDL 描述。

```
library ieee;
use ieee.std_logic_1164.all;
use ieee.std_logic_unsigned.all;
entity COMP is
 port(ind1,ind2:in std_logic_vector(7 downto 0);greater,less,equal:out bit);
end COMP;
architecture behav of COMP is
begin
 process(ind1,ind2)              --定义一个进程
  variable cd1,cd2:integer;      --定义变量,这些变量仅在进程内有效
  begin
     cd1:= CONV_INTEGER(ind1);  --将 std_logic_vector 型数转换为整型数,转换
     cd2:= CONV_INTEGER(ind2);  --函数 CONV_INTEGER 定义在 unsigned 程序包中
     if(cd1<cd2)then
       less <='1';greater <='0';equal <='0';
     elsif(cd1>cd2)then
       less <='0';greater <='1';equal <='0';
     else
       less <='0';greater <='0';equal <='1';
     end if;
   end process;
 end behav;
```

图 8.2.5 为比较器 COMP 的仿真结果。

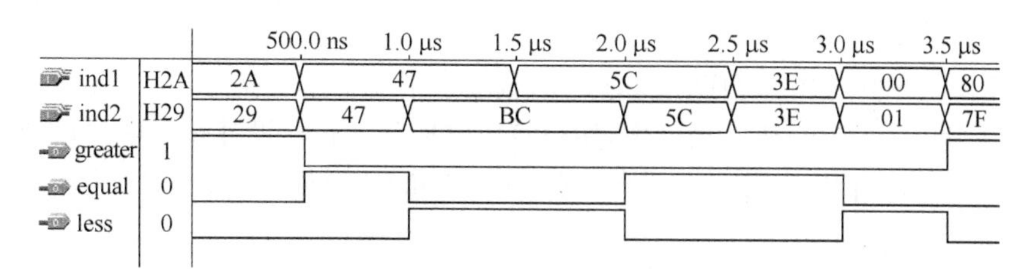

图 8.2.5 COMP 的仿真结果

例 8.2.4 中用并行赋值语句描述了信号从输入到输出在设计单元(设计实体)内部的逻辑运算的流程关系。称这种描述为数据流描述方式。例 8.2.5 仅描述了输入、输出信号间的行为关系,并没有描述设计实体内部的结构或信号的逻辑流程,称这种描述为行为描述方式。

一个实体可以有多个结构体,代表着不同的实现方案。

8.2.3 VHDL 的库与程序包

VHDL 库是系统为用户提供的资源。在库中存放着已设计好的设计实体、数据类型和处

理函数，它们都组织在库中的各程序包中。在进行一个 VHDL 设计项目时，使用库资源可以使设计的功能更加完善，使设计中的处理更为可靠、全面，使设计的结构更为简捷、清晰。

1. 库

在 VHDL 设计中，常用到的库(LIBRARY)有 IEEE 库、STD 库、WORK 库和 VITAL 库。

(1) IEEE 库

其中主要有以下一些程序包。

① STD_LOGIC_1164 程序包

其中定义了一些数据类型、子类型和处理函数。例如 STD_LOGIC(标准逻辑位)和 STD_LOGIC_VECTOR(标准逻辑位向量)及其这两种数据类型的逻辑运算处理函数(逻辑运算符重载函数)。

② STD_LOGIC_ARITH 程序包

其中定义了 UNSIGNED(无符号型)、SIGNED(有符号型)、SMALL_INT(小整型)3 种数据类型及其逻辑运算符重载函数。

③ STD_LOGIC_UNSIGNED 程序包和 STD_LOGIC_SIGNED 程序包

其中定义了 STD_LOGIC 型、STD_LOGIC_VECTOR 型和 INTEGER 型数据间的转换函数和混合运算处理函数。在 STD_LOGIC_SIGNED 程序包中的数据为有符号数。

④ NUMERIC_STD 程序包和 NUMERIC_BIT 程序包

其中定义了 UNSIGNED 向量和 SIGNED 向量两种数据类型及其运算符重载函数。向量中每个元素为 STD_LOGIC 型(NUMERIC_STD 程序包)或 BIT 型(NUMERIC_BIT 程序包)。

(2) STD 库

其中有以下两个标准程序包。

① STANDARD 程序包

其中定义了 BOOLEN、BIT、CHARACTER、REAL、INTEGER、TIME 等数据类型。

② TEXTIO 程序包

其中定义了支持 ASCII 文本文件的输入/输出操作的数据类型及其子程序。

(3) WORK 库

WORK 库是用户进行 VHDL 设计的当前工作库，实际上是用户的项目工程(PROJECT)所在的目录。在 VHDL 设计中，用户将已完成的和正在设计过程中的设计单元和程序包都放在 WORK 库中。其他设计单元可通过 WORK 库的调用共享设计结果。

(4) VITAL 库

其中存放着用于 VHDL 门级时序仿真的有关参数。

在 VHDL 库中，IEEE 库和 VITAL 库属于资源库，使用时需用 LIBRARY 语句进行显式声明。STD 库和 WORK 库属于设计库，它们满足 VHDL 标准，在进行 VHDL 设计时已为用户打开，故使用中无须显式声明。

一些 EDA 厂商也提供自己的资源库，其中包含有多种参数可设置模块(LPM)。

2. 程序包(PACKAGE)

用户在一个实体和结构体中定义的数据类型、信号、常量及子程序等并不能直接被其他设计单元调用。为使不同的设计单元共用设计数据，可使用程序包这种程序组织机制。

程序包的一般格式如下：

```
PACKAGE 程序包名 IS          ┐
程序包首说明部分              ├程序包首
END 程序包名；               ┘

PACKAGE BODY 程序包名 IS     ┐
程序包体说明部分              ├程序包体
END 程序包名；               ┘
```

在程序包首部分中给出各设计单元所需的公共信息的定义，它们一般是：常量、信号、数据类型、子程序名、元件（COMPONENT）的定义说明。如果程序包首中有子程序名，则需在程序包体中给出子程序体。如果没有子程序，程序包中也可仅有程序包首，无程序包体。

【例 8.2.6】

```
PACKAGE iocode IS                          --声明程序包 iocode
 TYPE icode IS INTEGER RANGE 0 TO 3;       --定义数据类型 icode
 SUBTYPE ocode IS BIT_VECTOR( 0 TO 3);     --定义子类型 ocode
END iocode;
```

3. 库和程序包的使用

用户在 VHDL 程序中如果需要使用某一库中的某程序包，必须在使用前声明。声明语句的格式如下：

```
  LIBRARY 库名；
  USE 库名. 程序包名.项目名；
```

例如，由于 STD_LOGIC 数据类型的定义包括在 IEEE 库的 STD_LOGIC_1164 程序包中，在将某一端口信号的数据类型设置为 STD_LOGIC 型的 PORT 语句前，需加入下列声明语句：

```
    LIBRARY IEEE;
    USE IEEE. STD_LOGIC_1164.STD_LOGIC;
或： USE IEEE. STD_LOGIC_1164.ALL;        --ALL 表示将使用程序包中的全部项目
```

如果要使用 WORK 库中用户自建的程序包时，只需用 USE 语句，WORK 库在 VHDL 设计中已默认地为用户打开了。

【例 8.2.7】

```
USE WORK.iocode.ALL ;                     --声明使用 WORK 库中 iocode 程序包
ENTITY penco IS
 PORT(ida:IN icode;oco:OUT ocode);        --ida 的数据类型为 icode 型
END penco;                                --oco 的数据类型为 ocode 型
ARCHITECTURE wtodo OF penco IS
BEGIN
 WITH ida SELECT                          --选择信号赋值语句(并行信号赋值语句中的一种)
   oco <=   B"1100"WHEN 0,
            B"0110"WHEN 1,
            B"0011"WHEN 2,
            B"1001"WHEN3,
```

```
          B"0000"WHEN OTHERS;
END wtodo;
```

8.2.4 配置

一个实体可以有多个结构体，如同一个有着标准对外引脚的器件可以有多种内部实现方案。可以用配置(CONFIGURATION)语句为实体选配不同的结构体。

在 8.5.4 小节介绍的元件例化语句结构中，元件和已存在的实体(结构体)的对应关系也可用配置语句来指定(见例 8.5.6)。

在较大型的、可分出多个设计层 VHDL 设计工作中，配置可以起到管理和组织的作用。配置有多种语句格式，限于篇幅，本章中不对配置作更多的介绍。可参见有关的 VHDL 专著。

8.3 VHDL 中的数据对象和数据类型

作为硬件描述语言，VHDL 对处理和传输的信息用数据类型(DATA TYPES)作出分类，而用数据对象作为载体。数据对象一般被综合实现为可编程逻辑器件中的连线或暂存单元，而数据类型总反映着数据对象的位宽。

8.3.1 VHDL 中的数据对象

在 VHDL 中，信息数据的载体称为数据对象(DATA OBJECTS)。数据对象有常量、变量、信号 3 种形式。

1. 常量

定义常量(CONSTANT)的格式如下：

```
CONSTANT 常量名:数据类型:=表达式;
```

例如：

```
CONSTANT Vcc:REAL:=5.0;           --定义常量 Vcc,其数据类型为实数型,数值为 5.0
CONSTANT High1 :BIT:='1';         --定义常量 High1,其数据类型为 BIT,数值为 1
CONSTANT gate_delay:TIME:=10 ns;  --gate_delay 的数据类型为 TIME,数值为 10 ns
```

常量通常反映了系统中的某一固定值，如电源电压、衬底电位。常量一经定义便不可更改，因而常量是一种全局量。

2. 变量

定义变量(VARIABLE)的格式如下：

```
VARIABLE 变量名:数据类型[:=初始值];
```

例如：

```
VARIABLE count:INTEGER:=255;     --定义变量 count,其数据类型为整数型,初值为 255
VARIABLE state,flag:std_logic;   --定义变量 state 和 flag,数据类型为 std_logic
```

一般情况下，变量反映了系统的局部模块中数据的传输及暂时存储。变量是一种局部量，只能用于定义它的进程(PROCESS)中或子程序(FUNCTION 或 PROCEDURE)中。变量被定义后，可在程序中被赋值及再赋值。

对变量的赋值格式如下：

变量名:=表达式;

【例 8.3.1】

```
……
PROCESS
  VARIABLE count:INTEGER RANGE 0 TO 15:= 15;     --在进程中定义变量,所定义的变量
  VARIABLE enable:BOOLEAN;                       --名只可在本进程中使用
  ……
  BEGIN
    enable: = FALSE;
    ……
    IF(enable  = TRUE)THEN count:= count - 1;  --在进程中对变量的赋值
    ……
  END PROCESS;
   ……
```

定义变量时设置的初始值一般仅被 VHDL 功能仿真器支持,VHDL 综合器并不支持初始值,即它们不会被综合实现出来。

3. 信号

信号(SIGNAL)反映的是电路系统中各模块之间的连接线及输入、输出端口的引脚。定义信号的格式如下:

SIGNAL 信号名:数据类型[: = 初始值];

初始值仅用于功能仿真,不被 VHDL 综合器支持。

例如:

```
SIGNAL datain:BIT_VECTOR(7 DOWNTO 0): ="00001111";
SIGNAL clr :BIT:='1';
SIGNAL reg_1:Reg_Template;          --Reg_Template 为一个已自定义的数据类型
SIGNAL dout :std_logic;
```

信号反映的是各模块间的连接,因而具有全局性特征。信号可在实体、结构体、程序包中定义和使用,在进程中不能定义信号,仅可使用信号。

表 8.3.1 给出了定义、使用信号以及变量、常量的场合。

表 8.3.1 定义、使用常量、变量及信号的场合

数据对象	定义的场合	作用范围
CONSTANT(常量)	实体、结构体、进程、子程序、程序包	全局
VARIABLE(变量)	进程、子程序(函数、过程)	局部
SIGNAL(信号)	实体、结构体、程序包	全局

4. 对信号的赋值与延时

在程序中,对信号赋值的格式如下:

信号名<=表达式;

其中的表达式可以是运算式,也可以是其他同数据类型的数据对象(信号、变量、常量)。

在 PORT 引导的端口说明语句中定义的各端口名也是信号。但应注意，不可对端口模式为 IN 的端口名赋值，也不可从 OUT 端口名引取数据。

在硬件系统中，电路对信号的处理和传递是有延时的，为反映这一特征，在 VHDL 的功能仿真中对信号赋值时可以设置延时量的描述。

(1) 惯性延时(传输延迟)

由于硬件系统存在着输入、输出分布电容，电路中的晶体管内部也存在着电容效应。当输入数字脉冲时，输出波形上升、下降边沿会出现时间滞后，如图 8.3.1 所示。平均滞后延时量为 t_{pd}。称这种滞后延时为惯性延时。如果输入给系统的脉冲的宽度小于系统的惯性延时量，系统不会对这样的输入脉冲产生正确的输出响应。

为描述惯性延时，在对信号赋值时可用关键词 AFTER 引导延时量。格式如下：

信号名<=表达式 AFTER 常量;

常量的数据类型为物理 TIME 型，如表 8.3.2 所示。

例如语句：z <= x AND y AFTER 6 ns;表示在 x、y 进行与运算后，再经 6 ns 的延时才将运算结果赋值给 z。在功能仿真中，如果 x、y 的持续时间小于 6 ns，它们就不会对 z 有影响。

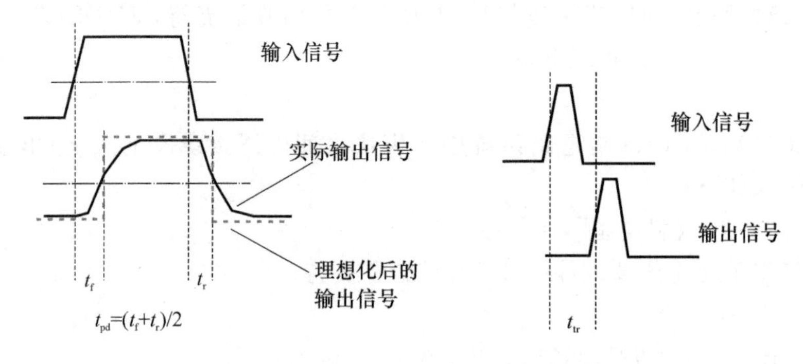

图 8.3.1　惯性延时(传输延迟)　　　图 8.3.2　传导延时

(2) 传导延时

信号通过传输系统的速率是有限的，速率主要受传输介质的影响。即使传输系统不存在惯性延时，信号经过传输后的波形也会出现时间上的滞后，如图 8.3.2 所示，滞后延时量为 t_{tr}。称这种滞后延时为传导延时。与惯性延时不同，传导延时不会改变信号的波形形状，输入的信号脉冲的宽度即使小于系统的传导延时量，也可通过系统传输到输出端。VHDL 用以下格式描述传导延时：

信号名<= TRANSPORT 表达式 AFTER 常量;

常量的数据类型为 TIME。例如语句：z <= TRANSPORT x AFTER 4 ns;表示 x 经 4 ns的传导延时后再赋值给 z。

惯性延时和传导延时描述了硬件系统中信号被传输时的客观现象，它们可以被 VHDL 功能仿真器支持。但 VHDL 综合器不支持惯性延时和传导延时，也就是说它们都是不可实现的，不能通过在 VHDL 语句中使用赋值延时描述来实现或调整信号在可编程器件中的实际延时。

可编程逻辑器件在工作时存在着实际惯性延时和传导延时，其量的大小取决于器件的材料、制造工艺、负载情况等。这种实际的延时信息可用时序仿真给予预测。使信号延时尽可能小是可编程逻辑器件追求的指标之一。

(3) 仿真延时

在论及 VHDL 在功能仿真中的表现时，常提到 δ 延时量这一概念。δ 延时是功能仿真器软件为处理并行语句而为语句加入的延时量。对用户应用程序而言，可认为 δ 延时量是一个无穷小量。有限个 δ 延时量相加不超过 VHDL 功能仿真器的最小分辨时间。δ 延时在功能仿真中是用户不可见的，也不会被综合实现出来。

8.3.2 VHDL 中的数据类型

如前所述，数据对象（信号、常量、变量）为数据信息的载体，数据类型（DATA TYPES）是数据信息的分类。数据对象一般被综合实现为器件中的连线或暂存单元，而数据类型总反映着数据对象的位宽。VHDL 规定只有具有相同数据类型的数据对象之间才能相互作用和传送信息。

VHDL 数据类型可分为预定义类型和自定义类型两大类。

1. VHDL 预定义的数据类型

VHDL 对常用到的数据类型给出了标准预定义，预定义体放在 STANDARD、STD_LOGIC_1164、STD_LOGIC_ARITH 等程序包中。

(1) 在 STANDARD 程序包预定义的数据类型如表 8.3.2 所示。

表 8.3.2 在 STANDARD 程序包预定义的数据类型

数据类型	取值及使用要点
BOOLEAN(布尔型)	TRUE，FALSE
BIT(二进制位型)	'1'，'0'(须加括单引号，不加单引号时，1，0 表示整数)
BIT_VECTOR(二进制位向量型)	每个位的取值为('1'，'0')。定义时需用关键词 TO 或 DOWNTO 指明位宽，即位向量中元素的个数。例如： SIGNAL bv：BIT_VECTOR(0 TO 3)； bv <= B"1100"；--位向量串需加双引号，可加前缀标识符 B 说明为二进制位串
CHARACTER (字符型)	用单引号括起的 ASCII 字符，如'A'，'a'，'&'，'3'等字符有大小写之分，但 VHDL 标识符不区分英文字母的大小写
STRING(字符串型)	用双引号括起的字符序列。例如： VARIABLE st_var：STRING(1 TO 16)； st_var := "UX01ZWLH -"；
INTEGER(整型)	32 位有符号二进制数。范围为－2 147 483 647～＋2 147 483 647 。设置整型数据时，可指定数的范围。例如： SIGNAL idt：INTEGER RANGE 1 TO 32；
REAL(实型)	范围为－1.0E＋38～＋1.0E＋38
TIME(时间类型，物理类型中的一种)	数值为整型，单位为 hr，min，sec，ms，us，ns，ps，fs。例如： CONSTANT tpd：TIME := 10 ns；

VHDL 功能仿真器支持全部预定义的数据类型，但 VHDL 综合器一般不支持实型、负数、字符型、TIME 型及无范围指定的整型。

(2) 在 STD_LOGIC_ARITH 程序包中预定义的数据类型如表 8.3.3 所示。

表 8.3.3　在 STD_LOGIC_ARITH 程序包中预定义的数据类型

数据类型	取值及使用要点
UNSIGNED （无符号数型）	无符号整数。在 VHDL 综合器中被作为二进制数处理。 例如：SIGNAL usig ：UNSIGNED(0 TO 7)；其中，usig 被定义为信号，数据类型为 UNSIGNED，它有 8 位二进制数，最高位为 usig(0)，最低位为 usig(7)
SIGNED （有符号数型）	有符号整数。最高位为符号位。在综合器中 SIGNED 数据被处理为补码。 例如：VARIABLE vsd：SIGNED(7 DOWNTO 0)；其中，vsd 被定义为变量，数据类型为 SIGNED，表示－128～＋127 范围内的整数，最高位 vsd(7)作为符号位

对 UNSIGNED、SIGNED 型数据可进行算术运算，如加、减，不可进行逻辑运算。

(3) STD_LOGIC(标准逻辑位)数据类型

在数字逻辑中只用 0、1 就可以表示数字信息了。但在数字电路中，逻辑 0 和逻辑 1 是用电平在一定范围内的电压或电流表示的。例如，在 TTL74 系列门电路中，高于 2.4V 的电压均被处理为逻辑 1。另外，数字电路中还有高阻状态。在电路连接不适当、如非法线与时还会出现状态不定的情况。为反映数字电路中的各种实际情况，VHDL 在 STD_LOGIC_1164 程序包中定义了 STD_LOGIC 数据类型，其取值和意义如表 8.3.4 所示。

表 8.3.4　STD_LOGIC 型数据类型

STD_LOGIC(标准逻辑位型)的取值	意义	
'U'	Uninitialized	（初始状态）
'X'	Forcing Unknown	（强强度不确定状态）
'0'	Forcing 0	（强强度 0）
'1'	Forcing 1	（强强度 1）
'Z'	High Impedance	（高阻状态）
'W'	Weak Unknown	（弱强度不确定状态）
'L'	Weak 0	（弱强度 0）
'H'	Weak 1	（弱强度 1）
'—'	Don't Care	（无关，系统中不可能出现的情况）

VHDL 功能仿真器支持 STD_LOGIC 型数据的全部取值，而综合器仅支持其中的'0'、'1'、'Z'、'—'。

VHDL 用 STD_LOGIC_VECTOR 定义一个标准逻辑位向量，如同一个一维数组，其中的每一位均为 STD_LOGIC 型数据，定义时须指明位宽，可类比 BIT_VECTOR。

对 STD_LOGIC 型数据对象的赋值或取值引用须使用单引号，如'1'、'Z'，而对 STD_LOGIC_VECTOR 型数据对象则须用双引号。

VHDL 的其他预定义数据类型请见有关专著。

2. VHDL 的自定义数据类型

用户自定义的数据类型可有多种，以下简要介绍。

(1) 枚举类型(ENUMERATED TYPE)

将有关联的各项元素一一列举出构成的集合称为枚举。

枚举的定义格式如下：

```
TYPE 枚举名 IS(元素 1,元素 2,……);
```

其中，元素 1，元素 2，……为枚举名的各个取值。在同一时刻，枚举只有一个取值。各元素名用 VHDL 标识符表示。例如，TYPE Time_Unit IS(hr,min,sec,ms,us,ns,p s,fs)；被自定义的数据类型可用于声明数据对象。例如：

```
………
TYPE BUSstate IS (idle,busy,write,read,backoff);--自定义一个枚举类型
………
SIGNAL pmode1 :BUSstate;  --pmode1 被定义为信号,其数据类型被声明为 BUSstate 型
………
pmode1 <= write ;         --对信号 pmode1 用枚举元素赋值
………
```

可见，使用枚举方便了对 VHDL 程序的编制和阅读。

(2) 数组类型(ARRAY TYPE)

数组是同一数据类型的数据的一个有序集合。

数组的定义格式为如下：

```
TYPE 数组名 IS ARRAY (数组元素下标的范围)OF 基类型;
```

其中，基类型是数组中每一元素的数据类型，必须是已经定义过的数据类型(预定义类型和自定义类型)。数组元素下标的范围说明数组元素的个数和排序方式。例如：

```
TYPE reger IS ARRAY ( 7 DOWNTO 0) OF BIT;
```

定义了数组 reger，其中有 8 个元素，排序方式为：reger(7)，reger(6)，…，reger(0)，每个元素的数据类型为 BIT，取值为'0'或'1'。又如：

```
TYPE word IS ARRAY (0 TO 15)OF std_logic;
```

数组可以是二维、多维的。例如：

```
TYPE ramy IS ARRAY (0 TO 9 , 0 TO 15 ) OF std_logic ;
```

定义了一个 10 行 16 列的二维数组，其中每个元素为 std_logic 型数据。对这一数组也可这样定义：

```
TYPE ramy IS ARRAY (0 TO 9 ) OF word;
```

ramy 中的每一元素为一个 word 数组(先前定义的)。

VHDL 仿真器支持多维数组，但 VHDL 综合器一般只支持一维数组。

数组元素下标的范围也可以表示为一个已定义过的枚举。这样可以使用枚举元素名作为数组元素的下标，数组元素的总个数等于枚举元素的总个数。例如：

```
TYPE std_and_table IS ARRAY(std_logic,std_logic) OF std_logic;
```

将 std_and_table 定义为二维数组类型，有 9 行 9 列，每个数组元素为 std_logic 型，取值为'U'、'X'、'0'、'1'、'Z'、'W'、'L'、'H'、'—'之一。数组元素的下标也可用 std_logic 型数值表示，例如下标为('Z'、'W')的元素为 std_and_table 类型的二维数组中第 5 行 6 列的元素。

在定义数组类型时，可先不确定数组元素下标的范围，称为非限定性数组类型。在使用非限定性数组类型声明一个数据对象时再指定该数据对象数组的下标范围。例如在 STD_LOGIC_1164 程序包中对标准逻辑向量类型的定义如下：

```
TYPE STD_LOGIC_VECTOR IS ARRAY(NATURAL RANGE<>)OF STD_LOGIC;
```

在程序中可有如下的声明语句：

```
SIGNAL inbyte:STD_LOGIC_VECTOR(0 TO 15);            --inbyte 为一个信号
CONSTANT p_rank:std_logic_vector(7 DOWNTO 0):=("ZZZZ1100");
```

可见，在使用非限定性数组类型说明数据对象时，对象数组的下标范围可因具体需要而定。非限定性数组类型使一个数组的定义更具一般性。

其他自定义数据类型，如记录类型(RECORD)、存取类型(ACCESS)等可参见 VHDL 有关专著。

(3) 子类型

将已定义过的数据类型(数组或枚举)在范围上加以限制就得到一个新数据类型，称为子类型。定义子类型的格式如下：

```
SUBTYPE 子类型名 IS 已定义类型名[范围];
```

例如：

```
SUBTYPE NATURAL IS INTEGER RANGE 0 TO 2147483647;
```

又如：

```
SUBTYPE busstate IS BUSstate RANGE idle TO read;
SUBTYPE inbyte IS STD_LOGIC_VECTOR(0 TO 15);        --inbyte 为一个数据类型
```

在使用自定义数据类型时应注意，不能直接对自定义的数据类型名去赋值或取值引用。只有在用自定义数据类型声明了某个数据对象名(信号或常量、变量)后，才可对数据对象名去赋值或取值引用。

3. 数据类型的转换

VHDL 为强类型语言，每一数据对象只能被赋予一种数据类型，不同类型的数据对象之间不能直接代入或赋值，需要有类型转换的处理。

如果两种数据类型关系较密切(如整型和实型)，可直接引用数据类型名作为类型标记进行类型转换。例如，在 id 已被定义为整型变量、rd 已被定义为实型变量后，下面的语句可实现整型和实型之间的相互赋值。

```
id:=INTEGER(rd);            --将实型 rd 转换为整型
rd:=REAL(id);               --将整型 id 转换为实型
```

在 VHDL 资源库的程序包中，提供了一些类型转换函数，如表 8.3.5 和表 8.3.6 所示。

表 8.3.5　STD_LOGIC_1164 程序包中提供的数据类型转换函数

转换函数名	功　　能
TO_STDLOGICVECTOR(A)	将 BIT_VECTOR(位向量)A 转换为 STD_LOGIC_VECTOR(标准逻辑位向量)
TO_BITVECTOR(A)	将 STD_LOGIC_VECTOR 型向量 A 转换为 BIT_VECTOR 型向量
TO_STDLOGIC(A)	将 BIT 类型的数据 A 转换为 STD_LOGIC 型
TO_BIT(A)	将 STD_LOGIC 类型的数据 A 转换为 BIT 型

表 8.3.6　STD_LOGIC_UNSIGNED 程序包中提供的数据类型转换函数

转换函数名	功　　能
CONV_INTEGER(A)	将 STD_LOGIC_VECTOR 型向量 A 转换为整型数
CONV_STD_LOGIC_VECTOR(A,size)	将整型数 A 转换为 size 位的 STD_LOGIC_VECTOR 型向量

【例 8.3.2】 完成 STD_LOGIC 数据类型到 BIT 数据类型的转换函数。

```
FUNCTION stdtobit(istd :STD_LOGIC) RETURN BIT IS
  TYPE conv_stob IS ARRAY(STD_LOGIC) OF BIT
  CONSTANT result:conv_stob: = ('0' | 'L'=>'0','1' | 'H'=>'1',OTHERS =>'0');
  BEGIN
    RETURN result(istd);
END stdtobit;
```

在函数体中定义了一个数组类型 conv_stob,数组内有 9 个元素,每个元素为 BIT 型。数组元素的下标由枚举 STD_LOGIC 的取值描述。然后用 conv_stob 类型声明了一个常量数组 result,result 的初值这样确定:下标为'0'或'L'的元素设为 BIT 型的'0',下标为'1'或'H'的元素设为 BIT 型'1',其他下标对应的元素也设为 BIT 型'0'。函数只有一条语句:将 result 数组中下标为输入参数 istd(取值必为'U'、'X'、'0'、'1'、'Z'、'W'、'L'、'H'、'－'之一)的元素(取值必为'0'或'1')RETURN 回调用方。由本例可了解数组及枚举的使用。

8.4　VHDL 中的属性和运算符

8.4.1　VHDL 中的属性

VHDL 的属性(attribute)有着丰富的内涵。通常,属性表达了数据的一些特征,如范围、边界值、变化情况等。属性可增强描述的表现力和准确性,也可改善 VHDL 程序的可读性和通用性。VHDL 属性有预定义和用户自定义的两种。这里简要介绍一些预定义属性。

表达属性的一般格式如下:

项目名'属性名

其中项目名可以是数据对象、数据类型、实体、结构体、块、元件等,属性名为项目名的某一特征。

(1) 数据类型的常用属性：'LEFT、'RIGHT、'HIGH、'LOW。

例如，用语句“SUBTYPE t IS INTEGER RANGE 3 TO 31;”定义数据类型 t 后，则属性 t'LEFT 表达 t 的左范围边界，数值为 3。属性 t'RIGHT 表达 t 的右范围边界，数值为 31。同理，t 的上限 t'HIGHT 为 31，t 的下限 t'LOW 为 3。可用这些属性对信号或变量赋值，也可将它们用做 LOOP 语句中的循环控制变量。

(2) 数组的常用属性

例如，用语句“TYPE a IS ARRAY(15 DOWNTO 0)OF BIT;”定义了数组类型 a 后，可用表 8.4.1 说明数组的一些常用属性及取值。

表 8.4.1　数组的常用属性

数组 a 的属性	意　义	a 的属性的结果
a'LEFT	数组 a 的下标的左边界	15
a'RIGHT	数组 a 的下标的右边界	0
a'HIGH	数组 a 的下标的上限	15
a'LOW	数组 a 的下标的下限	0
a'RANGE	数组 a 的下标的排列	15 到 0
a'REVERSE RANGE	数组 a 的下标的逆排列	0 到 15
a'LENGH	数组元素的个数	16

(3) 信号的常用属性

例如，用语句“SIGNAL s:std_logic;”定义了信号 s 后，可由表 8.4.2 给出信号的几个常用属性。

表 8.4.2　信号的常用属性

信号 s 的属性	意　义
s'STABLE	若 s 取值没有改变，则属性值为 TRUE，反之为 FALSE
s'EVENT	若 s 取值有改变，则属性值为 TRUE，反之为 FALSE
s'LAST_EVENT	s 上次取值改变到当前所经过的时间
s'LAST_VALUE	s 最近一次改变之前的取值

属性 s'STABLE 本身也可作为信号使用，例如可用在进程的敏感信号表中。目前的 VHDL 综合器在信号属性中一般只支持'EVENT 和'STABLE。

8.4.2　VHDL 中的运算符

表 8.4.3 列出了 VHDL 预定义的运算符号、操作数的数据类型、运算结果的数据类型。

表 8.4.3　VHDL 的运算符

类　别	运　算　符	操作数类型	结 果 类 型
算术运算符	+、-、*、/、**、MOD、REN、ABS	整型、实型、物理型	与操作数相同
移位运算符	SLL、SLA、SRL、SRA、ROL、ROR	bit、boolean、std_logic 数组	与操作数相同
逻辑运算符	NOT、AND、OR、NAND、NOR、XOR	bit、boolean、std_logic	与操作数相同
关系运算符	=、/=、<、<=、>、>=	任何类型	TRUE 或 FALSE
连接运算符	&	数组或数组元素	数组

表 8.4.3 中，“＊＊”为乘方运算，MOD 为取模，REN 为取余，ABS 为取绝对值。

SLL 为逻辑左移，SRL 为逻辑左移，SLA 为算术左移，SRA 为算术右移，ROL 为逻辑循环左移，ROR 为逻辑循环右移。各种移位的意义见于例 8.6.4 中。

“/＝”表示不等于，“＜”表示小于，“＞”表示大于。

使用连接运算符 & 可将元素连接起来构成数组，或将数组连接成更大的数组。例如：

```
signal a,b:BIT;   signal ajb:BIT_VECTOR(0 TO 1);
```

则语句 ajb <= a&b；等价于：ajb(0)<= a；ajb(1)<= b；。

在 VHDL 中，可根据需要对运算符进行重载，即为其再定义处理函数。例如，对 std_logic 型数据进行逻辑与运算时，需对 AND 运算符重载，见例 8.5.4。

8.5 VHDL 程序的语句组织结构

一个硬件系统在功能或结构上总是由若干子模块组成，较大型的系统又可分出上下层的层次关系。作为硬件描述语言，VHDL 有多种形式的描述模块和系统层次的语句组织结构。

8.5.1 块语句结构

可以将对系统中处于同一模块的电路的功能或结构的描述语句组织在一个 BLOCK 块中。块语句结构的格式如下：

```
块标号:BLOCK[GUARD 表达式]
    [块接口及说明语句;]
    BEGIN
     并行语句;
     [GUARDED 语句;]
     [并行语句;]
 END BLOCK[块标号];
```

在块接口及说明语句部分中可以用 PORT 语句声明本 BLOCK 块用的端口。可以声明、定义本块用的程序包、子程序、数据类型、部件、常量和信号。在 BEGIN 后的各语句均为并行语句，各语句的书写顺序不影响执行结果。

“GUARD 表达式”为一逻辑表达式，结果为“TRUE”或“FALSE”。只有“GUARD 表达式”的结果为“TRUE”时，块中的“GUARDED 语句”才能被完成。称“GUARDED 语句”为被保护块语句，一般为信号赋值语句，其格式如下：

```
信号名 <= GUARDED 信号赋值表达式或条件信号赋值语句;
```

“GUARD 表达式”和“GUARDED 语句”并不被 VHDL 综合器支持。

【例 8.5.1】

```
LIBRARY IEEE;
USE IEEE.STD_LOGIC_1164.ALL;
ENTITY bleg IS
 PORT(s1,s2,s3,iu1:IN STD_LOGIC;
```

```
          ou1,ou2:OUT STD_LOGIC);
  END bleg;
  ARCHITETURE dflow OF bleg IS
    SIGNAL m1,en:STD_LOGIC;  --定义本结构体内的信号
    BEGIN
     g1:BLOCK                --第一个块,标号为 g1
     BEGIN
       m1 <= s2 XOR s3;
       en <=(NOT s1)OR m1;
    END BLOCK;
    g2: BLOCK(en = '1')      --第二个块,标号为 g2,en = '1'为 GUARD 表达式
    BEGIN
    ou1 <= GUARDED iu1;      --只在 en = '1'为真(TRUE)的情况下,iu1 才对 ou1 赋值
    ou2 <= s1 AND (NOT m1);
    END BLOCK g2;
  END dflow;
```

用块语句结构可以使 VHDL 程序结构清楚、可读性强、便于交流和管理。但 BLOCK 语句结构并不直接影响 VHDL 综合器的结果,并不因使用了 BLOCK 语句结构,VHDL 综合器就必然对应产生一个电路模块。

块语句结构也可以形成 BLOCK 块的嵌套,适于描述较大型系统的分层结构。

8.5.2 进程语句结构

结构体及块结构中的语句均为并行语句。在 VHDL 中,顺序语句比并行语句的描述功能更为全面。所有顺序描述语句均应放在进程或子程序的语句结构中。而进程(PROCESSS)是最具 VHDL 特点的语句结构。

进程语句结构的一般格式如下:

```
[进程标号:]PROCESS[(敏感信号表)]
[进程说明部分]
BEGIN
 顺序语句;
 ……
 顺序语句;
END PROCESS[进程标号];
```

(1) 敏感信号表中列出的是各个敏感信号名,敏感信号表中不应有变量和常量。在功能仿真过程中,当任一个敏感信号出现变化时,进程被启动执行一次,因而,在功能仿真器中的进程为一个无限循环,每执行运转一次后即处于等待状态(挂起状态),等待敏感信号的再次变化。

(2) 在进程说明部分中可定义本进程使用的局部量,可定义数据类型、常量、变量、子程序等。进程内不能定义信号。信号只能作为敏感信号将信息带入、带出进程。

(3) 进程内 BEGIN 以后的描述语句均为顺序语句，按它们被书写的前后顺序依次执行。执行结果与书写顺序有关。顺序语句仅意味在功能仿真器中的执行顺序，并不意味着在可编程器件中也产生相应的顺序电路结构。8.6.2 小节中列出了各种顺序语句。

【例 8.5.2】 3 线-8 线译码器。

```
LIBRARY IEEE;
USE IEEE.STD_LOGIC_1164.ALL;
ENTITY ls138 IS
 PORT(s1,s2,s3:IN STD_LOGIC;ai:IN STD_LOGIC_VECTOR(2 DOWNTO 0);
         yout:OUT STD_LOGIC_VECTOR(7 DOWNTO 0));
END ls138;
ARCHITECTURE func OF ls138 IS
BEGIN
 PROCESS(s1,s2,s3,ai)  --在功能仿真器中 s1,s2,s3,ai 之中任一有变化时,进程即被启动
 BEGIN
  IF(s1 = '1'AND s2 = '0'AND s3 = '0')THEN --用顺序语句 if 和 case 描述 LS138 的行为功能
    CASE ai IS
     WHEN"000"=> yout <="11111110";
     WHEN"001"=> yout <="11111101";
     WHEN"010"=> yout <="11111011";
     WHEN"011"=> yout <="11110111";
     WHEN"100"=> yout <="11101111";
     WHEN"101"=> yout <="11011111";
     WHEN"110"=> yout <="10111111";
     WHEN"111"=> yout <="01111111";
     WHEN OTHERS => yout <="ZZZZZZZZ";
    END CASE;
  ELSE yout <="11111111";
  END IF;
END PROCESS;
END func;
```

(4) 在一个结构体中，可有多个进程，各个进程是并行的关系，每个进程之间通过信号建立联系。事实上，结构体中每条并行赋值语句都可认为是一个简化的进程，因而将进程整体归属于并行语句。

(5) 在功能仿真器中，VHDL 处理进程中的信号赋值语句与变量赋值语句的方式是不同的。在运行变量赋值语句时立即完成对变量的赋值，在变量赋值语句的下一语句时，变量的数值已是新赋的值。而在运行信号赋值语句时并不立即完成对信号的赋值，新的数值要在进程的同步点才赋予信号。在进程中信号赋值语句的下一句，信号仍保持进入进程时的数值。如果在进程中对同一信号有多次赋值，则最接近同步点的赋值语句才是有效的赋值语句。VHDL 的这一特点既表现在功能仿真器的运行处理中，也影响着综合器在可编程器

件中生成的硬件电路结果。

(6) 有敏感信号表的进程的同步点是 END PROCESS 语句。没有敏感信号表的进程的同步点是进程中的 WAIT 语句(见 8.6.2 小节)。在一个进程中,如果对信号的赋值没有设置延时,VHDL 的功能仿真器运行同步点前的语句部分所用时间为一个 δ 延时,无论其间有多少条顺序语句。这与运行一条并行语句的情况是一样的。

【例 8.5.3】 p1、p2 进程分析比较了进程中对信号的赋值和对变量的赋值的不同。其中,设 X、Y、Z、A、B、C 均为 4 位二进制信号。

```
……
    SIGNAL D:std_logic_vector(3 downto 0);
    p1:PROCESS (A,B,C)  --p1 进程
    BEGIN
    D <= A;      --信号赋值
    X <= B + D;--意图实现 X <= B + A;
    Z <= D;
    D <= C;
    Y <= B + D;--意图实现 X <= B + C;
    Z <= D;
    END PROCESS;
……
```

由图 8.5.1 可见 p1 进程的结果。

在 p1 进程中,对各信号的赋值是在进程结束时(同时)完成的。对同一信号 Z 有多次赋值,只最后一次的赋值有效。p1 进程完成的是:

```
X <= B + C  (而不是 B + A)
Y <= B + C
Z <= C
```

```
……
    p2:PROCESS (A,B,C)  --p2 进程
    VARIABLE   D: std _ logic _ vector ( 3 downto 0);
    BEGIN
    D: = A;--变量赋值
    X <= B + D;--意图实现 X <= B + A;
    Z <= D;
    D: = C;
    Y <= B + D;--意图实现 X <= B + C;
    Z <= D;
    END PROCESS;
……
```

由图 8.5.2 可见 p2 进程的结果。

在 p2 进程中,对变量的赋值是立即完成的。

p2 进程完成的是:

```
X <= B + A
Y <= B + C
Z <= C
```

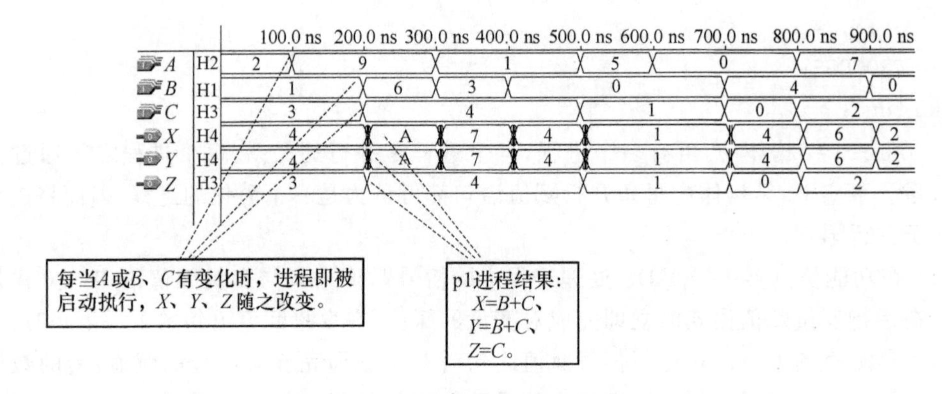

图 8.5.1　p1 进程的时序仿真结果

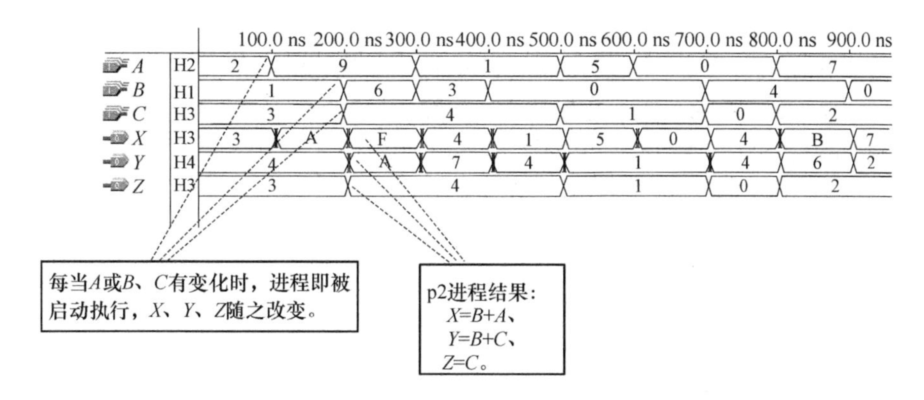

图 8.5.2　p2 进程的时序仿真结果

8.5.3　子程序语句结构

子程序(SUBPROGRAM)是 VHDL 中的一种程序单元。子程序可用于对系统中那些相对独立、重复出现的电路模块进行描述，子程序也可作为 VHDL 的工作函数，例如运算符重载函数、决断函数等。

子程序中只能使用顺序语句，与进程不同的是：在子程序内不能直接读取、赋值本子程序外的信号。子程序只能通过入口参数、返回值、出口参数与调用方进行数据交互。

可以在结构体、进程中定义子程序，子程序的定义体应处于说明部分。这样定义的子程序仅能在它定义所处结构体、进程中被调用。若要使子程序被多个设计实体调用，应将其定义在程序包中。

描述电路功能的子程序，在 VHDL 综合后，在各调用子程序的相应位置均生成结构相同但入、出线的连向可能不同的电路模块。

子程序有函数和过程两种类型。

1. 函数(FUNCTION)

函数体的书写格式如下：

```
FUNCTION 函数名(参数表)RETURN 数据类型 IS
[说明部分]
BEGIN
顺序语句;
  ……
RETURN 表达式;
END[FUNCTION]函数名;
```

参数表中声明的各参数的数据对象可以是信号或常量，不加以声明时被默认为常量。它们的流向均为输入进本函数，其数值由调用方赋予。函数的输出数据只有一个，为 RETURN语句中“表达式”的取值，其类型由 FUNCTION 语句中的“数据类型”说明。函数的输出数据返回给调用方。在一个函数中，应至少有一条 RETURN 语句。

如果是在程序包中定义函数，则应将函数体放入程序包体，在程序包首中还需声明函数首。函数首的格式如下：

```
FUNCTION 函数名(参数表)RETURN 数据类型;
```

在程序包中定义的函数可被引用该程序包的各设计实体所调用。

【例 8.5.4】 对 std_logic 型数据的逻辑与运算符(AND)的重载(再定义)函数。

```
PACKAGE utilities IS
  TYPE STD_LOGIC IS ('U','X','0','1','Z','W','L','H','-');
  FUNCTION "AND" (a,b:std_logic) RETURN std_logic;
   ......
END utilities;
PACKAGE BODY utilities IS
  ......
  FUNCTION "AND" (a,b:std_logic) RETURN std_logic IS
TYPE std_tabula IS ARRAY( std_logic , std_logic ) OF std_logic;
CONSTANT and_table :std_tabula: = (
('U','U','0','U','U''U','0','U','U'),--std_logic 型数据和'U'进行与运算的结果
('U','X','0','X','X','X','0','X','X'),
('0','0','0','0','0','0','0','0','0'),
('U','X','0','1','X','X','0','1','X'),
('U','X' ,'0','X','X','X','0','X','X'),
('U','X','0','X','X','X','0','X','X'),
('0','0','0','0','0','0','0','0','0'),
('U','X','0','1','X','X','0','1','X'),
('U','X','0','X','X','X','0','X','X'),
  );                           --以枚举元素名作为常量数组 and_table 的元素下标
BEGIN
  RETURN and_table(a,b);   --返回根据 a、b 进行查表的结果
END  "AND";                    --为 std_logic 型数据
  ......
END utilities;
```

在 STD_LOGIC_1164 程序包中,已定义了对 STD_LOGIC 型数的 AND、OR 等逻辑运算符的标准重载函数。在 VHDL 程序中,在声明使用 STD_LOGIC_1164 程序包后,在处理两个 STD_LOGIC 型数据的逻辑运算时,系统将自动调用标准重载函数。

2. 过程

过程(PROCEDURE)体的书写格式如下:

```
PROCEDURE 过程名(参数表)IS
[说明部分]
BEGIN
顺序语句;
 ......
END[PROCEDURE]过程名;
```

参数表中声明的各参数是本过程与调用方联系的数据。各参数的数据对象可以是信号、变量或常量，它们的流向可以是 IN、INOUT、OUT 本过程(默认值为 IN)。流向为 IN 时，参数的数据对象默认值(不加以数据对象声明时)为常量。流向为 OUT、INOUT 时，参数的数据对象默认值是变量。与函数相比较，过程的入出参数中可以有变量，可以有 INOUT流向的参数，输出参数可有多个。过程无须用 RETURN 语句返回。

与函数相仿，如果是在程序包中定义过程，则应将过程体放入程序包体，在程序包首中还需声明过程首。过程首的格式如下：

```
PROCEDURE 过程名(参数表)；
```

在程序包中定义的过程可被引用该程序包的各设计实体所调用。

【例 8.5.5】 本例描述了一个投票表决电路——根据表决多数的结果(同意['1']，不同意、否决['0'])决定是否允许信号通过的电路。

```
LIBRARY IEEE;
USE IEEE.STD_LOGIC_1164.ALL;
ENTITY jvoter IS
PORT(dcd:IN STD_LOGIC_VECTOR(15 DOWNTO 0);
     din:IN STD_LOGIC;qget:OUT STD_LOGIC );
END jvoter;
ARCHITECTURE dojvoter OF jvoter IS
SUBTYPE inte16 IS INTEGER range 0 to 16;                 --定义一个子数据类型
PROCEDURE yorn (in1:IN std_logic_vector(15downto 0);     --在结构体的说明
                flag:OUT boolean;ou1:INOUT inte16 ) IS   --部分里定义过程
BEGIN
 flag := FALSE;
  FOR i IN in1'RANGE  LOOP
   IF in1( i ) ='1' THEN
      ou1 := ou1 + 1;
      next;                   --跳出此次 LOOP 循环
   END IF;
   IF (i = 0)or(i = 1) THEN
      IF in1(i) = '0'THEN
         flag:= TRUE;         --只有 i = 0、1 者有否决权
         exit;                --结束 LOOP 循环
      END IF;
   END IF;
  END LOOP;
END PROCEDURE yorn;
BEGIN
  PROCESS( dcd ,din )
   VARIABLE bjg :BOOLEAN;
```

```
    VARIABLE ijg :inte16;
    BEGIN
     ijg: = 0;
     yorn (dcd , bjg , ijg ) ;  --过程的调用
     IF ( bjg = FALSE)AND( ijg>(dcd'LENGTH/2) ) THEN
        qget <= din;   --在同意者过半且无否决的情况下,允许信号通过
     ELSE qget <='Z' ;
     END IF;
    END PROCESS ;
  END dojvoter ;
```

在结构体或进程中可用过程调用语句调用过程,而对函数的调用不是通过调用语句,而是要将函数写在表达式中,如同高级语言。

在 VHDL 中,不同的子程序在参数表不同的情况下可以使用同一个名称,这就是子程序的重载(RELOAD)。在调用同一名称的子程序时,系统根据参数表的不同区分所调用的目标子程序。同高级语言一样,子程序的重载给 VHDL 程序的设计、阅读带来了便利。

8.5.4 元件例化语句结构

元件例化(COMPONENT_INSTANT)语句结构特别适用于描述电路系统的层次关系。在这种语句结构中,首先用元件声明语句将已存在的设计单元(设计实体)声明为元件,然后用元件例化语句描述各元件的连接关系。各元件的连接是本层次的设计,声明为元件的那些已存在的设计单元作为相对低一层次的设计。

元件声明语句的格式如下:

```
COMPONENT 元件名
 [ GENERIC(类属表);]
 PORT( 端口信号名 1:端口模式 数据类型;……;端口信号名 n:端口模式 数据类型 ) ;
END COMPONENT [元件名] ;
```

(1) 元件名可以和已存在的设计实体(实体和结构体)的实体名同名,也可不同名。已存在的设计实体可以来自 WORK 库,也可以来自 EDA 厂家提供的元件库。元件名与库中的实体名的对应关系可由配置语句说明。

(2) 由 PORT 引导的端口表以及由 GENERIC 引导的类属表应和已存在的设计单元的实体中的一样。端口信号名相当于元件引脚的名称。

(3) 元件声明语句应放在结构体的说明部分。

元件例化语句的格式如下:

```
标号:元件名 PORT MAP( 信号名 1,信号名 2,……,信号名 n ) ;
```

其中,元件名是已由元件声明语句声明的元件名,标号为此元件在本设计层次电路中的标号,各信号名为本设计层电路中的信号,它们与元件的端口信号名以相同的次序位置对应连接。元件例化语句应放在结构体中。

元件例化语句的另一种格式如下:

```
标号:元件名 PORT MAP( 端口信号名 1 =>信号名 1 ,…… ,
```

……，端口信号名 n ⇒信号名 n）；

如果元件声明语句中带有类属表，则在元件例化语句前应使用类属映射语句(GENERIC MAP)对类属表中参数为本次例化赋值。见例 8.5.6。

【例 8.5.6】 用 VHDL 描述如图 8.5.3 所示的一位全加器 full_adder，其中半加器 half_adder、或门 or_gate 已由例 8.2.4 和例 8.2.1 描述，已设置于 ENTITYWORK 库中。

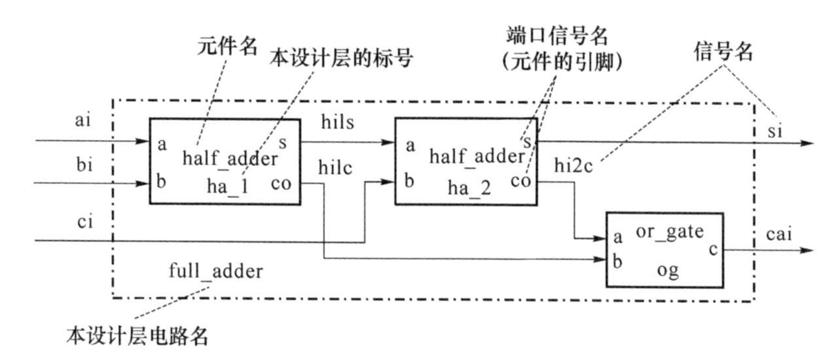

图 8.5.3 一位全加器

```
LIBRARY IEEE;
LIBRARY ENTITYWORK;
USE IEEE.STD_LOGIC_1164.ALL;
ENTITY full_adder IS                       --本设计层名为 full_adder
 PORT( ai , bi , ci :IN STD_LOGIC ; si , cai :OUT STD_LOGIC );
END full_adder ;

ARCHITECTURE frame OF full_adder IS
 COMPONENT half_adder                      --声明 half_adder 为 full_adder 中的一个元件
  PORT( a , b :IN STD_LOGIC; s , co :OUT STD_LOGIC ) ;
 END half_adder ;
 COMPONENT or_gate                         --声明 or_gate 为 full_adder 中的一个元件
   PORT( a , b :IN STD_LOGIC; c :OUT STD_LOGIC );
 END or_gate ;
 SIGNAL hi1s , hi1c , hi2c :STD_LOGIC ;      --声明本设计层内的连线信号
 FOR ha_1,ha_2 : half_adder USE ENTITYWORK.half_adder(daflow) ; --配置语句
 FOR og : or_gate USE ENTITYWORK.or_gate (data_fw);               --配置语句
 BEGIN
   ha_1:   half_adder PORT MAP( ai , bi , hi1s , hi1c ) ;             --元件例化语句
   ha_2:   half_adder PORT MAP( a => hi1s , b => ci , s => si , co => hi2c ) ;
   og:   or_gate PORT MAP( b => hi1c , a => hi2c , c => cai ) ;
   END frame;
```

由本例可见，元件例化语句结构描述的是本设计层的电路结构，先前完成的设计单元可作为本设计层的一个框图式的元件。因而也将这种语句结构称为结构描述方式。它与前面所述的行为描述、数据流描述一起作为 VHDL 的 3 种不同的描述风格。例中使用配置语句“FOR…USE…；”为本设计层中的元件配置库中的已存在的实体(结构体)。配置语句有时也可不用。

在系统中经常有某一元件或构造有规律连接排列的现象，可以用重复元件生成(FOR_GENERATE)语句配合元件例化语句来描述这种情况。重复元件生成语句的格式如下：

```
[标号:] FOR 循环变量 IN 取值范围 GENERATE
  元件例化语句;
  ……
END GENERATE [标号];
```

其中，循环变量为整数类型，由取值范围给出循环变量的初值、循环次数和递变方向，每循环一次，各例化语句被执行一次，每循环一次，循环变量递增 1 或递减 1，超出取值范围后循环结束。这样，经过由取值范围给出的循环次数后，可产生有规律连接的元件排列。如果在某一个排列位置，元件的连接规律有例外，可用条件生成(IF_GENERATE)语句处理。条件生成语句的格式如下：

```
[标号:] IF 条件表达式 GENERATE
元件例化语句;
……
END GENERATE[标号];
```

当条件表达式(通常为循环变量的关系表达式)的结果为 TRUE 时，执行随后的元件例化语句。

【例 8.5.7】 描述如图 8.5.4 所示的 n 位串行全加器 nadder。设一位全加器 full_adder 已由例 8.5.6 设计完成，放置于 WORK 库中。

```
LIBRARY IEEE;
USE IEEE.STD_LOGIC_1164.ALL ;
USE WORK.full_adder ;                      --使产生默认配置
ENTITY nadder IS
 GENERIC(n:INTEGER:= 8);                   --类属说明语句
 PORT(c0:IN STD_LOGIC;a,b:IN STD_LOGIC_VECTOR(1 TO n);
           carry:OUT STD_LOGIC;sum:OUT STD_LOGIC_VECTOR( 1 TO n)  );
END nadder;

ARCHITECTURE struct OF nadder IS
COMPONENT full_adder                       --声明 full_adder 为 nadder 中的一个元件
  PORT(ai,bi,ci:IN STD_LOGIC;si,cai:OUT STD_LOGIC);
  END full_adder;
SIGNAL sd:STD_LOGIC_VECTOR(1 TO n-1); --声明 nadder 内的连线信号
BEGIN
```

```
na:  FOR i IN 1 TO n GENERATE                 --重复元件生成语句
na1:  IF i = 1 GENERATE                       --条件生成语句
  fa_1:  full_adder PORT MAP(a(i),b(i),c0,sum(i),sd(i));  --元件例化语句
END GENERATE na1;
nai:  IF(i>1)AND(i<n)GENERATE
 fa_i:  full_adder PORT MAP(a(i),b(i),sd(i-1),sum(i),sd(i));
END GENERATE nai;
nan:  IF i = n GENERATE
    fa_n:  full_adder PORT MAP(a(i),b(i),sd(i-1),sum(i),carry);
END GENERATE nan;
END GENERATE na;
END ARCHITECTURE struct;
```

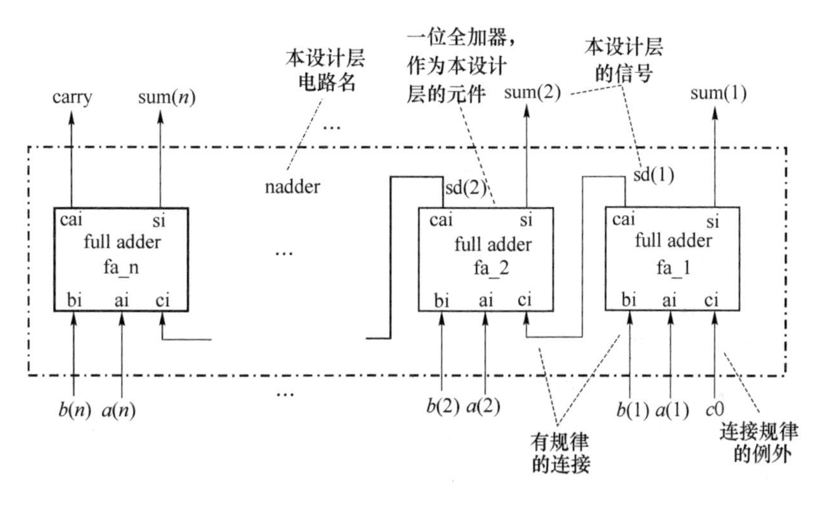

图 8.5.4　n 位串行全加器

例 8.5.7 中 n 位全加器内的一位全加器的连接规律基本相同，故采用重复元件生成语句(FOR_GENERATE)描述。在最高位和最低位的连接方式略有不同，用条件生成语句(IF_GENERATE)处理。

例 8.5.7 描述的是一个已存在的 n 位全加器的结构。目的是为了说明 FOR_GENERATE 和 IF_GENERATE 语句的使用。在基于 HDL 的 EDA 设计中，完成两个 n 位数的相加运算，通常不必用这样的方法：先设计全加器电路后再由全加器完成相加运算。可直接描述两个 n 位数相加的行为，这正是硬件描述语言的长处。见例 8.5.8。

【例 8.5.8】

```
LIBRARY IEEE;
USE IEEE.STD_LOGIC_1164.ALL;
USE IEEE.STD_LOGIC_ARITH.ALL;
USE IEEE.STD_LOGIC_UNSIGED.ALL;
ENTITY adder_n   IS                  --两个 n 位数相加的通用性设计实体
 GENERIC(n:INTEGER);                 --类属说明语句
```

```
 PORT(a,b:IN STD_LOGIC_VECTOR(n DOWNTO 1);
        sum:OUT STD_LOGIC_VECTOR(n DOWNTO 1)   );
END adder_n;
ARCHITECTURE behav OF adder_n IS
 BEGIN
 sum <= a + b;                    --调用程序包中的重载函数完成两个
END behav;                        --STD_LOGIC_VECTOR 型向量的相加运算
```

以下程序仍以元件例化语句结构的方式通过用 adder_n 完成两个 16 位数的相加。目的是给出类属映射语句(GENERIC MAP)的用法。

```
LIBRARY IEEE;
USE IEEE.STD_LOGIC_1164.ALL;
USE IEEE.STD_LOGIC_ARITH.ALL;
USE IEEE.STD_LOGIC_UNSIGED.ALL;
ENTITY adder_16   IS
PORT(   ai,bi:IN STD_LOGIC_VECTOR(15 DOWNTO 0);
          sum:OUT STD_LOGIC_VECTOR(15 DOWNTO 0)   );
END adder_16;
ARCHITECTURE behav OF adder_16 IS
 COMPONENT adder_n                                     --元件声明
   GENERIC(n:INTEGER);
   PORT(a,b:IN STD_LOGIC_VECTOR(n DOWNTO1);
          sum:OUT STD_LOGIC_VECTOR(n DOWNTO 1)   );
 END COMPONENT;
BEGIN
 adder16:adder_n GENERIC MAP (n => 16)                 --类属映射语句
            PORT MAP (a => ai,b => bi,sum => sum);  --元件例化
END ARCHITECTURE behav;
```

8.6 VHDL 的主要描述语句

顺序描述语句和并行描述语句是 VHDL 的两类基本语句。数字逻辑电路和系统中的信号流程、硬件行为、结构关系都可用这两类语句以不同的方式给予描述。在前述各节中已见到了一些常用语句的应用,本节对 VHDL 的主要描述语句作一总结性介绍。

8.6.1 并行描述语句

各并行语句的执行结果和它们的书写的先后顺序无关。并行语句直接反映了硬件电路的并行工作的特征。结构体中的语句均应为并行语句。VHDL 的并行语句主要有以下几类:

• 块语句
• 进程语句(一个 process 相当于一条并行语句)
• 并行信号赋值语句
• 元件例化语句
• 元件生成语句
• 并行过程调用语句

其中,块语句、进程语句、元件例化与生成语句在前节已有了介绍。

1. 并行信号赋值语句

并行信号赋值语句有 3 个类型:

• 简单信号赋值语句
• 条件信号赋值语句
• 选择信号赋值语句

(1) 简单信号赋值语句

语句格式如下:

```
信号名<= 表达式;
```

表达式的数据类型应和信号名的类型一致。在表达式中可设置惯性延时或传输延时。

(2) 条件信号赋值语句

语句格式如下:

```
信号名<=表达式 1 WHEN 布尔表达式 1 ELSE
        表达式 2 WHEN 布尔表达式 2 ELSE
        ⋮
        表达式 n WHEN 布尔表达式 n ELSE
        表达式 n+1;
```

其中,布尔表达式为赋值的条件。在 VHDL 功能仿真过程中,对各布尔表达式按书写顺序依次测试,将第一个结果为 TRUE 的所对应的表达式的结果赋值给信号,若所有布尔表达式的结果均为 FALSE,则将表达式 $n+1$ 的结果赋值给信号。因而各布尔表达式表示的赋值条件可以有重叠。

【例 8.6.1】 4 选 1 逻辑电路。

```
LIBRARY IEEE;
USE IEEE.STD_LOGIC_1164.ALL;
ENTITY mux4_to_1 IS
    PORT(d0,d1,d2,d3,a,b:IN std_logic;y:OUT std_logic);
END mux4_to_1;
ARCHITECTURE sample_1 OF mux4_to_1  IS
BEGIN
    y<=d0 WHEN a='0'AND b='0' ELSE
        d1 WHEN a='0'AND b='1' ELSE
        d2 WHEN a='1'AND b='0' ELSE
        d3 WHEN a='1'AND b='1' ELSE
```

```
        'Z';       --当 a,b 为 std_logic 型数据的'0'、'1'
END sample_1;      --以外(如'Z','X')的取值组合的情况时
```

(3) 选择信号赋值语句

语句格式如下：

```
WITH 选择表达式 SELECT
信号名 <= 表达式 1  WHEN  值 1,
          表达式 2  WHEN  值 2,
          ⋮
          表达式 n  WHEN  值 n,
          表达式 n+1 WHEN  others;
```

其中，值 1、值 2、……、值 n 为选择表达式的取值，它们不应有相互重叠的情况。当选择表达式的结果值为值 1～值 n 中的某一个时，将对应的表达式的结果赋值给信号，若选择表达式的结果值不是值 1～值 n 中的任一个，则将表达式 $n+1$ 的结果对信号赋值。应用见前例。

2. 并行过程调用语句

例 8.5.5 中可见到位于进程(prosess)中的过程(procedure)调用语句，它属顺序过程调用语句。在结构体中对过程的调用语句即为并行过程调用语句。并行过程调用语句、顺序过程调用语句均如下格式：

```
过程名(参数 1,参数 2……);
```

其中的参数 1，参数 2，……将数据代入、带出过程，它们是当前结构体(或进程)中的参数名，被称为实参，它们与过程定义中的参数表中的各参数(形参)同位置对应，须具有相同的数据类型。过程调用语句的另一种格式如下：

```
过程名(形参 1 =>实参 1,形参 2 =>实参 2……);
```

8.6.2 顺序描述语句

顺序语句在 VHDL 功能仿真器中是按照它们书写的前后次序依次执行的，因而功能仿真的执行结果及综合器实现出的电路结果均与语句书写的前后顺序有关。顺序语句发挥了计算机处理的特长，因而 VHDL 中顺序语句的描述表现力优于并行语句。顺序语句只能用在进程和子程序中。

顺序描述语句主要有以下几类：

- 赋值语句
- IF 语句
- 流程控制语句(CASE、LOOP、NEXT、EXIT、RETURN、NULL)
- WAIT 语句

应注意的是，顺序语句是指它们在功能仿真器中是顺序执行的，但综合器根据顺序语句实现出的电路仍然可具有并行处理的特征。

1. 赋值语句

(1) 信号赋值语句

语句格式如下：

信号名 <= 表达式 ;

表达式结果的数据类型应和信号名的一致。在表达式中可设置惯性延时或传输延时。

(2) 变量赋值语句

语句格式如下:

变量名:=表达式;

表达式结果的数据类型应和变量名的一致。但表达式中不可设置惯性延时或传输延时。由于变量只能在进程或子程序中定义和使用,变量赋值语句也只能出现在进程或子程序中。与对信号赋值的处理不同,在 VHDL 功能仿真器中对变量的赋值是立即完成的。在 8.5.2 小节中介绍了在进程中对变量赋值和对信号赋值时 VHDL 的不同处理。

2. IF 语句

IF 语句是 VHDL 中最常用到的语句之一,在组合逻辑、时序逻辑设计中都会用到 IF 语句。IF 语句的一般格式如下:

```
IF 布尔表达式 1  THEN
  顺序语句;          --布尔表达式 1 结果为 TRUE 时,执行此部分顺序语句
[ELSIF 布尔表达式 2  --布尔表达式 1 结果为 FALSE
  顺序语句;]         --布尔表达式 2 结果为 TRUE 时,执行此部分顺序语句
[……]
[ELSE
  顺序语句;]         --各布尔表达式结果均为 FALSE 时,执行此部分顺序语句
END IF;
```

其中,“[]”中为可选则性内容。

没有“ELSIF”和“ELSE”语句部分的 IF 语句称为不完整 IF 语句,通常用不完整 IF 语句描述具有记忆功能的时序电路,如触发器、寄存器、计数器等。

【例 8.6.2】 *D* 触发器(图 8.6.1)的 VHDL 描述。

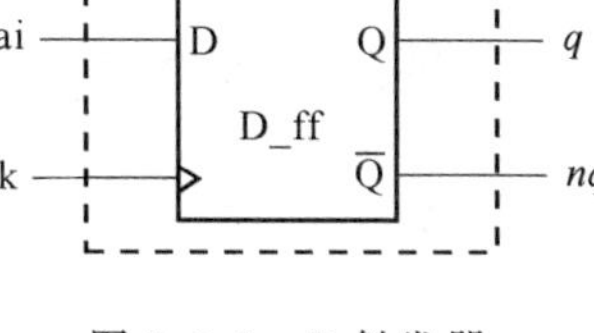

图 8.6.1 *D* 触发器

```
LIBRARY IEEE;
USE IEEE.STD_LOGIC_1164.ALL;
ENTITY D_ff IS
 PORT(ai,clk:IN STD_LOGIC;
         q,nq:OUT STD_LOGIC);
END ENTITY D_ff;
ARCHITECTURE behav OF D_ff  IS
  BEGIN
  PROCESS(clk)                 --时钟 clk 为敏感信号
  VARIABLE bufq:STD_LOGIC;     --声明一个变量 bufq 作为缓存单元
  BEGIN
    IF(CLK'EVENT AND CLK = '1')  --如果 clk 端出现上升沿,则将 ai 赋值给 bufq
      THEN bufq := ai;         --如果 clk 出现的不是上升沿,则不作任何
    END IF;                    --处理,bufq 仍保持原值
    q <= bufq;                 --缓存单元向输出端口输出
```

```
    nq <= NOT bufq;
  END PROCESS;
END ARCHITECTURE behav;
```

例 8.6.2 的 IF 语句为不完整的 IF 语句。在不满足"IF 部分"给出的条件(遇时钟 clk 上升沿)时不作任何处理,IF 语句结束,输出保持为原值,这正是触发器具有的功能。因而,VHDL 综合器一般将不完整 IF 语句实现为触发器、寄存器、计数器等时序电路,而完整的 IF 语句一般被实现为组合电路。

【例 8.6.3】 具有同步复位、预置功能的十进制计数器。

```
LIBRARY IEEE;
USE IEEE.STD_LOGIC_1164.ALL;
USE IEEE.STD_LOGIC_ARITH.ALL;
USE IEEE.STD_LOGIC_UNSIGNED.ALL;
entity counter10 IS
 PORT( clk, set, reset,coe:IN STD_LOGIC;setdata:IN STD_LOGIC_VECTOR(3 downto 0);
          ocdata:OUT STD_LOGIC_VECTOR(3 downto 0);upco:OUT STD_LOGIC);
END counter10;
ARCHITECTURE behav OF counter10 IS
BEGIN
 PROCESS(clk)                                          --时钟 clk 为敏感信号
  VARIABLE octemp:STD_LOGIC_VECTOR(3 downto 0);        --声明一个进程内部
 BEGIN                                                 --变量作为缓存单元
  IF clk'EVENT AND clk = '1'THEN                       --如果遇 clk 端出现上升沿
   IF reset = '1'THEN octemp: = (OTHERS =>'0');        --复位(清零)
   ELSIF set = '1'THEN octemp: = setdata;              --预置
   ELSIF coe = '1'THEN                                 --计数使能
    IF octemp<B"1001"THEN octemp: = octemp + 1;        --计数加一
      ELSE octemp: = (OTHERS =>'0');                   --十进制
     END IF;
    END IF;                                            --不完整 IF 语句,如果复位、预置、
                                                          使能均无效,则计数值保持原值
  END IF;                                              --不完整 IF 语句,如果未遇 clk
                                                          上升沿,则计数值保持原值
  IF octemp = "1001"THEN upco <='1';                   --进位
   ELSE upco <='0';
  END IF;                                              --完整的 IF 语句
  ocdata <= octemp;                                    --缓存单元向输出端口输出
 END PROCESS;
END behav;
```

例 8.6.3 中使用了 UNSIGNED 程序包,这是因为例中有 STD_LOGIC 型数和整型数的"+"运算(octemp:=octemp+1;),UNSIGNED 程序包中重载了这种运算的"+"运算符。例

8.6.3 中的第一个 IF 语句(IF clk'EVENT AND clk=‘1’…)为不完整 IF 语句，经 VHDL 综合器生成时序电路。而 IF octemp= “1001”语句为完整 IF 语句，生成的是组合电路。

例 8.6.3 中的“OTHERS =>”为一种省略赋值操作符，常在对数据向量整体赋值时使用。例如：

```
signal dv:std_logic_vector(15 downto 0);
……
dv <=(15 =>'0',0 =>'0',OTHERS =>'1');
```

等价于：dv(15)<='0',dv(0)<='0',dv(14)～dv(1)均被赋值为‘1’。可见用省略赋值操作符“OTHERS =>”可使书写简便。

例 8.6.3 中声明了进程内部变量 octemp，计数及预置、清零都是针对 octemp 进行的。在进程的最后将 octemp 赋值给输出端口 ocdata。如果不声明 octemp，就要直接对端口信号处理，ocdata 就要被声明为 BUFFER，这将占用较多的硬件资源使问题复杂化。

图 8.6.2 为例 8.6.3 十进制计数器 counter10 的时序仿真波形，其中可见计数过程及预置、清零、计数使能的处理。

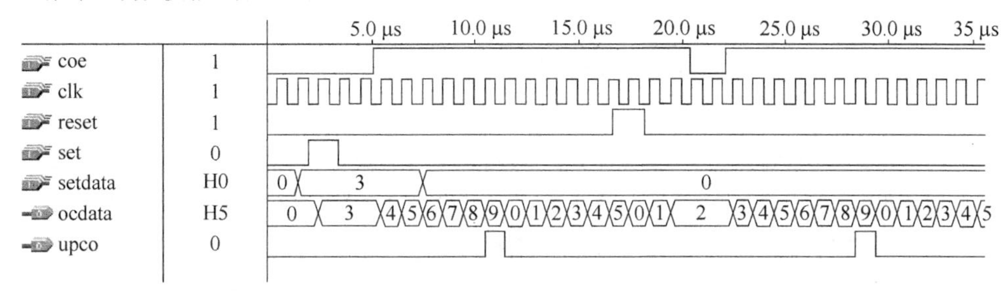

图 8.6.2　counter10 的时序仿真波形

3. CASE 语句

CASE 语句描述了这样一种行为或结构，根据某一参量取值的不同，处理的方式或结果也不同。CASE 的语句格式如下：

```
CASE 表达式 IS
WHEN 表达式的取值 1 =>顺序语句 1;
 ⋮
WHEN 表达式的取值 k =>顺序语句 k;
[WHEN OTHERS =>顺序语句 k+1];
END CASE;
```

其中，WHEN 引导的表达式的取值可以是一个，也可是多个(表示为：值 1 | 值 2 | ……)，也可以是某一指定范围(表示为：值 1TO 值 2)。仿真器在执行 CASE 语句时，首先计算表达式的值，确定它符合哪一 WHEN 语句中的取值情况，然后执行对应的顺序语句。若表达式值不符合任何一个 WHEN 语句中的取值情况，则执行 WHEN OTHERS 后的顺序语句。从例 8.5.2 可见 CASE 语句在组合逻辑电路描述中的应用。例 8.6.4 中的 CASE 语句描述的是时序逻辑。

【例 8.6.4】 通用移位寄存器。

```
LIBRARY IEEE;
```

```
USE IEEE.STD_LOGIC_1164.ALL;
ENTITY shfreg IS
 GENERIC(n:INTEGER:=8);
 PORT(clk,dinr,dinl:INSTD_LOGIC;
        fd:INSTD_LOGIC_VECTOR(0TO2);                    --功能选控端
        dload:IN STD_LOGIC_VECTOR(n-1 DOWNTO 0);        --加载数据端
        qd:OUTSTD_LOGIC_VECTOR(n-1 DOWNTO 0));          --输出数据端
END shfreg;
ARCHITECTURE whatodo OF shfreg IS
SIGNAL itd STD_LOGIC_VECTOR(n-1 DOWNTO 0);              --声明一个内部信号
BEGIN
 PROCESS(clk)
 BEGIN
  IF(clk'EVENTAND clk='1')THEN
    CASE fd IS
      WHEN"000"=> itd<=(OTHERS =>'0');                  --清零
      WHEN"001"=> itd<= dload;                          --加载
      WHEN"010"=> itd<= itd(n-2 DOWNTO 0)&dinl;         --逻辑左移一位
      WHEN"011"=> itd<= dinr&itd(n-1 DOWNTO 1);         --逻辑右移一位
      WHEN"100"=> itd<= itd(n-2 DOWNTO 0)&'0';          --算术左移一位
      WHEN"101"=> itd<= itd(n-1)&itd(n-1 DOWNTO 1);     --算术右移一位
      WHEN"110"=> itd<= itd(n-2 DOWNTO 0)&itd( n-1);    --循环左移一位
      WHEN"111"=> itd<= itd(0)&itd(n-1 DOWNTO 1);       --循环右移一位
      WHEN OTHERS => NULL;
      END CASE;
     END IF;
     qd<= itd;
   END PROCESS;
  END whatodo;
```

例 8.6.4 中使用连接运算符“&”连接数据表示移位后的结果。例中“WHEN OTHERS”是必要的，因为 fd 为 STD_LOGIC 型数据，除了“000～111”的取值外还会有其他取值如‘H’、‘L’、‘Z’等的组合情况。NULL 为空操作语句，表示不作任何处理，也可用“itd<=itd”取代。通过例 8.6.4 也可认识各移位运算符的意义。

IF 语句和 CASE 语句都可用来描述多分支处理，它们的不同之处在于：IF 语句中由各布尔表达式描述的条件有优先级之分，书写在前的优先级高。而 CASE 语句中由于各 WHEN 句没有优先级，它们呈并行关系。IF 语句中由各布尔表达式描述的条件可以有一定的相互覆盖，而 CASE 语句中各 WHEN 句中表达式的取值不能有相互覆盖的情况。

4. LOOP 语句

LOOP 语句将重复性的处理描述在一个循环体中。FOR-LOOP 是 LOOP 语句的主要形式。FOR-LOOP 语句的格式如下：

```
[LOOP 标号:] FOR 变量名 IN 范围 LOOP
      顺序语句;
      ⋮
      顺序语句;
END LOOP[LOOP 标号];
```

其中，“变量名”为本 FOR-LOOP 循环中的局部变量，为整型或枚举型，无须对其事先声明。“变量名”在循环体内可以被引用，不可被赋值改变。“范围”给出“变量名”的初值、终值及每循环一次后的步进方式(加 1 或减 1)。FOR-LOOP 语句在执行每一次的循环时，首先检查变量名的数值是否在范围内，如在范围内则执行循环体中的各顺序语句，执行完后自动将变量名的数值步进改变，再进入下一次循环，直至变量名的数值超出给定的范围。

【例 8.6.5】 奇偶检测电路。

```
LIBRARY IEEE;
USE IEEE.STD_LOGIC_1164.ALL;
USE IEEE.STD_LOGIC_ARITH.ALL;
USE IEEE.STD_LOGIC_UNSIGNED.ALL;
ENTITY oe_check IS
 PORT(a:IN STD_LOGIC_VECTOR(7 downto 0);
        oe_out: OUT STD_LOGIC);
END oe_check;
ARCHITECTURE struc OF oe_check IS
BEGIN
 PROCESS(a)
  VARIABLE temp:STD_LOGIC;
BEGIN
  temp: = '0';
  FOR j IN 0 TO 7  LOOP           --每循环一次 j 加 1,直到 7,共循环 8 次
   temp: = temp XOR a(j);
  END LOOP;
  oe_out <= temp;
 END PROCESS;
END struc;
```

LOOP 语句还有 WHILE-LOOP 的形式，可参见其他参考书。

5. NEXT 和 EXIT 语句

NEXT 和 EXIT 语句主要用于在 LOOP 循环体中控制循环的返回和退出。

NEXT 语句的格式如下：

```
NEXT[LOOP 标号][WHEN 条件表达式];
```

如语句“NEXT;”表示无条件终止本次循环，返回到本 LOOP 循环体的起始位置进行下次循环。又如语句“NEXT LOOP 标号 WHEN 条件表达式;”表示在条件表达式结果为

TRUE 的条件下,终止本次循环,返回到由 LOOP 标号指定的循环体的起始位置进行下次循环。若条件表达式的结果为 FALSE,则不执行本 NEXT 语句。

EXIT 语句的格式如下：

```
EXIT [LOOP 标号] [WHEN 条件表达式];
```

可以与 NEXT 语句的类比,EXIT 语句表示无条件(或在满足 WHEN 引导的条件下)退出本 LOOP 循环体(或由 LOOP 标号指定的循环体)。

在例 8.5.5 中可见 NEXT、EXIT 语句的使用。

6. WAIT 语句

在 8.5.2 小节中介绍到 WAIT 语句在进程中起着同步点的作用。在 VHDL 功能仿真器运行 WAIT 语句后,进程即被挂起,只在 WAIT 语句中给出的条件被满足后才结束挂起再次运行进程。如果在进程内使用 WAIT 语句,在进程的关键字 PROCESS 后不应再有敏感信号表。同样,若在“PROCESS”后列有敏感信号表,则在进程内也不应再有 WAIT 语句。

WAIT 语句有以下 4 种格式。

(1) WAIT ON 敏感信号表;

执行该语句后,进程被挂起。当敏感信号表中任一信号出现变化时,结束挂起,进程被继续运行。如对例 8.5.2 可用 WAIT 语句作以下改动。

```
……
PROCESS                                       --原为 PROCESS(s1,s2,s3,ai)
  BEGIN
  WAIT ON s1,s2,s3,ai;
  IF(s1 ='1'AND s2 ='0'AND s3 ='0')THEN --与例 8.5.2 中的相同
  ……
END PROCESS;
……
```

(2) WAIT UNTIL 条件表达式;

执行该语句后,进程被挂起。当条件表达式中的信号发生变化并使条件表达式结果为 TRUE 时,结束挂起,进程被继续运行。

【例 8.6.6】 使用 WAIT 语句描述的 4 位串入并出电路。

```
LIBRARY IEEE;
USE IEEE.STD_LOGIC_1164.ALL;
ENTITY sipout IS
 PORT(clk,dsin:IN STD_LOGIC;outp:OUT STD_LOGIC_VECTOR(0 TO 3);
         oflag:OUT BIT);                  --oflag 的上升沿表示有新的数据并行输出
END sipout;
ARCHITECTURE struc OF sipout IS
SIGNAL inkp:STD_LOGIC_VECTOR( 0 TO 3);
BEGIN
 PROCESS
 BEGIN
```

```
    WAIT UNTIL clk'EVENT AND clk = '1';      --等待第 1 个 clk 上升沿
    inkp(0)<= dsin;                          --第 1 个 clk 上升沿后,将串入数据暂存
    oflag <='0';
    WAIT UNTIL clk'EVENT AND clk = '1';      --等待第 2 个 clk 上升沿
    inkp(1)<= dsin;                          --第 2 个 clk 上升沿后,将串入数据暂存
    WAIT UNTIL clk'EVENT AND clk = '1';      --等待第 3 个 clk 上升沿
    inkp(2) <= dsin;                         --第 3 个 clk 上升沿后,将串入数据暂存
    WAIT UNTIL clk'EVENT AND clk = '1';      --等待第 4 个 clk 上升沿
    inkp(3)<= dsin;                          --第 4 个 clk 上升沿后,将串入数据暂存
    outp <= inkp;                            --将暂存数据输出
    oflag <='1';                             --置并行输出有效
    END PROCESS;                             --回到进程入口,等待下次 clk 上升沿
END struc;
```

(3) WAIT FOR 时间表达式;

执行该语句后,进程被挂起。经时间表达式给定的时间长度后挂起结束,继续运行该语句后的语句。例如:

```
WAIT FOR 20 ns;
```

(4) WAIT;

执行该语句后,进程会被永远挂起,仿真器相当于"死机"。正常情况下应避免这样应用。

VHDL 综合器一般只支持前两种 WAIT 语句。

WAIT 语句属于顺序语句,但只能应用在进程中。

顺序描述语句中还包括过程调用语句、断言(ASSERT)语句。可参考其他 VHDL 书籍。

8.7 用 VHDL 解决组合逻辑和时序逻辑问题

前文介绍了 VHDL 的语法规则、语句形式及程序的一般结构,其中的示例多为基本逻辑单元,如译码器、计数器等。本节从解决实际问题的角度介绍 VHDL 的应用。

8.7.1 用 VHDL 解决组合逻辑问题

在用自底向上的设计方式解决组合逻辑问题时,通常首先决定使用哪种标准逻辑单元电路,如与非门、选择器、译码器等,然后采用相应的设计方法得到逻辑函数,最后将标准逻辑单元连接成实现电路。这种设计方法要求设计者有足够的逻辑函数知识和技巧。

用 EDA 方法解决逻辑问题时通常并不首先确定采用哪种标准逻辑单元,而是直接用硬件描述语言(HDL)描述问题中逻辑量间的行为或逻辑关系,可利用 EDA 辅助工具软件对 HDL 程序进行功能仿真,然后通过综合器工具软件对 HDL 程序进行编译综合处理,生成对应某一可编程逻辑器件的网表文件,随后即可对目标器件进行编程下载并进行实际测试了。在编程下载前可在 EDA 工具软件的时序仿真环境中观察、仿真器件的工作波形和性能指标。这几个步骤基本上是一种"自顶向下"的设计过程。本节示例用 VHDL 解决组

合逻辑的应用问题。

【例 8.7.1】 某停车场中的一个停车位置由 A、B、C 3 个人共用。共用的规则是：每周一、三、五 3 人使用的优先级别依次为 ACB，每周二、四的使用优先级为 BCA，每周六、日为 CBA。试确定当前每人是否可使用该停车位的逻辑变量。

解：可设 3 个输出变量 ea、eb、ec(＝1/0)表示允许/不允许 A、B、C 3 人停车，设输入变量 a、b、c(＝1/0)表示 3 人到场/不到场，另设 3 变量数组 wd，用其取值组合表示星期。可见，ea、eb、ec 分别是 a、b、c、wd 的函数。由于无须对日期时间连续计时，函数均为组合逻辑函数。框图可由图 8.7.1 所示。如果用与非门或选择器实现 ea、eb、ec，需对 3 个 6 变量卡诺图化简，且化简方法也依选用器件的不同而不同。用 EDA 方法解决这一问题时，首先可用 VHDL 对题中的变量关系作行为描述如下。

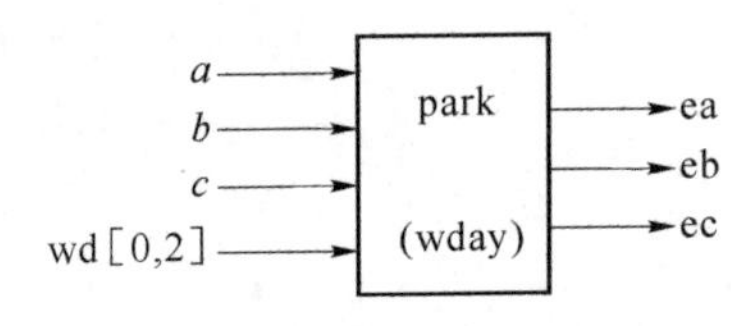

图 8.7.1　park

```
LIBRARY IEEE;
USE IEEE.STD_LOGIC_1164.ALL;
ENTITY park IS
 PORT(a,b,c:IN STD_LOGIC;wd:IN STD_LOGIC_VECTOR(0 TO 2);
       ea,eb,ec:OUT STD_LOGIC);
END park;
ARCHITECTURE behav OF park IS
TYPE weekday IS(mon,tue,wed,thu,fri,sat,sun);  --定义一个枚举 weekday 表示
                                               --星期日期
SIGNAL wday:weekday;      --声明一个信号 wday,数据类型为 weekday
BEGIN
WITH wd SELECT            --根据 wd 的输入为枚举信号 wday 赋值
wday <= mon  WHEN"001",
        tue  WHEN"010",
        wed  WHEN"011",
        thu  WHEN"100",
        fri  WHEN"101",
        sat  WHEN"110",
        sun  WHEN"111",
        mon  WHEN OTHERS;
PROCESS(wday,a,b,c)
 BEGIN
  CASE wday IS
```

```
    WHEN mon|wed|fri =>  IF a = '1'THEN ea <='1';eb <='0';ec <='0';
                         ELSIF a = '0'AND c = '1'THEN ea <='0';eb <='0';ec <='1';
                         ELSIF a = '0' AND c = '0' AND b = '1' THEN ea <='0'; eb <='1';ec <='0';
                         ELSE ea <='1';eb <='0';ec <='0';
                         END IF;
    WHEN tue|thu => IF b = '1' THEN ea <='0'; eb <='1';ec <='0';
                    ELSIF b = '0' AND c = '1' THEN ea <='0'; eb <='0';ec <='1';
                    ELSIF b = '0' AND c = '0' AND a = '1' THEN ea <='1'; eb <='0';ec <='0';
                    ELSE ea <='0'; eb <='1';ec <='0';
                    END IF;
    WHEN sat|sun =>  IF c = '1' THEN ea <='0'; eb <='0';ec <='1';
                      ELSIF c = '0' AND b = '1' THEN ea <='0'; eb <='1';ec <='0';
                      ELSIF c = '0' AND b = '0' AND a = '1' THEN ea <='1'; eb <='0';ec <='0';
                      ELSE ea <='0'; eb <='0';ec <='1';
                      END IF;
      END CASE;
    END PROCESS;
END behav;
```

程序中定义的枚举 weekday 是为了阅读方便，在程序不很复杂时可直接判别输入变量。图 8.7.2 给出了这一设计实体 park 的仿真波形，可见 ea、eb、ec 是 wd 和 a、b、c 的函数，其结果符合题目要求。

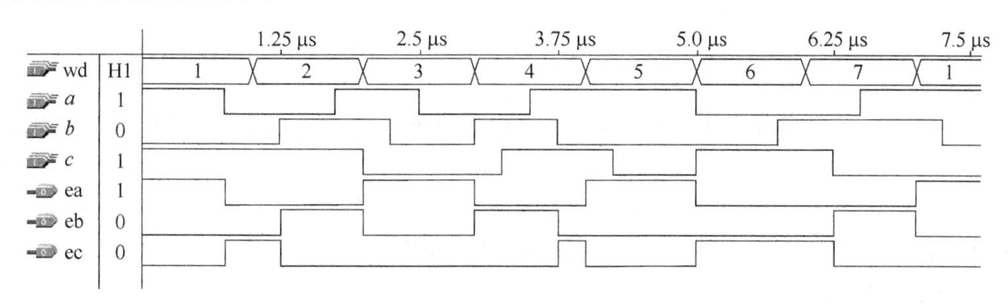

图 8.7.2　park 的仿真波形

8.7.2　用 VHDL 解决时序逻辑问题

在前面章节的学习中我们可认识到，“状态”是时序电路中的重要概念。“状态”代表时序处理的步骤。状态也起着与输入信号一起确定输出信号的作用。因而有时也将时序电路称为“有限状态机(Finite State Machine，FSM)”，简称“状态机”。

根据前章节的介绍，状态机分为摩尔型(Moore)和米里型(Mealy)型两类。摩尔型状态机中的输出信号仅与当前状态有关，而米里型状态机的输出信号既与当前状态有关也与当前输入有关。在同步时序逻辑中，状态转变总是发生在时钟有效边沿到达后。因而，在输入信号发生变化时，米里机可立即作出响应输出，而摩尔机则要等到下一时钟沿到达时才可作出响应。故摩尔机对输入信号的响应有滞后性，但这一响应滞后也可使系统少受输入信号中的毛刺干扰的影响。在解决时序逻辑问题时，设计者可根据这一特点决定对它们的选取。将输入信号列入进程(PROCESS)的敏感信号表，可设计得米里型状态机。而敏感信号表中不包括输入信号时，设计得到的是摩尔型状态机。

状态在物理上是触发器组输出的 0、1 信号的组合。为了得到简单的电路，需要对状态进行优化编码，前面章节中已介绍了一些编码方法。在 EDA 设计中，状态编码一般由 EDA 工具软件辅助完成。常用的编码方法有二进制编码法和一位热码编码(One Hot Encoding)法。例如，对 4 个状态的二进制编码需用两个二进制位，编码分别为 00、01、10、11，用两级触发器可表达这 4 个状态。而用一位热码法需用 4 个二进制位，编码分别为 0001、0010、0100、1000，需用到 4 级触发器。相对二进制编码法，一位热码法用的触发器级数较多，但其实现电路中的组合电路部分相对简单。

本节主要介绍用 VHDL 设计状态机解决时序逻辑的应用问题。

【例 8.7.2】 某信号波形(din)如图 8.7.3 所示。由于干扰等原因，信号波形中的上升沿、下降沿有着约±1μs 的前后随机抖动。相邻的信号波形间至少相隔 3μs。试用可编程器件设计检测此波形信号的电路。

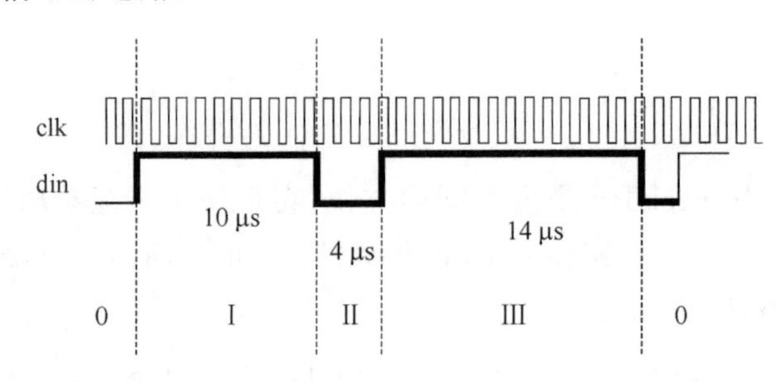

图 8.7.3　信号波形

解：由于系统并未提供同步时钟，可自设检测时钟信号 clk，用 clk 对波形中各时间区段进行计数。clk 频率越高，检测精度也越高。本题中设 clk 为 1MHz。可将 din 信号波形分为 4 个时段(0、Ⅰ、Ⅱ、Ⅲ)，用状态机中的状态表示检测正处于的时段。波形检测电路为一个 4 状态的状态机(wvck)。其 VHDL 的描述设计如下。

```
LIBRARY IEEE;
USE IEEE.STD_LOGIC_1164.ALL;
USE IEEE.STD_LOGIC_ARITH.ALL;
USE IEEE.STD_LOGIC_UNSIGNED.ALL;
ENTITY wvck IS
 PORT (din , clk :IN STD_LOGIC ; wvfd :OUT STD_LOGIC );
END wvck ;
ARCHITECTURE behav OF wvck IS
TYPE states IS ( st0 , st1 , st2 , st3 );             --定义表示状态的枚举 states
SUBTYPE counter IS INTEGER RANGE 0 TO 31;             --定义有限取值范围的整型
SIGNAL stu :states := st0;                            --声明一个 states 类型的信号 stu
SIGNAL ladi :STD_LOGIC := '1';                        --ladi 用于暂存前一 clk 周期的 din
```

```
BEGIN
PROCESS(clk)
 VARIABLE tter :counter:= 0 ;                          --声明内部计数变量
BEGIN
IF clk'EVENT AND clk = '1' THEN
 CASE stu IS
   WHEN st0 => IF ladi  = '0' AND din  = '1' THEN        --检测到 din 的上升沿
                  stu <= st1; tter:= 1 ; wvfd <='0'; --下一状态为 st1
                ELSIF tter >= 2 THEN wvfd <='0' ; tter := 0 ;
                ELSE tter := tter + 1;                  --仍在 st0 状态中
                END IF;
                ladi <= din ;
   WHEN st1 => IF din  = '0' THEN
                  IF tter >= 8 AND tter <= 10 THEN     --Ⅰ时段长度符合要求
                    stu <= st2; tter:= 1;               --下一状态为 st2
                  ELSE stu <= st0; tter:= 0 ;           --Ⅰ时段长度不符合要求
                  END IF;
                  ladi <='0';
                ELSIF tter >= 11 THEN stu <= st0; tter:= 0; ladi <= din ;
                                                        --Ⅰ时段过长未结束
                ELSE tter := tter + 1; ladi <= din ; --Ⅰ时段内计数
                END IF;
   WHEN st2 => IF din = '1' THEN
                  IF tter >= 2 AND tter <= 4 THEN      --Ⅰ、Ⅱ时段长度符合要求
                     stu <= st3;tter:= 1;               --下一状态为 st3
                  ELSE stu <= st1; tter:= 1;           --Ⅱ时段长度不符合要求
                  END IF;
                  ladi <='1' ;
                ELSIF tter >= 5 THEN stu <= st0; tter:= 0; ladi <= din;
                                                        --Ⅱ时段过长未结束
                ELSE tter := tter + 1; ladi <= din; --Ⅱ时段内计数
                END IF;
   WHEN st3 => IF din  = '0' THEN                       --Ⅰ、Ⅱ、Ⅲ时段长度符合
                  IF tter >= 12 AND tter <= 14 THEN    --要求,wvfd 输出高电平
                   wvfd <='1' ; stu <= st0; tter:= 0;   --下一状态为 st0
                  ELSE wvfd <='0' ;stu <= st0; tter:= 0;--Ⅲ时段长度不符合要求
                  END IF;
                ladi <='0';
                ELSIF tter >= 15 THEN stu <= st0; tter:= 0; ladi <= din ;
```

```
                                  --Ⅲ时段过长未结束
                ELSE tter := tter + 1; ladi <= din ; --Ⅲ时段内计数
                END IF;
        END CASE;
      END IF ;
    END PROCESS;
  END behav;
```

程序中用枚举形式定义了4个状态(st0, st1, st2, st3)的信号stu,4个状态分别对应输入信号波形中的4个时段(0、Ⅰ、Ⅱ、Ⅲ),在每个状态中用计数器tter对信号的电平长度计数,根据计数值是否符合该时段的时长要求决定下一状态的转向。程序未将输入信号din列入进程的敏感信号表,因而设计的是摩尔型状态机。当Ⅰ、Ⅱ、Ⅲ时段的电平长度均符合信号波形的定义,wvfd在状态st3后输出高电平脉冲表示检测到指定信号。图8.7.4为wvck的时序仿真结果。

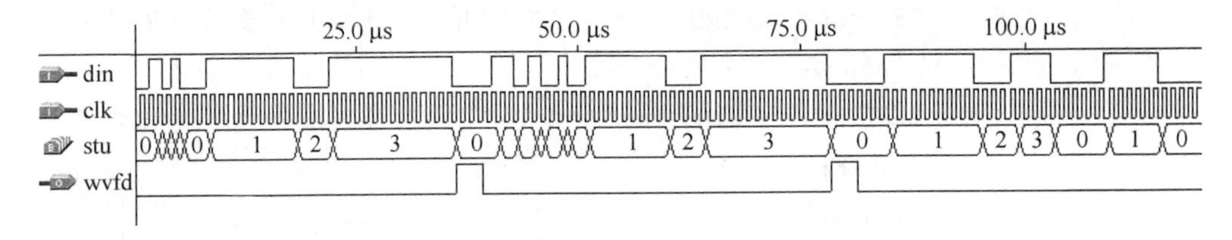

图8.7.4　wvck的时序仿真结果

习　题

8-1　"自底向上"的设计方法与"自顶向下"的设计方法各有什么特点?

8-2　在VHDL中,数据对象(DATA OBJECTS)和数据类型(DATA TYPES)是什么样的关系?

8-3　如果在程序中有STD_LOGIC型INTEGER型数据间的混合运算,需声明使用哪一个程序包?

8-4　什么是惯性延时、传输延时、仿真δ延时?它们各反映了什么现象?在VHDL中它们是如何被表述的?这种表述和可编程器件工作时的实际物理延时是什么关系?

8-5　一般在什么情况下使用枚举?在定义数组时,枚举可有什么样的作用?

8-6　试分析比较非限定性数组和子类型各自的特点。

8-7　信号(SIGNAL)和变量(VARIABLE)各有什么特点?在进程中对它们的赋值处理有哪些不同?

8-8　能否说并行描述语句在可编程器件中生成的是并行处理的电路结构,而顺序描述语句生成的是串行处理的电路结构?为什么?

8-9　试分析比较过程(PROCEDURE)和函数(FUNCTION)的异同之处。

8-10　完整的IF语句一般会生成什么硬件电路?不完整的IF语句一般会生成什么硬

件电路？

8-11　试比较CASE语句和IF语句的异同之处。

8-12　元件例化语句结构适于描述设计什么形式的电路系统？

8-13　什么是状态机？它主要适于处理什么逻辑问题？摩尔型状态机和米里型状态机各有什么特点？

8-14　什么是一位热码编码(One Hot Encoding)法？它有什么优缺点？

8-15　写出描述4位数码比较器74LS85(有级联入端G、S、E)功能的VHDL程序。

8-16　用并行信号赋值语句描述设计7段数码显示管的译码电路。

8-17　设计实体slm1的VHDL程序意图实现4选1选择器。试指出其中的错误。

```
library ieee;
use ieee.std_logic_1164.all;
entity slm1 is
port(i0,i1,i2,i3,s1,s2 :in std_logic;qo :out std_logic );
end slm1;
architecture sldo of slm1 is
signal sel :integer;
begin
   process( s1,s2)
   begin
     sel <= 0;
     if s1 = '1' and s2 = '0' then sel <= 1; end if;
     if s1 = '0' and s2 = '1' then sel <= 2; end if;
     if s1 = '1' and s2 = '1' then sel <= 3; end if;
     case sel is
      when 0 => qo <= i0;
      when 1 => qo <= i1;
      when 2 => qo <= i2;
      when 3 => qo <= i3
    end case;
  end process;
end sldo;
```

8-18　设WORK库中已有3线-8线译码器的设计实体LS138(见例8.5.2)。试用3片LS138组成5线-24线译码器并用元件例化语句结构给予描述。

8-19　试用元件例化语句结构描述由6片LS85(结合8.15题)构成的24位比较器并用行为描述的方式得出完成同样功能的设计。

8-20　写出具有同步复位、置位功能的JK触发器的VHDL描述程序。

8-21　写出具有异步复位、置数功能的十六进制加法计数器的VHDL描述程序。

8-22　试用VHDL设计长度为31的M序列发生器(时钟clk、使能en、输出位dm)。

8-23　设计一单稳触发器，当遇输入触发信号(pul)的上升沿，输出8个输入脉冲(clk)

周期宽度的低脉冲信号(dwp)。若在输出低脉冲期间又遇 pul 的上升沿,则输出低脉冲时宽继续顺延 8 个 clk 周期。

8-24 设输入数据序列为 $X(i)$,每个 $X(i)$数据是 8 位无符号二进制数(并行码)。$X(i)$为串行同步序列,即每时钟 clk 的上升沿时输入一个数据。试用 VHDL 实现以下滤波运算,得到滤波输出 yout 。运算中的乘、除可用移位直接实现。

$\text{yout}(n)=X(n)+2*X(n-1)+0.5*X(n-2)+0.25*X(n-3)$

8-25 试用 VHDL 实现下式的 IIR 滤波。$X(n)$为串行同步输入序列,每个 $X(n)$为 16 位无符号数。运算中的乘、除可通过移位实现。

$$Y(n)=0.625*Y(n-1)+1.75*X(n)$$

8-26 用 VHDL 实现题图 8.1 给出的状态图。

8-27 题表 8.1 为一个交通灯的状态变化顺序,有黄灯的状态的持续时间为半分钟,其他状态的时间为 2 分钟。各方向另有输入信号 apply,若在绿灯持续期间 apply 有效,则该状态持续时间顺延 1 分钟。试画出状态图并做出 VHDL 的实现程序。

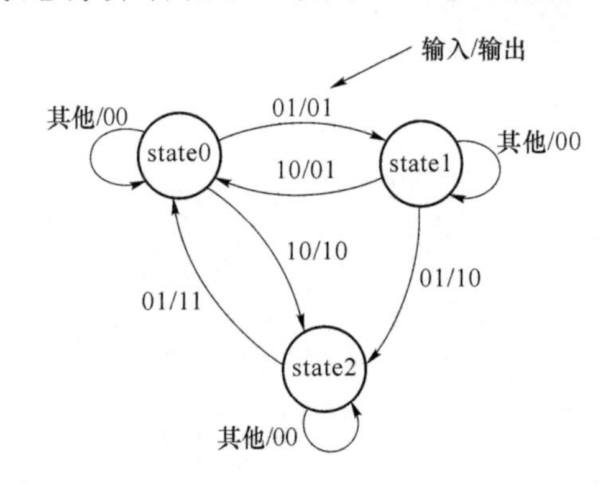

题图 8.1

题表 8.1

东西方向	南北方向
红	绿
红	黄
绿	红
黄	红

8-28 设 $X(i)$为串行同步输入序列,每时钟 clk 的上升沿时输入一个数据,每个 $X(i)$数据是 1 位二进制数。检测电路将每连续 5 个 $X(i)$数据分为一组,当其中有 3 个及 3 个以上的'1'时,在第 5 个数据输入的 clk 周期内输出'1',否则输出'0'。试用 VHDL 实现此检测电路。画出状态图。

8-29 某自动售货机售 A、B、C 3 种商品,它们的价格分别为 1 元、3 元、4 元。售货机仅接受 1 元硬币。售货机面板上设有投币孔和退钱键,每商品标识处有选择按键,上有指示灯表明当前投钱数是否已足够选买该商品。做出此售货机控制电路的状态表,用 VHDL 描述实现。

8-30 说明以下 VHDL 程序意图完成的工作,指出可能存在的问题。

```
library ieee;
use ieee.std_logic_1164.all;
entity avo4 is
port(reset,iclk :in std_logic ; idata :in std_logic_vector(7 downto 0);
    oclk :out std_logic ; odata :out std_logic_vector(7 downto 0) );
end avo4;
architecture whtodo of avo4 is
```

```
  type statetype is(st0,st1,st2,st3);
  signal currentstate, nextstate : statetype;
begin
   process( currentstate )
      variable akdata : std_logic_vector(7 downto 0);
begin
      case currentstate is
          when st0 =>
               akdata <= idata ; oclk <='0' ; nextstate <= st1 ;
          when st1 =>
               akdata <= idata + akdata ; nextstate <= st2 ;
          when st2 =>
               akdata <= idata + akdata ; nextstate <= st3 ;
          when st3 =>
            akdata <= idata + akdata ;
            akdata <="00"& akdata(7 downto 2);
            oclk <='1';
            odata <= akdata ;
            nextstate <= st0 ;
     end case;
end process;
process(reset,iclk)
begin
   if(reset = '1')then currentstate <= st0;
     elsif(iclk'event and iclk = '1')then currentstate <= nextstate;
   endif;
  end process;
end whtodo;
```

第 9 章　数模和模数转换

随着数字电子技术的发展，特别是计算机技术的进步，使得数字技术在自动控制、自动检测、数字移动通信等领域获得广泛应用，数字系统是对数字量进行算术运算和逻辑运算的电路，它具有传统模拟系统无法比拟的高可靠性、高抗干扰能力和高度智能化等优点。

数字系统只能对数字量进行处理，而实际信号大多是连续变换的模拟量，如温度、压力、位移、声音、图像等。因此，需要把这些模拟量转化成数字量，才能送入数字系统进行处理，这种将模拟量转换成数字量的过程称为模数转换(A/D 转换)，完成模数转换的电路称为模数转换器(Analog to Digital Converter, ADC)或 A/D 转换器。相反，经过数字系统处理的数字量，一般情况下需要再次转换成模拟量，才能驱动执行机构进行动作，这种转换称为数模转换(D/A 转换)，完成数模转换的电路称为数模转换器(Digital to Analog Converter, DAC)或 D/A 转换器。模数转换和数模转换技术是数字电子技术的一个重要分支，ADC 和 DAC 是数字系统的重要接口部件。

为保证数据处理结果的准确性，ADC 和 DAC 必须要有足够的转换精度；同时，为适应快速信号处理与控制需求，ADC 和 DAC 还必须有足够的转换速度。转换精度和转换速度是衡量 ADC 和 DAC 性能优劣的重要技术指标。本章将介绍数模转换和模数转换的基本原理、电路结构及其应用。

9.1　数模转换器 DAC

图 9.1.1 是一个典型的数字控制系统方框图。传感器用于监测控制对象的状态，输出模拟量(如电压或电流)。这些代表控制对象状态的模拟量由 ADC 转换为相应的数字量，送入数字控制系统。数字控制系统对接收到的数字量进行分析，根据已知的控制策略发出控制指令。控制指令属于数字量，再由 DAC 转换为相应的模拟量，经过功率放大后驱动执行机构进行动作，实现对控制对象的闭环控制。

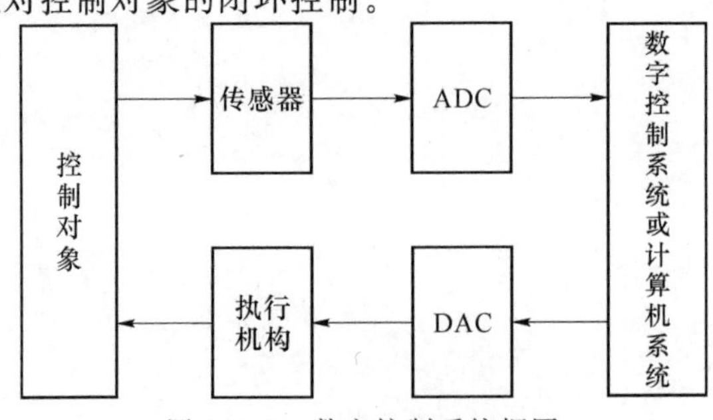

图 9.1.1　数字控制系统框图

目前市场上有各种不同性能的 DAC 和 ADC 产品可供用户选用，有些型号的单片机内部已集成 ADC，如 STC51 单片机、PIC 单片机、MSP430 和 ARM 等。按照转换原理，D/A 转换器可分为权电阻网络 DAC、倒 T 形电阻网络 DAC、权电流型 DAC、权电容网络 DAC 以及开关树形 DAC 等。按数字量的输入方式，D/A 转换器可分为并行输入 DAC 和串行输入 DAC 两种类型。

A/D 转换器也有多种分类方式，按照转换类型可分为直接转换型 ADC 和间接转换型 ADC 两大类。在直接转换型 ADC 中，输入的模拟量直接被转换成相应的数字量；在间接转换型 ADC 中，模拟量首先被转换成某种中间量(如时间、频率等)，然后再将这个中间量转换为相应的数字量。按数字量的输出方式，A/D 转换器可分为并行输出 ADC 和串行输出 ADC 两种类型。

考虑到 D/A 转换的工作原理比 A/D 转换简单，而且在某些 A/D 转换器中需要用到 D/A 转换器，下面首先介绍 D/A 转换器。

9.1.1 数模转换的基本原理

在数字系统中，数字量广泛采用二进制编码，每一位数码都有固定的权值。例如，若 n 位二进制数用 $D_n=d_{n-1}d_{n-2}\cdots d_1d_0$ 表示，则从最高位(Most Significant Bit, MSB)到最低位(Least Significant Bit, LSB)的权依次是 $2^{n-1},2^{n-2},\cdots,2^1,2^0$。因此，为了将数字量转换为模拟量，必须把每一位数码按权转换为相应的模拟量，然后再将这些模拟量相加，便得到与数字量成正比的模拟量。

设 DAC 输入为 n 位二进制数 D_n，输出为模拟电压 v_O，则输出模拟量 v_O 的值与输入数字量 D_n 成正比，即

$$v_O = k \cdot \sum_{i=0}^{n-1}(d_i \times 2^i) \tag{9.1.1}$$

其中，k 为 D/A 转换的比例系数，$\sum_{i=0}^{n-1}(d_i\times 2^i)$ 为 n 位二进制数 D_n 对应的十进制数。

图 9.1.2 给出了 4 位二进制数字量 D_4 与模拟量 v_O 之间的对应关系。其中，二进制代码 0000 对应输出电压 0 V，0001 对应输出电压 1 V，0010 对应输出电压 2 V。4 位二进制代码对应 16 个模拟电压值，相邻的数字量对应的模拟量并不连续。显然，二进制代码 0001 所对应的输出电压是 DAC 能分辨出来的最小输出电压，用 1 LSB 表示；二进制代码 1111 所对应的输出电压是 DAC 能输出的最大电压，称为满度电压(Full Scale Range, FSR)，用1 FSR 表示。在本例中，1 LSB=1 V，1 FSR=15 V。

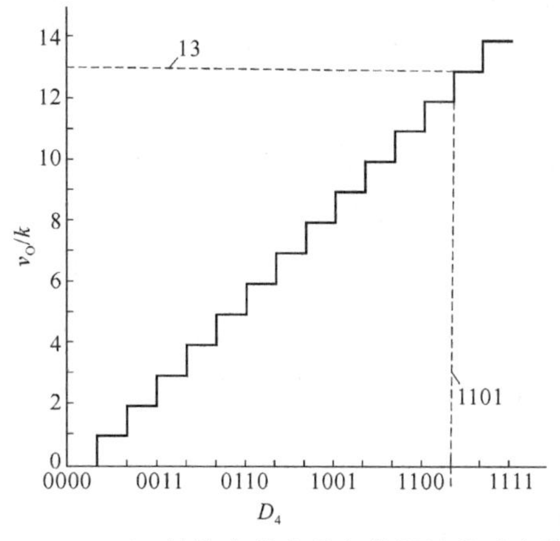

图 9.1.2 D/A 转换中数字量与模拟量的对应关系

由图 9.1.2 还可以看出，4 位二进制数字量将模拟量分成了(2^4-1)个阶梯，当满度电压确定后，输入数字量的位数越多，输出模拟量的阶梯间隔就越小，相邻两组二进制代码所对应的模拟量之差值也越小，表明 D/A 转换的分辨率越高。

D/A 转换器一般由数码寄存器、模拟开关电路、解码网络、求和电路以及基准电压源等几部分组成。n 位 D/A 转换器的方框图如图 9.1.3 所示，串行或并行输入的数字量首先保存在数码寄存器中，数码寄存器的输出驱动模拟开关，使数码为 1 的位在解码网络中产生与其权值成比例的电流并流入求和电路。求和电路将这些电流相加，获得与 n 位数字量输入成比例的模拟量输出。若需要输出的模拟量为电压信号，可通过运算放大器将电流转换成电压。

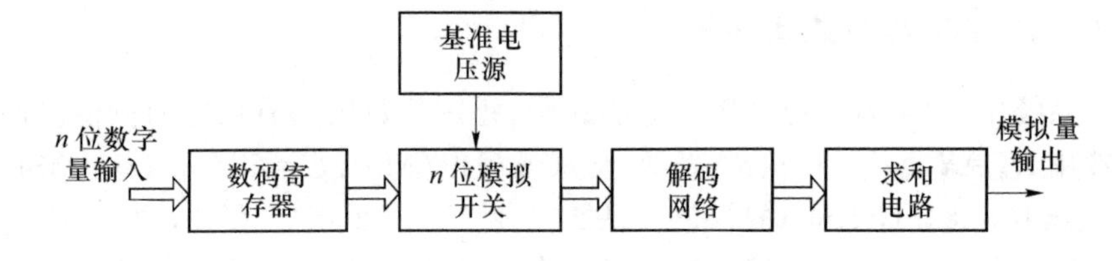

图 9.1.3 D/A 转换器的原理框图

D/A 转换器有多种实现方式，按照解码网络的不同，可以分为权电阻解码网络 DAC、T 形电阻解码网络 DAC、倒 T 形电阻解码网络 DAC、权电流解码网络 DAC、权电容解码网络 DAC 等；按照模拟开关电路的不同，又可以分为 CMOS 开关 DAC 和双极型开关 DAC。开关网络对 D/A 转换速度的影响较大，在速度要求不高的情况下可以选用 CMOS 模拟开关 DAC，若对速度要求较高，可以选用双极型电流开关 DAC 或转换速度更高的 ECL 电流开关 DAC。

9.1.2 权电阻网络 DAC

图 9.1.4 所示为 4 位权电阻网络 DAC 的原理图，它主要由 4 部分组成。

(1) 精密基准电压源 V_{REF}；

(2) 权电阻解码网络 R、$2R$、$4R$、$8R$；

(3) 与权电阻解码网络对应的模拟开关电路；

(4) 实现电流求和的集成运算放大器 A。

输入数字量 $d_3 \sim d_0$ 是 4 位二进制数，通常来自于数码寄存器，以保证 D/A 转换期间 $d_3 \sim d_0$ 稳定不变。$S_3 \sim S_0$ 是 4 个模拟开关，它们的状态分别受输入数字量 $d_3 \sim d_0$ 的控制，d_i 为 1 时开关 S_i 接到基准电压 V_{REF} 上，d_i 为 0 时开关 S_i 接地。例如，当最高位 $d_3=1$ 时，模拟开关 S_3 置向左边，与基准电压 V_{REF} 相连，有支路电流 I_3 流向集成运放 A 的求和点 Σ；当 $d_3=0$ 时，开关 S_3 置向右边，与地相连，支路电流 $I_3=0$。

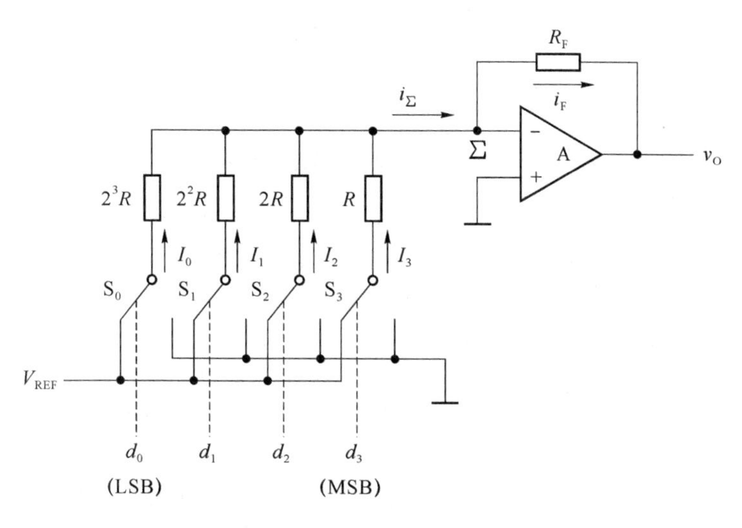

图 9.1.4 权电阻网络 DAC

集成运放 A 接成负反馈的形式，实现电流的求和运算以及电流转电压功能，称为求和放大器，R_F 为反馈电阻，Σ点为虚地。为简化分析，通常把集成运放 A 看成理想的运算放大器，其输入偏置电流近似为 0，故由电阻网络流入Σ点的电流之和 i_Σ 等于流经反馈电阻 R_F 的电流 i_F，即

$$\begin{aligned} i_\Sigma &= i_F \\ &= I_3d_3 + I_2d_2 + I_1d_1 + I_0d_0 \\ &= \frac{V_{REF}}{R}d_3 + \frac{V_{REF}}{2R}d_2 + \frac{V_{REF}}{2^2R}d_1 + \frac{V_{REF}}{2^3R}d_0 \\ &= \frac{V_{REF}}{2^3R}(d_3 \times 2^3 + d_2 \times 2^2 + d_1 \times 2^1 + d_0 \times 2^0) \end{aligned} \tag{9.1.2}$$

集成运放 A 实现电流到电压的变换，输出模拟电压

$$\begin{aligned} v_O &= -i_FR_F = -i_\Sigma R_F \\ &= -\frac{V_{REF}R_F}{2^3R}(d_3 \times 2^3 + d_2 \times 2^2 + d_1 \times 2^1 + d_0 \times 2^0) \end{aligned} \tag{9.1.3}$$

可见，输出模拟电压 v_O 的值与输入二进制数字量 $d_3 \sim d_0$ 成正比，比例系数为 $-\frac{V_{REF}R_F}{2^3R}$，若令 $R_F=R/2$，则式(9.1.3)变为

$$v_O = -\frac{V_{REF}}{2^4}(d_3 \times 2^3 + d_2 \times 2^2 + d_1 \times 2^1 + d_0 \times 2^0) \tag{9.1.4}$$

式(9.1.4)表明，输出模拟电压 v_O 的值正比于输入数字量，图 9.1.4 所示的权电阻解码网络 DAC 电路实现了数字量到模拟量的转换。

类似地，对于 n 位权电阻网络 DAC，输出电压的计算公式可写成

$$\begin{aligned} v_O &= -\frac{V_{REF}R_F}{2^{n-1}R}(d_{n-1} \times 2^{n-1} + d_{n-2} \times 2^{n-2} + \cdots + d_1 \times 2^1 + d_0 \times 2^0) \\ &= -\frac{V_{REF}R_F}{2^{n-1}R}\sum_{i=0}^{n-1}(d_i \times 2^i) \end{aligned} \tag{9.1.5}$$

当反馈电阻取 $R_F=R/2$ 时，式(9.1.5)可简化为

$$v_O = -\frac{V_{REF}}{2^n}\sum_{i=0}^{n-1}(d_i \times 2^i) \tag{9.1.6}$$

在式(9.1.6)中，当输入数字量 $d_{n-1}d_{n-2}\cdots d_1d_0=00\cdots00$ 时，输出电压 $v_O=0$，当 $d_{n-1}d_{n-2}\cdots d_1d_0=11\cdots11$ 时，$v_O=-\frac{2^n-1}{2^n}V_{REF}$，故 v_O 的变化范围是 $-\frac{2^n-1}{2^n}V_{REF}\sim 0$，改变 V_{REF} 可以改变输出电压 v_O 的变化范围。从式(9.1.6)还可以看出，在 V_{REF} 为正电压时输出电压 v_O 始终为负值，要想得到正的输出电压，可以将 V_{REF} 取为负值。

权电阻网络 DAC 的转换精度取决于基准电压 V_{REF}、模拟电子开关、求和放大器和各权电阻值的精度。其优点是结构简单，所用的电阻元件数量少。缺点是各权电阻的阻值都不相同，当输入数字量的位数较多时，权电阻解码网络所需的电阻种类较多，其阻值相差甚远，这给保证精度带来很大困难，尤其不利于集成电路的制作，因此在集成 DAC 中很少单独使用该类电路。

为了克服上述缺点，在输入数字量位数较多时可以采用图 9.1.5 所示的双级权电阻网络。在双级权电阻网络中，每一级仍然只有 4 个不同阻值的电阻，它们之间的阻值之比依然是 1∶2∶4∶8。当 $d_i=1$ 时，开关 S_i 置向左边；当 $d_i=0$ 时，开关 S_i 置向右边。可以证明，只要两级之间的串联电阻 $R_s=8R$，即可得到

$$v_O = -\frac{V_{REF}}{2^8}\sum_{i=0}^{7}(d_i \times 2^i)$$

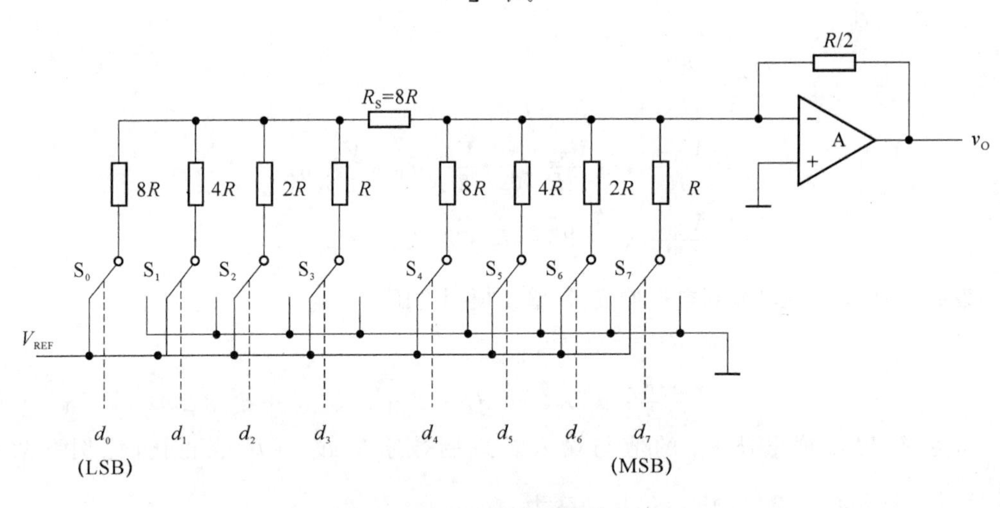

图 9.1.5 双级权电阻网络 DAC

【例 9.1.1】 4 位权电阻网络 DAC 如图 9.1.4 所示，设基准电压 $V_{REF}=-8$ V，$R_F=R/2$，试求当输入二进制数 $d_3d_2d_1d_0=1101$ 时输出的电压值，以及 1LSB 和 1FSR 的值。

解：将 $d_3d_2d_1d_0=1101$、$V_{REF}=-8$ V、$R_F=R/2$ 代入式(9.1.3)，得

$$\begin{aligned} v_O &= -\frac{V_{REF}R_F}{2^3R}(d_3 \times 2^3 + d_2 \times 2^2 + d_1 \times 2^1 + d_0 \times 2^0) \\ &= -\frac{-8}{2^4} \times (1 \times 2^3 + 1 \times 2^2 + 0 \times 2^1 + 1 \times 2^0) \\ &= \frac{8}{2^4} \times 13 = 6.5\ \text{V} \end{aligned}$$

类似地，将$(0001)_2$ 代入式(9.1.3)，得

$$1\ \text{LSB} = (8\ \text{V}/16) \times 1 = 0.5\ \text{V}$$

将$(1111)_2$代入式(9.1.3)，得

$$1\ \text{FSR} = (8\ \text{V}/16) \times 15 = 7.5\ \text{V}$$

显然，输出电压范围是0～7.5 V。

9.1.3 T形电阻网络DAC

在T形电阻网络DAC中，R-$2R$ T形电阻网络DAC是最常见的一种，图9.1.6给出了4位T形电阻网络DAC的原理图，电路中的电阻只有R和$2R$两种阻值，且R-$2R$电阻解码网络呈T形。

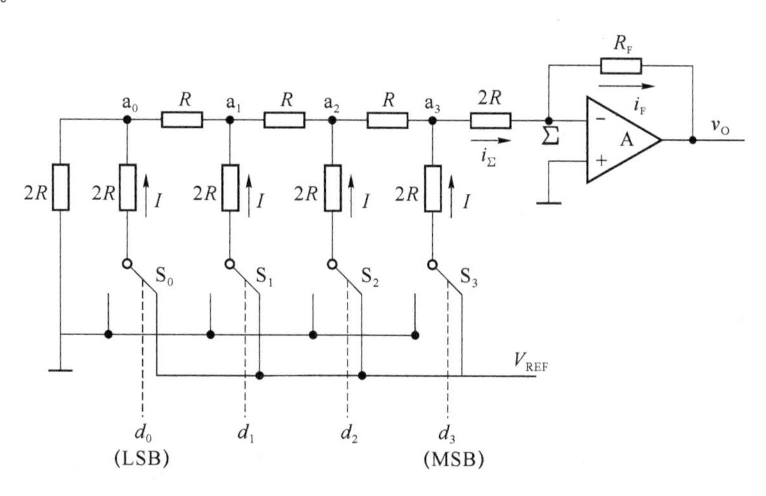

图9.1.6 T形电阻网络DAC

T形电阻网络的特点是从网络中任何一个节点a_i向3个支路方向看，对地的等效电阻均为$2R$。例如节点a_0，向左看对地的等效电阻是$2R$，向下看对地的等效电阻也是$2R$，向右看对地的等效电阻不能直观地看出来，但这是一个简单的电阻串并联问题，不难推出等效电阻还是$2R$。利用T形电阻网络的这个特点，可以求出当任何一位数码$d_i=1$时流过相应支路的电流I均为$\frac{1}{3R}V_{REF}$，而且由于各节点a_i左右两个分支等效电阻相同，流向每个分支电流均为$I/2$，如图9.1.7(a)所示，该电流在向求和点Σ传递的过程中，每经过一个节点就衰减一半，如图9.1.7(b)所示。

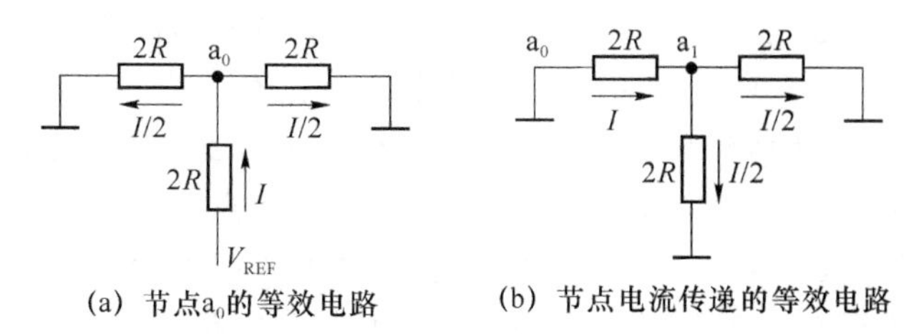

图9.1.7 T形电阻网络一个节点的等效电路

下面计算流向求和点Σ的总电流，设输入数码只有$d_0=1$，其余为0，即只有开关S_0接通V_{REF}，其余均接地。由图9.1.6可见，由节点a_0流向节点a_1的电流为$I/2$，由节点a_1再次分

流，流向节点 a_2 的电流为 $I/4$；依此类推，每经过一个节点分流一次，最后到达求和点 Σ 处的电流为 $\frac{1}{2^4}I$。同理可推算出只有开关 S_1 接通 V_{REF} 时流向求和点 Σ 的电流为 $\frac{1}{2^3}I$，只有开关 S_2 接通 V_{REF} 时流向求和点 Σ 的电流为 $\frac{1}{2^2}I$。因此，数码 $d_i=1$ 的位将在 T 形电阻解码网络中产生与其权值成正比的电流值并流入求和点 Σ，根据叠加原理，流向 Σ 处总电流

$$\begin{aligned}I_{\Sigma} &= I(d_3\times\frac{1}{2}+d_2\times\frac{1}{2^2}+d_1\times\frac{1}{2^3}+d_0\times\frac{1}{2^4})\\ &= \frac{V_{REF}}{3R}(d_3\times\frac{1}{2}+d_2\times\frac{1}{2^2}+d_1\times\frac{1}{2^3}+d_0\times\frac{1}{2^4})\\ &= \frac{V_{REF}}{3R}\times\frac{1}{2^4}(d_3\times 2^3+d_2\times 2^2+d_1\times 2^1+d_0\times 2^0)\end{aligned}\tag{9.1.7}$$

因输出电流 $I_F=I_{\Sigma}$，故输出电压

$$\begin{aligned}v_O &= -I_F R_F = -I_{\Sigma}R_F\\ &= -\frac{V_{REF}R_F}{3R\times 2^4}(d_3\times 2^3+d_2\times 2^2+d_1\times 2^1+d_0\times 2^0)\\ &= -\frac{V_{REF}R_F}{3R\times 2^4}\sum_{i=0}^{3}(d_i\times 2^i)\end{aligned}\tag{9.1.8}$$

若 $R_F=3R$，得

$$v_O=-\frac{V_{REF}}{2^4}\sum_{i=0}^{3}(d_i\times 2^i)\tag{9.1.9}$$

由式(9.1.9)可见，输出模拟电压 v_O 与输入数字量成正比，比例系数 $k=-\frac{V_{REF}}{2^4}$。当输入数字量 $(1111)_2$ 时，输出模拟电压的负向最大值 $v_{Omax}=-\frac{2^4-1}{2^4}V_{REF}$。

T 形电阻网络 DAC 的优点是电阻种类少，容易制作。缺点是各支路存在寄生电容，信息在解码网络中传输有延迟，支路电流到达求和点的传输时间不同，位数增多时影响转换速度。而且输入的数字量不同，各支路的电流也不同，在 D/A 转换过程中参考电压源 V_{REF} 的输出电流变化较大，容易产生尖峰电流。为了解决这一问题，可采用下面的倒 T 形电阻网络 DAC。

9.1.4 倒 T 形电阻网络 DAC

图 9.1.8 是 4 位 R-$2R$ 倒 T 形电阻网络 DAC 的原理图，电路结构与 T 形电阻网络 DAC 基本相似，只是基准电压 V_{REF} 的位置不同。$S_3\sim S_0$ 依然为模拟开关，受输入数码 $d_3\sim d_0$ 的控制。当 $d_i=1$ 时，开关 S_i 置向右边，与求和点 Σ 相连；当 $d_i=0$ 时，开关 S_i 置向左边，与地相连。R-$2R$ 电阻解码网络呈倒 T 形，运算放大器 A 构成求和电路。

无论输入数字量 $d_3\sim d_0$ 为何值，模拟开关始终在求和点 Σ（为虚地）与地之间切换，开关端点的电压几乎不变，各支路上的电流为恒流，不会产生因寄生电容充、放电而引起的传输延迟，提高了 D/A 转换速度，减少了参考电压源 V_{REF} 和电路输出端的尖峰电流。

对于 R-$2R$ 电阻网络来说，各 $2R$ 电阻的上端都相当于接地，从节点 a_0、a_1、a_2、a_3 向地看去，等效电阻都是 R。因此，从参考电压源 V_{REF} 流出的电流始终为 $I=\frac{V_{REF}}{R}$。

进一步分析可知，从电阻解码网络的各节点 a_i 分别向左看和向上看，对地电阻都为 $2R$，因此在电阻解码网络中电流的分配关系如图 9.1.8 中的标注所示，流向电路求和点的总电流为

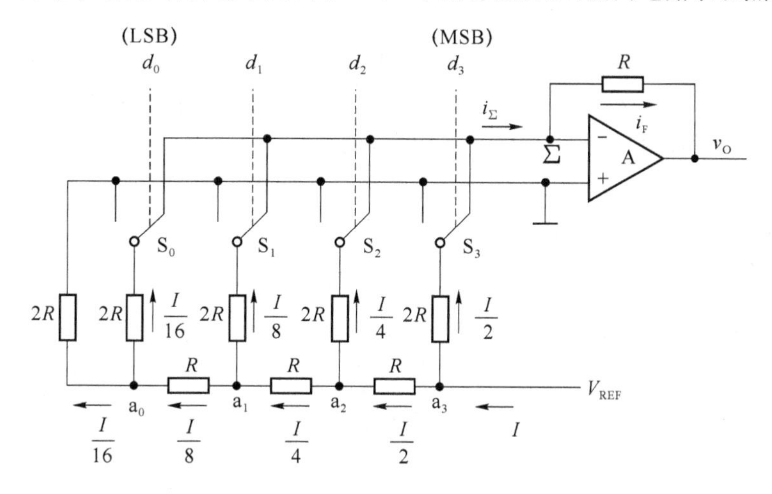

图 9.1.8　倒 T 形电阻网络 DAC

$$
\begin{aligned}
I_\Sigma &= I(d_3 \times \frac{1}{2} + d_2 \times \frac{1}{2^2} + d_1 \times \frac{1}{2^3} + d_0 \times \frac{1}{2^4}) \\
&= \frac{V_{REF}}{2^4 R}(d_3 \times 2^3 + d_2 \times 2^2 + d_1 \times 2^1 + d_0 \times 2^0) \\
&= \frac{V_{REF}}{2^4 R}\sum_{i=0}^{3}(d_i \times 2^i) \qquad (9.1.10)
\end{aligned}
$$

输出电压

$$
\begin{aligned}
v_O &= -i_F R_F = -i_\Sigma R_F \\
&= -\frac{V_{REF} R_F}{2^4 R}(d_3 \times 2^3 + d_2 \times 2^2 + d_1 \times 2^1 + d_0 \times 2^0) \\
&= -\frac{V_{REF} R_F}{2^4 R}\sum_{i=0}^{3}(d_i \times 2^i) \qquad (9.1.11)
\end{aligned}
$$

图 9.1.8 中的各个支路电流始终存在，由数码 d_i 控制是否流入求和点 Σ，不存在传输上的时间差，是目前广泛使用的 DAC 中速度较快的一种。对于这种 DAC 来说，如果希望获得比较高的转换精度，电路中的参数需满足：① 基准电压源的稳定性好；②倒 T 形电阻网络中两种电阻比值的精度要高；③每个模拟开关的电压降要相等。

【例 9.1.2】 在图 9.1.8 所示的倒 T 形电阻网络 DAC 中，设 $n=8$，$V_{REF}=-10$ V，$R_F=R$，试求：

(1) 当输入数字量 $D_8=01011010$ 时的输出电压 v_O。

(2) 若 $R_F=2R$，输出电压 v_O 又是多少？

解：(1) 仿照式(9.1.11)，可得

$$
\begin{aligned}
v_O &= -\frac{V_{REF} R_F}{2^8 R}\sum_{i=0}^{7}(d_i \times 2^i) \\
&= \frac{10R}{2^8 R}(1 \times 2^6 + 1 \times 2^4 + 1 \times 2^3 + 1 \times 2^1) \\
&= \frac{10}{256} \times 90 \approx 3.52 \text{ V}
\end{aligned}
$$

(2) 当 $R_F=2R$ 时，仿照上式，得

$$v_O=\frac{10\times 2}{256}\times 90\approx 7.03\ \text{V}$$

图 9.1.9 是采用倒 T 形电阻网络的 10 位单片集成 D/A 转换器 AD7520(CB7520)的电路原理图。AD7520 是一种应用广泛的 DAC，采用 CMOS 电路构成模拟开关，输入为 10 位二进制数，输出为求和电流。使用 AD7520 时需要外加运算放大器，运算放大器的反馈电阻可以使用其内部反馈电阻 R，也在 v_O 到 I_{out1} 之间外接反馈电阻，为保证转换的精度，外接参考电压 V_{REF} 必须保证有足够的稳定度。

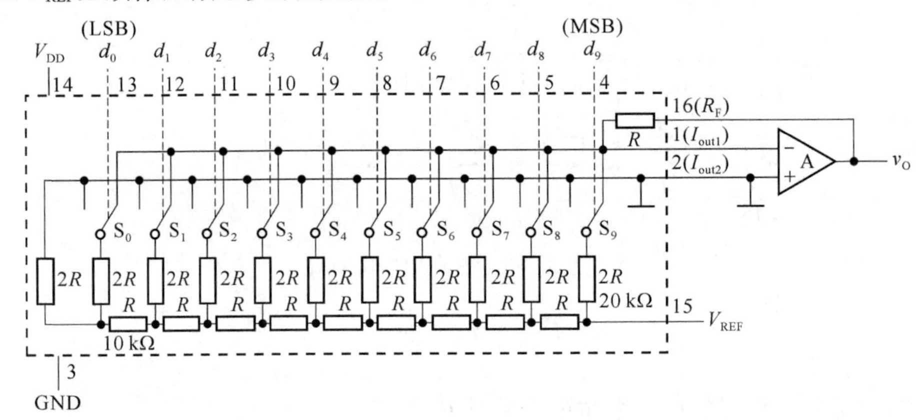

图 9.1.9　AD7520 的电路原理图

9.1.5　树形开关网络 DAC

树形开关网络 DAC 由电阻分压器和树形的开关网络构成。由于 MOS 管作为开关使用时，关断性能好且功耗低，因此，可用 MOS 管构成树形开关网络。图 9.1.10 是 3 位树形开关网络 DAC 的原理图。

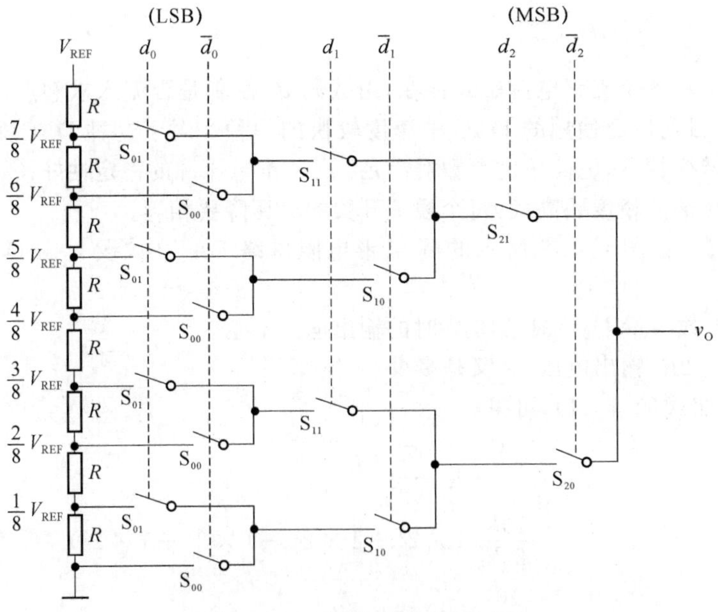

图 9.1.10　树形开关网络 DAC

在图 9.1.10 中，树形开关的状态分别受 3 位输入代码 d_2、d_1、d_0 的控制。当 $d_2=1$ 时，S_{21} 接通，S_{20} 断开；当 $d_2=0$ 时，S_{20} 接通，S_{21} 断开。同理，S_{11} 和 S_{10} 两组开关的状态由 d_1 控制，S_{01} 和 S_{00} 两组开关的状态由 d_0 控制。例如，当 $d_2d_1d_0=100$ 时，开关 S_{21}、S_{10}、S_{00} 接通，输出电压 $v_O=\frac{V_{REF}}{2}$。电路出电压 v_O 的表达式为

$$\begin{aligned} v_O &= \frac{V_{REF}}{2}\times d_2+\frac{V_{REF}}{2^2}\times d_1+\frac{V_{REF}}{2^3}\times d_0 \\ &= \frac{V_{REF}}{2^3}(d_2\times 2^2+d_1\times 2^1+d_0\times 2^0) \end{aligned} \tag{9.1.12}$$

类似地，可以推广到 n 位树形开关网络 DAC，可知其输出电压

$$\begin{aligned} v_O &= \frac{V_{REF}}{2^n}(d_{n-1}\times 2^{n-1}+d_{n-2}\times 2^{n-2}+\cdots+d_1\times 2^1+d_0\times 2^0) \\ &= \frac{V_{REF}}{2^n}\sum_{i=0}^{n-1}(d_i\times 2^i) \end{aligned} \tag{9.1.13}$$

这种电路的特点是电阻种类单一，在输出端基本不取电流的情况下，对模拟开关的导通内阻要求不高，有利于集成电路的制作。

*9.1.6 权电流型 DAC

在分析电阻网络 DAC 时，没有考虑模拟开关的导通电阻和导通压降，实际上这些开关不可能是理想的，它们的存在无疑将引起转换误差，影响转换精度。解决这个问题的一种方法就是采用权电流型 DAC，4 位权电流型 DAC 的原理电路如图 9.1.11 所示。

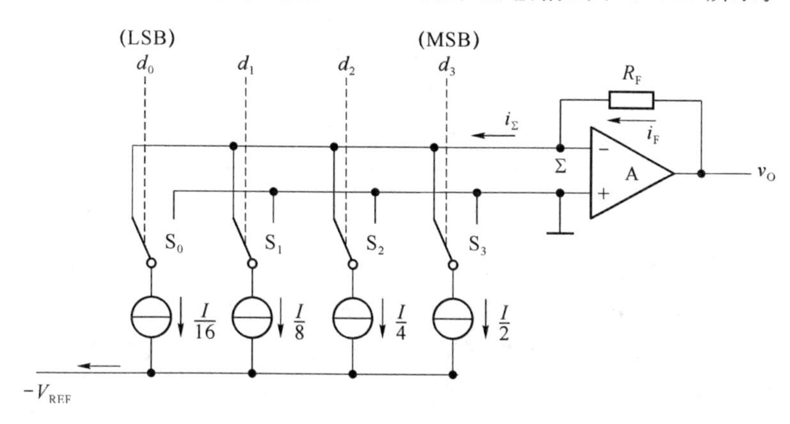

图 9.1.11 权电流型 DAC

在图 9.1.11 所示的权电流型 DAC 中，用一组恒流源代替了图 9.1.8 中的倒 T 形电阻解码网络，这组恒流源从高位 d_3 到低位 d_0 电流的大小依次为 $I/2$、$I/4$、$I/8$、$I/16$。由于采用了恒流源，每个支路电流的值不再受开关内阻和压降的影响，降低了对开关电路的要求，提高了转换精度。

当输入数字量 $d_3=1$ 时，开关 S_3 将恒流源接至运算放大器的反向输入端，相应的权电流 $I/2$ 流入求和点Σ；当 $d_3=0$ 时，开关 S_3 接地，故输出电压

$$\begin{aligned} v_O &= i_\Sigma R_F \\ &= R_F(d_3 \times \frac{I}{2} + d_2 \times \frac{I}{2^2} + d_1 \times \frac{I}{2^3} + d_0 \times \frac{I}{2^4}) \\ &= \frac{R_F I}{2^4}(d_3 \times 2^3 + d_2 \times 2^2 + d_1 \times 2^1 + d_0 \times 2^0) \end{aligned} \tag{9.1.14}$$

可见,输出电压 v_O 正比于输入的数字量 $d_3d_2d_1d_0$。

在实际的权电流型 DAC 中,为了减少电流源电路中电阻的种类,经常利用倒 T 形电阻网络的分流作用产生所需的恒流源,如图 9.1.12 所示,晶体管 $VT_3 \sim VT_0$ 均采用了多发射极晶体管,其发射极个数从左至右分别是 8、4、2、1,即 $VT_3 \sim VT_0$ 发射极面积之比为 8∶4∶2∶1。这样,在 $VT_3 \sim VT_0$ 发射极电流比值为 8∶4∶2∶1 的情况下,各晶体管发射极电流密度相等,发射结电压 V_{BE} 也相等,消除了因发射结电压 V_{BE} 不一致对 D/A 转换精度的影响。

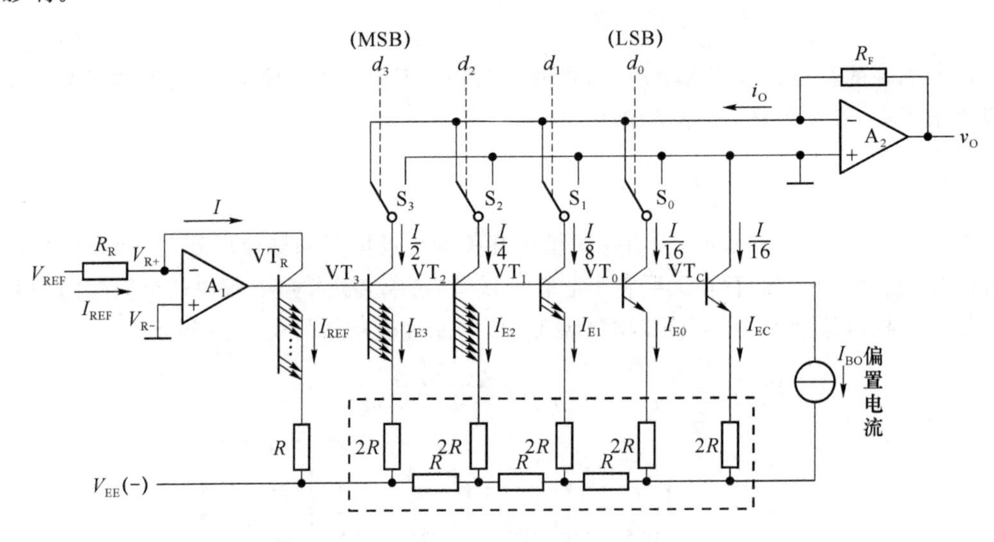

图 9.1.12 采用倒 T 形电阻网络的权电流型 DAC

在图 9.1.12 中,晶体管 $VT_3 \sim VT_0$ 的基极均连接在一起,基极电位相同,发射极电位也相同。在计算各支路的电流时,可以认为所有 $2R$ 电阻的上端都接同一电位,因而电路的工作状态与图 9.1.8 中的倒 T 形电阻网络的工作状态一样,这时流过每个 $2R$ 电阻的电流从左向右依次减少 1/2,各支路的电流分配比例满足 $I_{E3} : I_{E2} : I_{E1} : I_{E0} = 8:4:2:1$ 的要求。恒流源 I_{BO} 用来给 VT_R、VT_C、$VT_3 \sim VT_0$ 提供必要的基极偏置电流。

运算放大器 A_1、晶体管 VT_R、电阻 R_R 和 R 组成了基准电流发生电路,基准电流 I_{REF} 由外加的基准电压 V_{REF} 和电阻 R_R 确定。由于运放 A_1 处于深度负反馈,根据虚短的原理,基准电流

$$I = I_{REF} = \frac{V_{REF}}{R_R} \tag{9.1.15}$$

式(9.1.15)表明,基准电流 I_{REF} 仅与基准电压 V_{REF} 和电阻 R_R 有关,而与晶体管和电阻网络无关,这使电路降低了对晶体管和 R、$2R$ 取值的要求,对集成化十分有利。

由于 VT_3 和 VT_R 的发射极电压相同,发射结电压降 V_{BE} 相同,而发射极电阻的阻值相差一倍,所以它们的发射极电流也相差一倍,即 $I_{E3} = I_{REF}/2 = I/2$。

将式(9.1.15)代入式(9.1.14)中,可得输出电压

$$v_O = \frac{R_F V_{REF}}{2^4 R_R}(d_3 \times 2^3 + d_2 \times 2^2 + d_1 \times 2^1 + d_0 \times 2^0) \tag{9.1.16}$$

类似地，可推得 n 位倒 T 形权电流型 DAC 的输出电压

$$v_O = \frac{R_F V_{REF}}{2^n R_R}(d_{n-1} \times 2^{n-1} + d_{n-2} \times 2^{n-2} + \cdots + d_1 \times 2^1 + d_0 \times 2^0)$$
$$= \frac{R_F V_{REF}}{2^n R_R}\sum_{i=0}^{n-1}(d_i \times 2^i) \tag{9.1.17}$$

目前，市场上有很多采用权电流型电路生产的单片集成 DAC，如 DAC0806、DAC0807、DAC0808 等，这些器件都采用双极型工艺制作，工作速度较高。

图 9.1.13 是 8 位权电流型 DAC0808 的内部结构框图，$d_0 \sim d_7$ 为 8 位数字量输入端，I_o 是求和电流输出端，V_{R+} 和 V_{R-} 是内部基准电流发生电路中运算放大器的同相输入端和反相输入端，COMP 供外接补偿电容之用，V_{CC} 和 V_{EE} 为正负电源输入端，GND 为接地端。

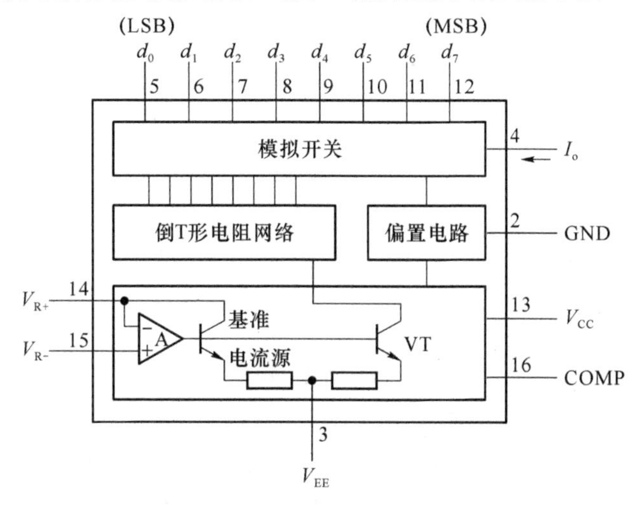

图 9.1.13　DAC0808 的内部结构框图

用 DAC0808 构成 D/A 转换器时，需要外接运算放大器和产生基准电流用的 R_R，图 9.1.14为 DAC0808 的典型应用。

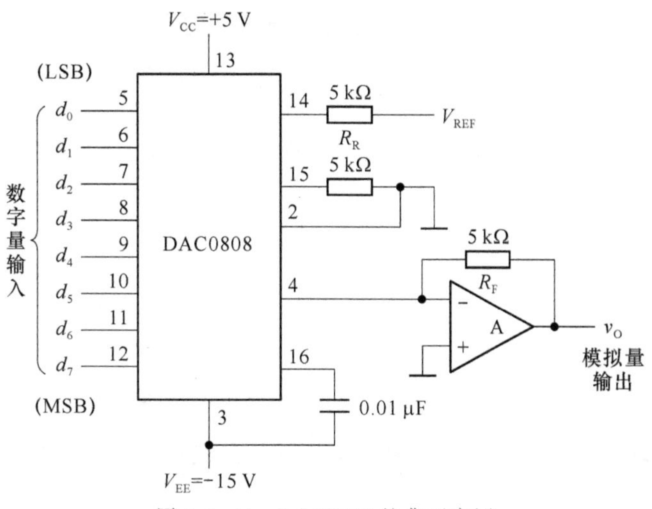

图 9.1.14　DAC0808 的典型应用

若 $V_{REF}=10$ V，$R_R=5$ kΩ，$R_F=5$ kΩ，根据式(9.1.17)可知输出电压为

$$v_O=\frac{R_F}{2^8 R_R}V_{REF}\sum_{i=0}^{7}(d_i\times 2^i)=\frac{10}{2^8}\sum_{i=0}^{7}(d_i\times 2^i) \tag{9.1.18}$$

当输入的数字量在 00H 和 FFH 之间变化时，输出模拟电压的变化范围为 0～9.96 V。

*9.1.7 权电容网络 DAC

权电容网络 DAC 由权电容网络和模拟开关网络构成，图 9.1.15 是 4 位权电容网络 DAC 的原理图，它是利用电容分压的原理工作的，其中 C_0(和 C_0')、C_1、C_2、C_3 的电容值依次按 2 的倍数递增。模拟开关 S_0、S_1、S_2 和 S_3 的状态分别由输入数字信号 d_0、d_1、d_2 和 d_3 控制。当 $d_i=1$ 时，开关 S_i 接参考电压 V_{REF}；当 $d_i=0$ 时，开关 S_i 接地。

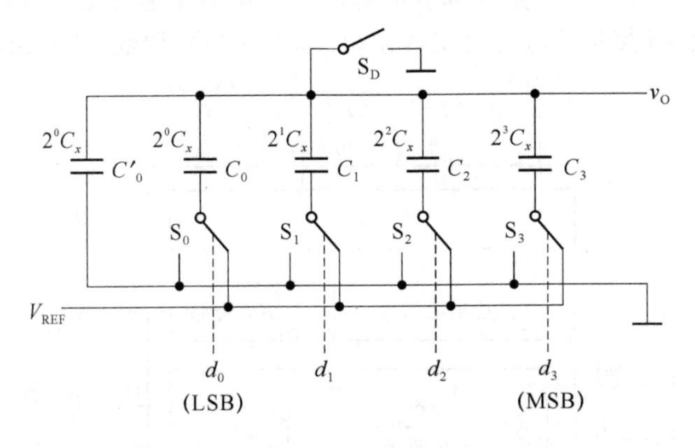

图 9.1.15 权电容网络 DAC

转换开始前先让所有的模拟开关($S_0\sim S_3$、S_D)接地，使全部电容完全放电，然后断开 S_D，输入数字量 $d_0\sim d_3$。假设输入的数字量为 $d_3d_2d_1d_0=1000$，则开关 S_3 将电容 C_3 接参考电压 V_{REF}，开关 S_2、S_1、S_0 将电容 C_2、C_1、C_0 接地，等效电路如图 9.1.16 所示。这时 C_3 与 $(C_2+C_1+C_0+C_0')$ 构成了一个电容分压器，输出电压

$$v_O=\frac{d_3C_3}{C_3+C_2+C_1+C_0+C_0'}V_{REF}=\frac{d_3C_3}{C_t}V_{REF} \tag{9.1.19}$$

其中，$C_t=C_3+C_2+C_1+C_0+C_0'=2^4C_x$ 表示全部电容之和。

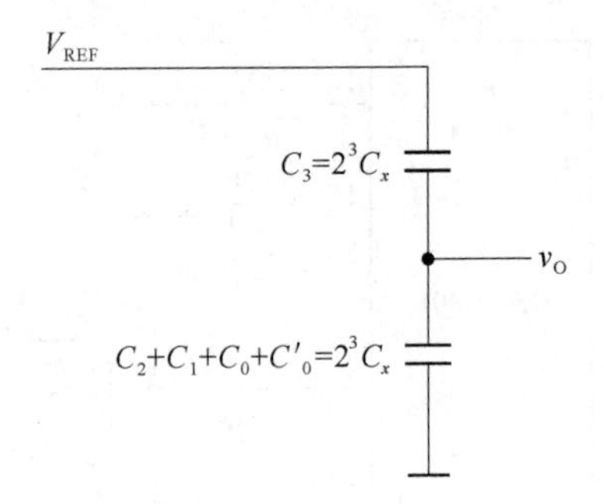

图 9.1.16 输入为$(1000)_2$时图 9.1.15 的等效电路

同理，可推得输入任意数字信号时输出电压的一般表达式

$$
\begin{aligned}
v_O &= \frac{d_3C_3 + d_2C_2 + d_1C_1 + d_0C_0}{C_t}V_{REF} \\
&= \frac{C_x(d_3 2^3 + d_2 2^2 + d_1 2^1 + d_0 2^0)}{C_t}V_{REF} \\
&= \frac{V_{REF}}{2^4}(d_3 2^3 + d_2 2^2 + d_1 2^1 + d_0 2^0)
\end{aligned} \tag{9.1.20}
$$

式(9.1.20)表明,输出模拟电压与输入的数字量成正比,电路实现了 D/A 转换功能。在 MOS 集成电路中,电容比较容易制作,通过精确控制电容的面积可以严格保持各电容值之间的比例关系。因此,在采用 MOS 工艺制造 DAC 时,权电容网络 DAC 也是一种常用的方案。

权电容网络 DAC 的优点是输出电压的精度只与各个电容值的比例有关,而与其实际值无关;输出电压 v_O 不受开关内阻及参考电压源内阻的影响,降低了对开关电路和参考电压源的要求;稳态情况下权电容网络不消耗电源功率。

权电容网络 DAC 的主要缺点是当输入数字量位数较多时各电容值相差较大,这会占用较大的硅片面积,不利于集成,而且由于电容充放电时间的增加也降低了电路的转换速度。

*9.1.8 具有双极性输出的 DAC

在前面介绍的 DAC 中,输入的数字量均视为无符号数,即二进制数的所有位都是数值位,根据电路形式和参考电压极性的不同,输出电压为 0 V 到正满度值或 0 V 到负满度值,DAC 工作于单极性输出方式。采用单极性输出时,输入数字量采用自然二进制编码。

在实际应用中,经常遇到 DAC 输入的数字量有正负极性,这就要求 DAC 能将不同极性的数字量转换成对应的模拟电压,此时 DAC 应工作于双极性输出方式。

在数字系统中,有符号二进制数通常采用补码形式,所以 DAC 应该能够把以补码形式输入的二进制数转换成正、负极性的模拟电压。现以输入 3 位二进制补码为例,说明双极性 D/A 转换的原理。3 位二进制补码可以表示 −4～+3 之间的任何整数,它们与十进制数以及输出模拟电压的对应关系如表 9.1.1 所示。

表 9.1.1 输入为 3 位二进制补码时 DAC 的输出

补码输入			对应的十进制数	对应的输出电压
d_2	d_1	d_0		
0	1	1	+3	+3V
0	1	0	+2	+2V
0	0	1	+1	+1V
0	0	0	0	0
1	1	1	−1	−1V
1	1	0	−2	−2V
1	0	1	−3	−3V
1	0	0	−4	−4V

表 9.1.2 具有偏移的 DAC 的输出

原码输入			无偏移时的输出	偏移−4V 后的输出
d_2	d_1	d_0		
1	1	1	+7V	+3V
1	1	0	+6V	+2V
1	0	1	+5V	+1V
1	0	0	+4V	0
0	1	1	+3V	−1V
0	1	0	+2V	−2V
0	0	1	+1V	−3V
0	0	0	0V	−4V

图 9.1.17 是一个具有双极性输出的 DAC 原理图，它是在普通 3 位倒 T 形网络 DAC 的基础上增加反相器 G 和偏移电阻 R_B 构成的。

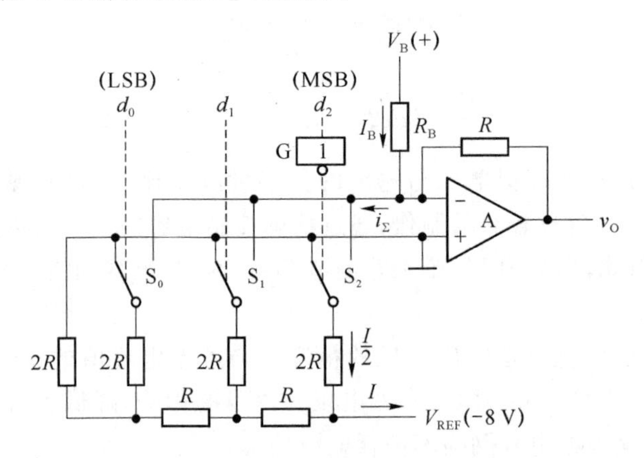

图 9.1.17　具有双极性输出电压的 DAC

若去掉反相器 G 和偏移电阻 R_B，输入数字量为 3 位无符号二进制数，电路即为倒 T 形网络 DAC。取 $V_{REF}=-8$ V，当输入数字量为 111 时，输出电压 $v_O=7$V；输入数字量 000 时，输出电压 $v_O=0$ V，如表 9.1.2 的第一列和第二列所示。

对照表 9.1.1 和表 9.1.2 便可发现，如果把表 9.1.2 中间一列的输出电压偏移 -4 V，则偏移后的输出电压恰好同表 9.1.1 所要得到的输出电压相等。为此，在图 9.1.17 的倒 T 形网络 DAC 中增设由 R_B 和 V_B 组成的电压偏移电路，将 DAC 的输出由单极性变成双极性。当输入代码 $d_2d_1d_0=100$ 时输出电压 v_O 应该为零，此时只要使 I_B 与 i_Σ 大小相等即可，故电路应满足

$$\frac{V_B}{R_B}=\frac{I}{2}=\frac{-V_{REF}}{2R} \tag{9.1.21}$$

对照表 9.1.1 和表 9.1.2 最左边一列代码还可发现，只要把表 9.1.2 中原码的最高位取反(作为有符号数的符号位)，就可以得到表 9.1.1 所需要的输入与输出对应关系。为此，在图 9.1.17 中将符号位 d_2 经反相器 G 反相后再加到 DAC 电路上。

通过上面的例子，不难总结出构成双极性输出 DAC 的一般方法：只要在求和放大器的反向输入端接入一个电压偏移电路，并保证输入数字量只有最高位为 1 时输出 $v_O=0$，同时将输入数字量的最高位取反作为有符号数的符号位，就得到了双极性输出的 DAC。

*9.1.9　串行输入 DAC

上面所讲的几种 DAC 中，数字量都是以并行方式输入的，但在有些应用中，为减少传输线的数目，数字信号经常采用串行方式传输，这时就要采用串行输入的 DAC。

串行输入 DAC 的电路原理如图 9.1.18 所示，它由移位寄存器、DAC 寄存器和并行输入 DAC 三部分组成。其中，$\overline{CS}$为转换控制信号，当$\overline{CS}$为低电平时，在时钟信号 SCLK 的作用下，串行数据通过串行输入端 SDI 逐位移入移位寄存器。当串行数据全部进入移位寄存器后，$\overline{CS}$回到高电平，利用$\overline{CS}$的上升沿将移位寄存器输出的并行数据装入 DAC 寄存器，DAC 寄存器再将并行数据送给并行输入 DAC，完成数字量到模拟量的转换。

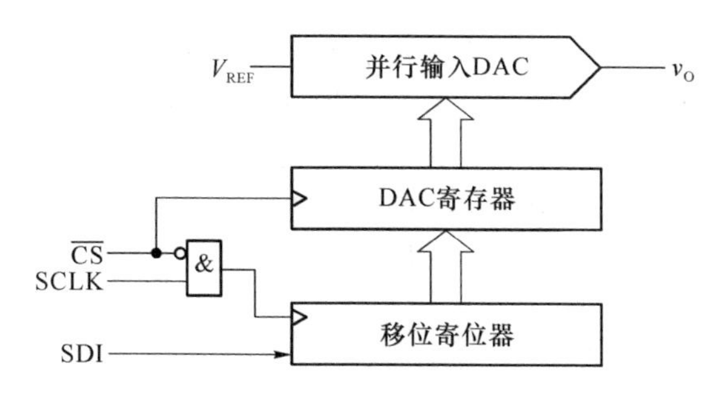

图 9.1.18 串行输入 DAC 的电路结构框图

MAX515 是 MAXIM 公司生产的串行输入 DAC 产品，它可以对 10 位串行输入的数字量进行 D/A 转换。MAX515 的电路结构框如图 9.1.19 所示，由 10 位倒 T 形电阻网络 DAC、10 位 DAC 寄存器、16 位移位寄存器、控制逻辑、上电复位电路和输出缓冲放大器等几部分组成。接通电源后，上电复位电路负责初始化控制逻辑，并将移位寄存器和 DAC 寄存器清零。

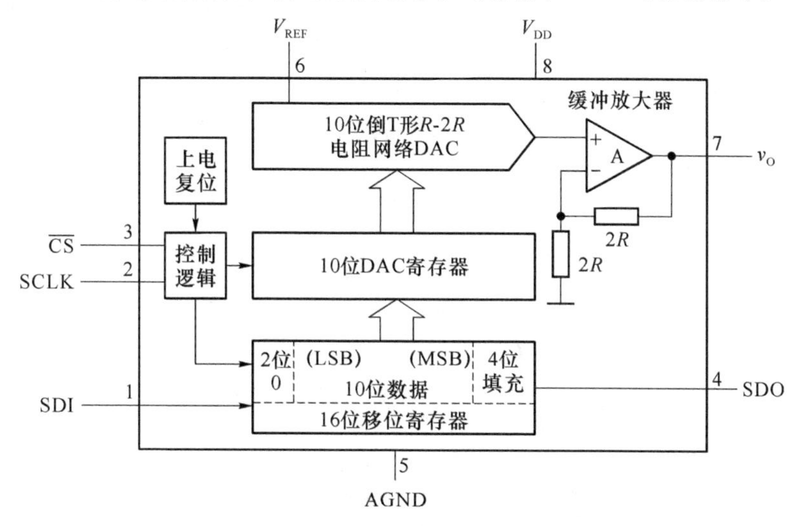

图 9.1.19 MAX515 的电路结构框图

图 9.1.20 是 MAX515 的工作时序图。在每个转换周期中，MAX515 接收 16 位串行输入数据，由两个 8 位的字节给出。串行数据由 SDI 端输入，$\overline{CS}$变为低电平后，在串行时钟脉冲 SCLK 的驱动下，首先送入 4 位虚拟的填充位，然后送入 10 位有效输入数字量，最后送入两位 00。因此，在$\overline{CS}$的低电平期间应当给 16 位移位寄存器加 16 个串行时钟脉冲。当$\overline{CS}$回到高电平后，16 位移位寄存器中的数据被并行装入 10 位 DAC 寄存器中，并在 10 位倒 T 形 DAC 的输出端得到相应的模拟电压。

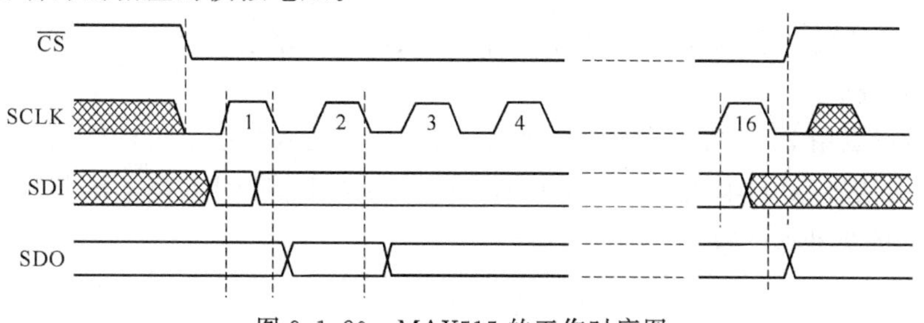

图 9.1.20 MAX515 的工作时序图

此外，MAX515还设置了串行数据输出端SDO。在串行输入数据送入16位移位寄存器的同时，也可以通过SDO端将送入的数据读出，以供校验之用。MAX515采用单一电源V_{DD}供电，外接参考电压V_{REF}不应超过$V_{DD}-2$ V。

有些串行输入DAC的芯片内部含有参考电压源电路，可以工作在正、负电源（例如±5 V）之下，这样的芯片在使用时无须外加参考电压，而且很容易实现双极性输出。

9.1.10 DAC的主要技术指标

1. 转换速度

转换速度通常用输出电压（或电流）的建立时间t_{set}来衡量。建立时间t_{set}是指从输入数字量发生变化到输出电压（或电流）达到与稳态值相差$\pm\frac{1}{2}$LSB时所用的时间，如图9.1.21所示。输入数字量变化越大建立时间越长，因此一般在产品手册中给出的建立时间t_{set}都是指输入数字量从全0跳变为全1（或从全1跳变为全0）时输出稳定所需的时间，它是DAC的最大响应时间，用来衡量DAC转换速度的快慢。在不包含集成运算放大器的单片集成DAC中，建立时间最短可达0.1 μs；在包含运算放大器的DAC中，建立时间最短可达1.5 μs。例如，10位D/A转换器AD7520输出电流的建立时间为1.0 μs，而12位高速D/A转换器MAX5889的建立时间仅为0.01 μs。

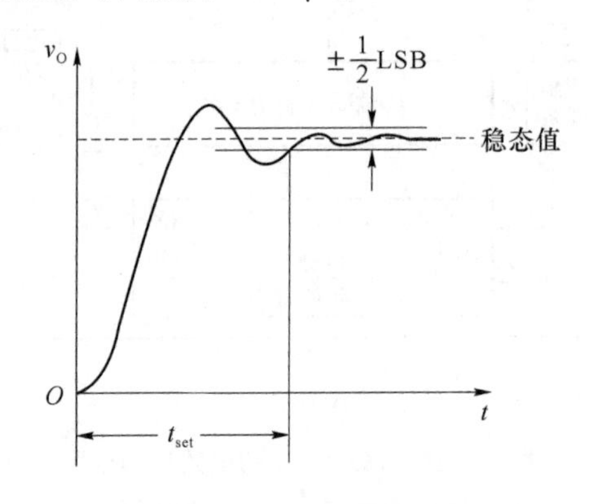

图9.1.21 DAC的建立时间

2. 转换精度

在DAC中一般用分辨率和转换误差来描述转换精度。

(1) 分辨率

分辨率表征DAC对输入量微小变化的敏感程度，一般用DAC的位数表示。在分辨率为n位的DAC中，当输入数字量从00…00变化到11…11时，输出电压应给出2^n个不同的等级。DAC的位数越多，输出电压的取值个数就越多，也就越能反映出输出电压的细微变化，分辨能力就越强。

此外，也可以用DAC能分辨出来的最小输出电压（输入数字量只有最低有效位为1，即1 LSB）与最大输出电压（输入数字量所有的有效位全为1，即1 FSR）之比定义分辨率，即n位DAC的分辨率可表示为

$$分辨率=\frac{1}{2^n-1}$$

它表示 DAC 在理论上可以达到的精度，该值越小，分辨率越高。例如，ADC0832 的分辨率是 8 位，也可以表示为

$$分辨率 = \frac{1}{2^8 - 1} = \frac{1}{255} \approx 0.004$$

(2) 转换误差

DAC 电路各部分的参数不可避免地存在误差，它必然影响转换精度。转换误差是指实际输出的模拟电压与理想值之间的最大偏差。常用这个最大偏差与 FSR 之比的百分数或若干 LSB 表示，它实际上是 3 种误差的综合指标。

① 非线性误差(非线性度)

非线性误差是一种没有固定变化规律的误差，一般用当输入数字量满刻度时，输出电压偏离理想转移特性的最大值来表示。图 9.1.22(a)给出了输入数字量与输出模拟量之间的对应关系，对于理想 DAC，各数字量与其相应的模拟量的交点，应落在图中的理想输出特性曲线上。但对于实际的 DAC，这些交点会偏离理想输出特性曲线，产生非线性误差，见图中的实际输出曲线。

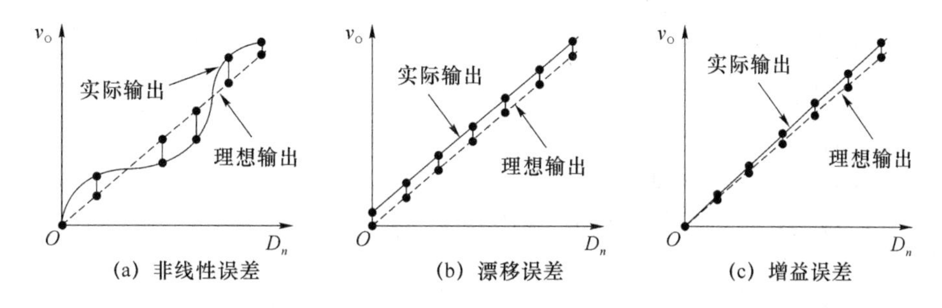

图 9.1.22 DAC 的转换误差

产生非线性误差的原因很多，如电路中各模拟开关的导通电阻和导通压降可能存在偏差；每个开关处于不同位置(接地或接 V_{REF})时，其开关压降和电阻也不一定相等；在电阻网络中，每个支路上的电阻值也可能存在偏差。这些偏差是随机的，故以非线性误差的形式反映在输出电压上。

② 漂移误差(平移误差)

漂移误差是由运算放大器的零点漂移造成的，这种误差与数字量的大小无关，它只把图 9.1.22(b)中的理想输出特性曲线向上或向下平移，使之不经过原点，并不改变其线性，因此也称它为平移误差。

漂移误差可用零点校准来消除，但不能在整个工作温度范围内都能校准。

③ 增益误差

增益误差是指实际输出特性曲线的斜率与理想输出特性曲线斜率的偏差，基准电压 V_{REF} 和运算放大器增益不稳定都可以造成增益误差，其表现形式是实际输出特性曲线与理想输出特性曲线相比，斜率发生了变化，如图 9.1.22(c)所示。

以上分析表明，为了获得较高精度的 D/A 转换器，单纯依靠选用高分辨率的 D/A 转换

器件是不够的，还需要有稳定的参考电压源 V_{REF}、零点漂移低的集成运放等器件与之配合才能获得较高的转换精度。

目前常见的集成 DAC 有两大类，一类是器件内部只包含电阻网络（或恒流源电路）和模拟开关，如 DAC0832、AD7520 等；另一类器件内部还包含了运算放大器和参考电压源发生电路，如 AD574。使用前一类器件时必须外接参考电压源和运算放大器，这时应注意合理地选择器件，以提高参考电压的稳定性，降低运算放大器零点漂移。

(3) 温度系数

温度系数是指输入数字量不变的情况下，输出模拟电压随环境温度变化而产生的波动。一般用输出满度电压条件下温度每升高 1℃，输出电压变化的百分比作为温度系数。

9.1.11 集成 D/A 转换器及其应用

1. 集成 D/A 转换器 DAC 0832

DAC0832 是美国国家半导体公司（NSC）采用 CMOS 工艺生产的单片 8 位数模转换器，采用单电源供电，在 +5～+15 V 间均可正常工作，电流建立时间为 1.0 μs。DAC0832 含有两级缓冲寄存器，可直接与多种微处理器相连接，图 9.1.23(a)是它的逻辑框图，图 9.1.23(b)是它的引脚排列图。

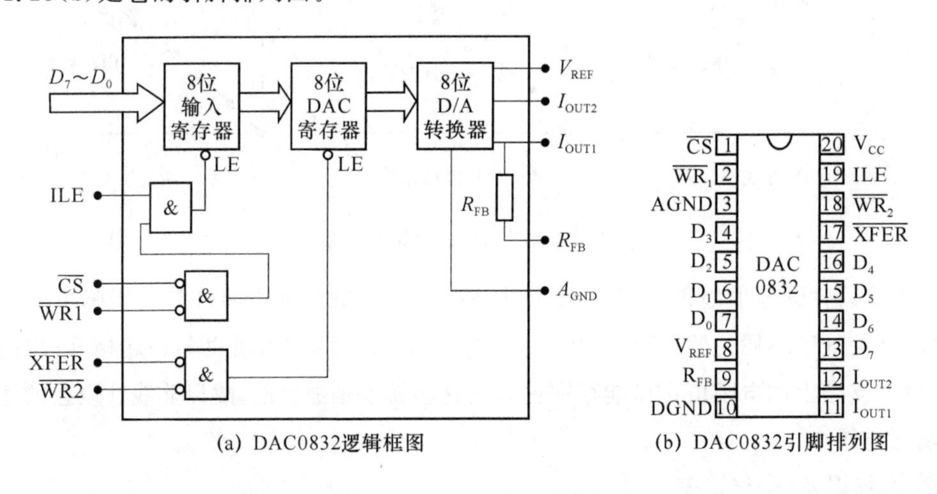

(a) DAC0832逻辑框图　　(b) DAC0832引脚排列图

图 9.1.23　DAC0832 框图

(1) DAC0832 的引脚和功能说明

DAC0832 由一个 8 位输入寄存器、一个 8 位 DAC 寄存器和一个 8 位 D/A 转换器三大部分组成，其中 D/A 转换器采用倒 T 形 R-$2R$ 电阻网络。DAC0832 有两个独立控制的数据寄存器，使用时有较大的灵活性，可根据需要接成不同的工作方式。DAC0832 芯片内部无运算放大器，且是电流输出，使用时需要外接运算放大器。芯片中已设置了反馈电阻 R_{FB}，只要将 9 脚接到运放输出端即可，若运放增益不够仍需要外接反馈电阻。DAC0832 各引脚的名称和功能如下。

$\overline{CS}$：片选信号，低电平有效。当此端的信号为低电平时，允许将 8 位输入数字量锁存到 8 位输入寄存器中。

ILE:8 位输入寄存器锁存信号,高电平有效。

$\overline{WR_1}$:写使能信号,低电平有效,允许外部数字量装入 8 位输入寄存器。

$\overline{WR_2}$:写使能信号,低电平有效,允许输入寄存器的内容装入 8 位 DAC 寄存器。

$D_7 \sim D_0$:8 位输入数字量。

信号$\overline{CS}$、ILE、和$\overline{WR_1}$共同控制 8 位输入寄存器的数据输入,当$\overline{CS}$和$\overline{WR_1}$同时有效时,若 ILE 为高电平,输入寄存器的输出端 Q 跟随输入信号的变化;若 ILE 为低电平,输入数据被锁存,输入数字量的变化不再影响输入寄存器的 Q 端。

$\overline{XFER}$:数据传送控制信号,低电平有效。该信号用来控制是否允许将输入寄存器中的内容传送给 DAC 寄存器进行转换,若$\overline{XFER}$和$\overline{WR_2}$同时有效,数据将被锁存到 DAC 寄存器中。

I_{OUT1}:DAC 电流输出端,此输出信号一般作为运算放大器一个差分输入信号。当 DAC 寄存器中各位全为“1”时,电流值最大;全为“0”时,电流值为 0。

I_{OUT2}:DAC 电流输出端,它是运算放大器的另一个差分输入信号。电路保证 $I_{OUT1}+I_{OUT2}=$ 常数。

R_{FB}:芯片内反馈电阻接线端。

V_{REF}:参考电压输入端,一般与外部精确、稳定的电压源相连。V_{REF} 可在 $-10\sim+10$ V 范围内选择。

除以上所介绍的引脚外,还有数字量电源端 V_{CC},数字量接地端 D_{GND} 和模拟量接地端 A_{GND}。

DAC0832 有双缓冲型、单缓冲型和直通型 3 种工作方式。

由于 0832 芯片中有两个数据寄存器,可以通过控制信号将输入数字量先锁存到输入寄存器中,当需要 D/A 转换时再将此数字量由输入寄存器装入 DAC 寄存器中锁存并进行转换,从而实现两级缓冲方式工作。

如果使一个寄存器处于常通状态,只控制另一个寄存器的锁存,或者使两个寄存器同时选通或锁存,就实现单缓冲工作方式。

如果使两个寄存器都处于常通状态,当外部数字量发生变化时,两个寄存器将跟随数字量的变化,D/A 转换器的输出也随之发生变化,这就是直通工作方式。这种情况通常用在连续反馈控制系统中,作数字增益控制器使用。

(2) 用 DAC0832 构成锯齿波信号发生器

锯齿波信号广泛应用于电视机、显示器和示波器的行、场扫描。可以利用阻容电路充、放电原理实现锯齿波信号发生器,但阻容充、放电过程是近似线性的,产生的波形并不十分理想,而且受器件参数和环境温度的影响较大。下面介绍一种利用 DAC0832 构成锯齿波信号发生器电路的方法,这种方法可以得到线性度较高的锯齿波信号。

利用 DAC0832 合成锯齿波信号的原理电路如图 9.1.24 所示,它由模为 256 的计数器和 D/A 转换器两部分组成。两片中规模计数器 74LS169 级联组成的一个模为 256 的 8 位二进制计数器,计数器的输出 $Q_7 \sim Q_0$ 分别连接到 DAC0832 的数据输入端 $D_7 \sim D_0$,作为 DAC 的输入数字量。这样,计数器每输出一组数字量 $Q_7 \sim Q_0$,经 DAC0832 转换后,都会输出与该数字量对应的模拟电压值。

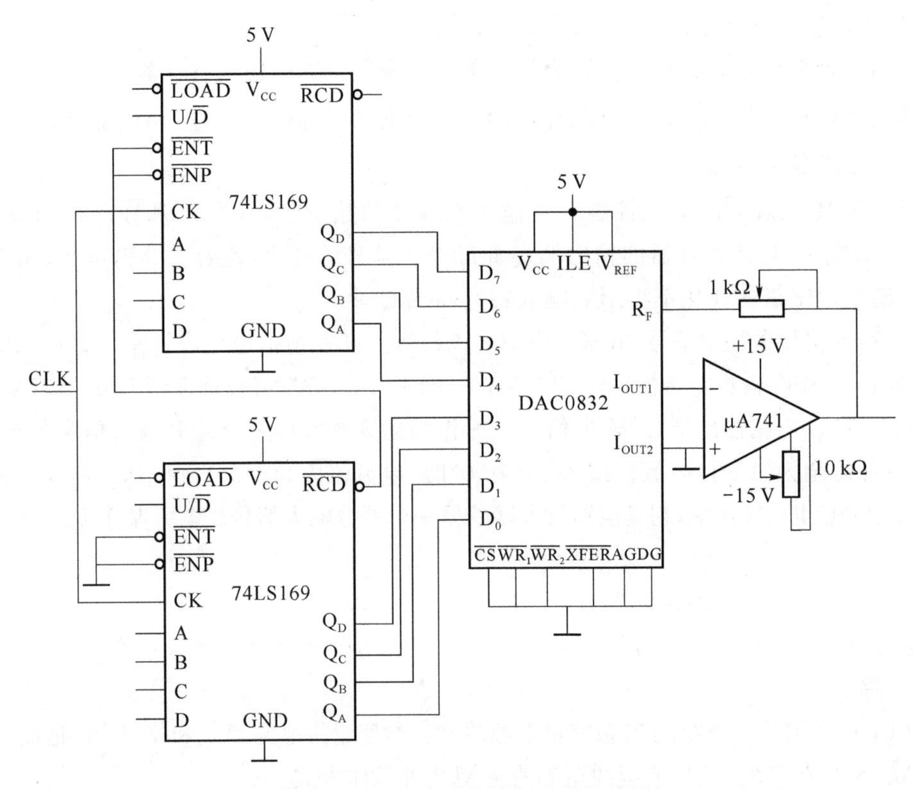

图 9.1.24　锯齿波信号发生器电路图

设参考电压 $V_{REF} = +5$ V，在时钟脉冲 CP 的作用下，计数器循环计数，计数器的输出从 00H 到 FFH 周期性变化。相应地，输出端 v_O 将随之输出 0～5 V 的梯形波，每一阶梯的电位差约为 0.02 V，精度很高，输出的梯形波近似为锯齿波形，如图 9.1.25 所示。通过调节时钟脉冲的频率可以改变每一阶梯波形的持续时间，从而改变锯齿波信号的周期。为进一步提高输出波形的线性度，可以在图 9.1.24 的计数器的基础上再级联一级 74LS169，构成模为 4 096 的计数器，同时用 12 位 DAC 取代 ADC8032。

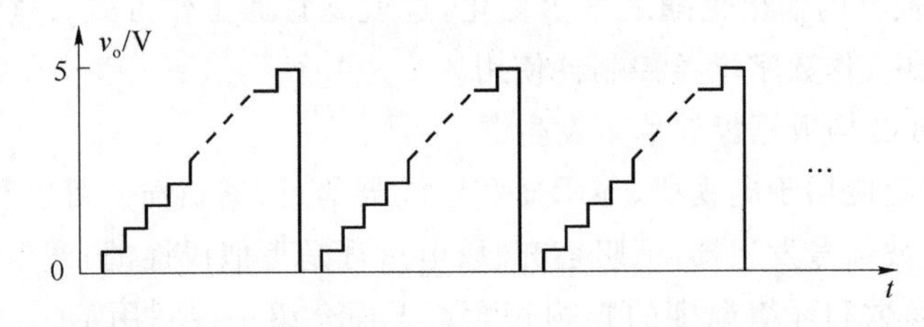

图 9.1.25　利用 DAC0832 合成锯齿波的输出波形

2. 集成 D/A 转换器 AD7520

AD7520 是一种应用广泛的 10 位单片集成 DAC，其内部结构如图 9.1.8 所示，引脚排列如图 9.1.26 所示。AD7520 输入为 10 位二进制数，输出为求和电流，使用时需要外接运算放大器，运算放大器的反馈电阻可以使用 AD7520 内部的反馈电阻 R_F，也可以外接反馈电阻。

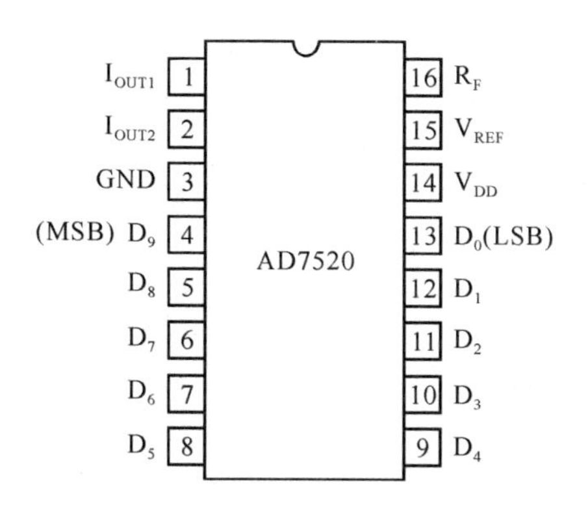

图 9.1.26　AD7520 引脚排列图

（1）用 AD7520 构成锯齿波发生器

利用 AD7520 构成锯齿波信号发生器的原理电路如图 9.1.27 所示。它由计数器、D/A 转换器和集成运放等几部分组成，其功能与前述利用 DAC0832 构成锯齿波发生器相似。通过两片 74LS161 级联构成一个模为 256 的 8 位二进制计数器，其输出 $Q_7 \sim Q_0$ 分别与 AD7520 的数据输入端 $D_9 \sim D_2$ 相连，AD7520 的 D_1 和 D_0 管脚接地。

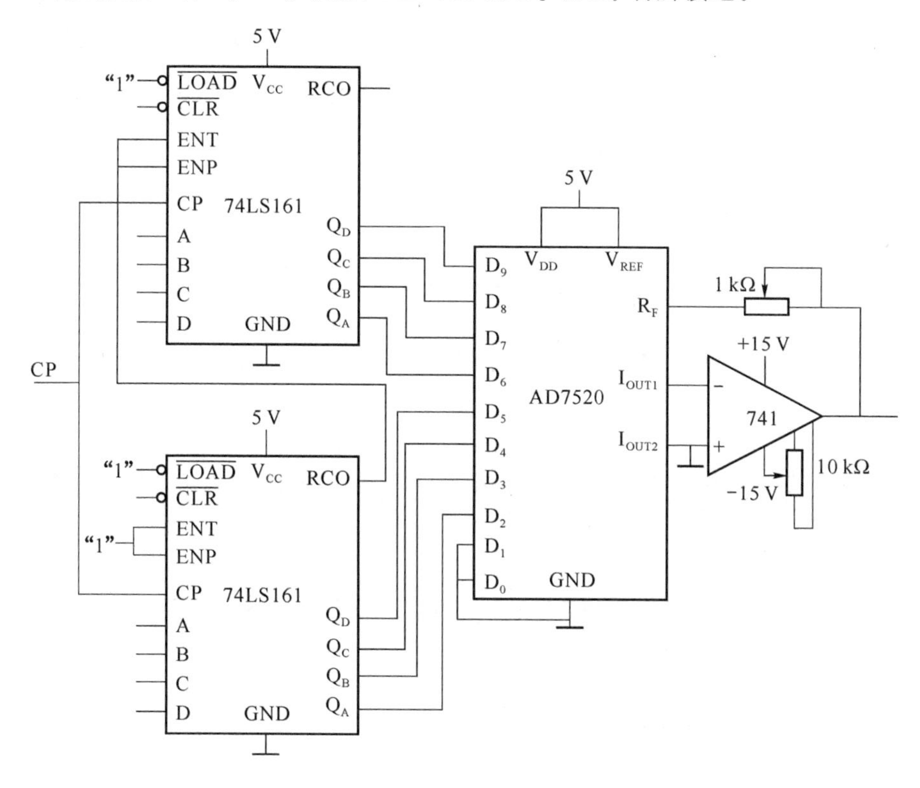

图 9.1.27　锯齿波信号发生器电路图

在时钟脉冲 CP 的作用下，计数器循环计数，其输出从 00H 到 FFH 周期性变化，使 AD7520 的输出电压曲线呈阶梯形循环变化，输出信号波形近似为锯齿波型。

（2）用 AD7520 构成可编程增益放大器

利用 AD7520 构成的数字式可编程增益放大电路如图 9.1.28 所示。外部模拟信号接

AD7520 的 R_F 端，输入电阻为 AD7520 内部反馈电阻 R，运算放大器 A 接成反相比例放大电路。D/A 转换器的输出电流 I_{OUT1} 和 I_{OUT2} 分别接运算放大器的反相输入端和同相输入端，输出电压 v_O 由 V_{REF} 端通过 AD7520 的内部倒 T 形电阻网络引回到运算放大器的反相输入端，构成电压并联负反馈电路。反相比例放大电路的反馈电阻为倒 T 形电阻网络的等效电阻，该阻值受输入数字量 $d_9 \sim d_0$ 的控制。

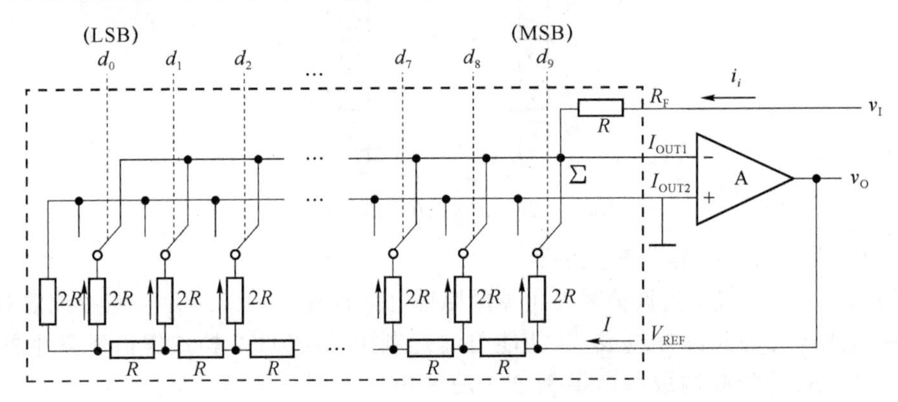

图 9.1.28 用 AD7520 构成可编程增益放大器

由 9.1.4 小节的分析可知，从 V_{REF} 端看进去对地的等效电阻为 R，因此从运算放大器的输出端流入 V_{REF} 端的电流始终为 $I=\frac{v_O}{R}$，且该电流在电阻网络中从右至左沿各 $2R$ 支路依次按 1/2 规律递减。流入求和点Σ的总电流

$$\begin{aligned} i_\Sigma &= I(d_9\times\frac{1}{2}+d_8\times\frac{1}{2^2}+\cdots+d_1\times\frac{1}{2^9}+d_0\times\frac{1}{2^{10}}) \\ &= \frac{v_O}{2^{10}R}(d_9\times 2^9+d_8\times 2^8+\cdots+d_1\times 2^1+d_0\times 2^0) \\ &= \frac{v_O}{2^{10}R}\sum_{i=0}^{9}(d_i\times 2^i) \end{aligned}$$

由 $i_i=-i_\Sigma$，得

$$\frac{v_I}{R}=-\frac{v_O}{2^{10}R}(d_9\times 2^9+d_8\times 2^8+\cdots+d_1\times 2^1+d_0\times 2^0)$$

则放大电路的增益为

$$\begin{aligned} A_v &= \frac{v_O}{v_I}=\frac{-2^{10}}{d_9\times 2^9+d_8\times 2^8+\cdots+d_1\times 2^1+d_0\times 2^0} \\ &= -\frac{2^{10}}{\sum_{i=0}^{9}(d_i\times 2^i)} \end{aligned}$$

9.2 模数转换器

前已述及，数字系统只能对数字量进行处理，而实际信号大多是连续变换的模拟量，经 A/D 转换后才能被入数字系统处理，这种完成模数转换的电路就是模数转换器。

9.2.1 模数转换器的基本原理

模数转换器是将模拟量转换成数字量的器件。模拟信号在时间上和幅值上是连续的，而数字信号在时间上和幅值上都是离散的，所以进行模数转换时，首先要在一系列规定的时刻对模拟信号进行采样，然后再把这些采样值转换为相应的数字量。因此，模数转换一般要经过采样、保持、量化、编码 4 个步骤。在实际电路中，这些步骤有些是合并进行的，例如，采样和保持、量化和编码往往都是在转换过程中同时完成。

1. 采样与保持

采样就是按照一定的时间间隔抽取模拟量的值，将连续变化的模拟量转换成时间上离散的模拟量。如图 9.2.1 所示，v_I 是输入模拟电压信号，$S(t)$是采样脉冲，T_S 是采样脉冲的周期，t_W 是采样脉冲的持续时间。采样原理电路如图 9.2.2(a)所示，用采样脉冲 $S(t)$控制模拟开关 TG，在采样时间 t_W 内，$S(t)$使开关 TG 接通，输出 $v_s=v_I$；在 T_S-t_W 时间内，$S(t)$使开关断开，$v_S=0$。输入模拟信号 v_I 经采样后，变为一系列窄脉冲 v_s，这一系列窄脉冲称为取样信号(或样值脉冲)，如图 9.2.1(c)所示。

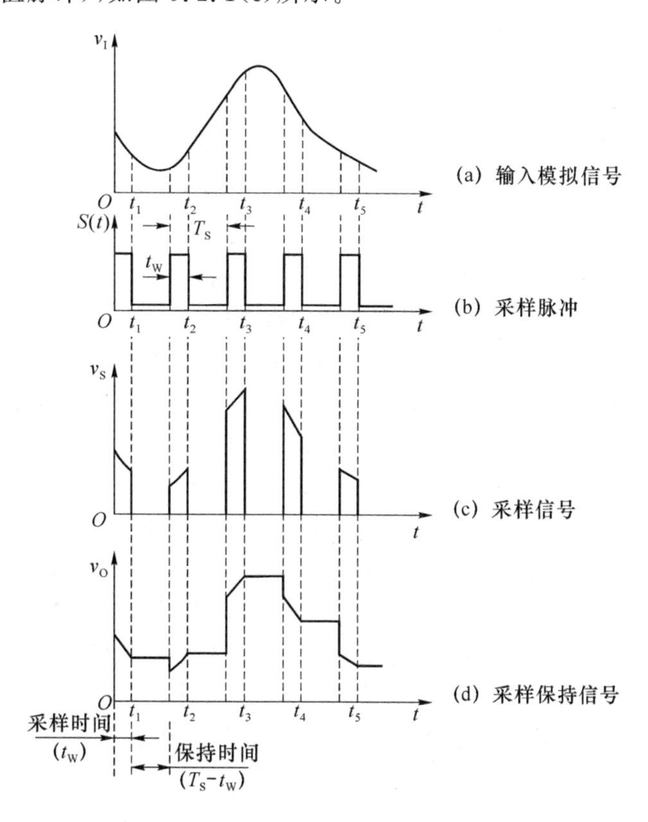

图 9.2.1 采样与保持过程

通过分析得出，采样脉冲 $S(t)$的频率越高，采样越密，采样信号的包络线也就越接近于输入信号的波形，越能真实再现输入信号。但采样频率越高，经 A/D 转换后的数据量越大，对后续数据存储和处理的要求也就越高。因此，选择合适的采样频率有利于数字系统的优化。合理的采样频率由采样定理确定。

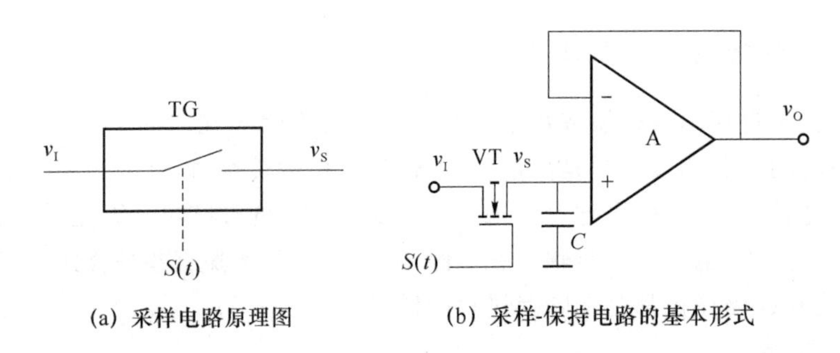

(a) 采样电路原理图　　(b) 采样-保持电路的基本形式

图 9.2.2　采样原理

采样定理:设采样频率为 f_s,输入模拟信号的最高频率分量为 f_{imax},则 f_s 和 f_{imax}之间必须满足下面的关系

$$f_s \geqslant 2f_{imax} \qquad (9.2.1)$$

采样定理说明,为了能不失真地恢复原来的输入信号,采样频率 f_s 必须不小于输入模拟信号频谱中最高频率 f_{imax}的两倍,即当 $f_s \geqslant 2f_{imax}$时,采样信号才能正确地反映输入信号。或者说,在满足式(9.2.1)的条件下,将采样信号经过低通滤波器,才可以重建原输入信号。实际应用中,通常取 $f_s=(2.5\sim3)\ f_{imax}$,例如语音信号的 $f_{imax}\approx3.4$ kHz,一般取 $f_s=8$ kHz。

模拟信号 v_I 经过采样后得到采样信号 v_s,采样信号是一系列窄脉冲,脉冲的持续时间很短,但模数转换需要一定的时间,为了保证转换精度,在转换期间要使脉冲的幅值保持不变。因此,在采样电路之后需加入保持电路。图 9.2.2(b)是一种基本的采样-保持电路,场效应管 VT 为采样开关,电容 C 为保持电容,运算放大器 A 接成电压跟随器的形式,起缓冲隔离的作用。在采样时间 t_w 内,场效应管 VT 导通,电容 C 充电,由于电容 C 的充电时间常数远远小于 t_w,因此电容 C 上的电压在采样时间内跟随输入信号 v_I 的变化,即 $v_s=v_I$。在保持时间 T_s-t_w 内,场效应管 VT 关断,由于电压跟随器 A 的输入阻抗很高,存储在电容 C 中的电荷很难泄放掉,电容 C 上的电压基本保持不变,从而使 v_s 保持采样结束时 v_I 的瞬时值,形成图 9.2.1(d)所示的 v_O 波形。

图 9.2.3(a)为单片采样-保持电路 LF198 的电路结构。LF198 是采用双极与 MOS 混合工艺制成的集成采样-保持电路,其中 A_1、A_2 是运算放大器,S 是模拟开关、L 是控制 S 状态的逻辑单元。逻辑输入端 v_L 和参考电压输入端 V_{REF}具有较高的输入电阻,可以直接用 TTL 或 CMOS 电路驱动。当 $v_L>V_{REF}+V_{th}$时 S 接通,否则 S 断开,V_{th}称为阈值电压,约为 1.4 V。为了提高电路的工作速度、降低输入失调电压,运算放大器 A_1 的输入级采用双极型晶体管电路。为了提高运算放大器 A_2 的输入阻抗,减小在保持时间内保持电容 C_H 上的电荷损失,在其输入级使用了场效应管。电路中还接有二极管 VD_1、VD_2 组成保护电路,避免开关电路承受过高的电压。

图 9.2.3(b)给出了 LF198 的一种典型接法,其中 C_H 为外接保持电容,C_H 的值越大、漏电越小,保持效果越好,输出电压的下降率越低。但 C_H 过大会使电容的充电时间变长,影响电路的性能。当外接电容 $C_H=0.01\mu$F 时,输出电压的下降率小于 10^{-3} mV/s。图中 V_{OS}为失调调整输入端,通过调整 V_{OS}可以实现零输入时零输出,即 $v_I=0$ 时,$v_O=0$。参考电压 $V_{REF}=0$ V,若 v_L 为 TTL 逻辑电平,当 $v_L=1$ 时 S 接通,$v_L=0$ 时 S 断开。

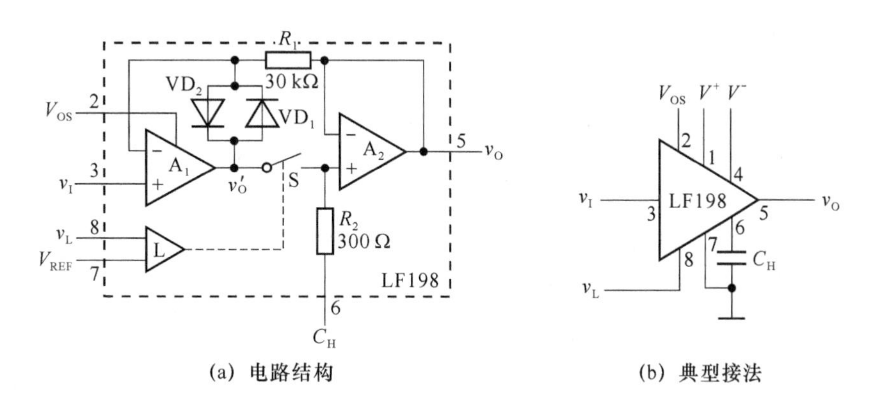

(a) 电路结构　　　　(b) 典型接法

图 9.2.3　集成采样保持电路 LF198

2. 量化与编码

输入的模拟信号经采样、保持后，得到的波形是阶梯波，如图 9.2.1(d)所示。阶梯波的幅值是任意的，仍属模拟量范畴，而数字系统的字长是固定的，只能表示有限个数值，任何一个数字量的值只能是某个规定的最小数量单位的整数倍。因此，用数字量表示这种采样保持信号时，必须把它转换为该最小数量单位的整数倍，这一转换过程称为量化。把量化的结果再转化为相应的二进制代码的过程称为编码。例如，若输入模拟信号是正值，可以采用自然二进制码对量化结果进行编码；若输入模拟信号在正负值范围内变化，则可以采用二进制补码的形式对其编码。

量化过程中所取的最小数量单位称为量化单位，用 Δ 表示，它是数字量最低有效位为 1 时所对应的模拟量，即 1Δ=1 LSB。由于采样信号的电压不一定能被 Δ 整除，所以量化前后不可避免存在舍入误差，此误差称为量化误差，用 ε 表示。量化误差属于原理误差，它只能减少，不能消除。ADC 的位数越多，各离散电平之间的差值越小，量化误差就越小。

假设输入模拟电压在 0～1 V 范围内变化，现对其进行量化编码，转换成 3 位二进制数。因 3 位二进制数有 8 个不同的数值，所以应将 0～1 V 的模拟电压分成 8 个等级，每级指定一个量化值，并对该值进行二进制编码。最简单的量化方法是等分量化法，取 Δ=1/8 V，并规定凡是数值在 0～1/8 V 之间的模拟电压都当做 0Δ 对待，量化值为 0 V，编码为 000；凡是数值在 1/8～2/8 V 之间的模拟电压都当做 1Δ 对待，量化值为 1/8 V，编码为 001；……，如图 9.2.4(a)所示。在这种量化方法中，凡是落在某一量化级内的模拟电压都取整并归到该级量化值上，例如，若输入电压为 0.124 V 则量化到 0 V 上，这是一种“只舍不入”的量化方法。不难看出，这种量化方法可能带来的最大量化误差为 Δ，即 1/8 V。

为减小量化误差，可以采用图 9.2.4(b)所示的改进方法划分量化电平。在这种方法中，取量化单位 Δ=2/15 V，并规定凡是数值在 0～1/15 V(即 0～1/2Δ)之间的模拟电压都当做 0Δ 对待，量化值为 0 V，编码为 000；凡是数值在 1/15～3/15 V(即 1/2Δ～3/2Δ)之间的模拟电压都当做 1Δ 对待，量化值为 2/15 V，编码为 001；依此类推，凡是数值在 13/15～1 V 之间的模拟电压都当做 7Δ 对待，量化值为 14/15 V，编码为 111。这是一种“有舍有入”的量化方法，可以把量化误差减小到 1/2Δ，即 1/15 V。这个道理不难理解，因为现在是将每个输出二进制代码所表示的模拟电压值规定为它所对应的模拟电压范围的中间值，所以最大量化误差自然不会超过 1/2Δ。

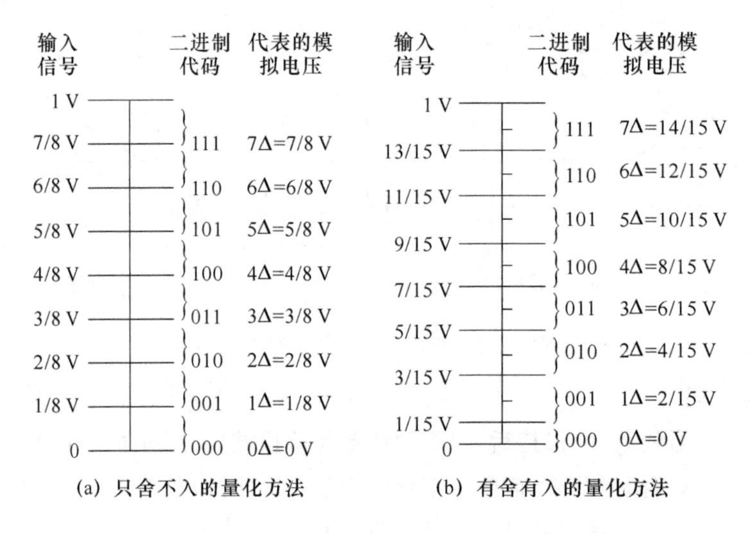

图 9.2.4 划分量化电平的两种方法

ADC 是把模拟量转换成数字量的模数转换器件。ADC 的种类很多，按工作原理的不同，可分为直接转换型 ADC 和间接转换型 ADC。直接转换型 ADC 是将模拟量直接转换成数字量，这种转换方法的特点是转换速度快，如并行比较型 ADC、逐次渐近型 ADC。间接转换型 ADC 是先将输入模拟量转换成时间或频率等中间量，然后再将这些中间量转换成数字量，这种转换方法的特点是转换速度比较慢，但抗干扰能力强，常见的有双积分型 ADC。

9.2.3 并行比较型 ADC

并行比较型 ADC 是目前速度最快的一类 A/D 转换器。3 位并行比较型 ADC 的原理图如图 9.2.5 所示，电路由电阻分压器件、电压比较器、寄存器和编码器等几部分组成。其中，V_{REF}为参考电压输入端；v_I 为模拟电压输入端，v_I 必须在 $0 \sim V_{REF}$之间；$d_2d_1d_0$ 为数字量输出端，输出为 3 位二进制数码。为简单起见，假设输入模拟电压 v_I 是经过采样-保持电路之后的电压。

为保证量化精度，电压比较器中量化电平的划分采用图 9.2.4(b)所示的方法，8 个电阻将参考电压 V_{REF}分成 8 个等级，其中 7 个等级的电压分别作为 7 个电压比较器($C_1 \sim C_7$)的基准电压，数值分别为$\frac{1}{15}V_{REF}$、$\frac{3}{15}V_{REF}$、…、$\frac{13}{15}V_{REF}$。输入电压 v_I 同时加到每个电压比较器的另一个输入端，与这 7 个基准电压进行比较。

当 $0 \leqslant v_I < \frac{1}{15}V_{REF}$时，比较器 $C_1 \sim C_7$ 均输出低电平，时钟脉冲 CP 的上升沿到来后，寄存器中所有的触发器($FF_1 \sim FF_7$)都被置成 0 状态。当$\frac{1}{15}V_{REF} \leqslant v_I < \frac{3}{15}V_{REF}$时，只有比较器

C_1 输出高电平，CP 的上升沿到来后触发器 FF_1 被置成 1，其余触发器均被置成 0。依此类推，便可列出输入模拟电压 v_I 所对应的寄存器状态，如表 9.2.1 所示，其中寄存器的输出是一组 7 位的二进制代码，需经过编码后才能转换成所需的数字量 $d_2d_1d_0$。

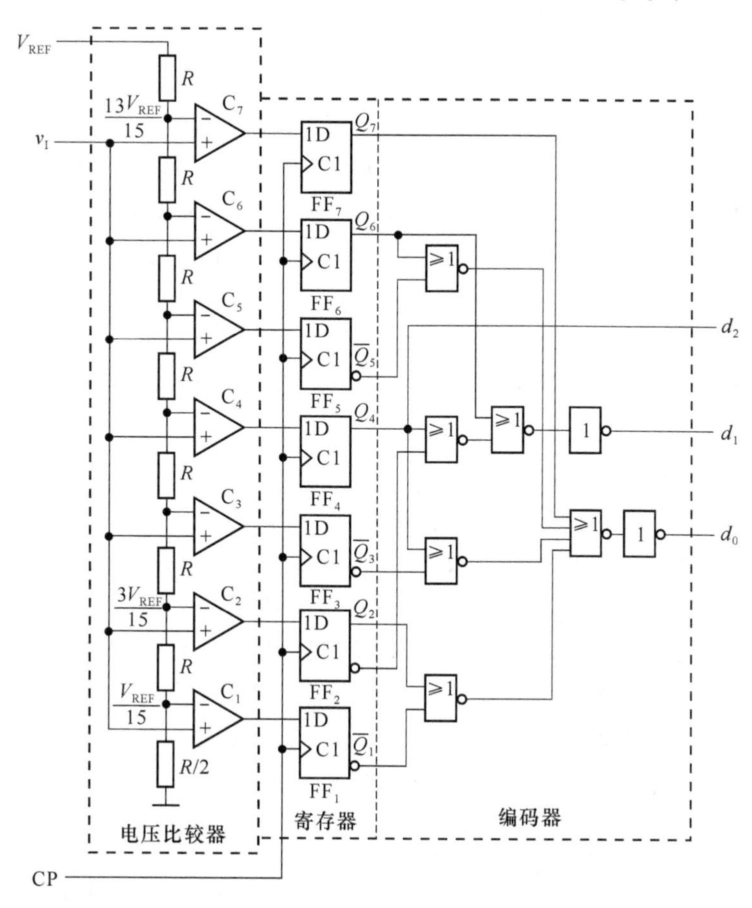

图 9.2.5　3 位并行比较型 ADC 原理图

表 9.2.1　图 9.2.5 的代码转换表

输入模拟电压	寄存器的状态							数字量输出		
v_I	Q_7	Q_6	Q_5	Q_4	Q_3	Q_2	Q_1	d_2	d_1	d_0
$(0\sim1/15)V_{REF}$	0	0	0	0	0	0	0	0	0	0
$(1/15\sim3/15)V_{REF}$	0	0	0	0	0	0	1	0	0	1
$(3/15\sim5/15)V_{REF}$	0	0	0	0	0	1	1	0	1	0
$(5/15\sim7/15)V_{REF}$	0	0	0	0	1	1	1	0	1	1
$(7/15\sim9/15)V_{REF}$	0	0	0	1	1	1	1	1	0	0
$(9/15\sim11/15)V_{REF}$	0	0	1	1	1	1	1	1	0	1
$(11/15\sim13/15)V_{REF}$	0	1	1	1	1	1	1	1	1	0
$(13/15\sim1)V_{REF}$	1	1	1	1	1	1	1	1	1	1

编码电路是一个组合逻辑电路，其输入为所有触发器($FF_1 \sim FF_7$)的输出。根据表9.2.1可以写出编码电路的输入与输出之间的逻辑函数式

$$\begin{cases} d_2 = Q_4 \\ d_1 = Q_6 + \overline{Q_4}Q_2 \\ d_0 = Q_7 + \overline{Q_6}Q_5 + \overline{Q_4}Q_3 + \overline{Q_2}Q_1 \end{cases} \tag{9.2.2}$$

按照式(9.2.2)即可得到如图9.2.5所示的编码电路。

并行比较型ADC的最大优点就是速度快。由于转换是并行的，其转换时间只受比较器、触发器和编码器延迟时间的限制。电路完成一次A/D转换所需的时间仅包括比较器的比较时间、触发器的翻转时间和三级门电路的传输延迟时间。目前，8位并行比较型ADC的转换时间可以达到50ns以下，这是其他类型的ADC都无法做到的。

并行比较型ADC的缺点是随着分辨率的提高，电路所需电压比较器和触发器的数目按几何级数增加。一个n位并行比较型ADC，就需要2^n-1个电压比较器和2^n-1个触发器，例如，8位并行比较型ADC需要255个比较器和255个触发器，10位并行比较型ADC则需要1 023个比较器和1 023个触发器。ADC的输出数字量位数越多，电路越复杂。因此，使用这种方案制作分辨率较高的集成ADC成本较高。

为了解决提高分辨率和增加元件数的矛盾，可以采用分级并行转换的方法。图9.2.6给出了10位分级并行A/D转换器的原理图，输入模拟信号v_I经采样-保持电路后分成两路。一路信号先经过第一级5位并行比较ADC进行粗转换得到数字量的高5位。另一路送至减法器，与当前数字量(低5位定为00000)经D/A转换得到的模拟量相减，为保证第二级的转换精度，将差值放大$2^5=32$倍，经第二级5位并行比较ADC得到低5位输出。这种ADC也常称为并串型ADC。

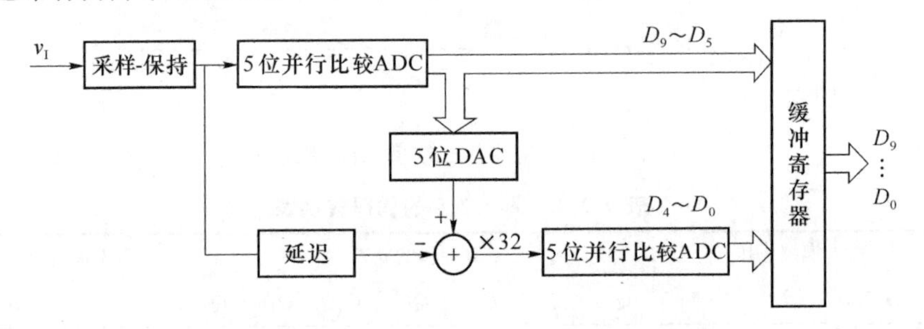

图9.2.6 10位分级并行A/D转换器原理图

并串型ADC的主要优点是比同样位数的并行ADC所需的元件数少，降低了器件成本。例如10位并行ADC需要1 023个比较器，而10位并串型ADC所需的比较器数量仅为$(2^5-1)\times 2=62$个，这是一种兼顾了分辨率和转换速度的折中方法。

9.2.3 计数型ADC

计数型ADC属于反馈比较型A/D转换器，其工作原理图如图9.2.7所示。电路由时钟脉冲源、电压比较器C、控制门G、DAC、计数器及输出寄存器等几部分组成，其中v_I为输入模拟信号，v_C为转换控制信号。

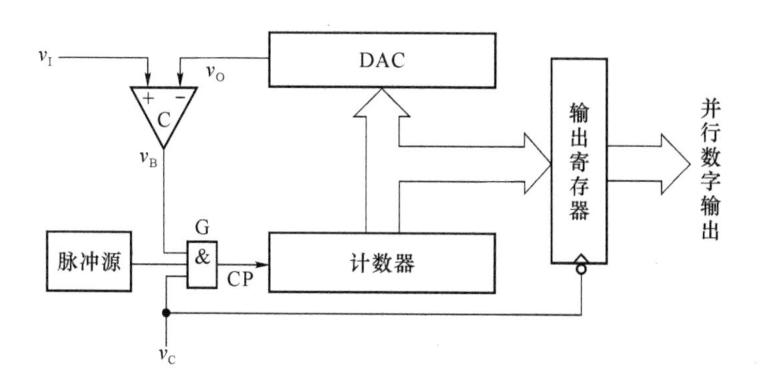

图 9.2.7　计数型 ADC 原理框图

在转换开始前，先将计数器清零，转换控制信号 $v_C=0$，此时门 G 被封锁，计数器不工作。计数器的输出作为 DAC 的输入，DAC 输出模拟电压 $v_O=0$ V。假设输入 v_I 为正电压信号，即 $v_I>0$ V，则 $v_I>v_O$，比较器 C 输出电压高电平，$v_B=1$。

当转换控制信号 v_C 变成高电平时启动转换，时钟脉冲源发出的脉冲信号经门 G 加至计数器的时钟输入端 CP，计数器从 0 开始按加法规律计数，DAC 输出的模拟电压 v_O 不断升高。当 v_O 增至 $v_O=v_I$ 时，比较器 C 的输出电压 v_B 开始由高电平跳变为低电平，$v_B=0$，控制门 G 被封锁，计数器停止计数。此时计数器中的数值就是 A/D 转换后的数字量。

由于在转换过程中计数器按加法规律连续计数，不能将计数器的状态直接作为输出信号，需要在电路的输出端增设输出寄存器。每次转换结束后，用转换控制信号 v_C 的下降沿将计数器的输出置入输出寄存器中，作为转换后的数字量输出。

计数型 ADC 的优点是电路简单，成本低廉，缺点是转换时间较长。当输出为 n 位二进制数时，最长的转换时间是时钟周期的 2^n-1 倍。因此，计数型 ADC 只能用于对转换速度要求不高的场合。

9.2.4　逐次渐进型 ADC

为了提高转换速度，在计数型 ADC 的基础上又产生了逐次渐近型 ADC。这种 ADC 具有电路简单、转换速度快等优点，它完成一次转换所需的时间与其数字量的位数和时钟频率有关，数字量的位数越少，时钟频率越高，转换所需时间越短。逐次渐近型 ADC 的工作原理框图如图 9.2.8 所示，电路由电压比较器 C、逐次渐进寄存器 SAR、DAC、控制逻辑和时钟脉冲源等几部分组成。

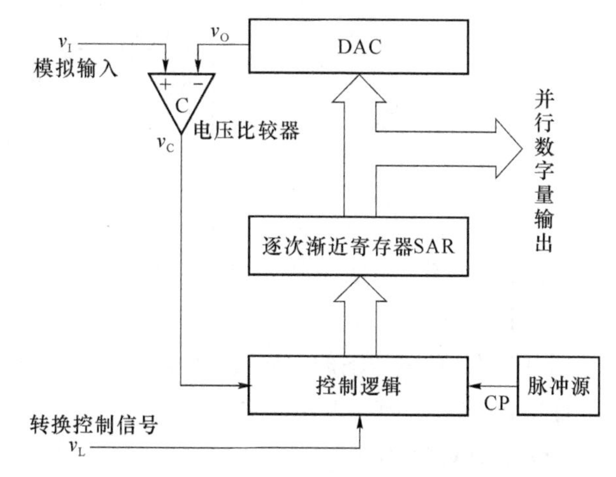

图 9.2.8　逐次渐进型 ADC 原理框图

逐次渐近型 ADC 的工作原理是用一系列基准电压与待转

换的电压 v_I 作比较，基准电压由逐次渐进寄存器中的数字量经 DAC 转换产生。转换开始前先将逐次渐进寄存器 SAR 清零，开始转换后，在时钟信号的驱动下，首先将 SAR 的最高位置成 1，使其输出为 100…00，这个数字量被 DAC 转换成相应的模拟电压 v_O，送到电压比较器 C 与输入信号 v_I 进行比较。如果 $v_O > v_I$，说明输入信号还不够大，这时应将该位从 1 改为 0；如果 $v_O < v_I$，则保留该位 1 不变。然后再按同样的方法将 SAR 的次高位置成 1，并比较 v_O 与 v_I 的大小以确定这一位的 1 是否应保留。这一过程从高位到低位逐位进行，依次确定 SAR 中各位数码是 1 还是 0，直到最低位操作完为止，此时逐次渐进寄存器 SAR 中的数值就是所转换的数字量。

上述比较过程类似于用天平去称一个物体的质量。为了快速、精确地称得物体的质量，先放一个大约物体质量一半的砝码，然后根据指针的摆动情况决定是否保留该砝码，之后增减的砝码都是当前砝码质量的一半。

下面再结合图 9.2.9 所示的逻辑电路说明逐次渐进的比较过程。这是一个 3 位逐次渐近型 A/D 转换电路，触发器 $F_A \sim F_C$ 组成 3 位逐次渐进寄存器，触发器 $FF_1 \sim FF_5$ 和门电路 $G_1 \sim G_6$ 组成控制逻辑，$FF_1 \sim FF_5$ 组成环形移位寄存器实现 5 节拍脉冲发生器，C 为电压比较器。

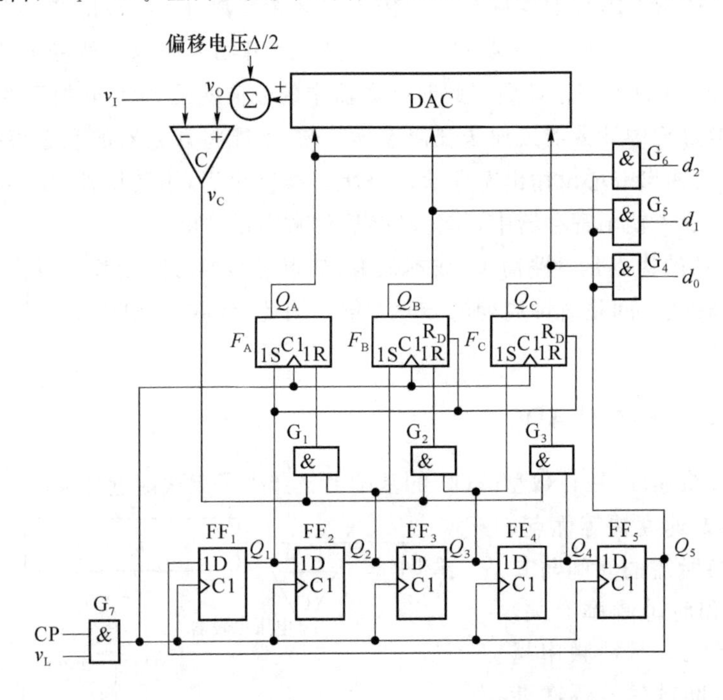

图 9.2.9　3 位逐次渐进型 ADC 的电路原理图

转换开始前先复位逐次渐进寄存器 $Q_AQ_BQ_C$=000、环形移位寄存器 $Q_1Q_2Q_3Q_4Q_5$=10000。

启动转换，转换控制信号 v_L 变成高电平。第 1 个时钟脉冲 CP 到达后，$F_AF_BF_C$ 被置成 100，这时加在 DAC 输入端的数码 $Q_AQ_BQ_C$=100。DAC 的输出电压 v_O 与 v_I 在电压比较器 C 中进行比较，若 $v_I \geq v_O$，比较器输出 $v_C=0$；若 $v_I < v_O$，则 $v_C=1$，同时移位寄存器右移一位，使 $Q_1Q_2Q_3Q_4Q_5$=01000。

第 2 个时钟脉冲 CP 到来时，$Q_2=1$，控制门 G_1 被打开。若原来比较器输出 $v_C=1$，则 F_A 被置成 0；若原来的 $v_C=0$，则 F_A 中的 1 状态保留，与此同时 F_B 被置成 1，移位寄存器再次右移一位，使 $Q_1Q_2Q_3Q_4Q_5=00100$。

第 3 个时钟脉冲 CP 到来时，$Q_3=1$，它一方面将控制门 G_2 打开，并根据比较器 C 的输出决定 F_B 的状态 1 是否保留；另一方面将 F_C 置 1，同时移位寄存器右移一位，使 $Q_1Q_2Q_3Q_4Q_5=00010$。

第 4 个时钟脉冲 CP 到来时，同样根据 v_C 的状态决定 F_C 的 1 是否保留，这时触发器 $F_A \sim F_C$的状态 $Q_AQ_BQ_C$ 就是所要的转换结果。同时移位寄存器右移一位，$Q_1Q_2Q_3Q_4Q_5=00001$。由于 $Q_5=1$，门 $G_4 \sim G_6$ 被打开，于是转换结果 $Q_AQ_BQ_C$ 便通过门 $G_4 \sim G_6$ 送到输出端，由 $d_2d_1d_0$ 输出。

第 5 个时钟脉冲 CP 到来后，移位寄存器右移一位，使 $Q_1Q_2Q_3Q_4Q_5=10000$，返回到初始状态。同时，由于 $Q_5=0$，门 $G_4 \sim G_6$ 被封锁。

为了减小量化误差，令 DAC 输出的模拟量产生 $-\Delta/2$ 的偏移。这里的 Δ 表示当 DAC 输入数字量只有最低位为 1 时所产生的模拟电压值，即模拟电压的量化单位。由图 9.2.4(b)可知，为使量化误差不大于 $\Delta/2$，在划分量化电平等级时应使第一个量化电平为 $\Delta/2$，而不是 Δ。电路中每次与 v_I 比较的量化电平都是由 DAC 输出的，所以只要将 DAC 输出的比较电平负向偏移 $\Delta/2$，即可实现“有舍有入”的量化方法。

从这个例子可以看出，3 位逐次渐进型 ADC 完成一次转换需要 5 个时钟周期的时间。如果是 n 位输出的 ADC，则完成一次转换所需的时间将为 $n+2$ 个时钟周期。因此，它的转换速度比并行比较型 ADC 低，但比计数型 ADC 要高很多。例如，10 位计数型 ADC 完成一次模数转换的最长时间可达时钟周期($2^{10}-1$)倍，而 10 位逐次渐近型 ADC 完成一次转换仅需要 12 个时钟周期。当输出数字量位数较多时，逐次渐近型 ADC 的电路规模要比并行比较型小得多。因此，逐次渐近型 ADC 是目前集成 ADC 产品中用得最多的一种电路。

9.2.5 双积分型 ADC

双积分 ADC 是一种间接转换型 ADC，间接转换型 ADC 可分为电压-时间变换型(简称 V-T 变换型)和电压-频率变换型(简称 V-F 变换型)两类。

在 V-T 变换型 ADC 中用得最多的就是双积分型 ADC，它的转换原理是先将输入模拟量转换成与之对应的时间间隔，再在该时间内用固定频率的计数器计数，计数器所计得的数字量正比于输入模拟量。

图 9.2.10 是双积分型 ADC 电路的原理图，它由积分器 A_1、过零比较器 A_2、计数器、控制逻辑和时钟信号源等几部分组成。下面讨论这种 ADC 的工作过程和特点。

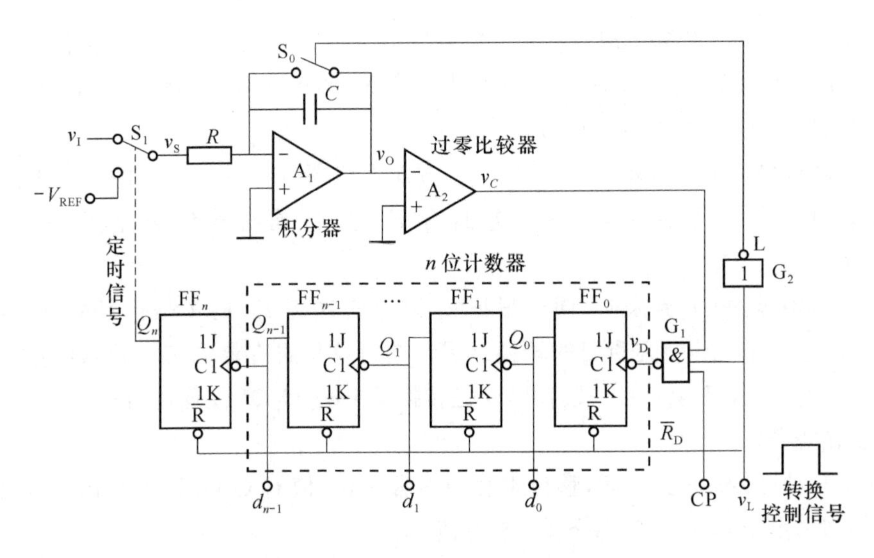

图 9.2.10　双积分型 ADC 原理图

积分器是电路的核心部分,开关 S_1 由定时信号 Q_n 控制,使极性相反的输入电压 v_I 和参考电压$-V_{REF}$分别加到积分器的输入端,进行两次方向相反的积分,积分时间常数为 RC。

过零比较器 A_2 用来确定积分输出电压 v_O 的过零时刻。当 $v_O \geqslant 0$ 时,比较器 A_2 输出低电平;当 $v_O < 0$ 时,比较器 A_2 输出高电平。比较器 A_2 的输出接至时钟控制门 G_1,控制 n 位计数器的时钟信号 CP。

n 位计数器由触发器 $FF_0 \sim FF_{n-1}$ 组成,用来对输入时钟脉冲 CP 进行计数,并负责把与输入电压平均值成正比的时间间隔转换成相应的数字量。启动转换后,v_I 接入到积分器,计数器从 0 开始计数,计数到 2^n 个时钟脉冲时,计数器回到 0 状态,使 FF_n 翻转为 1 状态,$Q_n = 1$ 将使开关 S_1 从 v_I 转接到$-V_{REF}$,开始反向积分。

时钟控制门 G_1 控制时钟脉冲 CP 的接入,时钟脉冲 CP 的周期为 T_C。当转换控制信号 $v_L = 1$ 时,门 G_1 打开,时钟脉冲通过门 G_1 加到触发器 FF_0 的输入端。

下面以输入正极性直流电压 v_I 为例,说明双积分型 ADC 将模拟电压转换为数字量的基本原理,转换过程分为如下几个阶段。

(1) 准备阶段

转换开始前,令转换控制信号 $v_L = 0$,将 n 位计数器清零,并接通开关 S_0,使积分电容 C 完全放电。

(2) 第一次积分阶段

该阶段对输入信号 v_I 进行固定时间的积分。在 $t = 0$ 时刻,控制信号 $v_L = 1$ 启动转换,同时开关 S_0 断开,S_1 与输入信号 v_I 相连,积分器从 0 开始对 v_I 进行积分,输出电压 v_O 直线下降,如图 9.2.11 所示。积分器的输出电压 v_O 可由下式计算

$$v_O = -\frac{1}{RC}\int_0^{t_1} v_I dt = -\frac{t_1}{RC} v_I \tag{9.2.3}$$

其中,t_1 是第一次积分的时间。

由于 $v_O < 0$,过零比较器 A_2 输出高电平,将门 G_1 打开,计数器在时钟信号 CP 的作用下从 0 开始计数。当计数器计满 2^n 个时钟脉冲后,自动返回到全 0 状态。此时 Q_{n-1} 的下降

沿使 FF_n 置 1，即 $Q_n=1$，开关 S_1 由 v_I 转接到 $-V_{REF}$ 点，第一次积分结束。第一次积分时间

$$t_1 = T_1 = 2^n T_C \tag{9.2.4}$$

在 T_1 时间内 v_I 为常量，把式(9.2.4)代入式(9.2.3)可得第一次积分结束时积分器的输出电压

$$v_{O1} = -\frac{T_1}{RC}v_I = -\frac{2^n T_C}{RC}v_I \tag{9.2.5}$$

(3) 第二次积分阶段

该阶段将 v_{O1} 转换成与之成正比的时间间隔 T_2，并用计数器累计在 T_2 期间的时钟脉冲个数。在 $t=t_1$ 时刻，开关 S_1 由 v_I 转接到 $-V_{REF}$，积分器开始反向积分，到 $t=t_2$ 时刻，积分器的输出电压 v_O 回到 0 V，比较器 A_2 的输出变为低电平，将门 G_1 关闭，计数停止。在此阶段结束时 v_O 的表达式可写为

$$v_O = v_{O1} - \frac{1}{RC}\int_{t_1}^{t_2}(-V_{REF})\mathrm{d}t = 0 \tag{9.2.6}$$

设 $T_2=t_2-t_1$，把式(9.2.5)代入式(9.2.6)，可得

$$\frac{2^n T_C}{RC}v_I = \frac{T_2}{RC}V_{REF}$$

即

$$T_2 = \frac{2^n T_C}{V_{REF}}v_I \tag{9.2.7}$$

设在 T_2 期间计数器所累计的时钟脉冲个数为 λ，则

$$T_2 = \lambda T_C = \frac{2^n T_C}{V_{REF}}v_I$$

整理得

$$\lambda=\frac{T_2}{T_C}=\frac{2^n}{V_{REF}}v_I \tag{9.2.8}$$

式(9.2.8)表明，计数器中所计得的数 λ 与输入电压值 v_I 成正比，只要 $v_I<V_{REF}$，转换器就能正常将输入模拟电压转换为数字量，并能从计数器中读取转换结果。如果取 $V_{REF}=2^n$ V，则 $\lambda=v_I$，计数器所计的数在数值上就等于被测电压。

从图 9.2.11 所示的电压波形图上还可以看出，当 v_I 取两个不同的数值 V_{I1} 和 V_{I2} 时，反向积分的时间 T_2 和 T_2' 也不相同，而且时间的长短与 v_I 的值成正比。由于 CP 是固定频率的时钟脉冲，所以在 T_2 和 T_2' 期间送给计数器的计数脉冲数目 λ 也必然与 v_I 成正比。

双积分型 ADC 最突出的优点就是工作稳定性好。由式(9.2.7)可知，由于转换过程中先后进行了两次积分，抵消了时间常数 RC 的作用，转换结果与 RC 无关。因此参数 R、C 的缓慢变化不影响电路的转换精度，电路也不要求 R、C 的数值十分精确。此外，式(9.2.8)还说明，在取 $T_2=\lambda T_C$ 的情况下，转换结果与时钟信号周期无关。即使时钟信号随环境温度的改变而缓慢变化，只要保证每次转换过程中 T_C 不变，那么时钟周期的缓慢变化也不会带来转换误差。因此，完全可以用精度比较低的元器件制成精度很高的双积分型 ADC。

双积分型 ADC 的另一个优点是抗干扰能力比较强。因为转换器的输入端使用了积分器，所以对平均值为零的各种噪声有很强的抑制能力。当积分时间等于交流电网电压周期的整数倍时，还能有效地抑制来自电网的工频干扰。

双积分型 ADC 的主要缺点是工作速度低。由图 9.2.11 可以看出，每完成一次转换的时间不小于 T_1+T_2。如果再加上转换前的准备时间(积分电容放电及计数器复位所需要的时间)和输出转换结果的时间，则完成一次转换所需的时间还要长一些。双积分型 ADC 的转换速度一般都在每秒几十次以内。尽管如此，在对转换速度要求不高的场合，如数字式电压表等，双积分型 ADC 的应用仍然非常广泛。

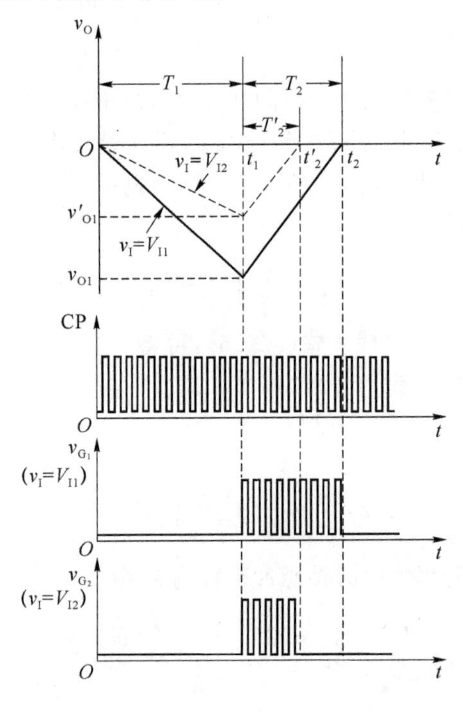

图 9.2.11 双积分型 ADC 的电压波形图

现在市场上有多种单片集成双积分型 ADC，只需外接少量的电阻和电容元件，就能很方便地接成各种 A/D 转换器，并且可以直接驱动 LCD 或 LED 数码管。例如 CC14433、CB7106/7126 等都属于这类器件。为了能直接驱动数码管，在这些集成电路的输出部分都设有数据锁存器和译码、驱动电路。为了便于驱动二-十进制译码器，计数器都采用二-十进制接法。为了提高电路的输入阻抗，在芯片的模拟信号输入端还都设置了输入缓冲器。同时，集成电路内部还设有自动调零电路，以消除比较器和放大器的零点漂移和失调电压，保证零输入时零输出。

*9.2.6 V-F 变换型 ADC

电压-频率变换型 ADC 也是一种间接转换型 ADC，简称 V-F 变换型 ADC，它先将输入模拟量转换为与之成比例的频率信号，再在固定的时间内对该频率信号进行计数，所得到的计数结果就是正比于输入模拟量的数字量。

V-F 变换型 ADC 的原理电路如图 9.2.12 所示，由压控振荡器 VCO、计数器、寄存器及时钟控制门 G 等几部分组成。压控振荡器 VCO 输出的脉冲信号频率 f_{out} 受输入模拟电压 v_I 的控制，且在一定的范围内 f_{out} 与 v_I 之间成线性关系。

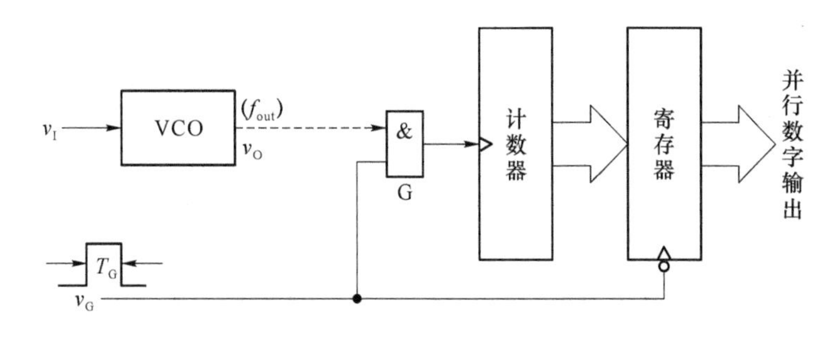

图 9.2.12 V-F 变换型 ADC

转换过程由信号 v_G 控制。当 v_G 变成高电平后，时钟控制门 G 被打开，允许 VCO 的输出脉冲通过，驱动计数器从零开始计数。由于 v_G 是宽度为 T_G 的脉冲信号，所以在 T_G 时间里通过门 G 的脉冲数与 f_{out} 成正比，也与 v_I 成正比。因此，每个 v_G 周期结束时计数器里的数字量就是所需要的转换结果。

考虑到在转换过程中计数器实现加计数，其输出不断发生变化，通常在电路的输出端设有输出寄存器。当转换结束时，用 v_G 的下降沿将计数器的状态置入输出寄存器中。

压控振荡器 VCO 的输出信号是一种调频信号，有较强的抗干扰能力，所以 V-F 变换型 ADC 非常适用于遥测、遥控系统中。当需要远距离传输模拟信号时，可以将 VCO 设置在信号的发送端，而将计数器及其时钟控制门、寄存器等设置在接收端。

V-F 变换型 ADC 的转换精度取决于 V-F 变换的精度和计数器的计数容量。V-F 变换的精度受 VCO 的线性度和稳定度的限制，除精密 V-F 变换电路以外，它们的线性误差都比较大，所以用普通的 VCO 很难构成高精度的 A/D 转换器。计数器的计数容量也影响转换精度，计数容量越大，转换误差越小。

V-F 变换型 ADC 的缺点是转换速度比较低。计数器要在 T_G 时间内计数，计数脉冲的频率一般不是很高，为保证转换精度又要求计数器的容量足够大，所以计数时间势必较长，转换速度相对较慢。

*9.2.7 串行输出 ADC

前面讲过的 ADC 都是采用并行输出方式，有时候为了减少信号线的数目，希望 ADC 输出的数字量能以串行方式输出，串行输出 ADC 就可以满足这种要求。

在并行输出 ADC 的基础上增加一个数据并-串转换电路，就可以实现串行输出 ADC。图 9.2.13 给出了一种在逐次渐进型 ADC 的基础上稍加修改而成的串行输出 ADC 的原理图，它将图 9.2.8 中的逐次渐近寄存器换成了可预置状态的逐次渐近移位寄存器。启动 A/D 转换后，EOC 变为低电平，门 G 被封锁；转换结束后，EOC 变成高电平，逐次渐近移位寄存器中的数据在串行时钟 SCP 的作用下从 SDO1 端逐位输出。

为了提高工作速度，可以使 A/D 转换和数据输出同时进行。在控制逻辑决定逐次渐近寄存器中每位触发器状态的同时，也将输出端的触发器 FF_{out} 置成同样的状态，这样就可以实现在 A/D 转换的同时，将数字量从 SDO2 端串行输出。

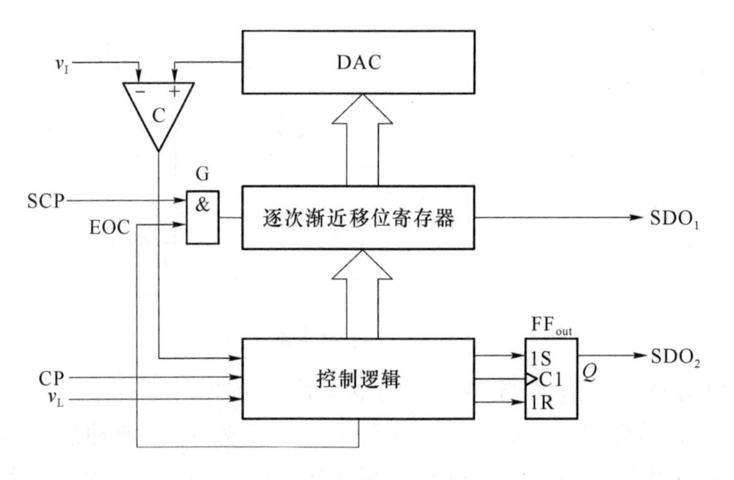

图 9.2.13　串行输出 ADC 原理图

9.2.8　ADC 的主要技术指标

ADC 的主要技术指标有转换精度、转换速度等,选择 ADC 时除考虑这两项技术指标外,还应该注意输入电压的范围、输出数字的编码形式、工作温度范围和电压稳定度等方面的要求。

1. 转换精度

单片集成 ADC 用分辨率和转换误差来描述转换精度。

(1) 分辨率

分辨率表示 ADC 对输入信号的分辨能力,通常以输出二进制或十进制码的位数表示。ADC 的输出数字量位数越多,量化单位越小,对输入信号的分辨能力就越高。例如输入模拟电压满量程为 10 V 时,8 位 ADC 可以分辨的最小电压是 $10/2^8=39.06$ mV,而 10 位 ADC 可以分辨的最小电压是 $10/2^{10}=9.76$ mV,可见 ADC 的位数越多,它的分辨率越高。

(2) 转换误差

转换误差也称为相对误差或相对精度,表示 ADC 实际输出的数字量和理论输出的数字量之间的差值。这个差值不是一个常数,是在一个范围之内。转换误差通常指输出误差的最大值,常用最低有效位的倍数表示或满量程输出的百分数表示。例如,转换误差$\leqslant\pm\frac{1}{2}$ LSB 表示实际输出数字量和理论输出数字量之间的误差小于最低有效位的一半。

需注意的是,手册上给出的转换误差都是在一定电源电压和环境温度下测得的数据,如果这些条件改变了,将引起附加的转换误差。例如 10 位 A/D 转换器 AD571 在室温和标准电源电压下转换误差$\leqslant\pm\frac{1}{2}$LSB,而当环境温度、电源电压变化时能产生±1 LSB 的附加误差。因此,为获得较高的转换精度,必须保证供电电源和参考电压有很好的稳定度,并保证环境温度基本恒定。

2. 转换速度

转换速度是转换时间的倒数,转换时间是指完成一次 A/D 转换所需要的时间,即 ADC 从转换开始到输出端得到稳定的数字量所经历的时间。

ADC 的转换速度主要取决于转换电路的类型,并行比较型 ADC 的转换速度最高(转换时间可小于 50ns)，逐次渐近型 ADC 次之(转换时间在 10～100 μs)，双积分型 ADC 的转换速度较低(转换时间在几十毫秒至几百毫秒之间)。

实际应用中，要从系统数据总线的位数、精度要求、输入模拟信号的范围和极性等方面综合考虑选择合适的 ADC。在需要实现高速 A/D 转换的电路中，还应该将采样-保持电路的获取时间(采样信号稳定所需要的时间)计入转换时间之内，一般单片集成采样-保持电路的获取时间在微秒数量级。

9.2.9 集成 ADC 及其应用

1. 集成 A/D 转换器 ADC0809

ADC0809 是美国 NSC 公司生产的 8 位逐次渐进型 ADC，采用 CMOS 工艺，逻辑电平与 TTL 电平兼容。图 9.2.14(a)是它的逻辑框图，由 8 通道模拟开关、地址锁存译码器、D/A转换器、三态输出锁存缓冲器 4 部分组成，图 9.2.14(b)是其管脚排列图。

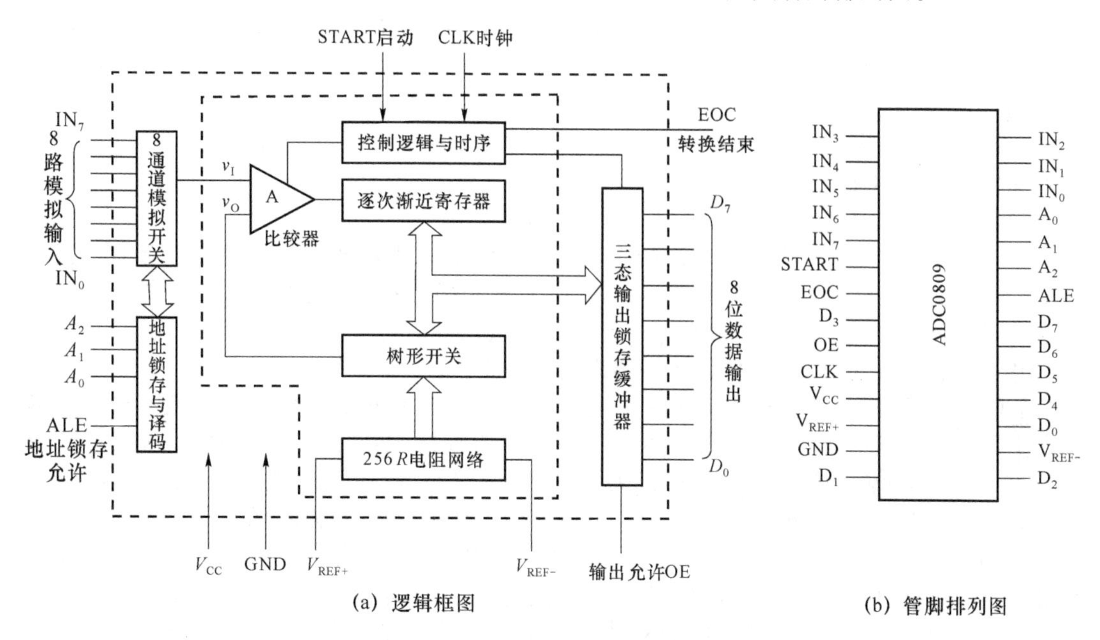

(a) 逻辑框图　　(b) 管脚排列图

图 9.2.14　ADC0809 逻辑框图与管脚排列图

ADC0809 的引脚名称和功能如下：

IN_7～IN_0：8 通道模拟信号输入端，此端的信号一般来自外部设备或生产现场，通常取0～5 V。

A_2～A_0：通道地址选择输入端。当 A_2～A_0 取不同的逻辑电平时，经内部译码电路从 IN_7～IN_0 中选择一个通道，各通道的地址关系如表 9.2.2 所示。

表 9.2.2　ADC0809 地址线选中通道表

A_2	A_1	A_0	模拟量输入通道
0	0	0	IN_0
0	0	1	IN_1
0	1	0	IN_2
0	1	1	IN_3

续 表

A_2	A_1	A_0	模拟量输入通道
1	0	0	IN_4
1	0	1	IN_5
1	1	0	IN_6
1	1	1	IN_7

ALE:地址锁存允许输入端,高电平有效。只有当该输入端信号有效时,才将地址信号 $A_2A_1A_0$ 锁存,并经译码选中一个通道。

START:启动脉冲信号输入端。输入信号的上升沿将逐次渐进寄存器清零,下降沿启动模数转换。

$D_7 \sim D_0$:三态缓冲器输出端,其中 D_7 为高位。

CLK:时钟脉冲输入端,驱动控制电路与时序电路工作。

EOC:转换结束信号输出端,高电平有效。在 START 上升沿之后,经 1～8 个时钟周期,EOC 信号变为低电平,表示正在进行 A/D 转换。当转换结束后,EOC 变为高电平,以此通知接收数据的设备,读取转换后的数据。

OE:输出允许控制端,高电平有效。当输入为高电平时打开三态输出锁存缓冲器,将转换结果送至数据线 $D_7 \sim D_0$。

V_{REF+}、V_{REF-}:参考电压源的正极和负极。

ADC0809 有 8 个模拟信号输入端 $IN_7 \sim IN_0$,可以处理来自 8 个不同信号源的模拟信号,但某一时刻只能对某一路模拟信号进行 A/D 转换,这种功能是由 8 通道模拟开关和地址锁存译码器共同完成的。地址锁存器将通道地址锁存后经译码来控制 8 通道模拟开关,将选中通道的模拟信号送至 A/D 转换器进行模数转换。

ADC0809 的模数转换电路采用逐次渐近型的 A/D 转换电路,其 D/A 转换部分由树形开关和 256R 电阻网络构成。树形开关受逐次渐进寄存器 SAR 的控制,8 位 SAR 有 256 种输出状态,每一种输出状态控制树形开关选择一个与其对应的量化电平输出。这样,256R 电阻网络与树形开关相配合,就能产生与 SAR 中二进制数字量相应的反馈模拟电压 v_O。该反馈电压加至比较器 A 的输入端,与输入模拟电压 v_I 进行比较。根据比较的结果改变 SAR 的状态,进而控制树形开关选择新的量化电平,并在比较器中与输入模拟电压 v_I 再进行比较。如此继续下去,直到转换过程结束为止。现以 2 位数字量为例说明其工作过程,图 9.2.15给出了相应的电阻网络与树形开关。

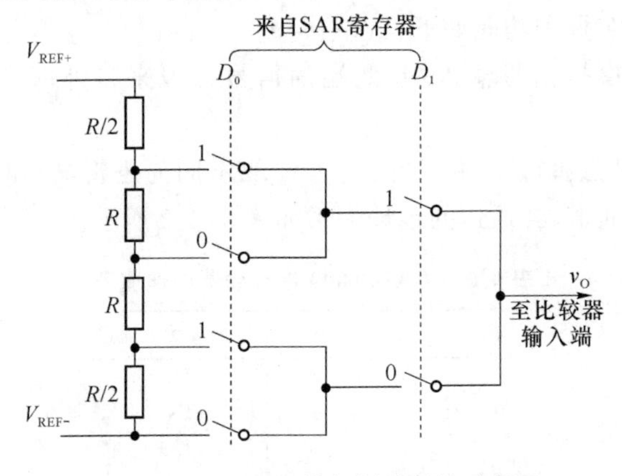

图 9.2.15　电阻网络与树形开关示意图

在图 9.2.15 中，输出电压 v_O 由参考电压(V_{REF+}、V_{REF-})和树形开关中各开关的状态决定。开关的状态取决于 SAR 中 D_1D_0 的状态。当 $D_0=1$ 时，D_0 列所有标"1"的开关均闭合；当 $D_0=0$ 时，所有标"0"的开关均闭合，对 D_1 也如此。设 $V_{REF+}=3$ V，$V_{REF-}=0$ V，数字量转换成模拟量的对应关系如表 9.2.3 所示。由此可见，电阻网络与树形开关相配合实现了一个 D/A 转换器。

表 9.2.3　数字量和模拟量对应关系

D_1	D_0	v_O/V
0	0	0
0	1	0.5
1	0	1.5
1	1	2.5

A/D 转换结束后，转换结果送至三态输出锁存器。外部设备需要读取数据时，将器件的 OE 端拉高，选通输出缓冲器，即可将转换结果送出。因此 ADC0809 可以直接与 MCS51、PIC 等单片机相连，不需要另加接口逻辑。

***2. 双积分型集成 A/D 转换器 CC14433**

CC14433 是采用 CMOS 工艺制作的双积分型 ADC，广泛应用于数字电压表、数字温度计和各种低速数据采集系统中。CC14433 将积分模拟电路和控制数字电路集成在同一芯片上，使用简单灵活，只需外接两个电阻和两个电容，即可组成具有自动调零和自动极性转换功能的 $3\frac{1}{2}$位 A/D 转换系统。

(1) 逻辑框图

CC14433 的逻辑框图如图 9.2.16(a)所示，它主要由以下几部分组成。

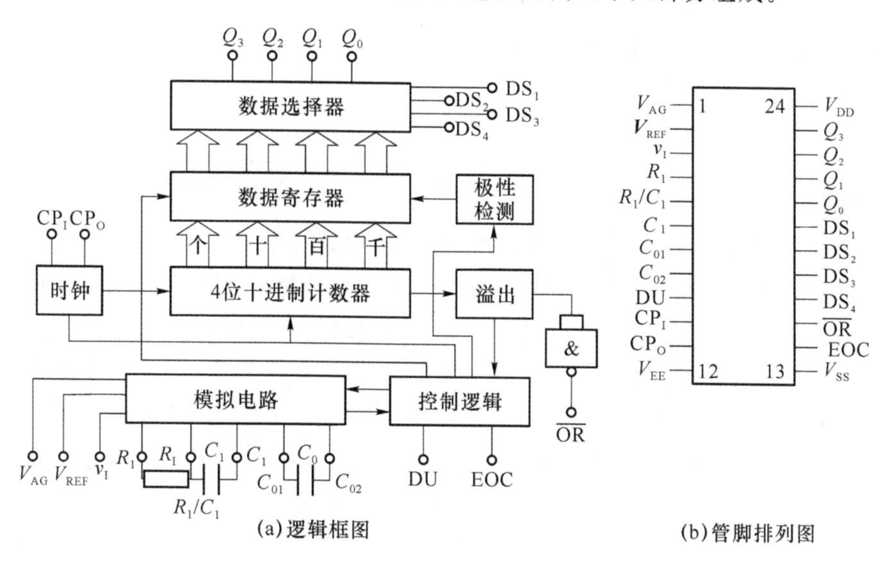

图 9.2.16　CC14433 逻辑框图与管脚排列图

模拟电路：包括构成积分器的运算放大器和过零比较器。

4 位十进制计数器：个位、十位、百位都为 8421BCD 码，千位只能表示 0、1 两个数码，所以它的最大计数值为 1 999。故称它为 $3\frac{1}{2}$位 ADC。

数据寄存器：存放由计数器输出的 A/D 转换结果。

数据选择器：在控制逻辑的作用下，逐位输出数据寄存器中存储的 8421BCD 码。

控制逻辑：产生控制信号，以协调各部分的工作，如极性判别控制、数据寄存控制等。

时钟电路：产生计数脉冲。

(2) 引出端说明

CC14433 为双列直插式封装，共有 24 个引出端，管脚排列如图 9.2.19(b)所示，管脚介绍如下。

v_I 为模拟电压输入端；V_{REF} 为基准电压输入端；V_{AG} 为模拟地输入端，作为输入模拟电压和基准电压的接地参考点。V_{DD} 为正电源输入端，V_{EE} 为负电源输入端，V_{SS} 为电源公共端。

DU 为实时输出控制端，若在 DU 端输入一个正脉冲，则 A/D 转换结果将被送入数据寄存器；EOC 为 A/D 转换结束信号输出端，转换结束后 EOC 端输出一个正脉冲，宽度为时钟周期的一半。在使用中可以将 DU 和 EOC 端短接，使转换结束后的结果直接存入数据寄存器。

CP_I 和 CP_O 为时钟信号的输入和输出端。可由 CP_I 端接入外部时钟脉冲，也可在 CP_I 和 CP_O 之间接一电阻 R_C，利用片内电路产生时钟脉冲。

$DS_4 \sim DS_1$ 为位选通脉冲输出端。DS_1 对应于千位，DS_2 对应于百位，DS_3 对应于十位，DS_4 对应于个位。

$Q_3 \sim Q_0$ 为数据选择器输出端。输出为 8421BCD 码，Q_3 是最高位。在 DS_2、DS_3、DS_4 选通脉冲期间，输出百位、十位、个位的十进制数；在 DS_1 选通脉冲期间，输出千位的 0 或 1，以及过量程、欠量程和被测电压极性标志信号。

$\overline{OR}$ 为溢出信号输出端。当 $|v_I| > V_{REF}$ 时，$\overline{OR}$ 输出低电平。

引脚 R_1、R_1/C_1 和 C_1 为积分电阻 R_1、电容 C_1 的接线端；C_{01}、C_{02} 为失调电压补偿电容 C_0 的接线端。

(3) 应用举例

图 9.2.17 是 $3\frac{1}{2}$位数字电压表的电路原理图，共用了 4 个集成电路芯片和 1 个由七段数码管组成的 LED 显示器。利用 CC14433 功耗低、抗干扰能力强、稳定度高、自动调零、自动极性转换等特点，可测量正负电压值。当 CP_I 和 CP_O 端接入 470 kΩ 电阻时，时钟频率约为 66 kHz，每秒钟可进行 4 次 A/D 转换，下面分析电路的工作原理。

A/D 转换需要外基准电压源，基准电压源的精度应当高于 A/D 转换器的精度。本例采用 MC1403 集成精密稳压源作基准电压源电路，为 A/D 转换提供稳定的基准电压。MC1403 的引脚排列如图 9.2.18 所示，输出电压为 2.5 V，输出最大电流为 10 mA。当输入电压在 4.5～15 V 范围内变化时，输出电压的变化一般只有 0.6 mV 左右。在图 9.2.17 中，调节 1 kΩ 电阻，可以获得所需的基准电压值，本例设 $V_{REF}=2$ V，则满量程显示1.999 V。

CC4511 用做译码驱动器。它将数据选择器 $Q_3Q_2Q_1Q_0$ 输出的 8421BCD 码译码后，由 a、b、…、f、g 端输出，经限流电阻分别连接七段显示数码管的 7 个输入端。千位数码管只有 b、c 两根线与 CC4511 的 b、c 端相接，所以千位只能显示 1 或者不显示。千位数码管的 g 端与 CC14433 的 Q_2端相连，用于显示模拟量的负值(正值不显示)。

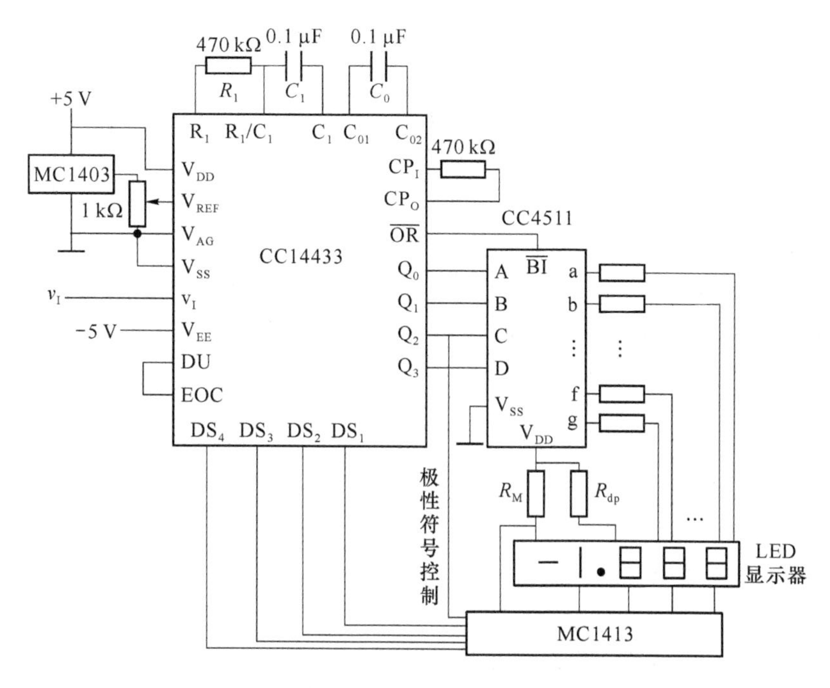

图 9.2.17　由 CC14433 构成的数字电压表原理图

MC1413(或 UNL2003)为七路达林顿管驱动器,用做位选开关,分别驱动 4 个七段显示数码管的公共阴极。MC1413 采用 NPN 达林顿复合晶体管结构,可直接与 MOS 电路相连,有很高的电流增益和很高的输入阻抗,其引脚排列如图 9.2.19 所示。

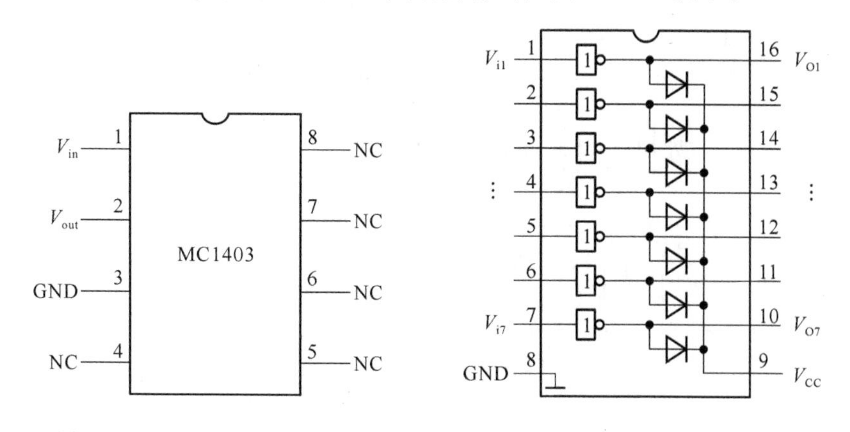

图 9.2.18　MC1403 引脚排列　　　　图 9.2.19　MC1413 引脚排列

下面结合图 9.2.16 和图 9.2.17 说明该数字电压表的工作过程。当转换结束时,EOC 端输出正脉冲,通过 DU 端将计数器的计数结果存入数据寄存器,并通过数据选择器的输出端 $Q_3Q_2Q_1Q_0$ 依次输出。首先输出千位数据,同时输出千位选通信号 DS_1,$Q_3=0$ 表示千位数为 1;$Q_3=1$ 表示千位数为 0。Q_2 代表被测电压的极性,$Q_2=1$ 表示被测电压为正电压;$Q_2=0$ 表示被测电压为负电压。$Q_3Q_2Q_1Q_0$ 经 CC4511 译码后驱动各七段显示数码管,在千位选通信号 DS_1 的配合下,使千位七段显示数码管发亮,其他 3 个管都不亮,而且由 Q_2 经 MC1413 驱动符号段,使 $Q_2=0$ 时,符号"—"点亮;$Q_2=1$ 时,"—"熄灭。然后,数据选择器输出百位 8421BCD 码，同时输出百位选通信号 DS_2，驱动百位七段显示数码管点亮，接着是十位、个位分别点亮，如此使 4 个数码管不断快速循环点亮。这样就把 A/D 转换的结果以扫描形式在 4 只数码管上依次显示出来，由于重复频率较高，利用人眼的视觉暂留效应，即可看到完整的测量结果，这种显示方法称为动态显示。

在基准电压 $V_{REF}=2$ V 时，测量范围是 $-1.999\sim1.999$ V，输入电压超出这个范围时，由 $\overline{OR}$ 端的溢出信号控制 CC4511 的 $\overline{BI}$ 端，使所有的七段显示数码管都熄灭。另外，小数点使用 V_{DD} 经电阻 R_{dp} 提供的电流点亮。"—"号是 V_{DD} 经 R_M 提供的电流点亮。

本次转换结束、EOC 输出正脉冲后，CC14433 立即自动开始下一次 A/D 转换，首先是对运算放大器自动调零，然后进行两次积分和计数。

习　题

9-1　设某 8 位 DAC 输出电压范围为 0～10 V，当输入数字量为$(10111010)_2$ 和$(01011001)_2$ 时，输出模拟量各为多少伏？

9-2　已知某 DAC 电路满刻度输出电压为 10 V，要求能分辨的最小模拟电压为 4.9 mV，试问其输入数字量的位数 n 至少是多少？

9-3　在题图 9.1 所示的权电阻网络 DAC 中，若取 $R_F=R/2$，$V_{REF}=5$ V，试求当输入数字量为$(0100)_2$ 时输出电压的大小。

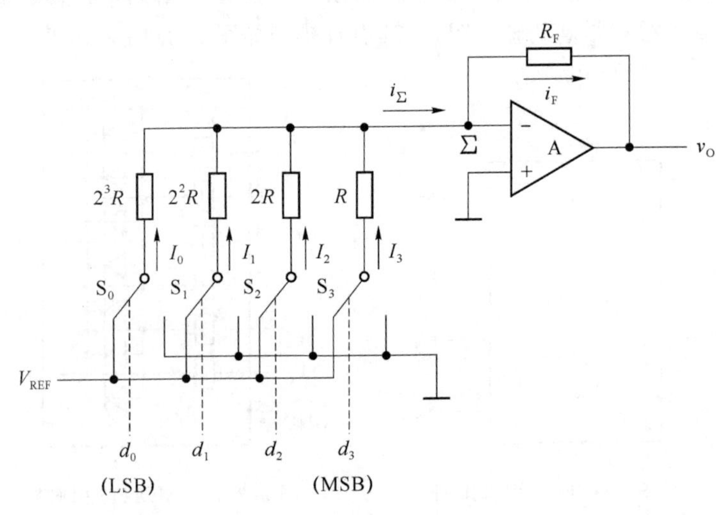

题图 9.1

9-4　某 n 位权电阻网络 DAC 如题图 9.2 所示。

(1) 试推导输出电压 v_O 与输入数字量 $d_{n-1}\cdots d_1d_0$ 的关系。

(2) 若 $n=8$，$V_{REF}=-10$ V，$R_F=R/20$，当输入数码为$(26)_{16}$时，试求输出电压 v_O 的值。

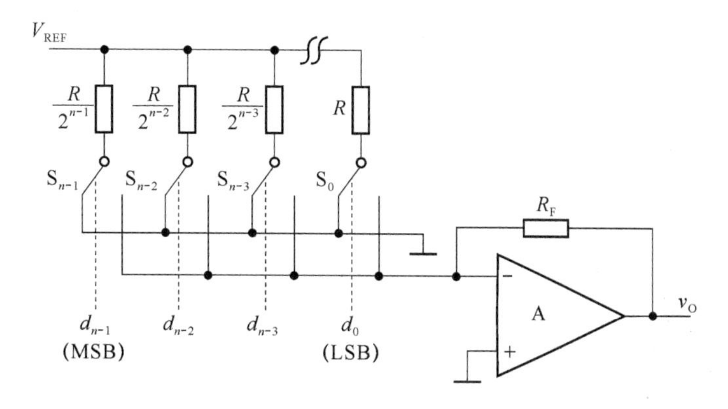

题图 9.2

9-5　某 6 位 T 型电阻网络 DAC 电路题图 9.3 所示，当 $R_F=3R$，$V_{REF}=6.3$ V 时，试求：

(1) 输入数字量 $S=(100000)_2$ 时的输出模拟电压值。

(2) 若输入数字量 S 不变，各位模拟开关接通时均产生 0.1 V 残余电压，则输出模拟电压有何变化？

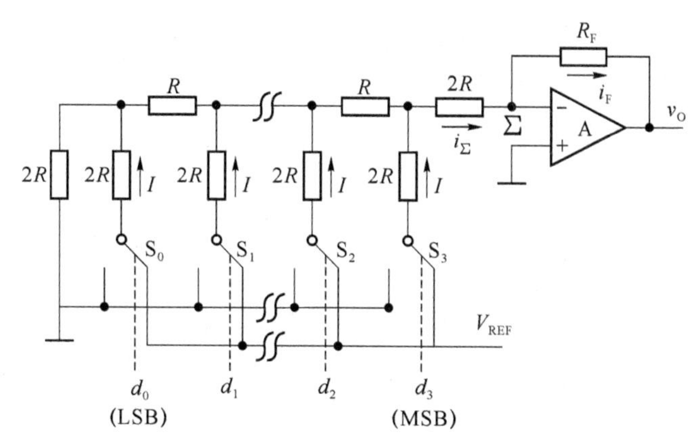

题图 9.3

9-6　在题图 9.4 给出的 4 位倒 T 形电阻网络 DAC 中，设 $V_{REF}=5$ V，$R_F=R=10$ kΩ，试求当输入二进制数码分别为 0101、0110、1101 时，输出电压 v_O 的大小。

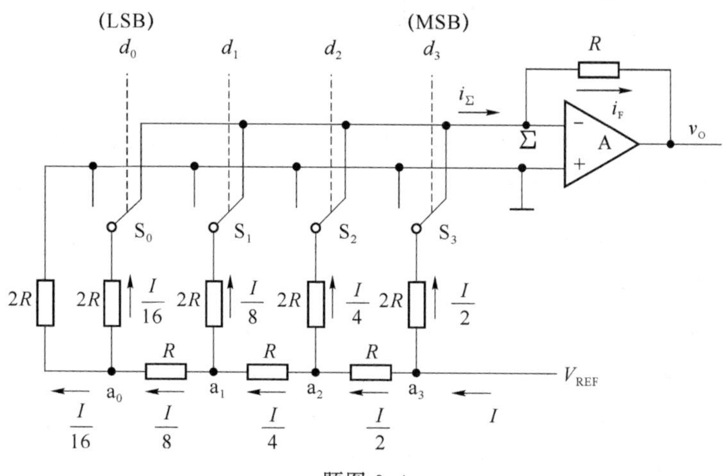

题图 9.4

9-7　题图 9.5 所示的电路为 10 位倒 T 型电阻网络 DAC，当 $R=R_F$ 时，试求：

(1) 输出电压 v_O 的取值范围？

(2) 若输入数字量为$(200)_{16}$时输出电压 $v_O=5$ V，参考电压 V_{REF}应如何取值？

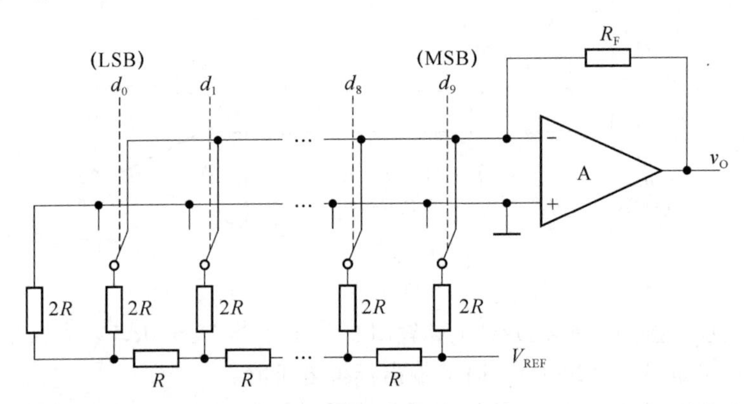

题图 9.5

9-8　题图 9.6 所示的电路是由 10 位 D/A 转换器 AD7520 和同步十六进制计数器 74LS161 组成的波形发生器电路。已知 AD7520 的 $V_{REF}=-10$ V，试画出输出电压 v_O 的波形，并标出波形图上各点电压的幅值。

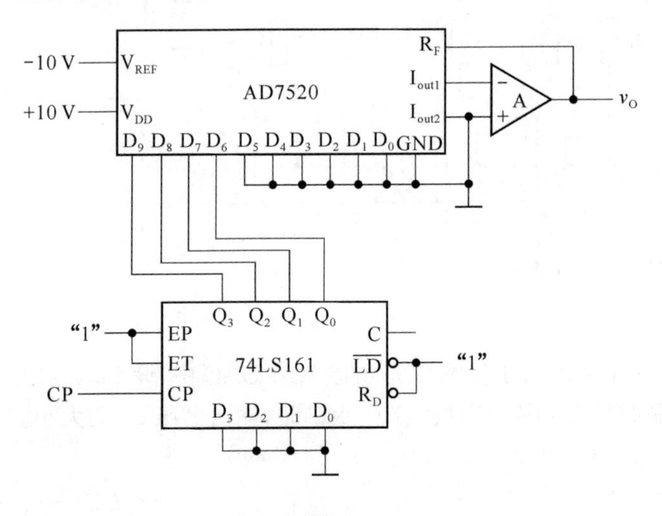

题图 9.6

9-9　在题图 9.7 所示的电路中，AD7520 为 10 位 D/A 转换器，74LS160 为同步十进制计数器。ROM 存储的数据如题表 9.1 所示，其中高 6 位地址 $A_9 \sim A_4$ 始终为 0，在表中没有列出。ROM 的输出数据只用了低 4 位，作为 AD7520 的输入。试分析电路的功能，并画出输出电压 v_O 的波形图。

它的电压增益 $A_v = v_O / v_I$ 由输入数字量 $d_9 \sim d_0$ 来设定，试推导 A_v 的表达式，并说明 A_v 的取值范围。

题表 9.1 ROM 中的数据

A_3	A_2	A_1	A_0	D_3	D_2	D_1	D_0
0	0	0	0	0	0	0	0
0	0	0	1	0	0	0	1
0	0	1	0	0	0	1	0
0	0	1	1	0	0	1	1
0	1	0	0	0	1	0	0
0	1	0	1	0	1	0	1
0	1	1	0	0	1	1	0
0	1	1	1	0	1	1	1
1	0	0	0	1	0	0	0
1	0	0	1	0	1	1	1
1	0	1	0	0	1	1	0
1	0	1	1	0	1	0	1
1	1	0	0	0	1	0	0
1	1	0	1	0	0	1	1
1	1	1	0	0	0	1	0
1	1	1	1	0	0	0	1

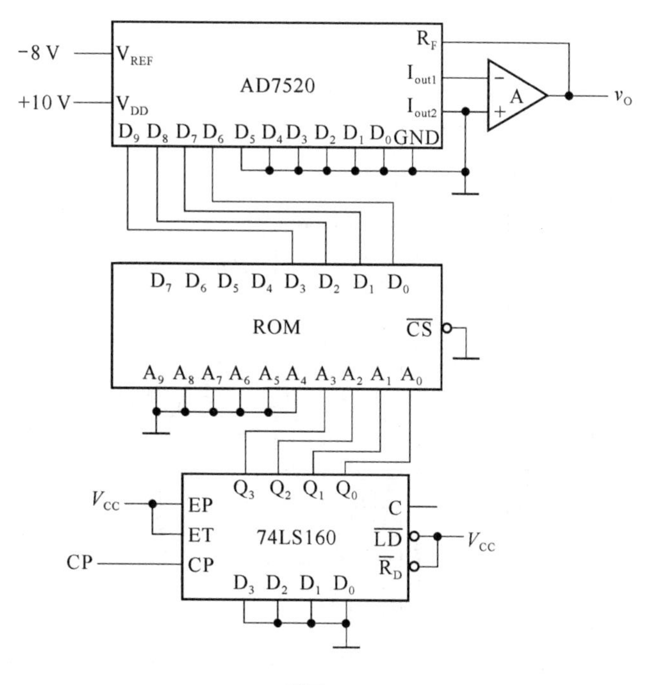

题图 9.7

9-10 题图 9.8 所示电路是用 AD7520 和运算放大器 A 构成的可编程增益放大电路，它的电压增益 $A_v = v_O / v_I$ 由输入数字量 $d_9 \sim d_0$ 来设定，试推导 A_v 的表达式，并说明 A_v 的取值范围。

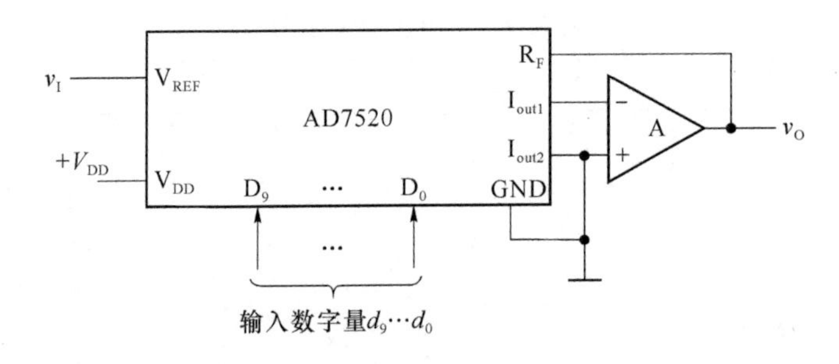

题图 9.8

9-11　实现模数转换一般要经过哪几个过程？按工作原理的不同来分类，A/D 转换器可分为哪几类？

9-12　若 ADC(包括取样-保持电路)输入模拟电压信号的最高变化频率为 10 kHz，试说明取样频率的下限是多少？完成一次 A/D 转换所用时间的上限是多少？

9-13　什么是量化误差？它是怎样产生的？

9-14　在题图 9.9 所示的并行比较 A/D 转换电路中，若输入电压 v_I 为负电压，试问电路能否正常进行 A/D 转换？为什么？如不能正常工作，需要如何改进电路？

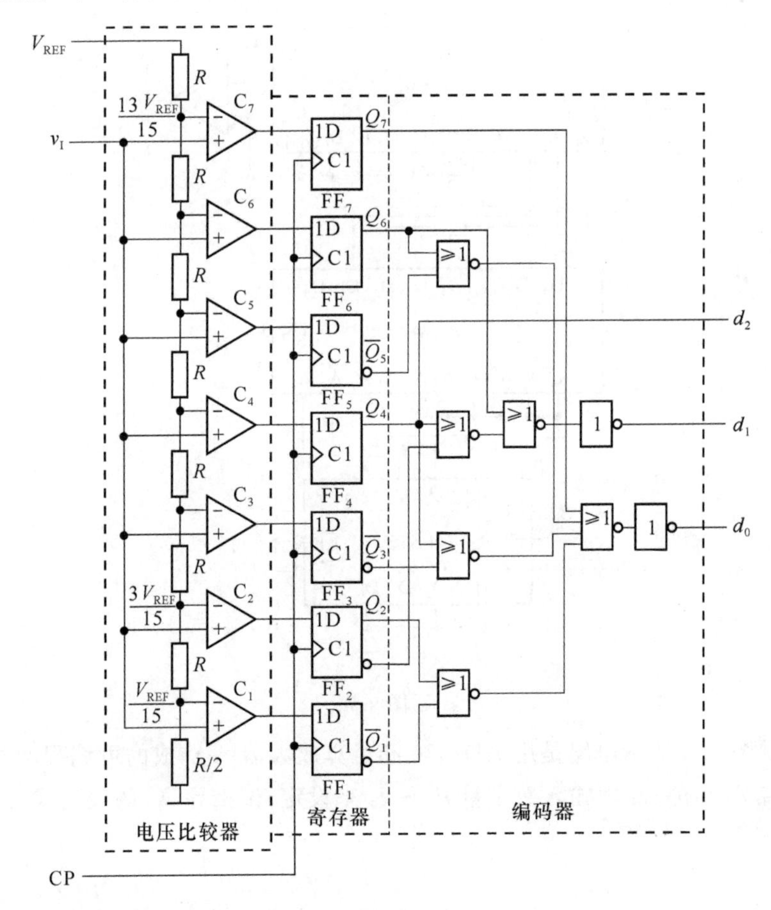

题图 9.9

9-15　在题图 9.9 所示的并行 A/D 转换器中，若 $V_{REF}=10$ V，$v_I=9$ V，试求输出数字

量 $d_2d_1d_0$ 的值。

9-16　题图 9.10 所示的电路为并行比较型 ADC，由电阻分压器、比较器、寄存器和编码器组成，采用四舍五入量化方式，试分析电路的工作原理。假设参考电压 $V_{REF}=7.5$ V，输入模拟电压 v_I 在 0～7.5 V 之间，当 $v_I=4.87$ V 时，其输出数字量为多少？

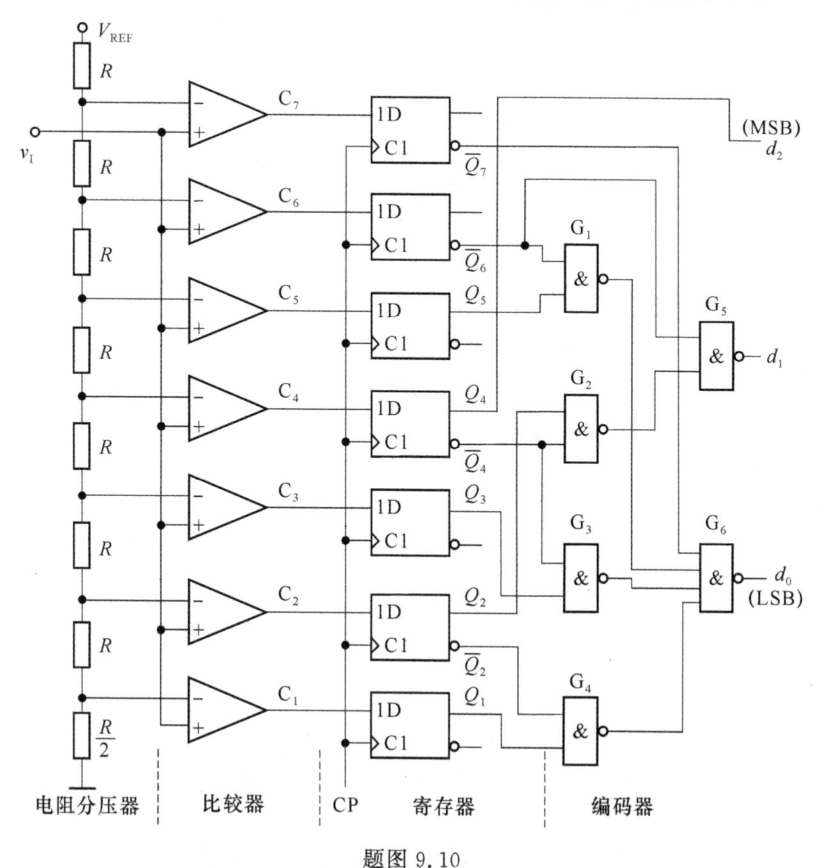

题图 9.10

9-17　某计数型 ADC 的原理图如题图 9.11 所示，其中 C 为电压比较器，当 $v_I \geqslant v'_O$ 时，$v_C=0$，试分析其工作原理。

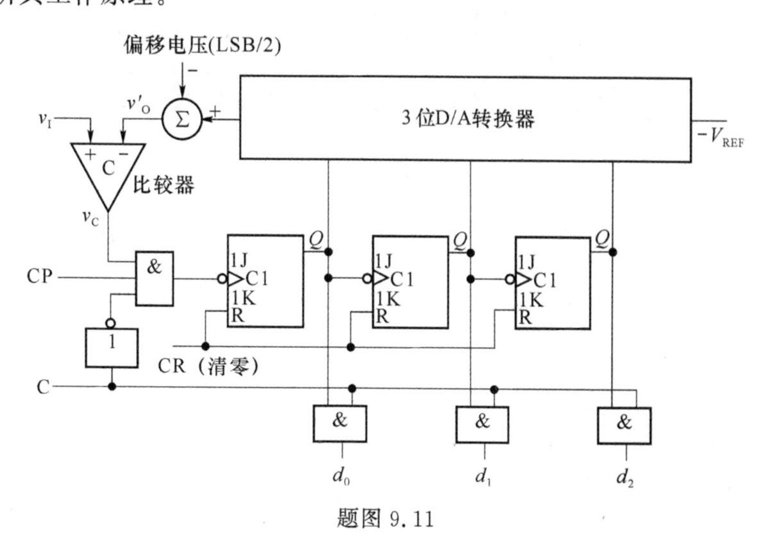

题图 9.11

9-18　在题图 9.12 所示的计数型 ADC 中，若输出的数字量为 10 位二进制数，时钟信号频率为 1 MHz，完成一次转换的最长时间是多少？如果要求转换时间不大于 100 μs，时钟信号频率应选多少？

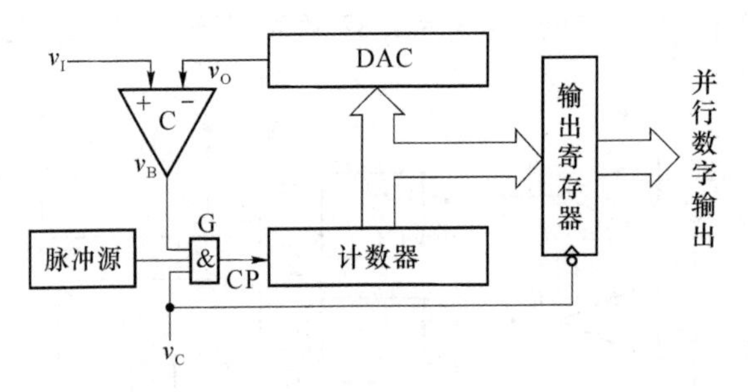

题图 9.12

9-19　题图 9.13 所示的电路为 3 位逐次渐近型 ADC 原理图，如果将 ADC 的输出扩展至 10 位，时钟信号频率为 1 MHz，试计算完成一次转换操作所需要的时间。

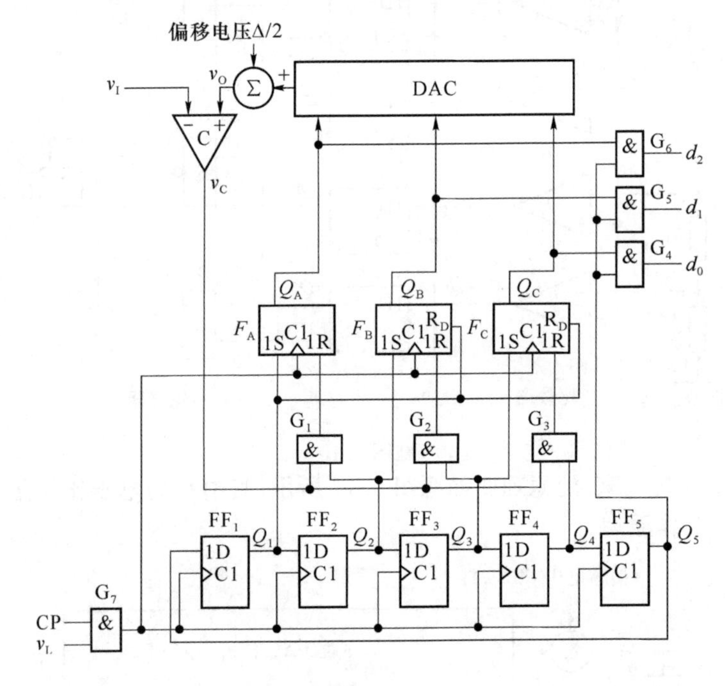

题图 9.13

第 10 章　脉冲波形的产生与变换

脉冲波形的产生与变换电路是电子技术中广泛使用的两类电路，波形产生电路是通过电路的自激，在无外加输入信号的作用下，能自动产生一定频率和幅度交流信号的电路；波形变换电路是能把输入信号波形变换成指定波形的电路。

本章从波形的基础知识开始，讨论施密特触发器、单稳态触发器和多谐振荡器及其应用。

10.1　波形的基础知识

信号的波形通常分为正弦波和非正弦波两大类。凡是按正弦规律变化的波形都称为正弦波，凡是按非正弦规律变化的波形都称为非正弦波或脉冲波。图 10.1.1 给出了一些常见的波形，其中图 10.1.1 (a)是按正弦规律变化的波形，属于正弦波，图 10.1.1 (b)～(f)是按非正弦规律变化的波形，属于脉冲波。这些波形都是时间的函数，正弦波幅值的变化是连续的，脉冲波幅值的变化有突变点，有缓慢变化的部分和快速变化的部分。

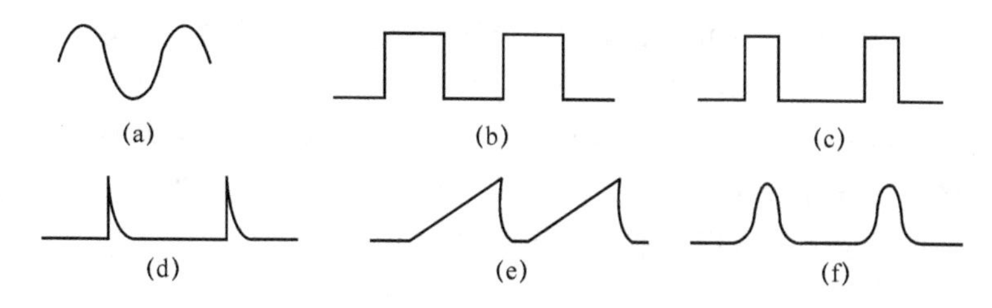

图 10.1.1　常用信号波形

在数字系统中，最常见的脉冲波是矩形脉冲波(如矩形波、方波)。理想矩形脉冲波的突变部分是瞬时的，即瞬间完成高、低电平的跳变。但实际的矩形脉冲波无论从低电平跳变到高电平，还是从高电平跳变到低电平，都不是瞬时的，都需要一定的过渡时间。图 10.1.2 给出了矩形脉冲波的实际波形，其参数描述如下。

脉冲幅度 V_m：指脉冲高、低电平之差，它反映了脉冲信号的最大变化幅度。

上升时间 t_r：脉冲上升沿从 $0.1V_m$ 上升到 $0.9V_m$ 所需要的时间。

下降时间 t_f：脉冲下降沿从 $0.9V_m$ 下降到 $0.1V_m$ 所需要的时间。

脉冲周期 T：脉冲波形上相邻两个对应点之间的时间间隔，它的倒数称为信号的频率。

平均脉宽 t_w：脉冲上升沿 $0.5V_m$ 处和下降沿 $0.5V_m$ 处的时间间隔。t_w 是脉冲信号的持续时间，$T-t_w$ 则称为脉冲休止期。

占空比 q：平均脉宽 t_w 和脉冲周期 T 的比值，即 $q=t_w/T$，方波的占空比为 50%。

顶部倾斜：如图 10.1.2 所示的 ΔV_m 之值。

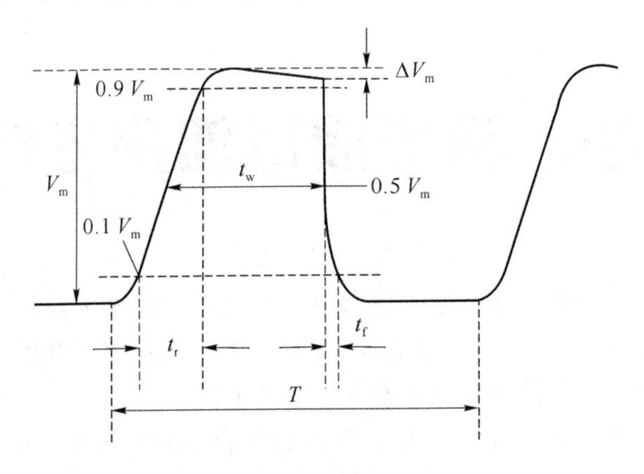

图 10.1.2　实际的矩形脉冲波形

频谱分析表明，矩形脉冲波的上升沿和下降沿变化速度快，集中了信号的高频成分；顶部和底部变化速度慢，集中了信号的低频成分。将脉冲信号加至放大电路的输入端，若输出信号波形的边沿很陡，说明放大电路能够放大快速变化的信号，有很高的上限截止频率；若输出信号的顶部和底部很平，说明放大电路能放大缓慢变化的信号，有很低的下限截止频率。

10.2　施密特触发器

施密特触发器(Schmitt Trigger)是脉冲波形变换中经常使用的一种电路，它可以将边沿变坏的矩形脉冲重新整形为边沿陡峭的矩形脉冲，还可以去掉叠加在矩形脉冲上的噪声。施密特触发器有两个不同的阈值电平压，通常用 V_{T+} 和 V_{T-} 表示。在输入信号上升和下降的过程中，引起电路发生状态转换(输出电压变化)的阈值电平是不一样的。

在模拟电路中，曾讨论过由集成运算放大器构成的施密特触发器(带正反馈的滞回比较器)，这里将介绍数字技术中常用的施密特触发器。

10.2.1　用门电路组成施密特触发器

由两级 CMOS 反相器组成的施密特触发器如图 10.2.1(a)所示，图 10.2.1(b)为其逻辑符号。电路中两个 CMOS 反相器串联在一起，输出电压 v_O 通过分压电阻 R_1、R_2 反馈到输入端，其中 $R_1<R_2$。

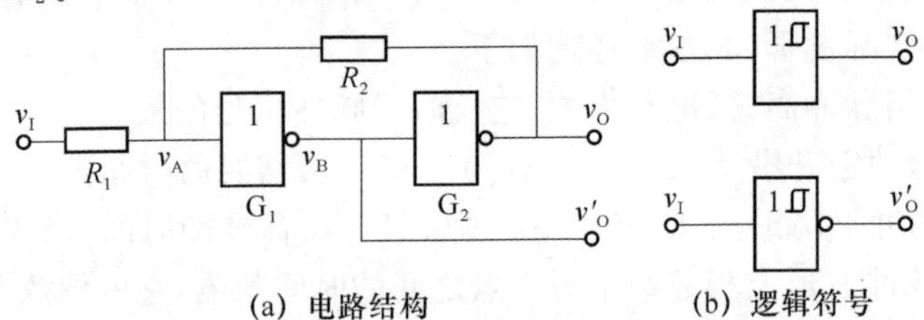

图 10.2.1　由 CMOS 门电路组成施密特触发器

由图 10.2.1(a)可知，门 G_1 的输入电平 v_A 决定电路的状态，根据叠加原理，有

$$v_A = \frac{R_2}{R_1 + R_2} v_I + \frac{R_1}{R_1 + R_2} v_O \tag{10.2.1}$$

假设 CMOS 反相器的阈值电压 $V_{th} \approx V_{DD}/2$，输入信号 v_I 为三角波，如图 10.2.2 所示。当输入信号 $v_I = 0$ 时，门 G_1 截止，$v_B = V_{OH}$；门 G_2 导通，$v_O = V_{OL} \approx 0$ V。这是施密特触发器的第 1 种稳定工作状态，此时 $v_A \approx 0$ V。

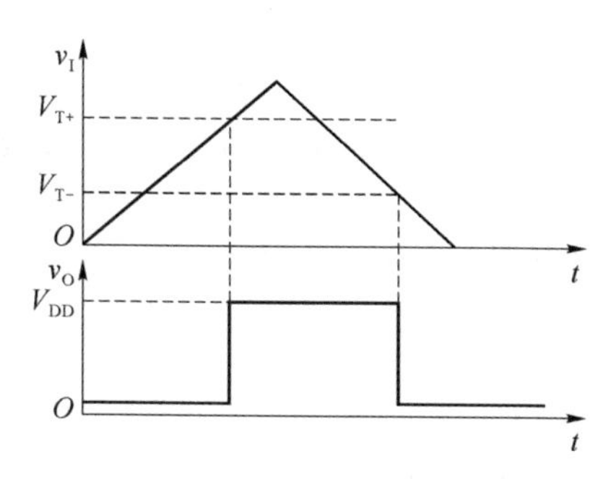

图 10.2.2　施密特触发器的工作波形

当输入信号 v_I 从 0 V 开始增加时，只要 $v_A < V_{th}$，输出 $v_O = V_{OL} \approx 0$ V 保持不变。

当 v_I 上升到使 $v_A = V_{th}$ 时，电路开始发生状态转换，v_I 的值即为输入信号上升时的阈值电压，称为正向阈值电压或上限触发电平，记为 V_{T+}。由

$$\begin{aligned} v_A = V_{th} &= \frac{R_2}{R_1 + R_2} \cdot v_I + \frac{R_1}{R_1 + R_2} \cdot v_O \\ &= \frac{R_2}{R_1 + R_2} \cdot V_{T+} + \frac{R_1}{R_1 + R_2} \cdot 0 \\ &= \frac{R_2}{R_1 + R_2} \cdot V_{T+} \end{aligned}$$

得

$$V_{T+} = (1 + \frac{R_1}{R_2}) V_{th} \tag{10.2.2}$$

此时随着 v_A 的上升，v_B 开始下降，v_O 开始上升，电路的状态很快转换为 $v_O = V_{OH} \approx V_{DD}$，正反馈过程如下：

$$v_A \uparrow \rightarrow v_B \downarrow \rightarrow v_O \uparrow$$

当 $v_A > V_{th}$ 时，电路的状态稳定在 $v_O \approx V_{DD}$ 不变，这是施密特触发器的第 2 种稳定工作状态。

输入信号 v_I 继续上升，达到最大值后开始下降，当 $v_A = V_{th}$ 电路再次发生状态转换，此时 v_I 的值即为输入信号下降时的阈值电压，称为负向阈值电压或下限触发电平，记为 V_{T-}。由

$$\begin{aligned} v_A = V_{th} &= \frac{R_2}{R_1 + R_2} \cdot v_I + \frac{R_1}{R_1 + R_2} \cdot v_O \\ &= \frac{R_2}{R_1 + R_2} \cdot V_{T-} + \frac{R_1}{R_1 + R_2} \cdot V_{DD} \\ &= \frac{R_2}{R_1 + R_2} \cdot V_{T-} + \frac{R_1}{R_1 + R_2} \cdot 2V_{th} \end{aligned}$$

得

$$V_{T-} = (1 - \frac{R_1}{R_2})V_{th} \tag{10.2.3}$$

此时随着 v_A 的下降，v_B 开始上升，v_O 开始下降，电路的状态很快转换为 $v_O = V_{OL} \approx 0$ V，正反馈过程如下：

$$v_A \downarrow \rightarrow v_B \uparrow \rightarrow v_O \downarrow$$

当 $v_I < V_{T-}$ 时，电路的状态稳定在 $v_O \approx 0$ V，施密特触发器回到第 1 种稳定工作状态。由于触发器内部存在正反馈过程，电路状态转换速度很快，使输出电压波形的边沿变得很陡峭。

施密特触发器的正向阈值电压 V_{T+} 和负向阈值电压 V_{T-} 之差值称为回差电压 ΔV_T，即

$$\Delta V_T = V_{T+} - V_{T-} = 2\frac{R_1}{R_2}V_{th} \tag{10.2.4}$$

由式(10.2.4)可见，当电源电压一定时，回差电压 ΔV_T 与 R_1/R_2 成正比，改变 R_1 和 R_2 的值可以调整回差电压的大小，但 R_1 必须小于 R_2，否则电路将进入自锁状态，不能正常工作。

根据式(10.2.2)和式(10.2.3)画出的电压传输特性曲线如图 10.2.3(a)所示，因 v_O 和 v_I 的高、低电平是同相的，所以也把这种形式的电压传输特性称为同相输出的施密特触发器特性。如果以图 10.2.1(a)的 v_O' 作为输出端，则得到的电压传输特性如图 10.2.3(b)所示，类似地，这种形式的电压传输特性称为反向输出的施密特触发器特性。

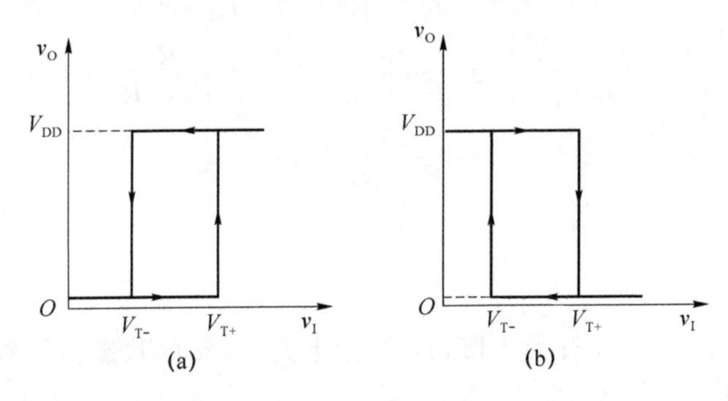

图 10.2.3 施密特触发器的传输特性曲线

【例 10.2.1】 在图 10.2.1(a)所示的电路中，假定 CMOS 反相器的阈值电压 $V_{th} \approx V_{DD}/2$，如果要求 $V_{T+} = 7.5$ V，$\Delta V_T = 5$ V，试求 R_1/R_2 和 V_{DD} 的值。

解：由式(10.2.2)和式(10.2.4)得

$$\begin{cases} V_{T+} = (1 + \frac{R_1}{R_2})V_{th} = 7.5\ \text{V} \\ \Delta V_T = \frac{2R_1}{R_2}V_{th} = 5\ \text{V} \end{cases} \tag{10.2.5}$$

从式(10.2.5)可以解出 $R_1/R_2 = 0.5$，$V_{th} = 5$ V，因此 $V_{DD} = 2V_{th} = 10$ V。

使用 TTL 门电路组成施密特触发器时，经常采用图 10.2.4(a)所示的电路，其中 G_1 为两输入与非门，G_2 为反相器。因电阻 R_1 和 R_2 的数值相对较小，电路中接入二极管 VD，防止当 $v_O = V_{OH}$ 时门 G_2 的负载电流过大。

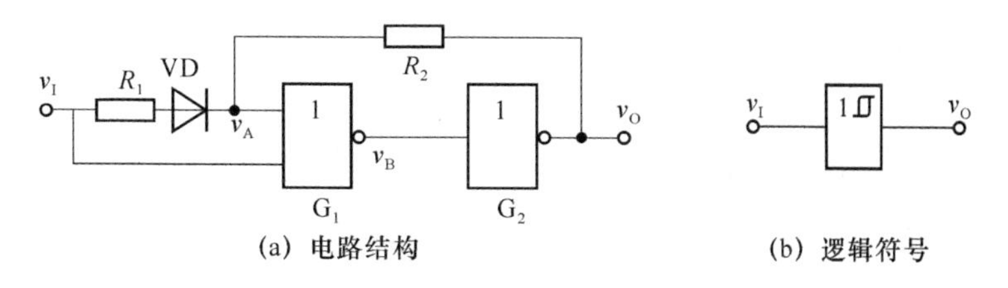

(a) 电路结构　　　　(b) 逻辑符号

图 10.2.4　门电路组成施密特触发器

假定输入信号 v_I 依然是图 10.2.2 所示的三角波。当输入信号从 0 V 开始增加时，只要 $v_A < V_{th}$，则 G_1 截止，G_2 导通，输出电压 $v_O = V_{OL} = 0$ V 保持不变。当 v_I 上升到使 $v_A = V_{th}$时，电路开始发生状态转换，由于 G_1、G_2 间存在着正反馈，电路迅速转换为 G_1 导通、G_2 截止，使 $v_O = V_{OH}$。此时对应的输入电平就是 V_{T+}。由

$$
\begin{aligned}
v_A &= V_{th} \\
&= \frac{R_2}{R_1 + R_2} \cdot (v_I - V_D) + \frac{R_1}{R_1 + R_2} \cdot v_O \\
&= \frac{R_2}{R_1 + R_2} \cdot (V_{T+} - V_D) + \frac{R_1}{R_1 + R_2} \cdot 0 \\
&= \frac{R_2}{R_1 + R_2} \cdot (V_{T+} - V_D)
\end{aligned}
$$

得

$$V_{T+} = \frac{R_1 + R_2}{R_2} V_{th} + V_D \tag{10.2.6}$$

其中，V_D 为二极管的正向导通压降，V_{th}为门电路的阈值电压。

输入信号 v_I 继续上升，至最大值后开始下降，当 v_I 降至 V_{th}时，电路再次发生状态转换，在正反馈的作用下，电路迅速返回 $v_O = V_{OL}$的状态。因此，输入信号下降时的转换电平 $V_{T-} = V_{th}$，回差电压 $\Delta V_T = \frac{R_1}{R_2} V_{th} + V_D$。

10.2.2　集成施密特触发器

图 10.2.5(a)是具有与非功能的 TTL 集成施密特触发器 7413 的内部电路图，其逻辑符号如图 10.2.5(b)所示。7413 实际上是双 4 输入与非门，由于内部施密特电路的作用，使其电压传输特性呈反向输出的施密特触发器特性，所以常称为具有与非功能的 TTL 集成施密特触发器。

7413 由二极管与门、施密特电路、电平偏移电路和输出电路等几部分组成。二极管 $VD_1 \sim VD_4$ 实现逻辑与功能。施密特电路由两个晶体管 VT_1、VT_2 和 3 个电阻 $R_2 \sim R_4$ 组成，其中电阻 R_4 为 VT_1 和 VT_2 的公共发射极电阻。电平偏移电路的作用是保证输出逻辑关系正确。

当有一个输入端为低电平时，v_I'为低电平，使 VT_1 截止，VT_2 导通。由于 VT_2 导通时施密特电路输出的低电平较高(约为 1.9 V)，若直接将 v_O'与 VT_4 的基极相连，将无法使 VT_4 截止，所以必须在 v_O'与 VT_4 的基极之间加入电平偏移电路，使 $v_O' \approx 1.9$ V 时电平偏移电路的输出仅为 0.5 V 左右，保证 VT_4 能可靠地截止，VT_6 导通，v_O 输出高电平。输出电路采用推挽输出结构，其作用是降低输出电阻，提高电路的驱动能力。

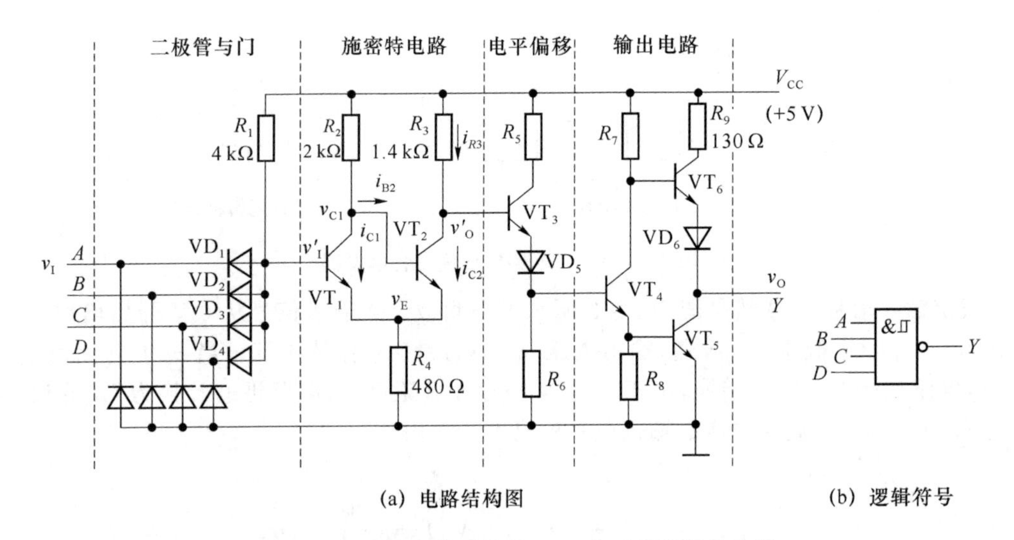

图 10.2.5　具有与非功能的 TTL 集成施密特触发器

设晶体管发射结的导通压降和二极管的正向导通压降均为 0.7 V。输入信号 v_I 为三角波，由 7413 的端 A 输入，其他 3 个输入端均悬空。

输入信号 v_I 从 0V 开始增加，在 $v_{BE1}=v'_I-v_E<0.7$ V 期间，VT_1 截止，VT_2 饱和导通，v'_O为低电平，$v_O=V_{OH}$。若 v'_I逐渐升高使 $v_{BE1}>0.7$ V 时，VT_1 开始进入导通状态，并引起如下正反馈过程：

$$v'_I\uparrow\rightarrow i_{C1}\uparrow\rightarrow v_{C1}\downarrow\rightarrow i_{C2}\downarrow\rightarrow v_E\downarrow\rightarrow v_{BE1}\uparrow$$

从而使 VT_1 迅速饱和导通，VT_2 截止，v'_O变为高电平，$v_O=V_{OL}$。

v_I 上升至最大值后开始下降，v'_I也从高电平开始下降，v_{BE1} 随之降低。当 v_{BE1} 降到只有 0.7 V 左右时，晶体管 VT_1 的集电极电流 i_{C1} 开始减小，于是又引发另一个正反馈过程：

$$v'_I\downarrow\rightarrow i_{C1}\downarrow\rightarrow v_{C1}\uparrow\rightarrow i_{C2}\uparrow\rightarrow v_E\uparrow\rightarrow v_{BE1}\downarrow$$

从而使电路迅速转为 VT_1 截止，VT_2 饱和导通，v'_O变为低电平，$v_O=V_{OH}$。

由于 $R_2>R_3$，VT_1 饱和导通时的 v_E 值低于 VT_2 饱和导通时的 v_E 值。因此，v'_I的正向阈值电压（VT_1 由截止变为导通的输入电压）V'_{T+} 必然高于 v'_I的负向阈值电压（VT_1 由导通变为截止的输入电压）V'_{T-}，使电路具有施密特触发特性。若以 V_{T+}、V_{T-} 分别表示与V'_{T+}、V'_{T-} 对应的输入端电压，则 V_{T+} 同样也一定高于 V_{T-}。

先求 v'_I的正向阈值电压 V'_{T+}。由图 10.2.5(a)可以写出 VT_1 截止，VT_2 饱和导通时施密特电路的方程：

$$\begin{cases} i_{B2}R_2+V_{BE2(Sat)}+(i_{B2}+i_{C2})R_4=V_{CC} \\ i_{R3}R_3+V_{CE2(Sat)}+(i_{B2}+i_{C2})R_4=V_{CC} \end{cases} \tag{10.2.7}$$

其中，$V_{BE2(Sat)}$、$V_{CE2(Sat)}$ 分别表示 VT_2 饱和导通时发射结和集电结的电压降。假定 $i_{R3}\approx i_{C2}$，则由式(10.2.7)可得

$$i_{B2}=\frac{(V_{CC}-V_{CE2(Sat)})R_4-(V_{CC}-V_{BE2(Sat)})(R_3+R_4)}{R_4^2-(R_2+R_4)(R_3+R_4)} \tag{10.2.8}$$

$$i_{C2}=\frac{(V_{CC}-V_{BE2(Sat)})R_4-(V_{CC}-V_{CE2(Sat)})(R_2+R_4)}{R_4^2-(R_2+R_4)(R_3+R_4)} \tag{10.2.9}$$

令 $V_{BE(Sat)}=0.8\ \text{V}$，$V_{CE(Sat)}=0.2V$，将图 10.2.5(a)给定的参数代入式(10.2.8)和式(10.2.9)，得

$$i_{C2} \approx 2.2\ \text{mA}$$

$$i_{B2} \approx 1.3\ \text{mA}$$

$$v_{E2} = (i_{B2} + i_{C2})R_4 \approx 1.7\ \text{V}$$

则

$$V'_{T+} = v_{E2} + 0.7\ \text{V} \approx 2.4\ \text{V}$$

再求 v'_I 的负向阈值电压 V'_{T-}。随着输入信号 v_I 从最大值开始下降，v'_I 也从高电平开始下降。当 v'_I 降至 $v_{BE1}=0.7\ \text{V}$ 时，VT_1 开始脱离饱和，v_{CE1} 开始上升，VT_2 开始导通并引发正反馈过程。此时 R_4 上的压降为

$$v_{E1} = (V_{CC} - v_{CE1})\frac{R_4}{R_2 + R_4} \tag{10.2.10}$$

将 $v_{CE1}=0.7\ \text{V}$，$R_2=2\ \text{k}\Omega$，$R_4=0.48\ \text{k}\Omega$ 代入式(10.2.10)，得

$$v_{E1} \approx 0.8\ \text{V}$$

故

$$V'_{T-} = v_{E1} + 0.7\ \text{V} \approx 1.5\ \text{V}$$

由 $v_I=v'_I-V_D$，可得 7413 的阈值电压 $V_{T+}=V'_{T+}-V_D\approx1.7\ \text{V}$，$V_{T-}=V'_{T-}-V_D\approx0.8\ \text{V}$，回差电压 $\Delta V_T=V_{T+}-V_{T-}\approx0.9\ \text{V}$。

集成施密特触发器 7413 的引脚排列如图 10.2.6 所示，内部封装了两个 4 输入与非门，输入和输出的逻辑关系为 $Y_i=\overline{A_iB_iC_iD_i}$。图 10.2.7 所示为它的电压传输特性，阈值电压 V_{T+}、V_{T-} 为定值，不能调节。

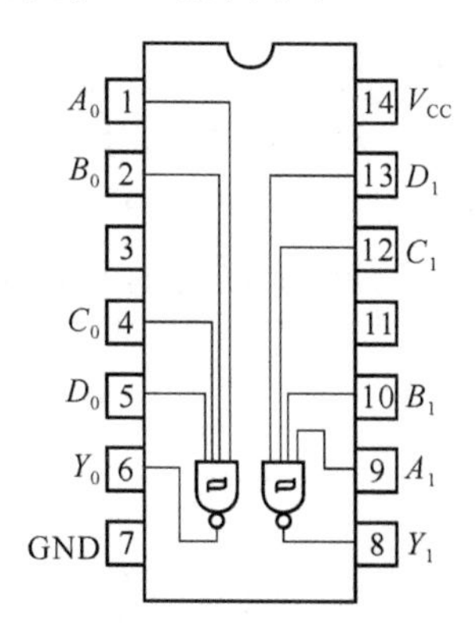

图 10.2.6　7413 的引脚排列

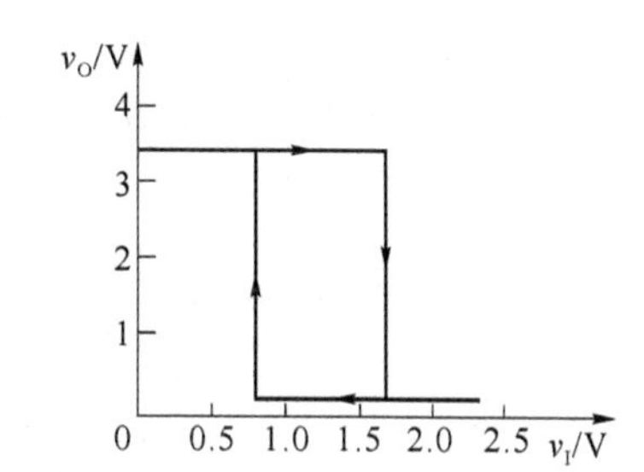

图 10.2.7　7413 的电压传输特性

具有施密特触发器功能的 TTL 集成门电路有很多，如 TTL 六反相器 7414、TTL 四 2 输入与非门 74132 等。表 10.2.1 给出了这几种 TTL 集成施密特触发器主要参数的典型值。带有施密特功能的 TTL 门电路有以下特点：

(1) 输入信号边沿的变化即使非常缓慢，电路也能正常工作；

(2) 带负载能力和抗干扰能力都很强；

(3) 阈值电压和滞回电压均有温度补偿。

表 10.2.1　TTL 集成施密特触发器的几个典型值

器件型号	延迟时间/ns	每门功耗/mW	V_{T+}/V	V_{T-}/V	ΔV_T/V
7413	16	8.7	1.7	0.8	0.9
7414	15	8.6	1.6	0.8	0.8
74132	15	8.8	1.6	0.8	0.8

CMOS 集成施密特触发器也有很多种类，如 CMOS 六施密特触发器 CC40106（六反相器）、CMOS 四 2 输入施密特触发器 CC4093（四 2 输入与非门）等。如图 10.2.8(a)所示是 CMOS 集成施密特触发器 CC40106 的引脚排列图，如图 10.2.8 (b)所示是对应的 TTL 六反相器 7414 的引脚排列图。

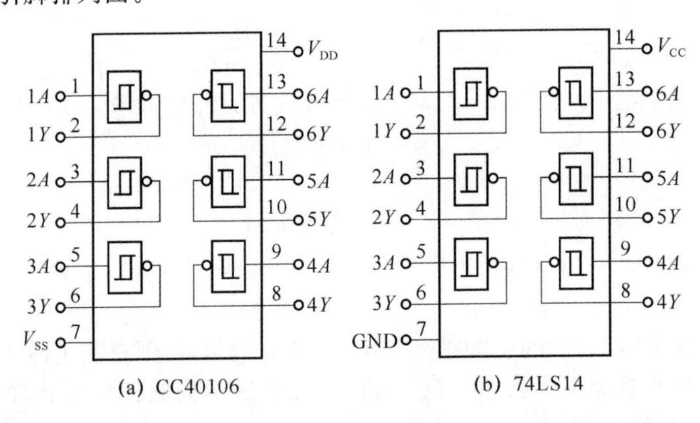

图 10.2.8　集成施密特触发器 CC40106 和 7414 的引脚排列图

CMOS 集成施密特触发器 CC40106 的内部电路如图 10.2.9(a)所示，图 10.2.9(b)为其逻辑符号。CC40106 由施密特电路、整形电路和缓冲输出级电路组成，其核心部分是施密特电路。施密特电路由 P 沟道 MOS 管 $VT_1 \sim VT_3$ 和 N 沟道 MOS 管 $VT_4 \sim VT_6$ 组成。若去掉 VT_3 和 VT_6，施密特电路变成了一个反相器。设 P 沟道 MOS 管的开启电压为 V_{TP}，N 沟道 MOS 管的开启电压为 V_{TN}，输入信号 v_I 为三角波。

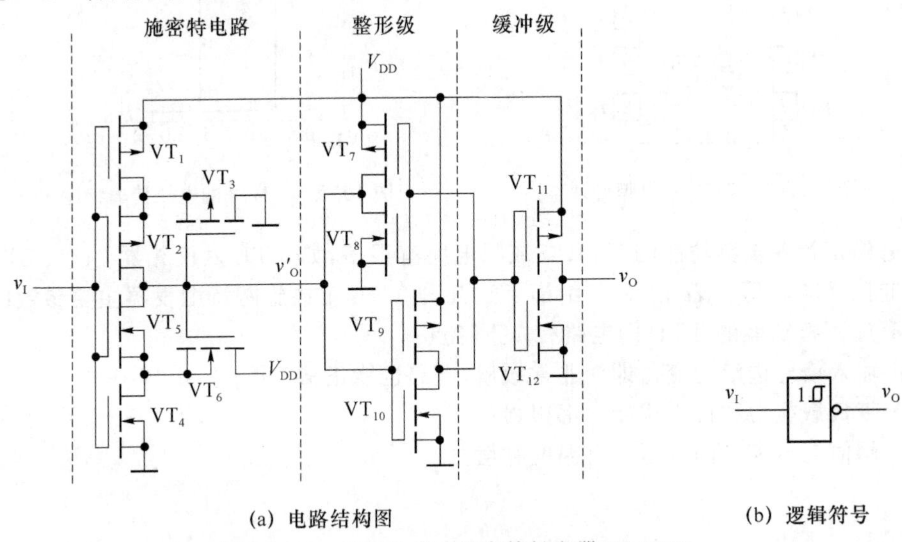

(a) 电路结构图　　(b) 逻辑符号

图 10.2.9　CMOS 集成施密特触发器 CC40106

当 $v_I=0$ 时，VT_1、VT_2 导通，VT_4、VT_5 截止，v'_O为高电平($v'_O \approx V_{DD}$，$v_O=V_{OH}$)，使 VT_3 截止、VT_6 导通并工作在源极输出状态。因此，VT_5 源极的电位 $v_{S5} \approx V_{DD}-V_{TN}$，该点电位较高。

随着输入信号 v_I 的电压逐渐升高，当 $v_I > V_{TN}$时，VT_4 导通。但由于 VT_5 的源极电压 v_{S5}较高，即使 $v_I > V_{DD}/2$，VT_5 仍不能导通。v_I 继续升高，直到 VT_1 和 VT_2 的栅源电压 $|v_{GS1}|$、$|v_{GS2}|$减小到使 VT_1、VT_2 趋于截止时，随着其内阻增大，使 v'_O和 v_{S5}开始下降。当 $v_I - v_{S5} \geqslant V_{TN}$时，$VT_5$ 开始导通，并引起如下正反馈过程：

$$v'_O \downarrow \rightarrow v_{S5} \downarrow \rightarrow v_{GS5} \uparrow \rightarrow R_{ON5} \downarrow (VT_5\text{的导通电阻})$$

从而使 VT_1、VT_2 迅速截止，v'_O下降为低电平，电路的输出状态转换为 $v_O=0$。

v'_O的低电平使 VT_6 截止，VT_3 导通并工作于源极输出器状态，VT_2 的源极电压 $v_{S2} \approx 0-V_{TP}$，该点电位较低。

同理可分析，当 v_I 逐渐下降时，电路工作过程与 v_I 上升过程类似，只有当$|v_I - v_{S2}| > |V_{TP}|$时，电路又转换为 v'_O高电平，$v_O=V_{OH}$的状态。

在 $V_{DD} \gg V_{TN}+|V_{TP}|$的条件下，电路的正向阈值电压(转换电平)$V_{T+}$远大于 $V_{DD}/2$，而且随着 V_{DD}的增加而增加。在 v_I 下降过程中的负向阈值电压 V_{T-}也要比 $V_{DD}/2$ 低得多。

可见，电路在 v_I 上升和下降过程中分别有两个不同的阈值电压 V_{T+}和 V_{T-}，具有施密特电压传输特性。它的传输特性以及 V_{DD}对 V_{T+}和 V_{T-}影响如图 10.2.10 所示。由于集成电路内部器件参数的差异，即便 V_{DD}一定，不同芯片的 V_{T+}、V_{T-}也不一定相同，其数值有一定的离散性。

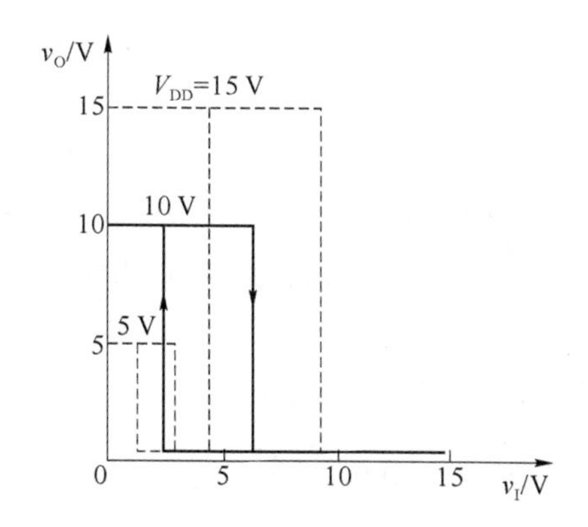

图 10.2.10　集成施密特触发器 CC40106 的电压传输特性

整形电路由 $VT_7 \sim VT_{10}$组成，电路为两个首尾相连的反相器。在 v'_O上升和下降的过程中，通过两级反相器的正反馈作用，使输出电压波形进一步得到改善。

输出缓冲级电路是由 VT_{11}和 VT_{12}组成的反相器。它不仅提高了电路的带负载能力，还起到了将内部电路与负载隔离的作用。

10.2.3　施密特触发器的应用

施密特触发器的用途很广，下面举几个典型的应用。

1. 波形变换

施密特触发器有两个阈值，利用施密特触发器的滞回特性可以实现波形变换，如图

10.2.2所示，输入为三角波，输出为矩形波。同样，利用图 10.2.1 所示的施密特触发器，也可以将输入的正弦波、锯齿波等变换成矩形波，读者可自行分析。

2. 波形整形

在数字系统中，矩形脉冲经过传输后可能会发生波形畸变，或者在信号的高电平、低电平期间串入干扰信号，使波形的上升沿和下降沿明显变坏。传感器来的信号，经过放大后也可能是不规则的波形。这些波形都可以通过施密特触发器整形而获得比较理想的矩形脉冲波形。图 10.2.11(a)给出的输入信号 v_I 不仅波形上升沿和下降沿变坏，而且波形顶部干扰严重，但只要选择具有合适回差电压 ΔV_T 的施密特触发器对其整形，输出信号 v_O 又变为较理想矩形波。图 10.2.11(b)的输入信号 v_I 波形也严重变坏，通过选择合适的阈值电压 V_{T+} 和 V_{T-}，经施密特触发器整形后，输出信号 v_O 又变为理想矩形波。

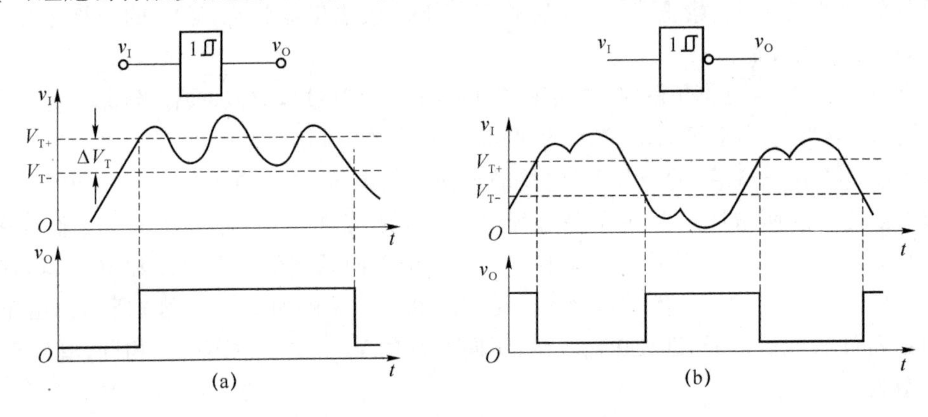

图 10.2.11　施密特触发器用于波形整形

3. 幅度鉴别

利用施密特触发器的输出信号 v_O 取决于输入信号 v_I 阈值电平的特点，可以通过调整触发器的上限触发电平 V_{T+} 到规定的幅度 V_{th}，使某些信号被鉴别出来。例如，将一系列幅度各异的脉冲信号加到施密特触发器的输入端 v_I，只有那些幅度大于上限触发电平 V_{T+} 的脉冲才产生输出信号。因此，可以选出幅度大于 V_{th} 的信号，消除了幅度较小的脉冲信号，如图 10.2.12 所示，施密特触发器具有幅度鉴别能力。

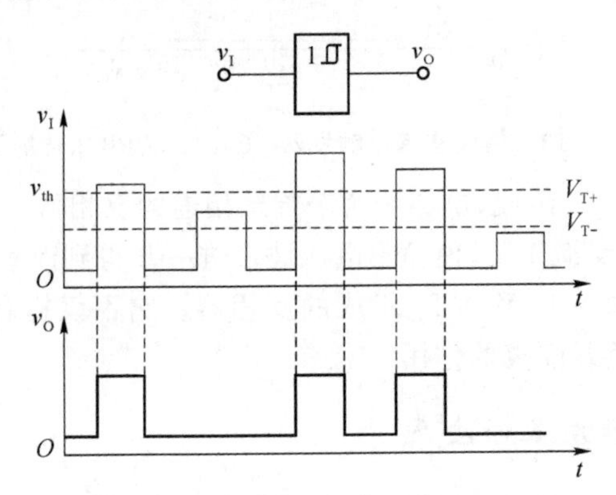

图 10.2.12　施密特触发器用于脉冲幅度鉴别

10.3 单稳态触发器

单稳态触发器广泛应用于脉冲波形的变换、延迟和定时电路中。单稳态触发器具有稳态和暂稳态两个不同的工作状态，在外界触发脉冲的作用下，能够从稳态翻转到暂稳态。暂稳态不是一个能长久保持的状态，维持一段时间之后，又自动翻转到稳态。暂稳态的持续时间取决于电路本身的参数，与触发脉冲的宽度和幅度无关。

10.3.1 用门电路组成的单稳态触发器

单稳态触发器的暂稳态通常都是靠 RC 定时电路来维持的，根据 RC 电路的接法不同，可分为微分型单稳态触发器和积分型单稳态触发器两种。

1. 微分型单稳态触发器

(1) 电路的组成和工作原理

微分型单稳态触发器可由"或非门"或"与非门"构成，图 10.3.1 所示是由 TTL 与非门和 RC 微分电路组成的单稳态触发器，其工作波形如图 10.3.2 所示。图 10.3.1 中，R_i、C_i 为输入微分环节，保证门 G_1 的输入信号为很窄的正、负脉冲，RC 为构成微分型单稳态触发器的定时电路，两个与非门的输出端作为触发器的输出。

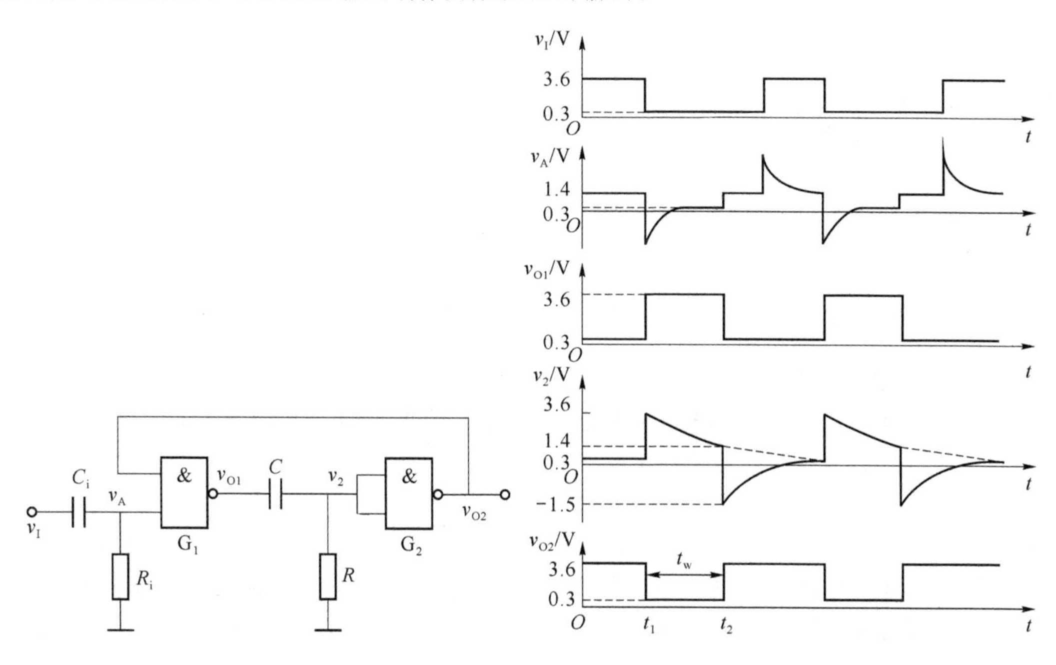

图 10.3.1 由与非门组成的微分型单稳态触发器　　图 10.3.2 微分型单稳态触发器的工作波形

① 无触发信号时，电路处于一种稳态

在图 10.3.1 所示的电路中，稳态时，v_I 为高电平 V_{IH}(约 3.6 V)，电阻 R_i 的值一般大于 2 kΩ，电阻 R 的值一般小于 700 Ω，以保证稳态时门 G_1 输出低电平 $v_{O1}=V_{OL}$(约 0.3 V)，门 G_2 输出高电平 $v_{O2}=V_{OH}$。此时 $v_A\approx1.4$ V，$v_2=v_{O1}\approx0.3$ V，电容 C 上没有电荷存储。

② 外加触发信号，电路由稳态翻转到暂稳态

在 $t=t_1$ 时刻，v_I 跳变为低电平 V_{IL}（约 0.3 V）。v_I 的下降沿经 R_iC_i 产生一个负尖峰脉冲，当 v_A 下降到 G_1 的阈值电压 V_{th}时，引发如下正反馈过程：

$$v_A\downarrow \rightarrow v_{O1}\uparrow \rightarrow v_2\uparrow \rightarrow v_{O2}\downarrow$$

使 v_{O1}迅速跳变为高电平 V_{OH}，跳变幅度为 $V_{OH}-V_{OL}$。由于电容 C 上的电压不能突变，v_2 也同时跳变为高电平，使 v_{O2}跳变为低电平 V_{OL}，触发器进入暂稳态。这时即使 v_A 回到高电平，v_{O2}的低电平仍将维持。在暂稳态期间，$v_{O1}=V_{OH}$，$v_{O2}=V_{OL}$。

③ 电容 C 充电，电路由暂稳态自动返回至稳态

在暂稳态期间，v_{O1}通过电阻 R 给电容 C 充电，充电的等效电路如图 10.3.3 所示，R_O 为门 G_1 的输出电阻，约为 100 Ω。随着充电过程的进行，v_2 按指数规律下降，在 $t=t_2$ 时刻，v_2 下降到门 G_2 的阈值电压 V_{th}，又引发另外一个正反馈过程：

$$v_2\downarrow \rightarrow v_{O2}\uparrow \rightarrow v_{O1}\downarrow$$

使 v_{O1}和 v_2 迅速跳变为低电平，v_{O2}跳变高电平，暂稳态结束，电路回到稳态。在稳态期间，$v_{O1}=V_{OL}$，$v_{O2}=V_{OH}$。

暂稳态结束后电路进入恢复过程，电容 C 开始放电，使 C 上的电压恢复到稳态时的初始值，放电的等效电路如图 10.3.4 所示。

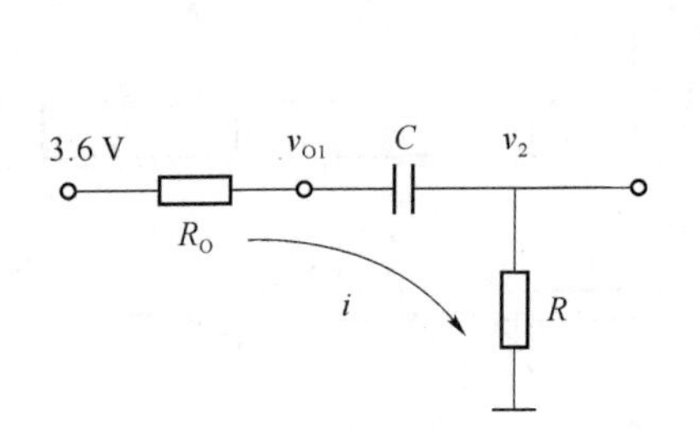

图 10.3.3 电容充电等效电路

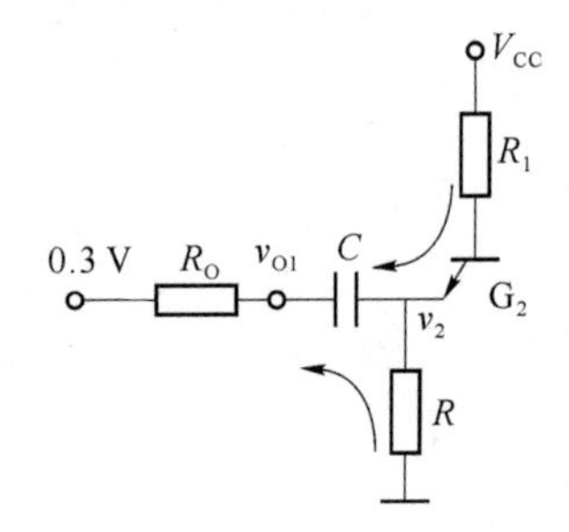

图 10.3.4 电容放电等效电路

(2) 主要参数计算

在实际应用中，经常使用输出脉冲宽度 t_w、恢复时间 t_{re}、最高工作频率 f_{max}、输出脉冲幅度 V_m 等几个参数来定量描述单稳态触发器的性能。

① 输出脉冲宽度 t_w

输出脉冲宽度 t_w 是暂稳态的持续时间，暂稳态的持续时间是从电容 C 开始充电到 v_2 下降到 V_{th}的这段时间，充电等效电路如图 10.3.3 所示。若 $R_O\ll R$，则充电时间常数近似等于 RC。根据对 RC 电路过渡过程的分析可知，在电容充、放电过程中，电容上的电压从初始值变化到某一稳态值所经历的时间 t 可以用下式计算：

$$t = RC\ln\frac{v_C(t_1)-v_C(\infty)}{v_C(t_2)-v_C(\infty)} \tag{10.3.1}$$

其中，$v_C(t_1)$是电容上电压的初始值，$v_C(t_2)$是电容充、放电结束时的稳态值，$v_C(\infty)$当 t 趋于无穷时电容上电压的终值。

由图 10.3.2 中的波形可见，v_2 的初始值 $v_2(t_1)\approx(V_{OH}-V_{OL})+v_2(0)$，$v_2(0)$为稳态时

v_2 的值，$v_2(0)\approx 0.3$ V；v_2 的终值 $v_2(\infty)=0$ V，电容 C 充电到 t_2 时刻暂稳态结束，此时 $v_2(t_2)=V_{th}$。因此，输出脉冲宽度为

$$t_w = RC\ln\frac{v_2(t_1)-v_2(\infty)}{v_2(t_2)-v_2(\infty)} = RC\ln\frac{(V_{OH}-V_{OL})+v_2(0)}{V_{th}} \tag{10.3.2}$$

近似估算时，t_w 一般取$(0.7\sim1.3)RC$。

由上述讨论可知，输出脉冲宽度 t_w 取决于电容 C 的充电速度，因此称 RC 为定时电路。为了调整输出脉冲的宽度，需要调整 R 和 C 的参数。通常以改变电容 C 的值作为粗调，改变电阻 R 的值作为细调。

② 恢复时间 t_{re}

暂稳态结束后，还需要一段恢复时间才能把电容 C 上所充的电荷释放完毕，使电路恢复到初始状态。一般要经过$(3\sim5)\tau_d$（τ_d 为放电时间常数）的时间，放电才能结束，故

$$t_{re}\approx(3\sim5)\tau_d$$

③ 最高工作频率 f_{max}

设触发信号 v_I 的时间间隔为 T，为了使单稳态电路能正常工作，应满足 $T>t_w+t_{re}$，即最小时间间隔 $T_{min}=t_w+t_{re}$。因此，单稳态触发器的最高工作频率为

$$f_{max}=\frac{1}{T_{min}}=\frac{1}{t_w+t_{re}}$$

④ 输出脉冲的幅度

输出脉冲的幅度就是门 G_2 输出的高、低电平之差，即

$$V_m=V_{OH}-V_{OL}$$

微分型单稳态触发器由于在输入端存在微分电路，当触发脉冲 v_A 的宽度大于输出脉冲宽度时电路仍能正常工作，但输出脉冲的上升沿变差。

图 10.3.5 给出了另一种微分型单稳态触发器电路，读者可自行分析其工作原理。

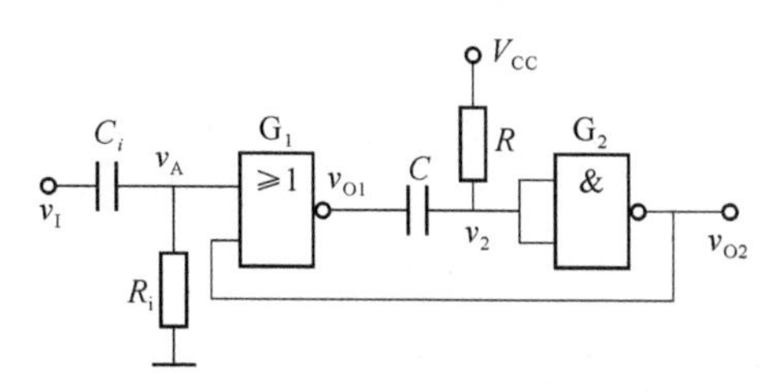

图 10.3.5 微分型单稳态触发器

2. 积分型单稳态触发器

图 10.3.6 是由 TTL 门电路和 RC 积分电路组成的积分型单稳态触发器，其工作波形如图 10.3.7 所示。电路中，电阻 R 的取值不能过大，以保证 v_{O1} 为低电平时 v_A 也是低电平。

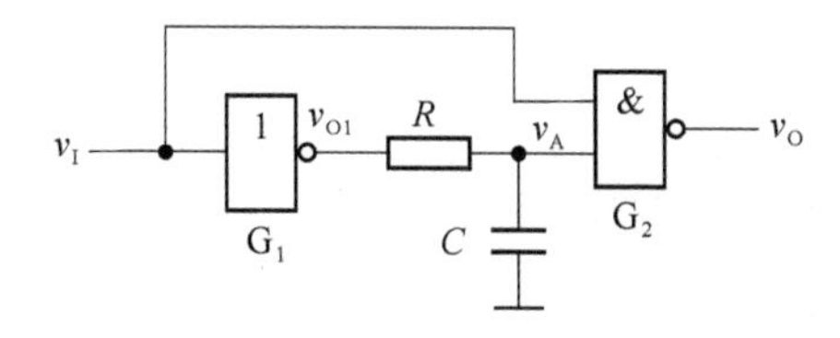

图 10.3.6 积分型单稳态触发器

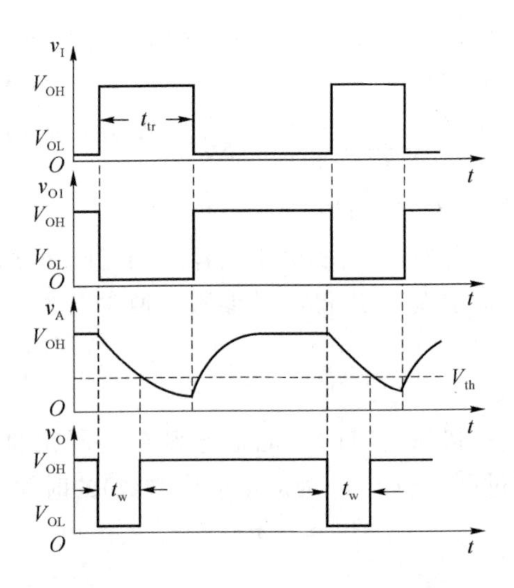

图 10.3.7　积分型单稳态触发器的工作波形

(1) 电路的工作原理

稳态时，输入信号 v_I 为低电平，门 G_1、G_2 的输出均为高电平，即 $v_{O1}= v_O=V_{OH}$。电容 C 充电结束，$v_A=V_{OH}$，触发器处于稳定状态。

触发脉冲 v_I 的上升沿到后，同时使两个门的状态发生变化，v_{O1} 和 v_O 均跳变为低电平，即 $v_{O1}= v_O=V_{OL}$，电路进入暂稳态。电容 C 开始通过电阻 R 和门 G_1 的输出端放电，v_A 开始呈指数规律下降。但在一段时间里 v_A 仍高于门 G_2 的阈值电压 V_{th}(约 1.4 V)，使 $v_O=V_{OL}$ 不变。

随着放电过程的进行，v_A 不断降低，当 v_A 下降至 V_{th} 时，与非门 G_2 的状态发生翻转，v_O 跳变为高电平。当触发输入 v_I 返回低电平以后，v_{O1} 又重新变成高电平 V_{OH}，并向电容 C 充电，触发器回到初始稳定状态。

应该指出，在暂稳态期间，当电容 C 上的电压 v_A 未达到与非门 G_2 的阈值电压 V_{th} 之前，触发电平 v_I 不能撤销，否则 G_2 将因 v_I 下跳而提前翻转，达不到由 RC 电路控制定时的目的，所以要求触发脉冲宽度 t_{tr} 比输出脉冲宽度 t_w 宽。

(2) 主要参数计算

由上述分析可知，输出脉冲的宽度等于电容 C 开始放电，v_A 从 V_{OH} 下降至 V_{th} 所需的时间，放电回路如图 10.3.8 所示。在 v_A 高于 G_2 的阈值电压 V_{th} 期间，与非门 G_2 的输入电流非常小，可以忽略不计，因而电容 C 的放电等效电路可以简化为 $(R+R_O)$ 与 C 串联，其中 R_O 是 $v_{O1}=V_{OL}$ 时 G_1 的输出电阻。

由图 10.3.7 的波形可见，v_A 的初始值 $v_A(t_1)=V_{OH}$，稳态值 $v_A(t_2)=V_{th}$，终值 $v_A(\infty)=V_{OL}$。因此，输出脉冲宽度

$$t_w = (R+R_O)C\ln\frac{v_A(t_1)-v_2(\infty)}{v_A(t_2)-v_2(\infty)} = (R+R_O)C\ln\frac{V_{OH}-V_{OL}}{V_{th}-V_{OL}} \qquad (10.3.3)$$

输出脉冲的幅度

$$V_m = V_{OH}-V_{OL}$$

恢复时间 t_{re} 等于 v_{O1} 跳变为高电平后，电容 C 充电至 V_{OH} 所经过的时间，通常取充电时

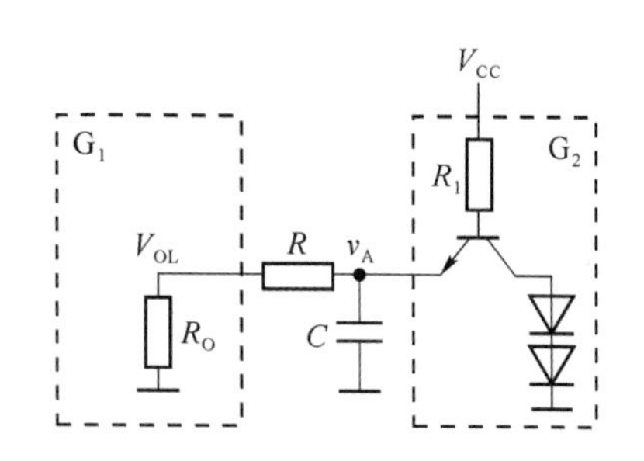

图 10.3.8　电路中电容 C 的放电回路

间常数的 3～5 倍时间为恢复时间，即

$$t_{re} \approx (3 \sim 5)(R + R'_O)C \tag{10.3.4}$$

其中，R'_O是 G_1 输出高电平时的输出电阻。为简化计算，这里没有计入门 G_2 的输入电路对电容充电过程的影响。

与微分型单稳态触发器相比，积分型单稳态触发器具有抗干扰能力强的优点。数字电路中的噪声多为尖峰脉冲噪声，积分型单稳态触发器具有抑制这种噪声的能力。

积分型单稳态触发器的状态转换过程没有正反馈作用，它的缺点是输出波形的边沿比较差。另外，在积分型单稳态触发器中，触发脉冲的宽度必须大于输出脉冲的宽度。

10.3.2　施密特触发器构成的单稳态触发器

利用 CMOS 施密特触发器的滞回特性，可以方便地构成单稳态触发器。图 10.3.9(a)所示是由施密特触发器和 R、C 定时元件构成的单稳态触发器，其工作波形如图 10.3.9(b)所示。

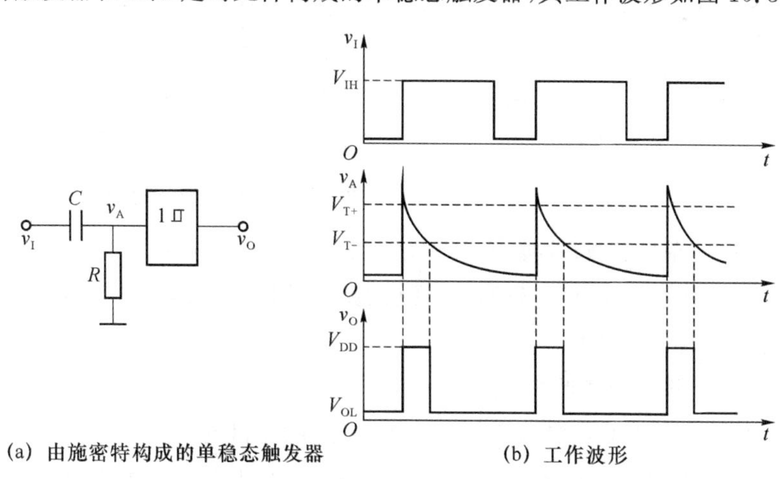

图 10.3.9　由施密特触发器构成的单稳态电路及其工作波形

假设输入触发脉冲 v_I 的低电平为 0 V，高电平为 V_{IH}。当 $v_I = 0$ V 时，$v_A = 0$ V，输出电压 $v_O = V_{OL}$，电路处于稳定状态。

触发脉冲 v_I 的上升沿到达后，由于电容 C 两端的电压不能突变，v_A 也随之上跳同样的幅度。此时 $v_A > V_{T+}$，施密特触发器发生状态翻转，输出 $v_O = V_{DD}$，电路进入暂稳态。

此后，随着电容 C 的充电，v_A 按指数规律下降。在 v_A 达到 V_{T-} 之前，电路维持 $v_O =$

V_{DD}。当 v_A 下降至 V_{T-} 时，施密特触发器再次发生翻转，电路由暂稳态回到稳态。

由上述分析可知，输出脉冲的宽度等于电容 C 开始充电，v_A 从 V_{IH} 下降至 V_{T-} 所需的时间。忽略施密特触发器输入端的电流，则充电时间常数为 RC，v_A 的初始值为 V_{IH}，稳态值 V_{T-}，终值 $v_A(\infty)=0$ V。因此，输出脉冲宽度

$$t_w = RC\ln\frac{V_{IH}}{V_{T-}} \tag{10.3.5}$$

10.3.3 集成单稳态触发器

单稳态触发器的应用十分广泛，市场上有很多 TTL 和 CMOS 型单片集成单稳态触发器。集成单稳态触发器只需外接很少的元件即可使用，在电路上可以采取温漂补偿措施，温度稳定性好。

根据工作状态的不同，集成单稳态触发器分为可重复触发的单稳态触发器和不可重复触发的单稳态触发器两类。可重复触发的单稳态触发器在暂稳态期间仍然能够响应新的触发脉冲信号，如果有新的触发脉冲到来，电路将重新被触发，使输出脉冲再继续维持一个 t_w 宽度，如图 10.3.10(a)所示。不可重复触发的单稳态触发器在暂稳态期间将再不响应新的触发信号，只有当暂稳态结束后，它才能响应下一个触发脉冲而转入暂稳态，如图 10.3.10(b)所示。

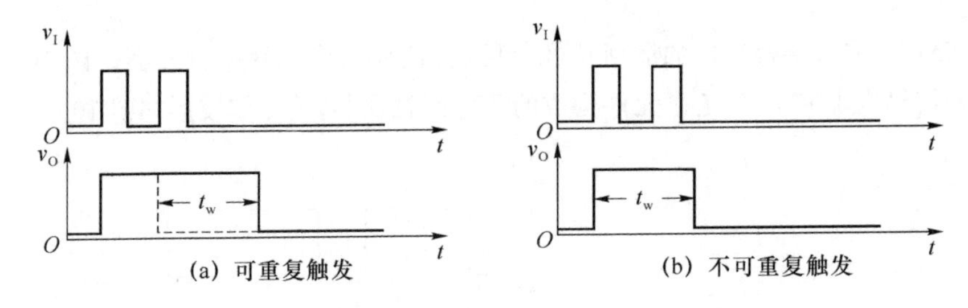

图 10.3.10 可重复触发和不可重复触发的单稳态触发器

可重复触发的单稳态触发器有 74121、74221 等，不可重复触发的单稳态触发器有 74122、74123 等。有些集成单稳态触发器还设有复位端(如置 74122、74123)，通过在复位端加入复位信号能立即终止暂稳态过程。

1. TTL 集成单稳态触发器 74121

图 10.3.11 所示是 TTL 集成单稳态触发器 74121 的逻辑电路图，其引脚排列如图 10.3.12 所示。它由基本微分型单稳态触发器电路、输入控制电路和输出缓冲电路构成。门 G_5、G_6、G_7 和外接定时元件 R_{ext}、C_{ext} 组成微分型单稳态触发器。外部电容 C_{ext} 接在 74121 的 10 脚和 11 脚之间。如果工作时采用内部定时电阻 R_{int}，则需将 9 脚直接接电源 V_{CC}。R_{int} 的阻值不大(约为 2 kΩ)，若希望得到较宽的输出脉冲，仍需使用外接电阻 R_{ext}。门 $G_1 \sim G_4$ 构成输入控制电路，用于实现上升沿触发或下降沿触发。门 G_8 和 G_9 构成输出缓冲电路，提高电路的带负载能力，v_O 和 $\overline{v_O}$ 为单稳态触发器 74121 的两个互补输出端。

如果把门 G_5 和 G_6 视为一个具有施密特触发特性的或非门，则由门 G_5、G_6、G_7 和外接

电阻 R_{ext}、外接电容 C_{ext} 组成电路与图 10.3.5 所示的微分型单稳态触发器基本相同。它的触发信号来自于门 G_4，为正脉冲触发，输出脉冲的宽度由 R_{ext} 和 C_{ext} 的大小决定。

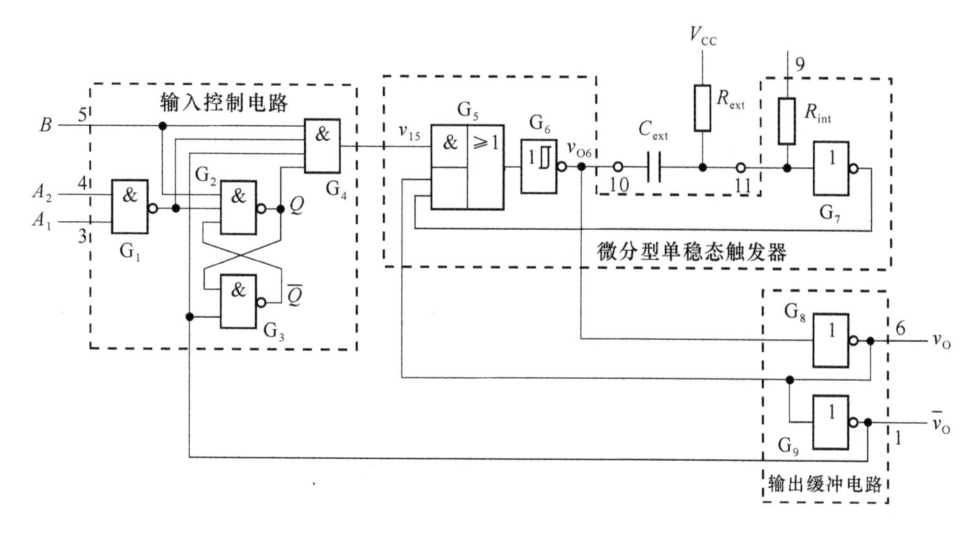

图 10.3.11 集成单稳态触发器 74121 逻辑图

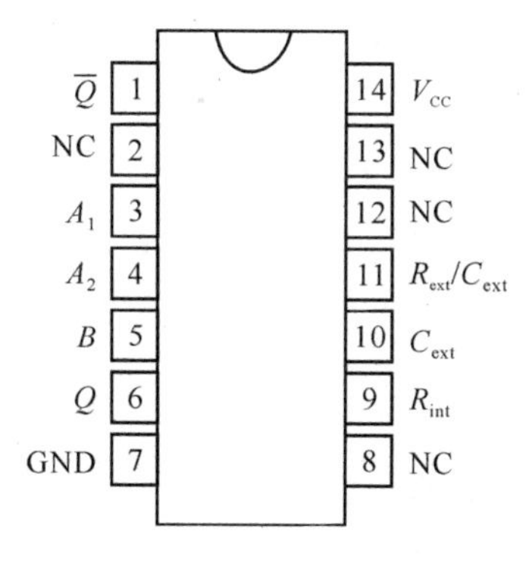

图 10.3.12 74121 的引脚排列图

集成单稳态触发器 74121 的功能表如表 10.3.1 所示。如果用上升沿触发，触发脉冲由 B 端输入，同时 A_1 和 A_2 至少有一个接低电平。当触发脉冲的上升沿到达时，因为门 G_4 的其他 3 个输入端均处于高电平，所以 v_{15} 也随之由低电平跳变为高电平，并触发单稳态电路使之进入暂稳态，输出端跳变为 $v_O=1$，$\bar{v}_O=0$。与此同时，$\overline{v_O}$ 的低电平立即将门 G_2 和 G_3 组成的触发器复位，使 v_{15} 返回低电平。可见，v_{15} 的高电平持续时间极短，与触发脉冲的宽度无关，使 74121 具有边沿触发的特点，同时也保证了在触发脉冲宽度大于输出脉冲宽度时输出脉冲的下降沿仍然很陡。图 10.3.13 是 74121 在触发脉冲作用下的波形图。

表 10.3.1 集成单稳态触发器 74121 功能表

输入			输出	
A_1	A_2	B_-	Q	$\overline{Q}$
0	×	1	0	1
×	0	1	0	1
×	×	0	0	1
1	1	×	0	1
1	↓	1	⎍	⊔
↓	1	1	⎍	⊔
↓	↓	1	⎍	⊔
0	×	↑	⎍	⊔
×	0	↑	⎍	⊔

如果用下降沿触发，触发脉冲则应由 A_1 或 A_2 输入（另一个应接高电平），同时将 B 端接高电平，电路的工作过程和上升沿触发时相同。

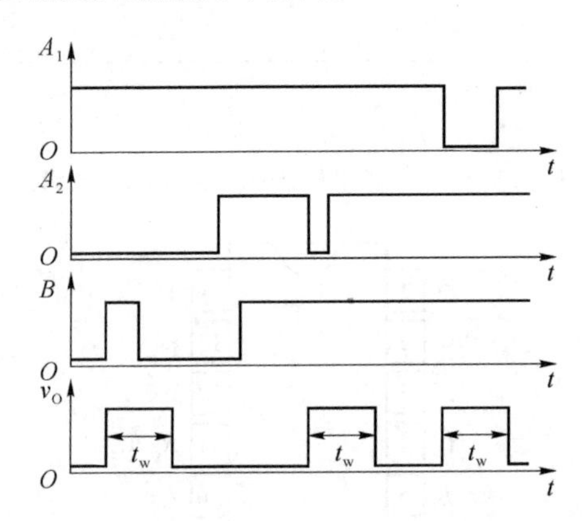

图 10.3.13 集成单稳态触发器 74121 的工作波形

可以推得，74121 的输出脉冲宽度

$$t_w \approx R_{ext}C_{ext}\ln 2 \approx 0.69R_{ext}C_{ext} \tag{10.3.6}$$

通常 R_{ext} 的取值在 1.4～40 kΩ 之间，C_{ext} 的取值在 10pF～10μF 之间，t_w 的范围为 10 ns～300 ms。图 10.3.14 给出了 74121 使用外接电阻 R_{ext} 和内部电阻 R_{int} 时电路的连接方法。

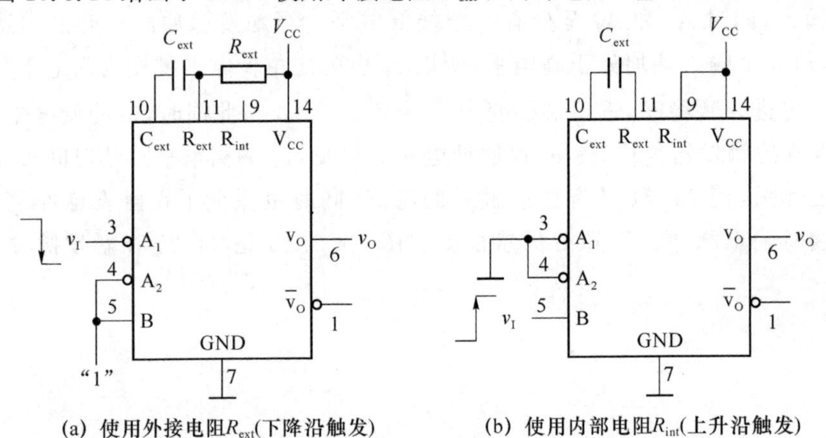

图 10.3.14 集成单稳态触发器 74121 的连接方式

2. CMOS 集成单稳态触发器 CC14528

常用的 CMOS 集成单稳态触发器有可重复触发单稳态触发器 CC14528、CC14538 和不可重复触发的单稳态触发器 CC74HC123 等。现以 CC14528 为例介绍 CMOS 单稳态触发器的工作原理。

图 10.3.15 是可重复触发单稳态触发器 CC14528 的逻辑电路图，其引脚排列如图 10.3.16所示。CC14528 主要由 3 部分组成：由门 $G_{10}\sim G_{12}$ 和 VT_1、VT_2 组成的三态门电路，由门 $G_1\sim G_9$ 组成的输入控制电路，以及由门 $G_{13}\sim G_{16}$组成的输出缓冲电路。电路的核心部分是由积分电路(包含外接电阻 R_{ext}和外接电容 C_{ext})、三态门和三态门的控制电路构成的积分型单稳态触发器。

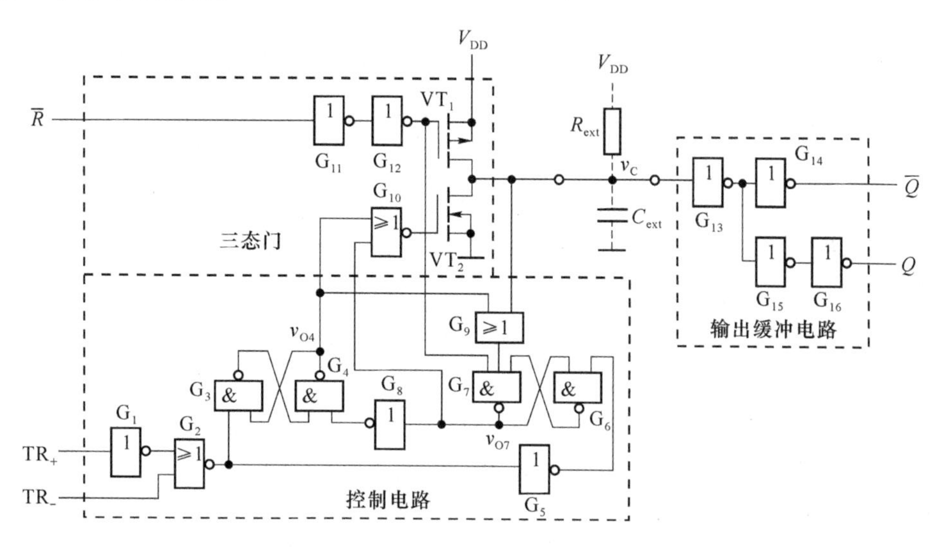

图 10.3.15　集成单稳态触发器 CC14528 逻辑图

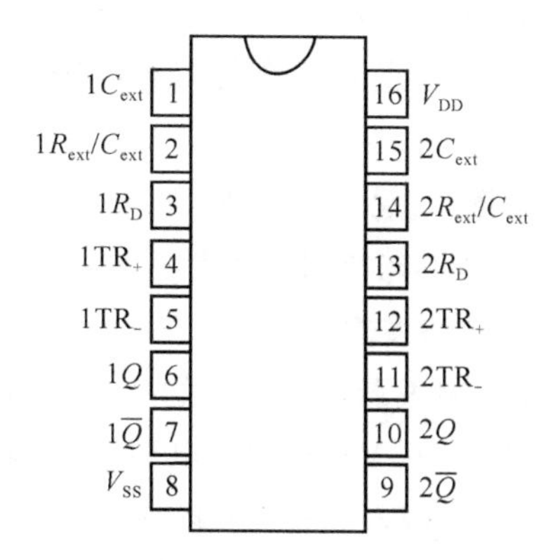

图 10.3.16　74121 和 CC14528 的引脚排列图

CC14528 的功能表如表 10.3.2 所示，TR_+ 为下降沿触发输入端，TR_- 为上升沿触发输入端，$\overline{R}$为置零输入端，Q 和$\overline{Q}$是两个互补输出端。当$\overline{R}=0$ 时，触发器输出 $Q=0$，$\overline{Q}=1$。

表 10.3.2 集成单稳态触发器 CC14528 的功能表

输入			输出	
$\overline{R}$	TR_+	TR_-	Q	$\overline{Q}$
0	×	×	0	1
×	1	×	0	1
×	×	0	0	1
1	1	↑	⎍	⊔
1	↓	0	⎍	⊔

(1) 稳态

在控制电路中,门 G_3 和 G_4、G_6 和 G_7 分别组成基本 RS 触发器。稳态时输入端 TR_+ 和 TR_- 均没有触发信号。若$\overline{R}$=×、TR_+=1、TR_-=×,则门 G_4 的输出 v_{O4}必为高电平。由于在接通电源后电容 C_{ext}还未充电,v_C=0 V,倘若 v_{O4}处于低电平,则在 v_C 和 v_{O4}的共同作用下,门 G_9 输出低电平,并使 G_7 输出高电平,门 G_8 输出低电平,于是门 G_4 的输出 v_{O4}被置成高电平。如果接通电源后 v_{O4}处于高电平状态,则门 G_7 的输出 v_{O7}被置成低电平,故 G_8 输出高电平,v_{O4}的高电平状态保持不变。此时,G_{10}输出低电平($v_{10}=V_{OL}$),G_{12}输出高电平($v_{12}=V_{OH}$),VT_1 和 VT_2 同时截止,V_{DD}经 R_{ext}向 C_{ext}充电,当 $v_C>V_{th13}$时,$Q=0$,$\overline{Q}=1$,电路处于稳态。

同样,若$\overline{R}$=×、TR_+=×、TR_-=0,门 G_5 输出低电平,门 G_7 的输出 v_{O7}被置成低电平,经 G_8 反相后使 v_{O4}处于高电平,电路处于稳态。

(2) 触发与定时

采用上升沿触发时,$\overline{R}$=1、TR_+=1,触发脉冲从 TR_- 端加入。当 TR_- 上升沿到来时,$v_{O4}=V_{OL}$,由于 $v_{O7}=V_{OL}$,从而使 G_{10}的输出变为高电平,VT_2 导通,C_{ext}开始放电。当 v_C 下降到门 G_{13}的阈值电压 V_{th13}时,电路进入暂稳态,$Q=1$,$\overline{Q}=0$。

但这种暂稳态不会一直持续下去,当 v_C 进一步下降至门 G_9 的阈值电压 V_{th9}时,G_9 的输出变为低电平,并通过 G_7、G_8 将 v_{O4}置成高电平,G_{10}输出变为低电平,于是 VT_2 截止,C_{ext}又重新开始充电。当 v_C 充电到门 G_{13}的阈值电压 V_{th13}时,电路自动返回到稳态状态,$Q=0$,$\overline{Q}=1$。C_{ext}继续充电至 V_{DD}以后,电路恢复为稳态。

图 10.3.17 给出了 v_C 和 Q 在触发脉冲作用下的工作波形。输出脉冲宽度 T_w 等于 v_C 从 V_{th13}下降到 V_{th9}的放电时间与 v_C 从 V_{th9}再次充电到 V_{th13}的充电时间之和。为了获得较宽的输出脉冲,一般都将 V_{th13}设计得较高而将 V_{th9}设计得较低。

CC14528 为可重复触发的单稳态触发器,在 t_5 时刻触发脉冲到来,电路被触发进入暂稳态,电容 C_{ext}很快放电后又进入充电状态。当 v_C 尚未充至 V_{th13}时,t_6 时刻电路再次被触发,门 G_2 输出低电平,使 $v_{O4}=V_{OL}$,门 G_{10}输出高电平,VT_2 导通,电容 C_{ext}又开始放电,当放电使 v_C 下降至门 G_9 的阈值电压 V_{th9}时,G_9 输出低电平,G_{10}输出低电平,VT_2 截止,电容又充电,一直充电到 V_{th13},若此时再无触发信号作用,则电路返回到稳态。在这两个重复触发脉冲作用下,输出脉冲宽度为 $t_\Delta+t_w$。显然,可重复触发单稳态触发器可利用在暂稳态时加触发脉冲的方法增加输出脉冲宽度。

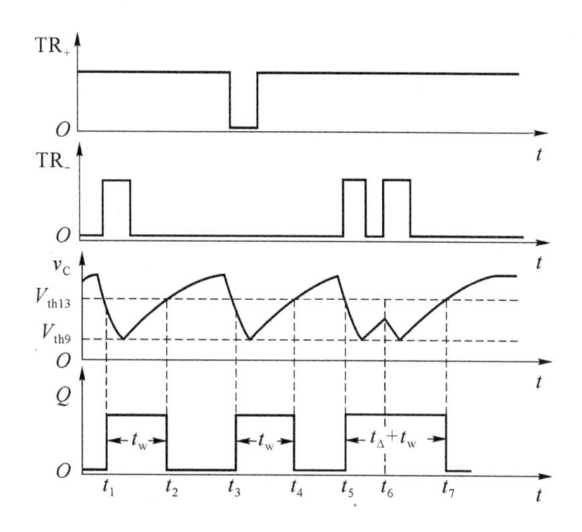

图 10.3.17 集成单稳态触发器 CC14528 的工作波形

当需要采用下降沿触发时，应从 TR_+ 端输入负的触发脉冲，同时使 B 端保持在低电平。

当利用$\overline{R}$端置零时，应在$\overline{R}$端加入低电平信号，这时 VT_1 导通，VT_2 截止，C_{ext}通过 VT_1 迅速充电到 V_{DD}，使 $Q=0$，$\overline{Q}=1$。

10.3.4 单稳态触发器的主要应用

单稳态触发器是数字系统中常用的基本单元电路，典型应用如下。

1. 定时

由前面的分析可知，单稳态触发器在触发脉冲的作用下，能产生一定宽度 t_w 的矩形脉冲，如果利用该矩形脉冲作为定时信号去控制某电路，可使其在 t_w 内动作。例如，用单稳态触发器输出的正脉冲控制与门 G，如图 10.3.18 所示，则只有这个 t_w 时间内的高频信号 v_2 才能通过与门 G 传送到输出端，在其余时间里，信号 v_2 被单稳态触发器输出的低电平屏蔽掉。

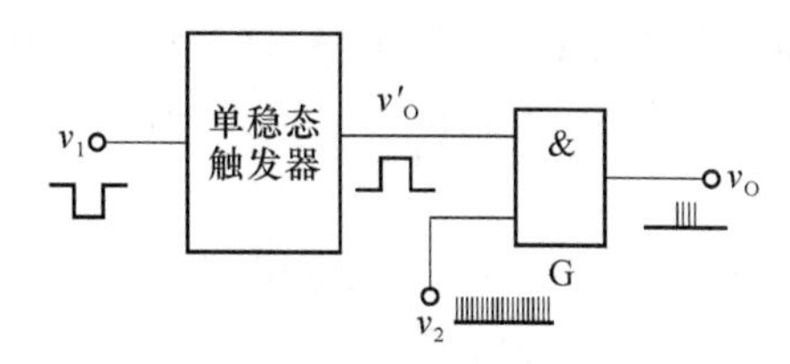

图 10.3.18 单稳态触发器的定时作用

2. 延时

从图 10.3.2 所示的微分型单稳态触发器的工作波形不难看出，输出电压 v_{O1} 的上升沿相对输入信号 v_I 的上升沿延迟了 t_w 一段时间，单稳态触发器具有延时作用。单稳态触发器的这种延时作用常用于时序控制。

3. 整形

利用单稳态触发器的触发和定时功能,还可以实现波形的整形,例如,将图 10.3.19(a)所示的不规则脉冲作为单稳态触发器的触发脉冲,则它的输出就成为具有确定宽度 t_w 和幅度、边沿陡峭的同频率矩形波,如图 10.3.19(b)所示,这种作用便是波形的整形。

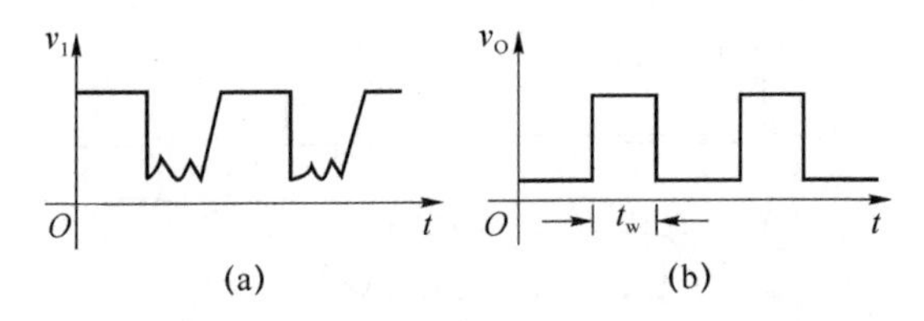

图 10.3.19 单稳态触发器的整形作用

10.4 多谐振荡器

在实用电路中,除了常见的正弦波发生器外,多谐振荡器也是一类常用电路。多谐振荡器是一种自激振荡器,接通电源后,不需要外加触发信号,就能自动产生矩形脉冲波。由于矩形波中含有丰富的高次谐波,故习惯称为多谐振荡器。多谐振荡器没有稳态,只有两个暂稳态,又称为无稳态电路。

多谐振荡器有多种电路形式,它们的共同特点是:

(1) 电路中含有开关元件,如门电路、电压比较器、模拟开关等,这些元件的作用是产生高低电平。

(2) 电路中含有反馈网络,反馈网络将输出电压反馈给开关元件,使之改变输出状态。

(3) 电路中含有定时环节,以获得所需的振荡频率,定时环节可以利用 RC 电路的充、放电特性实现,也可以利用器件本身的延迟等方式实现。

10.4.1 由门电路组成的多谐振荡器

电容正反馈多谐振荡器的基本电路如图 10.4.1(a)所示。电路由两级 TTL 反相器构成,并通过电容 C 引入正反馈,工作波形如图 10.4.1(b)所示。

(1) 基本工作原理

这种多谐振荡器主要是依靠电容 C 的充、放电引起电压 v_A 的变化来实现振荡。当 v_A 达到 TTL 门的阈值电压 V_{th} 时,引起反相器状态的翻转。

假设在 t_1 时刻 v_A 正好降至反相器的阈值电压 V_{th},v_B 由低电平 V_{OL} 跳变至高电平 V_{OH},v_O 由高电平 V_{OH} 跳变至低电平 V_{OL},跳变值均为 $V_{OH}-V_{OL}$,由于电容 C 两端的电压不能突变,使 v_A 从 V_{th} 也下跳了 $V_{OH}-V_{OL}$。此时门 G_1 输出高电平 V_{OH},门 G_2 输出低电平 V_{OL},电路进入暂稳态Ⅰ。

当 $t>t_1$ 时,门 G_1 通过电阻 R 给电容 C 充电,使 v_A 逐渐上升。在 t_2 时刻,v_A 上升至门 G_1 的阈值电压 V_{th},电路发生正反馈翻转,门 G_1 输出低电平 V_{OL},门 G_2 输出高电平 V_{OH}。经电容 C 耦合,使 v_A 从 V_{th} 上跳 $V_{OH}-V_{OL}$,电路进入暂稳态Ⅱ。

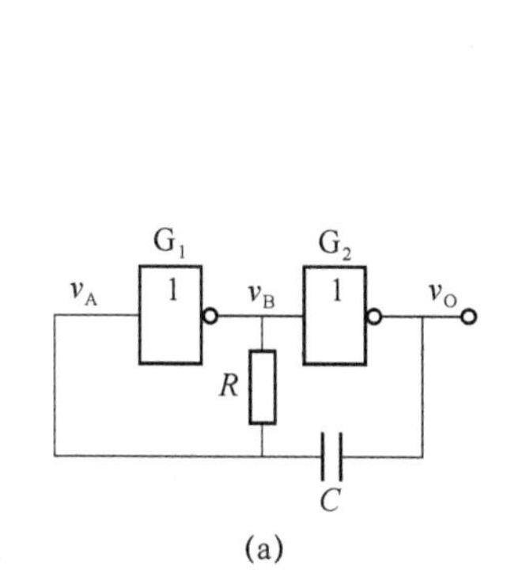

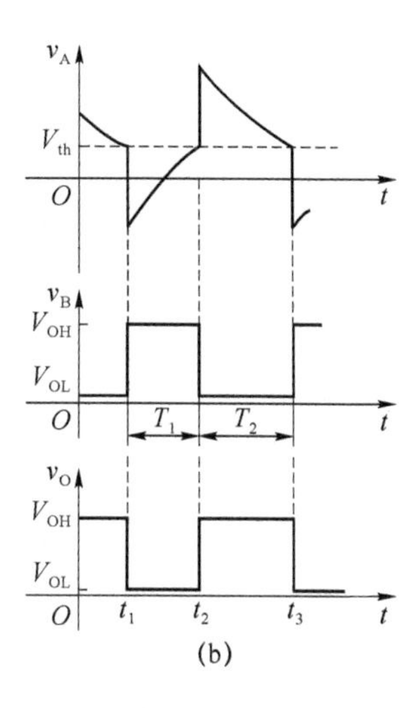

图 10.4.1　由门电路组成的多谐振荡器及其工作波形

当 $t > t_2$ 时，电容 C 开始放电，使 v_A 开始下降。当 v_A 下降至门 G_1 的阈值电平 V_{th}时，电路再次发生正反馈翻转，门 G_1 输出高电平 V_{OH}，门 G_2 输出低电平 V_{OL}。经电容 C 耦合，使 v_A 从 V_{th}下跳 $V_{OH}-V_{OL}$，电路又回到 t_1 时刻的状态。如此循环，形成自激振荡，输出矩形脉冲。

(2) 振荡周期的计算

由图 10.4.1 可知，在 T_1 期间 G_1 输出高电平 V_{OH}(约为 3.6 V)，G_2 输出低电平 V_{OL}(约为 0.3 V)，电容 C 充电。为便于计算，忽略 G_1 的输出电阻和输入端电流，则充电时间常数为 RC，初值 $v_A(t_1)=V_{th}-(V_{OH}-V_{OL})$，终值为 $v_A(\infty)=V_{OH}$，稳态值 $v_A(t_2)=V_{th}$，由此得

$$T_1 = RC\ln\frac{v_A(t_1)-v_A(\infty)}{v_A(t_2)-v_A(\infty)} = RC\ln\frac{V_{th}-(V_{OH}-V_{OL})-V_{OH}}{V_{th}-V_{OH}} \qquad (10.4.1)$$

在 T_2 期间 G_1 输出低电平 V_{OL}，G_2 输出高电平 V_{OH}，电容 C 反向充电，v_A 从 $V_{th}+(V_{OH}-V_{OL})$开始下降，到 $t=t_3$ 时 v_A 下降至 V_{th}，初值 $v_A(t_1)=V_{th}+(V_{OH}-V_{OL})$，终值为 $v_A(\infty)=V_{OL}$，稳态值 $v_A(t_2)=V_{th}$，由此得

$$T_1 = RC\ln\frac{v_A(t_1)-v_A(\infty)}{v_A(t_2)-v_A(\infty)} = RC\ln\frac{V_{th}+(V_{OH}-V_{OL})-V_{OL}}{V_{th}-V_{OL}} \qquad (10.4.2)$$

振荡周期

$$T = T_1 + T_2$$

需要注意的是，在精确计算振荡周期时，当输入电压低于 V_{th}时反相器的输入电流不能忽略，所以电容充、放电的等效电路略显复杂一些。

为了使电路容易起振，电阻 R 取值不宜过大，典型值为 500 Ω～ 1 kΩ，电容 C 可根据振荡频率的要求选择，典型值为 100 pF～100μF。

用 CMOS 反相器同样可以组成图 10.4.1 所示的电容正反馈多谐振荡器。但无论采用 CMOS 电路还是 TTL 电路，这种多谐振荡器的振荡周期与时间常数 RC、门电路的阈值电压 V_{th}均有关系，频率稳定性较差。在对频率稳定要求较高的场合，可以采用石英晶体组成的石英晶体振荡器。

10.4.3 由施密特触发器组成的多谐振荡器

前面讨论的多谐振荡器是由门电路作开关元件，利用施密特触发器作开关，配以 RC 定时元件也可以构成多谐振荡器，其原理电路如图 10.4.2 所示。

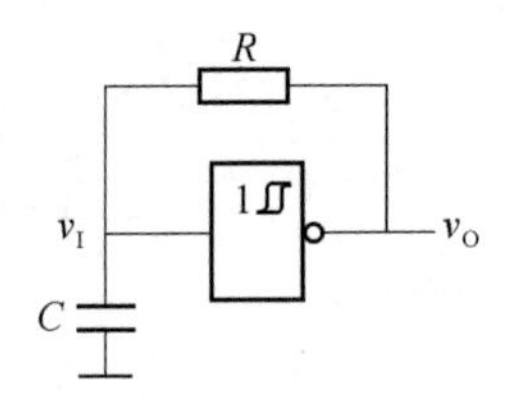

图 10.4.2 用施密特触发器构成多谐振荡器的原理电路

假设初始状态电容 C 上的电压为零，施密特触发器输出 v_O 为高电平。此时 v_O 通过电阻 R 对电容 C 充电，v_I 开始上升，当 v_I 达到 V_{T+} 时，施密特触器发生翻转，输出 v_O 变为低电平，电容 C 又开始通过电阻 R 放电，v_I 开始下降。

当 v_I 达到 V_{T-} 时，施密特触发器再次发生翻转，输出 v_O 变为高电平，电容 C 重新开始充电。如此周而复始地形成振荡，v_O 和 v_I 的电压波形如图 10.4.3 所示。

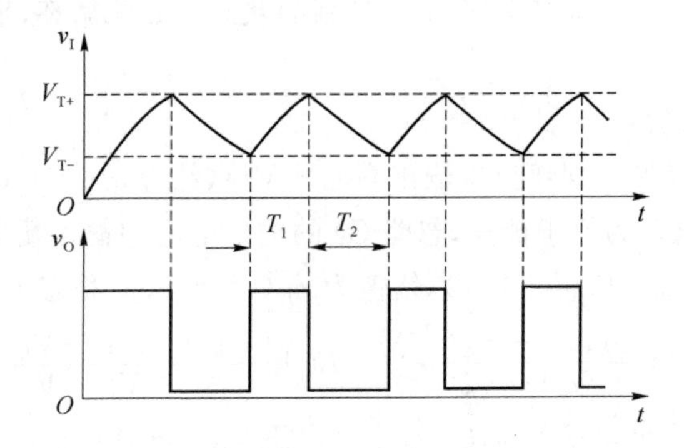

图 10.4.3 施密特多谐振荡器的波形

若使用的是 CMOS 施密特触发器，而且 $V_{OH}\approx V_{DD}$，$V_{OL}\approx 0$，则根据图 10.4.3 的电压波形可得振荡周期的计算公式为

$$T = T_1 + T_2 = RC\ln\frac{V_{T-}-V_{DD}}{V_{T+}-V_{DD}} + RC\ln\frac{V_{T+}}{V_{T-}}$$

$$= RC\ln\left(\frac{V_{T-}-V_{DD}}{V_{T+}-V_{DD}}\cdot\frac{V_{T+}}{V_{T-}}\right) \quad (10.4.3)$$

通过调节电阻 R 和电容 C 的大小可改变电路的振荡周期。

在图 10.4.2 所示的电路上稍加修改就能够实现输出脉冲占空比可调的多谐振荡器，电路的接法如图 10.4.4 所示。在这个电路中，利用二极管的单向导电性，使电路充电和放电回路不同，充电和放电时间常数不一样。只要改变 R_1 和 R_2 的比值，就能改变输出波形的占空比。

如果用 TTL 施密特触发器构成多谐振荡器，在计算振荡周期时需考虑触发器的输入电路对电容充、放电的影响，因此得到的计算公式要比式(10.4.3)稍微复杂一些。

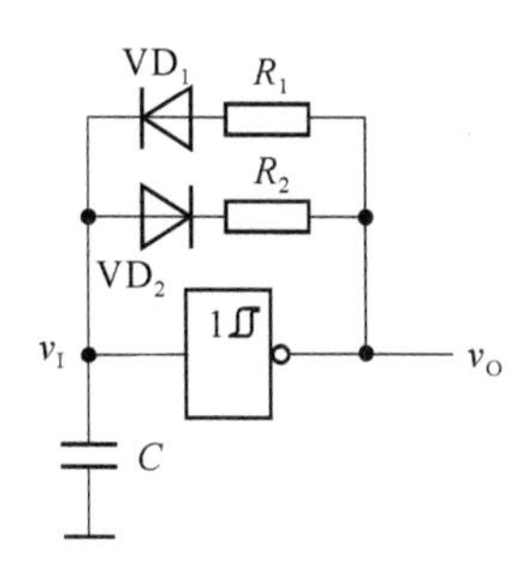

图 10.4.4　占空比可调的多谐振荡器

10.4.4　压控振荡器

压控振荡器(Voltage Controlled Oscillator,VCO)是一种频率可控的振荡器,它的振荡频率受输入电压的控制。压控振荡器广泛用于自动检测、自动控制以及通信系统中。从工作原理上分,集成压控振荡器可以分为施密特触发器型、电容交叉充放电型和定时器型。下面讨论施密特触发器型压控振荡器的工作原理。

在图 10.4.2 所示的多谐振荡器中,电容 C 的充、放电电流来自施密特触发器的输出端,如果采用独立的压控电流源对电容 C 进行充电和放电,就可以实现通过输入电压 v_I 控制振荡频率的目的。压控振荡器的原理如图 10.4.5(a)所示,其中充、放电转换开关 K 受施密特触发器输出 v_O 的控制,电容 C 的充、放电时间随输入电压 v_I 的改变而改变。

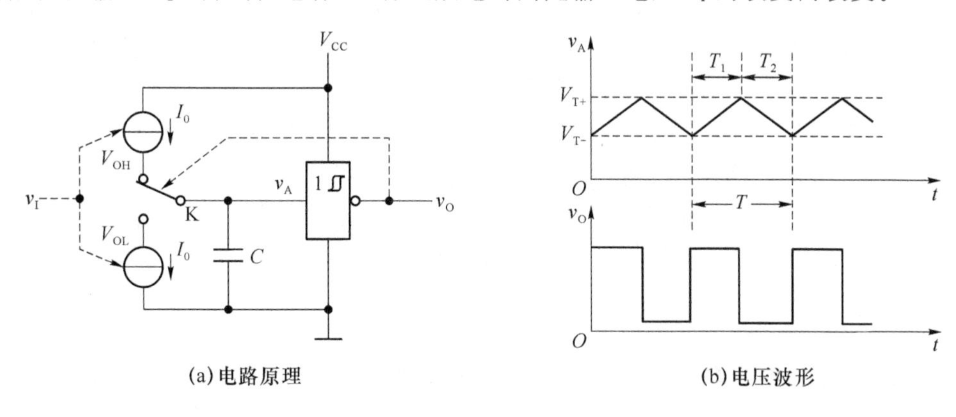

图 10.4.5　施密特触发器型压控振荡器的原理电路及工作波形

由图 10.4.5(b)的电压波形可以看出,当电容 C 的充、放电电流 I_0 增大时,充电时间 T_1 和放电时间 T_2 随之减小,故振荡周期 T 缩短、振荡频率增加。电容 C 恒流充、放电,电压 v_A 线性变化,如果充电和放电的电流相等,则电压 v_A 是对称的三角波,施密特触发器输出 v_O 为方波。

集成压控振荡器 LM566 就是根据上述原理设计的,它的原理框图如图 10.4.6 所示。晶体管 VT_4、VT_5 和外接电阻 R_{ext} 组成电流源电路,产生受 v_I 控制的电流源 I_0,晶体管 VT_1、VT_2、VT_3 和二极管 VD_1、VD_2 组成电容充、放电的转换控制开关。

接通电源时,电容 C 未充电,$v_A=0$,故反相器 G_2 输出低电平,使 VT_3 截止。I_0 经 VD_2 开始向外接电容 C_{ext} 恒流充电,v_A 线性升高。

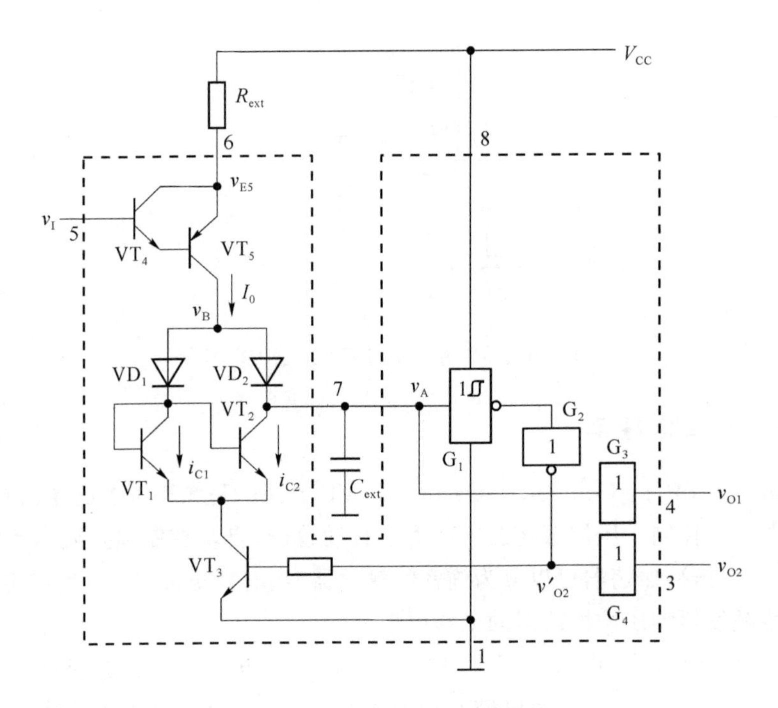

图 10.4.6　LM566 原理框图

当 v_A 上升至 V_{T+} 时，施密特触发器 G_1 的输出发生翻转，使 v'_{O2} 跳变为高电平，VT_3 导通。VT_3 导通使得 v_B 下降，导致 VD_2 截止，电容 C_{ext} 经 VT_2 开始放电。因为 VT_1 和 VT_2 是镜像对称接法，两管的 v_{BE} 始终是相等的，所以在基极电流远小于集电极电流的情况下，必有 $i_{C2} \approx i_{C1} \approx I_0$。随着 C_{ext} 的放电，v_A 线性下降。

当 v_A 下降至 V_{T-} 时，G_1 的输出跳变为高电平，v'_O 再次跳变为低电平，VT_3 截止，I_0 又重新开始向 C_{ext} 充电。这样，v_{O1} 输出三角波，v_{O2} 输出矩形波。

假定 VT_4 和 VT_5 的发射结压降相等，即 $|v_{BE4}| = |v_{BE5}|$，则 VT_5 发射极电位 v_{E5} 与输入电压 v_I 相等，因此充、放电电流

$$I_0 = \frac{V_{CC} - v_I}{R_{ext}} \tag{10.4.4}$$

在充电过程中，电容 C_{ext} 两端电压 v_A 的变化量为 $\Delta V_T = V_{T+} - V_{T-}$，设电容 C_{ext} 的充电时间为 T_1，则

$$C_{ext} = \frac{I_0 T_1}{\Delta V_T}$$

$$T_1 = \frac{C_{ext} \Delta V_T}{I_0}$$

因为充电时间与放电时间相等，故振荡周期为

$$T = 2T_1 = \frac{2C_{ext} \Delta V_T}{I_0}$$

$$= \frac{2R_{ext} C_{ext} \Delta V_T}{V_{CC} - v_I} \tag{10.4.5}$$

在 LM566 中 $\Delta V_T = \frac{1}{4} V_{CC}$，代入式(10.4.5)后得出

$$T=\frac{R_{ext}C_{ext}V_{CC}}{2(V_{CC}-v_I)} \tag{10.4.6}$$

振荡频率为

$$f=\frac{1}{T}=\frac{2(V_{CC}-v_I)}{R_{ext}C_{ext}V_{CC}} \tag{10.4.7}$$

式(10.4.7)表明,振荡频率 f 和输入控制电压 v_I 呈线性关系。LM566 的外接电阻一般为 2～20 kΩ,最高振荡频率可达 1 MHz。当 $V_{CC}=12$ V 时,v_I 在 $\frac{3}{4}V_{CC}\sim V_{CC}$ 范围内的非线性误差在 1%以内。LM566 还具有较高的输入电阻和较低的输出电阻,v_I 端的输入电阻约为 1 MΩ,两个输出端的输出电阻各为 50 Ω 左右。

需要注意的是,LM566 输出形波最低点的电平都比较高。例如,$V_{CC}=12$ V 时,三角波的最低点在 3.5 V 以上,矩形波的最低点在 6 V 左右。

10.4.5 石英晶体振荡器

晶体振荡器简称晶振,分为有源晶振(oscillator)和无源晶振(crystal)两种。有源晶振由晶体和内置集成电路(IC)组成,无需外接元器件,只要加电即可输出一定频率的振荡信号;无源晶振严格来说不能叫晶振,只能算晶体,使用时必须外接振荡电路才能工作。

石英晶体之所以能作为振荡器的选频元件使用,是基于它的压电效应:若在晶体薄片的两极施加电压,晶片就会产生机械变形;反之,若在晶片的两侧施加机械压力,晶片的两极就会产生电压。如果在晶片上加交变电压,晶片会产生机械振动,同时机械振动又会产生交变电场,一般情况下,这种机械振动的振幅和交变电场都非常微小,当外加交变电压的频率与晶片的固有频率相同时,其振幅将比其他频率下大很多,这就是晶体的谐振特性。谐振频率与晶片的切割方式、几何形状和尺寸等因素有关。

石英晶体振荡器具有体积小、重量轻、可靠性高、频率稳定度高等优点,获得广泛应用。国际电工委员会(IEC)将石英晶体振荡器分为 4 类:恒温控制晶体振荡(OCXO)、温度补偿晶体振荡(TCXO)、电压控制晶体振荡器(VCXO)和普通晶体振荡(SPXO)。

恒温控制晶体振荡器(Oven Controlled X'tal Oscillator,OCXO)是一种频率温度稳定性非常高的晶体振荡器,主要用于通信、导航、测试仪表等对时钟稳定性要求较高的领域。OCXO 由恒温槽控制电路和振荡电路组成,利用恒温槽使振荡器中的石英晶体温度保持恒定,以减小环境温度变化对振荡频率的影响。OCXO 的缺点是功耗大,体积大,正常工作前需要预热时间。

温度补偿晶体振荡器(Temperature Compensate X'tal Oscillator,TCXO)通过增加温度补偿电路来减小环境温度对振荡频率影响,它具有开机特性好、功耗低、频率温度稳定性高等特点,广泛用于移动通信、雷达、卫星定位、程控电话交换机中。TCXO 分为直接补偿晶体振荡器和间接补偿晶体振荡器,前者由热敏电阻和阻容元件组成温度补偿电路,在振荡器中与石英晶体串联,用于抵消振荡频率的温度漂移,补偿电路简单,成本较低,适用于小型和低电压小电流场合。后者又分模拟式和数字式两种类型,模拟式间接温度补偿是利用热敏电阻等温度传感元件组成温度-电压变换电路,并将该电压施加到与晶体串联的变容二极管上，对频率漂移进行补偿；数字化间接温度补偿是在模拟式补偿电路的温度-电压变换电路后面再加一级 ADC，将模拟量转换成数字量，该法可实现自动温度补偿，频率稳定性高，但补偿电路复杂，成本较高。

压控晶体振荡器(Voltage Controled X'tal Oscillator，VCXO)是一种频率可调的晶体振荡器，可通过改变外加控制电压来调节振荡频率。在典型的 VCXO 中，通常是用电压调整变容二极管的电容值来“牵引”石英晶体的频率。VCXO 主要应用于移频直放站、测试设备、蜂窝基站等。

普通晶体振荡器(Standard Packaged X'tal Oscillator，SPXO)是最简单、应用最广泛的一种石英晶体振荡器，其特点是品种繁多、使用方便、价格便宜。由于未采用温度控制和温度补偿方式，它的频率温度特性主要由晶体元件决定。无源晶体振荡器是有 2 个引脚的无极性元件，需要借助于时钟电路才能产生振荡信号。有源晶体振荡器是内部带震荡电路的晶体振荡器，通常采用 DIP-8 封装(正方形)或 DIP-14 封装(长方形)，底部有 4 个引脚。在实际使用时，有打点标记的为 1 脚，按逆时针顺序(管脚向下)，1 脚悬空、2 脚接地、3 脚接输出、4 脚接电压。

振荡器在工作温度范围内的频率变化与标称频率的比值称为其频率稳定度，它是衡量振荡器质量的重要指标。普通石英晶体振荡器的频率稳定度可达 $10^{-11} \sim 10^{-9}$，因此，完全可以将石英晶体振荡器视为恒定的基准频率源。

图 10.4.7 给出了石英晶体的符号和电抗的频率特性。石英晶体的选频特性非常好，它有一个稳定的串联谐振频率 f_0，且等效品质因数 Q 值很高，只有频率为 f_0 的信号最容易通过，而其他频率的信号均会被晶体衰减。因此，石英晶体振荡器的振荡频率取决于晶体的串联谐振频率 f_0，而与外接电阻、电容无关。采用门电路和石英晶体构成石英晶体振荡电路如图 10.4.8 所示，其中电容 C' 为隔直电容。为了改善输出波形，增加带负载的能力，可以在振荡电路的输出端再加一级驱动器。

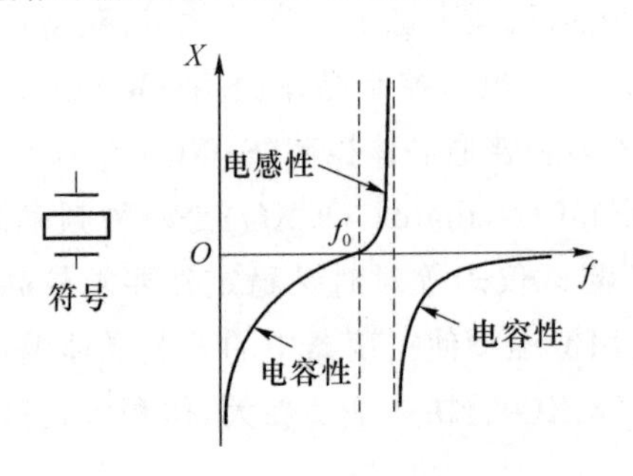

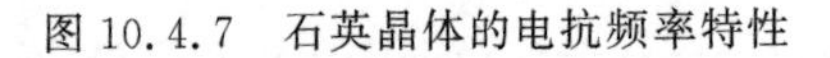
图 10.4.7　石英晶体的电抗频率特性

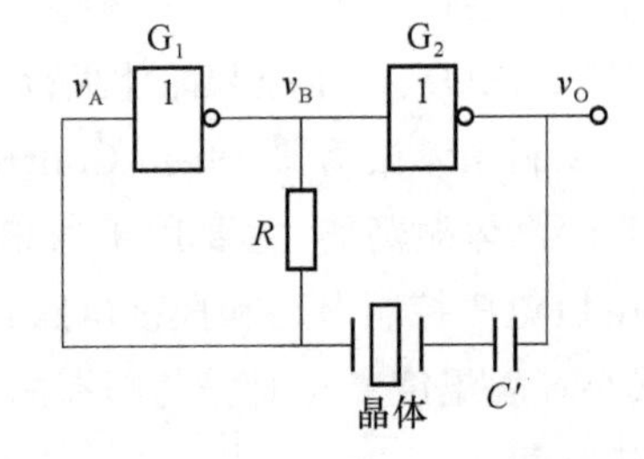

图 10.4.8　石英晶体振荡电路

10.5　555 定时器及其应用

555 定时器是美国 Signetics 公司 1972 年研制的多用途单片集成电路，因电路输入端设计有 3 个 5 kΩ 的电阻而得名。此电路的设计初衷是取代机械式定时器，后来竟风靡全球。

555定时器将模拟电路和数字电路巧妙地结合在一起，只需外接少量的电容和电阻等元件就可以构成单稳态触发器、施密特触发器、多谐振荡器等电路，广泛应用于信号波形的产生、变换、检测与控制等领域。

10.5.1 555定时器的结构及工作原理

在Signetics公司推出这种产品后，很多电子器件公司也都相继推出了各自的555定时器。尽管产品型号繁多，但所有双极型产品型号最后3位数码都是555，所有CMOS产品最后4位数码都是7555，如5G555和C7555等型号，它们的结构及工作原理基本相同，引脚排列也完全一致。如图10.5.1所示为555定时器的内部组成框图，它由分压器、电压比较器C_1和C_2、基本RS触发器、放电（泄放）管VT_{28}和输出缓冲器G组成。其中，分压器由3个阻值为5 kΩ的电阻串联而成，晶体管VT_{28}为集电极开路输出的泄放晶体管。

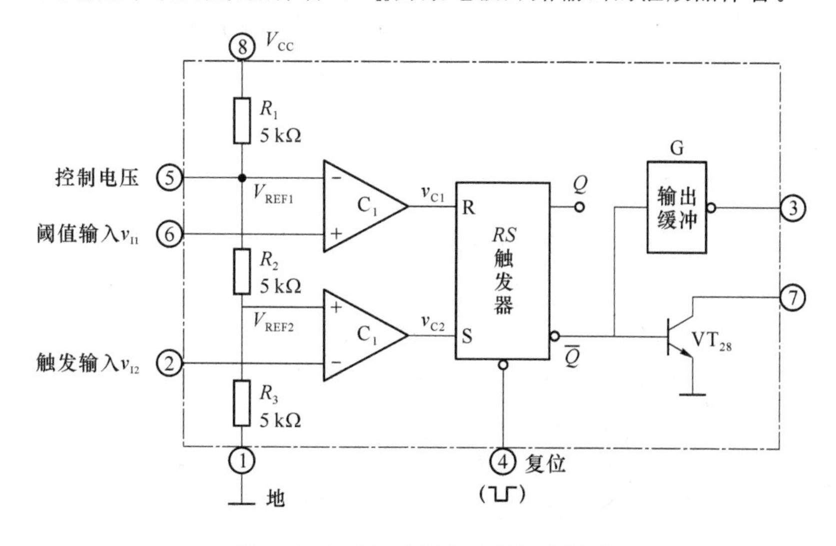

图10.5.1 555定时器内部组成框图

比较器C_1、C_2的基准偏压由电阻$R_1 \sim R_3$分压提供，C_1的基准电压为$V_{REF1}=2V_{CC}/3$，C_2的基准电压为$V_{REF2}=V_{CC}/3$。外部控制电压通过5脚输入，其功能是调整C_1和C_2的基准电压，如果5脚外接固定直流电压，则两个比较器的基准电压也将发生变化。外部输入v_{I1}通过6脚接于比较器C_1的同相输入端，称为阈值输入；外部输入v_{I2}通过2脚接于比较器C_2的反相输入端，称为触发输入。

定时器的工作状态由内部RS触发器的状态所决定，比较器C_1、C_2的输出控制RS触发器的状态，并通过触发器的$\overline{Q}$端控制放电管VT_{28}的工作状态。4脚为内部RS触发器的异步复位端，低电平有效，当4脚有负脉冲到来时，RS触发器被立即复位，$\overline{Q}$输出高电平，放电管VT_{28}导通。

当$v_{I1}<V_{REF1}$，$v_{I2}<V_{REF2}$时，比较器C_1输出低电平，C_2输出高电平，$RS=01$，触发器被置位，$\overline{Q}$为低电平，3脚输出高电平，放电管VT_{28}截止。

当$v_{I1}>V_{REF1}$，$v_{I2}>V_{REF2}$时，比较器C_1输出高电平，C_2输出低电平，$RS=10$，触发器被复位，$\overline{Q}$为高电平，3脚输出低电平，放电管VT_{28}导通。

当 $v_{I1}<V_{REF1}$，$v_{I2}>V_{REF2}$ 时，比较器 C_1 输出低电平，C_2 输出也为低电平，$RS=00$，触发器维持原状态不变，$\overline{Q}$保持以前的状态。

综上分析，555 定时器的功能表如表 10.5.1 所示。

表 10.5.1　555 定时器的功能表

输入			输出	
阈值输入 v_{I1}	阈值输入 v_{I2}	复位输入(4 脚)	输出 v_O(3 脚)	放电管 VT_{28}
X	X	0	0	导通
$<V_{REF1}$	$<V_{REF2}$	1	1	截止
$>V_{REF1}$	$>V_{REF2}$	1	0	导通
$<V_{REF1}$	$>V_{REF2}$	1	不变	不变

555 定时器可以在很宽的电源电压范围内工作，能够承受较大的负载电流，双极型 555 定时器的电源电压范围为 5～16 V，最大负载电流可达 200 mA，CMOS 型 555 定时器的电源电压范围为 3～18 V，最大负载电流可达 4 mA。

10.5.2　由 555 定时器组成的施密特触发器

将 555 定时器的阈值输入端(6 脚)和触发输入端(2 脚)连接在一起，便构成了施密特触发器，如图 10.5.2(a)所示，其中放电管 VT_{28} 的集电极经上拉电阻 R_C 接至 V_{CC2}，此时输出电压 v_{O2} 的高电平由电阻 R_C 和 V_{CC2} 决定，可实现电平转换。

由图 10.5.1 可知，比较器 C_1、C_2 的阈值电压分别为 $V_{REF1}=2V_{CC1}/3$ 和 $V_{REF2}=V_{CC1}/3$，输入信号 v_I 的波形如图 10.5.2(b)所示。在 $t=0$ 时刻，$v_I<V_{REF2}$，此时比较器 C_1 输出低电平，C_2 输出高电平，$RS=01$，RS 触发器置位，v_{O1} 输出高电平；当输入信号 v_I 增加到 V_{REF2} 时，比较器 C_2 的输出变为低电平，$RS=00$，触发器维持原状态不变，v_{O1} 继续输出高电平；当 v_I 增加到 V_{REF1} 时，比较器 C_1 输出变为高电平，$RS=10$，触发器发生状态翻转，v_{O1} 输出低电平；v_I 继续增加，上述状态保持不变。

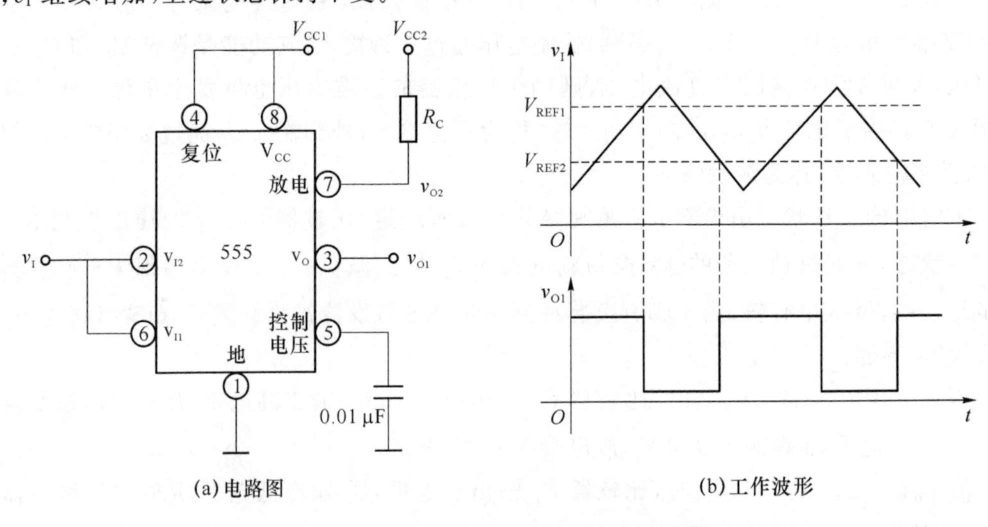

图 10.5.2　由 555 定时器构成的施密特触发器

输入信号 v_I 达到最大值后开始下降，只要 $v_I > V_{REF2}$，v_{O1} 输出保持低电平不变；当 v_I 下降到 V_{REF2} 时，触发器再次发生状态翻转，v_{O1} 输出变为高电平；v_I 继续减小，上述状态保持不变。当输入为三角波形时，从施密特触发器的 v_{O1} 端可输出方波。

触发器的回差电压 $\Delta V_{th} = V_{REF1} - V_{REF2} = V_{CC1}/3$，若要改变阈值电压 V_{REF1} 和 V_{REF2}，可在 5 脚外接直流控制电压。

10.5.3 由 555 定时器组成的单稳态触发器

由 555 定时器组成的单稳态触发器及其工作波形如图 10.5.3 所示，其中 R、C 为定时元件。外部触发脉冲 v_I 通过 2 脚接于比较器 C_2 的反相输入端，稳态时 v_I 输入为高电平，比较器 C_2 输出低电平，触发器置位信号 $S=0$。R_d 和 C_d 为输入回路的微分环节，如果输入的负触发脉冲小于单稳态触发器的输出脉宽，微分环节可以省略。

电源刚接通时，V_{CC} 通过电阻 R 给电容 C 充电，当电容上的电压上升到 V_{REF1} 时，比较器 C_1 输出高电平，由于此时无触发脉冲，比较器 C_2 输出低电平，即 $RS=10$，内部 RS 触发器被复位，v_O 输出低电平，同时放电管 VT_{28} 导通，将电容 C 上的电荷迅速放掉，使得比较器 C_1 输出低电平，此时，$RS=00$，基本 RS 触发器处于保持状态，输出不再发生变化，电路进入稳定状态。

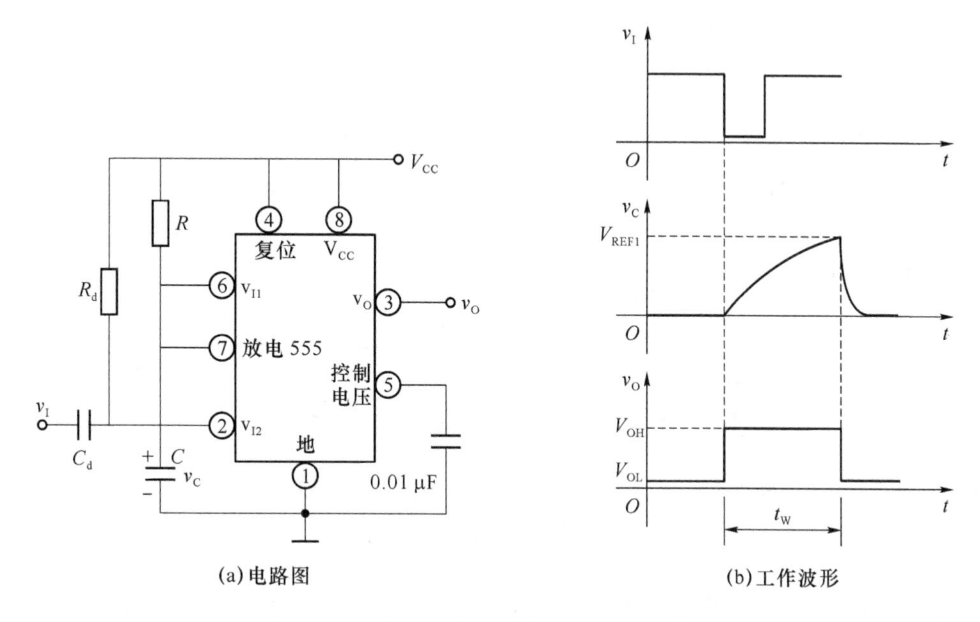

图 10.5.3　由 555 定时器构成的单稳态触发器

若在输入端 v_I 施加触发脉冲，当触发脉冲的下降沿到来时，由于 2 脚电位低于 V_{REF2}，比较器 C_2 输出高电平，此时 $RS=01$，基本 RS 触发器被置位，$\overline{Q}$ 输出低电平，电路开始进入暂稳态，v_O 输出高电平，放电管 VT_{28} 截止。V_{CC} 通过电阻 R 开始给电容 C 充电，电容上的电压 v_C 按指数规律上升，当 v_C 上升到 V_{REF1} 时，比较器 C_1 输出高电平，由于此时外部触发脉冲已经撤销，比较器 C_2 输出低电平，即 $RS=10$，基本 RS 触发器被复位，暂稳态过程结束，电路又自动返回到稳定状态，v_O 变为低电平，放电管 VT_{28} 导通。

如果忽略晶体管 VT_{28} 的饱和压降，则暂稳态持续的时间即是电容 C 从 0 V 充电至 V_{REF1} 所需的时间，因此

$$t_W = RC\ln\frac{V_{CC}}{V_{CC}-2V_{CC}/3} = RC\ln3 \approx 1.1RC \tag{10.5.1}$$

这种电路产生的脉冲宽度可以从几微秒到数分钟，精度可达 1%。图 10.5.3(a)中控制电压输入端(5 脚)通过 0.001 μF 电容接地，以防止脉冲干扰。

10.5.4 由 555 定时器组成的多谐振荡器

由 555 定时器构成的多谐振荡器如图 10.5.4(a)所示，图 10.5.4(b)所示为其工作波形。

接通电源后，V_{CC} 通过电阻 R_1、R_2 给电容 C 充电，充电时间常数为 $(R_1+R_2)C$，电容上的电压 v_C 按指数规律上升，当 v_C 上升到 $V_{REF1}=2V_{CC}/3$ 时，比较器 C_1 输出高电平，C_2 输出低电平，$RS=10$，触发器被复位，放电管 VT_{28} 导通，此时 v_O 输出低电平，电容 C 开始通过 R_2 放电，放电时间常数约为 R_2C，v_C 指数下降，当 v_C 下降到 $V_{REF2}=V_{CC}/3$ 时，比较器 C_1 输出低电平，C_2 输出高电平，$RS=01$，触发器被置位，放电管 VT_{28} 截止，v_O 输出高平，电容 C 又开始充电，当 v_C 上升到 $V_{REF1}=2V_{CC}/3$ 时，触发器又开始发生翻转。如此周而复始，v_O 输出矩形脉冲。

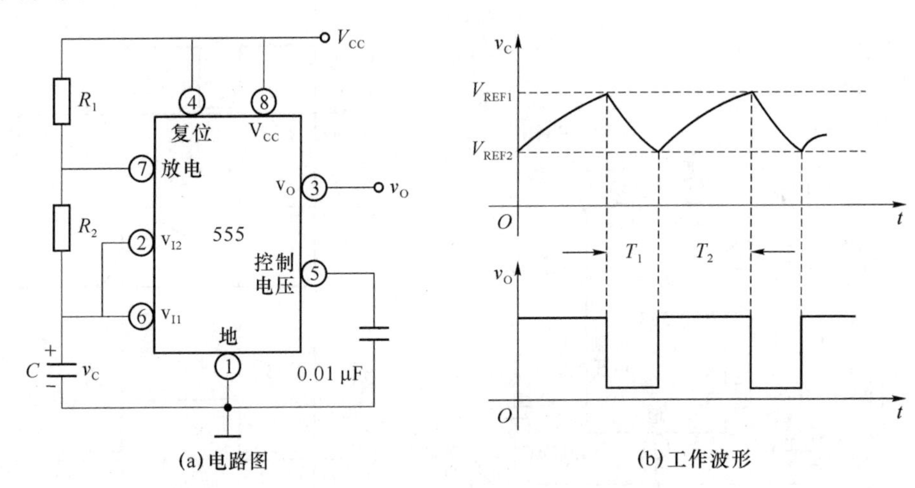

图 10.5.4　由 555 定时器构成的多谐振荡器

由图 10.5.4(b)可知，电容 C 放电所需的时间即是 v_C 从 $V_{REF1}=2V_{CC}/3$ 下降到 $V_{REF2}=V_{CC}/3$ 所需的时间，因此

$$T_1 = R_2C\ln2 \approx 0.7R_2C \tag{10.5.2}$$

电容 C 充电所需的时间即是 v_C 从 $V_{REF1}=V_{CC}/3$ 上升到 $V_{REF2}=2V_{CC}/3$ 所需的时间，因此

$$T_2 = (R_1+R_2)C\ln2 \approx 0.7(R_1+R_2)C \tag{10.5.3}$$

因而，振荡周期为

$$T = T_1 + T_2 \approx 0.7(R_1+2R_2)C \tag{10.5.4}$$

振荡器输出波形的占空比为

$$D = \frac{T_1}{T} = \frac{R_2}{R_1 + 2R_2} \tag{10.5.5}$$

上面仅讨论了555定时器的几种简单应用，实际上，由于555定时器功能灵活，输出驱动电流大，在电子技术中获得广泛应用，限于篇幅，这里就不再一一枚举了，感兴趣的读者可查阅相关参考书。

习　题

10-1　什么是脉冲波？什么是占空比？方波的占空比是多少？

10-2　两种晶体管反相器电路如题图10.1所示，负载电容 $C_L = 100\text{pF}$，v_{I1}、v_{I2} 为反相输入信号，v_O 为反相器的输出端。设各晶体管的参数相同，导通时基极驱动电流相等，试分析这两种电路输出电压的边沿变化情况，比较它们的工作速度。

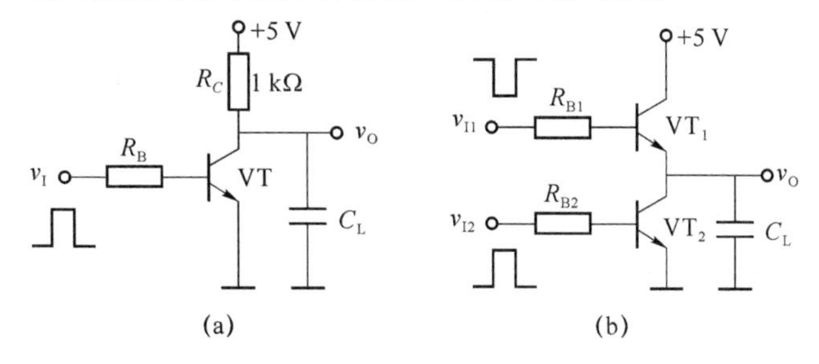

题图10.1

10-3　由TTL门电路组成的施密特触发器如题图10.2所示，试分析电路的工作原理，画出 v_{O1} 和 v_{O2} 的电压传输特性。

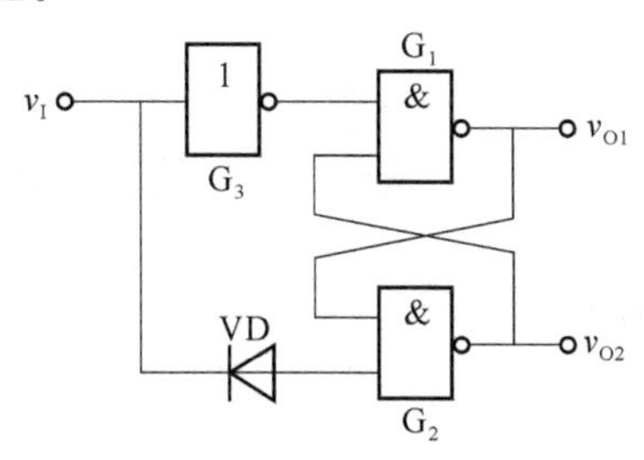

题图10.2

10-4　题图10.3所示是用CMOS反相器接成的压控施密特触发器，CMOS反相器的阈值电压为 V_{th}，试分析该施密特触发器的阈值电压 V_{T+}、V_{T-} 以及回差电压 ΔV_T 与控制电压 V_{CO} 的关系。

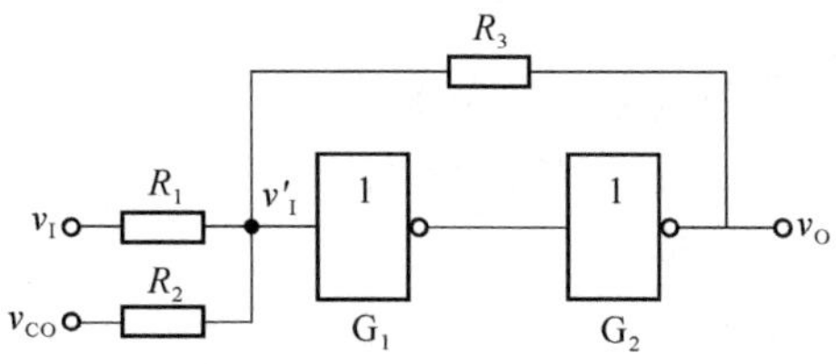

题图10.3

10-5　题图 10.4 所示是一个回差电压可调的施密特触发器电路，试分析它的工作原理，当 R_{E1} 在 50～100 Ω 范围内变化时，计算回差电压的变化范围，其中门电路的阈值电压 $V_{th}=1.4$ V。

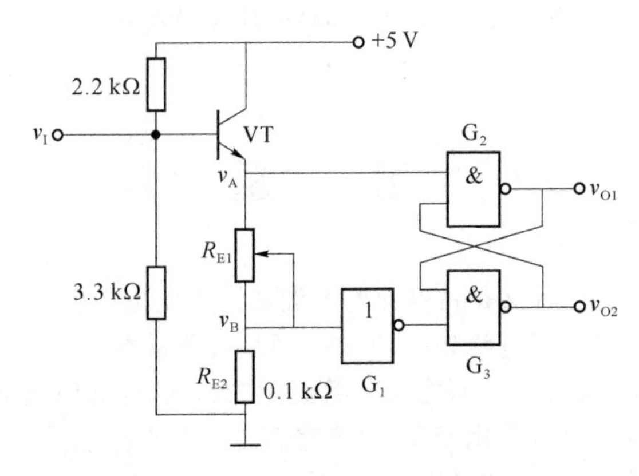

题图 10.4

10-6　用 TTL 与非门组成的单稳态触发器如题图 10.5 所示。

(1) 为保证稳态时 v_{O1} 输出低电平，v_{O2} 输出高电平，R_d 和 R 应如何选取？

(2) 画出 v_{O1}、v_{O2} 的波形。

(3) 设与非门截止时输出电阻为 R_O，求输出脉宽 t_w。

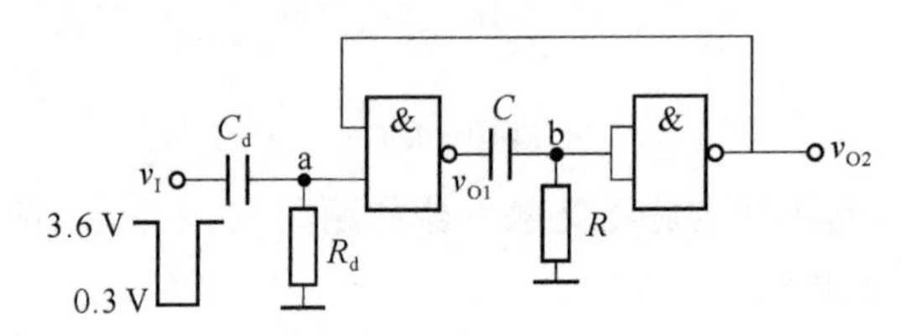

题图 10.5

10-7　用 CMOS 或非门组成的微分型单稳态触发器电路如题图 10.6 所示。

(1) 试分析其工作原理。

(2) 画出 a、b 及 v_O 点的波形。

(3) 求输出脉冲宽度 t_w。

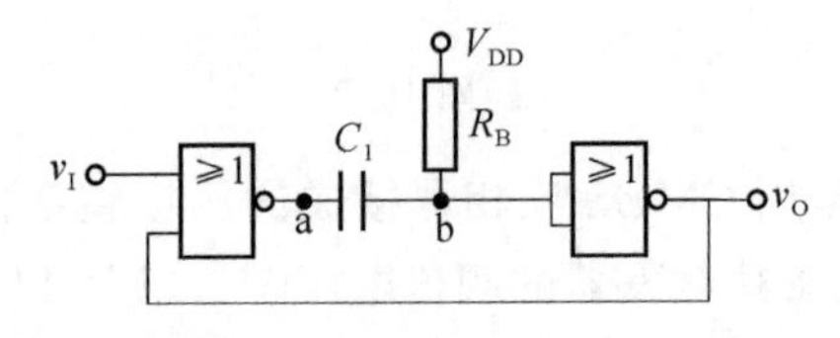

题图 10.6

10-8　由集成施密特触发器和集成单稳态触发器 74121 构成的电路如题图 10.7 所示，已知施密特电路的 $V_{DD}=10$ V，单稳态触发器 $V_{T+}=6.3$ V，$V_{T-}=2.7$ V。

(1) 计算 v_{O1} 的周期和 v_{O2} 的脉宽。

(2) 画出 v_C、v_{O1}、v_{O2} 的波形。

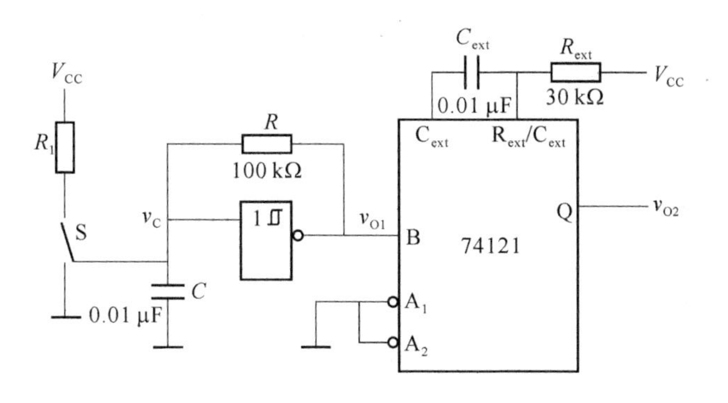

题图 10.7

10-9 利用门电路固有的传输延迟,将奇数个非门首尾相接,可组成多谐振荡器,常称为环形振荡器。题图 10.8 所示电路是由 3 个 TTL 非门构成的环形振荡器,设各门的传输延迟时间相同。试画出各输出端的波形,并计算振荡周期和频率。

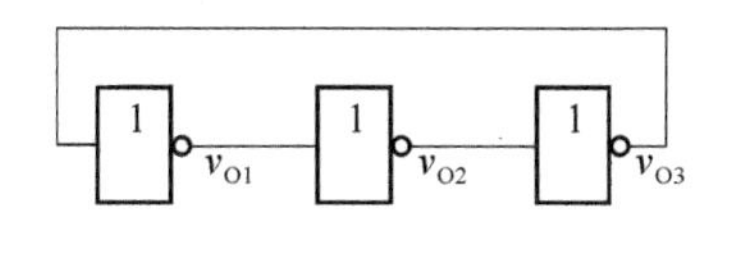

题图 10.8